高职高专"十一五"规划教材

有色金属冶金

YOUSE JINSHU YEJIN

王鸿雁　主　编
王玉玲　王延玲　副主编
赵红军　主　审

化学工业出版社

·北京·

本书以强化基础能力建设推进科学技术创新为指引，内容分为铜冶金、铅冶金、锌冶金、氧化铝生产、铝电解、镁冶金、钛冶金七部分，本着内容适度的原则，兼顾高职高专学生的接受能力，简要介绍了六种金属的生产原理与工艺等内容，注重理论联系实际，激发学生的学习兴趣。各节首均设有内容导读，在每节后面附有思考题，深浅适宜，有助于学生能力的培养；书后附有部分习题参考答案。

本书可作为高职高专学校冶金专业的教材；不仅适合冶金企业的科研人员和工程技术人员阅读，也可供职工培训使用。

图书在版编目（CIP）数据

有色金属冶金/王鸿雁主编. —北京：化学工业出版社，2010.3（2025.2重印）
高职高专"十一五"规划教材
ISBN 978-7-122-07222-1

Ⅰ.有… Ⅱ.王… Ⅲ.有色金属冶金 Ⅳ.TF8

中国版本图书馆CIP数据核字（2010）第006735号

责任编辑：高 钰	文字编辑：向 东
责任校对：蒋 宇	装帧设计：尹琳琳

出版发行：化学工业出版社（北京市东城区青年湖南街13号　邮政编码100011）
印　　装：北京天宇星印刷厂
787mm×1092mm　1/16　印张23　字数580千字　2025年2月北京第1版第10次印刷

购书咨询：010-64518888　　　　　　　　　　　售后服务：010-64518899
网　　址：http://www.cip.com.cn
凡购买本书，如有缺损质量问题，本社销售中心负责调换。

定　　价：**69.00元**　　　　　　　　　　　　　　　　　　　版权所有　违者必究

前　言

高等职业教育的主要任务是培养高技能人才，高技能人才对企业的技术创新和实现科技成果向现实生产力的转化起着重要作用。

本书以培养德智体美劳全面发展的社会主义建设者和接班人为目标，融入二十大精神，引入正能量素材为教学内容，用社会主义核心价值观铸魂育人，有效落实"为党育人、为国育才"的使命。

本书全面介绍了铜、铅、锌、铝、镁、钛六种金属冶炼的基本理论、工艺和新技术，总结和归纳了各种金属研究领域的新成果。内容分为各种金属的冶炼原理、冶炼工艺和相关设备三部分。按必需和够用的原则，首先对冶炼原理进行了重点介绍，突出工艺过程，对于相关的设备使用原理进行简单介绍。在原先的生产工艺基础上添加了部分金属的新工艺和二次金属回收。

本书内容已制作成电子教案，并将免费提供给采用本书作为教材的院校使用。如有需要，请发电子邮件至 cipedu@163.com 获取。

本书由山东工业职业学院王鸿雁担任主编，并负责组织编写工作、内容编排及最后的统稿。由山东铝业职业学院的王玉玲、山东工业职业学院的王延玲任副主编，负责复核工作。

具体编写工作分工如下：绪论由王玉玲编写；第1章、第2章、第3章由王延玲编写；第4章由于存贞（中铝公司山东分公司）编写；第5章、第6章由王鸿雁编写；第7章由傅佃亮（山东铝业职业学院）编写。

本书由山东工业职业学院副院长赵红军教授担任主审，赵院长提出了许多宝贵意见和建议，在此致以诚挚的谢意！

本书在编写时力求做到开拓创新、尽善尽美，但由于水平所限，书中不妥之处诚请同行和读者批评指正。

编　者

目 录

0 绪论 1
  0.1 金属及其分类 1
  0.2 矿物、矿石和精矿 2
  0.3 冶金的概念及冶金方法分类 2
  思考题 4

1 铜冶金 5
  1.1 概述 5
    1.1.1 铜的物理性质 5
    1.1.2 铜的化学性质 5
    1.1.3 铜的主要化合物及其性质 6
    1.1.4 铜及化合物的用途 7
    1.1.5 炼铜原料 8
    1.1.6 铜的生产方法 9
  思考题 10
  1.2 造锍熔炼的基本原理 10
    1.2.1 概述 10
    1.2.2 造锍熔炼过程的主要化学反应类型 11
    1.2.3 冰铜和炉渣的性质及分离 13
    1.2.4 铜在炉渣中的损失 17
  思考题 17
  1.3 造锍熔炼生产实践 18
    1.3.1 概述 18
    1.3.2 密闭鼓风炉熔炼 18
    1.3.3 闪速熔炼 19
    1.3.4 熔池熔炼 24
  思考题 28
  1.4 冰铜的吹炼 28
    1.4.1 概述 28
    1.4.2 冰铜吹炼的工艺 28
    1.4.3 铜锍吹炼的基本原理 29
    1.4.4 冰铜吹炼的生产实践 33
  思考题 35
  1.5 炉渣贫化 35
    1.5.1 概述 35
    1.5.2 熔炼贫化过程的热力学分析 35

  1.5.3 电炉贫化 ········ 36
  1.5.4 浮选选矿法贫化 ········ 37
 思考题 ········ 38
 1.6 粗铜的火法精炼 ········ 38
  1.6.1 概述 ········ 38
  1.6.2 火法精炼的理论基础 ········ 38
  1.6.3 精炼炉及精炼工艺 ········ 42
  1.6.4 火法精炼的发展 ········ 43
 思考题 ········ 43
 1.7 铜的电解精炼 ········ 44
  1.7.1 概述 ········ 44
  1.7.2 铜电解过程理论基础 ········ 45
  1.7.3 铜电解工艺实践 ········ 47
  1.7.4 电解精炼的主要设备与装置 ········ 49
 思考题 ········ 51
 1.8 湿法炼铜 ········ 51
  1.8.1 概述 ········ 51
  1.8.2 湿法炼铜的浸出过程 ········ 51
  1.8.3 从含铜溶液回收铜 ········ 54
  1.8.4 湿法炼铜的主要方法 ········ 55
 思考题 ········ 59
 1.9 再生铜的生产 ········ 59
  1.9.1 概述 ········ 59
  1.9.2 再生铜的生产工艺 ········ 60
 思考题 ········ 63

2 铅冶金 ········ 64

 2.1 概述 ········ 64
  2.1.1 铅的物理性质 ········ 64
  2.1.2 铅的化学性质 ········ 65
  2.1.3 铅的主要化合物及性质 ········ 65
  2.1.4 铅的用途 ········ 67
  2.1.5 炼铅原料 ········ 67
  2.1.6 铅的冶炼方法 ········ 68
 思考题 ········ 70
 2.2 硫化铅精矿的烧结焙烧 ········ 71
  2.2.1 硫化铅精矿烧结焙烧的目的 ········ 71
  2.2.2 硫化铅精矿烧结焙烧的理论基础 ········ 71
  2.2.3 烧结焙烧实践 ········ 76
 思考题 ········ 81
 2.3 铅烧结块的鼓风炉熔炼 ········ 81
  2.3.1 概述 ········ 81
  2.3.2 铅鼓风炉还原熔炼的基本原理 ········ 82

  2.3.3 鼓风炉炼铅的生产实践 87
 思考题 91
 2.4 硫化铅精矿的直接熔炼 91
  2.4.1 概述 91
  2.4.2 硫化铅精矿直接熔炼的基本原理和方法 92
 思考题 99
 2.5 炼铅炉渣及其烟化处理 99
  2.5.1 概述 99
  2.5.2 炉渣烟化处理的基本原理 100
  2.5.3 烟化处理炉渣的影响因素 100
  2.5.4 烟化炉吹炼的操作 101
  2.5.5 处理炉渣的其他方法 102
 思考题 103
 2.6 粗铅的火法精炼 103
  2.6.1 概述 103
  2.6.2 粗铅火法精炼原理 103
 思考题 110
 2.7 粗铅的电解精炼 110
  2.7.1 概述 110
  2.7.2 电解精炼原理 111
  2.7.3 电解液净化 112
  2.7.4 铅电解精炼的主要设备及其配置 113
 思考题 114
 2.8 湿法炼铅 114
  2.8.1 概述 114
  2.8.2 湿法炼铅方法 114
 思考题 116
 2.9 再生铅的生产 117
  2.9.1 概述 117
  2.9.2 再生铅生产的原料 117
  2.9.3 再生铅原料的处理方法 117
  2.9.4 再生铅废料的熔炼技术 118
  2.9.5 含铅废料处理的其他方法 119
 思考题 119

3 锌冶金 120
 3.1 概述 120
  3.1.1 锌的物理性质 120
  3.1.2 锌的化学性质 121
  3.1.3 锌的主要化合物及性质 121
  3.1.4 锌的用途 121
  3.1.5 炼锌原料 122
  3.1.6 锌的冶炼方法 122

  3.1.7 我国锌冶炼现状 …… 123
 思考题 …… 124
 3.2 硫化锌精矿的焙烧与烧结 …… 124
  3.2.1 硫化锌精矿的焙烧目的 …… 124
  3.2.2 硫化锌精矿焙烧的理论基础 …… 124
  3.2.3 硫化锌精矿的沸腾焙烧 …… 128
  3.2.4 硫化锌精矿的烧结焙烧 …… 131
 思考题 …… 132
 3.3 湿法炼锌 …… 132
  3.3.1 锌焙砂的浸出 …… 132
  3.3.2 硫酸锌浸出液的净化 …… 141
  3.3.3 硫酸锌溶液的电解沉积 …… 144
 思考题 …… 148
 3.4 火法炼锌 …… 148
  3.4.1 蒸馏炼锌的理论基础 …… 148
  3.4.2 火法炼锌的生产实践 …… 151
  3.4.3 火法炼锌新技术 …… 155
 思考题 …… 155
 3.5 粗锌火法精炼及烟化法处理含锌物料 …… 155
  3.5.1 粗锌火法精炼原理与工艺 …… 155
  3.5.2 烟化法处理含锌物料 …… 158
 思考题 …… 160
 3.6 再生锌的生产 …… 160
  3.6.1 概述 …… 161
  3.6.2 再生锌原料 …… 161
  3.6.3 再生锌生成及回收途径 …… 161
  3.6.4 其他再生工艺 …… 164
 思考题 …… 164

4 氧化铝 …… 165

 4.1 概述 …… 165
  4.1.1 氧化铝工业发展概况 …… 165
  4.1.2 氧化铝及其水合物的性质 …… 167
  4.1.3 铝土矿及其他铝矿 …… 169
  4.1.4 氧化铝生产方法 …… 170
  4.1.5 铝酸钠溶液 …… 171
 思考题 …… 174
 4.2 拜耳法生产氧化铝 …… 174
  4.2.1 原矿浆制备 …… 175
  4.2.2 高压溶出 …… 177
  4.2.3 赤泥分离洗涤 …… 182
  4.2.4 晶种分解 …… 186
  4.2.5 氢氧化铝煅烧工艺技术 …… 193

思考题 …… 197
4.3 烧结法生产氧化铝 …… 197
　　4.3.1 概述 …… 198
　　4.3.2 生料浆的制备 …… 198
　　4.3.3 熟料烧结 …… 200
　　4.3.4 熟料溶出 …… 201
　　4.3.5 铝酸钠溶液脱硅 …… 204
　　4.3.6 铝酸钠溶液碳酸化分解 …… 212
　　4.3.7 分解母液的蒸发 …… 216
　　思考题 …… 218
4.4 化学品氧化铝的生产 …… 218
　　4.4.1 化学品氧化铝的表征特性 …… 219
　　4.4.2 化学品氧化铝的生产方法概述 …… 219
　　思考题 …… 221

5 铝电解 …… 222

5.1 概述 …… 222
　　5.1.1 铝的主要性质 …… 222
　　5.1.2 铝电解用的原料和熔剂 …… 223
　　思考题 …… 230
5.2 铝电解厂的简介 …… 230
　　5.2.1 铝电解厂的规模 …… 231
　　5.2.2 铝电解槽系列 …… 231
　　5.2.3 电解车间的安全生产 …… 233
　　5.2.4 铝的再生利用 …… 234
　　思考题 …… 236
5.3 预焙阳极电解槽的构造 …… 236
　　5.3.1 工业铝电解槽的演变 …… 236
　　5.3.2 工业铝电解槽的构造 …… 238
　　思考题 …… 243
5.4 铝电解的两极反应 …… 243
　　5.4.1 阴极反应 …… 243
　　5.4.2 阳极反应 …… 244
　　5.4.3 铝电解中两极副反应 …… 244
　　思考题 …… 246
5.5 铝电解的电流效率 …… 246
　　思考题 …… 247
5.6 预焙电解槽的焙烧和启动 …… 247
　　5.6.1 预焙槽的预热 …… 247
　　5.6.2 预焙槽的启动 …… 248
　　5.6.3 预焙槽的启动后期 …… 249
　　思考题 …… 250
5.7 铝电解槽的正常生产阶段 …… 250

- 5.7.1 铝电解槽正常生产的特征 ... 250
- 5.7.2 铝电解槽正常生产期间所宜保持的技术条件 ... 251
- 5.7.3 电解槽的加工操作 ... 253
- 5.7.4 阳极效应及其处理 ... 255
- 5.7.5 槽工作电压的保持与调整 ... 256
- 5.7.6 电解场所的日常管理 ... 257
- 5.7.7 电解槽的日常检查与判断 ... 258
- 5.7.8 病槽及其处理 ... 259
- 5.7.9 电解质含碳及其处理 ... 261
- 5.7.10 电解质生成碳化铝及其处理 ... 262
- 5.7.11 电解生产过程中的常见事故及其处理 ... 262
- 5.7.12 大跑电解质的原因及其处理 ... 265
- 5.7.13 电解槽的破损与停槽 ... 265
- 5.7.14 电解槽的破损检查与停槽 ... 266
- 5.7.15 常见预焙槽病态及处理 ... 267
- 5.7.16 铝电解中的电能节省 ... 269
- 5.7.17 铝电解槽的计算机控制 ... 269
- 5.7.18 铸锭 ... 270
- 5.7.19 降低铝生产成本 ... 271
- 思考题 ... 271
- 5.8 铝电解槽的污染治理 ... 272
- 思考题 ... 273

6 镁冶金 ... 274
- 6.1 概述 ... 274
  - 6.1.1 镁的性质和用途 ... 274
  - 6.1.2 镁矿资源 ... 276
  - 6.1.3 镁的制取方法及工艺流程 ... 276
- 思考题 ... 279
- 6.2 氯化镁的制取 ... 279
  - 6.2.1 氯化镁水合物脱水制取氯化镁 ... 280
  - 6.2.2 氧化镁氯化制取氯化镁 ... 283
- 思考题 ... 291
- 6.3 氯化镁电解制取金属镁 ... 292
  - 6.3.1 概述 ... 292
  - 6.3.2 镁电解质的物理化学性质 ... 294
  - 6.3.3 氯化镁电解过程的基本原理 ... 296
  - 6.3.4 镁电解工艺 ... 301
- 思考题 ... 304
- 6.4 热还原法炼镁 ... 304
  - 6.4.1 热还原法炼镁概述 ... 304
  - 6.4.2 金属热还原法炼镁 ... 306
- 思考题 ... 311

6.5 镁精炼 ··· 311
    6.5.1 粗镁中的杂质 ··· 311
    6.5.2 粗镁精炼原理 ··· 312
    6.5.3 镁的精炼方法 ··· 313
  思考题 ··· 315

7 钛冶金 316

  7.1 概述 ··· 316
    7.1.1 钛的性质和用途 ··· 316
    7.1.2 钛的资源 ··· 317
    7.1.3 钛的制取方法 ··· 319
  思考题 ··· 322
  7.2 钛铁矿的富集 ··· 322
    7.2.1 钛铁矿还原熔炼 ··· 322
    7.2.2 富钛料的生产工艺流程与设备 ································ 323
  思考题 ··· 324
  7.3 粗四氯化钛的制取 ··· 324
    7.3.1 概述 ··· 324
    7.3.2 含钛物料氯化的原理 ·· 325
    7.3.3 富钛料的氯化工艺 ··· 326
  思考题 ··· 329
  7.4 四氯化钛的精制 ··· 329
    7.4.1 杂质的特性 ·· 329
    7.4.2 除去杂质的方法 ··· 330
    7.4.3 四氯化钛精制的工艺流程 ······································· 330
  思考题 ··· 334
  7.5 镁热还原法制取海绵钛 ··· 335
    7.5.1 还原原理 ··· 335
    7.5.2 生产工艺 ··· 335
    7.5.3 钛的低价氯化物生成及危害 ··································· 338
    7.5.4 海绵钛的质量 ·· 339
  思考题 ··· 341
  7.6 钠热还原法生产金属钛 ··· 341
    7.6.1 热力学分析 ·· 341
    7.6.2 钠还原法生产海绵钛的工艺流程 ····························· 342
    7.6.3 钠的净化 ··· 342
    7.6.4 钠还原四氯化钛的工艺方法 ··································· 343
    7.6.5 还原产物的湿法处理 ·· 344
  思考题 ··· 345
  7.7 钛的精炼 ··· 345
    7.7.1 钛的电解精炼 ·· 345
    7.7.2 钛的碘化法精炼 ··· 346
  思考题 ··· 347

7.8 致密钛的生产 ······ 347
   7.8.1 致密钛生产方法概述 ······ 347
   7.8.2 钛真空熔炼的理论基础 ······ 348
   7.8.3 钛的粉末冶金 ······ 350
  思考题 ······ 351
7.9 残钛的来源及回收和利用 ······ 352
   7.9.1 残钛的来源 ······ 352
   7.9.2 残钛的回收和利用 ······ 352
  思考题 ······ 353

参考文献 ······ 354

0 绪 论

【内容导读】

> 本绪论介绍金属的定义及其分类；矿物、矿石和精矿的定义及其分类；冶金的概念及冶金方法分类。

0.1 金属及其分类

通常把元素周期表中具有金属光泽、可塑性、导电性及导热性良好的化学元素称为金属。在元素周期表中，金属元素有 80 多个，其他元素称为非金属。金属的分类是按历史上形成的工业分类法，这种分类法虽然没有严格的科学论证，但一直沿用到现代。

现代工业上习惯把金属分为黑色金属和有色金属两大类。其中铁、铬、锰三种金属属于黑色金属，其余的所有金属都属于有色金属。有色金属又分为重金属、轻金属、贵金属和稀有金属四类。

重金属——包括铜、铅、锌、锡、镍和钴等，它们的相对密度都很大，由 7~11。

轻金属——包括铝、镁、钙、钾、钠和钡等，它们的相对密度都小于 5。

贵金属——金、银、铂以及铂族元素属此类，这些金属在空气中不能氧化，由于它们的价值比一般金属昂贵而得名。

稀有金属——在 80 余种有色金属元素中，其中大约 50 种被认为是稀有金属。

稀有金属这一名称的由来，并不是由于这些金属元素在地壳中的含量稀少，而是历史上遗留下来的一种习惯性的概念。事实上有些稀有金属在地壳中的含量比一般普通金属多得多，例如，稀有金属钛在地壳中的含量占第九位，比铜、银、镍以及许多其他元素都多；稀有金属锆、锂、钒、铈在地壳中的含量比普通金属铅、锡、汞多。当然，稀有金属中有许多种在地壳中的含量确实是很少的，但含量少并不是稀有金属的共同特征。

所谓稀有金属系指那些发现较晚、在工业上应用较迟、在自然界中分布比较分散以及在提取方法上比较复杂的金属。稀有金属按其物理及化学性质的近似、在矿物原料中的共生关系、从原料中提取方法的类似以及其他共同特征，一般又分为五类。

稀有轻金属——锂、铍、铷等属此类，这类金属的特点是相对密度很小，如锂的相对密度为 0.53。

稀有高熔点金属——钨、钼、钛、锆、铪、钽、铌、铼等属此类，其特点是熔点都很高，如钛的熔点为 1660℃，钨的熔点为 3400℃。

稀散金属——铟、锗、镓、铊等属此类。这一类金属的共同特点是在地壳中几乎是平均分布的，没有单独的矿物，更没有单独的矿床，它们经常是以微量杂质形态存在于其他矿物的晶格中。稀散金属都是从冶金工业和化学工业部门的各种废料或中间产品中提取，如分散在铝土矿中的镓，可以在生产铝的中间产品中提取；锗常存在于煤中，可以从煤燃烧的烟尘或含锗渣中提取。

稀有放射性金属——属于这一类的是各种天然放射性元素钋、镭、锕及锕系元素（钍、镤、铀和各种超铀元素）。这类金属的共同特点是具有放射性。

稀土金属——稀土金属在门捷列夫周期表中自成一族，包括在这一类中的有镧及镧系元素（从原子序数为58的铈到原子序数为71的镥，共14个元素）。稀土金属的物理性质和化学性质非常相近，相互间差别很小，所以在矿石原料中，稀土金属总是相互伴生的；也正因为稀土金属性质相近，所以提取各种单独的纯稀土金属或单个的纯稀土化合物都是相当困难的。

0.2 矿物、矿石和精矿

矿物是地壳中具有固定化学组成和物理性质的天然化合物或自然元素，能够为人类利用的矿物称为有用矿物。含有用矿物的集合体，如其中金属的含量在现代技术经济条件下能够回收和加以利用的，这个矿物集合体叫做矿石。有用矿物在地壳中的分布是不均匀的，由于地质成矿作用，它们可富集在一起，形成巨大的矿石堆积。在地壳内或地表上矿石大量聚集且具有开采价值的区域叫做矿床。

在矿石中，除了有用矿物以外，几乎总是含有一些废石矿物，这些废石矿物称为脉石。所以矿石由两部分构成，即有用矿物和脉石。

矿石按其成分可分为金属矿石和非金属矿石。金属矿石是指在现代技术经济条件下可以从其中获得金属的矿石。而在金属矿石中按金属存在的化学状态可分为自然矿石、硫化矿石、氧化矿石、混合矿石。

自然矿石是指有用矿物是自然元素的矿石，如自然金、银、铂、元素硫等；硫化矿石的特点是有用矿物为硫化物的矿石，如黄铜矿（$CuFeS_2$）、方铅矿（PbS）、闪锌矿（ZnS）等；氧化矿石中有用矿物为氧化物的矿石，如赤铁矿（Fe_2O_3）、赤铜矿（Cu_2O）等；混合矿石是指有用矿物既有硫化物也有氧化物的矿石。

矿石的名称是根据从其中得出的金属而确定，如铜矿石、铁矿石等。只产出一种金属的矿石称为单金属矿石；从其中可提取两种以上金属的矿石称为多金属矿石。

矿石中有用成分的含量，称为矿石品位，用百分数表示。例如，品位为1%的铜矿石中，表示铜矿石中金属Cu的含量为1%。对于贵金属，由于其含量一般都很低，所以其矿石品位常以每吨中含有的克数来表示。

矿石品位越高越好，由此可以降低冶炼费用，而矿石品位越低，则获得每吨金属的冶炼费用就越高。所以为了降低冶炼费用总是希望矿石品位越高越好。为了提高矿石品位，所以工业上采用了各种选矿方法。各种选矿方法是提高矿石品位的手段，同时，选矿方法还可用来分开两种以上的有用矿物，以便在冶金过程中对这些矿物分别处理，这对于简化冶金工艺流程和降低冶炼费用都是有利的。

经过选矿处理而获得的高品位矿石称为精矿，如铜精矿等。

0.3 冶金的概念及冶金方法分类

冶金是研究由矿石或其他含金属原料中提取金属的一门科学。根据金属分类，通常可以将冶金工业分为黑色冶金工业和有色冶金工业。黑色冶金工业包括生铁、钢、铁合金（如铬铁、锰铁等）的生产企业；有色冶金工业包括其余所有各种金属的生产企业。

作为冶金原料的矿石（精矿），其中除含有所要提取的金属矿物外，还含有伴生金属矿物以及大量无用的脉石矿物。所以冶金的任务就是把所要提取的金属从成分复杂的矿物集合体中分离出来并加以提纯，这种分离和提纯过程常常不能一次完成，须进行多次。一般来说冶金过程包括：预备处理、熔炼和精炼三个循序渐进的作业过程。

在现代冶金中，由于矿石（或精矿）性质和成分、能源、环境保护以及技术条件等情况的不同，所以要实现上述冶金作业的工艺流程和方法是多种多样的。根据各种方法的特点，大体可分为三类：火法冶金、湿法冶金、电冶金。

(1) 火法冶金　在高温条件进行的冶金过程。即矿石或精矿中的部分或全部矿物在高温下经过一系列物理化学变化，生成另一种形态的化合物或单质，分别富集在气体、液体或固体产物中，达到所要提取的金属与脉石及其他杂质分离的目的。

实现火法冶金过程所需热能，通常是依靠燃料燃烧来供给，也有依靠过程中的化学反应来供给的，例如，硫化矿的氧化焙烧和熔炼就无需由燃料供热；金属热还原过程也是自热进行的。

火法冶金包括干燥、焙烧、熔炼、精炼、蒸馏等过程。

(2) 湿法冶金　湿法冶金是在溶液中进行的冶金过程。湿法冶金温度不高，一般低于100℃，现代湿法冶金中的高温高压过程，温度也不过 200℃ 左右，极个别情况温度可达 300℃。

湿法冶金包括浸出、净化、制备金属等过程。

① 浸出　用适当的溶剂处理矿石或精矿，使要提取的金属成某种离子（阳离子或络阴离子）形态进入溶液，而脉石及其他杂质则不溶解，这样的过程叫浸出。

浸出后经沉清和过滤，得到含金属（离子）的浸出液和由脉石矿物组成的不溶性残渣（浸出渣）。对某些难浸出的矿石或精矿，在浸出前常常需要进行预备处理，使被提取的金属转变为易于浸出的某种化合物或盐类。例如，转变为可溶性的硫酸盐而进行的硫酸化焙烧等，都是常用的预备处理方法。

② 净化　在浸出过程中，常常有部分金属或非金属杂质与被提取金属一道进入溶液，从溶液中除去这些杂质的过程叫做净化。

③ 制备金属　用置换、还原、电积等方法从净化液中将金属提取出来的过程。

(3) 电冶金　电冶金是利用电能提取金属的方法。根据利用电能效应的不同，电冶金又分为电热冶金和电化冶金。

① 电热冶金　电热冶金是利用电能转变为热能进行冶炼的方法。在电热冶金的过程中，按其物理化学变化的实质来说，与火法冶金过程差别不大，两者的主要区别只是冶炼时热能来源不同。

② 电化冶金（电解和电积）　电化冶金是利用电化学反应，使金属从含金属盐类的溶液或熔体中析出。前者称为溶液电解，如铜的电解精炼和锌的电积，可列入湿法冶金一类；后者称为熔盐电解，不仅利用电能的化学效应，而且也利用电能转变为热能，借以加热金属盐类使之成为熔体，故也可列入火法冶金一类。

从矿石或精矿中提取金属的生产工艺流程，常常是既有火法冶金过程，又有湿法冶金过程，即使是以火法为主的工艺流程，比如，硫化铜精矿的火法冶炼，最后还须要有湿法的电解精炼过程；而在湿法炼锌中，硫化锌精矿还需要用高温氧化焙烧对原料进行炼前处理。

思 考 题

1. 金属具有哪些与非金属不同的特点？现代工业对金属的分类的依据是什么？
2. 有色金属分为哪几类？
3. 金属矿石分为哪几类？
4. 何谓精矿？如何提高矿石的品位？
5. 对于冶金的定义你是如何理解的？
6. 火法冶金的实质是什么？包括哪些工序？
7. 湿法冶金的实质是什么？包括哪些工序？
8. 电冶金的实质是什么？

1 铜 冶 金

1.1 概 述

【内容导读】

本节主要介绍铜及铜的化合物的物理性质、化学性质及其用途；铜矿的资源；铜的制取方法、原理及工艺流程。

铜是人类发现和使用最早的金属之一。随着铜器的出现，在世界文化史上标志着石器时代的结束和青铜器时代的开始。我国早在公元前两千年就已经大量生产、使用青铜，在铜的铸造、锻造、机械加工、热处理、冶炼等方面具有显著成就。真正引起炼铜工艺革命的是 19 世纪后期，即 1880 年出现的转炉（贝塞麦特炉）。用转炉吹炼铜锍，大大缩短了冶炼周期，使炼铜工业进入到一个新时期。

从 20 世纪 70 年代末开始，全世界炼铜工业面貌发生了巨大变化，以美国犹他冶炼厂的奥托昆普闪速炉为代表的绿色冶金工业正在发展和推广。

世界铜资源主要集中在智利、美国、赞比亚、俄罗斯和秘鲁等国。智利是世界上铜资源最丰富的国家，其铜金属储量约占世界总储量的 1/4。智利也是世界上最大的铜出口国，开采的铜矿石和生产的铜绝大部分出口。美国、日本是主要的精炼铜生产国，世界主要铜进口国家和地区：美国、日本、欧盟、中国。

我国的铜资源分布很广，几乎遍及全国。储量排位居前 5 位的省（区）为江西、西藏、云南、甘肃、安徽。

在国内经济持续快速发展和对铜需求不断增加，以及环境保护、能源和剧烈市场竞争的推动下，我国铜冶金工厂的技术与装备发展迅速。以新一代闪速炉、艾萨法和诺兰达法为代表的许多新工艺，已经被和正在被我国主要铜企业引进采用。

1.1.1 铜的物理性质

铜在元素周期表中是属于第一副族的元素，原子序数为 29，相对原子质量为 63.57。

铜是一种玫瑰红色、柔软，具有良好延展性能的金属，易于锻造和压延。铜是电和热的良导体，仅次于银而居第二位。铜中杂质含量的多少直接影响铜的导电性能，杂质含量越高，电导率越低。

铜在常温（20℃）时的相对密度为 8.89，铜及其化合物无磁性。铜的熔点为 1083℃，沸点为 2310℃；在熔点时铜蒸气压很小，仅为 1.60Pa，因此铜在火法冶炼的温度条件下很难挥发。

铜熔体能溶解 SO_2，O_2，H_2，CO_2，CO 及水蒸气等气体。当熔体凝固时，溶解的气体从铜中逸出，会造成铜铸件结构不致密，对铸件力学性能有不利影响。

1.1.2 铜的化学性质

铜是第Ⅰ副族的元素，能形成一价和二价铜的化合物。

① 铜在常温、干燥的空气中不发生化学变化，但在含有 CO_2 的潮湿空气中，易生成一薄层碱式碳酸铜（铜绿），即 $CuCO_3 \cdot Cu(OH)_2$，这种薄膜能保护铜不再被腐蚀。但铜绿有毒，故纯铜不宜做食用器具。

② 铜在空气中加热至 185℃ 时开始氧化，表面生成暗红色的 Cu_2O；当温度高于 350℃ 时，表面生成黑色的 CuO。

③ 铜不溶解于盐酸和没有溶解氧的硫酸中，只有在具有氧化作用的酸中才能溶解。

④ 铜可溶于王水、氰化物、氯化铁、氯化铜、硫酸铁以及氨水中。

⑤ 铜能与氧、硫、卤素等元素直接化合。

⑥ 铜能与锌、锡、镍互熔，组成一系列不同特性的合金。如黄铜（Cu-Zn）富延展性；青铜（Cu-Sn）有较高耐磨性；白铜（Cu-Ni）有较高耐磨性和抗腐蚀性。

1.1.3 铜的主要化合物及其性质

（1）氧化铜（CuO） 在自然界中以黑铜矿的形态存在，黑色无光泽。氧化铜是不稳定化合物，在空气中加热至 1060℃ 即开始分解：$4CuO = 2Cu_2O + O_2 \uparrow$，即氧化铜完全转变成氧化亚铜，这是因为在该温度下氧化铜的离解压高于空气中氧的分压。

氧化铜易被 H_2、CO、C、C_xH_y 等还原成金属铜。在冶炼过程中，还可被其他硫化物和较负电性金属如锌、铁、镍等还原。氧化铜不溶于水，但溶于 $FeCl_2$、$FeCl_3$、$Fe_2(SO_4)_3$、NH_4OH 及 $(NH_4)_2CO_3$ 中，且易与各种稀酸起作用。

（2）氧化亚铜（Cu_2O） 自然界中以赤铜矿的形态存在，根据晶粒大小不同，颜色也各异。组织致密呈樱红色，粉末状的则为洋红色。

氧化亚铜熔点为 1235℃。加热到 2200℃ 以上时才离解：$2Cu_2O = 4Cu + O_2 \uparrow$，在 1060℃ 以下时则部分或全部变成 CuO。

Cu_2O 易被 H_2、CO、C、C_xH_y 和铁、锌或对氧亲和力大的元素还原成金属铜。

Cu_2O 与某些金属硫化物共热时，发生交互反应：

$2Cu_2O + Cu_2S = 6Cu + SO_2 \uparrow$ （这是铜锍吹炼成粗铜的理论基础）

$Cu_2O + FeS = Cu_2S + FeO$ （这是铜锍熔炼的基本反应）

Cu_2O 也不溶于水，但溶于 HCl、H_2SO_4、$FeCl_3$、$Fe_2(SO_4)_3$、NH_4OH 等溶剂，这是氧化矿湿法冶金的基础。

（3）硫化铜（CuS） 硫化铜在自然界中以铜蓝的矿物形态存在。呈黑绿色或棕色，相对密度 4.66，熔点 1110℃。硫化铜是不稳定化合物，在中性或还原性气氛中加热分解：

$4CuS = 2Cu_2S + S_2$

CuS 不溶于水、稀 H_2SO_4 和苛性钠，可溶于热硝酸、氰化钾。

（4）硫化亚铜（Cu_2S） 自然界中硫化亚铜以辉铜矿的形态存在。呈蓝黑色，相对密度 5.785，熔点 1135℃；常温下很稳定，不被空气氧化。在高温下（1150℃），有氧条件下强烈氧化：

$Cu_2S + O_2 = 2Cu + SO_2$

Cu_2S 不溶于水，几乎不溶于弱酸，能溶于硝酸。Cu_2S 与浓盐酸作用时，逐渐溶解时放出 H_2S。Cu_2S 能很好地溶于 $FeCl_3$、$Fe_2(SO_4)_3$、$CuCl_2$ 和 HCN（需氧）。

由于铜对硫的亲和力大，在有足够硫（如 FeS）存在的条件下，铜均以 Cu_2S 形态存在。Cu_2S 与 FeS 及其他金属硫化物共熔形成锍，即冰铜。冰铜是炼铜过程中重要的中间产物。在冰铜吹炼的过程中正是利用这一特性使铁、镍氧化造渣，然后再把 Cu_2S

吹炼成粗铜。

(5) 铜的铁酸盐　铜的铁酸盐有两种：铁酸铜（$CuO \cdot Fe_2O_3$）和铁酸亚铜（$Cu_2O \cdot Fe_2O_3$）。铜的铁酸盐不溶于水、氨水及一般溶剂，易被强碱性氧化物或硫化物所分解。

$$Cu_2O \cdot Fe_2O_3 + CaO = CaO \cdot Fe_2O_3 + Cu_2O$$

$$5Cu_2O \cdot Fe_2O_3 + 2FeS = 10Cu + 4Fe_3O_4 + 2SO_2$$

(6) 铜的硅酸盐　在自然界中，铜的硅酸盐呈硅孔雀石（$CuSiO_3 \cdot 3H_2O$）和透视石（$CuSiO_3 \cdot H_2O$）的矿物形态存在。这两种矿物在高温下形成稳定的硅酸亚铜（$2Cu_2O \cdot SiO_2$）。硅酸亚铜在 1100～1200℃下熔化。硅酸亚铜易被 H_2、CO 及 C 还原，也容易被较强的碱性氧化物（如 FeO、CaO）及硫化物（如 FeS、Cu_2S）分解。

$$2Cu_2O \cdot SiO_2 + 2FeS = 2FeO \cdot SiO_2 + 2Cu_2S$$

工业上往往向含铜的熔渣中加黄铁矿（FeS_2）回收铜，正是基于此反应。硅酸亚铜可溶于浓硝酸及乙酸中，易溶于盐酸，微溶于硫酸。

(7) 铜的碳酸盐　在自然界中呈孔雀石[$CuCO_3 \cdot Cu(OH)_2$]和蓝铜矿[$2CuCO_3 \cdot Cu(OH)_2$]的矿物形态存在。这两种化合物在 220℃以上时完全分解为 CuO，CO_2 和 H_2O。

(8) 硫酸铜（$CuSO_4$）　在自然界中以胆矾（$CuSO_4 \cdot 5H_2O$）的矿物形态存在。$CuSO_4 \cdot 5H_2O$ 呈蓝色，失去结晶水变成白色粉末。硫酸铜加热时分解：

$$2CuSO_4 = CuO \cdot CuSO_4 + SO_3 (或 SO_2 + \frac{1}{2}O_2)$$

$$CuO \cdot CuSO_4 = 2CuO + SO_3 (或 SO_2 + \frac{1}{2}O_2)$$

硫酸铜易溶于水，可用 Fe、Zn 等比铜更负电性的元素从硫酸铜水溶液中置换出金属铜。

(9) 铜的氯化物　铜的氯化物有两种：$CuCl_2$ 和 CuCl（或 Cu_2Cl_2）。$CuCl_2$ 无天然矿物，人造 $CuCl_2$ 为褐色粉末，熔点为 489℃，易溶于水。加热至 340℃分解，生成白色的氯化亚铜粉末。

$$2CuCl_2 = Cu_2Cl_2 + Cl_2$$

Cu_2Cl_2 熔点为 420～440℃，相对密度为 3.53，是易挥发化合物。这一特点在氯化冶金中得到应用。Cu_2Cl_2 的食盐溶液可使 Pb、Zn、Cd、Fe、Co、Bi 和 Sn 等金属硫化物分解，形成相应的金属氯化物和 CuS。可用 Fe 将 Cu_2Cl_2 熔液中的铜置换沉淀出来。

1.1.4　铜及化合物的用途

铜是人类最早发现和使用的金属之一。铜及其合金的应用范围很广。在有色金属中，铜的产量和耗用量仅次于铝，居第二位。

铜的导电性仅次于银，居金属中的第二位，大量用于电气、电子工业，占总消费量一半以上，用于各种电缆和导线、电机和变压器的绕阻、开关以及印刷线路板等。铜的导热性能好，因此常用铜制造加热器、冷凝器与热交换器等。

在机械和运输车辆制造中，铜及其合金用于制造工业阀门和配件、仪表、滑动轴承、模具和泵等。铜及其合金在化学工业中广泛应用于制造真空器、蒸馏锅、酿造锅等。在国防工业中用以制造子弹、炮弹、枪炮零件等，每生产 100 万发子弹，需用铜 13～14t。在建筑工业中，铜及其合金用做各种管道、管道配件、装饰器件等。铜的化合物是电镀、原电池、农药、颜料、染料和催化剂等行业的重要化工原料。

铜还是所有金属中最易再生的金属之一，目前，再生铜约占世界铜总供应量的40%。

铜可锻、耐蚀、有韧性。铜易与其他金属形成合金，铜合金种类很多，具有新的特性，有许多特殊用途。例如，青铜（80%Cu，15%Sn，5%Zn）质坚韧，硬度高，易铸造；黄铜（60%Cu，40%Zn）广泛用于制作仪器零件；白铜（50%～70%Cu，18%～20%Ni，13%～15%Zn）主要用作刀具。

铜也存在于人体内及动物和植物中，对保持人的身体健康是不可缺少的。现已知铜的最重要生理功能是人血清中的铜蓝蛋白，它有催化铁的生理代谢过程功能。铜还可以提高白细胞消灭细菌的能力，增强某些药物的治疗效果。铜虽然是生命攸关的元素，但如果摄入过多，会引起多种疾病。

1.1.5 炼铜原料

铜的生产原料分为铜矿物和铜的二次回收料。由前者生产的铜称为矿铜，由二次回收料生产的铜一般称为再生铜。

铜在地壳中的含量仅为0.01%。铜是一种典型的亲硫元素，在自然界中主要形成硫化物，只有在强氧化条件下形成氧化物，在还原条件下可形成自然铜。目前，在地壳上已发现铜矿物和含铜矿物约计250多种，主要是硫化物及其铜的氧化物、自然铜以及铜的硫酸盐、碳酸盐、硅酸盐类等矿物。

铜矿物可分为自然铜、硫化矿和氧化矿三种类型。自然铜在自然界中很少，主要是硫化矿和氧化矿。特别是硫化矿分布最广，属原生矿，主要矿物有辉铜矿（Cu_2S）、铜蓝（CuS）、黄铜矿（$CuFeS_2$）等，是当今炼铜的主要原料。氧化矿属次生矿，主要矿物有赤铜矿（Cu_2O）、黑铜矿（CuO）、孔雀石［$CuCO_3 \cdot Cu(OH)_2$］等。铜矿物中较常见的矿物及其性质如表1-1所列。

表1-1 铜的主要矿物

矿物类别	矿物名称	分子式	Cu含量/%	密度/(g/cm³)	颜色
自然矿物	自然铜	Cu	100	8.9	红色
硫化矿物	辉铜矿	Cu_2S	79.8	5.5～5.8	铅灰至灰色
	铜蓝	CuS	66.7	4.6～4.7	靛蓝或灰黑色
	黄铜矿	$CuFeS_2$	34.6	4.1～4.3	黄铜色
	斑铜矿	Cu_4FeS_4	63.5	5.06	铜红至深黄色
	硫砷铜矿	Cu_3AsS_4	49.0	4.45	灰黑色
	黝铜矿	$(Cu,Fe)_{12}Sb_4S_{13}$	25.0	4.6～5.1	灰黑色
氧化矿物	赤铜矿	Cu_2O	88.8	7.14	红色
	黑铜矿	CuO	79.9	5.8～6.1	灰黑色
	孔雀石	$CuCO_3 \cdot Cu(OH)_2$	57.5	4.05	亮绿色
	蓝铜矿	$2CuCO_3 \cdot Cu(OH)_2$	68.2	3.77	亮蓝色
	硅孔雀石	$CuSiO_3 \cdot 2H_2O$	36.2	2.0～2.2	蓝绿色
	胆矾	$CuSO_4 \cdot 5H_2O$	25.5	2.29	蓝色

铜精矿由于矿石产地、矿石种类和选矿技术条件的不同，其化学成分和矿物组成是十分复杂的。目前工业开采的铜矿石最低品位为 0.4%～0.5%。开采出来的低品位矿石，经过选矿富集，使铜的品位提高到 10%～30%。

除了主要的矿物外，铜矿中还含有少量其他金属，如铅、锌、镍、铁、砷、锑、铋、硒、碲、钴、锰等，并含有金银等贵金属和稀有金属，它们在冶炼中分别归入不同的产品，所以炼铜工厂通常设有综合回收这些金属的车间。

1.1.6 铜的生产方法

铜的生产方法概括起来有火法和湿法两大类。

火法炼铜是当今生产铜的主要方法，世界上 80% 左右的铜是用火法炼铜方法生产的。火法炼铜是将铜精矿和熔剂一起在高温下熔化，或直接炼成粗铜，或先炼成冰铜，然后再炼成粗铜。这种方法可处理各种不同的铜矿，特别是对一般硫化矿和富氧化矿很适用。

火法炼铜如图 1-1 所示。

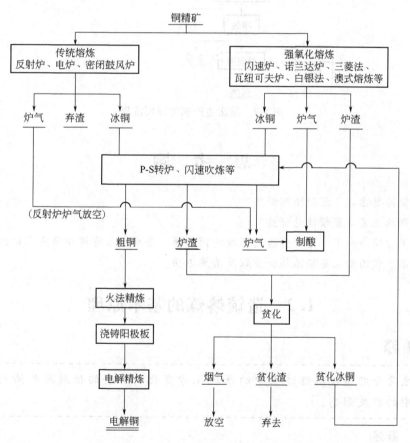

图 1-1　火法生产铜的原则流程图

湿法炼铜是在常压或高压下，用溶剂浸出矿石或焙烧矿中的铜，经净液使铜与杂质分离，而后用电积或置换等方法，将溶液中的铜提取出来。

湿法炼铜通常用于处理氧化铜矿、低品位废矿、坑内残矿和难选复合矿。对氧化矿，大多数工厂用溶剂直接浸出；对硫化矿，一般先经焙烧然后浸出焙烧矿。

湿法炼铜的原则流程如图 1-2 所示。

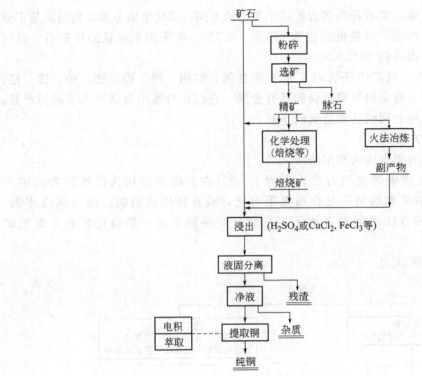

图1-2 湿法生产铜的原则流程

思 考 题

1. 对于铜的用途,你还知道有哪些?
2. 当今铜的主要消费领域是哪些?
3. 试从资源综合利用和生产过程对环境的两方面,分析火法炼铜和湿法炼铜的主要优缺点。
4. 请列举出我国的主要铜冶炼企业以及冶炼方法。

1.2 造锍熔炼的基本原理

【内容导读】

本节主要介绍造锍熔炼过程中的物理化学变化;炉渣的性质及炉渣与冰铜分离;铜在炉渣中的损失形态。

1.2.1 概述

现代造锍熔炼是在1150～1250℃的高温下,使硫化铜精矿和熔剂在熔炼炉内进行氧化熔炼。炉料中的铜、硫与未氧化的铁形成液态铜锍,即冰铜。这种铜锍是以Cu_2S-FeS为主,并熔有Au、Ag等贵金属及少量其他金属硫化物的共熔体。经过造锍熔炼,物料中除了硫氧化成SO_2从烟气中排出以外,其他元素有少量挥发,大部分则分别进入冰铜和炉渣两种产物中。炉料中的SiO_2,Al_2O_3,CaO等成分与FeO一起形成液态炉渣。炉渣是以$2FeO \cdot SiO_2$(铁橄榄石)为主的氧化物熔体。铜锍与炉渣互不相溶,且密度各异从而分离。

1.2.2 造锍熔炼过程的主要化学反应类型

造锍熔炼可认为是硫化铜精矿的直接氧化熔炼，目的是使精矿中的有价金属熔融成铜锍。冰铜熔炼所用原料主要是铜精矿和含铜的返料，除了有 Cu、Fe、S 等元素外，还含有 SiO_2、CaO、MgO 等。

造锍熔炼炉料中主要的化合物是硫化物、氧化物和碳酸盐。在熔炼过程中发生的化学反应如下。

1.2.2.1 高价硫化物、氧化物及碳酸盐的分解

熔炼未经焙烧或烧结处理的生精矿或干精矿时，炉料中含有较多的高价硫化物，在熔炼炉内被加热后，离解成低价化合物。在 1200℃ 以上，所有高价化合物均会发生离解反应。

高价硫化物的离解反应：

$$FeS_2 = FeS + 0.5S_2$$

$$Fe_nS_{n+1} = nFeS + 0.5S_2$$

$$2CuFeS_2 = Cu_2S + 2FeS + 0.5S_2$$

$$2CuS = Cu_2S + 0.5S_2$$

$$2Cu_3FeS_3 = 3Cu_2S + 2FeS + 0.5S_2$$

$$3NiS = Ni_3S_2 + 0.5S_2$$

氧化铜和碳酸盐的离解反应：

$$2CuO = Cu_2O + 0.5O_2$$

产物 Cu_2O 是较为稳定的化合物，在冶炼温度下（1300～1500℃）是不分解的。

$$CaCO_3 = CaO + CO_2$$

$$MgCO_3 = MgO + CO_2$$

所有离解反应均为吸热反应。离解生成的 S_2 被炉中的氧化气氛氧化为 SO_2。在熔炼高温下，稳定的铜化合物是 Cu_2S 和 Cu_2O，稳定的铁硫化物是 FeS，稳定的镍化物是 Ni_3S_2 和 NiO。

1.2.2.2 硫化物氧化

在现代强化熔炼炉中，炉料往往很快地就进入高温强氧化气氛中，所以高价硫化物除发生离解反应外，还会被直接氧化。主要的氧化反应如下。

$$FeS + 1.5O_2 = FeO + SO_2$$

$$FeS_2 + 2.5O_2 = FeO + 2SO_2$$

$$3FeS + 5O_2 = Fe_3O_4 + 3SO_2$$

$$Cu_2S + 1.5O_2 = Cu_2O + SO_2$$

$$10Fe_2O_3 + FeS = 7Fe_3O_4 + SO_2$$

其他有色金属硫化物（NiS、PbS、ZnS 等）也会被氧化成相应的氧化物。

1.2.2.3 铁的氧化物及脉石造渣反应

造锍熔炼中另一类反应是硫化物与氧化物的交互反应，它是最重要的一类反应。因为这类反应决定着铜与其他有价金属在冰铜中的回收程度，决定着 Fe_3O_4 还原造渣的顺利和完全程度。

(1) 氧化物硫化反应 FeS-MeO 体系　有色金属氧化物 MeO 与 FeS 之间的反应是造锍过程中有价元素富集于冰铜的基本反应。依靠硫化反应，以 Cu_2O 形式存在于炉料中的铜得以回收进入冰铜：

$$[FeS]+(Cu_2O) \Longleftrightarrow (FeO)+[Cu_2S] \tag{1-1}$$

$$K_p = \frac{a_{(FeO)} a_{[Cu_2S]}}{a_{[FeS]} a_{(Cu_2O)}}$$

式中，( ) 为渣相；[ ] 为冰铜相。

当 $t=1300℃$ 时，$K_p=3.55×10^4$，平衡常数值很大，表明 Cu_2O 几乎完全被硫化进入冰铜。从上式可以估算出渣中铜以 Cu_2O 形式的损失值。

若 $a_{(FeO)}=0.4$，$a_{[Cu_2S]}/a_{[FeS]}=1$，则 $a_{(Cu_2O)}=4.2×10^{-5}$，相当于 Cu 为 0.12%～0.15%。可见，反应平衡时，以 Cu_2O 形式进入炉渣的量是很小的。由 K_p 式可以看出，在一定熔炼温度下，有足够的 SiO_2 存在和较低的冰铜品位，有利于降低渣中的 Cu_2O。

造锍熔炼过程中物料中的铜以 Cu_2S 的形态进入冰铜相中；铁一部分以 FeS 的形态进入冰铜相，一部分以 FeO 的形态与 SiO_2 反应造渣进入渣相。FeS 是绝大部分的铜以 Cu_2S 的形态进入冰铜相的保证。

(2) 相同金属氧化物与硫化物之间的反应　Cu_2S 与 Cu_2O 的反应如下：

$$2Cu_2O+Cu_2S \Longleftrightarrow 6Cu+SO_2 \tag{1-2}$$

在 1300℃ 时，该反应的平衡常数 $K_p=76$。从热力学上来看，在冶炼温度下该反应很容易进行。

传统熔炼体系中，由于 FeS 的存在，反应 (1-1) 的吉布斯自由能变化比反应 (1-2) 大得多，因而反应 (1-2) 不会发生。只有在连续熔铜和氧气自热熔炼生产高品位冰铜时，上述反应才会发生，致使冰铜中有金属铜存在。

由以上各个熔炼化学反应的结果，形成了 FeS、Cu_2S、FeO、Fe_3O_4 以及少量的 Cu_2O。

(3) 造渣反应　来自于热分解和氧化反应生成的 Fe_3O_4、FeS、FeO、Cu_2S、Cu_2O 以及炉料中的 SiO_2 在高温相互接触条件下将进行交互反应。

$$2FeO+SiO_2 \Longleftrightarrow 2FeO \cdot SiO_2$$

$$3Fe_3O_4+FeS+5SiO_2 \Longleftrightarrow 5(2FeO \cdot SiO_2)+SO_2$$

在还原熔炼中，Fe_3O_4 是靠还原气氛（p_{CO_2}/p_{CO} 之比）来使之还原造渣的；而在氧化气氛的造锍熔炼中，只能依靠与 FeS 的作用来还原。

在火法炼铜过程中，原料中的 FeS 会优先发生氧化反应转变为 FeO，而由于氧位的升高，FeO 会进一步氧化成 Fe_3O_4，即炉料中铁的一部分形成 Fe_3O_4。Fe_3O_4 的熔点高（1597℃），在渣中以 Fe—O 复杂离子状态存在。当其量较多时，会使炉渣熔点升高，密度增大，恶化了渣与锍的沉清分离。当熔体温度下降时，Fe_3O_4 会析出沉于炉底及某些部位形成炉结，还会在冰铜与炉渣界面上形成一层黏渣隔膜层，危害正常操作。

正常的熔炼作业中，要求固体磁性氧化铁（Fe_3O_4）不从炉渣中析出。但在某些情况下，比如，炉衬耐火材料需要保护以及当漏炉事故发生或者存在着漏炉的危险性时，却又希望 Fe_3O_4 以单独的相析出，并沉积于炉底。因此渣中 Fe_3O_4 的溶解与析出在生产上是一个相当重要的问题。

由于 SiO_2 的存在，Fe_3O_4 的破坏变得容易了，在 1100℃ 下就能进行造渣反应。随温度的升高，平衡常数 K_p 值增大。可见 SiO_2 的存在是 Fe_3O_4 破坏的必要条件。

影响 Fe_3O_4 破坏的主要原因是炉渣成分和温度，其次为锍品位与炉气成分。为减少熔

炼过程的 Fe_3O_4 量，采取以下一些措施：

① 尽量提高熔炼温度；
② 适当增加炉渣中 SiO_2 含量，一般 35% 以上；
③ 控制适当的冰铜品位（含 Cu 40%~50%），以保持足够的 FeS 量；
④ 创造 Fe_3O_4 与 FeS 和 SiO_2 的良好接触条件。

1.2.2.4　燃料的燃烧反应

$$C + O_2 = CO_2$$
$$2H_2 + O_2 = 2H_2O$$
$$CH_4 + 2O_2 = 2H_2O + CO_2$$

硫化物的氧化和造渣反应是放热反应。利用这些热量可以降低熔炼过程燃料消耗，甚至可实现自热熔炼。

1.2.3　冰铜和炉渣的性质及分离

1.2.3.1　冰铜的性质

冰铜是在熔炼过程中产生的以重金属硫化物为主的共熔体，是熔炼过程的主要产物之一，是以 Cu_2S-FeS 系为主并溶解少量其他金属硫化物（如 Ni_3S_2、Co_3S_2、PbS、ZnS 等）、贵金属（Au、Ag）、铂族金属、Se、Te、As、Sb、Bi 等元素及微量脉石成分的多元系混合物。铜锍是金、银和铂族金属的良好捕集剂。

FeS-MeS 共熔的特性就是重金属矿物原料造锍熔炼的依据。

图 1-3 为 Cu_2S-FeS 二元系相图。由图可见，共熔性表现在：在熔炼温度下（1200℃）两种硫化物均为液相，而且完全互溶形成均质溶液，并且是稳定的，不会进一步分解为金属铜和铁。

冰铜的主要性质如下。

① 相对密度：4.4~4.7，远高于炉渣相对密度（3~3.7）。
② 黏度：$\eta = 2.4 \times 10^{-3}$ Pa·s，比炉渣黏度低很多（0.5~2 Pa·s）。
③ 表面张力：与铁橄榄石（$2FeO \cdot SiO_2$）熔体间的界面张力约为 20~60 N/m，其值很小，由此可判断冰铜容易悬浮在熔渣中。

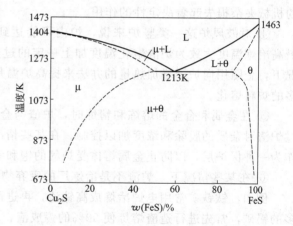

图 1-3　Cu_2S-FeS 二元系相图
μ 相为 Cu_2S 固溶体；θ 相为 FeS 固溶体；L 为液相

④ 冰铜的主要成分 Cu_2S 和 FeS 是 Au 和 Ag 的强有力的溶解剂。
⑤ 液态冰铜遇水爆炸，其原因如下：

$$Cu_2S + 2H_2O = 2Cu + 2H_2 + SO_2$$
$$FeS + H_2O = FeO + H_2S$$
$$3FeS + 4H_2O = Fe_3O_4 + 3H_2S + H_2$$

反应产生的 H_2 和 H_2S 与空气中氧反应而引起爆炸。

$$2H_2S + 3O_2 = 2H_2O + 2SO_2$$
$$2H_2 + O_2 = 2H_2O$$

当冰铜中 Cu_2S 质量分数增加时，冰铜中溶解的 FeO 量随之减少，当冰铜成分接近于纯

Cu_2S 时，溶解的 FeO 量很少。这表明，冰铜溶解氧主要是 FeS 对 FeO 的溶解，而 Cu_2S 对 FeO 几乎不溶解。因此，低品位冰铜溶解氧的能力高于高品位冰铜。

冰铜中溶解的氧越多，冰铜中的硫含量就越低，不利于冰铜的形成。除了冰铜品位外，炉渣成分和温度对其也有影响。图 1-4 示出渣含 SiO_2 和冰铜品位对冰铜溶解氧的影响。

1.2.3.2 炉渣的性质

（1）炉渣的作用　炉渣是火法冶金的必然产物，其组成主要来自矿石、熔剂和燃料灰分中的造渣成分。炉渣主要是由各种氧化物组成的熔体。炉渣的作用如下。

① 冶金炉渣的主要作用是使矿石和熔剂中的脉石、燃料中的灰分集中，并在高温下与主要的冶炼产物金属、锍等分离。

② 炉渣是一种介质，进行着许多冶金反应。例如，在铅还原熔炼时，溶解在炉渣中的硅酸铅便可直接从炉渣中被还原剂（CO 或 C）还原。金属在炉渣中的损失主要决定于这些反应的完全程度。

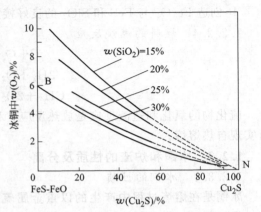

图 1-4　渣含 SiO_2 和冰铜品位与冰铜溶解氧的关系

③ 在炉渣中发生金属液滴或锍液滴的沉降分离，沉降分离的完全程度对金属在炉渣中的机械夹杂损失起着决定性的作用。

④ 对鼓风炉这一类竖炉来说，炉内可能达到的最高冶炼温度取决于炉渣的熔化温度。最高冶炼温度大致为炉渣熔化温度加上一定的过热度（423～523K）。在炉渣组成一定的情况下，企图用向炉子增加热量的办法来提高炉温是不可能的，因为多供应的热量只能促使更多的炉料熔化。

⑤ 在金属和合金的熔炼和精炼时，炉渣与金属熔体的组分相互进行反应，从而可以通过炉渣对杂质的脱除和浓度加以控制。在某些情况下，炉渣可用来覆盖在金属或合金之上，作为一种保护层，以防止金属熔体受炉气的饱和和氧化。

⑥ 在某些情况下，炉渣不是冶炼厂的废弃物，而是一种中间产物。

例如，钛铁矿常用电炉冶炼成高钛渣，再进而提取钛。又如对铜、铅、砷和其他杂质很多的锡矿，常先进行造渣熔炼使 90% 的锡成渣，然后再冶炼含锡渣提取金属锡

⑦ 用矿热式电炉冶炼时，炉渣是电阻发热体，可用调节电极插入渣中深度的方法来调节电炉的功率。用反射炉熔炼时，炉渣是传热介质，通过它把热量传递给金属熔体。

要使炉渣在冶炼过程中发挥其有利的作用，就必须根据各种有色金属冶炼过程的特点，合理地选择炉渣成分，使之具有合适要求的物理化学性质，如适当的熔化温度和酸碱性、较低的黏度和密度等。

（2）炉渣的性质

① 炉渣的酸碱性　炉渣的分类常以炉渣的酸度或碱度来划分。过去常以酸度（硅酸度）来对炉渣进行分类，现在许多冶金学家大都以碱度来分类。

碱度定义如下：

$$M_0 = \frac{\%[CaO] + \%[MgO] + \%[FeO]}{\%[SiO_2] + \%[Al_2O_3]}$$

$M_0 = 1$ 的渣称为中性渣，$M_0 > 1$ 的渣称为碱性渣，$M_0 < 1$ 的渣称为酸性渣。

鼓风炉渣是典型的碱性渣（$M_0=1.1\sim1.5$），闪速熔炼炉渣也为碱性渣（$M_0=1.4\sim1.6$）。

② 黏度　黏度是熔渣的重要性质，关系到冶炼过程能否进行，也关系到金属或锍能否充分地通过渣层沉降分离。

冶炼生产过程中要求炉渣具有较小的黏度，以利于操作和渣与冰铜的分离。

a. 熔渣的黏度与成分的关系：SiO_2 对炉渣的黏度影响最大。熔渣中 SiO_2 含量愈高，硅氧配合阴离子的结构愈复杂，从而熔融炉渣的黏度愈大，炉渣流动性愈差。炉渣中酸性氧化物如 Al_2O_3 等也有类似的影响。加入碱性氧化物，可以使硅氧络阴离子结构变得简单，降低炉渣黏度。

碱性氧化物的含量增加时，硅氧配阴离子的离子半径变小，黏度将有所下降，但并不是说炉渣中碱性氧化物含量愈高黏度愈低，相反，碱度太高的炉渣是黏而难熔的。

b. 熔渣的黏度与温度的关系：任何组成的炉渣，其黏度都是随着温度的升高而降低的。但是温度对碱性渣和酸性渣的影响有显著的区别，如图 1-5 所示。

碱性炉渣受热熔化时，立即转变成各种 Me^{2+} 和半径较小的硅氧络阴离子，黏度迅速下降。在黏度-温度曲线 1 上有明显的转折点。当温度超过转折点 T' 温度后，曲线变得比较平缓，即温度对黏度的影响不明显。

酸性炉渣含 SiO_2 高，随着温度升高复杂的硅氧络阴离子逐步离解为简单的络阴离子，因此黏度也逐渐降低。其黏度-温度曲线 2 上没有明显的转折点。

③ 熔渣的密度和金属微粒在渣中的沉降　熔渣密度的大小直接影响到冶炼过程中炉渣与金属之间分离的难易，所以在生产实践中具有重要意义。

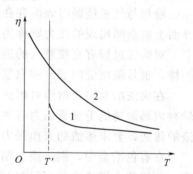

图 1-5　炉渣的黏度-温度曲线
1—碱性炉渣；2—酸性炉渣

熔渣的密度测定的数据较少，因固态炉渣熔化后的密度变化很小，故可近似地采用固态炉渣的密度值。这虽然不够精确，但生产中是可取的。表 1-2 列出了几种氧化物的密度。

炉渣的密度可近似地由组成炉渣的氧化物的密度来计算。

$$\rho_{渣}=\sum[\rho(MeO)\cdot w(MeO)]$$

式中　$\rho(MeO)$——渣中 MeO 的密度；
　　　$w(MeO)$——渣中 MeO 的质量分数。

固体渣的密度可近似地按单独氧化物的密度（表 1-2）用加法计算。

表 1-2　氧化物的密度　　　　　　　　　　　　　　　单位：g/cm^3

氧化物	密度	氧化物	密度	氧化物	密度	氧化物	密度
SiO_2	2.20~2.55	Fe_3O_4	5~5.4	Al_2O_3	3.97	ZnO	5.60
CaO	3.40	MgO	3.65	MnO	5.4	Cu_2O	6.0
FeO	5.0	CaF_2	2.8	PbO	9.21	Na_2O	2.27

炉渣的密度与所含的成分有关。当炉渣中含有较多质量大的氧化物如 PbO、FeO、Fe_3O_4、ZnO 等时，其密度增加；反之，若含质量小的氧化物如 SiO_2、CaO 等时，则炉渣的密度较小。

炉渣的密度值常介于 $2.5\sim4.0g/cm^3$。

冰铜液滴在炉渣中的沉降速率，可按下式计算：

$$v = \frac{2r^2 g}{3} \cdot \frac{\rho_1 - \rho_2}{\eta_2} \cdot \frac{\eta_1 + \eta_2}{3\eta_1 + 2\eta_2}$$

式中　v——冰铜液滴在熔渣中的沉降速率；
　　　r——冰铜液滴半径；
　　　g——重力加速度；
　　　ρ_1、ρ_2——冰铜和熔渣密度；
　　　η_1、η_2——冰铜和炉渣黏度。

由上式可见，金属或锍的微粒半径大、密度大，而熔渣密度小、黏度小皆有利于加大金属或锍的沉降速率，并且沉降完全，因而金属在炉渣内的间接损失少。

④ 熔渣的表面性质　熔渣的表面性质对冶金过程起着重要的作用。冶炼过程中耐火材料的腐蚀、锍的汇集和长大、锍和炉渣的分离，以及在相界面上进行的反应等皆受到熔渣和锍表面性质的影响。

液相与气相接触时表面存在的收缩力称为表面张力，而两凝聚相（固相或液相）的接触界面上质点间出现的张力则称为界面张力。

对熔炼过程有直接意义的表面性质是熔渣与熔融锍间的界面张力。界面张力与其他性质一样，也是随熔渣的成分和温度而变化。

在火法冶金中，熔渣对耐火材料炉衬有一定侵蚀作用，这与熔渣的表面性质以及熔渣向炉衬内部渗透的毛细管压力有关。对一定的耐火材料，其毛细管半径σ为定值，为了防止熔渣的渗透，要求熔渣的表面张力低，界面张力大。

在有色冶金中，铜、镍、铅的冶金过程皆产出锍，锍与渣的分离程度决定金属的回收率。而熔锍在熔渣中的沉降与两者间的界面张力有着密切的联系。熔渣与熔锍间界面张力的值愈大，熔锍微粒与熔渣在相界面上相互吸引的能力就愈小，从而熔锍微粒就有可能相互碰撞而聚集成尺寸较大的颗粒。相反，如熔渣与熔锍间界面张力的值愈小，熔锍微粒易被熔渣润湿，则不易合并成较大的颗粒。

1.2.3.3　炉渣与冰铜的分离

经过一系列化学反应形成的低价氧化物和硫化物在炉内一定区域被熔化。熔化过程是从形成低熔点共晶物和硅酸盐开始发生的。因为单独的硫化物和氧化物都具有比冰铜和炉渣高的熔点，熔化的共晶物和硅酸盐便是初锍和初渣，它们在运动过程中继续被加热升温，同时又溶解了其他的难熔物。

在进入熔池时，完全形成了炉渣和冰铜。由氧化物形成的炉渣能够与由硫化物组成的冰铜分离的根本原因是由于两者结构不同，相互溶解能力是不同的，且密度又有差异，较重的冰铜颗粒窜过渣层沉于熔池底部形成冰铜层，实现了与渣的分离。

不含SiO_2的FeO-FeS体系在液态下是完全互溶的，呈均匀的单相，不会分层。当加入SiO_2后，形成FeO-FeS-SiO_2体系，单一的情形就会改变。当SiO_2含量>5%时，就会出现分层。

在冰铜熔炼过程中炉料中的脉石主要是石英石、石灰石等与物料氧化后产生的FeO等进行反应，形成复杂的铁硅酸盐炉渣。一般冰铜熔炼所产炉渣量大约为炉料的50%～100%。

熔炼过程中对炉渣有以下基本要求：

① 要与冰铜互不相溶；
② 对Cu_2S的溶解度要低；
③ 要有良好的流动性和低的密度。

冰铜熔炼过程中炉渣是以 $FeO-SiO_2$ 系、$FeO-SiO_2-CaO$ 系及 $FeO-SiO_2-Al_2O_3$ 系等为主体的。

一般 SiO_2 含量为 35%～42% 时，即可保证炉渣与冰铜的良好分离。这是因为当无 SiO_2 时，FeS 与 FeO 完全互溶，但当 SiO_2 存在时，反应 $2FeO+SiO_2 \Longrightarrow 2FeO \cdot SiO_2$ 很容易进行，可很好地使 FeS 与炉渣分离。渣中 CaO 和 Al_2O_3 均降低 FeS 等硫化物在渣中的溶解度，所以渣中一定量的 CaO 和 Al_2O_3 可改善渣与冰铜的分离。但不能过多，否则会增加黏度，冰铜容易夹杂在渣中，引起铜的损失。

造锍熔炼过程中杂质的行为：炼铜原料中除了铜、铁和硫外，还含有铅、锌、镍、钴、硒、碲、砷、锑、金、银和铂族金属等。其中贵金属最终几乎都富集在金属铜相中，从电解精炼阳极泥中加以回收。其他元素在熔炼过程中不同程度地被氧化进入气相，或者以氧化物形态进入渣相。其中 Zn 大部分氧化进入渣相，Ni、Pb、Co 大都以硫化物形态进入冰铜相，大部分的 Sb、Bi 和 Ag 也进入冰铜相，As 大部分进入气相中。

1.2.4 铜在炉渣中的损失

锍熔炼的产渣量是很大的。视精矿和脉石成分的高低，1t 锍的炉渣量大约是 2.5～7t 或更多些。一般熔炼炉渣含铜为 0.2%～0.7%。现代强化熔炼（闪速炉和熔池熔炼）的炉渣需要经过贫化处理，传统铜锍熔炼的炉渣一般则不再处理而直接废弃。因此，要求尽可能地降低渣中的铜损失。

减少铜在渣中的损失包括两方面的内容：一是减少炉渣产出量；二是降低渣中铜的含量。

渣中的铜损失可分为三种形态。

(1) 机械夹带损失　即冰铜颗粒在炉渣中的机械夹杂造成的损失。这是渣中铜的最大损失。主要是冰铜悬浮物、金属夹杂物和未来得及澄清分离的低相液滴。

这是细颗粒锍未能沉降到锍层而夹带于炉渣中引起的铜损失，还会有熔炼过程产生的存在于炉渣中的气泡浮带时造成锍粒的夹带。而且这些因素又被炉渣成分和熔炼条件所控制。当具备了较好的沉降条件时，还需要有足够的颗粒沉降时间才能保证渣中这类损失最少。

(2) 化学损失　铜的氧化物与熔剂或脉石发生造渣反应所引起的铜损失。这种损失很小。因在炼冰铜是有大量的 FeS 存在，Cu_2O 将被硫化：$FeS+Cu_2O \Longrightarrow FeO+Cu_2S$。这一反应在高温下能进行到底，使铜转入冰铜中。

Cu_2O 来自于不完全的硫化反应。在低氧势下熔炼，且锍品位不高时，这部分损失所占比例很小；相反在高氧势（如闪速炉、诺兰达炉）下熔炼时，且产出高品位锍时，这部分损失会成为主要的损失途径。

(3) 物理损失　铜以 Cu_2S 在炉渣中的物理溶解。这种损失也不太大。它随着炉渣含铁量的增加而增加，所以熔炼时尽可能选用硅钙较高的渣型。

影响夹带、溶解损失的因素是锍品位、炉渣成分、熔炼温度及气氛中氧分压（渣中氧势）。炉渣的组成决定了炉渣的性质，如炉渣的黏度、密度、表面张力和炉渣对冰铜的溶解能力等。

为降低渣含铜，在这些因素中，主要是控制锍品位不要太高，渣中要有足够的 SiO_2（接近饱和）以及良好的沉清条件和沉清时间。

思　考　题

1. 造锍熔炼过程中 Fe_3O_4 是如何形成的？有何危害和益处？生产实践中采用哪些有效措施

抑制 Fe_3O_4 的形成？

2. 为什么说 FeS 的存在是绝大部分的铜以 Cu_2S 的形态进入冰铜相的保证。

3. 简述渣中铜的损失。

4. 酸性炉渣和碱性炉渣各有何特点？

1.3 造锍熔炼生产实践

【内容导读】

> 本节主要介绍造锍熔炼方法与设备；着重介绍了闪速熔炼和熔池熔炼这两种强化熔炼方法的原理和特点以及各自在生产中的应用。

1.3.1 概述

20 世纪 50 年代尤其 70 年代以来，重金属造锍熔炼技术有了很大进展。为满足环境保护的要求，节能降耗，原有生产厂进行了一系列的技术改造，并促使许多新的熔炼方法的出现和采用。传统造锍熔炼的方法一般分为鼓风炉熔炼、反射炉熔炼、电炉熔炼。现代熔炼的方法可分为闪速熔炼和熔池熔炼两大类，与传统方法相比，这些方法具有提高铜锍品位，加大过程的热强度，增加炉子的单位熔炼能力。反射炉熔炼和电炉熔炼亦属于熔池熔炼的范畴。下面将对密闭鼓风炉熔炼、熔池熔炼和闪速熔炼进行介绍。

1.3.2 密闭鼓风炉熔炼

鼓风炉熔炼法炼铜是一种历史悠久的冶炼方法。它是在竖式炉子中依靠炉料与上升热炉气对流加热进行熔炼，这种方法对炉料适应性强、床能率高，所以曾经长期成为世界上的一种重要炼铜方法。传统的鼓风炉炉顶是敞开式的，只能处理块状物料，所产烟气 SO_2 浓度很低（约 0.5%），难以回收，造成烟害。20 世纪 50 年代出现了密闭鼓风炉，近 15 年来又出现了富氧密闭鼓风炉，从而克服了上述缺点。密闭鼓风炉的炉料包括混捏铜精矿、熔剂和固体转炉渣。

炉料和燃料从炉子上部加料斗分批加入，空气或富氧空气从炉子下部两侧风口鼓入。产出的熔体进入本床，通过咽喉口流入设于炉外的前床内进行冰铜与炉渣的澄清分离。炉气和炉料呈逆流运动，所以热交换好，热的直接利用率高达 70% 以上。焦点区的温度可达 1573K 以上，其值取决于炉渣的熔点。密闭鼓风炉中炉料和炉气分布如图 1-6 所示，其构造见图 1-7。

炉料刚离开加料斗的下口时，块料自然向两侧滚动，而混捏精矿和少量块料在炉子中央形成料柱。这就形成了炉子两侧以块料和焦炭为主并夹有少量精矿，而炉子中央则以混捏精矿为主。这样一来，虽然利用了料柱压力和两侧透气性好带来的高温作用，为鼓风炉内直接熔炼铜精矿创造了有利条件，但由于炉料的偏析和炉气分布不均匀，从而破坏了炉气与炉料间、炉料相互间的良好接触，妨碍了多相反应的迅速进行，不利于硫化物的氧化和造渣反应。这是密闭鼓风炉的床能率和冰铜品位低的根本原因。

密闭鼓风炉熔炼造锍的主要优点，是能获得含 SO_2 比较高（5%）的烟气，有利于回收制酸，减少对环境的污染。但是鼓风炉熔炼要求处理块矿和使用优质焦炭，不适应当前浮选技术的发展，因此它应向闪速熔炼和熔池熔炼发展。

1.3 造锍熔炼生产实践

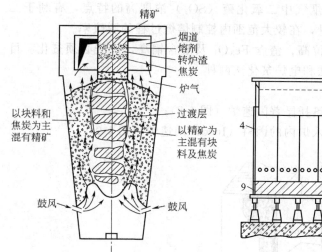

图 1-6 密闭鼓风炉中炉料和炉气分布示意

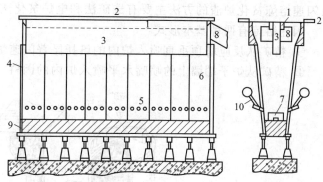

图 1-7 密闭鼓风炉的构造
1—水套梁；2—顶水套；3—加料斗；4—端水套；5—风口；
6—侧水套；7—山型；8—烟道；9—咽喉口；10—风管

1.3.3 闪速熔炼

闪速熔炼是20世纪40年代末芬兰奥托昆普公司首先实现工业生产的，50年代日本和加拿大相继采用，逐渐推广，现今日本的铜厂几乎全部改建为闪速炉。中国江西贵溪冶炼厂和金川铜业有限公司也采用此法。目前已在20多个国家被应用。

熔炼反应主要发生在炉膛空间的熔炼方式称为闪速熔炼。闪速熔炼是一种充分利用细磨物料的巨大活性表面，强化冶炼反应过程的熔炼方法，是现代火法炼铜的主要方法。具有巨大表面面积的粉状物料，在炉内充分与氧接触，在高温下，以极高的速度完成硫化物的可控氧化反应。反应放出大量的热，供给熔炼过程，如使用含硫高的物料，有可能实现自热熔炼。目前该法生产的铜量约占世界铜产量的1/3以上。它将焙烧、熔炼和部分吹炼过程在一个设备内完成。闪速熔炼也可称为悬浮熔炼，它的特点是"空间反应"。它克服了传统方法未能充分利用粉状精矿的巨大表面积，将焙烧和熔炼分阶段进行的缺点，大大减少了能源消耗，提高了硫利用率，改善了环境。

闪速熔炼是将经过深度脱水（含水小于0.3%）的粉状精矿，在喷嘴中与预热空气或富氧空气混合后，以高速度（60～70m/s）从反应塔顶部喷入高温（1450～1550℃）的反应塔内。精矿颗粒被气体包围，处于悬浮状态，在2～3s内就基本上完成了硫化物的分解、氧化和熔化等过程。

熔融硫化物和氧化物的混合熔体落下到反应塔底部的沉淀池中汇集起来，继续完成冰铜与炉渣最终形成过程，并进行沉清分离。

炉渣在单独贫化炉或闪速炉内的贫化区处理后再弃去。

闪速熔炼有以下的特点。

① 焙烧与熔炼结合成一个过程。

② 炉料与气体密切接触，在悬浮状态下与气相进行传热和传质；能耗低。反应所需的热量，大部分或全部来自硫化物本身的强烈氧化放出的热。

③ FeS与Fe_3O_4、FeS与Cu_2O(NiO)以及其他硫化物与氧化物的交互反应主要在沉淀池中以液-液接触的方式进行。

④ 闪速炉具有生产率高、能耗低、烟气中二氧化硫（SO_2）浓度高的特点，有利于二氧化硫的回收，并可通过控制入炉的氧量，在较大范围内控制熔炼过程的脱硫率。

⑤ 闪速熔炼的主要缺点是反应区氧位高，渣含 Fe_3O_4 及渣含铜高，炉渣必须贫化。目前闪速熔炼贫化炉渣的方法主要有选矿法和电炉贫化法两种。

闪速熔炼有两种基本形式：

① 精矿从反应塔顶垂直喷入炉内的奥托昆普闪速炉（图 1-8）；

② 精矿从炉子端墙上的喷嘴水平喷入炉内的因科（Inco）闪速炉（图 1-9）。

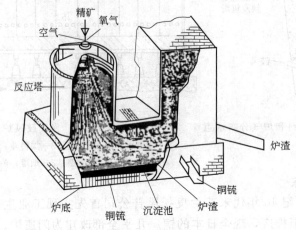

图 1-8　奥托昆普闪速炉

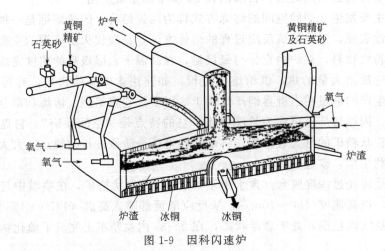

图 1-9　因科闪速炉

1.3.3.1　闪速熔炼理论基础

(1) 反应塔内的传输现象

闪速炉的主要熔炼过程发生在反应塔内。气流中的精矿颗粒在离开反应塔底部进入沉淀池之前顺利地完成氧化和熔化等过程。

发生在反应塔内的是一个由热量传递、质量传递、流体流动和多相多组分间的化学反应综合而成的复杂过程。

研究反应塔内的传输现象，对获得高的生产率与金属回收率、长的炉寿命和低的能源消耗具有理论指导意义，也为喷嘴和炉型设计的改进提供基础。

① 精矿颗粒和气体的运动规律　从反应塔顶部喷嘴喷出的气-固（精矿）混合流，离开

喷嘴后，在塔内形成了两个区域：

    a. 喷嘴口附近的喷射区（或称入口区）；

    b. 扩张区延续到熔池面上时流体形状改变，此时的气流速度称为终点气流速度。

由于化学反应产生的热使塔内的气体瞬间被加热到高温（1300℃以上），气体体积膨胀扩张了喷射锥空间，因而真实速度将大大减少。对高为9m、直径为6m的反应塔，当入口初速度为30m/s时，气流在塔内的停留时间约为2s。

从反应塔顶落下的颗粒是与气体处在同样重力作用下的流股中。因此，颗粒的速度等于气流速度加上颗粒的下落速度。

在实际条件下，混合流中的颗粒分散度是很大的，相邻两颗粒间的平均距离大约等于20个颗粒的直径，甚至更多。

经计算，10μm颗粒的终点速度仅为0.04m/s，而200μm颗粒的终点速度为1.6m/s。因此，细颗粒流经反应塔的速度几乎与气流速度相等。而其停留时间也约为2s。较大颗粒通过反应塔的速度约2倍于气流速度（2m/s+1.6m/s），停留时间更短。

② 精矿颗粒与气流之间的热和质传递　除了颗粒与气流运动的特性外，反应塔内的传热与传质也是闪速熔炼过程进行的重要基础。影响颗粒与气体之间的热和质传递的因素有颗粒直径、流体热传导率、颗粒与流体的相对速度和流体的性质（密度、黏度与比热容）。与细颗粒相比，粗颗粒不但具有比表面积小和停留时间短的缺点，而且热传递和质传递系数也小。

在干精矿中，粒度级别的分布是不均匀的，全部颗粒达到同样的反应程度是不可能的。对粗颗粒会有反应不足，细颗粒则会反应过度。

闪速熔炼的生产过程中，精矿中的硫化物氧化以及造渣反应放出大量的热，辅之以热风或富氧空气，使过程能半自热或自热进行。随着精矿中的发热元素硫和铁的含量不同和矿物相组成不同，氧化反应放出的热量也不同。放出的热量还取决于氧化程度，即生产出的铜锍品位越高，化学反应放出的热量就越多。一般铜精矿，生产含铜为40%～60%的铜锍时，反应的净热约为2500～3300kJ/(t精矿)。

影响闪速熔炼的能量消耗的因素很多，主要的有能源方案的选择和组合，炉子规模，精矿品位，锍品位，富氧浓度，精矿喷嘴结构以及操作控制等。可供闪速熔炼使用的能源包括重油、煤、焦粉、天然气以及氧气等。能量消耗最终是以能量成本来体现的。

（2）反应塔内精矿氧化行为与熔炼产物的形成　精矿中最常见的矿物有黄铜矿（$CuFeS_2$）和黄铁矿（FeS_2）。闪速炉内发生的总反应可以表达如下：

$$CuFeS_2 + \frac{5}{4}O_2 = \frac{1}{2}(Cu_2S \cdot FeS) + \frac{1}{2}FeO + SO_2$$

$$2FeS_2 + \frac{7}{2}O_2 = FeS + FeO + 3SO_2$$

$$3FeO + \frac{1}{2}O_2 = Fe_3O_4$$

由于精矿颗粒粒度与其表面性状的差异，喷嘴结构及其工况参数的影响，精矿颗粒在离开喷嘴后下落过程中的变化是不同的。有三种情况存在：

① 易燃的铜精矿粒子（或反应快的粒子）直接被氧化成白锍（Cu_2S）或带金属铜的白锍，氧化放出的热量使精矿粒子熔化为液态；

② 过氧化的熔融颗粒；

③ 未反应的颗粒。

过氧化的熔融粒子在反应塔内下落时，它们彼此之间或者与尚未反应的固体粒子（反应慢的粒子）之间将发生碰撞。过氧化粒子中存在 Fe_3O_4，与熔剂粒子碰撞时发生还原造渣反应，并把热量传给未反应粒子而使其熔化。由于粒子之间相互碰撞，粒子直径逐渐增大。

在炉料中装入烟尘和不装入烟尘的条件下，基本完成还原与造渣反应的时间是不同的，即该过程持续在反应塔的高度段上是不同的。前者在 3m 以下。

反应塔出口部的最终产物，是由辉铜矿和斑铜矿为主的过氧化熔融粒子和未反应的黄铜矿固体粒子所组成。

（3）沉淀池内的反应　从反应塔落下的 MeO-MeS 液滴还只是初生的锍和渣的混合熔融物，到了沉淀池后，除了进行由于密度不同的分层外，还有一系列的反应要继续进行。继续反应的条件和终渣的组成除了受沉淀池的温度、气氛和添加燃料等影响外，还取决于初渣的氧势、温度、初渣中二氧化硅的含量以及烟尘返回量的多少等因素。

在沉淀池内的主要反应有以下几类。

① Fe_3O_4 的还原反应

$$[FeS] + 3(Fe_3O_4) = 10(FeO) + SO_2$$

在有 SiO_2 存在的情况下，FeO 与 SiO_2 造渣，使 Fe_3O_4 的还原变得容易。影响该反应进行的因素是炉渣中 Fe_3O_4 的活度、Fe/SiO_2、锍品位、二氧化硫分压和温度以及各相之间接触的动力学条件。

控制 Fe_3O_4 的一般途径有：

a. 提高反应塔温度；

b. 增加沉淀池燃油量，降低锍品位；

c. 降低炉渣中 Fe/SiO_2 比，加入煤，以及优化喷嘴结构与操作条件等。

② Cu_2O 的硫化还原反应

$$(Cu_2O) + [FeS] = [Cu_2S] + (FeO)$$

式中，[ ] 表示锍相；( ) 表示渣相。在熔炼温度 1573K 时，平衡常数为 9604，这样高的值表示反应向右进行的可能性大，从而以 Cu_2O 形式进入炉渣的量相当小。

该反应所表示的是理论上的情况，在生产实践中，影响反应进行的条件是较复杂的，Cu_2O 的硫化还原反应可能会推迟。

③ 继续氧化反应　在高强度氧化熔炼生产高品位锍时，反应塔会产生过氧化，液滴落入熔池后，还会发生硫化物的继续氧化反应。

1.3.3.2　闪速炉结构

前面已介绍闪速熔炼有两种基本的炉型：一种是因科闪速炉。另一种是奥托昆普闪速炉。工业上目前采用奥托昆普型闪速熔炼法最为普遍，这种炉子结构如图 1-10 所示。

闪速炉由反应塔、沉淀池和上升烟道和喷嘴等组成。

反应塔是用钢板做的圆筒。内衬铬镁砖，塔顶部安装喷吹精矿的喷嘴，塔身下部用铜水套冷却，以降低耐火材料的温度，同时也容易形成磁性氧化铁保护层。在塔和沉淀池接合处采用带翅片的铜管，外覆耐火材料或耐火混凝土。沉淀池是由铬镁砖砌成的矩形池子，外面用钢板包围，同时用立柱和拉杆加固。沉淀池的作用是用于暂存铜锍及熔炼渣，以使铜锍沉清分离。在侧墙上有 2~6 个放冰铜口，而炉渣口位于沉淀池尾部。上升烟道是烟气导入废热锅炉的通道。

闪速炉本体主要由钢结构元件、耐火材料内衬和水冷元件构成。根据反应塔、沉淀池和上升烟道的功能不同，各部分的钢结构、耐火材料和水冷元件各有特点。

奥托昆普型闪速炉在 50 多年的发展历程中，随着生产实践中出现的各种问题，作了不

1.3 造锍熔炼生产实践

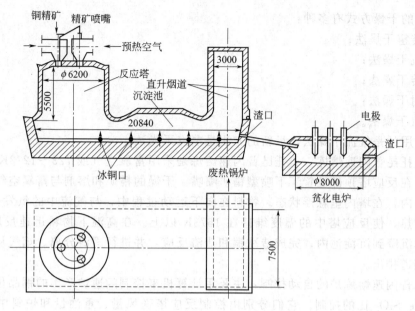

图 1-10 闪速炉结构示意图

断的改进。重大的变化是在炉型方面。针对熔炼过程中沉淀池内容易生成 Fe_3O_4 炉结，渣含 Cu 高，日本玉野冶炼厂在沉淀池内加了三根电极（如图 1-11 所示），以电能辅助加热，减轻了炉结，降低了渣含铜。以后该厂又通过添加焦粉，使用一氧化碳浓度控制生产的技术，取消沉淀池内电极的运行。而澳大利亚卡尔古利冶炼厂则作了另外的改进，避免了沉淀池内电极严重氧化烧损的问题，把每组呈三角形排列的两组六根电极插入沉淀池的延伸部分——贫化区。这种结构适于含有 MgO 的铜镍精矿的熔炼，容易提高炉渣温度，贫化区与沉淀池中的炉渣—镍锍共同处于一个体系，既利于锍品位的调整又利于降低渣中镍、铜和钴的损失。

1.3.3.3 闪速熔炼工艺

闪速熔炼根据不同炉型的工作原理可分为奥托昆普闪速熔炼和因科闪速熔炼。

（1）精矿的干燥　铜冶炼厂进厂铜精矿含水一般为 8%～15%。冶炼前的配料作业、冶炼过程中及冶炼烟气制酸都对精矿含水有一定要求。

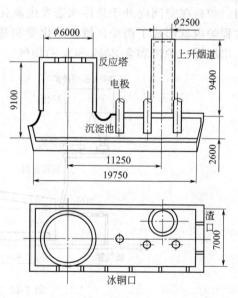

图 1-11 玉野冶炼厂闪速炉

在配料过程中，若含水高，精矿易黏结，会影响配料精度。因此，配料前的精矿含水一般控制在 10% 以下，必要时可增加预干燥设备。

在闪速熔炼过程中，反应速度很快，精矿在反应塔只停 2s 左右。进入反应塔后，在塔内高温作用下，精矿中的水分会在精矿颗粒表面形成一汽膜，既影响热量传递，又会阻碍氧气与精矿粒子的接触，使之尚未反应完全就落入沉淀池内形成生料堆积，导致炉况恶化。因此，必须对配好的精矿进行干燥，使精矿含水满足闪速炉所需。

一般闪速熔炼要求精矿含水 0.1%～0.3%。

铜精矿的干燥方式有多种：
① 回转窑干燥法；
② 气流干燥法；
③ 旋转干燥法；
④ 喷射干燥法；
⑤ 蒸汽干燥法。

其中常用的是气流干燥法，最新的方法是蒸汽干燥法。

(2) 奥托昆普闪速熔炼　奥托昆普闪速熔炼是采用富氧空气或723～1273K的热风作为氧化气体。在反应塔顶部设置了下喷型精矿喷嘴。干燥的精矿和熔剂与富氧空气或热风高速喷入反应塔内，在塔内呈悬浮状态。物料在向下运动过程中，与气流中的氧发生氧化反应，放出大量的热，使反应塔中的温度维持在1673K以上。在高温下物料迅速反应（2～3s），产生的熔体沉降到沉淀池内，完成造冰铜和造渣反应，并进行澄清分离。烟气从沉淀池另一端的上升烟道排出。

奥托昆普闪速熔炼炉的自动控制：主要用计算机来控制闪速炉产出的铜品位，冰铜温度和炉渣中Fe/SiO_2比的控制。它们分别由控制反应塔送风量、重油量和炉料中石英溶剂的比率来实现。

(3) 因柯（Inco）闪速熔炼　因柯闪速熔炼（见图1-12）是利用工业氧气（含氧95%～97%）将干铜精矿、黄铁矿和熔剂从设在炉子两端的精矿喷嘴水平地喷入炉内熔池上方空间，炉料在空间内处于悬浮状态发生氧化反应，放出大量的热，使反应过程自热进行。熔炼过程炉内就形成了两个区域即熔化带和贫化带。烟气从靠近炉子中央的烟道排出。熔炼结果产出冰铜、炉渣和含80% SO_2 的烟气。

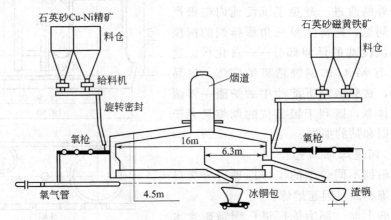

图1-12　Inco型闪速炉示意图

闪速熔炼已成为当今炼铜行业中最有竞争力的技术。已应用到硫化镍精矿与黄铁矿元素硫的生产中，还用于硫化铅精矿的处理。

铜闪速炉处理的铜精矿品位可以从12%～56%，生产锍品位可以从45%～78%。高投料量、高锍品位、高富氧浓度、高热强度的"四高"技术和清洁工厂与自然环境和谐是闪速熔炼技术发展的总趋势。

1.3.4　熔池熔炼

熔炼反应主要发生在熔池内的熔炼方式称为熔池熔炼，即把精矿加入熔池，熔池内吹入氧气或空气搅动，使硫化物在熔池中进行氧化和熔化，形成冰铜和炉渣。1979年第一座熔池熔炼装置在诺里尔斯克矿冶联合企业投入工业使用。图 1-13 为其示意图。

该装置为竖式炉，炉墙为铜水套，风口与熔池底相距 400~500mm。经炉顶投入到熔池表面的炉料，经过熔化、氧化作用形成冰铜和炉渣，在风口带下面沉清，分别由相对的两端经虹吸放出。

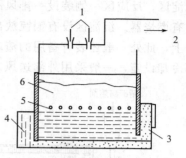

图 1-13 熔池熔炼示意图
1—加料；2—烟道；3—放渣；
4—放冰铜；5—风口；6—鼓泡带

1.3.4.1 熔池熔炼的理论

熔池熔炼与闪速熔炼完全不同。后者是精矿颗粒在富氧气流中瞬间氧化后落入熔池完成冶金过程。熔池熔炼则是在气体-液体-固体三相形成的卷流运动中进行化学反应和熔化过程。

液-气流卷流运动裹携着从熔池面浸没下来的炉料，形成了液-气-固三相流，在三相流内发生剧烈的氧化脱硫与造渣反应，使三相流区成为热量集中的高温区域，高温与反应产生的气体又加剧了三相流的形成与搅动。依靠三相卷流，实现熔池内的传质、传热与物理化学过程。熔池的三相卷流区不但是热量集中、熔体混合能量很大，而且是一个气泡充分发展和滞留的区域。这个区域为炉料的物理化变化、热量与质量传递创造了非常良好的条件。由于熔池中鼓入气体带进的高混合能，造成了气体-铜锍-炉渣液体之间的巨大反应表面积，因而产生非常高的反应速率。

在相对静止的熔池内，当精矿或其他炉料加到熔池熔炼炉内的熔体表面上时，在冷炉料的周围首先生成一层硬壳或外皮，它们在颗粒上逐渐变大，并很快达到最大的厚度。当从熔体到硬壳的对流给热比颗粒内传导出的热大时，颗粒就开始熔化。在通过风口鼓入富氧空气使熔池得到激烈搅动的情况下，固体颗粒的传热率比自然对流时的传热率大 4 倍。粗略的计算表明，当气体鼓入反应炉熔池内，5cm 的颗粒将在约 90s 内完成熔化，2cm 的颗粒将仅仅在 35s 内熔化，而 10cm 的颗粒在 210s 内熔化。实际生产条件下，对生产率限制的因素还有其他的因素，如卷流条件下的熔炼烟气流量及其带出粉尘的能力，炉子内衬的冲刷与腐蚀等。

在熔池熔炼炉内，完成强化传热与强化传质的条件是要建立起一个良好与合理的三相流动区。这个区域的形成条件主要是：气体与熔体之间的界面面积决定气-液界面积的因素有单位熔体鼓风量，气泡在熔体内停留时间、气泡直径以及熔体温度等。

1.3.4.2 熔池熔炼工艺

(1) 诺兰达法 诺兰达法是加拿大诺兰达矿业公司发明的一种熔池熔炼法，1973 年在加拿大 Noranda Horne 炼铜厂投入工业生产。诺兰达炉是水平式圆筒反应器，类似转炉，可以转动 48°。制粒的精矿和熔剂加到一座圆筒形回转炉内，熔炼成高品位冰铜，将焙烧、熔炼和吹炼三个过程同时在一个设备中完成。所产炉渣含铜较高，须经浮选选出铜精矿返回炉内处理。熔炼过程中温度维持在 1473K 左右。诺兰达炉的特点是采用低 SiO_2 炉渣。这是为了减少渣量，有利于下一步炉渣的处理。虽然渣中 Fe_3O_4 的质量分数高达 25%~30%，但由于熔体的强烈搅动，故仍能顺利操作。

诺兰达熔炼炉的物料处理量大，按精矿量计为 9~10t/(m³·d)。热强度高，约为 970~1100MJ/(m³·h)，炉体能够转动，灵活便捷，是熔池熔炼炉中颇具特点的炉型。

诺兰达反应炉是一个卧式圆筒形可转动的炉子，钢壳内衬镁铬质高级耐火材料。炉体支承在托轮上，驱动装置使炉体可在一定范围内正、反向转动。整个炉子沿炉长分为反应区和沉淀区。反应区一侧装设一排风眼。加料口设在炉头端墙上，并设有气封装置，此墙上还安装有燃烧器。沉淀区设有铜锍放出口、排烟用的炉口和熔体液面测量口。渣口开设在炉尾端墙上，此处一般还装有备用的渣端燃烧器。在炉子外壁某些部位如炉口、放渣口等处装有局部冷却设施，一般采用外部送风冷却。反应炉炉体基本结构见图1-14。

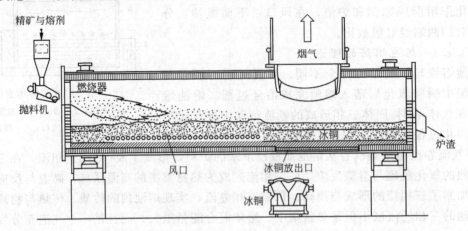

图1-14 诺兰达炉简图

诺兰达熔炼对物料粒度和含水要求不严（含水一般为7%~9%），不必深度干燥。来源不同的各种铜精矿，与返回的烟尘和炉渣浮选所得渣精矿用抓斗进行初步配料。在炉前设有的多个料仓内精细配料，以保证入炉的混合炉料能满足反应炉顺利生产的要求。为了补充熔炼过程热量的不足，在炉料中加入了少量的固体燃料。

(2) 瓦纽科夫法 瓦纽科夫法是前苏联冶金学家A.B.瓦纽科夫发明的一种熔炼方法。自1982年投入生产以来，有了很大发展。到1987年在巴尔喀什、诺里尔斯克和乌拉尔炼铜厂分别建成了48m^2的瓦纽科夫炉。瓦纽科夫法与其他熔炼方法的最大差别是将富氧空气吹入渣层，从而保证炉料在渣层中迅速熔化，而且为炉渣与冰铜的分离创造了良好的条件。

(3) 白银法 白银法是1972年由白银有色金属公司选冶厂研究开发的强化熔炼方法。1979年命名为白银法，1980年正式投入工业生产。白银炉炉体结构见图1-15。

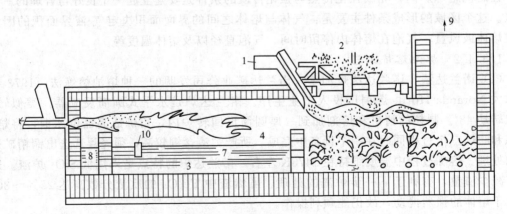

图1-15 白银炉炉体示意图

1—燃烧器；2—炉料；3—冰铜；4—渣；5—风口；6—熔炼区；
7—沉淀区；8—冰铜区；9—烟气；10—出渣口

白银法的特点是白银炉内熔池中有两道隔墙，将炉子分隔为三个作业区，即熔炼区、沉淀区和冰铜区。每道墙下部有通道，使三个作业区既分开又互相连通。熔炼区在炉尾，在此区两侧炉墙上设有若干风口往熔池鼓风，由精矿、熔剂烟尘组成的炉料从加料口投入到熔池表面，和搅动的熔体作用，发生激烈的物理化学反应，放出大量的热，同时形成冰铜和炉渣。在熔炼区域形成的冰铜和炉渣，通过隔墙下面的孔道流入炉子的沉淀区进行分离，上层为炉渣，下层为冰铜。炉渣由沉淀区渣口放出，冰铜由隔墙通道流入冰铜区，并经虹吸口放出。

为了补充热量，在炉前和炉顶上均安装燃烧器，用粉煤作燃料。炉气和熔体逆向流动，以保证冰铜和炉渣过热分离，同时又可以处理转炉渣。

由上述可知，白银炼铜法的特点是热利用好、燃料消耗少，补加的热量仅为传统反射炉熔炼的 50%；原料中的硫利用率可达 50% 以上，产出的炉气含二氧化硫浓度达 8%～9%，能满足制酸要求。

(4) 奥斯麦特法　奥斯麦特/艾萨法与其他熔池熔炼一样，都是使熔池内熔体-炉料-气体之间造成的强烈搅拌与混合，大大强化热量传递、质量传递和化学反应的速率。奥斯麦特法是澳大利亚芒特-艾萨矿业公司和联邦科学与工程研究组织共同开发的一项冶金新技术，也称浸没喷吹熔炼技术，喷枪结构较为特殊；炉子尺寸比较紧凑，整体设备简单；工艺流程和操作不复杂；投资与操作费用相对低。20 世纪 80 年代初，澳大利亚奥斯麦特（Ausmelt）公司将其应用于硫化矿熔炼，提取铜、铅、镍、锡等金属以及用于处理含砷、锑、铋的铜精矿的处理上。

该方法的核心技术是喷枪（内径 ϕ100～150mm）。它是喷送物料和空气或富氧空气的装置。其内部装有螺旋片，将混合的燃料和空气或富氧空气喷射进熔池，使熔体搅动。

(5) 三菱法　三菱法是日本三菱金属公司发明的多炉连续炼铜法。目前日本的直岛冶炼厂和加拿大的梯明斯冶炼厂采用此法生产粗铜。该法属于熔池熔炼，但它采用的是顶吹，吹炼渣采用铁酸钙渣系。熔炼过程是在连续的三个炉子内完成的，将硫化铜精矿和熔剂喷入熔炼炉的熔体内，熔炼成冰铜和炉渣，而后流至贫化炉产出弃渣，冰铜再流至吹炼炉产出粗铜。产生的 SO_2 烟气浓度为 15%～16%。三菱法连续炼铜设备连接图见图 1-16。它是由三个炉子按梯度用溜槽互相连接而成。熔炼炉和吹炼炉均喷枪吹入富氧空气和炉料。喷枪由夹层铁管组成，内管给料，夹层中间喷富氧空气或空气，给料速度逐渐增加，这样可以减少内管磨损，同时又可保证物料被熔体吸收。

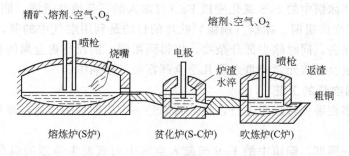

图 1-16　三菱法炼铜工艺示意图

熔炼炉采用铬镁砖砌筑，渣线部分为熔铸铬镁砖，砖体外面用水冷却。共有 4 个喷枪加料和烧料。炉料由干精矿、石英熔剂、吹炼渣等组成，用含氧 33% 的富氧空气吹到熔池表面。含铜 27% 左右的精矿可获得品位 60%～65% 的富冰铜。冰铜和炉渣一道流至贫化炉产出弃渣。

贫化炉中有三根电极，为了降低炉渣含铜，熔炼时需加入少量黄铁矿或焦粉，可使渣含铜降至0.5%以下。

冰铜再流至吹炼炉产出粗铜。吹炼炉有4个喷枪，喷吹富氧空气，同时加入石灰石做熔剂，其中1个喷枪用作烧油。炉渣为铁酸钙渣。粗铜含硫可通过渣成分或空气量来控制，空气量多含硫就低，反之则高。粗铜由虹吸口放出，炉渣水碎后送熔炼炉。

三座炉子都是连续操作，熔炼和吹炼炉气含SO_2烟气浓度为12%，用于制酸。

三菱法连续炼铜的优点是环境保护和工作条件好，炉气可利用，可直接产出粗铜；设备投资少，燃料消耗少。缺点是溜槽须外部加热，粗铜含杂质高。

思 考 题

1. 闪速炉造锍熔炼对入炉铜精矿为何要预先进行干燥？
2. 闪速熔炼过程要达到自热，生产上采用哪些措施来保证？
3. 闪速熔炼和熔池熔炼的各自特点是什么？
4. 何谓熔池熔炼？已应用于工业生产的有哪几种方法？

1.4 冰铜的吹炼

【内容导读】

本节主要介绍冰铜吹炼的冶金工艺。阐述了冰铜吹炼的原理和冰铜吹炼的生产实践。冰铜吹炼的工艺分为造渣期和造粗铜两个周期。

1.4.1 概述

硫化铜精矿经过造锍熔炼产出了铜锍。铜锍是金属硫化物的共熔体。主要成分除了Cu、Fe、S外，还含有少量Ni、Co、Pb、Zn、Sb、Bi、Au、Ag、Se等及微量SiO_2，此外还含有2%～4%的氧，铜锍中的Cu、Pb、Zn、Ni等重有色金属一般是以硫化物的形态存在。铁的物相主要是FeS，也有少量以FeO、Fe_3O_4形态存在。

冰铜吹炼的主要原料为熔炼产出的液态冰铜。冰铜吹炼的实质是在一定压力下将空气送到液体冰铜中，使冰铜中的FeS氧化变成FeO与加入的石英熔剂造渣，而Cu_2S则经过氧化与Cu_2S相互反应变成粗铜。冰铜（铜锍）吹炼的目的是利用空气中的氧，将冰铜中的铁和硫几乎全部氧化除去，同时除去部分杂质，以得到粗铜。铜锍是贵金属的良好捕集剂。在吹炼过程中，金、银及铂族元素等贵金属几乎全部富集于粗铜中。

1.4.2 冰铜吹炼的工艺

冰铜的吹炼多在卧式转炉中进行。转炉吹炼是一个周期性的作业，冰铜吹炼整个过程分为两个周期。

在吹炼的第一周期，铜锍中的FeS与鼓入空气中的氧发生强烈的氧化反应，生成FeO和SO_2气体。FeO与加入的石英熔剂反应造渣，故又叫造渣期。造渣期完成后获得了白锍（Cu_2S），继续对白锍吹炼，即进入第二周期。

在吹炼的第二周期，鼓入空气中的氧与部分Cu_2S（白锍）发生强烈的氧化反应，生成Cu_2O和SO_2。Cu_2O又与未氧化的Cu_2S反应生成金属Cu和SO_2，直到生成的粗铜含Cu98.5%以上时，吹炼的第二周期结束。

铜锍吹炼的第二周期不加入熔剂、不造渣,以产出粗铜为特征,故又叫造铜期。

1.4.3 铜锍吹炼的基本原理

1.4.3.1 吹炼过程中的主要物理化学变化

铜锍的铜品位通常在30%~65%,其主要成分是FeS和Cu_2S。此外,还含有少量其他金属硫化物和铁的氧化物。在吹炼过程中硫化物的氧化反应可用下列通式表示:

$$MeS + 2O_2 = MeSO_4$$

$$MeS + \frac{3}{2}O_2 = MeO + SO_2$$

$$MeS + O_2 = Me + SO_2$$

$MeSO_4$在吹炼温度下(1150~1300℃)不能稳定存在,即硫化物不会按$MeS+2O_2=MeSO_4$反应。而$MeS+O_2=Me+SO_2$是一个总反应,实际上,它是分两步进行的,即

第一步:$MeS + \frac{3}{2}O_2 = MeO + SO_2$

第二步:$2MeO + MeS = 3Me + SO_2$

从热力学得知,凡金属对氧的亲和力小于硫对氧的亲和力时,硫化物氧化得金属,反之得金属氧化物。

(1) 铜锍吹炼时FeS、Cu_2S的氧化 图1-17示出硫化物与氧反应的$\Delta G^{\ominus}$-T关系。

从图1-17看出,FeS氧化反应的标准吉布斯自由能$\Delta G^{\ominus}$最负,所以在铜锍吹炼的初期,它优先于Cu_2S氧化。随着FeS的氧化造渣,它在锍中的浓度降低,而Cu_2S的浓度提高,二者同时氧化的趋势增长。

在FeS浓度未降到某一数量时,即使Cu_2S能氧化成Cu_2O,它也只能是氧的传递者,按下列反应进行着循环:

$$[Cu_2S] + \frac{3}{2}O_2 = (Cu_2O) + SO_2$$

$$(Cu_2O) + [FeS] = [Cu_2S] + (FeO)$$

$[Cu_2S]$与$[FeS]$共同氧化时的浓度关系从热力学条件分析是下列两反应的吉布斯自由能变化相等:

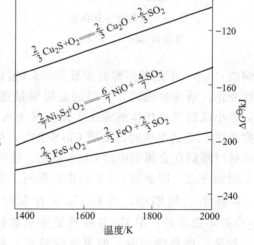

图1-17 硫化物与氧反应的$\Delta G^{\ominus}$-T关系图

$$[FeS] + \frac{3}{2}O_2 = (FeO) + SO_2$$

$$\Delta G_{[FeS]} = \Delta G^{\ominus}_{[FeS]} + RT\ln\frac{p_{SO_2} a_{(FeO)}}{p_{O_2}^{1.5} a_{[FeS]}}$$

$$[Cu_2S] + \frac{3}{2}O_2 = (Cu_2O) + SO_2$$

$$\Delta G_{[Cu_2S]} = \Delta G^{\ominus}_{[Cu_2S]} + RT\ln\frac{p_{SO_2} a_{(Cu_2O)}}{p_{O_2}^{1.5} a_{[Cu_2S]}}$$

当$\Delta G_{[FeS]} = \Delta G_{[Cu_2S]}$时,得到FeS和$Cu_2S$共同氧化时的浓度(摩尔分数)关系:

$$\lg\frac{[Cu_2S]}{[FeS]} = 1.72 + \frac{3416}{T}$$

由此关系式计算得出不同温度下Cu_2S与FeS的浓度比值:

温度/K	1273	1373	1473	1573
$[Cu_2S]/[FeS]$	$2.5\times10^4/1$	$1.62\times10^4/1$	$1.1\times10^4/1$	$7.8\times10^3/1$

所以，只有当冰铜熔体中 Cu_2S 浓度等于或超过 FeS 浓度 10000～16000 倍时，Cu_2S 才能优先氧化或同时氧化。

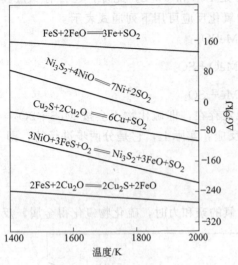

图 1-18 硫化物与氧化物反应的 $\Delta G^{\ominus}$-T 关系

由图 1-18 硫化物与氧化物反应的 $\Delta G^{\ominus}$-T 关系可知，在吹炼温度下，$2FeO+FeS \rightleftharpoons 3Fe+SO_2$ 反应 $\Delta G^{\ominus}$ 是正值。因而在吹炼过程中铁的化合物不会按此反应生成金属铁。

吹炼进入造铜期后，发生 Cu_2S 与 Cu_2O 的反应：

$$2Cu_2O+Cu_2S \rightleftharpoons 6Cu+SO_2$$

生成金属铜，但并不是立即出现金属铜相，该过程可以用 Cu-Cu_2S 体系状态图图 1-19 说明。图中 L_1 为溶解有少量 Cu_2S 的铜相，L_2 为溶解有少量铜的 Cu_2S 相。Cu_2S 可溶解少量金属铜（约为 10%），吹炼过程中随着 Cu_2S 的氧化，熔体中含铜量逐渐增加，当熔体中含铜量增加到 82% 以上时（相当于 Cu_2S 中溶解 10% 的金属铜），熔体即分成两层，上层是溶解有少量铜的 Cu_2S，下层是溶解有少量 Cu_2S（接近 9%）的铜。上层和下层的组成依温度沿溶解曲线变化。继续吹炼时，下层的金属铜量逐渐增加，上层 Cu_2S 逐渐减少。这时应转动炉子，缩小风口浸入熔体的深度，使空气送入上层 Cu_2S 熔体。当熔体中 Cu_2S 含量降低到溶解度曲线 C 点的组成时，上层 Cu_2S 消失，熔体成为溶解有少量 Cu_2S 的均一金属铜相。继续吹炼时溶解在金属铜中的 Cu_2S 氧化。这时炉口烟量显著减少，送风压力增加，很快到达第二周期终点，即全部 Cu_2S 氧化成粗铜。实践中，粗铜含硫可降至 0.003%。

吹炼第二周期中，当有 Cu_2S 存在时，Cu_2O 是不稳定的。但 Cu_2S 接近被完全氧化时，即第二周期终点时，如果继续鼓风，将使铜氧化成 Cu_2O，造成所谓过吹，铜品位降低。因此要防止过吹。如已发生过吹，可缓慢加入少许热冰铜，使 Cu_2O 还原成金属铜。必须缓慢加入热冰铜，否则 Cu_2O 与 Cu_2S 激烈反应可能引起爆炸事故。

(2) Fe_3O_4 的生成与破坏 在吹炼的第一周期是 FeS 的氧化，随着吹炼的进行，FeS 迅速氧化成 FeO，并进一步氧化为 Fe_3O_4，从 FeS 氧化的标准吉布斯自由能变化（表 1-3）可以看出生成 Fe_3O_4 的条件。

Fe_3O_4（熔点 1870K）会使炉渣熔点升高、黏度和密度也增大，结果既有不利之处，

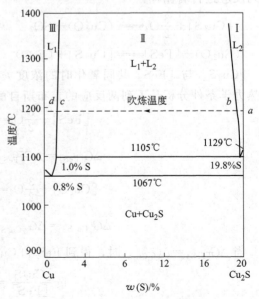

图 1-19 Cu-Cu_2S 系状态图

表 1-3 化学反应标准吉布斯自由能变化

化学反应	反应的标准吉布斯自由能变化/kJ			
	1000℃	1200℃	1400℃	1600℃
$\frac{2}{3}FeS+O_2 = \frac{2}{3}FeO+\frac{2}{3}SO_2$ $\Delta G^{\ominus}=-303557+52.71T$	−236.5	−225.9	−215.4	−204.8
$\frac{3}{5}FeS+O_2 = \frac{1}{5}Fe_3O_4+\frac{3}{5}SO_2$ $\Delta G^{\ominus}=-362510+86.07T$	−252.9	−235.7	−218.6	−201.3
$6FeO+O_2 = 2Fe_3O_4$ $\Delta G^{\ominus}=-809891+342.8T$	−373.5	−304.9	236.4	167.8
$\frac{9}{5}Fe_3O_4+\frac{3}{5}FeS = 6FeO+\frac{3}{5}SO_2$ $\Delta G^{\ominus}=5305577-300.24T$	148.4	88.3	28.3	−318
$2FeO+SiO_2 = 2FeO \cdot SiO_2$ $\Delta G^{\ominus}=-99064-24.79T$	−130.6	−135.6	−140.5	−145.5
$3Fe_3O_4+FeS+5SiO_2 = 5(2FeO \cdot SiO_2)+SO_2$ $\Delta G^{\ominus}=519397-352.13T$	71.1	0.71	−69.7	−140.1

也有有利的作用。转炉渣中 Fe_3O_4 含量较高时，会导致渣含铜显著增高，喷溅严重，风口操作困难。在转炉渣返回熔炼炉处理的情况下，还会给熔炼过程带来很大麻烦。因此在吹炼初期，应加入石英熔剂，以便形成低熔点的铁硅酸盐转炉渣。要使铁完全氧化造渣，必须进一步提高吹炼氧位。这样不可避免有一些铁氧化成 Fe_3O_4，有少量 Cu、Ni 也会氧化进入渣中，产出转炉炉渣一定含铜镍高。

利用 Fe_3O_4 的难熔特点，可以在炉壁耐火材料上附着成保护层，利于炉寿命的提高。在实践生产上，称之为挂炉作业。

控制 Fe_3O_4 的措施和途径：

① 转炉正常吹炼的温度在 1250~1300℃，在兼顾炉子耐火材料寿命的情况下，适当提高吹炼温度；

② 保持渣中一定的 SiO_2 含量；

③ 勤放渣。

总结以上分析，得出在吹炼温度下，Cu 和 Fe 硫化物的氧化反应是：

造渣期
$$FeS+\frac{3}{2}O_2 = FeO+SO_2$$
$$FeO+SiO_2 = 2FeO \cdot SiO_2$$

造铜期
$$Cu_2S+\frac{3}{2}O_2 = Cu_2O+SO_2$$
$$2Cu_2O+Cu_2S = 6Cu+SO_2$$

因为以上反应的存在，得以实现用吹炼的方法将锍中的 Fe 与 Cu 分离，完成粗铜制取的过程。

1.4.3.2 吹炼过程中杂质元素的行为

一般铜锍中的主要杂质有 Ni、Pb、Zn、Bi 及贵金属。它们在 P-S 转炉吹炼过程中的行为分述如下。

(1) Ni_3S_2 在吹炼过程中的变化　Ni_3S_2 是高温下稳定的镍的硫化物。当熔体中有 FeS

存在时，NiO 能被 FeS 硫化成 Ni_3S_2：

$$3NiO(s)+3FeS(l)+O_2 = Ni_3S_2(l)+3FeO(l)+SO_2$$

只有在 FeS 浓度降低到很小时，Ni_3S_2 才按下式被氧化：

$$Ni_3S_2+\frac{7}{2}O_2 = 3NiO+2SO_2$$

在造铜期，当熔体内有大量铜和 Cu_2O 时，少量 Ni_3S_2 可按下式反应生成金属镍：

$$Ni_3S_2+4Cu = 3Ni+2Cu_2S$$

$$Ni_3S_2+4Cu_2O = 8Cu+3Ni+2SO_2$$

在铜锍的吹炼过程中，难于将镍大量除去，粗铜中 Ni 含量仍有 0.5%～0.7%。

(2) CoS 在吹炼过程中的变化　CoS 只在造渣末期，即在 FeS 含量较低时才按下式被氧化成 CoO：

$$CoS+\frac{3}{2}O_2 = CoO+SO_2$$

生成的 CoO 与 SiO_2 结合成硅酸盐进入转炉渣。当硫化物熔体中含铁约 10% 或稍低于此值时，CoS 开始剧烈氧化造渣。在处理含钴的物料时，后期转炉渣含钴可达 0.4%～0.5% 或者更高一些。因此常把它作为提钴的原料。

(3) ZnS 在吹炼过程中的变化　在铜锍吹炼过程中，锌以金属 Zn、ZnS 和 ZnO 三种形态分别进入烟尘和炉渣中。

以 ZnO 形态进入吹炼渣：

$$ZnS+\frac{3}{2}O_2 = ZnO+SO_2$$

$$ZnO+2SiO_2 = ZnO \cdot 2SiO_2$$

$$ZnO+SiO_2 = ZnO \cdot SiO_2$$

在铜锍吹炼的造渣期末、造铜期初，由于熔体内有金属铜生成，将发生下面的反应：

$$ZnS+2Cu = Cu_2S+Zn$$

在各温度下该反应的锌蒸气压如下所示：

温度/℃	1000	1100	1200	1300
p_{Zn}/Pa	6850	12159	25331	46610

由于转炉烟气中锌蒸气的分压很小，所以金属 Cu 与 ZnS 的反应能顺利地向生成锌蒸气的方向进行。

生产实践表明，锍中的锌约有 70%～80% 进入转炉渣，20%～30% 进入烟尘。

(4) PbS 在吹炼过程中的变化　在锍吹炼的造渣期，熔体中 PbS 的 25%～30% 被氧化造渣，40%～50% 直接挥发进入烟气，25%～30% 进入白铜锍中。

PbS 的氧化反应在 FeS 之后、Cu_2S 之前进行，即在造渣末期，大量 FeS 被氧化造渣之后，PbS 才被氧化，并与 SiO_2 造渣。

$$PbS+\frac{3}{2}O_2 = PbO+SO_2$$

$$2PbO+SiO_2 = 2PbO \cdot SiO_2$$

由于 PbS 沸点较低（1280℃），在吹炼温度下，有相当数量的 PbS 直接从熔体中挥发出来进入炉气中。

(5) Bi_2S_3 在吹炼过程中的变化　Bi_2S_3 易挥发。锍中的 Bi_2S_3 在吹炼时被氧化成 Bi_2O_3：

$$2Bi_2S_3 + 9O_2 = 2Bi_2O_3 + 6SO_2$$

生成的 Bi_2O_3 可与 Bi_2S_3 反应生成金属铋：

$$2Bi_2O_3 + Bi_2S_3 = 6Bi + 3SO_2$$

在吹炼温度下铋显著挥发，大约有90%以上进入烟尘，只有少量留在粗铜中。

(6) 砷、锑化合物在吹炼过程中的变化　在吹炼过程中砷和锑的硫化物大部分被氧化成 As_2O_3、Sb_2O_3 挥发，少量被氧化成 As_2O_5、Sb_2O_5 进入炉渣。只有少量砷和锑以铜的砷化物和锑化物形态留在粗铜中。

(7) 贵金属在吹炼过程中的变化　在吹炼过程中金、银等贵金属基本上以金属形态进入粗铜相中，只有少量随铜进入转炉渣中。

1.4.4 冰铜吹炼的生产实践

冰铜的吹炼多在卧式转炉中进行。卧式侧吹转炉吹炼其过程是间歇式的周期性作业，倒入锍、吹炼、倒出吹炼产物，这三个操作过程的循环。将造锍熔炼产出的熔锍（1100℃）倒入，通入压缩空气进行氧化反应，反应非常迅速，氧的利用率可达到50%～70%，反应放出的热量可以维持1200℃的高温进行自热熔炼。吹炼温度在1150～1300℃。在大量铁优先氧化时，一般加入石英熔炼造渣，产出一种含铜、镍高的转炉渣，必须进一步回收处理其中的铜、镍等有价金属。在整个吹炼过程中产出的烟气含 SO_2 浓度高为5%～15%，可以送去制酸。

1.4.4.1　侧吹卧式（P-S）转炉吹炼

(1) 侧吹卧式转炉结构　转炉炉壳是由厚20～25mm的锅炉钢板焊接成的圆筒。圆筒的两端分为平板形（图1-20）和球形两种。前者与圆筒焊接为一体，后者有弹簧拉杆工字钢固定。

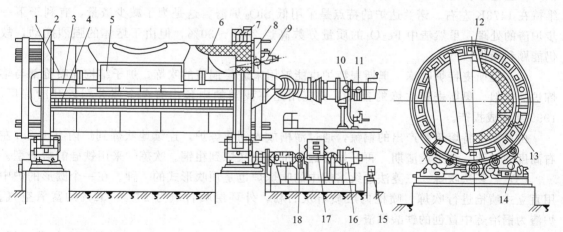

图1-20　平板盖的转炉结构

1—炉壳；2—滚圈；3—U-风管；4—集风管；5—挡板；6—隔热板；7—冠状齿轮；8—活动盖；
9—石英枪；10—填料盒；11—闸板；12—炉口；13—风嘴；14—托轮；15—油槽；
16—电动机；17—变速箱；18—电磁制动器

在炉壳两端不远处各有一个滚圈。在一个滚圈的外侧，还有一个大齿轮，它是转炉回转机构的从动轮，与传动系统的小齿轮啮合。

当传动系统电机转动时，小齿轮带动大齿轮使转炉作回转运动。中小型转炉的大齿轮一般是整圈的，转炉可以转动360°。大型转炉的大齿轮一般只是炉壳周长的3/4，转炉只能转动270°。

(2) 转炉吹炼实践

① 作业过程 在吹炼操作时,把炉子转到停风位置,装入第一批铜锍,边旋转边吹风,吹炼数分钟后加石英熔剂。

再吹炼一段时间,当炉渣造好后,旋转炉子,当风口离开液面后停风倒出炉渣。之后再加铜锍。依此类推,反复进行进料、吹炼、放渣,直到炉内熔体所含铜量满足造铜期要求时为止。这时开始筛炉,即最后一次除去熔体内残留的FeS,倒出最后一批渣。

在造铜期,随着Cu_2S的氧化,炉内熔体的体积逐渐减小,到造铜期终点出铜。出铜后迅速捅风眼,清除结块。然后装入铜锍,开始下一炉次的吹炼。

② 炉料 吹炼低品位铜锍,热量充足,为了维持一定的炉温,需要添加冷料来调节。吹炼高品位铜锍时,热量不足,可适当添加一些燃料(如焦炭、块煤等)补充热量。

铜锍吹炼过程中,为了使FeO造渣,需要添加石英石。由于转炉炉衬为碱性耐火材料,熔剂含SiO_2较高时,对炉衬腐蚀加快,降低炉寿命。通常熔剂的SiO_2含量宜控制在75%以下。

铜锍转炉吹炼可以得到粗铜和转炉渣产物。许多元素主要挥发进入烟气中,富集在电收尘的烟尘中。Ge、Bi、Hg、Pb、Cd、As、Sb、Sn等在吹炼时大都挥发富集在烟尘中,这些烟尘往往是生产铋的原料。Au、Ag、Pt族元素富集于粗铜中,在精炼时回收。

1.4.4.2 其他吹炼方法

(1) 诺兰达连续吹炼转炉 20世纪80年代开发出了诺兰达吹炼法(简称NCV),诺兰达法是加拿大诺兰达矿业公司发明的一种熔池熔炼法。在诺兰达技术发展早期,就直接生产过粗铜。后转向了由高品位锍吹炼成粗铜的研究。1973年在加拿大Noranda Horne炼铜厂投入工业生产。诺兰达炉是水平式圆筒反应器,类似转炉,可以转动48°。熔炼过程中温度维持在1473K左右。诺兰达炉的特点是采用低SiO_2炉渣。这是为了减少渣量,有利于下一步炉渣的处理。虽然渣中Fe_3O_4的质量分数高达25%~30%,但由于熔体的强烈搅动,故仍能顺利操作。

(2) 奥斯麦特炉吹炼 奥斯麦特炉也能够用来进行铜锍的吹炼。炉子结构和喷枪都与熔炼炉的类似。奥斯麦特吹炼的首次工业应用是在我国的中条山有色金属公司侯马冶炼厂,1999年建成投产。

由奥斯麦特熔炼炉产出的铜锍,通过溜槽放入到吹炼炉,连续地吹炼到炉内有1.2m左右高度的白锍,结束造渣期。再开始将这一批白锍吹炼到粗铜。吹炼炉采用铁硅酸盐渣型。

(3) 三菱法吹炼 三菱法连续熔炼中的吹炼炉也是顶吹形式的一种。在一个圆形的炉中用直立式喷枪进行吹炼。喷枪内层喷石灰石粉,外环层喷含氧为26%~32%的富氧空气。炉渣为铜冶炼中首创的铁酸钙渣。

在喷吹方式上,三菱法将空气、氧气和熔剂喷到熔池表面上,通过熔体面上的薄渣层,与锍进行氧化与造渣反应。三菱法必须使用Fe_3O_4不容易析出的铁酸钙均相渣。

三菱法的喷枪是随着吹炼的进行不断地消耗,奥斯麦特喷枪头是定期更换。

(4) 反射炉式连续吹炼 反射炉式的吹炼炉(也称连吹炉)系我国富春江冶炼厂所创。吹炼炉每个吹炼周期包括造渣、造铜和出铜三个阶段。与奥斯麦特炉一样,这两种吹炼炉仍然保留着间断作业的部分方式,仅只是在第1周期内进料-放渣的多作业改变为不停风作业,提高了送风时率。烟气量和烟气中SO_2浓度相对稳定,漏风率小,SO_2浓度较高利于制酸。

连续吹风,避免了炉温的频繁急剧变化。又由于采用水套强制冷却炉衬,在炉衬上生成一层熔体覆盖层，炉衬的浸蚀速度缓慢，炉寿命被延长。

反射炉式的连吹炉因其设备简单，投资省，在 SO_2 制酸方面比转炉有优点，因而适合于小型工厂。

思 考 题

1. 铜锍的吹炼过程为何能分为两个周期？
2. 在吹炼过程中 Fe_3O_4 有何危害？怎样抑制其形成？
3. 吹炼过程中铁、硫之外的其他杂质行为如何？
4. 在吹炼过程中 FeS、Cu_2S 的氧化行为如何？

1.5 炉渣贫化

【内容导读】

本节主要介绍炉渣贫化的两种工艺。分别阐述了浮选选矿法和电炉熔炼贫化法贫化炉渣的原理以及工艺过程。

1.5.1 概述

一个年产 100kt 的炼铜厂，以日处理 1300t（含 Cu 25%）铜精矿、产渣率为 50% 计算，渣含铜每增加 0.1%，铜的冶炼回收率下降 0.2%，生产费用增加约 3%。若渣含铜从 0.6% 上升到 1% 时，（考虑了回收率后的）年损失金属铜量为 800t。

炉渣贫化方法的选择原则上取决于渣中铜的损失形态以及所要求的最终弃渣含铜水平，后者关系到贫化成本。目前闪速熔炼贫化炉渣的方法主要有浮选选矿法和电炉熔炼贫化法两种。理论上，熔炼方法能够将渣含铜降低到渣-锍平衡水平，选矿法只能回收绝大部分的夹杂锍。

1.5.2 熔炼贫化过程的热力学分析

影响渣含铜的最根本因素是炉渣中的 Fe_3O_4 含量。降低炉渣中的 Fe_3O_4 含量，就能够改善锍滴在渣中沉降的条件，如黏度、密度以及渣-锍间界面张力等；降低渣中的 Fe_3O_4 含量，将减少铜的氧化损失，从而降低渣含铜。炉渣的熔炼贫化就是降低氧势、提高硫势，还原 Fe_3O_4 的过程。

锍品位降低，FeS 增加，有利于反应

$$3Fe_3O_4 + FeS = 10FeO + SO_2$$

向破坏 Fe_3O_4 的方向发展。提高温度，加入适量的 SiO_2，降低 p_{SO_2}，都会对 Fe_3O_4 的减少起到有效的作用。另一方面，锍品位降低，有利于锍与渣的平衡反应向 Cu_2O 被硫化的方向进行。

$$(Cu_2O) + [FeS] = (FeO) + [Cu_2S]$$

实际贫化过程中的锍品位不可能降低很多。从吹炼锍的角度出发，再生产出低品位的锍将会增加处理的麻烦。保持原来的熔炼锍品位的办法是用碳质还原剂还原 Fe_3O_4：

$$(Fe_3O_4) + C = 3(FeO) + CO$$

计算表明，用 C 直接还原 Fe_3O_4 的 CO 平衡压力是相当大的，冶金炉内的 CO 分压无论如何也达不到此平衡数值。固体碳的强烈还原作用使反应 $(Cu_2O) + [FeS] = (FeO) +$

[Cu_2S] 彻底地向右进行。

Fe_3O_4 的另外一条还原途径是被气体还原剂 CO 还原：

$$(Fe_3O_4) + CO = 3(FeO) + CO_2$$

反应平衡时，$p_{CO_2}/p_{CO}=11.83$。实际条件下，贫化炉炉膛空间吸入大量的空气，炉气中的 p'_{CO_2} 约为 0.04，p'_{CO} 很微小，p'_{CO_2}/p'_{CO} 之比值可能会大于平衡时的 p_{CO_2}/p_{CO} 值，因此，贫化渣中的 Fe_3O_4 被气相中 CO 还原的作用是不能肯定的，实际生产中也未观察到蓝色火苗发生的现象。但是，在熔体炉渣被搅拌的情况下，与固体碳混合充分，由反应 $(Fe_3O_4) + C = 3(FeO) + CO$ 产生出的 CO 应该有一定的还原作用。

1.5.3 电炉贫化

电炉贫化法是利用电炉高温（炉渣温度 1523~1573K）过热澄清，并加入还原剂和硫化剂，使渣中的 Fe_3O_4 还原成 FeO，并且使渣中的 Cu_2O 被硫化，产出低品位的锍。贫化后的渣含铜为 0.5%~0.6%。

1.5.3.1 贫化电炉的特点

用于贫化炉渣的电炉属于矿热电炉的形式。有长方形、椭圆形和圆形。与矿热电炉相比，单位炉床面积的功率要低，为 46.6~102kW/m²，矿热电炉一般为 230kW/m² 以上。贫化电炉的二次电压比较低（最低级为 60~100V，最高级为 80~190V），以便能够较深一些插入渣层，加强贫化作用。

贫化电炉的作业方式有两种：间断作业和连续作业。前者在一个周期完成后，放出弃渣，留下很薄的渣层，再进熔炼渣开始下一个周期，铜锍定时放出。这种方式多用于单独处理转炉渣，或渣量不大，或要求深度贫化、弃渣含金属很低的情况，如含 Ni 和 Co 的炉渣。连续作业是连续进熔炼渣，连续放出弃渣。有的贫化炉还与熔炼炉结合成一体。

1.5.3.2 电炉贫化过程及其影响贫化效果的因素

(1) 贫化过程 由熔炼炉溜槽流出的液态炉渣不断地进入贫化炉内，在通过自焙电极产生的电能热（以电阻热为主，有很小部分电弧热）作用下，熔体温度保持在 1200~1250℃。渣中的 Fe_3O_4 被加入的还原剂还原成 FeO，并与 SiO_2、CaO 等氧化物造渣。

在降低了炉渣的黏度、密度，改善了渣的分离性质以后，锍粒比较容易地沉降到锍层中。Cu_2O 硫化生成的锍粒、原先夹带的锍粒会在炉渣对流运动中相遇，互相碰撞，由于界面张力的作用而聚合成较大尺寸的锍粒沉降。

贫化电炉需要加入还原剂，一般多使用焦屑，少数用煤和木炭。调整渣型时，要加入熔剂。对硅酸盐渣，多以石灰和石灰石加入。必要时，用黄铁矿或含硫物料作贫化剂。

(2) 影响贫化效果的因素 贫化效果是以弃渣含铜量来衡量的。在电炉内，影响弃渣含铜的因素有渣成分、还原剂种类、电气参数、温度、熔池与硫化剂的加入等。

① 炉渣成分 炉渣成分中对渣含铜影响较显著的是 Fe_3O_4 含量。提高 SiO_2 的含量，有利于降低 Fe_3O_4，使渣含 Cu 减少。在一定范围内，CaO 有助于降低渣中的铜损失。添加 CaO 的办法亦应该联系电能消耗、渣量和材料消耗等经济方面作出综合考虑与对比。

② 还原剂 加入贫化电炉的还原剂对贫化效果的影响较大。不同还原剂和熔剂条件下，在工业贫化电炉内炉渣中 Cu_2O 的还原贫化速度有着明显的差异。在焦炭、焦炭加石灰石和天然气三种方法中，只加焦炭的效果最差。

一般情况下，有价值的金属在贫化过程中的回收率随还原剂的数量增加而增加。但是，过多的还原剂会引起金属铁的产生，使锍金属化，导致锍的熔点升高，放渣、锍作业困难。

③ 电气参数 贫化电炉变压器的二次电压不需要像矿热电炉那样多级数，但是，与炉

渣电阻的匹配应该更合适些。保证在最高级数下,能够使电极浸入渣层350mm以上。

④ 炉渣温度　在能够保证炉渣有良好的流动性前提下,宜以较低的温度操作,这有利于延长炉子的耐火材料使用期限。迈阿密厂的炉渣放出温度为1232～1260℃,锍放出温度为1171～1193℃。

⑤ 熔池深度与熔池容积　熔池深度由渣层厚度和锍层厚度组成。贫化电炉的渣层深度依作业方式不同而不同。无论是连续或间断,锍层厚只应为渣层厚的1/3～1/2。若熔炼铜精矿中的镍和钴较高,需要回收这些有价金属时,熔池深度应该高些,近于熔炼电炉。无论是哪种放渣方式,锍层厚度均不得小于150mm。一般对铜锍熔炼炉渣进行贫化的电炉,熔池较浅。

⑥ 硫化剂的加入　在对高品位锍熔炼产出的炉渣进行贫化时,加入硫化剂会降低贫化锍的品位。低品位锍的处理是不经济的。贵溪冶炼厂的工业试验表明,在不使贫化锍品位降低较多的情况下,加入为液体渣量1.5%～3%的黄铁矿,对减少渣含铜没有明显的效果。

1.5.4　浮选选矿法贫化

选矿法是将炉渣(闪速炉渣和转炉渣)注入60～90t铸坑中,经8～10h缓冷,便会析出溶于渣中的硫化物,并聚结成大粒。然后将凝固的炉渣磨细,粒度小于0.06mm的达90%以上,送到浮选车间。浮选产出含铜20%的渣精矿和含铜0.3%的尾矿。

1.5.4.1　浮选法贫化特点

浮选法贫化熔炼渣与吹炼渣具有如下优点。

① 采用浮选法代替某些熔炼渣的火法处理,有利于提高金属回收率。如芬兰奥托昆普公司1996年以前采用电炉贫化法处理闪速熔炼渣和吹炼渣,弃渣含铜Cu为0.5%～0.7%,铜回收率为77%,而改用浮选法后,尾矿中含铜量为0.3%～0.35%,铜回收率提高至91.1%。大冶诺兰达炉试生产时,诺兰达熔炼渣用反射炉贫化,弃渣含铜平均为0.73%,而改用浮选法贫化后,尾矿含铜<0.35%。铜回收率高达94%以上。

② 浮选法比电炉贫化法能耗少。如奥托昆普公司,用电炉贫化时的电耗为90kW·h/t渣,而浮选法为44.2kW·h/t渣。

③ 浮选法与电炉贫化相比,无论是在基建投资还是设备维护上都较为低廉。

④ 熔炼贫化产生低浓度(<0.5%)的SO_2烟气,不能经济地处理而直接排放到大气中,严重污染环境。而浮选法一般在常温常压及弱碱介质中进行,只要解决好浮选废水的处理及回用问题,就可以将环境污染减少到最低程度。

1.5.4.2　浮选法贫化的工艺过程

浮选法包括了缓冷与磨矿工序。炉渣中的铜之所以能够通过浮选富集到渣矿中,是因为在熔渣冷却过程中,形成了能够机械分离的硫化亚铜结晶以及金属铜的颗粒。借助于它们在表面物理化学性质上与其他造渣物的差异,而实现分离。

浮选过程:将炉渣磨细,制成矿浆,在浮选槽里对矿浆进行搅拌、充气,在浮选剂的作用下,铜矿物附着于气泡上,浮升到矿浆表面,形成矿化泡沫,刮出泡沫成为铜精矿,实践上称为渣精矿。而脉石矿物则留在浮选槽内成为尾矿。

熔炼炉渣或转炉渣的缓冷是利用不同容积的铸模(铸渣机)、地坑或渣包在空气中自然冷却。炉渣中铜矿物的结晶粒度大小和炉渣的冷却速度密切相关,因为粒度大小决定了选别方法和选别效果。

炉渣的冷却速度是衡量浮选效果的主要条件。甚至比炉渣的组成更为重要,渣中铜矿物的粒度大者为50～200μm,最小者小于10μm,多数为10～50μm。

思 考 题

1. 简述炉渣贫化的原理。
2. 简述电炉贫化和选矿贫化的特点。
3. 如果炉渣中含有较多以 Cu_2O 形态存在的铜，用哪种贫化方法处理更有效？

1.6 粗铜的火法精炼

【内容导读】

本节主要介绍粗铜火法精炼的原理和工艺过程。分析了氧化过程、还原过程的实质以及杂质的氧化行为；对精炼炉和精炼工艺进行了介绍。

1.6.1 概述

转炉产出的粗铜，铜含量一般为 98.5%～99.5%，其余数量为杂质。如硫、氧、铁、砷、锑、锌、锡、铅、铋、镍、钴、硒、碲、银和金等。这些杂质存在于铜中，对铜的性质产生各种不同的影响。有的（如砷、锑、锡）降低铜的导电率，有的（如砷、铋、铅、硫）会导致热加工时型材内部产生裂纹，有的（铅、锑、铋）则使冷加工性能变坏。总之，降低了铜的使用价值。有些杂质具有使用价值和经济效益，需要回收和利用。

为了满足铜的各种用途要求，需要将粗铜精炼提纯。精炼有两个目的：除去铜中的杂质，提高纯度，使铜含量在 99.95% 以上；从铜中分离回收有价值的元素，提高资源综合利用率，从铜精炼的副产品中回收金、银，是贵金属的重要生产途径。

目前使用的精炼方法有两种。

① 粗铜火法精炼，直接生产含铜 99.5% 以上的精铜。该法仅适用于金、银和杂质含量较低的粗铜，所产精铜仅用于对纯度要求不高的场合。

② 粗铜先经过火法精炼除去部分杂质，浇铸成阳极，再进行电解精炼。产出含铜 99.95% 以上、杂质含量达到标准的精铜。这是铜生产的主要流程。

1.6.2 火法精炼的理论基础

粗铜含有各种杂质和金银等贵金属，其含量为 0.25%～2%。这些杂质不仅影响铜的物理化学性质和用途，而且有必要把一些有价值金属提取出来。火法精炼的目的是将粗铜中的这些杂质尽量除去，为下一步的电解精炼提供合格的铜阳极板。火法精炼是在液体铜中供入空气，使铜里的铁、铅、锌、铋、镍、砷、锑、硫等杂质氧化而除去，然后将还原剂加入铜里除氧，最后得到化学成分和物理规格符合电解精炼要求的阳极铜。

火法精炼也是周期性的作业，精炼过程在回转炉或反射炉内进行。每一精炼周期包括装料、熔化、氧化、还原和浇铸五个工段，其中氧化和还原工段是最关键工段。在 1150～1200℃ 的温度下，首先将空气压入熔融铜中，进行杂质的氧化脱除（鼓风氧化），而后再用碳氢物质除去铜液中的氧（重油还原），最后进行浇铸。

1.6.2.1 氧化过程

粗铜火法精炼的实质是使其中的杂质氧化成氧化物，并利用氧化物不溶于或极少溶于铜，形成炉渣浮在熔池表面而被除去；或者借助某些杂质在精炼作业温度（1100～1200℃）下，呈气态挥发除去。

当空气鼓入熔池中时，作为主体金属的铜首先吸收氧并进行氧化反应。这个过程是氧化精炼的开始和必需条件。氧在铜液中的溶解和形态可以由 Cu-O 体系说明。

氧化精炼的基本原理：铜中多数杂质对氧的亲和力大于铜对氧的亲和力，而且杂质氧化物在铜水中的溶解度很小。而由于粗铜中主要是铜，杂质浓度低，根据质量作用定律，首先氧化的是铜。粗铜中的杂质被氧直接氧化的程度是非常小的，主要是通过铜液中的 Cu_2O 来氧化的：

$$4[Cu]+O_2 = 2[Cu_2O]$$

生成的 Cu_2O 立即溶于铜液中，并与杂质接触的情况下氧化金属杂质 Me。

$$[Cu_2O]+[Me] = 2[Cu]+(MeO)$$

由于铜液中铜的浓度很大，故认为铜的活度为 1，则上式平衡常数为

$$K = \frac{a_{(MeO)}}{a_{[Cu_2O]}a_{[Me]}}$$

$$a_{[Me]} = \gamma_{[Me]}N_{[Me]}$$

$$K = \frac{a_{(MeO)}}{a_{[Cu_2O]}\gamma_{[Me]}N_{[Me]}}$$

杂质在铜液中的极限浓度为：

$$N_{[Me]} = \frac{a_{(MeO)}}{a_{[Cu_2O]}K\gamma_{[Me]}}$$

由此可见，铜液中 Cu_2O 活度和 K 值越大，杂质在铜液中的极限浓度越低。杂质氧化反应是放热反应，随温度的升高 K 值变小，所以氧化阶段温度不宜太高，一般在 1423～1443K。

在实际生产中，当温度为 1150～1180℃ 时，杂质已经充分氧化。因此，铜液中的含氧量应该根据杂质的含量来进行合理的控制，以避免因含氧过高，延长后来的还原时间，增加还原剂的消耗，对生产反而不利。

粗铜中主要杂质的氧化趋势由小到大排列为：

As→Sb→Bi→Pb→Cd→Sn→Ni→In→Co→Zn→Fe

按氧化除去难易可将杂质分为三类。

(1) 第一类　易氧化除去的铁、锌、钴、锡、铅和硫等杂质。

① 硫　硫在粗铜中，主要以 Cu_2S 形式存在。精炼初期氧化缓慢，到氧化期快结束时，开始激烈反应。氧化时按下式进行反应：

$$[Cu_2S]+2[Cu_2O] = 6[Cu]+SO_2\uparrow$$

氧化反应进行十分激烈。生成的 SO_2 使铜水沸腾，有小铜液喷射出来，形成所谓"铜雨"。

在 1100℃ 以上时，p_{SO_2} 达到 0.7～0.8MPa。所生成的 SO_2，一部分进入炉气，一部分溶解于铜熔体中。SO_2 在铜中的溶解反应为：

$$SO_2(g) = [S]+2[O]$$

② 锌　锌沸点为 906℃，当冷杂铜加入炉内熔化时，就开始挥发。若含锌量高，需要进行蒸锌作业。即在熔体表面盖一层炭粉，或含硫极少的焦炭或煤粒，以避免氧化锌结壳，使锌顺利地以蒸气形式排出，在炉气中被氧化成 ZnO。由收尘设备回收。少量的锌氧化成 ZnO 后，会与 SiO_2 或 Fe_2O_3 造渣，生成 $2ZnO·SiO_2$ 或 $ZnO·Fe_2O_3$。锌是易脱除杂质，大部分以锌蒸气挥发，其余氧化成 ZnO 造渣除去，可以降低到 10ppm（0.001%）以下。

③ 铁　炉料中的铁多是冷料或工具带入。铁能溶解于铜中，在1090℃，铁的溶解量为3.9%。在铜液中铁容易被氧化成FeO，浮于液面与SiO_2造渣生成$2FeO \cdot SiO_2$。FeO被游离氧进一步氧化，生成Fe_2O_3，并与Cu_2O或其他杂质氧化物生成铁酸盐造渣。铁是易除去金属，铁对氧的亲和力大，FeO造渣好，精炼时可以降至10ppm（0.001%）以下。

④ 锡　锡能与铜互溶，氧化时生成SnO和SnO_2。SnO属碱性，有一定挥发性，可与SiO_2造渣。SnO_2属酸性，与碱性氧化物如Na_2O或CaO等造渣，所以除锡时加入苏打或石灰石造渣。

⑤ 铅　在液态时，铜与铅形成均匀的合金。铅易氧化成PbO。PbO的密度为9.2g/cm^3，单独存在时，沉于熔池下部。铅与砷、锑氧化物，生成砷酸铅或锑酸铅。在砷、锑、铋、铅四种氧化物共存时，生成化合物$(Pb、Bi)_2(As、Sb)_4O_{12}$，并溶解于铜液中。PbO与SiO_2造渣，生成熔点低（700~800℃）、密度小的$xPbO \cdot ySiO_2$，浮于熔池表面。由于PbO密度较大，熔剂需用压缩风吹入熔池内部，或在进料前将石英砂加在炉底，以利于造渣，用磷酸盐和硼酸盐形式除去更有效。

(2) 第二类　难除去的Ni、As和Sb等杂质。

① 镍　镍与铜能生成一系列固熔体，镍与砷、锑、锌、铋、锡能生成化合物。NiO与Fe_2O_3反应可造渣。

$$NiO + Fe_2O_3 = NiO \cdot Fe_2O_3$$

NiO可与砷、锑氧化物生成镍云母（$6Cu_2O \cdot 8NiO \cdot As_2O_5$及$6Cu_2O \cdot 8NiO \cdot Sb_2O_5$），这是这些杂质难除去的主要原因。NiO溶解于铜液中，溶解度随温度的升高而增加。

一般铜矿产出的粗铜含镍都在0.1%以下，火法精炼不除镍，以便在后面的电解过程中以$NiSO_4$形式回收。在处理铜镍矿时，粗铜含镍多为0.5%~1.0%。为了不除去镍，而又要使阳极铜中的镍含量达到要求，于是采取了调铜保镍的做法。配料时用各种铜料搭配，以控制阳极含镍量为0.5%~0.6%。在无法配料时，才进行除镍作业。

镍是较难除净的金属，火法除镍有两种方法。

a. 熔析法：俄罗斯诺里尔斯克冶炼厂的粗铜含Ni 1.5%，利用NiO在铜中的溶解度随温度升高而增加的特性，采用高温氧化铜液，使镍氧化成NiO而溶解于铜液中。随后再加冷料降温，NiO析出浮在熔池面上，扒净NiO渣。如此重复1~2次，铜液含Ni可降至0.35%~0.47%。

b. 加熔剂造渣：铜液氧化后，加入Fe_2O_3或石英砂造渣，生成$NiO \cdot Fe_2O_3$或$2NiO \cdot SiO_2$炉渣。根据计算，铜液含Ni可降到0.25%，生产实践可降到0.3%~0.4%。

② 砷、锑　砷、锑与铜在液态时互溶，与铜生成化合物（Cu_3As、Cu_3Sb）及固熔体。与铁、镍、钴、锡生成化合物。在铜中以砷化铜、锑化铜、砷酸盐及锑酸盐存在。砷与Cu_2O反应：

$$2Cu_3As + 3Cu_2O = As_2O_3 + 12Cu$$
$$2Cu_3Sb + 3Cu_2O = Sb_2O_3 + 12Cu$$

生成的三价砷和三价锑的氧化物，一部分挥发，一部分被氧化成五价氧化物。

$$As_2O_3 + 2Cu_2O = As_2O_5 + 4Cu$$
$$Sb_2O_3 + 2Cu_2O = Sb_2O_5 + 4Cu$$

As_2O_5和Sb_2O_5不挥发，与Cu_2O、NiO、PbO和BiO等氧化物，生成各种不同组分的化合物。如砷酸铜（$Cu_2O \cdot As_2O_5$），镍云母，砷、铅、铋化合物[$(Pb、Bi)_2(As、Sb)_4O_{12}$]等。

这些化合物都溶于铜液中,增加了脱除的难度。

常用的除砷、锑方法有两种。

a. 挥发法：As_2O_3和Sb_2O_3沸点较低(As_2O_3在465℃为0.1MPa),利用这个特性,在生产中,采用氧化→还原→氧化→还原,重复作业除砷、锑。

b. 加熔剂法：采用碱性熔剂苏打与石灰除砷、锑的历史已有半个多世纪,被认为是较有效的方法。Na_2CO_3与As、Sb的化学反应为：

$$2As + \frac{5}{2}O_2 + 3Na_2CO_3 = 3Na_2O \cdot As_2O_5 + 3CO_2$$

$$2Sb + \frac{5}{2}O_2 + 3Na_2CO_3 = 3Na_2O \cdot Sb_2O_5 + 3CO_2$$

碳酸钠过量时,生成Na_3SbO_4,量不足时,生成Na_3SbO_3。

(3) 第三类　不能除去或极少除去的Au、Ag、Se、Te和Bi等杂质。

① 铋　在液态时,铋与铜能互溶,铋与铜不生成化合物或固熔体,Bi对氧的亲和力与铜相差不大。据物相分析铋易氧化成Bi_2O_3,并与砷、锑、铅的氧化物生成化合物,溶解于铜液中。Bi_2O_3不与二氧化硅造渣,也不与苏打造渣。Bi_2O_3在精炼温度下的蒸气压极低。火法精炼难以除铋。

② 硒和碲　硒和碲能溶于铜液中,能生成化合物Cu_2Se、Cu_2Te。在氧化时有少量氧化成SeO_2、TeO_2挥发,在加苏打造渣时生成硒酸钠、碲酸钠渣。智利某铜厂对高硒粗铜作过试验,在还原末期往熔池吹入苏打和煤粉进行还原造渣脱硒、碲。其主要反应如下：

$$Na_2CO_3(s) + 2C(s) = 2Na(g) + 3CO(g)$$

$$2Na(g) + [Se] = (Na_2Se)$$

Na_2Se是稳定的化合物。试验脱硒率15%～80%。一般粗铜含硒、碲较低,不进行脱除作业。在电解时从阳极泥回收。

硒和碲少量氧化成SeO_2和TeO_2随炉气带走外,大部分留在铜中。

③ 金、银　贵金属在火法精炼时,不发生氧化,留在铜内。少部分的银会被挥发性较强的杂质化合物带走,银的损失率可达2.5%。

1.6.2.2　还原过程

还原过程是将铜液中含有的Cu_2O用还原剂脱除的过程。

(1) 氧化亚铜的还原　经氧化精炼后,铜液含有0.5%～1.0%的氧,在凝固时以Cu_2O形态析出,分布于铜的晶界上,给电解精炼造成危害,需进行还原脱氧。

常用的还原剂有重油、天然气和液化石油气等。

用重油还原时,高温下重油中的有机物先分解为H_2、CO和甲烷等。其反应如下：

$$Cu_2O + H_2 = 2Cu + H_2O$$

$$Cu_2O + CO = 2Cu + CO_2$$

$$4Cu_2O + CH_4 = 8Cu + CO_2 + 2H_2O$$

用H_2还原Cu_2O时,当Cu_2O饱和的状态下,

$$K_{p(1323)} = \frac{p_{H_2O}}{p_{H_2}} = 10^{41}$$

可见,混合气体中只要有极少的H_2,就可以去还原Cu_2O。铜水对氢的溶解能力较强。铜溶液中含氢量过多,铸成的阳极板产生气孔,对电解不利。

(2) 杂质的还原　氧化精炼后,铜液中还存在着部分杂质,这些杂质,除金、银、硒、

碲等外，多数是以氧化物或化合物的形式，存在于铜液中。在还原阶段，Cu_2O 优先于杂质氧化物被还原。杂质氧化物能否被还原，取决于铜液的脱氧程度，即最终含氧量。只有在铜液含氧量很低时，杂质才有被还原的可能。但是，若为了避免杂质的还原，而进一步脱氧的话，将会增加还原时间和还原剂的消耗，还会造成铜液含氢量增加，致使阳极气孔率增加，质量下降。

(3) 铜液中的氢 当铜液含氧量较低时，除了对 O_2、SO_2 有较强的溶解外，对氢也有较强的溶解能力，在 1100～1200℃时，氢的溶解量约为 4.5～7ppm❶。氢呈原子状态溶解，其溶解度与温度的关系为：

$$\lg[H] = -2273.3/T - 1.836 + 0.5\lg p_{H_2}$$

从上式看出，氢的溶解度，随温度和氢的分压 p_{H_2} 的升高而增加。在 1150℃，p_{H_2} = 0.1MPa 时，氢溶解量为 3.69ppm。氢能与铜液中的氧反应生成水蒸气。

氢在铜中的溶解度随氧含量的降低而增加，当 [O]<0.05% 后，氢溶解量迅速增加；当 [O]<0.03% 后，急剧增加，形成铜液中氢的二次充气。当铜液凝固时，内部残留的氧与氢结合生成大量水蒸气，冲破表层，破坏阳极板面。若氢、氧含量控制适当，形成的水蒸气能抵消金属凝固时的收缩，产出平整的阳极板表面。因此，在生产中，以铜样表面"起平"，来控制还原终点。

1.6.3 精炼炉及精炼工艺

1.6.3.1 反射炉精炼

用于铜火法精炼的炉型有反射炉、回转式精炼炉、倾动式精炼炉三种。反射炉是传统的火法精炼设备，是一种表面加热的膛式炉，结构简单、操作容易，可以处理冷料，也可处理热料。可以烧固体燃料、液体燃料或气体燃料。反射炉容积、炉体尺寸可大、可小，波动范围较大。处理量可以从 1t 变化到 400t，适应性很强。处理冷料较多的工厂和规模较小的工厂，多采用反射炉生产阳极铜。

反射炉也存在着以下几方面的缺点：
① 氧化、还原插风管、扒渣、放铜等作业全部是手工操作，劳动量和劳动强度大，劳动条件差，难以实现机械化和自动化；
② 炉体气密性差，散热损失大，烟气泄漏多，车间环境差；
③ 耐火材料用量多，风管及辅助材料消耗大；
④ 炉子内铜液搅动循环差，操作效率低。

1.6.3.2 回转炉精炼

回转炉是 20 世纪 50 年代后期开发的火法精炼设备。它是一个圆筒形的炉体，在炉体上配置有 2～4 个风管、一个炉口和一个出铜口。可作 360°回转。转动炉体将风口埋入液面下，进行氧化、还原作业；回转炉体，可进行加料、放渣、出铜，操作简便、灵活。与反射炉比较，具有以下优点。

① 炉体结构简单，机械化、自动化程度高。取消了插风管、扒渣、出铜等人工操作。在处理杂质含量低的粗铜时，可以实现程序控制。
② 炉子容量从 100t 变化到 550t，处理能力大，技术经济指标好，劳动生产率高。
③ 取消了插风管扒渣等作业，辅助材料消耗减少。
④ 回转炉密闭性好，炉体散热损失小，燃料消耗低。

---

❶ 非我国法定计量单位，1ppm=10^{-6}。

⑤ 炉体密闭性好，用负压作业，漏烟少，减少了环境污染。

回转炉与反射炉相比，由于熔池深，受热面积小，化料慢，故不适宜处理冷料，适合于处理热料。

炉口用于加料和倒渣，它由4块铜水套组成，并有一个炉盖，用气动或液压开启与关闭。非加料、出渣时间，炉盖将炉口盖上。氧化、还原，共用一个风口，通过一个换向装置与还原剂供应系统连接，通入还原剂进行还原作业。与风口相对应的另一侧，设有一个出铜口，炉体向后倾转，铜水从出铜口放出，通过调速驱动装置，调节铜水流出量。

回转炉可以正、反转动360°，它配备有快速、慢速两套驱动装置。进料、倒渣，氧化和还原，用快速驱动，浇铸用慢速驱动。此外在事故停电时，还配备有炉子向安全位置回转的事故驱动装置。倾动炉是一种新型的精炼炉型，它兼有回转式阳极炉机械化、可倾动及反射炉可加冷料的优点，对于再生铜的精炼是一种理想的选择，但倾动炉造价过高。

1.6.3.3 精炼炉产物及精炼技术经济指标

火法精炼的产物有阳极铜、精炼炉渣、烟气和烟尘。由于各工厂的原料与生产技术条件的不同和差异，产出的阳极铜化学成分也就各不相同。精炼炉渣的成分与冷料成分、耐火材料成分、粗铜带入的转炉渣数量有关。一般的范围为：Cu 15%～32%，SiO_2 15%～35%，CaO 1.7%～4.2%，MgO 2%～11.5%，FeO 6%～25%，Al_2O_3 2%～12%。

一般以液态渣形式将精炼炉渣返回转炉处理。烟尘中含有较高的铜和少量易挥发的金属，需返回熔炼炉处置。烟气含尘、含硫较高时，需除尘、洗涤净化脱硫后才能排放。

1.6.4 火法精炼的发展

缩短冶炼流程，提高效率，降低能耗是铜生产中降低生产费用的有效途径。长期以来，一直是研究和开发的追求目标。将精炼炉与转炉配套作业，让转炉担负部分和全部的氧化精炼任务，精炼炉的作业负担减轻，缩短冶炼时间，是实现这一方向的考虑。

在利用转炉分担精炼炉的任务方面有以下两种做法。

① 在粗铜杂质含量低时，利用转炉氧化激烈、氧化效率高的特点，过吹几分钟，完成氧化作业，脱除粗铜中少量的硫。氧化后的铜水进入精炼炉后，只进行还原作业。

② 粗铜过吹除去部分杂质。在粗铜杂质含量过高、阳极铜中杂质含量不能达到要求时，将粗铜过吹以除去部分杂质，使阳极铜杂质含量降低。

在精炼炉设备方面，自倾动炉和回转炉发明以后长时间以来，未见更新的炉型应用于商业生产。只是在处理废杂铜的生产中，有些变化。在西班牙科波德的LOCSA工厂采用了一种竖式旋转炉来熔炼和精炼废铜线和废铜缆。与铜精炼回转炉不同，该炉子是沿着垂直中心轴转动。瑞典波立顿公司利用卡尔多炉处理废杂铜，在环保方面更有优点。

思 考 题

1. 简述粗铜火法精炼的过程原理。
2. 火法精炼过程中为什么镍较难除去？
3. 精炼过程中有还原作业的目的是什么？

1.7 铜的电解精炼

【内容导读】

> 本节主要介绍粗铜电解精炼的原理和工艺过程。分析了铜电解过程的电极反应、阳极杂质在电解过程中的行为，介绍了铜电解工艺实践并对电解液的净化进行了阐述。

1.7.1 概述

铜的电解精炼一般能产出含铜 99.5% 以上的电铜产品。其工艺流程图如图 1-21 所示。

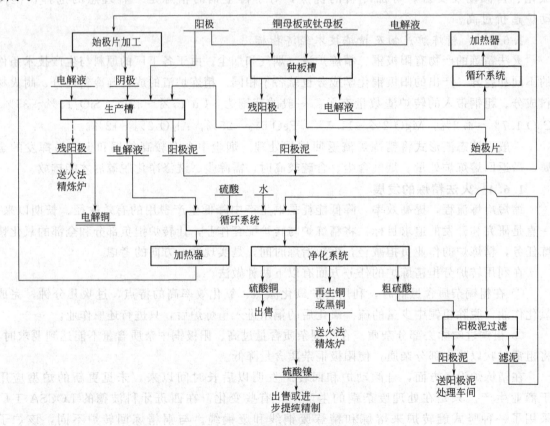

图 1-21 铜电解精炼工艺流程图

铜的电解精炼，是将火法精炼的铜浇铸成阳极板，用纯铜薄片（电铜）作为阴极片，相间地装入电解槽中，用硫酸铜和硫酸的水溶液作电解液，在直流电的作用下，阳极上的铜和电位较负的贱金属溶解进入溶液，而贵金属和某些金属（如硒、碲）不溶，成为阳极泥沉于电解槽底。

溶液中的铜在阴极上优先析出，而其他电位较负的贱金属不能在阴极上析出，留于电解液中，待电解液定期净化时除去。这样，阴极上析出的金属铜纯度很高，称为阴极铜或电解铜，简称电铜。电铜按纯度不同可分为 1 号铜（Cu>99.95%）、2 号铜（Cu>99.9%）、3

号铜（Cu>99.7%）、4号铜（Cu>99.5%）。

含有贵金属和硒、碲等稀有金属的阳极泥，作为铜电解的一种副产品另行处理，以便从中回收金、银、硒、碲等元素。

在电解液中逐渐积累的贱金属杂质，会妨碍电解过程的正常进行。例如，增加电解液的电阻和密度，使阳极泥沉降速度减慢，甚至在阴极上与铜一起共同放电，影响阴极铜的质量。必须定期定量地抽出净化，并相应地向电解液中补充新水和硫酸。抽出的电解液在净化过程中，常将其中的铜、镍等有价元素以硫酸盐的形态产出，硫酸则返回电解系统重复使用。

在铜电解车间，通常设有几百个甚至上千个电解槽，每一个直流电源串联其中的若干个电解槽成为一个系统。所有的电解槽中的电解液必须不断循环，使电解槽内的电解液成分均匀。在电解液循环系统中，通常设有加热装置，以将电解液加热至一定的温度。

1.7.2 铜电解过程理论基础

1.7.2.1 铜电解过程的电极反应

传统的铜电解精炼是采用纯净的电解铜薄片作阴极，阳极铜板含有少量杂质（一般为0.3%~1.5%）。电解液主要为含有游离硫酸的硫酸铜溶液。

由于电离的缘故，电解液中的各组分按下列反应生成离子：

$$CuSO_4 = Cu^{2+} + SO_4^{2-}$$
$$H_2SO_4 = 2H^+ + SO_4^{2-}$$

在未通电时，上述反应处于动态平衡。但在直流电通过电极和溶液的情况下，各种离子作定向运动。

在阳极上可能发生下列反应：

$$Cu - 2e = Cu^{2+}, \quad E^{\ominus}(Cu^{2+}/Cu) = +0.34V$$

$$H_2O - 2e = \frac{1}{2}O_2 + 2H^+, \quad E^{\ominus}(O_2/H_2O) = +1.23V$$

$$SO_4^{2-} - 2e = SO_3 + \frac{1}{2}O_2, \quad E^{\ominus}(O_2/SO_4^{2-}) = +2.42V$$

H_2O和SO_4^{2-}的标准电位很大。在正常的情况下，它们不可能在铜阳极上发生放电作用。

氧的析出还具有相当大的超电压（25℃时，若电流密度为$200A/m^2$，则氧在铜上析出的超电压为0.605V）。因此，在铜电解精炼过程中不可能发生氧的析出，只有当铜离子的浓度达到极高，或电解槽内阳极严重钝化，使槽电压升高至1.7V以上时才可能有氧在阳极上放出。至于SO_4^{2-}的放电反应，因为其电位更正，故在铜电解精炼过程中，是不能进行的。

在阴极上可能发生下列反应：

$$Cu^{2+} + 2e = Cu, \quad E^{\ominus}(Cu^{2+}/Cu) = +0.34V$$
$$2H^+ + 2e = H_2, \quad E^{\ominus}(H^+/H_2) = 0V$$

铜的析出电位较氢为正，加之氢在铜上析出的超电压值又很大（当25℃及电流密度为$100A/m^2$时，电压为0.584V），故只有当阴极附近的电解液中铜离子浓度极低，并由于电流密度过高而发生严重的浓差极化时，在阴极上才可能析出氢气。

铜电解精炼过程，主要是在直流电的作用下，铜在阳极上失去电子后以Cu^{2+}的形态溶解，而Cu^{2+}在阴极上得到电子以金属铜的形态析出的过程。除此之外，还不可避免地有Cu^+的产生，并引起一系列的副反应，使电解过程复杂化。

1.7.2.2 阳极杂质在电解过程中的行为

铜电解精炼的阳极板是一种含有多种元素的合金。按电解时的行为，通常将阳极铜中的杂质分为以下 4 类。

(1) 第一类　正电性金属和以化合物形态存在的元素。Au、Ag 和铂族金属为正电性金属，进入阳极泥。少量的 Ag 以 Ag_2SO_4 的形式溶解于电解液中，当有少量 Cl^- 存在时，形成 AgCl 进入阳极泥。

O、S、Se 和 Te 以 Cu_2S、Cu_2O、Cu_2Te、Cu_2Se、AgSe 和 AgTe 的形态进入阳极泥中。

为了减少贵金属的损失，各工厂都采取了一些有效的措施，如加入适宜的添加剂（如洗衣粉、聚丙烯酰胺絮凝剂等），以加速阳极泥的沉降，减少黏附；扩大极距、增加电解槽深度；加强电解液过滤，使电解液中悬浮物含量维持在 20mg/L 以下等。金几乎 100% 地进入阳极泥，阴极铜中含有极微量的金，是阳极泥的机械黏附所引起的。

(2) 第二类　在电解液中形成不溶性化合物的 Pb 和 Sn。

锡亦属火法精炼过程中易于除去的杂质元素，它在阳极铜中的含量也是很小的。锡在阳极溶解时，先以二价离子进入电解液后氧化成四价，四价的硫酸锡易水解成碱式硫酸锡进入阳极泥中。

$$SnSO_4 + \frac{1}{2}O_2 + H_2SO_4 = Sn(SO_4)_2 + H_2O$$

$$Sn(SO_4)_2 + 2H_2O = Sn(OH)_2SO_4 + H_2SO_4$$

硫酸锡很容易水解而产生溶解度不大的碱式盐。沉入槽底成为阳极泥：

$$Sn(SO_4)_2 + 3H_2O = H_2SnO_3 + 2H_2SO_4$$

$$H_2SnO_3 = SnO_2 \cdot H_2O$$

二价锡离子能使可溶性的砷酸盐还原成溶解度不大的亚砷酸盐，而使砷沉入阳极泥中。胶态的锡酸又能吸附砷、锑。这种胶状沉淀，若能尽量沉入阳极泥中，则可以减少电解液中砷、锑的含量。但若是黏附于阴极上，也会降低阴极铜的质量。

电解过程中，比铜负电性的铅优先从阳极溶解，生成的 Pb^{2+} 与 H_2SO_4 作用而成为难溶的白色硫酸铅（$PbSO_4$）粉末。$PbSO_4$ 一旦生成即附着在阳极表面，或逐渐从阳极上脱落沉入槽底。在酸性溶液中，$PbSO_4$ 又可能氧化成棕色的 PbO_2，覆盖于阳极表面。因此，阳极铜若含铅高，在阳极上就可能形成 $PbSO_4$、PbO 或 PbO_2 等的薄膜，因而增加电阻，使槽电压上升。

(3) 第三类　负电性金属 Ni、Fe、Zn。

① Fe 和 Zn 易在火法精炼时除去，一般在阳极中的含量很低。在阳极溶解时，几乎全部进入溶液。铁和锌的溶解会消耗电解液中的硫酸，并使电解液的黏度和密度增大。

② 电解精炼时，镍与铜同时溶解，少量镍与 Cu-Ni 硫酸盐或含镍的 Cu-Ag-As-Se-S 复杂相留在阳极泥中。若阳极中锑的含量超过 0.02% 时，锑会以 Cu-Ni-Sb 氧化物存在。依阳极铜中铁含量的不同，还可能出现含铁的 NiO、$NiFe_2O_4$ 和其他含镍的氧化铁相。

所有镍氧化物相在电解精炼时并不溶解，而在阳极泥中富集。当阳极含镍，同时又含有砷、锑时，砷、锑则与镍结合生成溶解于铜中的镍云母，如铜、镍与砷、锑氧化物所组成的复盐（$6Cu_2O \cdot 8NiO \cdot 2Sb_2O_5$，$6Cu_2O \cdot 8NiO \cdot 2As_2O_5$）。NiO 和镍云母在阳极上生成一层不易脱落的阳极泥层，一般都附着在阳极表面成为薄膜，使阳极溶解不均匀，电位增高，当含量过高时，就会在阳极的表面形成一层硬壳，引起阳极钝化。

(4) 第四类　电位与铜相近的 As、Sb 和 Bi。

阳极溶解时，砷、锑均以三价离子的形态进入溶液。进入电解液的 As^{3+} 和 Sb^{3+} 很容易发生水解。砷、锑在电解液中是以三价的 AsO_3^{3-}、SbO_3^{3-} 和五价的 AsO_4^{3-}、SbO_4^{3-} 的形态共存的。

不同价的砷、锑化合物，也能够形成溶解度很小的化合物，如 $As_2O_3 \cdot Sb_2O_5$ 及 $Sb_2O_3 \cdot As_2O_5$。它们是一种极细小的絮状物质，粒度一般小于 $10\mu m$，不易沉降，在电解液中漂浮，并吸附其他化合物或胶体物质而形成电解液中的所谓"漂浮阳极泥"。漂浮阳极泥的生成，虽能限制砷、锑在电解液中的积累，但它们会机械地黏附于阴极表面或夹杂于铜晶粒之间，降低阴极铜的质量。而且还会造成循环管道结壳，需要经常清理。

为避免阳极铜中的杂质砷、锑、铋进入阴极，保证电解过程能产出合格的阴极铜特别是高纯阴极铜（Cu-CATH-1标准），应当采取如下措施。

① 粗铜在火法精炼时，应尽可能地将这些杂质除去。

② 控制溶液中适当的酸度和铜离子浓度，防止杂质的水解和抑制杂质离子的放电。

③ 维持电解液有足够高的温度（60~65℃）以及适当的循环速度和循环方式。

④ 电流密度不能过高。目前采用的常规电解方法，电流密度以不超过 $300A/m^2$ 为宜。

⑤ 加强电解液的净化，保证电解液中较低的砷、锑、铋浓度。一般维持电解液中砷为 1~5g/L，最高不超过 13g/L；锑为 0.2~0.5g/L，不超过 0.6g/L；铋一般为 0.01~0.3g/L，不超过 0.5g/L。

⑥ 加强电解液的过滤。实践表明，保证电解液中漂浮阳极泥（悬浮物）含量低于 20~30mg/L，有利于高纯阴极铜的正常生产。

⑦ 向电解液中添加配比适当的添加剂，保证阴极铜表面光滑、致密，减少漂浮阳极泥或电解液对阴极铜的污染。

1.7.3 铜电解工艺实践

1.7.3.1 铜电解工艺流程

铜电解精炼通常包括阳极加工，始极片制作、电解、净液及阳极泥处理等工序。在改进的永久性阴极工艺中，就免去了始极片的制作。

传统始极片法在实际生产中，首先是在种板槽中，用火法精炼产出的阳极铜作为阳极，用纯铜或钛母板作为阴极，通以一定电流密度的直流电，使阳极的铜电化学溶解，并在母板上析出纯铜薄片，称之为始极片。将其从母板上剥离下来后，经过整平、压纹、钉耳等加工后即可作为生产槽所用的阴极。即电解铜生产所用的阴极（即始极片），是在种板槽中生产出来后再经加工而成的。始极片的制作质量直接关系到电解铜的生产

永久性阴极法和传统始极片法生产基本原理是一样的，但永久阴极法是采用不锈钢板制作的阴极，铜离子在不锈钢阴极上析出，直接产出最终产品阴极铜，阴极铜需从不锈钢极板上剥离，不锈钢阴极在寿命周期内反复使用，因此废除了种板系统和始极片的加工、制作过程，大大简化了生产工序。由于不锈钢阴极有很好的平直度，电力线分布均匀，可以在相对较高的电流密度下进行生产，阴极铜质量稳定。在采用了阳极机组、阴极剥离机组、自动化专用吊车后，机械化、自动化水平高。该工艺最近几年的应用在继续增长，成为电解铜精炼生产的一个发展趋势。

在生产槽中，用同样的阳极板和种板槽生产出来的始极片进行电解，产出最终的产品——阴极铜。电解液需要定期定量经过净液系统，以除去电解液中不断升高的铜离子，并脱除过高的杂质 Ni^{2+} 和砷、锑、铋等。

1.7.3.2 电解液的成分及其净化

（1）电解液的成分 铜电解精炼所用的电解液为硫酸和硫酸铜组成的水溶液。这种溶液

导电性好、挥发性小，且比较稳定，使电解过程可以在较高的温度和酸度下进行。另外，硫酸铜的分解电压较低，砷、锑、铅等在硫酸溶液中能生成难溶化合物，因而杂质对阴极质量的影响相对较小，而且贵金属在硫酸溶液中也能得到较完全的分离。这些都使得以硫酸溶液作为铜电解液，比采用其他溶液如盐酸溶液、硝酸溶液、铵盐溶液等具有较大的优越性。

电解液成分与阳极成分、电流密度等电解的技术条件有关，也与对阴极铜的质量要求有关。由于具体条件不同，各工厂的电解液成分也不相同，一般成分为：呈 $CuSO_4$ 形态的铜 $35\sim55g/L$，H_2SO_4 $100\sim200g/L$。对于大多数生产高纯阴极铜（Cu-CATH-1）的工厂，还控制其他杂质的浓度范围。

控制电解液中杂质浓度的方法，是以在电解过程中积累速度最大的杂质为基础，按其积累的速度，计算出它在全部电解液中每日积累的总量，然后从电解液循环系统中抽出相当于这一总量的电解液送往净化工序，再补充以新水和硫酸。这样，就可以既维持电解液的体积和酸度不变，又使杂质浓度不超过规定的标准。

为了降低电解液中的银离子浓度，使其不致在阴极上放电损失，抑制电解液中砷、锑、铋离子的活性以及消除阳极钝化，一般电解精炼工厂都向电解液中加入盐酸或食盐，以维持电解液中有一定的氯离子浓度，一般为 $15\sim60mg/L$。

为了防止阴极铜表面上生成疙瘩和树枝状结晶，以制取结晶致密和表面光滑的阴极铜产品，电解液中还需要加入胶体物质和其他表面活性物质，如明胶、硫脲等。但这些物质的加入，增加了电解液的黏度，其加入的数量，应视各厂的具体生产条件而定。

（2）电解液的净化　在铜电解精炼过程中，电解液的成分不断地发生变化，铜离子浓度不断上升，杂质也在其中不断积累，而硫酸浓度则逐渐降低、添加剂不断积累，使电解液成分发生变化。为了维持电解液的中铜、酸含量及杂质浓度都在规定的范围内，因此必须通过计算，定期抽出一定量的电解液进行净化和调整，同时补充等量的新液，以保证电解过程的正常进行。

电解液净化的目的是：回收铜、钴、镍；除去有害杂质砷、锑；使硫酸返回使用。

电解液的净化流程：首先，用加铜中和法或直接浓缩法，使废电解液中的硫酸铜浓度达到饱和状态，通过冷却结晶，使大部分的铜以结晶硫酸铜形态产生。

其次，采用不溶阳极电解沉积法，将废电解液或硫酸铜结晶母液中的铜基本脱除，同时脱去溶液中大部分砷、锑、铋。

最后，采用蒸发浓缩或冷却结晶法，从脱铜电解后液中产出粗硫酸镍。

国内电解液净化流程主要有以下 4 种：

a. 鼓泡塔法中和生产硫酸铜，电解脱除砷、锑、铋，电热蒸发生产粗硫酸镍；

b. 中和法生产硫酸铜，电解脱砷、锑、铋，蒸汽浓缩生产粗硫酸镍；

c. 中和、浓缩法生产硫酸铜，电解法除砷、锑、铋，冷冻结晶产粗铜硫酸镍；

d. 高酸结晶法生产硫酸铜，电解法除砷、锑、铋，电热蒸发产粗硫酸镍。

① 硫酸铜的生产　从废电解液生产硫酸铜时，根据对硫酸铜的需求，可以采用加铜中和法或直接浓缩法。前者产出的产品可以满足硫酸铜国家标准中的一级品标准；而后者因采用直接浓缩，溶液中的酸度过高，其他金属如镍、锌、铁等也有共析出的可能，故往往质量较差，一般需经过重新溶解再结晶后，才能满足质量要求。

a. 加铜中和法：在鼓入电解液中压缩空气的作用下，使溶液中的硫酸与加入溶铜设备中的废铜线、片、屑或残极作用而生成硫酸铜；

$$Cu + H_2SO_4 + \frac{1}{2}O_2 =\!=\!= CuSO_4 + H_2O$$

加铜中和后溶液经蒸发浓缩获得饱和的 $CuSO_4$ 高温溶液（80～90℃），冷却即可析出硫酸铜晶体（胆矾）。

b. 采用高酸结晶法生产硫酸铜时，其原料除电解液外，还有硫酸铜冲洗水结晶母液、阳极泥处理工序产出的含铜液等，与电解液按比例混合后均可进入蒸发器浓缩，不需要加入其他固体铜料。电解液或中和液的蒸发可在具有蒸汽加热蛇管和空气鼓风的蒸发槽中进行常压蒸发。

结晶方法产出的硫酸铜表面均带有结晶母液，为保证产品的质量，一般都在分离除去结晶母液后，用少量冷水进行洗涤。而对高酸结晶铜常需重溶、重结晶后再进行干燥。

② 电解液脱铜及脱砷、锑、铋　在电解过程中，电解液中铜离子的增加量约为阳极溶解量的 1.5%～2.0%。抽出的溶液送净化所带走的铜离子量仍不能抵消电解液中的铜离子增加量，则多余的铜离子必须用电解沉积法除去。

在生产槽系统中放置一些电解沉积槽脱除多余的铜，产出合格的阴极铜。电解液净化过程的电解脱铜槽则主要用于硫酸铜结晶母液的脱铜。硫酸铜结晶母液含铜离子通常为 40～50g/L，还有一定浓度的酸和砷、锑、铋等杂质。

电解液中脱除铜及砷、锑、铋的方法主要是三大类：

第一类，通过电解沉积法使铜及砷、锑、铋一同被脱除；

第二类，采用萃取或离子交换法除去电解液中的砷、锑、铋；

第三类，利用化学法使砷、锑、铋被沉淀或共沉淀。

脱铜末期或二次脱铜过程中，砷主要以 AsO^+ 和 $HAsO_2$ 形式发生电化学反应过程。

阴极上的电极反应，则视溶液中铜及杂质离子浓度的高低而不同，通常铜离子浓度高时，阴极上主要发生铜的放电析出；Cu^{2+} 浓度降低到一定程度（8g/L），则杂质砷、锑、铋和铜共同放电，得到含砷黑铜，送往火法精炼处理。若当 Cu^{2+} 浓度降至每升几克以下时，除了杂质与铜共同放电外，还常伴随 AsH_3 的析出。结晶后溶液用不溶阳极电解的方法回收铜，同时脱除杂质。

电积脱铜所采用的各种设备，基本上与铜电解相同，阴极仍为铜始极片，只有阳极为含银 1% 的铅银合金或含锑 3%～4% 的铅锑合金。由于电积脱铜过程是使溶液中的 $CuSO_4$ 分解，槽电压中包括了 $CuSO_4$ 的分解电压，故比电解精炼时的槽电压高出约 7 倍，一般为 1.8～2.5V。

③ 净化过程中硫酸镍的回收　电解液中镍的脱除，国外主要采用结晶法、萃取法、离子交换法，而国内多采用结晶法产出粗硫酸镍副产品。主要有传统的冷冻结晶以及电热浓缩法等。

经过脱铜电解后的溶液，一般含铜小于 1g/L，多数为 0.1～0.5g/L；含酸 300g/L 以上，用高酸结晶法生产硫酸铜时，其脱铜电解后溶液含酸可达 350～450g/L，此外还含有较多量的其他杂质如镍、砷、锑、铁、锌等。送往回收粗硫酸镍的母液要求含镍一般在 35g/L 以上。利用蒸发浓缩的方法，可得到粗硫酸镍，结晶后溶液返回电解车间使用。

1.7.4 电解精炼的主要设备与装置

1.7.4.1 电解槽

电解槽是电解车间的主体设备。电解槽为长方形的槽子，其中依次更迭地吊挂着阳极和阴极。电解槽内附设有供液管、排液管（斗）、出液斗的液面调节堰板等。槽体底部常做成由一端向另一端或由两端向中央倾斜，倾斜度大约3%，最低处开设排泥孔，较高处有清槽用的放液孔。用钢筋混凝土构筑的典型电解槽结构如图1-22所示。

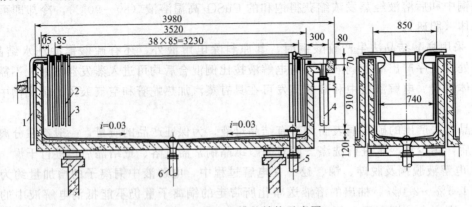

图1-22 铜电解槽的结构示意图
1—进液管；2—阴极；3—阳极；4—出液管；5—放液管；6—放阳极泥孔

电解槽的槽体有多种材质。现在普遍采用钢筋混凝土槽体结构。我国一些工厂采用过辉绿岩耐酸混凝土单个捣制槽和花岗岩单个整体槽，这些槽耐酸、绝缘较好。但辉绿岩槽易渗漏，仅适合小型且能就地取材的工厂采用。另外，还有由YJ呋喃树脂液、YJ呋喃树脂混凝土粉、石英砂、石英石等制作的拼装式呋喃树脂混凝土电解槽。

1.7.4.2 铜电解车间的装置

电解槽的电路连接，现在绝大多数都采用复联法。即电解槽内的各电极并联装槽，而各电解槽之间的电路串联相接。每个电解槽内的全部阳极并列相连，全部阴极也并列相连。电解槽的电流强度等于通过槽内各同名电极电流的总和，而槽电压等于槽内任何一对电极之间的电压降。

电解生产过程中，电解液必须不断地循环流通，在循环流通时，一是补充热量，以维持电解液具有必要的温度；二是经过过滤，滤除电解液中所含的悬浮物，以保持电解液具有生产高质量阴极铜所需的清洁度。循环系统的主要设备有：循环液贮槽、高位槽、供液管道、换热器和过滤设备等。现代铜精炼厂多采用钛列管或钛板加热器，不透型石墨和铅管加热器已经被淘汰。

1.7.4.3 铜电解过程中的重要技术参数

(1) Cu^{2+}浓度　Cu^{2+}浓度不足，容易使一些杂质在阴极上析出；但Cu^{2+}浓度不能过高，否则会增大电解液电阻和易在阴极表面形成$CuSO_4 \cdot 5H_2O$结晶。通常为40~45g/L。

(2) H_2SO_4浓度　硫酸可提高溶液的导电性，但使电解液中的$CuSO_4$溶解度下降。通常为180~200g/L。

(3) 电解液温度　适当提高温度对Cu^{2+}扩散有利，并使电解液成分更加均匀，但过高会增大铜的化学溶解和电解液的蒸发。通常为55~60℃。

(4) 电解液的循环　为了减小电解液组成的浓度差，电解液必须进行循环。循环方式有上进下出和下进上出两种。

(5) 电流密度　提高电流密度可增加铜产量，但同时会增大槽电压，从而增加电能消耗。通常采用220~230A/m²。

(6) 槽电压　槽电压影响电能消耗，正常生产中槽电压一般为0.25~0.30V。

(7) 电流效率

$$\eta = \frac{实际沉积铜量}{理论沉积铜量} \times 100\%$$

一般铜电解的电流效率为92%~98%。影响电流效率的因素主要有：漏电、阴阳极短路、阴极铜被空气氧化和Fe^{2+}的氧化以及Fe^{3+}的还原等。电能消耗（W）与槽电压、电流效率的关系如下：

$$W = \frac{1000V_{槽}}{1.186\eta}$$

思 考 题

1. 铜电解精炼和铜电积，两者的电极反应有什么差别？
2. 生产上采用哪些有效措施降低电解过程的电耗？
3. 砷、锑、铋杂质在电解过程中有哪些危害？

1.8 湿法炼铜

【内容导读】

> 本节主要介绍湿法炼铜的原理和工艺。主要从铜矿石的浸出、从浸出液中进行铜的回收等方面介绍了湿法炼铜的原理，并对细菌浸出进行了详细叙述。针对目前湿法炼铜的主要方法，对湿法炼铜的工艺进行了介绍。

1.8.1 概述

火法处理硫化铜矿虽具有生产率高、电铜质量好，有利于金、银回收等优点，但目前也面临两个难题。

（1）资源问题 硫化铜矿作为目前火法炼铜的主要原料，开采品位越来越低，因此，低品位硫化矿、复合矿、氧化矿和尾矿将成为今后炼铜的主要资源。这类贫矿，火法是无法直接处理的。

（2）大气污染问题 只要以硫化矿为原料火法处理，都不同程度地存在着二氧化硫对大气的污染。

湿法炼铜是用浸出剂浸出铜矿石或铜精矿中的铜，然后用化学提取法或电积法从经过净化处理的浸出液中获得金属铜的过程。

我国是世界上最早采用湿法冶金提取铜的国家。20世纪70年代以来，湿法炼铜技术发展迅速，目前产量已占矿产铜的20%。

由于湿法冶金具有环境污染少，能处理低品位矿或多金属复杂矿，投资省、生产成本低等特点，且从今后资源发展趋势看，随着矿石逐渐贫化，氧化矿、低品位难选矿石和尾矿的利用日益增多，故湿法将是处理这些原料的有效途径。

1.8.2 湿法炼铜的浸出过程

浸出是用化学试剂（如酸、碱、盐的水溶液或有机溶剂等）或通过生物作用将矿石中的有用组分转化为可溶性化合物，并选择性地溶解到溶液中，实现有价组分与杂质组分或脉石组分的粗分离，最终通过各种提炼工序回收有价金属。

1.8.2.1 浸出

(1) 硫酸浸出 常见的氧化铜矿物主要是孔雀石、硅孔雀石、赤铜矿，常用含硫酸1%～5%的水溶液浸出，矿石中铜的氧化态化合物很容易与酸发生反应：

$$CuCO_3 \cdot Cu(OH)_2 + 2H_2SO_4 = 2CuSO_4 + CO_2 + 3H_2O$$

$$CuO + H_2SO_4 = CuSO_4 + H_2O$$

$$CuSiO_3 \cdot nH_2O + H_2SO_4 = CuSO_4 + SiO_2 + (n+1)H_2O$$

这些反应在常温下即可进行。用来浸出的矿石含铜1%～2%。除含铜外，还含大量的脉石如氧化铁和石灰石等。脉石的存在将消耗大量的酸，并使浸出溶液含杂质。如氧化铁的溶解反应生成$Fe_2(SO_4)_3$，虽然Fe^{2+}能够提高浸出效率，但在下一步会给电积提铜造成困难。

石灰石的溶解反应生成$CaSO_4$

$$CaCO_3 + H_2SO_4 = CaSO_4 + H_2O + CO_2$$

大量的硫酸钙不仅消耗硫酸，而且不溶于水，并使浸出渣固化结块，很难过滤除去。由于这个缘故，含石灰石高的矿石不能用硫酸浸出。但硫酸浸出适合于含石英的矿石。

(2) 氨浸出 利用氨与铜可生成稳定的铜氨络离子$[Cu(NH_3)_4]^{2+}$的性质实现选择性浸出，同时被浸出的还有Ag、Zn等，此法的最大特点是避开了麻烦的除铁环节。氨的循环利用技术成熟，是一种很有前途的方法。

在铜的矿物酸浸出的同时，一些碱性脉石也会被酸浸出。所以，当矿石中钙、镁含量高时，因其大量浸出使酸耗大大增加而失去经济性。对此类矿可采用氨浸。

氨水溶液在有二氧化碳（或碳酸铵）存在时也能溶解所有铜的氧化物和金属铜，反应如下：

$$CuO + 2NH_4OH + (NH_4)_2CO_3 = Cu(NH_3)_4CO_3 + 3H_2O$$

$$Cu(NH_3)_4CO_3 + Cu = Cu_2(NH_3)_4CO_3$$

在有空气存在时，生成的碳酸铵盐又能被氧化：

$$Cu_2(NH_3)_4CO_3 + (NH_4)_2CO_3 + 2NH_4OH + \frac{1}{2}O_2 = 2Cu(NH_3)_4CO_3 + 3H_2O$$

氧化过的铜的碳酸铵盐又能溶解金属铜。

以上反应可在常压、常温或加热（50℃）条件下进行，主要是浸出氧化铜矿石和金属铜，不能浸出硫化矿石。

氨浸法的优点是氨不与氧化铁和碳酸钙等脉石作用，所得的浸出溶液纯度较高。

(3) 硫酸高铁（$Fe_2(SO_4)_3$）浸出 $Fe_2(SO_4)_3$是辉铜矿（Cu_2S）和铜蓝（CuS）的溶剂：

$$Cu_2S + 2Fe_2(SO_4)_3 = 2CuSO_4 + 4FeSO_4 + S$$

$$CuS + Fe_2(SO_4)_3 = CuSO_4 + 2FeSO_4 + S$$

此反应在低温时进行的速度很慢，因此常常需要加温到35℃或以上。斑铜矿（Cu_5FeS_4）与硫酸高铁也有类似反应，但是黄铜矿（$CuFeS_2$）即使在高温下其溶解速度也很慢。硫酸高铁的另一个特性是在中性溶液中分解为碱式盐

$$Fe_2(SO_4)_3 + 2H_2O = Fe_2(OH)_2(SO_4)_2 + H_2SO_4$$

反应是可逆的，硫酸的加入可使之转变为硫酸高铁。因此，为了保证溶解继续进行和同时处理含氧化物的混合矿，必须加入硫酸。所以实际上单纯用硫酸高铁作溶剂的很少，常常

是硫酸和硫酸高铁混合使用。

(4) 细菌浸出 对于硫化铜矿石，生物氧化浸铜是目前研究最多、发展最快、前景最好的技术之一。用细菌浸出可加速其浸出速度，虽然仍不能像氧化矿的浸出那样迅速，但就其浸出效率来说已达到可观程度，因而细菌浸出法逐渐用于废矿的湿法炼铜。

目前用于细菌浸出的微生物主要是氧化亚铁硫杆菌和氧化硫杆菌。它们可在35℃以下的高酸及重金属浓度较高的极端环境中生存。

细菌氧化浸出的机理一般认为有两种。

直接作用机理：细菌吸附到矿物表面直接与矿物发生作用使矿物溶解；

间接作用机理：矿物溶解释放出的Fe^{2+}在溶液中被细菌氧化成Fe^{3+}，Fe^{3+}作为氧化剂氧化硫化矿的化学作用机理。

① 辉铜矿的细菌浸出 辉铜矿在酸性及Fe^{3+}存在的条件下，可以被氧化成$FeSO_4$和S：

$$Cu_2S + 2Fe_2(SO_4)_3 =\!=\!= 2CuSO_4 + 4FeSO_4 + S$$

所生成的$FeSO_4$和S再由细菌氧化成$Fe_2(SO_4)_3$和H_2SO_4如此反应循环进行。在细菌作用下，辉铜矿也可被氧气氧化而溶解：

$$2Cu_2S + 5O_2 + 2H_2SO_4 =\!=\!= 4CuSO_4 + 2H_2O$$

辉铜矿的浸出被认为是以Fe^{3+}间接氧化作用为主，细菌是浸出反应的间接氧化剂。

② 铜蓝的细菌浸出 由于浸出环境中没有Fe^{3+}及其他氧化剂，所以浸出作用只能是由细菌引起，在浸出期间酸耗等于零，其反应为：

$$CuS + 2O_2 =\!=\!= CuSO_4$$

细菌浸出在矿物表面发生，浸出后矿物表面的化学组成未发生变化，说明浸出中没有转化为其他硫化物的中间过程，也没有产生元素S。

③ 硫砷铜矿的细菌浸出 在H_2O、O_2存在条件下，在氧化亚铁硫杆菌、氧化硫杆菌及复合细菌作用下，硫砷铜矿发生直接浸出反应：

$$4CuAsS + 6H_2O + 13O_2 =\!=\!= 4H_3AsO_4 + 4CuSO_4$$

④ 黄铜矿、斑铜矿的细菌浸出反应 在细菌存在条件下直接与$Fe_2(SO_4)_3$发生如下：

$$CuFeS_2 + 2Fe_2(SO_4)_3 =\!=\!= CuSO_4 + 5FeSO_4 + 2S$$

$$2Cu_5FeS_4 + 2Fe_2(SO_4)_3 + 17O_2 =\!=\!= 10CuSO_4 + 4FeSO_4 + 2FeO$$

其中，$FeSO_4$与FeO在酸与细菌作用下又转化为$Fe_2(SO_4)_3$并继续反应。

实践证明，当浸出黄铜矿时，在没有细菌存在时，经历一年时间，铜的浸出率也不到20%；但在细菌参加下，不要20d就可达到20%，而一年之内则达到60%以上。

氧化硫杆菌的作用不是直接参与硫化物作用，而是生活于硫化物环境中，以某种方式参加硫化物和硫一些氧化的中间过程，可促使硫化物和硫氧化：

$$S_2O_3^{2-} + \frac{5}{2}O_2 =\!=\!= 2SO_4^{2-}$$

$$S + \frac{3}{2}O_2 + H_2O =\!=\!= H_2SO_4$$

细菌浸出用于堆浸露天开采的废矿石（含铜0.2%～0.4%），或者在废矿坑中注入含细菌和硫酸高铁酸性溶液进行就地浸出。采用生物氧化并形成一定规模的铜湿法冶金试验厂有德兴铜矿厂和紫金山铜矿厂。

利用上述各种溶剂浸出，就其采用的设备而言，可以是就地浸出、废矿或矿石堆浸、槽浸和搅拌浸出等。我国目前主要采用搅拌槽浸出焙烧硫化矿，产量和规模均不大，但适合分散经营。

除了上述几种浸出方法外，现今在湿法炼铜中，逐渐发展了高压浸出法，包括高压酸浸和高压氨浸。在高温高压条件下，各种硫化精矿能够很好地溶解，因而这是湿法炼铜的新途径。

1.8.2.2 浸出方式

根据浸出方式浸出又分为槽浸、搅拌浸出、堆浸和就地浸出等多种形式。

槽浸适合处理高品位的氧化矿，浸出周期较短，浸出液含铜高时，可直接送电积。

搅拌浸出要求矿石品位较高，或经过预先富集，对于硫化矿可采用细菌浸出或预先进行氧化焙烧。

堆浸常用于低铜的外表矿、铜废石的浸出。浸出场地多选在不透水的山坡处，将开采出的废矿石破碎到一定粒度筑堆；在矿堆表面喷洒浸出剂，浸出剂渗过矿堆时铜被浸出，浸出液返流到集液池以回收。堆浸场按使用情况分为永久堆场和多次重复使用的堆场。

就地浸出又称为地下浸出或化学采矿，可用于处理矿山的残留矿石或未开采的氧化铜矿和贫铜矿。地下浸出是将浸出剂通过钻孔注入天然埋藏条件下的矿体中，有选择性地浸出有用成分（铜）；并将含铜的溶液，通过抽液钻孔抽到地面后输送到萃取电积厂处理的方法。

1.8.3 从含铜溶液回收铜

1.8.3.1 电积法

用含铜 30~60g/L 的溶液，在不溶阳极（如含少量锑的铅）和铜阴极之间加上直流电压，从溶液中提取铜。在阴极产生金属铜：

$$CuSO_4 + 2e = Cu + SO_4^{2-}$$

在阳极产生氧气：

$$H_2O - 2e = \frac{1}{2}O_2 + 2H^+$$

总的反应为：

$$CuSO_4 + H_2O = Cu + H_2SO_4 + \frac{1}{2}O_2$$

电积法对溶液含铁要求很严，因为 Fe^{3+} 会溶解阴极铜：

$$Cu + Fe_2(SO_4)_3 = CuSO_4 + 2FeSO_4$$

或者

$$Fe^{3+} + e = Fe^{2+}$$

而在阳极则发生：

$$Fe^{2+} - e = Fe^{3+}$$

因此降低了电流效率。所以含铁高的溶液必须预先除铁。

电积法所用的溶液含铜不得少于 12g/L，含铜太低会发生氢离子放电，并使阴极铜不致密，有时甚至产出海绵铜。当用电积后的溶液进行循环浸出时，则杂质积累增加，如像电解精炼一样，必须排去部分电积溶液加以净化除去其中的杂质，以免影响阴极质量。

1.8.3.2 铁置换法

用于含铜很少的浸出溶液，一般就地浸出和堆浸溶液（1~5g/L 铜）都可直接用铁置换。其主要反应是铁取代硫酸铜里面的铜：

$$CuSO_4 + Fe = Cu + FeSO_4$$

反应的根据是标准电位次序表中负电性的金属从溶液中取代更正电性金属的理论。这个置换是很完全的,在操作良好条件下,铜的回收率可达95%以上。但此法得到的铜不纯,需要进一步精炼。

用于置换的铁必须活性大、纯度高,而且具有很大的反应表面积。新切削的熟铁,还原的铁粉和脱锡的马口铁等都可以用作置换剂。置换时要求浸出溶液纯净不含泥,并最好处于流动状态;又不能用空气搅动,以免氧化;还必须维持弱酸性,以免铁的化合物水解沉淀,但太高的酸又会消耗置换剂,因此也不允许。

1.8.3.3 溶剂萃取法

溶剂萃取法是从酸性浸出液中选择萃取铜,使之进入不相溶的有机相,然后从有机相中反萃铜,使之变成强酸性溶液。此法主要也用于从低浓度浸出液(1～5g/L 铜,1～10g/L 硫酸)得到含铜量较高的溶液(30～50g/L 铜,140～180g/L 硫酸)。

最常用的萃取剂是 LIX64N 萃取剂,我国类似产品为 N510 萃取剂,它们都是一种螯合剂,萃取反应是:

$$Cu^{2+}(水相)+2R-H(有机相)\Longrightarrow R_2-Cu(有机相)+2H^+(水相)$$

反应向右为萃取,在低酸条件下即可进行;向左为反萃取,需要增加酸度,因此反萃得到的为高酸、高铜溶液。从这种溶液中用上述电积法可得到高纯度(99.9%以上)的电铜。现在溶剂萃取-电积工艺已被业界认为是成熟的、低成本、低风险的技术。

1.8.3.4 蒸馏法

用于从氨浸溶液中提取铜,此法的实质是加热分解 $Cu_2(NH_3)_4CO_3$ 溶液:

$$2Cu_2(NH_3)_4CO_3+O_2\Longrightarrow 4CuO+8NH_3+2CO_2$$

产出的 CuO 为纯化合物,可还原为金属。而分解析出的 NH_3 和 CO_2 用水吸收可返回浸出再用。

除以上各种提取铜的方法外,还有高压氢还原法,该法可直接从溶液得到铜粉,供粉末冶金使用。

浸出和净化都可在带机械搅拌的耐酸槽内进行,浸出时可加絮凝剂加速沉淀,在 $Fe(OH)_3$ 成胶状沉淀时,可吸附溶液中的 As、Sb、Bi 等杂质一同除去。

1.8.4 湿法炼铜的主要方法

下面介绍几种湿法炼铜方法。

根据含铜物料的矿物形态、铜品位、脉石成分的不同,主要分以下三种:

① 焙烧-浸出-电积法　用于处理硫化铜精矿。
② 浸出-萃取-电积法　用于处理氧化矿、尾矿、含铜废石、复合矿。
③ 氨浸-萃取-电积法　用于处理高钙镁氧化铜矿。

1.8.4.1 焙烧-浸出-电积法

此法为硫化铜精矿处理的成熟方法,流程如图 1-23 所示。该工艺由铜精矿焙烧,使硫化铜氧化生成氧化铜和硫酸铜;焙砂用稀酸浸出;溶液用中和法净化除铁;净化后的清液电积。但其缺点一是焙烧时产生 SO_2,二是除铁渣、洗水和废酸中的铜难于回收,故铜的回收率低。

(1) 硫化铜精矿的焙烧

① 焙烧的目的　焙烧是首道工序,使炉料进行硫酸化焙烧,其目的是使绝大部分的铜变为可溶于稀硫酸的 $CuSO_4$ 和 $CuO\cdot CuSO_4$,而铁全部变为不溶的氧化物(Fe_2O_3),产出的 SO_2 供制酸。

② 焙烧过程热力学　主要反应:

$$MeS + \frac{3}{2}O_2 = MeO + SO_2$$

$$2SO_2 + O_2 = 2SO_3$$

$$MeO + SO_3 = MeSO_4$$

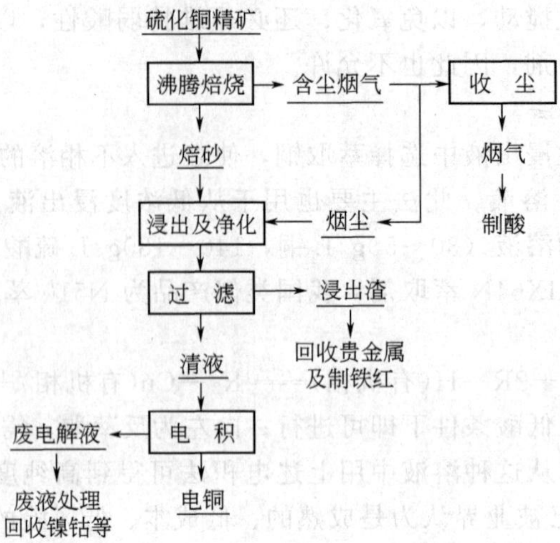

图 1-23 焙烧-浸出-电积法工艺流程图

从以上反应可知，MeS 焙烧的主要产物是 MeO 或 $MeSO_4$、SO_2 和 SO_3。生成的 $MeSO_4$ 在一定温度下会进行热分解：

$$2MeSO_4 = MeO \cdot MeSO_4 + SO_3$$

③ 焙烧过程动力学　焙烧是固-气间的多相反应。反应速度取决于矿粒表面上的化学反应速度和气相中氧分子扩散到矿粒表面的速度。

当温度较低时，化学反应速度小于气体的扩散速度，焙烧过程总速度取决于表面反应的条件并服从阿伦尼乌斯指数定律。

当温度较高时，化学反应速度迅速增大并超过气体扩散速度，焙烧过程总速度取决于气体的扩散速度。

④ 焙烧技术　焙烧采用的沸腾焙烧技术将在锌冶金 3.2.3 中详细介绍。

（2）焙烧矿的浸出与净化

① 浸出过程　焙砂中 Cu 主要以 $CuSO_4$、$CuO \cdot CuSO_4$、Cu_2O、CuO 存在，而 Fe 以 Fe_2O_3 存在。当用稀硫酸作溶剂时，除 $CuO \cdot Fe_2O_3$ 不溶外，其余都溶于硫酸生成 $CuSO_4$。Fe_2O_3 不溶于硫酸，但少量的 $FeSO_4$ 也溶于其中。

影响浸出反应速度的因素是温度、溶剂浓度和焙砂粒度，通常温度在 80～90℃，$H_2SO_4 > 15g/L$，焙砂粒度小于 0.074mm，采取搅拌浸出。

② 净化过程　浸出液的组成：50～110g/L Cu、2～18g/L H_2SO_4、2～4g/L Fe^{2+}、1～4g/L Fe^{3+}，铁在电积时将反复氧化还原而消耗电能，故必须净化除去。

常用的除铁法为氧化水解法，即在 pH=1～1.5，T=60℃时，用 MnO_2 将 Fe^{2+} 氧化成 Fe^{3+}，然后使 Fe^{3+} 水解成 $Fe(OH)_3$ 沉淀除去。即

$$2FeSO_4 + MnO_2 + 2H_2SO_4 = Fe_2(SO_4)_3 + MnSO_4 + 2H_2O$$

$$Fe_2(SO_4)_3 + 6H_2O = 2Fe(OH)_3 \downarrow + 3H_2SO_4$$

③ 浸出净化设备　浸出和净化都可在带机械搅拌的耐酸槽内进行，浸出时可加絮凝剂

加速沉淀，在$Fe(OH)_3$成胶状沉淀时，可吸附溶液中的As、Sb、Bi等杂质一同除去。

（3）电积过程　铜的电积也称不溶阳极电解，以纯铜作阴极，以Pb-Ag（含Ag1%）或Pb-Sb合金板作阳极，上述经净化除铁后的净化液作电解液。电解时，阴极过程与电解精炼一样，在始极片上析出铜，在阳极的反应则不是金属溶解，而是水的分解放出氧气，这与锌的湿法冶金电积的阳极过程相同。

① 电积反应

$$阴极：Cu^{2+}+2e \Longrightarrow Cu$$

$$阳极：H_2O-2e \Longrightarrow \frac{1}{2}O_2+2H^+$$

$$总反应：Cu^{2+}+H_2O \Longrightarrow Cu+\frac{1}{2}O_2+2H^+$$

② 电积实践及控制指标　电积时的实际槽电压为1.8～2.5V，电流效率仅为77%～92%，电积时电解液温度为35～45℃，阴极周期可取7d，D_k为150～180A/m²，所得电铜含铜为99.5%～99.95%。

（4）废液及废渣的处理

① 电解废液的处理　电解废液最好全部返回浸出过程但这种平衡很难达到，所以出现废液的处理问题。

处理目的：回收其中的有价金属，并回收或中和硫酸以避免它对环境的危害。

② 废渣的处理　贵金属含量低的浸出渣可用作炼铅熔剂，其中的有色金属和贵金属在冶炼时进入粗铅中。贵金属含量高时，则用选矿-湿法冶金联合流程处理以提取贵金属。

该各工序单元操作简单、成熟，建厂投资容易。但工艺中废酸处理和渣中有价金属回收成了两道难关。中和法处理废酸简单易行，但酸未得到利用，而且碱耗很大；浸出渣中1%左右的铜及贵金属也无可行办法回收。

1.8.4.2 浸出-萃取-电积法

浸出-萃取-电积工艺的基本过程如图1-24所示。

硫化矿用稀酸浸出的速度较慢，但有细菌存在时可显著加速浸出反应。若浸出的对象是贫矿、废矿，所得浸出液含铜很低，难以直接提取铜，必须经过富集，萃取技术能有效地解决从贫铜液中富集铜的问题。

（1）浸出　浸出方式有堆浸、槽浸、地下浸等多种。

① 氧化铜矿堆浸　适用于硫酸溶液堆浸的铜矿石铜氧化率要求较高，铜主要应以孔雀石、硅孔雀石、赤铜矿石等形态存在。脉石成分应以石英为主，一般SiO_2含量均大于80%，而碱性脉石CaO、MgO含量低，二者之和不大于2%～3%。矿石含铜品位从0.1%～0.2%。浸出过程的主要化学反应是：

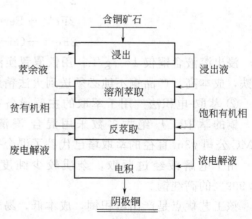

图1-24　浸出-萃取-电积工艺简易流程

$$Cu_2CO_3(OH)_2+2H_2SO_4 \Longrightarrow 2CuSO_4+CO_2+3H_2O$$

$$CuSiO_3 \cdot 2H_2O+H_2SO_4 \Longrightarrow CuSO_4+SiO_2+3H_2O$$

$$2Cu_2O+4H_2SO_4 \Longrightarrow 4CuSO_4+4H_2O$$

② 含硫铜矿细菌堆浸　细菌浸出是近 30 年发展起来的新技术，是利用细菌的生物催化剂作用，加速矿石中有价组分的浸出过程，成为处理低品位矿的难选复合矿或废矿的一个重要方法，每年从数量巨大的低品位尾矿及废矿石中生产的铜超过 50 万吨。

浸铜菌种：氧化铁硫杆菌；氧化硫杆菌。

能在 pH＝1.5～3.5 的酸性环境中生存和繁殖。

细菌浸出的机理见 1.8.2.1 介绍。

细菌为自养型的，即生活在无机物中，当环境是 pH＝1.5～3.5，T＝25～40℃（最佳为 35℃），充足的氧和避光都可产生细菌，菌液大量存在于硫化矿的酸性水中，需专门培育以补充不足。

维持细菌生活和繁殖的良好条件：

a. pH 值 1.5～3.5；

b. 温度 25～40℃，在 35℃时细菌有最大活力；

c. 氧气充足；

d. 避光，溶液不要暴露在日光下。

因细菌浸出主要是处理低品位难选复合矿或废矿，故用就地浸出或堆浸，堆量可达几万吨到几亿吨，浸出周期为数日至数年。浸出液含铜 1～7g/L。

(2) 浸出液的处理

① 置换沉淀铜　置换反应：

$$Cu^{2+}_{(溶液中)}+Fe_{(铁屑)}=\!\!=\!\!=Cu_{(沉淀)}+Fe^{2+}_{(溶液中)}$$

浸出液中的铜含量可降到 0.01g/L，置换沉淀时铜的回收率达 95％以上。理论计算置换 1kg 铜需要 0.88kg 铁。但是由于有下列副反应发生使实际耗铁量达到 1.5～2.5kg，为理论量的 1.7～2.8 倍。

$$Fe+2H^+=\!\!=\!\!=Fe^{2+}+H_2$$

$$2Fe^{2+}+\frac{1}{2}O_2+2H^+=\!\!=\!\!=2Fe^{3+}+H_2O$$

$$2Fe^{3+}+Fe=\!\!=\!\!=3Fe^{2+}$$

$$2Fe^{2+}+Cu=\!\!=\!\!=2Fe^{3+}+Cu^{2+}$$

浸出溶液含铜仅 1～7g/L，用铁屑置换法简单、有效、可靠，投资少；缺点是消耗大量废铁，成本高，产品铜不纯必须送到火法精炼厂熔化和精炼。

② 萃取-电积法　用于萃取的主要设备有三种：混合-澄清萃取器、萃取塔、离心萃取器。铜的萃取工厂绝大多数采用混合-澄清萃取器。目前，澳大利亚南部奥林匹克埃的 WMC 公司 ϕ3m 直径的萃取塔已代替了混合-澄清萃取器。

由于电解液经过萃取，杂质较少纯度较高，所以可以生产高纯阴极铜，甚至生产 99.999％的高纯铜。

该工艺优点是产出电积铜，成本低，易于实现机械化和自动化，缺点是技术比较复杂，适于大规模生产。

1.8.4.3　氨浸-萃取-电积法

(1) 高压氨浸法　在高温、高氧压和高氨压下浸出硫化精矿，铜、镍、钴等有价金属形成络合物进入溶液，铁形成氢氧化物进入残渣，由于浸出过程所需压力较高以及酸溶液，因此对设备的腐蚀较大。

$$2CuFeS_2+8.5O_2+12NH_3+(n+2)H_2O=\!\!=\!\!=2Cu(NH_3)_4SO_4+2(NH_4)_2SO_4+Fe_2O_3\cdot nH_2O$$

$$Cu_2S + 2.5O_2 + (NH_4)_2SO_4 + 6NH_3 =\!=\!= 2Cu(NH_3)_4SO_4 + H_2O$$
$$CuS + 2O_2 + 4NH_3 =\!=\!= 2Cu(NH_3)_4SO_4$$

影响浸出反应速度的因素有氧和氨的浓度、矿粒粒度、溶液浓度、溶液温度、搅拌条件等。很明显，温度升高、搅拌强烈和矿粒细小能强化浸出过程。

（2）常压氨浸法 由于能直接处理硫化矿，对设备及材料的要求也不高，因而成为最先实现工业化的方法之一。此法的特点是采用氨浸-萃取-电积-浮选联合流程，硫化铜精矿的浸出是在接近常压和65~80℃的条件下，在机械搅拌的密闭设备中用氧、氨和硫酸铵进行的，浸出时间为3~6h，精矿中的80%~86%Cu以$Cu(NH_3)_4SO_4$形式进入溶液，浸出液含铜40~50g/L。铜回收率达96%~97%。

常压氨浸也可用来处理氧化铜矿，此时以O_2、NH_4OH、$(NH_4)_2CO_3$作浸出剂，在50℃的常压密闭容器内进行，反应：

$$CuO + 2NH_4OH + (NH_4)_2CO_3 =\!=\!= Cu(NH_3)_4CO_3 + 3H_2O$$
$$Cu + 0.5O_2 + 2NH_4OH + (NH_4)_2CO_3 =\!=\!= Cu(NH_3)_4CO_3 + 3H_2O$$

浸出液蒸氨，使$Cu(NH_3)_4CO_3$分解为NH_3、CO_2和CuO黑色沉淀。

近年来涌现的湿法提铜方法繁多。由于浸出时贵金属大多数均不溶解，因此湿法炼铜对处理含贵金属高的矿石也是不利的。当采用湿法时，则会使贵金属的回收工艺流程复杂化。

思 考 题

1. 湿法炼铜有哪些优缺点？
2. 湿法炼铜有哪些主要方法？适合用于处理哪些物料？
3. 细菌在浸出时作用是什么？影响细菌生活的条件有哪些？

1.9 再生铜的生产

【内容导读】

本节主要介绍再生铜生产的原理和工艺。简单介绍了铜的二次资源，并对再生铜的两种方法和工艺进行了叙述。

1.9.1 概述

人口、资源、环境是世界未来发展的三大课题，有色金属再生是指有色金属废料和废件经过冶炼产出有色金属或合金的过程。再生金属又称为二次资源。

由废铜和其他类似材料生产出的铜，称为再生铜，实际上是指废铜的回收利用。

许多国家对铜的需求在很大程度上要依靠再生铜来满足国内需要。例如，美国的铜消费量居世界首位，在1976~1996年的20年间，由废铜再生提供的铜占每年铜消费量的比例为44%~54.7%。在欧洲，铜矿资源缺乏，除大量进口铜精矿外，还要依赖废铜作重要补充。

我国既是铜资源较贫乏的国家又是世界上第二大铜消费国。而解决资源缺乏和消费急增矛盾的方法则是大量进口铜原料，我国是世界上最大的废杂铜进口国之一，主要来源地是工业发达和环保要求严格的国家和地区，其中从美国和日本进口量比例分别为38%和25%。此外，估算我国每年尚有15万吨的自产废杂铜。我国炼铜行业矿铜原料与废铜原料之比为2.69：1；废杂铜在铜原料中比例已达27%。

再生铜所占的比例：美国47.83%，德国54.11%，日本53.74%。再生铜的特点：品位高、杂质少、易于处理，其生产费用、基建投资、能源消耗及环境保护费用等均低于原生有色金属的相应费用。

进行再生铜生产的意义：

① 变废为宝，扩大有色金属资源；
② 节约投资，降低成本，提高经济效益；
③ 节约能源；
④ 减少环境污染。

1.9.2 再生铜的生产工艺

在所有金属中，铜的再生性能最好。可用于再生的铜资源是铜工业的一个重要原料来源。按其来源主要有两大类：一类是新废铜，主要是指铜机加工生产过程中产生的"废料"，这种"废料"多以边角料、机加工碎屑为主。另一类是旧废铜，它是使用后被废弃的物品，是各类工业产品、设备、备件中的铜制品。这种资源来源十分复杂，如从旧建筑物及运输系统抛弃或拆卸的旧废杂铜。

实际上所有的废铜都可以再生。再生工艺很简单。首先把收集的废铜进行分拣。没有受污染的废铜或成分相同的铜合金，可以回炉熔化后直接利用；被严重污染的废铜要进一步精炼处理去除杂质；对于相互混杂的铜合金废料，则需熔化后进行成分调整。通过这样的再生处理，铜的物理和化学性质不受损害，使它得到完全的更新。

再生铜资源种类繁多，再生方法也不相同，但基本程序是：再生铜原料检查验收→确定扣杂比例→取样分析成分→再生料的前处理→入炉熔炼（反射炉、坩埚炉、感应电炉）→铸造（铸件、压力加工坯料、铜线杆、粗铜块、重熔合金锭等）。总的来讲，需再生的废杂铜应按两步法处理，第一步是进行干燥处理并烧掉机油、润滑脂等有机物；第二步才是熔炼金属，将金属杂质在熔渣中除去。由于废铜可以再生，从而有较高的价值。

再生铜的生产方法主要有两类：一是直接利用，即废杂铜直接熔炼成铜合金或紫精铜；二是间接利用，即将杂铜先经火法处理铸成阳极铜，然后电解精炼成电解铜，同时回收各种有价成分。

1.9.2.1 直接利用

原料通常是废纯铜或废纯铜合金，生产铜线锭、铜箔、氧化铜或铜合金等。

(1) 废纯铜生产铜线锭　熔炼废纯铜一般采用碱性炉衬的反射炉，也可以采用感应电炉或坩埚炉。冶炼过程由加料、熔化、氧化、还原和浇铸5个工序组成。

(2) 纯净杂铜生产铜合金　纯净杂铜有紫杂铜、废黄铜、黄杂铜、白杂铜、青杂铜等。

工艺过程主要分为配料、熔化、去气、脱氧、调整成分、精炼、浇铸等环节。熔炼铜合金的设备反射炉、感应电炉和坩埚炉与铜冶炼设备相同。

(3) 废纯铜生产铜箔　工艺流程为：废铜线在500℃下进行焙烧除去油脂，然后置于氧化槽中，用含铜40～42g/L、H_2SO_4 120～140g/L的废电解液或酸洗液，在80～85℃和连续鼓空气的条件下进行溶解；当溶液含铜量增加至80g/L以上后再在不锈钢或钛做成的辊筒阴极和用钛制成的不溶阳极电解槽进行电解沉积。

(4) 铜灰生产硫酸铜　铜灰大多是铜材在拉丝、压延加工过程中表层脱落下来的铜粉，含金属铜60%～70%，氧化铜20%～30%，表面有润滑油和石墨粉等组成的油腻层。

铜灰先在回转窑中于300℃点火时燃烧，在700～800℃高温下，通入空气使铜粉氧化，生成易溶于酸的氧化铜或氧化亚铜。焙烧熟料经筛分，获含铜约90%的细料，送入鼓泡塔用废电解液溶解铜。浸出液送入带式水冷结晶机，再经增稠、离心过滤、晶体烘干，最后获含铜96%~98%的硫酸铜产品。

1.9.2.2 间接利用

由于废杂铜来源极其复杂，化学成分差异很大，不能直接进行电解精炼，必须先进行火法熔炼和精炼。其目的：一是对废杂铜进行综合利用，回收其中有价成分；二是产出化学成分和物理性能规格合乎国际要求的优质阳极板。

用废杂铜生产再生精铜有三种典型工艺流程：一段法、二段法和三段法。

（1）一段法 此法将经过分选后的高质量的杂铜送到反射炉进行火法精炼，经过这一道工序即可产出合格的铜阳极。适宜处理一些杂质较少且成分不复杂的杂铜。图1-25所示为某厂用一段法处理废杂铜的工艺。

此工艺优点是流程短、设备简单、建厂快、投资少。缺点是该法在处理成分复杂的杂铜时，产出的烟尘成分复杂，难以处理；同时精炼操作的炉时长、劳动强度大、生产率低。

（2）二段法 此法分两道工序，第一段将废杂铜投入鼓风炉进行还原熔炼，或投入转炉进行吹炼，产出黑铜或次粗铜。第二段在反射炉中对黑铜或次粗铜进行精炼产出合格的铜阳极。适用于含锌高的黄杂铜和含高铅、锡的青杂铜，图1-26所示为含锌高的黄杂铜工艺流程。

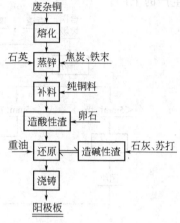

图1-25 一段法生产铜阳极工艺流程

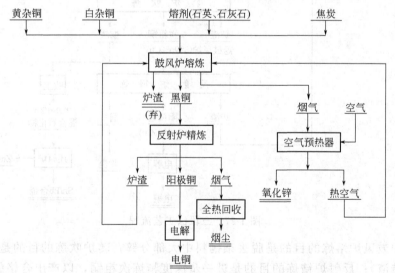

图1-26 处理高锌杂铜的二段工艺流程

含锌高的黄杂铜和白杂铜采用鼓风炉-反射炉流程比较合理。其特点是产生高锌炉渣，锌可以从烟尘中以氧化锌形态回收。含铅、锡高的青杂铜多采用转炉-反射炉流程处理。因为转炉不但可以吹炼出高品位的次粗铜，给反射炉精炼创造了有利条件，还可以从烟尘中回收铅和锡。

鼓风炉熔炼铜精矿得到的粗铜颜色呈黑色，故称黑铜（含铜85%~90%），废杂铜经转炉吹炼得到的粗铜也呈黑色,为了与铜精矿生产的粗铜相区别,人们常常称它为次粗铜。

与一段工艺相比,二段法工艺复杂得多,投资也大,但是它能处理众多质量较低的杂铜料,而且回收率比一段法高5%左右。因此,这种工艺也为不少工厂所采用。

(3) 三段法 杂铜先经鼓风炉还原熔炼产出黑铜,再转炉吹炼黑铜生产次粗铜,最后在反射炉中精炼次粗铜生产出阳极铜。此工艺如图1-27所示,此法用于处理残渣或用于大规模生产的工厂。

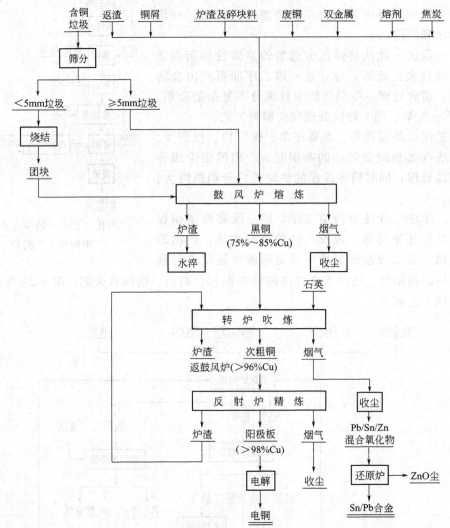

图1-27 三段法工艺流程

三段法中鼓风炉熔炼的目的是脱去杂铜料中大部分锌;转炉吹炼的目的是要脱去大部分的铅和锡(造渣);反射炉精炼的目的是进一步深度精炼次粗铜,以产出合格的铜阳极。

处理难分类的紫杂铜、黑铜、生产次黑铜所产精炼渣、高铅锡料所得转炉吹炼渣以及一些低品位黑铜吹炼渣等,采用三段法工艺来处理比较合理。

黑铜和高铅锡杂铜在转炉中进行的吹炼与吹炼铜锍不同,前者的目的是脱去杂铜中的铅和锡等杂质,而后者主要是脱除铜锍中的铁、硫及其他杂质。吹炼黑铜等杂料时,为避免热量不足并充分地除去杂质(锌、镍、砷、锑等),常在转炉中加入焦炭。

三段法具有原料综合利用性好,产出的烟尘成分简单、容易处理,粗铜品位高,精炼炉操作比较容易,设备生产率也较高等优点;但有过程较复杂、设备多、投资大、燃料消耗多等缺点。因此,除大规模生产和处理某些废渣外,一般杂铜处理多采用二段法和一段法。

下面分别介绍其中的熔炼工艺。

(1) 鼓风炉熔炼　原料主要有黄杂铜、白杂铜和各种含铜残渣

鼓风炉熔炼废杂铜的工艺原理和矿物铜熔炼工艺相同。但有以下特点:①渣量少,一般不设前床;②炉内应保持还原气氛,以利于合金中的锌挥发;③炉身较低,烟气温度较高,有利锌蒸气在炉顶燃烧生成氧化锌;④烟尘量大,需要有完善的收尘系统。

熔炼高锌杂铜时,机械损失少,炉渣含铜低,铜的直收率达99%~99.8%。在熔炼含铜残渣时,直收率较低,为95.5%~98%。

(2) 转炉吹炼　原料主要有两类,一类是鼓风炉熔炼含铜炉渣(矿铜渣除外)时产出的次黑铜;另一类是青杂铜。两类铜料含铜波动在55%~85%;其余为 Zn、Pb、Sn、Ni、Fe、As、Sb 等金属杂质。

转炉有卧式和立式两种。卧式转炉处理量大,热利用率高。立式转炉热利用率较低、处理量小,仅适用于较小的工厂。我国处理黑铜用的转炉容量一般为2.5~3t。

转炉吹炼产物主要为次粗铜和转炉渣。次粗铜的含铜量为88%~92%,转炉渣含铜为30%~40%、铅4%~10%、锡7%~8%。转炉渣返回鼓风炉熔炼回收其中的铜及其他有价元素。

转炉吹炼铜的直收率为75%~80%,电耗150kW·h/t粗铜。

(3) 反射炉精炼　用于废杂铜精炼炉的有回转式、倾动式和固定式三种。

回转式精炼炉适用于精炼熔融粗铜,仅允许加入20%~25%的固体料。倾动式和固定式反射炉适于使用固体料,如粗铜锭、残极、经打包机压成的大块杂铜等。我国的再生铜厂均使用固定式精炼反射炉。它容量范围较大(25~110t),熔池面积在6~20m^2,床能率为3~9t/(m^2·d)。

反射炉精炼的工艺过程与原生粗铜火法精炼一样,操作过程都是由进料、熔化、氧化、还原和浇铸等工序组成。

精炼反射炉的产物为阳极铜,经电解精炼成电解铜,其原理见1.7节部分内容。

随着再生铜产业化和再生技术的发展,再生铜生产已向机械化、连续化、自动化方向发展,国外发达国家已出现了家电、电子元件、热交换器等重要再生铜品种的专业化再生利用和生产线,随着经济发展,再生铜将作为一个重要产业出现在工业体系之中。

思　考　题

1. 什么是二次铜资源?与一次资源相比有什么特点?
2. 再生铜的方法有哪些?各自的原料、工艺、设备及特点是什么?

2 铅 冶 金

2.1 概 述

【内容导读】

本节主要介绍铅及铅的化合物的物理性质、化学性质及其用途;铅矿的资源;铅的冶炼方法、原理及工艺流程,并对铅冶炼新技术进行了简单介绍。

铅是人类所用的 5 种史前金属之一,炼铅术和炼铜术大致始于同一历史时期(公元前7000~5000 年)。但是直至公元前 1600~1400 年,铅才成为常见的金属。

铅以工业规模生产开始于 16 世纪。1621 年在美国米索里开始开采和冶炼铅矿,采用柴灰筑炉底的灰窑,其后逐渐改用膛式炉及反射炉。20 世纪初,除少部分地区还用膛式炉炼铅外,均改用烧结机烧结焙烧-鼓风炉还原熔炼法。至 1871 年后发展为大型鼓风炉炼铅流程,目前正在向艾萨炉等炼铅新技术发展。

我国采用烧结-鼓风炉炼铅始于 1910 年。新中国成立后,相继建成株洲冶炼厂、白银冶炼厂、韶关冶炼厂等诸多炼铅企业,构成了我国当今铅生产领域的主体。

我国是世界上铅资源比较丰富的国家之一,不仅分布广、类型多,而且资源前景好,已探明的储量居世界前列。2006 年世界已查明的铅储量为 6400 万吨,而我国在历经 50 年地质勘察,全国累计探明铅储量达 4618 万吨,经 40 多年的开采消耗,目前有铅储量为 3497 万吨,居世界第二位。

目前我国铅储量主要集中在大中型矿床中,特大型矿区有广东凡口、云南兰坪金顶、甘肃西成地区、内蒙古白音诺尔铅矿、江苏南京栖霞山铅矿、浙江黄岩五部铅矿等,这些以大中型矿床为中心形成的铅资源集中区,为我国铅规模化生产、形成铅工业基地奠定了基础。

从 2004 年始,中国超过美国成为全球第一大精铅消费国。2006 年,全球精炼铅消费量为 805 万吨,其中中国占全球 28%,达到 229 万吨。世界生产精铅主要国家有美国、德国、墨西哥、英国、日本、加拿大、法国、意大利、澳大利亚、韩国和哈萨克斯坦等。

2.1.1 铅的物理性质

铅是蓝灰色或银灰色的金属,新的断口具有灿烂的金属光泽。金属铅结晶属于等轴晶系(立方晶系),铅是周期表中第ⅣA族元素,原子序数为 82。纯铅是重金属中最柔软的金属,铅的熔点为 327.5℃;沸点 1525℃。其密度大,硬度小,展性好,延性差,导热和导电差,液态铅流动性好。其主要物理性质如表 2-1 所示。

表 2-1 铅的主要物理性质

项目	相对原子质量	密度(20℃)/(g/cm³)	熔点/℃	沸点/℃	电阻率(20~40℃)/μΩ·cm	热导率(100℃)/[J/(cm·s·℃)]	硬度(莫氏)	熔化潜热/(J/g)	平均比热容(-100℃)/[J/(g·℃)]	汽化潜热/(J/g)	表面张力(327.5℃)/(Pa/cm)	黏度(340℃)/Pa·s
数值	207.21	11.3437	327.43	1525	20.648	0.339	1.5	26.17	0.1505	840	44.4	0.189

铅的蒸气压与温度的关系如下：

温度/℃	620	710	820	960	1130	1290	1360	1415	1525
蒸气压/mmHg❶	10^{-3}	10^{-2}	10^{-1}	1.0	10	50	100	289	760

可见在高温下铅的挥发程度很大，易挥发，所以在火法炼铅过程中容易导致铅的挥发损失和环境污染。铅对人体有毒，炼铅厂必须设置完善的收尘设备。在铅的物理性质中，低熔点、高密度、低刚度以及高阻尼特点有重要应用价值。

2.1.2 铅的化学性质

常温下铅在干空气中不起化学变化，但在潮湿的和含有CO_2的空气中则氧化生成次氧化铅（Pb_2O）薄膜，覆盖在铅的表面，使铅失去光泽而变成暗灰色，并且慢慢地转变成碱式碳酸盐[$3PbCO_3 \cdot Pb(OH)_2$]。

铅在空气中加热熔化时，最初氧化成Pb_2O，再升高温度则成为PbO。继续加热至330~450℃ PbO则变成Pb_2O_3；当温度升高至450~470℃时便转变为Pb_3O_4（$2PbO \cdot PbO_2$铅丹）。无论是Pb_2O_3或Pb_3O_4在高温下都会离解生成PbO，因此PbO是高温下唯一稳定的氧化物。

铅易溶于硝酸（HNO_3）、硼氟酸（HBF_4）、硅氟酸（H_2SiF_6）、醋酸（CH_3COOH）及$AgNO_3$等；难溶于稀盐酸及硫酸，缓溶于沸盐酸及发烟硫酸中。盐酸与硫酸仅在常温下与铅的表面起作用而形成几乎是不溶解的$PbCl_2$和$PbSO_4$的表面膜。

可见，工业上常用的"三酸"作为溶剂，都不太适宜用于湿法炼铅和粗金属铅的水溶液电解精炼，因为尽管硫酸、盐酸价廉易得，但生成的$PbSO_4$、$PbCl_2$在水溶液中溶解度小；而与硝酸形成的$Pb(NO_3)_2$在水溶液中不太稳定，容易生成挥发性的氧化氮。这就是湿法炼铅工业化规模生产的困难所在，也是粗铅电解精炼不得不采用较昂贵的H_2SiF_6作电解质的缘故。

2.1.3 铅的主要化合物及性质

2.1.3.1 硫化铅（PbS）

硫化铅（PbS）在自然界呈方铅矿存在，色黑（结晶状态呈灰色），具有金属光泽。PbS含Pb 86.6%，密度7.4~7.6g/cm³，熔点1135℃，熔化后流动性很大，可透过黏土质材料而不起侵蚀作用，易渗入砖缝。

按金属硫化物分子形成热的大小，可将其排列成下列顺序：Mn、Cu、Fe、Sn、Zn、Pb、Ag、As、Sb。亦即是说，在适当温度下，位于铅前面的金属都可以从PbS中把铅置换出来。

例如，在高于1000℃温度下用铁置换$PbS+Fe \Longrightarrow Pb+FeS$便可得到金属铅，这就是炼铅常见的"沉淀反应"。沉淀熔炼即基于这个原理。

2.1.3.2 一氧化铅（PbO）

在冶金中，铅的氧化物最重要的是PbO，而Pb_2O、Pb_2O_3和Pb_3O_4都不稳定，只是冶金过程中的中间产物。

PbO是一种强氧化剂，它易使Sn、Bi、Zn、Cu、Te、S、As、Sb、Fe等全部氧化或部分氧化，所形成的氧化物或造渣或挥发，此种性质广泛地应用在铅的火法精炼中。PbO又是良好的助熔剂，它可与许多氧化物形成易熔共晶或化合物等，特别是PbO过剩时，难熔

---

❶ 1mmHg=133.322Pa。

的金属氧化物即使不形成化合物也会变成易熔物。此种特性在炼铅过程中具有重要意义，表现在高铅炉渣（如直接炼铅的初渣）的易熔，并且应用在贵铅灰吹法提银以及试金的渣化过程中。

PbO 是两性氧化物，既可与 SiO_2、Fe_2O_3 结合成硅酸盐或铁酸盐；也可与 CaO、MgO 等形成铅酸盐（如 $PbO_2+CaO \Longrightarrow CaPbO_3$）；还可与 Al_2O_3 结合成铝酸盐。

PbO 对硅砖和黏土砖的侵蚀作用很强烈。

所有的铅酸盐都不稳定，在高温下离解并放出氧气。PbO 属于难离解的稳定化合物，但容易被 C 和 CO 所还原。

PbO 挥发性比较大，熔点 886℃，沸点 1472℃，至 950℃时其蒸气压已相当大（240Pa）。这是高温冶金过程铅损失和铅污染的重要根源。

2.1.3.3 硅酸铅（$xPbO \cdot ySiO_2$）

PbO 与 SiO_2 可形成 $4PbO \cdot SiO_2$，$2PbO \cdot SiO_2$ 和 $PbO \cdot SiO_2$ 三种共晶化合物。与 SiO_2 结合的 PbO 要比纯的 PbO 更难于还原。

2.1.3.4 碳酸铅（$PbCO_3$）

天然产出的碳酸铅称白铅矿。它是氧化铅矿中的主要组分。碳酸铅与硫酸铅（铅矾 $PbSO_4$）都是次生矿，它们是原生矿风化及含碳酸盐的地下水影响而渐次变成的。矿石中的铅以白铅矿或铅矾形态存在时，因其中皆含有氧，所以统称氧化铅矿。

白铅矿加热时很快便按下式离解：

$$PbCO_3 \Longrightarrow PbO+CO_2$$

硅氟酸和浓碱等溶液能溶解碳酸铅，其反应为：

$$PbCO_3 + H_2SiF_6 \Longrightarrow PbSiF_6 + H_2O + CO_2$$

$$PbCO_3 + 4NaOH \Longrightarrow Na_2PbO_2 + Na_2CO_3 + 2H_2O$$

这些性质在湿法提铅中得到应用。

2.1.3.5 硫酸铅（$PbSO_4$）

天然的硫酸铅矿物称铅矾。硫酸铅为白色单斜方晶体，带甜味。硫酸铅的密度为 $6.34g/cm^3$。

硫酸铅是比较稳定的化合物，800℃时便开始分解，其反应为：

$$PbSO_4 \Longrightarrow PbO + SO_2 + \frac{1}{2}O_2$$

在还原性气氛下，硫酸铅则按下列反应变成硫化铅：

$$PbSO_4 + 4CO \Longrightarrow PbS + 4CO_2$$

$PbSO_4$ 和 PbO 均能与 PbS 发生相互反应生成金属铅，是硫化铅精矿直接熔炼的反应之一。

2.1.3.6 氯化铅（$PbCl_2$）

氯化铅的熔点为 498℃，沸点 954℃，密度 $5.91g/cm^3$。氯化铅在水中的溶解度极小。

$PbCl_2$ 能良好地溶解在碱金属和碱土金属的氯化物如 NaCl，$CaCl_2$ 等的水溶液中，且温度升高其溶解度也增大。如 50℃的饱和 NaCl 溶液对铅的最大溶解度为 42g/L，100℃和有 $CaCl_2$ 的饱和 NaCl 溶液可溶解 100~110g/L 的铅。

2.1.3.7 亚铁酸铅（$xPbO \cdot yFe_2O_3$）

亚铁酸铅是不稳定的化合物，在有 CaO 和 SiO_2 存在下，当温度高达 1080℃时，便按下列反应强烈分解：

$$PbO \cdot Fe_2O_3 + CaO + SiO_2 = 2FeO \cdot SiO_2 + CaO \cdot PbO + \frac{1}{2}O_2$$

2.1.4 铅的用途

在现代工业所有消耗的有色金属中,铅居第四位,仅次于铝、铜和锌,成为工业基础的重要金属之一。

铅广泛应用于各种工业,其中蓄电池工业的用铅量最大,随着汽车工业的发展,用于蓄电池的铅量不断增长;铅具有高度的化学稳定性,抗酸碱的能力都很强。在化学和冶金工业中铅用于设备的防腐、防漏以及溶液贮存设备等,用铅板、铅管作衬里保护设备;电气工业中用作电缆保护套以防腐蚀和熔断保险丝;铅是放射性元素铀、钢和钍分裂的最后产物,对 α 射线和 γ 射线有良好的吸收性,具有抵抗放射性物质透过的能力。铅对 X 射线和 γ 射线的良好吸收性,广泛用作 X 射线室和原子能装置的屏蔽保护材料;汽油内加入四乙基铅可提高其辛烷值;在化工工业中,铅白、铅丹、铅黄、密陀僧等可用作颜料;醋酸铅用于医药部门;铅板和镀铅锡薄钢板用于建筑工业中的隔音材料。

以铅为基加入其他元素形成合金。按照性能和用途,铅合金可分为耐蚀合金、电池合金、焊料合金、印刷合金、轴承合金和模具合金等。铅合金主要用于化工防蚀、射线防护,制作电池板和电缆套。例如含锡、锑的铅合金用于印刷工业上已有五百多年的历史;铅锡焊料,以锡铅合金为主,有的锡焊料还含少量的锑。含铅 38.1% 的锡合金俗称焊锡,熔点约 183℃,用于电器仪表工业中元件的焊接,以及汽车散热器、热交换器、食品和饮料容器的密封等。铅锑合金可制造铅酸蓄电池板栅和导电零件等。

2.1.5 炼铅原料

用作炼铅的原料包括矿物原料和二次铅料两大类。

铅矿石是由含铅矿物、共生矿物和脉石所组成,它是炼铅的主要矿物原料。铅矿石分为硫化矿和氧化矿两大类。分布最广的是硫化矿(方铅矿 PbS),属原生矿,也是炼铅的主要矿石,多与辉银矿(Ag_2S)、闪锌矿(ZnS)共生。含银高者称银铅矿,含锌高者称铅锌矿。此外,共生矿物还有黄铁矿(FeS_2)、黄铜矿($CuFeS_2$)等,绝大多数的铅矿物是与其他金属矿物共生(最多的是锌,铅锌矿)的,而且多半是铅品位不高。所以,一般需先经选矿得铅精矿后才进行冶炼。

氧化铅矿主要由白铅矿($PbCO_3$)和铅矾($PbSO_4$)组成,属次生矿,它是原生矿受风化作用或含有碳酸盐的地下水的作用而逐渐产生的,常出现在铅矿床的上层,或与硫化矿共存而形成复合矿。铅在氧化矿床中的储量比在硫化矿床中少得多,故对炼铅工业来说,氧化矿的经济价值较小。铅冶金的主要原料来源于硫化矿。表 2-2 为铅的主要矿物及性质。

表 2-2 铅的主要矿物及性质

矿物名称	分子式	密度/(g/cm³)	颜色
方铅矿	PbS	7.4~7.6	铅灰色
白铅矿	$PbCO_3$	6.4~6.6	白色或灰色
铅矾	$PbSO_4$	6.1~6.4	无色到白色
青铅矿	$PbCu[SO_4](OH)_2$	5.3~5.5	深天蓝色

矿石一般含铅不高,现代开采的矿石含铅一般为 3%~9%,最低含铅量在 0.4%~1.5%,必须进行选矿富集,得到适合冶炼要求的铅精矿。

铅精矿是由主金属铅(Pb)、硫(S)和伴生元素 Zn、Cu、Fe、As、Sb、Bi、Sn、Au、

Ag 以及脉石氧化物 SiO_2、CaO、MgO、Al_2O_3 等组成。为了保证冶金产品质量和获得较高的生产效率,避免有害杂质的影响,使生产能够顺利进行,铅冶炼工艺对铅精矿成分有一定要求。

① 主金属含量不宜过低,通常要求大于 40%。过低,对整个铅冶炼工艺来讲,单位物料产出的金属铅量减少,从而降低了生产效率。

② 杂质铜含量不宜过高,通常要求小于 1.5%。铜过高,烧结块中铜含量会相应升高,在鼓风炉还原熔炼过程中,所产生的锍量增加:一则使溶于锍中的主金属铅损失增加;二则易洗刷鼓风炉水套,缩短了水套使用寿命,并易造成冲炮等安全事故。另外,含铜太高,也易造成粗铅和电铅中铜含量超标。

③ 锌的硫化物和氧化物均是熔点高、黏度大,特别是硫化锌。如含锌过高,则在熔炼时,这些锌的化合物进入熔渣和铅锍,会使它们熔点升高,黏度增大,密度差变小,分离困难。甚至因饱和在铅锍和熔渣之间析出形成横隔膜,严重影响鼓风炉炉况,妨碍熔体分离,故锌含量不宜过高,一般要小于 5%。

④ 砷、锑等杂质含量也有严格的要求,通常要求 As+Sb 小于 1.2%,如过高,则经配料烧结后,在鼓风炉中形成黄渣的量会增加,而且金属铅的流失量会相应增大,更是会造成粗铅、阳极铅含砷、锑过高;此外在电解精炼过程中,使铅溶解速度变慢,并且阳极泥难以洗刷干净。这样既影响电流效率,又影响生产效率。另外,MgO、Al_2O_3 等杂质会影响鼓风炉渣型,故一般要求 $MgO<2\%$,$Al_2O_3<4\%$。

我国铅精矿的等级标准(YS/T 391—1997)见表 2-3。

表 2-3 我国铅精矿等级标准

品级	铅/% 不小于	杂质/%不大于				
		Cu	Zn	As	MgO	Al_2O_3
一级品	70	1.5	5	0.3	2	4
二级品	65	1.5	5	0.35	2	4
三级品	60	1.5	5	0.4	2	4
四级品	55	2.0	6	0.5	2	4
五级品	50	2.0	7	—	2	4
六级品	45	2.5	8	—	2	4
七级品	40	3.0	9	—	2	4

对于冶炼工艺的选择,除了考察铅精矿化学成分外,还应当注意铅精矿的某些物理和热化学方面的特点。

2.1.6 铅的冶炼方法

目前,粗铅的生产工艺仍采用火法,湿法炼铅仍处于试验阶段。传统的烧结焙烧-鼓风炉还原炼铅工艺仍占主导地位,据统计,大约有 80% 的铅是通过这种工艺生产出来的。20 世纪 70 年代末 80 年代初发展起来的直接炼铅法,如基夫塞特法、QSL 法及卡尔多炉法没有得到迅速推广应用。与传统炼铅法相比直接炼铅法优点是生产环节少,能耗低,环保效果好;缺点是投资庞大。

未来的铅冶炼企业一定会朝着高冶炼强度、全自动化、高密封、生产连续化的方向发展。另外,湿法炼铅也将有所进展。

2.1.6.1 烧结焙烧-鼓风炉

铅的冶炼几乎全是火法。火法炼铅普遍采用传统的烧结焙烧-鼓风炉熔炼流程,硫化铅精矿经烧结焙烧后得到铅烧结块,在鼓风炉中进行还原熔炼,产出粗铅。

该工艺所产铅量约占世界产铅量的85%左右。

其工艺流程见图2-1。

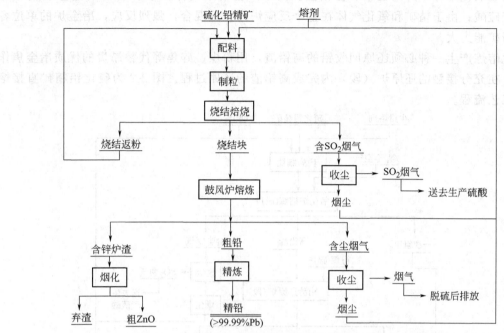

图2-1 硫化铅精矿烧结焙烧-鼓风炉熔炼生产工艺流程

2.1.6.2 直接熔炼法(沉淀熔炼和反应熔炼)

硫化铅精矿不经烧结焙烧直接生产出金属的冶炼方法称为直接熔炼。

(1) 沉淀熔炼 沉淀熔炼是用铁作沉淀(还原)剂,在一定温度下使硫化铅发生沉淀反应,即 $4PbS+3Fe = 3Pb+PbS \cdot 3FeS$,从而得到金属铅。但是实际上这一反应进行并不彻底,因为熔化后的 PbS 与 FeS 结合生成稳定的 $3FeS \cdot PbS$(铅冰铜)。此法很少采用。

(2) 反应熔炼 反应熔炼是将一部分 PbS 氧化成 PbO 或 $PbSO_4$,然后使之与未反应的 PbS 发生相互作用而生成金属铅,主要反应为 $PbS+2PbO = 3Pb+SO_2$ 或 $PbSO_4+PbS = 2Pb+2SO_2$。其设备可用膛式炉、短窑、电炉或旋涡炉。

(3) 碱法炼铅 PbS 能与 Na_2CO_3 发生反应。在高温(如1000℃以上)下有碳质还原剂存在,可以产出金属铅。其反应为:

$$2PbS+2Na_2CO_3+C = 2Pb+2Na_2S+3CO_2$$
$$PbS+Na_2CO_3+C = Pb+Na_2S+CO+CO_2$$
$$PbS+Na_2CO_3+CO = Pb+Na_2S+2CO_2$$

即碱法炼铅的基本原理。

精矿配入苏打、碎炭(煤或焦炭)制粒或制团后,在1000~1100℃下熔炼,直接产出粗铅。熔炼时,铅回收率98.4%,并将金、银、铋等富集于粗铅中。烟尘率3.8%,它富集21%Zn和几乎100%Cd。

渣冰铜富集了绝大部分的铜和硫、锌等,经再生苏打处理后,是提铜的原料。

用 NaOH 代替 Na_2CO_3 也可收到同样的效果。

2.1.6.3 铅冶炼新工艺

任何一种炼铅方法都是从使硫化铅精矿中的硫被氧化除掉开始的。20世纪80~90年代,有关国家研究开发出几种新的炼铅工艺,已应用于工业生产。直接熔炼采用工业氧气或富氧空气,通过闪速熔炼或熔池熔炼的强化冶金过程,利用氧化反应放热,或者还燃烧少量燃料,完成氧化熔炼,产出粗铅和富铅渣。由于产生的烟气体积小,烟气 SO_2 浓度高,适宜于生产硫酸;由于精矿和氧化气体在整个反应炉内充分混合,强烈反应,冶金炉的单位容积处理精矿能力大。

氧化熔炼产生一种必须还原回收铅的高铅渣,用粉煤、碎焦等代替昂贵的优质冶金焦作还原剂,在充分接触的还原炉(段)内完成高铅渣的还原过程。图 2-2 为硫化铅精矿直接熔炼的新工艺流程。

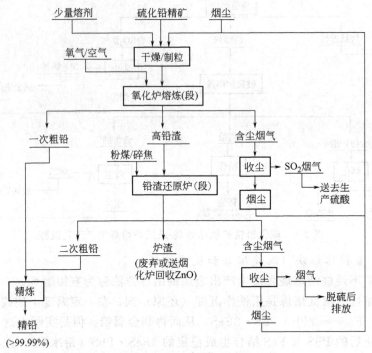

图 2-2 硫化铅精矿直接熔炼新工艺流程

直接熔炼可在一座炉内分设氧化段和还原段来完成整个冶金过程,也可用两座炉或多座炉来分别完成,因而出现了多种不同的直接熔炼方法。如闪速熔炼(如基夫赛特法),熔池熔炼(如氧气底吹-QSL 法、水口山法、富氧顶吹-奥斯麦特法、艾萨法)。

与传统炼铅法相比,直接熔炼在氧化阶段有许多优点,例如:不用烧结过程,不需要附设多道破碎、筛分的返粉制备工序,而熔炼设备密封好,铅尘、铅烟外逸得到了很好的控制;烟气量小,烟气中 SO_2 浓度大大提高;精矿本身的燃烧价值得到充分利用;生成了熔融的含铅炉渣,适合于其后的还原阶段处理。

思 考 题

1. 请列举出我国主要铅冶炼企业以及冶炼方法。
2. 粗铅电解精炼时为什么用较昂贵的 H_2SiF_6 作电解质?
3. 请列举出各种提炼铅的方法并写出氧化还原熔炼的工作流程。
4. 当今铅的主要消费领域有哪些?

2.2 硫化铅精矿的烧结焙烧

【内容导读】

> 本节主要介绍硫化铅精矿的烧结焙烧的目的、焙烧过程中的化学反应以及硫化铅精矿的烧结焙烧的生产实践。对带式烧结进行了阐述。

2.2.1 硫化铅精矿烧结焙烧的目的

现在世界上的铅冶炼厂所处理的矿物原料，90%以上是铅硫化精矿。大多数铅冶炼厂所采用的冶炼方法，是将这种硫化精矿首先进行焙烧或烧结焙烧，以转变精矿中PbS的矿物形态，使其氧化为PbO以便于下一步处理，这就是焙烧或烧结焙烧的主要目的。

细小的硫化铅精矿在焙烧时利用硫化物氧化放出的热量来升高温度，使粉状的氧化物料在高温下熔结成块，即所谓的烧结焙烧。铅硫化精矿在氧化焙烧过程中得到铅氧化物产物。因此，烧结焙烧是一个冶金过程，达到了硫化物氧化与粉状物料熔结成块两个目的。

烧结焙烧产出的烧结块，应符合以下的要求：

① 烧结块的化学成分，应与配料计算的化学成分相符；
② 烧结块必须坚实，在鼓风炉还原熔炼时，不致被压碎；
③ 烧结块应具有多孔质构造和良好的透气性；
④ 在原料含铜低的情况下，要求烧结块含硫愈低愈好，以保证绝大部分的硫化物生成氧化物。

烧结块的质量，主要以强度、孔隙度和残硫率三个指标衡量。强度测定，通常作落下试验，将烧结块从1.5m的高处，自由落到水泥地面或钢板上，反复三次，一般视裂成少数几块而不全碎为粉为好。或将三次落碎后的产物进行筛分，小于10mm的碎屑重量不超过15%~20%，则强度符合要求。孔隙度在工厂很少测定，通常凭肉眼判断，质量好的烧结块一般不少于50%~60%。残硫率，取样测定，一般要求在2%以下。

2.2.2 硫化铅精矿烧结焙烧的理论基础

2.2.2.1 硫化铅的氧化反应

铅精矿的主要成分是PbS，占精矿组成的60%~80%。在烧结焙烧过程中，精矿的焙烧主要是PbS发生氧化反应，生成氧化物（PbO），也可能生成硫酸盐或碱式硫酸盐（$PbSO_4$，$PbSO_4 \cdot PbO$，$PbSO_4 \cdot 2PbO$，$PbSO_4 \cdot 4PbO$），还可能生成金属铅（Pb）。

高温氧化时，硫化铅可以按以下3种方式进行反应：

$$2PbS + 3O_2 = 2PbO + 2SO_2$$

$$PbS + 2O_2 = PbSO_4$$

$$PbS + O_2 = Pb + SO_2$$

上述反应生成的PbO和$PbSO_4$（包括碱式硫酸铅），与未氧化的PbS之间，发生下列各种交互反应，如：

$$PbS + 2PbO = 3Pb + SO_2$$

$$PbS + PbSO_4 = 2Pb + 2SO_2$$

在焙烧高温下，交互反应析出的金属铅，大部分被烟气中的氧所氧化。

$$2Pb + O_2 = 2PbO$$

2.2.2.2 氧化过程的热力学分析

由上述反应可知，方铅矿的焙烧过程可以认为是在 Pb-O-S 三元系中进行，焙烧产物的形成取决于实际焙烧温度和平衡气相（主要成分是 O_2 和 SO_2）组成。因此，在冶金热力学上，常用恒温下的 M(金属)-S-O 系 $\lg p_{SO_2}$-$\lg p_{O_2}$ 平衡状态图（又称化学势图）来研究金属硫化物的氧化规律。1100K（827℃）时 Pb-O-S 系状态图如图 2-3 所示。

在硫化铅精矿烧结焙烧的实际生产中，要求 PbS 尽可能全部变成 PbO，而不希望得到 $PbSO_4$ 和 $PbSO_4 \cdot mPbO$，因为铅烧结块中的 $PbSO_4$ 或 $PbSO_4 \cdot mPbO$ 在下一步鼓风炉熔炼中不能被碳或一氧化碳还原成金属铅，而被还原成 PbS，即：

$$PbSO_4 + 4CO = PbS + 4CO_2$$

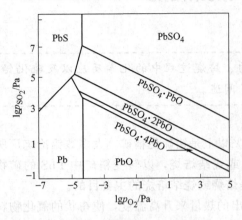

图 2-3 Pb-O-S 系状态图（1100K）

这就造成铅以 PbS 形态损失于炉渣或铅锍中的数量增加，所以在烧结焙烧时，应使 PbS 尽可能生成 PbO，而不生成 $PbSO_4$。

从 Pb-O-S 系状态图可以看出，硫酸铅及其碱式盐的稳定区域大，这说明它们在烧结时容易生成。只有当气相中的 SO_2 分压较小和 O_2 的分压较大时，才能保证 PbO 的稳定范围，从而不生成或少生成 $PbSO_4$。具体地说，要使 $PbSO_4$（甚至包括 $PbSO_4 \cdot 4PbO$）完全不生成的条件，必须保证气相中 p_{SO_2} 小于图 2-3 中 $PbSO_4 \cdot 4PbO$ 的平衡 SO_2 分压。其反应式为

$$PbSO_4 \cdot 4PbO = 5PbO + SO_2 + \frac{1}{2}O_2$$

但是，降低气相中 p_{SO_2} 来减少硫酸盐的措施是不可取的，因为将不利于用烟气制硫酸。

焙烧产物的形成取决于实际焙烧温度和平衡气相（主要是氧气和二氧化硫）组成。在实际生产中，可考虑用下面一些措施来减少 $PbSO_4$ 的生成，以尽可能增加烧结产物中 PbO 的数量。

① 提高烧结焙烧温度 随着温度升高，硫酸盐将变得越来越不稳定。硫酸盐的分解是吸热反应，升高温度有利于 $PbSO_4$ 及其 $PbSO_4 \cdot mPbO$ 向着生成 PbO 的方向逐级分解，最后生成稳定的 PbO（见图 2-3）。因此，铅烧结焙烧过程料层温度实际上是在 800~1000℃下进行。

② 将熔剂（石灰石、石英砂和铁矿石等）配料与铅精矿一起添加到烧结炉料之中，有助于减少 $PbSO_4$ 的生成，提高烧结脱硫率。

③ 改善烧结炉料的透气性，改进烧结设备的供风和排烟，使鼓风炉中的 O_2 和氧化反应生成的 SO_2 迅速达到或离开 PbS 精矿颗粒的反应界面，即降低反应界面的 p_{SO_2} 和提高 p_{O_2}，均有利于 PbO 的生成。

还值得注意的是，在较低的 p_{SO_2} 和 p_{O_2} 数值范围内（图 2-3 中的左下方区域）是金属铅的稳定区域，这说明烧结产物中还可能出现金属铅。如前面关于 PbS 的氧化反应所述，金属铅的生成有两种可能：一是 PbS 直接氧化，二是 PbS 和 PbO、$PbSO_4$ 发生交互反应。这也是硫化铅精矿直接炼铅新工艺的理论依据。

2.2.2.3 氧化过程的动力学分析

动力学的讨论将涉及硫化铅精矿氧化过程的反应速度和反应机理。

硫化物氧化的反应速度主要与下列因素有关：

① 温度升高，反应速度增大；
② 硫化物颗粒（或液滴）表面上的氧分压增加，反应速度增大；
③ 反应的最初速度与硫化物颗粒（或液滴）的表面积成正比；
④ 反应速度常因有其他硫化物或氧化物的存在而加大。

氧化反应的速度与气流速度大小、扩散速度的快慢、温度的高低、气相组成的变化以及氧化层薄膜的性质等因素有关。

① 气流速度大小　涉及气体的紊流程度。紊流程度愈大，则固体或液滴表面的气膜就越薄，气体向其表面的扩散就越容易，生成的气体排除也就越快。因此，外扩散区反应进行的速度也就越快。

② 氧的浓度　内扩散区的反应速度决定于反应带氧的浓度。浓度越大，反应速度也越快。富氧和工业纯氧的应用是提高固体粒子或液滴外表面氧浓度的有效措施，能强化氧化反应过程。

③ 温度较低时，动力学区域的反应速度最慢，即吸附、化学反应、解附的速度决定整个反应过程的速度。温度升高时，扩散过程则决定整个反应过程的速度。

④ 气相组成　气流中氧浓度增加时，反应速度加快。而 SO_2 和 SO_3 则会阻碍氧的扩散，妨碍氧化作用和自动催化作用，同时会生产 $MeSO_4$，使氧化过程的脱硫受到影响。

⑤ 氧化层薄膜　其生成对过程影响有两方面。有利的一方面是氧化层薄膜是初形成的新相。新相与旧相界面上的晶格最容易变形，能加快自动催化作用，使过程加快。不利的一方面即氧化层薄膜阻碍气流中的氧向硫化物内部扩散，使氧化过程的速度变慢。

2.2.2.4　精矿和熔剂中造渣组分的行为

鼓风炉熔炼炉渣中主要三组分（SiO_2、CaO 和 FeO）的来源：
① 作熔剂加入石英石（河沙，SiO_2）、石灰石（$CaCO_3$）和铁矿石或烧渣（Fe_2O_3）；
② 精矿中的造渣成分；
③ 焦炭中的灰分。

鼓风炉炼铅是以自熔性烧结块做原料，使得熔炼炉渣中的造渣组分在烧结过程中更搭配合理。

(1) 石英石（SiO_2）　石英石在低温焙烧时不起化学变化，但在高温下，则与各种金属氧化物结合成硅酸盐，并能促使 $PbSO_4$ 分解，如：

$$xPbO + ySiO_2 = xPbO \cdot ySiO_2$$
$$2PbSO_4 + 2SiO_2 = 2(PbO \cdot SiO_2) + 2SO_2 + O_2$$

实际上，PbO 与 SiO_2 形成一系列的低熔点化合物与共晶。这些化合物与共晶的组成及熔化温度列于表 2-4。

表 2-4　PbO-$PbSiO_3$ 的化合物与共晶的熔化温度

化合物或共晶	PbO 含量/%	熔化温度/℃	化合物或共晶	PbO 含量/%	熔化温度/℃
PbO	100.0	886	PbO - 2PbO·SiO$_2$	89.4	717
2PbO·SiO$_2$	88.1	740	2PbO·SiO$_2$ - 3PbO·2SiO$_2$	85.0	670
3PbO·2SiO$_2$	84.8	690	3PbO·2SiO$_2$-PbO·SiO$_2$	81.0	670
PbO·SiO$_2$	78.8	766			

由表可见，这些化合物与共晶的熔化温度都在 800℃ 以下，比 PbO 的熔点（886℃）还低，在烧结过程中起黏结剂作用。

(2) **铁矿石** 烧结焙烧时加入的铁矿石（或硫酸厂副产的烧渣）熔剂中或精矿中的 FeS_2 氧化后的产物 Fe_2O_3 将与 $PbSO_4 \cdot PbO$ 发生下列化学反应：

$$PbSO_4 + Fe_2O_3 = PbO \cdot Fe_2O_3 + SO_2 + \frac{1}{2}O_2$$

$$mPbO + nFe_2O_3 = mPbO \cdot nFe_2O_3$$

上述反应生成的不同组分的铁酸盐的熔化温度也大多在1000℃以下，它在烧结过程中也起黏结剂作用。但比 $xPbO \cdot ySiO_2$ 容易分解，故烧结块中铁酸铅的含量远少于硅酸铅。

硅酸铅的熔化温度低，并且有很好的流动性，在高温的烧结焙烧过程中，这些硅酸铅便熔化，将焙烧的炉料粒子黏结在一起，当焙烧物料冷却时，它们便成为许多黏结剂，是得到优良烧结块的保证。

(3) **石灰石** 石灰石（$CaCO_3$）在烧结焙烧加热到910℃时，则吸收热量分解成石灰（CaO）。

$$CaCO_3 = CaO + CO_2$$

氧化钙（CaO）能促使硫化铅、硫酸铅等转化成氧化物。

$$PbS + CaO = PbO + CaS$$

$$PbSO_4 + CaO = PbO + CaSO_4$$

石灰石（或石灰）有利于氧化铅的生成，但无助于提高烧结脱硫率，上述反应形成的硫化钙和硫酸钙仍把硫随烧结块带进了鼓风炉中。

2.2.2.5 杂质金属硫化物和贵金属的行为

(1) **铁的硫化物** 黄铁矿（FeS_2）和磁硫铁矿（Fe_nS_{n+1}）是硫化铅精矿中的必然伴生物。当加热到300℃以上时，黄铁矿和磁硫铁矿都发生分解而产生硫的蒸气。

$$FeS_2 = FeS + \frac{1}{2}S_2$$

$$Fe_nS_{n+1} = nFeS + \frac{1}{2}S_2$$

在烧结鼓风和高温下，硫化亚铁（FeS）氧化成氧化亚铁（FeO）、三氧化二铁（Fe_2O_3）和四氧化三铁（Fe_3O_4），其中以 Fe_2O_3 为主，能与 PbO 等金属氧化物进一步结合成 $xPbO \cdot yFe_2O_3$。

(2) **铜的硫化物** 铜在硫化铅精矿中，呈黄铜矿（$CuFeS_2$）、铜蓝（CuS）和辉铜矿（Cu_2S）等形态存在。焙烧时，铜的各种硫化物多变为氧化物，最终以游离的或结合的氧化亚铜或少量未氧化的硫化亚铜的形式，留在烧结块中。

$$6CuFeS_2 + \frac{35}{2}O_2 = 3Cu_2O + 2Fe_3O_4 + 12SO_2$$

$$2CuS + \frac{5}{2}O_2 = Cu_2O + 2SO_2$$

$$2Cu_2S + 3O_2 = 2Cu_2O + 2SO_2$$

(3) **硫化锌** 硫化锌的结构是很致密的，故它是一种比较难氧化的物质。加之氧化后生成的硫酸盐和氧化物，是一种很致密的膜层，它能紧紧地包裹在未被氧化的硫化物颗粒表面，阻碍氧的渗入。所以在烧结焙烧时，需要较长的时间、过量的空气和较高的烧结温度，才能使硫化锌转化为氧化锌，其反应为：

$$ZnS + 1.5O_2 = ZnO + SO_2$$

(4) **砷的硫化物** 铅精矿中的As是以毒砂（$FeAsS$）及雌黄（As_2S_3）的形态存在。

焙烧时，首先受热离解，然后氧化生成极易挥发的三氧化二砷（As_2O_3）。

$$FeAsS \Longrightarrow As + FeS$$
$$2As + 1.5O_2 \Longrightarrow As_2O_3$$
$$As_2S_3 + 4.5O_2 \Longrightarrow As_2O_3 + 3SO_2$$
$$2FeAsS + 5O_2 \Longrightarrow Fe_2O_3 + As_2O_3 + 2SO_2$$

As_2O_3 在120℃时，已显著挥发；到500℃时，其蒸气压已达到105Pa。故烧结焙烧时的脱砷程度，一般能达到40%～80%。少部分未挥发的三氧化二砷进一步氧化，变为难于挥发的五氧化二砷（As_2O_5），随即与其他金属氧化物（如PbO、CuO、FeO、CaO等）作用生成很稳定的砷酸盐，残留于烧结块中。

（5）锑的硫化物 锑主要是以辉锑矿（Sb_2S_3）和硫锑铅矿（$5PbS \cdot 2Sb_2S_3$）形态存在于铅精矿中，锑的硫化物在烧结焙烧过程中的行为类似 As_2S_3，只不过在同样焙烧温度下，生成的 Sb_2O_3 较 As_2O_3 的蒸气压小，挥发的温度高，故脱锑程度不及脱砷高。

$$Sb_2S_3 + 4.5O_2 \Longrightarrow Sb_2O_3 + 3SO_2$$

在高温及大量过剩空气下，部分氧化成稳定的且难挥发的四氧化二锑（Sb_2O_4）及五氧化二锑（Sb_2O_5）同金属氧化物作用而生成锑酸盐。

（6）镉的硫化物 镉常伴生于铅精矿中，其形态主要为硫化镉（CdS），焙烧时有少部分挥发进入烟尘。硫化镉氧化成氧化镉（CdO）和硫酸镉（$CdSO_4$）：

$$2CdS + 3O_2 \Longrightarrow 2CdO + 2SO_2$$
$$CdS + 2O_2 \Longrightarrow CdSO_4$$

生成的硫酸镉，在焙烧末期的高温下，离解成氧化镉，最后残留于烧结块中的镉一般以 CdO 存在。

（7）银的硫化物 银常以辉银矿（Ag_2S）存在于铅精矿中，氧化焙烧时，部分变为金属银和硫酸银（Ag_2SO_4）：

$$Ag_2S + O_2 \Longrightarrow 2Ag + SO_2$$

Ag_2SO_4 是较稳定的化合物，在850℃时开始分解，因此，银以金属银及硫酸银的形态存在于烧结块中。

表 2-5 列出了由金属硫化物及氧化物脉石组成的炉料成分在烧结前后的物相变化。

表 2-5 炉料成分在烧结前后的物相变化

元素	烧结前(炉料)		烧结后(烧结块)	
	主要形态	次要形态	主要形态	次要形态
铅	PbS	$PbCO_3$	$PbO, xPbO \cdot ySiO_2$	$Pb, mPbO \cdot nFe_2O_3, PbSO_4, PbS$
铜	$CuFeS_2$	Cu_2S, CuS	Cu_2O, Cu_2S	$CuO, mCu_2O \cdot nSiO_2, xCu_2O \cdot yFe_2O_3$
锌	ZnS		ZnO	$ZnSO_4, ZnS$
铁	FeS_2	Fe_nS_{n+1}	$Fe_2O_3, mPbO \cdot nFe_2O_3$	$Fe_3O_4, 2FeO \cdot SiO_2$
砷	FeAsS	As_3S_2	As_2O_3（挥发）	$Pb_3(AsO_4)_2, Fe_3(AsO_4)_2$
锑	Sb_2S_3	$5PbS \cdot 2Sb_2S_3$	Sb_2O_3（挥发）	$Pb_3(SbO_4)_2$
镉	CdS		CdO	$CdSO_4$
银	Ag_2S		Ag	
金	Au		Au	
钙	$CaCO_3$		CaO	$CaO \cdot Fe_2O_3, 2CaO \cdot SiO_2, CaSO_4$
硅	SiO_2		$xPbO \cdot ySiO_2$	$2CaO \cdot SiO_2, 2FeO \cdot SiO_2$

2.2.3 烧结焙烧实践

为了在生产实践中能顺利地对含铅炉料进行烧结焙烧，并能获得具有孔隙度大和足够强度的烧结块，又能满足鼓风炉熔炼对化学成分的要求，所以烧结焙烧炉料的准备，无论是对烧结焙烧本身，还是对鼓风炉熔炼，都具有重要意义。

2.2.3.1 炉料组成

烧结炉料主要是由铅精矿、返粉、熔剂（主要是石灰石、铁矿石、石英石等）、杂料（包括烟尘、含铅杂物，如浸出渣等）组成。

鼓风炉熔炼造渣所需要的熔剂，一般根据配料计算量全部混入烧结炉料中，这样的烧结块在鼓风炉熔炼时就可以大大提高生产率。如果所需的熔剂在熔炼时才加入，由于熔剂与烧结炉料中造渣成分不能相互密切接触而使造渣过程缓慢，过程不均衡而引起熔炼速度下降。因此，常把熔炼过程所需的熔剂预先与精矿一起配入烧结炉料进行烧结焙烧而产出的烧结块称为自熔烧结块。

在烧结焙烧时，为了稀释炉料中的硫，通常加入大量的返粉，其数量可达精矿数量的 2~3 倍。所谓返粉，即为含硫低的烧结焙烧产品，经破碎后返回烧结配料的粉料。为了稀释炉料中的硫和铅，有时还加入一定量的鼓风炉水淬渣，也有利于改善烧结块的质量。

炉料的含铅量不仅是影响烧结块质量的主要因素之一，而且也是影响烧结和熔炼技术经济指标的因素。如果炉料含铅低，熔炼含铅低的烧结块时，因渣量增大，铅的损失也就增加，从而提高了产品成本。为了提高铅精矿的处理量及减少过程中铅的损失，以及为了降低燃料与熔剂的消耗，要尽可能地提高烧结块的含铅量。但是炉料含铅太高，则在烧结焙烧过程中，容易产生过早烧结，降低烧结块质量。同时高铅炉料对于吸风烧结机来说，由于产生的易熔物多（如 Pb、PbO 等），当其流至炉箅时，便会冷却黏结在炉箅上，甚至流入风箱，把风箱堵塞，给生产造成困难；含铅高的烧结块在鼓风炉熔炼时，也会产生一些不利影响，如渣含铅量升高，炉结形成机会增多等。因此，各工厂并不极力追求把烧结炉料品位提得很高。烧结炉料适宜的含铅量一般为 40%~50%。

生产实践证明，在其他条件一定时，合理控制和调节炉料的含硫量与含铅量，是保证烧结块优质高产的途径。适当配用焦粉是提高烧结块质量的有效方法。如炉料含铅 30%~40% 和含硫 3%~6% 这种偏低的情况下，便会产出强度不高的烧结块，如果在这种炉料中加入焦粉（其量为配料量的 0.3%~3%），返粉率为 60%~65%，便可提高烧结块质量。当炉料含铅 40% 以上、硫在 6% 以上就可不配焦粉，将返粉提高到 70%，同样可以保证过程的热平衡条件和透气性，使烧结块质量提高。

2.2.3.2 对炉料化学成分的要求

烧结前进行配料，主要满足 S、Pb 和造渣组分的要求。

精矿中的硫化物就是焙烧过程的燃料，配料时硫的数量的确定是直接与过程的热平衡和烧结块残硫联系在一起的，过高与过低都会导致过程热制度的破坏以及残硫不符合要求。烧结料适宜的硫量应当是：脱硫率一般为 60%~75%，欲得残硫 1.0%~1.5% 的烧结块，则料含 S 应为 5%~7%。如果 S 含量 >7% 时，则烧结块残硫必然升高而不合要求。

为了使鼓风炉熔炼获得高的生产率、金属回收率以及低的燃料和熔剂消耗，希望尽可能地提高烧结块的含 Pb 量，但太高会导致熔炼困难。因此，许多工厂将混合炉料中的铅含量提高到 45% 左右。在日本有的工厂已将混合料含铅从 48% 提高到 51%，最高达 52%。

由于各铅厂原料成分和原料性质的不同，再加上冶炼技术水平的差异，各铅厂选配渣成分就不一样，且差别极大，一般范围是：SiO_2 20%~32%，Fe 22%~30%，CaO 14%~

20%，Zn 8%～15%。

2.2.3.3 烧结配料原则及配料计算

(1) 烧结配料的一般原则

① 根据精矿的来源，确定各种精矿的配比，保证工厂生产在一定时间内能稳定进行，不致经常变动操作制度。

② 仔细研究精矿的成分及当地熔剂来源，综合分析本厂及外厂的技术指标，选定适当的渣型，力求熔剂消耗最少。

③ 配好炉料的化学成分应能满足焙烧与熔剂的要求，不仅能保证生产过程能顺利进行，还要获得较好的技术经济指标。

确定配料比，应根据精矿和熔剂的化学成分，进行冶金计算，这是一项复杂而又仔细的工作。

(2) 配料计算的程序

① 根据精矿及其他含铅二次物料（如锌浸出渣）的供应情况，确定各种原料的配用比例，然后根据这些原料的化学成分，计算出混合原料的成分。

② 根据混合原料成分，选择适合鼓风炉熔炼的渣型，然后根据渣型计算所需熔炼的数量。

③ 根据加入熔剂后炉料的含硫量，计算所需返粉的数量；根据铅含量，计算检验是否还要配鼓风炉水淬渣（返渣）。

配料时也应考虑到其他杂质含量：例如炉料中的 ZnO 不超过 15%～20%。MgO 含量也应控制在一定范围内。如果粗铅采用电解精炼，则在配料时应考虑电解精炼时对阳极中锑含量的要求。

(3) 配料　烧结炉料的配料方法常见有两种，即仓式配料（也称皮带配料或圆盘配料）法和堆式配料法，也有联合使用的。

仓式配料法设备简单，占地面积小，便于机械化，我国普遍采用，其最大缺点是很难控制各组分的正确配料比例和数量。

堆式配料主要是根据各种矿物原料成分，依据需要配入的原料比例，在配料场地上按比例来回地撒布各种不同原料，使其混合在一起。

堆式配料法的优点有：配料比较容易控制，炉料成分均匀；可预先分析炉料成分，准确度高，可大量储存已配好的炉料，使烧结块成分长时间无波动。缺点是需要在一端设有为临时改变炉料组成用的补充配料仓，并且占地面积大，使大量精矿不能得到迅速处理。

2.2.3.4　炉料的混合与制粒

为保证配料后的炉料在烧结前达到最佳湿度，并使其化学成分、粒度和水分的均匀一致，必须对炉料进行良好的混合与润湿。

所谓最佳湿度是指使炉料润湿到最大毛细水含量时的湿度。当炉料达到最佳湿度时其结团作用最大，此时的炉料容积最大，堆密度最小。

一般来说，混合料的最佳湿度为 5%～7%，如果小于 5%，则烧结速度大大下降并得到不坚实的烧结块，若大于 7%～8% 时，则烧结块残硫增加，质量变坏。必须指出，混合料的最佳湿度随返粉的数量和粒度的增大而降低。

返粉的粒度组成是直接影响烧结炉料粒度及其透气性的重要因素，因此各个工厂根据各自具体条件通过生产实践来确定其粒度组成。一般控制 3～9mm 占 60% 以上，小于 3mm 的不超过 30%，大于 9mm 的应在 10% 以下。对熔剂和焦粉成分、粒度的要求见表 2-6。

2 铅冶金

表 2-6 烧结焙烧配料对熔剂和焦粉的一般要求

物料名称	化学成分/%	粒度/mm	水分/%	备注
石灰石	CaO≥50；MgO<3.5 $SiO_2+Al_2O_3<3$	<6	<2	
石英石	$SiO_2≥90$； $Al_2O_3<2\sim5$	<6	<2	以河沙或含金石英砂作熔剂时，SiO_2含量可适当降低
焦粉	固定碳>75	<10	<1	

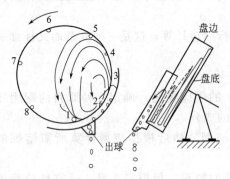

图 2-4 圆盘造粒成球示意图

炉料在圆筒中混合制粒的优势，取决于炉料的停留时间（一般要求不少于 1~1.5min）。在给料速度一定的条件下，圆筒的长度和转速是影响制粒的关键。为了提高混合制粒的效果，增加圆筒的长度和采用调速电机是非常适宜的。对已投产的厂而言，采用增加圆筒长度的办法，将受到厂房的设备等条件的限制。如果采用降低转速的办法，则混合制成的炉料又满足不了生产的要求，故圆筒制粒机具有制粒效率不高、球粒粒度难以调节等缺陷。

圆盘制粒机不但制粒效果高，而且团粒粒度易于调节。其构造是由一个机座和载于机座上的倾斜圆盘构成。圆盘的倾斜度可在 40°~60°范围内变动。盘上设有喷水装置和刮料板。圆盘的转速在 1.25~1.9m/s 范围内变动。改变圆盘的转速、圆盘的倾斜度、盘边的高度、炉料湿度及给料速度，可以控制团粒的粒度及生产率。图 2-4 为圆盘造粒成球示意图。

2.2.3.5 带式烧结机的构造及附属设备

烧结焙烧的主要设备是烧结机。烧结机是一种连续作业的冶金设备，按其形状分盘式和带式两种。带式烧结机又称直线型烧结机，见图 2-5，它由许多个紧密挤在一起的小车组成。小车用钢铸成，底部有炉算，短边设有挡板（即为车帮），挡板的高矮确定料层的厚薄，而长边则彼此紧密相连，形成一具有炉算的大而长的浅槽，类似一环形运输带。

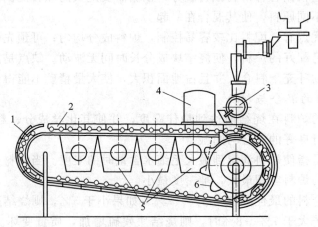

图 2-5 带式烧结机示意图
1—机架；2—小车；3—加料装置；4—点火炉；5—风箱；6—传动装置

机架的前端设有一对大齿轮（又称扣链轮），尾端则为一半圆形的固定钢轨或星轮。大齿轮由电动机通过减速装置而运动，其齿间距离与小车轮间距吻合，当其旋转时，其齿恰好扣住下轨道而来的小车将它提升到上轨道,同时将前面的所有小车推动,并使之紧紧地连接在一起。

小车沿上轨道移动到风箱顶部时,车箱底的两侧滑行在风箱边缘的钢制滑板上以构成风箱的密封。其密封的类型有:①水封板密封;②滑动密封;③浮板密封;④油封或气封;⑤弹簧板密封等。这几种小车与风箱之间的主要密封装置,均要定期把油注入上下滑板之间的油槽中,以加强密封效果和减少摩擦阻力。

烧结料层的厚薄,可通过点火炉前面的刮料板上下移动来调节。为了补救刮料板将小车炉箅上的混合料压紧的缺陷,有的把平口刮料板改成耙齿形刮料板,用来耙松炉料以改善透气性。

炉料的点火系采用悬吊在烧结机上方靠近头部的点火炉进行,点火炉的外壳用钢板制成,内衬耐火砖,燃料可用焦炭、重油和煤气,由于煤气点火炉具有所占面积小、产生的火焰均匀、点火温度容易控制等优点,在有煤气供应的情况下,多采用煤气点火。

烧结物料小车,借烧结机尾部半圆形固定支架或星轮,依次往下翻落,自动将烧结物料倾出,空小车则借风箱下部的倾斜轨道重返烧结机头部大齿轮处,如此周而复始地作循环运动。

带式烧结机一般采用标准设计,其规格大小以风箱的有效面积(平方米),即风箱的宽度×有效长度来表示。

点燃火的炉料小车,不断地通过风箱向前移动,风箱上部边缘固定在导轨上,沿着风箱的全长分为若干室。靠烧结机头部的第一个风箱为吸风箱,其余的为鼓风箱,每个风箱都与导气管相连,每个导管上设有阀门来调节风箱的风量和压力,送入的气流与炉料作用,使炉料熔化、造渣、黏结、冷却等作用焙烧结块,同时产出炉气经单管或多管旋涡除尘后,送往收尘及制酸系统。小车连续往前移动,达到烧结机的尾部卸料端。卸料端的下面,用圆钢或钢轨制成条筛,条筛上部安装一台单轨破碎机,其上方装设与收尘系统相连的烟罩,以减少烧结物翻落破碎时产生的烟尘飞扬损失以改善现场劳动条件。

2.2.3.6 烧结机的正常操作

烧结机正常操作包括点火操作、台车速度、鼓风制度和床层温度的合理控制等项内容。

(1) 点火操作　点火温度和点火时间对烧结过程正常运行和烧结块的残硫及其强度影响极大。过高的点火温度或过长的点火时间会造成点火料层过早熔结使透气性变坏,并产生夹生料。相反,若点火温度过低或点火时间过短,点火层烧不透或着火不匀,也会降低焙烧速度,使部分混合料不能着火,产生夹生料,因此,鼓风烧结点火工序总的要求,是在点火料层烧透而又不熔结的前提下,使点火层具有最高温度以保证主料层均匀着火燃烧。

生产中点火采用重油烧嘴,点火温度要求 $800\sim1100℃$,0号风箱负压是点火层往下燃烧的动力,一般控制在 $800\sim1000Pa$。当点火料层通过点火炉以后,表面红层的厚度占整个点火料层厚度的2/3时,可认为点火效果最佳。

(2) 台车速度　生产中台车速度必须与主料层厚度,垂直烧结速度相适应。当台车行进到鼓风烧结段最后一个风箱时,应完成整个烧结过程,料层烧穿。它的直观标志:

a. 烧穿点位于鼓风烧结段与返烟段交接处附近,烧穿点前移或后移,都将影响烧结过程,烧穿点温度一般为 $400\sim500℃$;

b. 至烧结结束烧结块于尾部翻落时,可看到烧结料层上部有红热层,而下部完全变黑,翻落时,撞击单轴箅条声音较清脆。

在生产过程中,一般很少将车速与料层厚度同时改变。实际烧结过程有两种操作方法:

即厚料层慢车速与薄料层快车速操作法。前者的目的是使点火时间延长，又由于料层较厚，热的利用率较好，从而可提高烧结反应带的温度使焙烧及烧结效果好，有利于提高烟气二氧化硫浓度。后者是为了减少料层的阻力，使空气容易鼓入，有利于防止炉料过早结块，从而提高过程的脱硫率和改善烧结块质量。

(3) 鼓风制度　烧结过程是强氧化，需要大量的空气和返回烟气参与反应。生产实践中，实际空气的消耗量是大于理论量的，要有一定过量的空气才能使料烧透。目前，标准的铅烧结的单位鼓风量（以标准态计）约为 $425m^3/t$ 料。

最适宜的鼓风强度取决于采用哪种烧结混合料，并且要能保证炉料充分脱硫，提高烟气二氧化硫浓度和满足制酸烟气量要求。鼓风强度小时，透过料层的空气少，烧结速度减慢，同时由于料层的温度不能达到烧结温度，脱硫率也低。但是，鼓风强度的提高受到额定的风压所限制，风量大则风压增加，风压过大容易造成料层穿孔而跑风，使烧结过程变坏。另外，风压过大，小车与风箱滑动轨道之间漏风增大；加大风量，势必造成烟气量膨胀，从而降低烟气二氧化硫浓度，不利于制酸。料层厚度为 $330\sim360mm$ 时，一般控制风箱的风压为 $4\sim5.5kPa$。

(4) 床层温度　床层温度是指烧结机料层中的实际温度（也称料层温度）。床层温度在烧结机的不同位置及料层的不同高度均不相同。在烧结过程中，锌和铁的硫化物容易氧化，但硫化铅的氧化则需要较高的氧势，因此，控制较高的床层温度对烧结过程的脱硫和提高烧结块强度是很必要的。

床层温度通常是难测定的，一般通过床层阻力和烟气温度来判断。床层温度高，熔融液相层厚，床层阻力相应增加。

在生产实践中，为了提高烧结机的利用率，车速应与垂直烧结速度相适应，避免烧结过早或欠烧，最简单的调节方法是根据烧穿点来调节车速。在给定料层厚度情况下，若要保持烧结机上的烧穿点为宜，即在保证完全脱硫的前提下垂直烧结速度越快，车速也要加快。一般小车运行速度控制在 $1.2\sim1.5m/min$。

(5) 烧结块的冷却与破碎　从烧结机上倾倒下来的炽热烧结块不仅块度大，而且还有很高的温度。这种烧结块不但运输和储存发生困难，也不能加到鼓风炉内去，不仅不利于还原，还会使鼓风炉熔炼造成"热顶"而恶化炉况。因此，热烧结块必须进行适当的破碎和冷却。我国目前的破碎方法，通常是在烧结机尾部下方，配置一台单轴破碎机（俗称狼牙棒），借助从小车翻倒的烧结块碰撞到它上面而达到破碎的目的。在破碎机下方 2m 左右配置倾斜度适宜的钢条筛，筛条距离约 $50\sim60mm$。筛上产品进烧结块料仓，运往鼓风炉熔炼。筛下产品送往冷却圆筒，经喷水冷却后，送往破碎机进行多级破碎、筛分成合格返粉，再送回配料。

生产实践中，烧结块冷却最简单的方法是在烧结小车翻倒处的料仓内喷水或在特备的喷水室冷却。喷水冷却的主要缺点是由于烧结块急冷崩裂，降低了机械强度。目前我国采用这种方法的较普遍。

现在还有采用通风冷却法和烧结机本身冷却法。通风冷却法是由许多轻便的铁箱组成一环形运输带。运输带上装有烟罩与低压通风机相连。当装有烧结机的铁箱运至烟罩下，即被吸入的冷空气所冷却。烧结机本身冷却法是适当增加烧结机长度或适当降低烧结小车运动，使炉料烧好后，继续鼓风冷却一段时间，再从烧结机尾部翻倒至料仓。同时烧结块在运输时，也是进行自然冷却的过程。

2.2.3.7 烧结焙烧的主要技术经济指标

（1）烧结机的生产率　是指每台烧结机一昼夜所处理炉料的数量（吨），单位生产率则指每 $1m^2$ 烧结机有效面积每昼夜处理的炉料量（吨）；也有用烧结块的产出量来表示的。

生产实践证明，铅精矿的成分及其特性对烧结机单位生产率有决定性的影响。凡是处理含硫高的铅精矿时生产率都较低，而处理含硫低及含铅高的铅精矿时生产率较高。

（2）烧结机脱硫率　是指装入炉料含硫量在烧结焙烧过程中的脱除程度。脱硫率取决于炉料的物理性质、化学成分、通过料层的气体量和分布均匀程度以及小车移动速度等，一般在60%~70%的范围之内，有时也达75%。

（3）脱硫单位生产率　是指烧结机床的有效面积 $1m^2$ 每24h的脱硫量。

（4）结块率　是指合格烧结块产量占炉料总处理量的百分比。

思 考 题

1. 请简述硫化铅精矿氧化焙烧时，各金属发生的反应及存在状态。
2. 请说出硫化铅直接氧化为金属铅的热力学条件。
3. 简述铅精矿的带式烧结实践操作

2.3　铅烧结块的鼓风炉熔炼

【内容导读】

本节主要介绍铅烧结块的鼓风炉熔炼过程中发生的化学反应，其熔炼过程是还原过程。并对鼓风炉炼铅的生产实践进行了介绍。

2.3.1　概述

烧结焙烧-鼓风炉还原熔炼法仍然是目前世界上主要的炼铅方法。该法虽然存在能耗较大和对环境污染问题不易解决等缺点，但其处理能力大，原料适应性强，加上长期生产积累的丰富经验和不断的技术改造，使这一传统炼铅工艺还保持着其活力。当前，世界上的铅有95%以上是用烧结焙烧-鼓风炉还原熔炼流程生产的。

烧结焙烧得到的铅烧结块中的铅主要以PbO（包括结合态的硅酸铅）和少量的PbS、金属Pb及$PbSO_4$等形态存在，此外还含有伴存的Cu、Zn、Bi等有价金属和贵金属Ag、Au以及一些脉石氧化物。

不管是烧结焙烧-鼓风炉熔炼的传统炼铅法，还是近年发展起来的直接炼铅法，都是碳还原法，还原剂都是炭和一氧化碳。

鼓风炉熔炼的主要过程有：碳质燃料的燃烧过程、金属氧化物的还原过程、脉石氧化物（含氧化锌）的造渣过程，有的还发生造锍、造黄渣过程，最后是上述熔体产物的沉淀分离过程。

鼓风炉还原熔炼的目的：

① 最大限度地将烧结块中的铅还原出来获得粗铅，同时将Ag、Au、Bi等贵金属富集其中；

② 将Cu还原进入粗铅，若烧结块中含Cu、S都高时，则使铜呈Cu_2S形态进入铅锍（俗称铅冰铜）中，以便进一步回收；

③ 如果炉料中含有 Ni、Co 时，使其还原进入黄渣（俗称砷冰铜）；

④ 将烧结块中一些易挥发的有价金属化合物（如 CdO）富集于烟尘中，便于进一步综合回收；

⑤ 使脉石成分（SiO_2、FeO、CaO、MgO、Al_2O_3）造渣，锌也以 ZnO 形态入渣，便于回收。

2.3.2 铅鼓风炉还原熔炼的基本原理

2.3.2.1 炉料组成及对炉料的要求

鼓风炉炼铅的原料由炉料和焦炭组成。炉料主要组成为自熔性烧结块，它占炉料组成的 80%~90%。除此之外，根据鼓风炉正常作业的需要，有时也加入少量铁屑、返渣、黄铁矿、萤石等辅助物料。

焦炭是熔炼过程的发热剂和还原剂。一般用量为炉料量的 9%~13%，即为焦率。

(1) 烧结块的化学成分和物理性能

① 化学成分　要求主金属铅含量为 40%~50%。造渣成分的含量应符合鼓风炉选定的渣型。烧结块含硫应小于 3%，当烧结块含铜 1.5% 以下，控制烧结块含硫 1.5%~2.0%。

② 物理性能　块度为 50~120mm，小于 50mm 的碎块和大于 120mm 的大块不大于 25%；孔隙度不小于 50%~60%；烧结块强度一般要求它的转鼓率为 28%~40%，或者从 1.5m 高处三次自然落至水泥地面或钢板上后，块度小于 10mm 的重量少于 15%~20%。

(2) 焦炭。

1) 焦炭在铅鼓风炉还原熔炼过程中的作用：

① 焦炭燃烧放出的热量为吸热化学反应和炉料熔化造渣提供充足的热量，保证熔体过热所必需的温度；

② 产生一氧化碳气体，使炉料中的金属氧化物还原成金属。

2) 焦炭质量具体要求见表 2-7。

表 2-7　铅鼓风炉对焦炭的要求

固定炭/%	灰分/%	发热量/(MJ/kg)	着火点/℃	孔隙率/%	抗压强度/MPa	块度/mm
75~80	<16	25~29	600~800	40~50	>7	50~100

(3) 辅助物料　鼓风炉熔炼一般不需要添加熔剂，只有在情况不正常时可能加萤石（CaF_2）、黄铁矿（FeS_2），主要用作洗炉。后者还作硫化剂使用，在炉料中铅高、硫不足时，使铜进入铅，以提高铜的回收率。此外，为了改善炉况，使熔炼过程比较容易进行，有时也加块度为 50~120mm 的鼓风炉渣。

当烧结块含硫高时，可添加铁屑，置换残存 PbS 中的铅，降低铜锍含铅量，以提高铅的回收率。

2.3.2.2 铅鼓风炉还原熔炼的物理化学变化

(1) 炉内料层沿不同高度所起的物理化学变化　炉料在炉内形成垂直的料柱，它支承在盛接熔炼液态产物的炉缸上，一部分压在炉子的水套壁上。气流给予炉料以动压力，故料柱大部分重量为相对气流所平衡。由于燃料燃烧和液态粗铅、炉渣等产物的生成，在料柱下形成空洞，所以料柱逐渐下移，经风口送入鼓风炉的空气与焦炭发生剧烈反应，生成的高温炉气不断向上运动，穿过和冲洗下降的炉料，这时炉料中的组分与炉气之间不断发生化学反应过程和热交换过程，生成粗铅、炉渣、锍等流体产物和炉气。炉料在还原熔炼过程中由上而下移动时，将发生一系列物理及化学变化，影响因素是炉气成分和温度。因为沿炉内高度的不同，炉气成分和温度也各异，故大致可沿炉高将炉子分为 6 个区域，如图 2-6 所示。

① 炉料预热区（100～140℃） 在此区，物料被预热，带入的水分被蒸发。水分蒸发是吸热过程，故炉顶料面温度较低，降低了铅的挥发损失。继而化学结晶水开始被分解蒸发，易还原的氧化物如 Bi_2O_3 及游离的 PbO 开始被还原。

② 上还原区（400～700℃） 物料本身所有的结晶水被分解蒸发，各种金属的碳酸盐及硫酸盐开始离解，易于还原的金属氧化物（如 PbO、CdO、CuO、Cu_2O 等）还原为金属，高价氧化物开始被还原成低价氧化物（如 $Fe_2O_3 \rightarrow Fe_3O_4 \rightarrow FeO$ 等），PbS、氧化铅及硫酸铅开始相互反应而形成铅及 SO_2，生成的铅像雨滴似的冲洗在炉料上，并从中富集金和银。

③ 下还原区（700～900℃） 所有在上述区域中开始的反应，在此区将更为强烈的进行。各种碳酸盐的离解作用在此大致完成，各种硫酸盐（如 $BaSO_4$、$PbSO_4$、$CaSO_4$ 等）的离解反应以及硫化物的沉淀反应均分别进行；固体碳的还原作用加强，CO 的还原作用更为激烈，因而还原过程加快。金属 Cu 和铅在硫化反应过程中形成低价化合物，未分解的以及被还原的硅酸铅在此区熔化，流至下区还原。

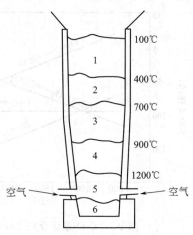

图 2-6 鼓风炉内区域划分示意图
1—预热区；2—上还原区；
3—下还原区；4—熔炼区；
5—风口区；6—炉缸区

④ 熔炼区（900～1200℃） 此区位于燃烧层上，上述各区反应均在此区完成，SiO_2、FeO、CaO 造渣，并将 Al_2O_3、MgO、ZnO 溶解其中，CaO、FeO 置换硅酸铅中的 PbO，游离出来的氧化铅则被还原为金属铅，炉料完全熔融，形成的液体流经下面赤热的焦炭层过热，进入炉缸，而灼热的炉气则上升与下降的炉料作用，发生上述化学反应。

⑤ 风口区 几乎由赤热的焦炭充满，其厚度为 0.8～1.0m，前述各区反应所得到的熔体均在此区过热。约1m厚的焦炭层，粗略又可分为两个带。近风口的一层是炉内燃料的燃烧带（氧化带）。在氧化带发生炭的燃烧反应。由此产生高温，其温度可达 1400～1500℃，通常称此高温区为焦点，实际为一个区域，可称焦点区。

焦点区以上为还原带，主要是燃烧带产生的大量 CO_2，通过此赤热焦炭层而发生气化反应产出大量 CO，反应式为：$CO_2 + C = 2CO$。

此反应式为吸热反应，故此带温度降至 1200～1300℃。

⑥ 炉缸区 包括风口以下至炉缸底部，其温度上部为 1200～1300℃，下部为 1000～1100℃，深度为 0.8～1.3m。过热后的各种熔融液体，流入炉缸按密度分层。由于铅的相对密度（约10.5）最大，故沉于缸底；其上层为砷冰铜（相对密度 6～7）；再上层为铅冰铜（相对密度 4.1～5.5），最上层为炉渣（相对密度 3.3～3.6）。

分层以后，铅冰铜、砷冰铜、炉渣等从炉缸的排渣口（俗称咽喉口）一道排出，至前床或沉淀锅；而粗铅（800～1000℃）经虹吸道连续排出炉外铸锭或流入铅包送往精炼。

(2) 焦炭的燃烧反应　炭燃烧的主要反应：

$$C + O_2 = CO_2 \quad \text{完全燃烧反应} \tag{2-1}$$
$$CO_2 + C = 2CO \quad \text{炭的气化反应（布多尔反应）} \tag{2-2}$$
$$2C + O_2 = 2CO \quad \text{不完全燃烧反应} \tag{2-3}$$
$$2CO + O_2 = 2CO_2 \quad \text{煤气的燃烧反应} \tag{2-4}$$

固体炭燃烧过程发生的4种反应，其 ΔG-T 关系图示于图 2-7。

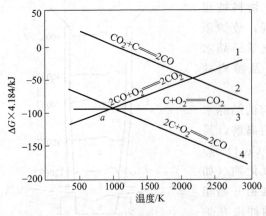

图 2-7 C-O 系诸反应 ΔG-T 图

从该图可以看出，曲线 1、3、4 在 978K 的 a 点相交，说明当温度高于 978K 时，不完全燃烧反应 $2C+O_2 \Longrightarrow 2CO$ 的 ΔG 值都比其他两个反应的 ΔG 值为负。

所以，高温时 CO 比 CO_2 更稳定；而在低温下则 CO_2 比 CO 稳定。曲线 2 和 4 都是向下倾斜的，所以，高温下生成 CO 的趋势增大。

从鼓风炉顶加入的焦炭在下落过程中逐渐被炉气加热并发生上述燃烧反应，至风口区炉内温度高达 1000℃ 以上，焦炭发生燃烧反应，燃烧产物为 CO 和 CO_2。

在上述反应中，反应式(2-1)、式(2-3)的平衡常数值非常大，实际上可视为为可逆反应。唯有反应式(2-2)为可逆反应，又是吸热反应。

在风口区，随着鼓风炉中的空气向炉子中心运动，空气中的氧与焦炭发生反应，同时产生了 CO_2 与 CO，氧的含量急剧减少，但由于布多尔反应的发生，炉气中 CO 显著增加，CO_2 逐渐降低，风口区炉子中心 CO 的含量可达到 50% 以上。这表明，由于炭的完全燃烧和金属氧化物被 CO 还原产生的大量 CO_2，而被灼热（>1000℃）的焦炭层迅速还原成 CO，从而为鼓风炉金属氧化物还原源源不断地提供还原剂。

(3) 铅鼓风炉内主金属氧化物的还原反应　鼓风炉还原熔炼在以焦炭做还原剂时，固体 C 的还原氧化物的固-固或固-液反应，与用 CO 还原的气-固或气-液反应相比，前者反应速度缓慢，因为固体 C 的还原反应一开始后，就被反应产物隔开，固-固（液）之间的扩散几乎不再发生。对于烧结块和焦炭的鼓风炉还原条件，相互接触更为有限，固体 C 的还原作用微弱，实际上是靠 CO 来起还原作用。在高温下，CO 比 CO_2 更稳定，在 $CO+CO_2$ 的混合气体中占优势，随着温度升高这种优势更加增长，只要有固体 C 存在就可以提供大量的 CO 作为还原剂。

从氧化铅还原的热力学考察，由于炉内上下区域温度的差别有下述三种情况：

$$<327℃ \quad PbO(s)+CO \Longrightarrow Pb(s)+CO_2$$
$$327\sim883℃ \quad PbO(s)+CO \Longrightarrow Pb(l)+CO_2$$
$$>883℃ \quad PbO(l)+CO \Longrightarrow Pb(l)+CO_2$$

上述三式均为放热反应，其反应的平衡常数方程式如下：

$$\lg K_p = -\frac{3250}{T}+0.417\times10^{-3}T+0.3$$

硅酸铅（$x PbO \cdot y SiO_2$）是烧结块中最多的一种结合态氧化铅，熔化温度为 720～800℃，熔融后的硅酸铅还原反应进行的程度是降低鼓风炉渣含铅的关键所在。还原反应进行的极限或以氧化物形态残留在炉渣中的金属铅量，可按下式计算加以判断：

$$PbO(l)+CO \Longrightarrow Pb(l)+CO_2$$
$$\Delta G^{\ominus} = -87230+8.97T$$

若熔炼温度为 1200℃，则

$$K=\frac{a_{Pb} p_{CO_2}}{a_{PbO} p_{CO}}=\frac{p_{CO_2}}{\gamma_{PbO} \chi_{PbO} p_{CO}}$$

2.3 铅烧结块的鼓风炉熔炼

(4) 铅烧结块中其他组分在还原熔炼中的行为　铅烧结块中除含主金属铅化合物之外，还含有铁、锌、铜、砷、锑、铋、镉等氧化物，它们在熔炼中的行为分别叙述如下。

① 铁的化合物　烧结块中的铁以氧化铁、四氧化三铁、硅酸铁、硫化铁等形态存在。铁的高价氧化物还原成 FeO，并与 SiO_2 造渣。在铅还原熔炼时，FeO 还原为金属铁，在理论上是不可能的。但是，由于鼓风炉内气氛和温度的不稳定，也有生产金属铁的可能。

② 铜的化合物　烧结块中的铜大部分以 Cu_2O、$Cu_2O \cdot SiO_2$ 和 Cu_2S 的形态存在。Cu_2S 在还原熔炼过程中不发生化学变化而入铅锍；Cu_2O 则视烧结块的焙烧程度而有不同的化学变化。如果烧结块中残留有足量的硫，则 Cu_2O 将与其他金属硫化物发生反应，例如：

$$Cu_2O + FeS = Cu_2S + FeO$$

这便是鼓风炉熔炼的硫化（造锍）过程。

③ 锌的化合物　锌在烧结块中主要以 ZnO 及 $ZnO \cdot Fe_2O_3$ 状态存在，只有小部分呈 ZnS 和 $ZnSO_4$ 的状态。$ZnSO_4$ 在铅鼓风炉还原熔炼过程中发生如下反应：

$$2ZnSO_4 = 2ZnO + 2SO_2 + O_2$$

ZnO 在熔炼时的有害影响不大，这是因为大部分 ZnO 能溶解在炉渣中。实践证明，炉渣溶解 ZnO 的能力随渣中 FeO 含量的增高和 SiO_2 与 CaO 含量的降低而增大。因此，当铅精矿中含有相当多的锌时，则需完全焙烧，在配料时，应选用高铁的渣型。

ZnS 为炉料中最有害的杂质化合物，在熔炼过程中不发生变化而进入炉渣及铅锍。ZnS 熔点高，密度又较大（4.7g/cm³），进入铅锍和炉渣后增加两者的黏度，减少两者的密度差，使渣与铅锍分离困难。

④ 砷、锑、锡、镉及铋的化合物　铅烧结块中砷以砷酸盐状态存在。在还原熔炼的温度和气氛下，被还原为 As_2O_3 和砷，As_2O_3 挥发入烟尘，元素砷一部分溶解于粗铅中，一部分与铁、镍、钴等结合为砷化物并形成黄渣。

锑的化合物在还原熔炼中的行为与砷相似。

锡主要以 SnO_2 形态存在，SnO_2 在还原熔炼中按下式还原：

$$SnO_2 + 2CO = Sn + 2CO_2$$

还原后的 Sn 进入粗铅，一小部分进入烟尘、炉渣和铅锍。

镉主要以 CdO 形态存在，在 600～700℃ 下被还原为金属镉。由于镉的沸点低（776℃），易于挥发，故在熔炼中大部分镉进入烟尘。

铋以 Bi_2O_3 存在，在鼓风炉熔炼时被还原为金属铋而进入粗铅中。

⑤ 金和银　铅是金、银的捕获剂，熔炼时大部分金、银进入粗铅，只有很少一部分进入铅锍和黄渣中。

⑥ 脉石成分　炉料中的 SiO_2、CaO、MgO、Al_2O_3 等脉石成分，在熔炼中都不被还原，全部与 FeO 一道形成炉渣。

2.3.2.3　炼铅炉渣的组成和性质

(1) SiO_2-FeO-CaO 三元系炉渣　在有色金属硫化精矿原料中，杂质金属含量较多的是铁。精矿中的硫化铁经氧化脱硫和高价氧化铁还原形成相对稳定的低价铁氧化物——氧化亚铁（FeO）进入炉渣，成为炉渣的主要组成之一。FeO 是一种碱性氧化物，熔点 1370℃，它与酸性氧化物——二氧化硅（SiO_2，熔点 1713℃）结合形成稳定的铁硅酸盐，如铁橄榄石（$2FeO \cdot SiO_2$），熔点 1205℃，因此火法炼铅一般都添加石英石作熔剂，以补充铅精矿原料中 SiO_2 成分的不足。

在铁硅酸盐炉渣中，由于 FeO 含量高，炉渣密度大，对金属硫化物（如铅锍）的溶解能力大，造成随渣带走的金属损失大。因此，在工业实践中，一般不单独采用氧化亚铁硅酸盐作炉渣，而必须加入CaO，以改善炉渣性能。

氧化钙（CaO）也是硫化精矿中的常见脉石成分，但其含量相对较少，CaO熔点很高，为2570℃，是比FeO碱性更强的碱性氧化物，在成分接近铁橄榄石（其质量分数为70%FeO，30%SiO_2）的炉渣中加入一定量的CaO，可降低炉渣的熔点、密度和炉渣对金属（锍）的溶解能力，可得到熔化温度在1100~1150℃适合于熔炼要求的炉渣。在SiO_2-FeO-CaO三元渣系中，熔点最低的炉渣成分位于45%FeO，20%CaO和35%SiO_2附近，为1100℃左右。这个组成与铅鼓风炉还原熔炼的炉渣成分大致相同。

黏度是影响炉渣流动性，影响炉渣与金属（锍）分离程度，并关系到冶金过程能否顺利进行的重要性质。酸性炉渣含SiO_2高，结构复杂的硅氧复合离子（$Si_xO_y^{2-}$）导致炉渣黏度上升。适当增加碱性氧化物有利于降低炉渣黏度。但碱性氧化物过高时可能生成各种高熔点化合物，使炉渣难熔、炉渣黏度升高。对于SiO_2-FeO-CaO炉渣系黏度最小的组成为10%~30%CaO，20%~30%SiO_2和40%~60%FeO。这与上述最低熔度的炉渣成分范围大体一致。

由前面分析可知，能符合鼓风炉熔炼要求的炉渣的基本渣型是铁钙硅酸盐。

（2）鼓风炉炼铅炉渣的特点 炼铅原料中的脉石氧化物以及在烧结-还原熔炼过程中炉料发生物理化学变化而生成的铁、锌氧化物是铅鼓风炉炉渣的主要组成。因此，炼铅炉渣的成分包括SiO_2、FeO、CaO、ZnO、Al_2O_3、MgO等，与其他有色金属熔炼的渣型一样，SiO_2、FeO、CaO是铅炉渣的基本成分，但相对其他有色冶金炉渣而言，高CaO、高ZnO含量又是铅炉渣的特点。

炉渣一般都含百分之几的锌。锌对氧的亲和力大，难被碳还原，故大部分呈ZnO状态入渣，但也有少量的ZnO在炉子下部被CO、C还原，还原反应产出的锌蒸气随炉气上升，被炉气中CO_2、H_2O和O_2氧化为ZnO，也可被炉气中SO_2所硫化为ZnS，此时ZnO和ZnS若沉积于半融状态的碎料上或炉壁上，则引起上部炉结的形成；若ZnO沉积于炉料表面孔隙之间，会随炉料一起下降到炉子下部，又被还原为Zn蒸气，并随炉气上升，如此反复循环。ZnS是非常有害的难熔物质，在熔炼过程中进入炉渣会增大炉渣黏度，使炉渣含铅升高，严重情况下会造成炉结，迫使生产停炉。这也是炼铅鼓风炉处理高锌精矿要求烧结块残硫低的原因，并且一般要求铅精矿含锌在5%以下，渣含锌一般控制在15%以内。

炼铅厂普遍采用高CaO渣型，其出发点是降低渣含铅，提高金属回收率，原因如下：

① CaO是强氧化物，可将硅酸铅中的PbO置换出来使其变得容易被碳还原；

② 高CaO的炉渣可提高炉温，降低炉渣密度；

③ CaO可提高烧结块的软化温度，故高CaO渣型适宜于处理高品位铅烧结块，可防止其在炉内过早软化影响透气性和过早熔化影响硅酸铅的充分还原；

④ 此外提高炉渣中的CaO，可使Si-O及Fe-O-Zn的结合能力减弱，增加锌和铁在熔渣中的活度，有利于炉渣的烟化处理；

⑤ 提高炉渣中的CaO能破坏熔渣中硅氧复合离子$Si_xO_y^{2-}$，降低炉渣的黏度。

基于上述观点，又派生出高ZnO、高CaO渣型和高SiO_2、高CaO渣型熔炼，以达到综合利用的目的。

株洲冶炼厂在烧结配料中配入10%的氧化锌浸出渣，混合料含锌达6%左右，因而实行高ZnO、高CaO渣型熔炼，达到综合利用的目的。

总的来说，对炉渣成分的选择应满足：

① 尽可能选用自熔性渣型,减少熔剂消耗;
② 黏度小,在熔炼温度下黏度不大于 0.5~1.0Pa·s;
③ 密度小,渣与铅的密度差应大于 $1t/m^3$;
④ 适应的熔点,为 1000~1150℃。

(3) 铅鼓风炉熔炼产物　当在鼓风炉中还原熔炼铅炉料时,可获得下列各种熔炼产物:粗铅、铅冰铜、砷冰铜、烟尘、烟气和炉渣。

① 粗铅　一般含铅 96%~99%,并含有铜、铋、锡等金属杂质和金、银、碲等稀贵金属。因此,粗铅必须进一步精炼,以提高铅的纯度和回收有价金属。其处理方法有由火法初步精炼与电解精炼组成的联合法和火法精炼两种。

② 铅冰铜、砷冰铜　铅冰铜是由硫化铅、硫化亚铁及硫化亚铜所组成的合金,此外,尚有少量的硫化银、硫化锌及其他金属硫化物或砷、锑的化合物。只有当炉料中存在大量砷与锑时才会生成砷冰铜(又称黄渣),它主要由砷、锑与镍、钴的金属化合物组成。由于各厂在铅生产过程中使用的原料不同,因此产出的铅冰铜、砷冰铜成分波动较大,故处理方法也不一致,如某厂将粉状冰铜先在小鼓风炉内进行熔炼,然后铸成块,块状冰铜则直接装入转炉,采用固体冰铜吹炼法进行处理。

③ 烟尘　烟尘中含有许多有价金属,如铅、镉、铊等。烟尘成分在很大程度上取决于熔炼条件和原料成分。

④ 烟气　铅鼓风炉料的气体取决于操作条件,入炉物料成分及供风条件。

⑤ 炉渣　炉渣主要是由各种金属氧化物组成,这些氧化物相互之间又形成某种化合物、固熔体和液体熔液与低熔点混合物。此外,还含有金属硫化物、金属和气体。因此,炉渣是一种混杂的多种组成物系统。

2.3.3　鼓风炉炼铅的生产实践

2.3.3.1　鼓风炉

鼓风炉是一种古老的冶金设备,它的发展已有几千年的历史,随着现代化大型生产的发展,世界各国广泛采用的是上宽下窄的倾斜炉腹型的全水套矩形鼓风炉,有的国家采用椅形(异形炉的一种形式)鼓风炉。

优点:

① 由于上宽下窄,形成炉子截面向上扩大,降低了炉气上升速度,延长了还原气体与炉料的接触时间,有利于气相与固相热交换及反应的进行;

② 由于炉气上升速度减慢,被炉气带走的烟尘相对减少;

③ 炉腹向下倾斜,断面积逐渐缩小,使热量集中在焦点区,有利于熔炼的进行和熔体产物的过热。

炉子的高度:又称总高度,是指从炉底到加料平台的垂直距离,它取决于生产量,以前高度限制在 3~5m,其理由是增加高度,投资昂贵而且产量无较明显增长,不经济,并且高度增加后使操作控制较为困难。近年来,随着科技的发展和金属需求量的增加,要求扩大鼓风炉的熔炼能力,故炉高、炉宽均有明显增加。

炉子的有效高度:是指从风口中心线到加料平台的高度。一般 4~6m。

炉内料柱高度:是指从风口中心线到料面之间的垂直距离。视炉料的性质,含铅量及烧结块的块度、强度等而定,常分为高料柱(4~5.5m)和低料柱(2.5~3m)。

炉子的宽度:以前炉宽在 1.0~1.2m 左右,近年来,炉宽已增大到 1.5~1.9m 左右。其宽度取决于鼓风炉熔炼制度、操作条件及炉子结构等因素。各厂应按具体条件来确定最佳的炉宽。

铅鼓风炉由炉基、炉缸、炉身、炉顶、风管、水管系统及支架组成。

(1) 炉基　即鼓风炉的基础。要求能承受鼓风炉的全部重要。一般能承受 $40\sim60t/m^2$，通常是用混凝土捣固或石块砌成。

(2) 炉缸　砌筑在炉基上，常用厚钢板制成炉缸外壳，此外壳强度必须能抵抗生产时炉缸内熔炼的压力和砌体的受热膨胀压力。

沿炉子的长度一侧，砌筑有一个横截面积不大的虹吸道，铅液由此连续放出，流至铅包再送往火法精炼或流入铸钢模中铸锭。

(3) 炉身　由上下两列不同高度的水套组成（也有将水套排成上、中、下三列或只排一列的）。水套的冷却，分为水冷却或汽化冷却两种。若是汽化冷却，则有供水及汽包等一套循环系统。水套内壁用锅炉钢板制成，外壁一般为普通钢板。为了延长山型砌砖的寿命，在咽喉眼外，安装了一个比山型低 $100\sim150mm$ 的小水套（箱），有时也通过调节小水箱进出水量来控制回喉眼的大小，以防喷风。渣子通过与咽喉井连接的铸铁溜槽流入电热前床保温贮存，定期放入烟化炉吹炼或流入普通的活动前床，渣锅内沉淀分离后水淬。

炉腹的倾斜度一般是炉高增加 1m，大约收缩 $150\sim300mm$。处理块度较大的炉料，倾斜度宜大些。

风口比：是指全部风口的总垂直断面积与炉子风口区水平断面积的比值。风口比波动范围 $3\%\sim7\%$。近年来，趋于减少风口直径和增大风压，故风口比波动在 $2\%\sim5\%$，在连接风口与总风管的支管上，装有调节风量的闸门，视炉况调整入炉风量。

(4) 炉喉（装料口）　一般为铸铁钢板构成，为上大下小的漏斗形，位于水套炉身与加料平台之间。其上两侧为斜坡铸铁板。其上部比风口区宽 $0.5\sim1$ 倍。其作用：便于均匀加料；炉气上升至炉喉，由于断面扩大气流速度降低，减少了炉气含尘量。

(5) 炉顶　炉子上部的装料和排气部分装置称为炉顶，按炉料的装入和炉气的排出方式不同，分为开式和闭式炉顶。

开式炉顶设有烟罩，物料从炉顶中央加入，而炉气则从加料台下端壁的排气孔排出。由于在炉顶中央加料，细料大部分集中在炉子中央，而粗料则多集中两侧，使炉况恶化。加之端壁排气，使炉内气氛分布及上升速度不均匀，使熔炼过程困难。另外侧壁附近温度过高，易生炉结，而中央部分温度过低，炉料熔化缓慢，故已很少采用。

闭式炉顶在加料台上装有烟罩，烟罩中央设排气口，通过烟管与烟道相连。两侧则设加料口，使布料均匀而稳定炉况。

总之，选择炉顶构造的原则是炉内整个断面上炉气与炉料要均匀分布，方能获得炉料与炉气的良好接触，加快熔炼速度，以提高生产能力。

2.3.3.2　铅鼓风炉正常作业

鼓风炉是实现逆流原理相当完善的冶金设备。加入炉内的物料由上而下逐渐运动，而气流运动的方向正相反。风口区焦炭燃烧产生的高温还原性气流向上运动时，通过料层将热传给炉料，并发生相互的化学反应。炉料下移时不断地改变其物理及化学性质，完成全部冶金反应，通过炉内高温区（焦点区）完全熔化为熔体并得到过热，流入炉内。熔体分层为粗铅和炉渣（有时也产出铅冰铜和黄渣）。炉气和烟尘从炉顶排出，进入收尘系统。

加入鼓风炉的物料主要是烧结块和焦炭。因为熔剂全部在烧结配料时加入，所以正常熔炼时无需加入熔剂。只有当应加的熔剂（特别是石灰石）量太多，在烧结料中全部配入时对烧结指标影响太坏；或因配料计算失当，烧结块中的造渣成分满足不了渣型的基本要求时，才在鼓风炉料中补加熔剂。除此之外，熔炼时有时也加入铁屑、铅精炼渣以及熔炼本身的返料，如炉结、前床壳、返渣和其他清炉产物等。铁屑的加入是为了 PbS 在沉淀反应 PbS+Fe══Pb+FeS 中转变为金属铅，以降低铅冰铜中的铅含量。所以铁屑的消耗决定于烧结块的含硫量，一般为炉料的 $\omega_{铁屑}=1\%\sim2\%$。铅精炼渣如锡浮渣、砷锑浮渣有时也返回在鼓风炉处理以回收铅，但此时金属损失大且作业困难，最好分别另行处理。返料的处理主要是回收其中的铅和银，同时也提高了料层的透气性。返料的金属含量通常都未达废弃的程度。

由此可见，加入鼓风炉的物料，除了焦炭和烧结块之外，其余的物料是很少加入或无需加入的。至于返料，则根据厂内积存的情况定期处理，而并非正常作业时的常规进料。分批进料时，每批料的进料顺序是先加焦炭后加烧结块；加入其他物料时，其进料顺序为焦炭→烧结块→其他物料。

在正常情况下，鼓风炉料柱最上层的料面温度是不高的，约为 100~200℃，而且显得很平静。炉料入炉后，在此预热并不断下移，温度也逐渐升高。此区人为地称之为预热区（100~400℃）。预热过程使水分蒸发、结晶水分解，某些组分被加热到对 CO 活化作用开始的温度。炉料继续下移，温度不断升高，还原气氛也逐渐增强。此时，除了结晶水继续分解之外，各种碳酸盐和硫酸盐也开始分解，易于还原的氧化物如 PbO、CuO、Cu_2O 等也开始还原，高价氧化物如 Fe_2O_3 顺次还原生成 Fe_3O_4 或 FeO，有 PbS 存在时则与 PbO 和 $PbSO_4$ 作用形成 Pb 和 SO_2，并在炉料下移过程中完成上述冶金反应。此段区域称为还原区，所以还原反应在此区广泛地进行，CO 和固体碳的还原作用在逐渐加强，还原过程进行愈来愈强烈，速度也愈来愈快，各种硅酸铅开始熔化并还原。如果炉料含硫较高，则铜和小部分铅被硫化而形成铅冰铜。砷锑高时则与铁结合形成黄渣，并将镍钴富集于其中。

还原区的温度不算太高（低于 900℃）。由于温度和还原能力的依次升高，炉料在还原区下方陆续熔化。硅酸铅熔体除了被 CO 还原外，也在炽热的焦炭面上被还原。造渣成分 FeO、CaO、SiO_2 相互结合形成熔点最低的初渣，并逐渐吸收其余的 FeO、CaO、SiO_2 以及 Al_2O_3、ZnO、MgO、BaO 等所有造渣成分，形成正常的炉渣。已经知道，FeO、CaO 等碱性化合物存在，对硅酸铅的还原是有利的。由于所有炉料在此区都全部熔化，所以称为熔化区，温度大于 1300℃，它位于燃料层之上。

熔化区的下方即风口区。这是炉内温度最高（1300~1500℃）的区域。风口区几乎为焦炭层所充满，其厚度约 0.8~1.0m。在靠近风口水平的有限高度内的氧位最高，为氧化带，焦炭燃烧产生 CO_2 和 CO，温度也最高（1400~1500℃），是鼓风炉的焦点区。紧靠氧化带的上方为还原带，发生碳的气化反应 C+CO_2══CO，使炉内的还原气氛逐渐增强。由于此反应是吸热的，所以温度有所下降（约 1300℃）。熔体通过焦点区时被过热，进入本床。本床内配体夹杂有固体和气体，它们之间继续进行着多相交互反应和热交换，特别是固体碳对熔体中的硅酸铅（有 CaO 和 FeO 参与下）的还原作用，对降低渣含铅的损失具有显著的效果。

2.3.3.3 热风熔炼与富氧熔炼

（1）热风熔炼　鼓风炉采用热风熔炼时，由于热风带入炉内的物理显热的增加，使反应物质的活性增强，从而加快了燃料燃烧的速度，燃烧的完全程度更高。因此，焦炭的消耗下降，熔炼过程一步强化。同时，热风熔炼时提高了燃料燃烧的温度，熔炼产物的过热程度也增大，进入炉缸后的熔体分离便比较完全，渣含铅的损失也随之减小。

随着工厂废热综合利用的不断发展和对天然气的开发使用，热风熔炼的前景更是广阔。

即使利用其他燃料生产热风,也可节省昂贵的冶金焦。

热风熔炼需增设热风设备,然而,从总的冶炼指标来说仍是有利的。使用热风时,送风的标准体积比冷风时增大。若配合富氧使用,其效果更好。

(2) 富氧熔炼 据统计,在炼铅生产中,每生产1t铅,平均需消耗空气(标准状态) $11.0 \times 10^3 m^3$,其中鼓风炉约占25%。在熔炼过程中起作用的仅仅是其中的氧,随着氧的加入,同时还带入按体积计约4倍于氧的氮,这样既增加了能源消耗,还大大增加烟气的排放量。因此,在炼铅生产中采用富氧空气来强化和改善工艺过程,很早就引起人们的重视。

空气鼓风时,碳燃烧产物浓度组成和反应温度随炭层高度的变化而变化,随着鼓风中氧的逐步消耗,CO和CO_2的生成量在升高,料层的温度也在升高。当氧含量降至2%时,CO_2含量和温度都达到最高值。随后,由于碳的气化反应为吸热反应,在CO_2浓度下降和CO浓度上升的同时,还原区的温度也会逐渐下降,反应速度也就变慢。

鼓风中的含氧量对温度和反应区高度以及气体组成都有极大的影响。富氧鼓风时,氧全部消耗在薄薄的一层燃料燃烧上,使氧化区的温度更高。当气体继续通过焦炭层时,碳的气化反应进行更完全。

采用富氧空气熔炼,由于入炉空气中氧的浓度增高,燃料燃烧速度加快,炉温升高,高温区集中,加快了炉料的熔化速度和熔体产物的过热程度,因而可提高炉子的生产能力。另外烟气量减少,烟气处理系统负荷减轻,烟气损失也随之降低,金属回收率提高。

2.3.3.4 鼓风炉炼铅的主要技术条件及其控制

(1) 进料量 鼓风炉的每批进料量随炉子大小差异较大,大型炉可达1~3.5t,小型炉仅为100~500kg,进料的时间间隔一般为10~20min,要求加料前后料面波动不大于0.5m。

(2) 料柱高度 铅鼓风炉生产有高料柱(3.6~6.0m)与低料柱(2.5~3m)两种操作方法,一般多用前者。

当有下列特殊情况时,可考虑采用低料柱操作方法:

① 烧结块含铅品位较高(50%以上),残硫量较高;

② 烧结块强度低;

③ 为取得较高的床能率指标80~90t/$(m^2 \cdot d)$;

④ 小型鼓风炉熔炼。

(3) 鼓风风量和风压 生产中,当采用高料柱作业时,鼓风炉强度为25~35$m^3/(m^2 \cdot min)$,鼓风炉的鼓风压力主要取决于炉内料柱的阻力,并随炉况而波动,当高料柱作业时,一般为11~20kPa;低料柱作业时,一般为6.7~11kPa,当鼓风炉风口区宽度较大或选用的风口比较小时,应取较高的鼓风压力,反之则取较低的鼓风压力。

(4) 液铅、熔渣放出温度和炉顶压力 液铅放出温度为800~1000℃,炉渣温度为1100~1200℃。防止炉顶冒烟和大量漏风,应控制微负压操作,炉顶压力一般为-10~-50Pa。

(5) 焦率 高料柱作业时,焦率一般控制为10%~13%;低料柱作业时,焦率控制为7.5%~10%。

(6) 鼓风炉水套供水 水套冷却方式有水冷却和汽化冷却两种。当鼓风炉水套用水冷却时,对供水有如下要求:

水套出口水温度一般为60~80℃,水的硬度较大时采用下限,反之则采用上限;当水套进出口水温差为40~60℃时,单位水套面积耗水量为16L/$(m^2 \cdot min)$,也可按吨炉料耗

水 $2\sim4m^3$ 估算。

(7) 炉缸鼓风炉铅液面、渣面的控制　当鼓风压力为 $13.3\sim17.3$ kPa 时，虹吸铅井的铅液面一般比炉缸内铅液面高 $100\sim250$ mm。铅井内铅液面的高低用放铅溜槽的泥堰来控制，炉缸铅液面过高，则咽喉排渣和排锍时会夹带出部分铅液；若太低，锍又不能及时排出而滞留在炉缸内，极易形成炉缸炉结。

当鼓风压力为 $11\sim17.3$ kPa 时，咽喉口底面低于虹吸井铅液面 $50\sim100$ mm，咽喉口渣坝高度一般为 $350\sim450$ mm。

思 考 题

1. 硫化铅精矿烧结焙烧脱硫的程度与什么有关系，脱硫的目的是什么？
2. 试述烧结焙烧的过程。
3. 试述富氧鼓风烧结过程及其与单纯鼓风烧结和返烟烧结有什么不同。
4. 简述鼓风炉炼铅熔炼完成后的熔炼产物组成情况。

2.4 硫化铅精矿的直接熔炼

【内容导读】

> 本节主要介绍硫化铅精矿的直接熔炼的基本原理和方法。直接熔炼的方法主要有闪速熔炼和熔池熔炼两种强化熔炼方法，并对每种方法的代表工艺进行了介绍。

2.4.1 概述

金属硫化物精矿不经焙烧或烧结焙烧直接生产出金属的熔炼方法称为直接熔炼。

对硫化铅精矿来说，这种粒度仅为几十微米的浮选精矿因其微粒小、比表面积大、化学反应和熔化过程都有可能很快进行，充分利用硫化矿粒子的化学活性和氧化热，采用高效、节能、少污染的直接熔炼流程处理是合理的。传统的烧结-鼓风炉流程将氧化-还原两过程分别在两个工序中进行，存在许多难以克服的弊端。随着能源、环境污染控制以及生产效率和生产成本对冶炼过程的要求越来越严格，传统炼铅法受到多方面的严峻挑战。具体说来，传统法有如下主要缺点。

① 随着选矿技术的进步，铅精矿品位一般可以达到 60%，这样精矿给正常烧结带来许多困难，导致大量的熔剂、返粉或炉渣的加入，将烧结炉料的含量降至 40%～50%。送往熔炼的是低品位的烧结块，致使每生产 1t 多炉渣，设备生产能力大大降低。

② 1t PbS 精矿氧化并造渣可放出 2×10^6 kJ 以上的热量，这种能量在烧结作业中几乎完全损失掉，而在鼓风炉熔炼过程中又要另外消耗大量昂贵的冶金焦。

③ 铅精矿一般含硫 15%～20%，处理 1t 铅精矿可生产 0.5t 硫酸，但烧结焙烧脱硫率只有 70% 左右，故硫的回收率往往低于 70%，还有 30% 左右的硫进入鼓风炉烟气，回收很困难，容易给环境造成污染。

④ 流程长，尤其是烧结及其返粉制备系统，含铅物料运转量大、粉尘多，大量散发的铅蒸气、铅粉尘严重恶化了车间劳动卫生条件，容易造成劳动者铅中毒。

近 30 年来，冶金工作者力图通过 PbS 受控氧化即按反应式 $PbS+O_2 \Longrightarrow Pb+SO_2$ 的途径来实现硫化铅精矿的直接熔炼，以简化生产流程，降低生产成本，利用氧化反应的热能以降低能耗，产出高浓度的 SO_2 烟气用于制硫，减小对环境污染。但由于直接熔炼产生大量铅蒸气、铅粉尘，且熔炼产物不是粗铅含硫高就是炉渣含铅高，致使许多直接熔炼方法都不很成功。

冶金工作者通过 Pb-S-O 系化学势图的研究，找到了获得成分稳定的金属铅的操作条件，但也明确指出，直接熔炼要么产出高硫铅，要么形成高铅渣；要获得含硫低的合格粗铅，就必须还原处理含铅高的直接熔炼炉渣。根据金属硫化物直接熔炼的热力学原理，运用现代冶金强化熔炼的技术，探讨结构合理的冶金反应器，对直接炼铅进行多种方法的研究，其中有些已经成功地用于大规模工业生产，显示了直接熔炼的强大生命力。可以预言，直接熔炼将逐渐取代传统法生产金属铅。

2.4.2 硫化铅精矿直接熔炼的基本原理和方法

2.4.2.1 直接熔炼的基本原理

金属硫化物精矿直接熔炼的特点之一是利用工业氧气，之二是采用强化冶炼过程的现代冶金设备，从而使金属硫化物受控氧化熔炼在工业上应用成为可能。

在铅精矿的直接熔炼中，根据原料主成分 PbS 的含量，按照 PbS 氧化发生的基本反应 $PbS+O_2 \Longrightarrow Pb+SO_2$，控制氧的供给量与 PbS 的加入量的比例（简称为氧/料比），从而决定金属硫化物受控氧化发生的程度。

实际上，PbS 氧化生成金属铅有两种主要途径：一是 PbS 直接氧化生成金属铅，较多发生在冶金反应器的炉膛空间内；二是 PbS 与 PbO 发生交互反应生成金属铅，较多发生在反应器熔池中。为使氧化熔炼过程尽可能脱除硫（包括溶解在金属铅中的硫），有更多的 PbO 生成是不可避免的，在操作上合理控制氧/料比就成为直接熔炼的关键。

在理论上，可借助 Pb-S-O 系硫势-氧势化学势图（图 2-8）进行讨论。

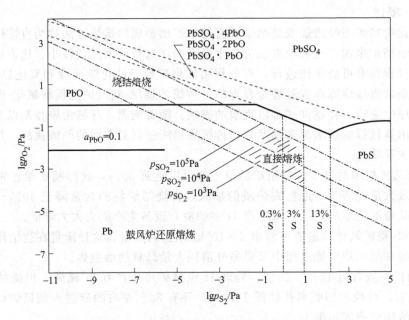

图 2-8　1200℃时 Pb-S-O 系硫势-氧势图

在图 2-8 中，横坐标和纵坐标分别代表 Pb-S-O 系中的硫势和氧势，并用多相体系中硫的平衡分压和氧的平衡分压表示，其对数值分别为 $\lg p_{S_2}$ 和 $\lg p_{O_2}$，图中间一条黑实线（折线）将该体系分成上下两个稳定区（又称优势区）。上部 PbO-$PbSO_4$ 为熔盐，代表 PbS 氧化生成的烧结焙烧产物。在该区域，随着硫势或 SO_2 势增大，烧结产物中的硫酸盐增多；图下部为 Pb-PbS 共晶物的稳定区，由于 Pb 和 PbS 的互溶度很大，因此在高温下溶解在金属铅中的 S 含量可在很大范围内变化。

如图 2-8 所示，在低氧势、高硫势条件下，金属铅相中的硫可达 13%，甚至更高，这就形成了平衡于纵坐标的等硫量（S/%）线。随着硫势降低，意味着粗铅中更多的硫被氧化生成 SO_2 进入气相。在这里，用点实线（斜线）代表二氧化硫的等分压线（用 p_{SO_2} 表示）。等 p_{SO_2} 线表示在多相体系中存在的平衡反应

$$\frac{1}{2}S_2 + O_2 \Longrightarrow SO_2$$

在一定 p_{SO_2} 下，体系中的氧势增大，则硫势降低；反之亦然。

2.4.2.2 直接炼铅的方法

硫化铅精矿直接熔炼方法可分为两类：一类是把精矿喷入灼热的炉膛空间，在悬浮状态下进行氧化熔炼，然后在沉淀池进行还原和澄清分离，如基夫赛特法。这种熔炼反应主要发生在炉膛空间的熔炼方式称为闪速熔炼。另一类是把精矿直接加入鼓风翻腾的熔体中进行熔炼，如 QSL 法、水口山法、奥斯麦特法和艾萨法等。这种熔炼反应主要发生在熔池内的熔炼方式称为熔池熔炼。

无论是闪速熔炼，还是熔池熔炼，上述各种直接熔炼铅方法的共同优点是：

① 硫化精矿的直接熔炼取代了氧化烧结焙烧与鼓风炉还原熔炼两过程，冶炼工序减少，流程缩短，免除了返粉破碎和烧结车间的铅粉、铅尘和 SO_2 烟气污染，劳动卫生条件大大改善，设备投资减少。

② 运用闪速熔炼或熔池的方法，采用富氧或氧气熔炼，强化了冶金过程。由于细粒精矿直接进入氧化熔炼体系，充分利用了精矿表面巨大活性，反应速度快，加速了反应器中气-液-固物料之间的传热传质。充分利用了硫化精矿氧化反应发热值，实现了自热或基本自热熔炼。能耗低，生产率高，设备床能率大，余热利用好。

③ 氧气或富氧熔炼的烟气 SO_2 浓度高，硫的利用率高。

④ 由于熔炼过程得到强化，可处理铅品位波动大、成分复杂的各种铅精矿以及其他含 Pb、Zn 的二次物料，伴生的各种有价元素综合回收好。

下面分别进行介绍。

(1) 基夫赛特法炼铅（全称为氧气鼓风旋涡电热熔炼 Kivcet） 前苏联有色金属科学研究院从 20 世纪 60 年代开始研究开发的直接炼铅工艺，80 年代用于大型工业生产，1986 年初在哈萨克斯坦的乌斯季-卡缅诺尔斯克建成基夫赛特法炼铅厂，经多年生产运行，已成为工艺先进、技术成熟的现代直接炼铅法。基夫塞特炼铅法是一种闪速熔炼的直接炼铅法。

基夫塞特炼铅设备主要由三部分组成：

① 作为氧化段的闪速熔炼，硫化铅精矿在闪速炉内进行焙烧和熔炼反应；

② 作为还原段的电炉，熔体中的氧化物在电炉内被还原；

③ 锌蒸气冷凝器，作为锌蒸气冷凝为液体锌的设备。这一部分也可改为锌蒸气高温氧化为氧化锌收集。

其设备连接图如图 2-9 所示。

① 生产过程 粒度小于 1mm 的铅精矿和熔剂经干燥（含水小于 1%）与工业纯氧（含氧 90%～95%）一起经安装在闪速炉反应塔顶部的喷枪喷入竖炉内，反应温度 1573～1673K，硫化铅精矿在悬浮状态下完成氧化脱硫反应，并全部熔化成熔体。熔体通过覆盖在沉

2 铅冶金

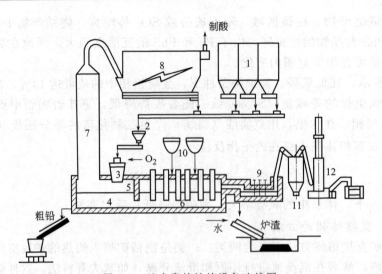

图 2-9 基夫赛特熔炼设备连接图
1—料仓；2—给料机；3—闪速炉反应塔；4—沉淀池；5—隔墙；6—电炉；
7—烟气冷却室；8—电收尘器；9—冷凝器；10—焦屑仓；11—收尘器；12—洗涤器

淀池表面的焦炭过滤层，使其中大部分铅的氧化物还原为金属铅，并沉降至沉淀池的底部。其余的熔体形成初渣。初渣通过水冷隔墙下部的连通口进入电炉。在此，初渣中的 PbO、ZnO 及其盐类等被加入炉内的焦粉还原。还原得到的二次粗铅逆流返回氧化段的沉淀池内，与其中的粗铅混合从虹吸放铅口连续放出。还原产出的锌蒸气随电炉炉气或进入锌蒸气冷凝器冷凝为液体锌，或氧化为氧化锌在收尘设备中回收。含 SO_2 的烟气经烟气冷却室冷至 550℃ 以下，经电收尘器净化除尘后送往制酸或制成液态 SO_2。由于氧气-精矿的喷射速度达 100~120m/s，炉料的氧化、熔化和形成初步的粗铅、炉渣熔体仅在 2~3s 内完成。

② 基夫赛特熔炼的特点 基夫赛特熔炼优点如下：

a. 劳动条件好；

b. 对原料适应性强，Pb 20%~70%，S 13.5%~28%，Ag 100~8000g/t 的原料；

c. 连续作业，氧化和还原在一个炉内完成，生产环节少；

d. 烟气 SO_2 浓度高，可直接制酸，烟气量少，带走的热少，余热利用好，从而烟气冷却和净化设备小，烟尘率约 5%，烟尘可直接返回炉内冶炼；

e. 主金属回收率高（Pb 回收率>98%），渣含铅低（<2%），贵金属回收率高，金、银入粗铅率达 99% 以上，还可回收原料中锌 60% 以上；

f. 能耗低，粗铅能耗为 0.35t 标煤/t；

g. 炉子寿命长，炉期可达 3 年，维修费用低。

基夫赛特熔炼的缺点：

a. 原料准备比较复杂，对炉料和水分要求严格，粒度要控制在 0.5mm 以下，最大不能超过 1mm，需要干燥至含水在 1% 以下；

b. 建设投资较高。

(2) 氧气底吹炼铅法（QSL 法） 氧气底吹炼铅法是德国鲁奇公司于 20 世纪 70 年代研究开发的直接炼铅工艺。

① 设备 氧气底吹炼铅反应器为卧式可转动圆筒形转炉（见图 2-10），内衬铬镁砖，外包钢板，炉子中置隔墙（隔墙下部有连通孔，双烟道），整个分为氧化段和还原段。

2.4 硫化铅精矿的直接熔炼

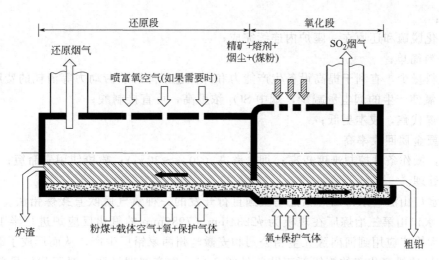

图 2-10 QSL 法炼铅示意图

铅精矿或其他含铅二次物料从加料口加入。在氧化段由喷嘴喷入氧气；还原段喷入氧气、粉煤或天然气。

② 工艺过程 将铅精矿与熔剂、烟尘、粉煤等按一定比例，经混合和制粒后（无需干燥）直接连续不断加入反应器的氧化段内。浸没在熔体的氧枪送入工业氧气，使熔池的熔体激烈湍动。在高氧位的情况下，进行气-固-液三相的充分接触和迅速反应。硫化铅被氧化成含硫较低的粗铅和含铅较高的熔渣（初渣）。氧化段温度 1050～1100℃。由于初渣含铅较高，所以其熔点也较低，使氧化段可以在较低的温度下操作，过程可在自热的情况下进行，并且大大地降低了铅的挥发。

初渣从隔墙下流入到还原段。粉煤（或天然气）和氧气经喷枪喷入产生 CO 和 H_2，使高 PbO 炉渣在 1250℃ 被还原。还原区氧势较低，温度为 1150～1250℃。炉渣在流向还原区端墙上的排渣口的过程中逐渐被还原，还原形成的金属铅（二次粗铅）沉降到炉底流向氧化区与一次粗铅（初铅）汇合。粗铅与炉渣逆向流动，从虹吸口排出；炉渣从渣口连续或间断排出。与氧化段硫化物氧化速度比较，还原速度较慢，还原段长度约为氧化段的 2 倍。在还原段，初渣中的铅不断被还原析出，渣熔点也不断提高。所以，还原段需要补充燃料燃烧，以提高炉温。

对含锌高的原料，QSL 法的终渣需送烟化炉进一步挥发锌。

反应器熔池深度直接影响熔体和炉料的混合程度。浅熔池操作不但两者混合不均匀，而且易被喷枪喷出的气流穿透，从而降低氧气或氧气-粉煤的利用率。因此适当加深反应器熔池深度对反应器的操作是有利的。由熔炼工艺特点所决定，QSL 反应器内必须保持有足够的底铅层，以维持熔池反应体系中的化学势和温度的基本恒定。在操作上，为使渣层与虹吸出铅口隔开，以保证液铅能顺利排出，也必须有足够的底铅层。底铅层的厚度一般为 200～400mm，而渣层宜薄，为 100～150mm。反应器氧化区的熔池深度大，一般为 500～1000mm。

实践证明，还原段的起始处增设一个挡圈，使还原段始终保持 200mm 高的铅层，这有利于炉渣中被还原出来的铅珠能沉降下来，从而降低终渣含铅；此外，降低还原段的渣液面高度，使还原段的渣层较薄，渣层与铅层的界面交换传质强度加大，同时渣层的涡流强度也减弱了，利于铅沉降。

③ QSL 法特点

优点：

a. 氧化脱硫和还原在一座炉内连续完成；

b. 备料简单；

c. 返料量少，有利于提高设备生产能力和降低包括能源、劳动力等消耗的费用；

d. 富氧使产生的烟尘量减少，烟中 SO_2 浓度高，可直接制酸；

e. 以煤代焦，成本更低；

f. 主要金属回收率高。

缺点：操作条件控制难度较高；烟尘率高（20%～30%）；喷枪使用寿命短；渣含铅高，需进一步处理。

（3）水口山法 水口山炼铅法是我国自行开发的一种氧气底吹直接炼铅法。在20世纪80年代，水口山第三冶炼厂在规模为 $\phi 2234mm \times 7980mm$ 的氧化反应炉进行半工业试验成功后，扩大推广应用到河南豫光金铅公司和安徽池州两家铅厂生产，从而形成了氧气底吹熔炼-鼓风炉还原铅氧化渣的炼铅新工艺，见图2-11。生产实践证明，对于我国目前生产上采用的烧结-鼓风炉炼铅老工艺改造，水口山法是一项污染少、投资省、见效快的可取方案。

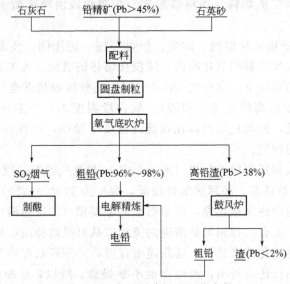

图 2-11 水口山炼铅法工艺流程

氧气底吹熔炼一次成铅率与铅精矿品位有关，品位越高，一次粗铅产出率越高，为适应下一步鼓风炉还原要求，铅氧化渣含量应在40%左右，略低于传统法炼铅原烧结块含铅率，相应地，一次粗铅产出率一般为35%～40%，粗铅含S<0.2%。

在氧气底吹熔炼过程中，为减少PbS的挥发，并产出含S、As低的粗铅，需要控制铅氧化渣的熔点不高于1000℃，CaO/SiO_2 比（0.7～0.8）有利于降低鼓风炉渣含铅。考虑以上两个因素，铅氧化渣中 CaO/SiO_2 比控制在0.6～0.7之间为宜。

和烧结块相比，铅氧化渣孔隙率较低，同时，由于是熟料，其熔化速度较烧结块要快，熔渣在鼓风炉焦区的停留时间短，从而增加了鼓风炉还原工艺的难度。但是，生产实践证明，采用鼓风炉处理铅氧化渣在工艺上是可行的，鼓风炉渣含Pb可控制在4%以内。通过炉型的改进、渣型的调整、适应控制单位时间物料处理量等措施，渣含Pb可望进一步降低。另外，尽管现有指标较烧结-鼓风炉工艺渣含Pb量1.5%～2%的指标稍高，但由于新工艺鼓风炉渣量仅为传统工艺鼓风炉渣量的50%～60%，因而，鼓风炉熔炼铅的损失基本不增加。在技改过程中，利用原有的鼓风炉作适当改进即可，这样，可以节省基建投资。

水口山法氧气底吹熔炼取代传统烧结工艺后，不仅解决了 SO_2 烟气及铅烟尘的污染问题，还取得了如下效益：

① 由于熔炼炉出炉烟气 SO_2 浓度在12%以上，对制酸非常有利，硫的总回收率可达95%；

② 熔炼炉出炉烟气温度高达 1000~1100℃，可利用余热锅炉或汽化冷却器回收余热；

③ 采用氧气底吹熔炼，原料中 Pb、S 含量的上限不受限制，不需要添加返料，简化了流程，且取消了破碎设备，从而降低了工艺电耗；

④ 由于减少了工艺环节，提高了 Pb 及其他有价金属的回收率，氧气底吹熔炼车间 Pb 的机械损失<0.5%。

氧气底吹熔炼-鼓风炉还原炼铅法虽然解决了 SO_2 烟气和铅尘的污染问题，但产出的熔融铅氧化渣需要凝结后再送鼓风炉还原，高温熔融渣的热焓（占铅氧化渣还原所需热焓15%左右）无法实现利用；因采用鼓风炉还原工艺，所以焦炭消耗量也较大。

（4）富氧顶吹炼铅法　顶吹熔炼方法在20世纪80年代工业应用获得成功后，澳大利亚芒特艾萨矿业公司（MM）和奥斯麦特公司（Ausmelt）均持有该技术的专有权和销售权，由于各自独立发展，在技术上形成了各自的特点。

顶吹熔炼直接炼铅可采用相连接的两台炉子操作，在不同炉内分别完成氧化熔炼和铅渣还原，实现连续生产；也可以氧化熔炼和铅渣还原两过程同用一台炉，间断操作。但目前存在的问题是在直接熔炼的还原阶段，因为还原所需的粉煤量是根据富铅渣品位严格控制的，由于渣含铅波动范围大，从而引起炉温变化幅度大，加剧炉墙耐火砖损坏，同时烟尘率也较高。

顶吹熔炼法包括艾萨法和奥斯麦特法，此类熔炼方法的核心是顶吹浸没喷枪技术，故又称为浸没熔炼，其共同特点是：

a. 采用钢外壳、内衬耐火材料的圆柱形固定式炉体；

b. 采用可升降的顶吹浸没式喷枪将氧气/空气和燃料（粉煤、燃料油和天然气均可）垂直浸没喷射进入炉内熔体中；

c. 采用炉顶加料，块料、粉料均可；

d. 采用辅助燃料喷嘴补充热量；

e. 炉子上部一侧呈喇叭扩大形，设排烟口连接余热锅炉和电收尘器，以回收余热，净化烟气。

① 艾萨法（ISA）　该专利技术属澳大利亚的 MountIsa 和 Ausmelt 两家公司所有。该工艺可以采用一台炉间断作业，也可采用两台炉（一台氧化，一台还原）连续作业。顶吹炉是一个固定立式圆筒形炉子，设有一个浸没式喷枪供给炉子的富氧或部分燃料，顶吹炉补热所用的燃料为气体、液体或固体，不同燃料加入方式不一样。现已建成10余座工业生产炉，主要用于处理含铅的二次物料以及二次物料和铅精矿的混合料。

ISA 炼铅法同样分为两个阶段进行。第一阶段为氧化段，硫化铅精矿在氧化段被熔炼为富 PbO 炉渣；第二阶段即还原段，在还原段内利用喷入的粉煤将富铅渣还原产出粗铅和弃渣。

艾萨炉的炼铅原料有铅精矿、石英石熔剂、烟尘返料和煤。煤的加入量根据熔炼热平衡确定，是辅助燃料。但也可用燃料油和气体燃料，通过喷枪喷入炉内。燃料兼作一定还原剂的作用。炼铅原料经过混合制粒后，送入艾萨炉。根据热平衡和物料平衡计算，控制风量、氧浓度与料量比率,维持恒温作业,完成各种反应,产出粗铅、富铅渣和浓度为8%~10% SO_2 的烟气。粗铅送去精炼;富铅渣铸成渣块,送到鼓风炉进行还原熔炼;烟气经过余热锅炉回收热能,收尘系统回收铅锌等有价金属,最后进入制酸系统。

② 奥斯麦特法 在20世纪末,欧洲金属公司(德国)诺丁汉姆(Nordenham)铅锌冶炼厂成功采用奥斯麦特顶吹熔池熔炼方法炼铅。

奥斯麦特炉主要由炉体、喷枪及升降装置、加料装置、排渣口、出铅口、烟气出口组成。

a. 奥斯麦特公司的喷枪由4层套筒组成,中心管从内到外分别是燃料、氧气、空气和套筒风,并引入了二次燃烧机制。

二次燃烧机制及套筒喷枪专利为奥斯麦特公司独家拥有。其优点是熔炼产出的单体硫及燃烧不完全的物质如CO及有机物等,由套筒风进行二次燃烧,套筒风送入点接近熔体,二次燃烧产生的热量容易被喷嘴飞扬起来的熔体吸收,提高热效率,同时二次风量可按炉况准确调控。炉体上部不设二次风口,炉子密封性好,烟气不会外泄产生低空污染,炉内热场分布较均匀。

b. 奥斯麦特炉的辅助燃料烧嘴只供烘炉和暂停熔炼时维持炉温用。正常作业时是提至炉外,喷嘴用盖板盖严。

c. 奥斯麦特熔炼炉体外壳喷水,采用喷淋冷却,投资省、简单易行;缺点是冬季车间内水雾较大,钢结构厂房结露腐蚀加快。

d. 奥斯麦特炉采用虹吸口连续排放熔体;其优点是熔池液面高度恒定,波动小。喷枪插入深度不用经常调整。熔炼作业较稳定,操作易于控制。连续排液不需定期打开和堵塞放液口,操作简单,排液量恒定,便于管理。其缺点是虹吸口内隔墙需设水套。排液瞬时流量小,对熔体过热温度较为敏感,虹吸溢流口需设油烧嘴补热提温。渣线波动范围小,对炉衬磨损的腐蚀比较集中,渣线区炉衬寿命短。

e. 奥斯麦特炉的炉顶为淋水倾斜炉顶,采用捣打耐火材料衬里。出炉烟气过道为斜坡式钢壳内衬耐火材料结构。生产过程中控制烟气温度高于烟尘熔点,使结瘤物熔化返入炉内,炉内无阻溅板。目前这种炉顶结构有被水平炉顶垂直烟道取代的趋势。

(5)顶吹转炉熔炼法(TBRC)法 瑞典波里顿公司最初采用电炉直接炼铅,称为波里顿电炉直接炼铅法。鉴于电炉炼铅的不足,该公司试验采用顶吹转炉(卡尔多炉)直接炼铅的方法,即TBRC法。

TBRC法生产规模试验所用的转炉直径3.66m,高6.10m,最大加料量90t,倾角28°,转速0~30r/min。为了避免烟气外逸,炉子完全置于密封罩中。炉子下面设有横跨厂房的通风室。用渣罐和铅水包进行放渣和放铅等作业。在炉子的排烟罩上装有一根氧油喷枪和一根加料喷枪。加料喷枪为套管结构,炉料用压缩空气通过喷枪内管送入炉内,空气和氧的混合物由喷枪外管送入。

铅精矿的熔炼周期进行,每一周期分为两个阶段。第一阶段为氧化段,硫化铅精矿的自热熔炼,为保证获得含硫低的粗铅,需要供给过剩的氧;第二阶段即还原段,在还原段内利用喷入的粉煤或焦粉将氧化段产出的高铅炉渣还原。为提高还原剂的有效作用和反应速度,转炉的转动速度由氧化段的10~15r/min提高到20~25r/min。富铅渣还原产出粗铅和弃渣。

火法炼铅的其他方法还有奥托昆普熔炼法、诺兰达法、短窑熔炼法等,火法炼铅工艺得到了迅速发展。

思 考 题

1. 请列举出各种提炼铅的方法并写出氧化还原熔炼的工作流程。
2. 直接熔炼的基本原理是什么？优点是什么？
3. PbS 氧化生成金属铅有哪两种主要途径？
4. 顶吹熔炼法用于粗铅冶炼，较传统冶炼工艺具有哪些优点？

2.5 炼铅炉渣及其烟化处理

【内容导读】

> 本节主要介绍炼铅炉渣的来源以及铅在渣中的损失，并对炉渣烟化处理的基本原理及其烟化处理的实践进行了阐述。

2.5.1 概述

在火法炼铅过程中产出的炉渣主要由炼铅原料中脉石氧化物和冶金过程中生成的铁、锌氧化物组成，其组分主要来源于以下几个方面。

① 矿石或精矿中的脉石，如炉料中未被还原的氧化物二氧化硅、三氧化二铝、氧化钙、氧化镁、氧化锌等和炉料中被部分还原形成的氧化物如氧化铁等。

② 因熔融金属和熔渣冲刷而侵蚀的炉衬材料，如炉缸或电热前床中的镁质或镁铬质耐火材料带来的氧化镁、三氧化二铬等，这些氧化物的量相对较少。

③ 为满足冶炼需要而加入的熔剂，矿物原料中的脉石成分如二氧化硅、氧化钙、三氧化二铝、氧化镁等。由于单体氧化物的熔化温度很高，只有成分合适的多种氧化物的混合物才可能具有合适熔化温度和适合冶炼要求的物理性质。因此，各种原料中脉石的比例不一定符合造渣所要求的比例，必须配入熔剂如河砂（石英石）、石灰石等。

④ 伴随炭质燃料和还原剂（煤、焦炭）以灰分带入的脉石成分。

工业上对炉渣的要求是多方面的，选择十全十美的渣型比较困难。应根据原料成分、冶炼工艺等具体情况，从技术、经济等各方面进行比较，选择一种较适合本企业情况的相对理想渣型。

炼铅炉渣是一种非常复杂的高温熔体体系，它由 FeO、SiO_2、CaO、Al_2O_3、ZnO、MgO 等多种氧化物组成，它们相互结合而形成化合物、固熔体、共晶混合物，还有少量硫化物、氟化物等。各种炼铅方法（如传统的烧结-鼓风炉炼铅法、密闭鼓风炉炼铅法和基夫赛特法、QSL 法等）和不同工厂炉渣成分都有所不同。此外，炉渣还含有少量铟、锗、铊、硒、碲、金、银等稀贵金属和镉、锡等其他重金属。其中含量较多的有价金属是铅、锌，应该尽量综合回收。

损失于渣中的铅的形态可分三类：

① 以硅酸铅形态入渣的化学损失；
② 以 PbS 溶解于渣中的物理损失；
③ 以金属铅混杂于渣中的机械损失。

此三种何者为主,因各厂所用原料、渣成分、熔炼制度和技术条件及分离条件各不相同。化学损失的原因在于熔炼速度大,炉料与炉气接触时间短以及还原气氛弱、炉温低,硅酸铅未来得及还原就进入炉缸等。另外,硅酸铅中的铅含量还随炉渣中的 CaO/SiO_2 比值的增大而降低,这是因为 CaO 与 $xPbO \cdot ySiO_2$ 的置换作用加强的结果。

物理损失是不同成分的炉渣在不同温度下对 PbS 均有一定的溶解度所造成的。当然黏稠的炉渣也会由于与铅锍分离不好,而使渣中 PbS 增高。一般来说,渣中 FeO 越高,SiO_2 越低,则对硫化物的溶解度越大。

金属铅机械混杂于渣中的损失主要是由于渣铅分离不完全而造成的。如渣成分不适宜,或渣含 Fe_3O_4、Al_2O_3 和 ZnS 等较高而造成渣黏度大;炉温低,熔体过热程度不够;炉内外分离澄清时间短等原因皆可导致机械损失的增加。

鼓风炉熔炼实践证明,渣含 Pb 与渣中 Fe^{3+}(呈 Fe_3O_4 形态)含量几乎成直线关系。渣中 Fe_3O_4 高,主要是由于炉内还原能力不足、炉温低和炉料与炉气接触时间短等而造成的。提高焦率,除去 15~20mm 的碎焦(保证焦炭块度 50~100mm);提高渣中 CaO 含量,增加炉料的软化温度;提高料柱和炉温都会使 Fe_3O_4 含量降低,改变炉渣性能,减少渣含铅。

综上所述,降低渣中含铅的途径有:a. 提高烧结块的质量(强度、孔隙度、软化温度和还原性等);b. 选择最优的焦风比,控制适宜的还原气氛(最佳还原气氛应以开始有金属铁出现为标志);c. 提高炉子焦点区温度,使熔体充分过热;d. 提高渣中 CaO 的含量;e. 除去碎焦和细渣;f. 创造良好的炉内外分离条件等。

2.5.2 炉渣烟化处理的基本原理

炼铅炉渣主要由 FeO、SiO_2、CaO、Al_2O_3、ZnO、MgO 等多种氧化物组成,它们相互结合而形成化合物、固熔体、共晶混合物,还有少量硫化物、氟化物等。

此外,炉渣中还含有少量铟、锗、铊、硒、碲、金、银等稀贵金属和镉、锡等其他金属。其中含量较多的有价金属是铅、锌。

烟化过程实质是还原挥发过程。即把粉煤(或其他还原剂)和空气(或富氧空气)的混合物鼓入烟化炉内的液体炉渣中,使熔渣中的铅、锌氧化物还原成铅锌蒸气,蒸气压比较高的氧化铅、硫化铅还可能以化合物形态直接挥发,金属蒸气、金属硫化物和氧化物随烟气一道进入炉子上部空间,被专门补入的空气(三次空气)或炉气再次氧化成 PbO 和 ZnO,并被捕集于收尘设备中,以粗氧化锌产物回收。同时 In、Cd、Sn 及部分 Ge 也挥发,并随 ZnO 一起被捕集。

2.5.3 烟化处理炉渣的影响因素

(1)烟化温度和时间 锌和铅的挥发速度随温度的升高和吹炼时间的延长而增加,但温度过高会使 FeO 被还原,形成积铁或锌-铁合金,反而会阻碍烟化过程的进行。

(2)还原剂 炉渣烟化可用固体、液体或气体燃料。多数工厂采用固体燃料。各种还原剂中,氢的蒸锌效果最好。还原剂含氢越多,烟化过程的效率就越高。即使以煤作燃料,最好选用含氢较高的煤,即挥发分较高的煤。煤在烟化过程中既是发热剂也是还原剂。

(3)鼓风强度及空气过剩系数 a 值 通常在烟化过程开始时使 a 值接近1,燃料燃烧充分,使碳几乎全部燃烧成 CO_2,以提高熔渣温度;转入还原期后,调整 a 值为 0.62~0.65 时,CO 分压高,还原能力增强,锌的挥发率可达 84.5%,铅可达 95%。提高给风强度的同时相应增加给煤量,可以在保证还原能力的前提下提高单位生产率。但提高给风强度受到煤的质量限制,质量差,挥发分低,燃烧速度慢的粉煤不允许太高的鼓风强度。

(4) 渣中金属含量及炉渣成分　实践证明，渣中金属含量及炉渣成分对锌挥发速度的影响较大。炉渣含锌量愈高，则锌的回收率也愈高。烟化炉处理炉渣含锌量应不低于6%。

炉渣成分对锌的挥发速度的影响为：

① ZnO的活度随渣中CaO含量的增加而增加，即提高CaO含量有助于提高锌的挥发速度；

② FeO含量对ZnO活度影响不大故提高渣中FeO对锌的挥发影响较小；

③ 提高渣中SiO_2和Fe_3O_4含量，锌的挥发速度降低，因此，吹炼高硅炉渣是比较困难的，特别是烟化后期，随着铅锌挥发SiO_2含量相应升高，炉渣黏度急剧增大，给煤粉入炉和烟化操作造成困难。

(5) 熔池深度　炉中渣层厚度一般控制在风口区以上700~1000mm的范围。渣池越深，粉煤的利用率越高，其单位消耗量越小，但锌的挥发速度相对减慢，吹炼时间相对延长。应当指出的是熔池也不宜太深，否则粉煤不能均匀地送入炉渣内，并使熔渣流态化状态变坏，正常作业遭到破坏；渣层太薄，燃料的利用率降低，其消耗量大大增加，会使作业不经济。

(6) 强化措施　预热空气、富氧空气和天然气应用于烟化炉。

① 采用预热空气不但可以提高吹炼的生产率，而且锌的挥发速度也随之提高。但热风温度不宜太高，否则会使送风困难，热平衡遭到破坏。

② 富氧空气用于烟气炉其优点如下。

a. 强化了生产过程和提高了锌的挥发速度。国外某铅厂采用含氧24%~26%的空气，烟化炉生产率由原来的24~25t/(m^2·d)提高到31.7~37.4t/(m^2·d)，而锌的挥发速度从16~16.5kg/min提高到19.5~23kg/min。

b. 降低了空气消耗和节约了燃料，粉煤率从25%降至20%。

c. 提高了锌的回收率，降低了废渣残锌。

③ 天然气的应用　国外某铅厂在20.4m^2的烟化炉上采用天然气吹炼获得了较好的指标。该厂用天然气完全代替煤粉，在冷风条件下，锌的回收率77%以上，铅在90%以上，废渣残锌在2.1%以下，Pb<0.25%。

2.5.4 烟化炉吹炼的操作

2.5.4.1 炉渣烟化的主要设备

炉渣烟化炉　为矩形炉。它的四壁均有水套构成，炉底由带冷却水管的铸铁和铸钢构成，其上砌一层高铝耐火砖，以保护钢板不被侵蚀，也有用水套并于其上砌耐火材料的炉底。由于受风口气流向中心穿透能力的限制，烟化炉宽一般控制在2.0~2.4m范围内，炉长根据生产规模而定，常为1.2~7.2m，高约为5~6m。

2.5.4.2 烟化炉吹炼的生产实践

(1) 炉渣烟化的原料和燃料　烟化炉处理的含Pb、Zn原料通常有两类：一是来自铅鼓风炉或铅锌密闭鼓风炉（ISF）电热前床的熔融渣；另一类是鼓风炉的水淬渣、渣包结壳、烟道结壳以及富锌氧化矿（15%~30% Zn）和其他含锌固体物料，如锌浸出渣和炼钢电弧炉烟尘等。

大多数工厂的烟化炉通常用粉煤来做还原剂和燃料，对煤质没有严格的要求，这也是烟化炉吹炼的优点之一。

粉煤中挥发分高对烟化过程有利；粒度对挥发效果及烟尘质量有较大影响，因此一般要求粉煤颗粒80%~85%以上小于0.074mm，其中0.020~0.050mm粒级应占多数，同时粉煤水分不超过1%，以利输送和贮存。

(2) 炉渣烟化的产物　炉渣烟化的产物包括氧化锌粉尘、高温烟气和弃渣。氧化锌粉尘主要成分为铅、锌氧化物及少量稀有元素，应当合理回收有价金属。对于烟气和弃渣，也应变害为利，实现综合利用。

氧化锌烟尘是炉渣烟化的主要产物，受原料成分、烟化炉和配套收尘设施的工艺参数控制等影响，不同集尘点捕集到的氧化锌不仅化学成分差异较大，而且外观颜色差异也较明显。

滤袋氧化锌尘通常比冷却烟道氧化锌尘含锌高、颜色也更白，氧化锌尘可以直接外销或经脱氟、氯后送往湿法炼锌厂生产金属锌。

烟化炉产出的氧化锌烟尘一般含有10%~14%Pb，40%~60%Zn，其中，以最后产出的布袋收尘器烟尘含锌量最高，一般大于60%Zn，明显优于余热锅炉和冷却烟道尘。

(3) 烟化炉吹炼工艺　烟化炉吹炼过程一般分为加热期和还原期。

① 加热期　温度迅速提高到1250~1300℃，在弱还原气氛下使大部分Pb、Ge得以挥发，空气过剩系数0.8~0.9。

② 还原期　减少空气量，加大粉煤量，保持CO的还原气氛，使Zn与剩余的Pb、Ge迅速挥发，空气过剩系数0.5~0.7。

用烟化炉处理炉渣，分进料、吹炼和放渣三个步骤进行。在前一炉吹炼完并放完渣后，用黄泥堵住渣口，插入水冷堵枪，打开进料闸门，由吊车将电热前床盛满熔渣的渣包吊至烟化炉进料溜槽，将液体炉渣缓慢倒入炉内。等达到一定高度（一般渣深为1~1.5m），关闭进料闸门，转入正常吹炼。

烟化炉的正常操作，一般是控制炉内的气氛，使单位时间内锌蒸气的分压达到最大限度值，因为锌从炉渣中还原挥发的速度取决于风口区炉气中的一氧化碳的含量和炉渣温度的高低。实践证明：在同等条件下，当一氧化碳含量升高时，锌的挥发速度加快；在同等气氛下，当炉渣温度提高时锌的挥发速度也随之增大。

为此，必须同时控制加煤量或过剩空气系数 a 值。a 值以0.6~0.8为好。当过剩空气系数 $a=0.5$ 时，风煤混合物具有最大的还原率。当过剩空气系数 $a=1$ 时，炉内有足够热量，此时粉煤燃烧成二氧化碳。实际上吹炼初期，要求将入炉渣升温，因此所需空气量接近于粉煤燃烧所需的理论空气量；进入还原期后，此时应控制空气和粉煤的比值，以使炭不完全燃烧生成一氧化碳。为了保证鼓风机在最大的生产力下不断工作，必须通过控制螺旋给煤机的转数来调节给煤量以保证吹炼过程的稳定。有经验的三次风口操作工可以从三次风口观察炉内火焰颜色和炉顶温度来调整给煤量。若火焰黄白透明，温度继续上升，说明煤量不够；火焰不透明，有强烈蓝白色，说明给煤适当；火焰不透明，暗红色，且有断续蓝白色，三次风口有火星冒出，用冷钢钎插进三次风口时，附有黑色斑点，表明给煤量过大；当吹炼90~140min后，从三次风口观察，炉内明亮，可看出对面水套壁，说明锌已基本挥发完毕，可打开放渣口放渣。放渣时不需停风、停煤和停水，渣放完后，用泥堵住渣口，插好水冷堵枪，重复前述作业。

2.5.5　处理炉渣的其他方法

其他处理炉渣的方法还有回转窑挥发、旋涡熔炼、电炉熔炼、氯化挥发和悉罗熔炼等，这里主要介绍回转窑挥发。

回转窑处理炉渣是一个用碳还原挥发锌的过程。将干燥后的炉渣与还原剂（焦粉或无烟煤）混合均匀，通过一根加料管从窑尾部加入到具有一定倾斜度的回转窑内。回转窑的窑头部设燃料烧嘴,靠燃烧重油或煤气供热,使窑温达到 1100~1200℃。炉料在窑内的填充系数约占窑内空间的 15% 左右。当窑体缓慢转动时,炉料翻转滚动,在向窑头高温端运动过程中,锌被还原成锌蒸气,锌蒸气又被炉气中的 O_2 和 CO_2 氧化成 ZnO 固体颗粒,随炉气带到与窑尾部紧相连的余热锅炉和布袋收尘器内,得到粗氧化锌。

思 考 题

1. 炼铅炉渣的组分主要来源于哪几个方面?
2. 简述烟化炉处理炉渣的原理。
3. 烟化炉处理铅炉渣的影响因素有哪些?是怎样影响的?

2.6 粗铅的火法精炼

【内容导读】

> 本节主要介绍粗铅火法精炼的原理和工艺过程。对每道精炼工序的原理和实践进行了详细论述。

2.6.1 概述

视处理方法和原料的不同,生产的粗铅都含有一定量的杂质,一般杂质含量为 2%~4%,少数也有低于 2% 或高于 5% 的。粗铅中含的杂质有 Cu、Fe、Ni、Co、Zn、As、Sb、Sn、Au、Ag、S、Se、Te、Bi 等。

粗铅需要经过精炼才能被广泛地使用。

精炼的目的一是除去杂质;二是回收贵金属,尤其是银。

粗铅精炼的原料有三类:

① 第一类是铅熔炼或铅锌冶炼产出的粗铅,俗称矿产粗铅(简称矿铅);
② 第二类是再生铅;
③ 第三类是锡冶炼副产粗铅。

粗铅的精炼方法有火法和电解法两种。目前世界上采用火法精炼的厂家较多,约占世界精铅产量的 70%,只有加拿大、秘鲁、日本和我国的一些炼铅厂采用电解精炼。

电解精炼前的粗铅也需采用火法精炼,有时还需除锡。因在电解精炼时,锡的行为与铅相似,从而影响电铅的质量。

2.6.2 粗铅火法精炼原理

粗铅火法精炼是顺次除杂质的多段高温作业,杂质分别富集于精炼渣中,然后从中回收这些元素。

火法精炼是利用杂质金属与主金属(铅)在高温熔体中物理性质或化学性质方面的差异,形成与熔融主金属不同的新相(如精炼渣),并将杂质富集于其中,从而达到精炼的目的。

火法精炼的优点是设备简单、投资少、占地面积小,并可以按粗铅成分和市场需求采用不同的工序,从而产出多种牌号的精铅。含铋和贵金属少的粗铅最宜采用火法精炼。

火法精炼的缺点是铅直接收率低,劳动条件差,工序繁杂,中间产品处理量大。粗铅精炼的典型流程如图 2-12 所示。

2.6.2.1 除铜

粗铅精炼除铜有熔析和加硫两种方法：初步脱铜用熔析法，深度脱铜用加硫法。

(1) 熔析法除铜　熔析除铜的原理是：基于在低温下铜及其某些（As、Sb、Sn、S 等）化合物在铅水中的溶解度降低的特性。

从 Cu-Pb 二元系相图（图 2-13）可见，铜在铅水中的溶解度随温度的变化而改变。如果将含铜高于 0.06% 的熔融铅水缓慢降温，并保持在稍高于 326℃ 的共晶温度上，铅液中的铜即能降低到近于 0.06%，并作为铜浮渣分离出来。这是熔析除铜的理论极限。

在实践中，熔析作业不可能在 326℃ 进行（铅熔点 327℃），而是在 330～350℃ 范围内进行，因为低温时铅液黏度大，澄清分离困难，致使铅含铜高。但当有砷锑存在时，它们与铜生成难熔且不溶于铅液的化合物、固熔体和共晶，使铅中含铜降至 $w_{Cu}=0.02\%\sim0.03\%$，比 Pb-Cu 共晶成分含铜 $w_{Cu}=0.06\%$ 还低。熔析时几乎所有的 Fe、S、Ni、Co 等都被除去。

(2) 加硫法除铜　熔析除铜可将铅中含铜降至 0.1% 左右。如果进行电解精炼，熔析后的粗铅即可铸成阳极。如果继续进行火法精炼，熔析除铜后的粗铅还需采用加硫的方法进一步脱铜，直至铅含铜降至 $w_{Cu}=0.001\%\sim0.003\%$。

加硫除铜是根据主金属和杂质对硫的亲和力不同的精炼原理，加入元素硫使铜形成质轻而不溶于铅的 Cu_2S 浮渣，从而除去铜。加硫除铜多用硫黄作硫化剂，也可用黄铁矿或高品位铅精矿。

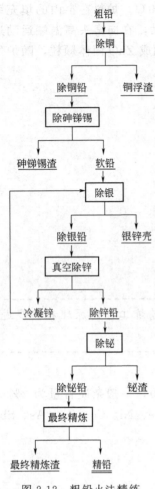

图 2-12　粗铅火法精练工艺流程

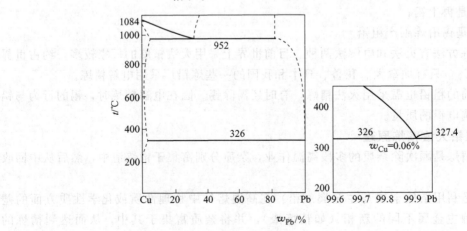

图 2-13　Cu-Pb 二元相图

当用硫黄作硫化剂时，虽然铅首先按式

$$2[Pb]+S_2 = 2[PbS]$$

被硫化，但是由于硫对铜的亲和力比对铅大，故按式：

$$[PbS]+2[Cu] = [Pb]+(Cu_2S)$$

$$\frac{[Pb][Cu_2S]}{[PbS][Cu]^2}=K$$

形成 Cu_2S。

由于 Cu_2S 不溶于铅，且铅的浓度可视为不变。上式可变为：

$$[Cu]=\sqrt{\frac{1}{K[PbS]}}$$

由此可见，粗铅加硫除铜过程中，铅水对PbS的溶解度越大，则残存的铜浓度便越小。对 $330\sim350℃$ 温度下 PbS 饱和（$w_{PbS}=0.7\%\sim0.8\%$）的铅水，理论上残存的最小含铜量仅有百万分之几，但实际上只降到 $0.001\%\sim0.002\%$。另外，加硫除铜时硫的加入量过大是不相宜的。

在进行除铜作业时，首先将粗铅装入锅内加热熔化，粗铅质量好时加热到 500℃ 就可用捞渣机捞渣。捞完渣后就淋水降温，分 2~3 次淋水，每加一次水撇一次稀渣，最后把铅液降至 330℃ 左右，将稀渣撇净并将锅帮打干净后，搅拌加入硫黄粉进一步除铜。当粗铅质量不高，特别是含铜高时，浮渣量较大，为了降低渣率和渣含铅，要把铅液温度加热到 $650\sim700℃$，并用压渣坨压渣，以提高渣温度，降低渣含铅。压渣后捞渣，容量为 50t 的锅产渣量 4~8t。

装锅时，先装前锅稀渣，再装粗铅及其他含铅物料；若处理残极，则不得混入稀渣。装锅时应装紧密，以便快速熔化。压渣要压 2~3 次，压渣要均匀，压好后即可捞渣，同时压火降温。每次捞渣时，捞渣机要在铅液上停留至不再有铅液往下滴方可离开，以减少浮渣含铅。捞出的渣倒入渣盘集中，然后再送往指定地点，待作浮渣处理回收铜备用。

捞完渣后，锅中铅液面较低且温度较高，为了降温和提高铅液面需二次装入粗铅即续锅，续满并熔化后捞二次渣。当铅液温度降至 500℃ 以下，可按前述淋水降温熔析，并加硫除铜。加完硫黄后逐渐升温到 $450\sim480℃$，反应 $30\sim60min$，捞出硫化渣后返回下一锅；铅液则待下一步除砷、锑、锡作业，后续过程如不采用火法精炼，此时的铅液直接浇铸成阳极板送电解精炼。

(3) 铜浮渣的处理　所谓"浮渣"，一般都是指火法精炼过程中浮在熔融（主）金属表面上，由精炼过程形成的杂质化合物及机械夹带的主金属液滴（块）所组成的固体物质。熔析除铜产出的浮渣一般含 Cu $10\%\sim20\%$，Pb $60\%\sim80\%$。

各炼铅厂均用苏打-铁屑法专门处理铜浮渣。其优点是铅回收率高，达到 $95\%\sim98\%$；铅锍含铅低，铜铅比高，可达 4~8，铜回收率可达 $85\%\sim90\%$。配入苏打是为了降低炉渣和硫的熔点，形成钠锍，降低渣含铅并使砷、锑形成砷酸钠、锑酸钠造渣，脱除部分砷、锑。反应如下：

$$4PbS+4Na_2CO_3 = 4Pb+3Na_2S+Na_2SO_4+4CO_2$$
$$As_2O_5+3Na_2CO_3 = 2Na_3AsO_4+3CO_2$$
$$Sb_2O_5+3Na_2CO_3 = 2Na_3SbO_4+3CO_2$$

配入焦炭为了维持炉内有一定的还原气氛，防止硫化物氧化，以保证造锍有足够的硫，并有还原 PbO 的作用。配入 PbO 可使部分砷挥发，减少黄渣的生成；还可提高铅回收率。

铁屑是不配入炉料中的，一般是在放渣后分批加入铁屑，并搅拌，使其与硫充分反应，降低锍中含铅量，加入量以加入的铁屑不再发生作用为止，其化学反应式为：

$$PbS + Fe \Longleftrightarrow Pb + FeS$$

国内铅厂处理铅浮渣大多用反射炉。浮渣反射炉燃料可用块煤或粉煤。

熔炼作业包括加料、升温熔化、放渣、加铁屑转换、沉淀分离、放锍、加部分料降温、出铅，整个作业时间为14~20h，加料前，将浮渣与试剂按确定的比例配料混合，待炉膛加热到1000℃以上时，将炉料加入炉内，在熔化期间保持炉温1100~1200℃，待炉料熔化后，搅拌一次，并提高炉温达1200~1300℃，静置30~40min后，开始放渣。

（4）连续脱铜 粗铅连续脱铜也是用熔析除铜的原理。首先形成冰铜：

$$2Cu + PbS(FeS) \Longleftrightarrow Cu_2S + Pb(Fe)$$

配料中还加入铁屑、苏打和焦炭。铁屑能与PbS发生沉淀反应 $Fe + PbS \Longleftrightarrow Pb + FeS$，从而降低冰铜中的含铅量。苏打则与PbS进行反应：

$$2PbS + 2Na_2CO_3 + C \Longleftrightarrow 2Pb + 2Na_2S + 3CO_2$$
$$PbS + Na_2CO_3 + C \Longleftrightarrow Pb + Na_2S + CO + CO_2$$
$$PbS + Na_2CO_3 + CO \Longleftrightarrow Pb + Na_2S + 2CO_2$$

既降低冰铜中的含铅量，也降低冰铜的熔点。其余的钠便形成砷酸盐、锑酸盐或硅酸盐入渣。粗铅连续脱铜炉如图2-14所示。

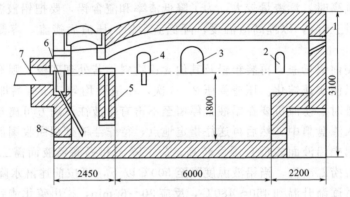

图2-14 粗铅连续脱铜炉

1—烧嘴；2—粗铅进口；3—操作门；4—渣锍放出口；5—挡墙；6—放铅槽；7—放铅溜子；8—测温孔

2.6.2.2 除砷、锑、锡

除铜后的粗铅还含有Sn、As、Sb、Bi、Ag、Au等杂质。在火法精炼中，这些杂质将分别被除去，而首先是除砷、锑、锡。粗铅精炼除砷、锑、锡的基本原理相同，且可在一个过程中完成。

粗铅精炼除砷、锑、锡有氧化精炼和碱性精炼两种方法。

氧化精炼是借助于空气的氧对杂质的氧化造渣除去。

碱性精炼则是利用硝酸钠（NaNO₃）做氧化剂将杂质氧化造渣除去。分离As、Sb、Sn后的粗铅开始变软，所以将除As、Sb、Sn的粗铅精炼称为软化精炼，精炼后的铅称为软铅。

氧化精炼虽然设备简单，操作容易，投资少；但其缺点是铅的损失大，直接回收率低，作业时间长，劳动条件差，燃料消耗高，精炼后残锑高，故很少采用。

碱性精炼的主要优点是作业可在较低温度下进行，金属损失小，燃料消耗少，操作条件好，终点产品含砷、锑、锡比较低，试剂NaOH和NaCl可部分再生；缺点是过程所产生的各种碱渣处理比较麻烦，试剂消耗大。目前大多数精炼厂采用碱性精炼除砷、锑、锡。

2.6.2.3 碱性精炼

广而言之,所谓碱性精炼是加碱于熔融粗金属中,使氧化后的杂质与碱结合成盐而除去的火法精炼方法。

粗铅碱性精炼的实质是使粗铅中杂质氧化并与碱造渣而与铅分离,但该过程可以在比氧化精炼较低温度(400~450℃)下进行,且氧化剂主要不是空气而是硝石($NaNO_3$)。其原理是利用杂质元素 As、Sb、Sn 对氧的亲和力大于主金属铅,从而优先将 As、Sb、Sn 氧化为高价氧化物,然后它们再与 NaOH 形成相应的钠盐从而与铅分离,其反应速度快,进行得完全,As、Sb、Sn 等杂质在铅中的残留量都比较低。

往粗铅中加入硝石后,硝酸钠溶于熔体中,在450℃的高温下分解析出 O_2:

$$2NaNO_3 = Na_2O + N_2\uparrow + 2.5O_2\uparrow$$

硝石分解析出的 O_2(实际上是以活性大的原子氧[O]释出)使杂质氧化并形成相应的钠盐,如砷酸钠、锡酸钠和锑酸钠,故其反应式分别为:

$$2As + 4NaOH + 2NaNO_3 = 2Na_3AsO_4 + N_2\uparrow + 2H_2O$$
$$2Sn + 6NaOH + 4NaNO_3 = 5Na_2SnO_3 + N_2\uparrow + 3H_2O$$
$$2Sb + 4NaOH + 2NaNO_3 = 2Na_3SbO_4 + N_2\uparrow + 2H_2O$$

一些铅也被氧化生成铅酸钠(Na_2PbO_2),但其中的 Pb 最后又会被 Sn、Sb、As 置换出来:

$$5Pb + 2NaNO_3 = Na_2O + 5PbO + N_2\uparrow$$
$$PbO + Na_2O = Na_2PbO_2$$
$$Sn + 2Na_2PbO_2 + H_2O = Na_2SnO_3 + 2NaOH + 2Pb$$
$$2As + 5Na_2PbO_2 + 2H_2O = 2Na_3AsO_4 + 4NaOH + 5Pb$$
$$2Sb + 5Na_2PbO_2 + 2H_2O = 2Na_3SbO_4 + 4NaOH + 5Pb$$

由于上述反应,最终进入碱性精炼渣中的铅较少。此外过程中还要加入食盐,虽然它不起化学反应,但是提高了 NaOH 对杂质盐的吸收能力,所以能降低炉渣的熔点和黏度,减少 $NaNO_3$ 的消耗。

碱性精炼的装置是在精炼锅上放置一个反应器。试剂从上部加入反应器,铅液离心泵将锅中的铅液扬至反应器与试剂反应,反应后从筒下部流回锅中,如此反复循环,反应器中还可装上搅拌机,使铅液与试剂有更良好的接触,以加快反应。当渣子变黏稠、铅试样发亮蓝色,说明过程已到终点,关闭反应器底部的阀门,吊出反应器,卸出渣子,最后将铅液扬至除银锅进行加锌除银作业。反应时间决定于粗铅中杂质含量,通常每除去1t锑需10h,1t砷或锡则需17h。

如果粗铅含杂质较高,反应可分两段进行。第一段主要产出含杂质高的渣子,第二段再加新试剂,以得到优质铅液,渣子则返回第一段使用。

粗铅的碱性精炼也实现了连续操作。

2.6.2.4 加锌提银精炼

目前,铅的提银精炼普遍采用加锌法。

其过程的实质是在适当的温度下将锌加入到含金银的铅水中并不断搅拌,由于锌对金银的亲和力较大。从而相互结合成锌金化合物和锌银化合物。这些化合物熔点高、密度小,稳定且不溶于被锌饱和的铅水,因此以固体银锌壳形态浮至铅水表面,而与铅分离。

加锌除银过程中,铜、铁、镍、钴等也与锌形成高熔点化合物进入银锌壳,增加锌的消耗和降低银锌壳中贵金属的含量,并使银锌壳变成糊状难以与铅进行分离。

所以,在加锌提银精炼之前,必须将这些杂质先行除去,以免在提银时进入银锌壳中,既使银锌壳含杂质过多而难于处理,又使锌的消耗增大。

溶解于粗铅中的锌，与粗铅中的银发生如下反应：

$$2Ag+3Zn \Longleftrightarrow Ag_2Zn_3$$
$$2Ag+5Zn \Longleftrightarrow Ag_2Zn_5$$

因 Ag_2Zn_3 和 Ag_2Zn_5 熔点高，分别为 665℃ 和 636℃，它们在铅液中的溶解度很小，所以可以认为它们在铅液中的浓度已达到饱和浓度，故可视其浓度 $[Ag_2Zn_3][Ag_2Zn_5]$ 数值为常数，因此上面反应式的平衡常数可写成：

$$K_1=[Ag]^2[Zn]^3$$
$$K_2=[Ag]^2[Zn]^5$$

可见，要使银最少，则锌的浓度应达最大，即达其饱和值，升高温度可提高锌在铅水中的溶解度，但温度过高，锌则被空气氧化而造成消耗量增加，所以作业温度选择在 450～550℃ 范围内。

除金的原理与除银相似。因金对锌的亲和力大于银，故首先 Au-Zn 化合物进入富渣中。

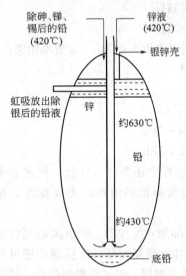

图 2-15 粗铅连续除银的示意图

加锌除银操作程序是间断地在精炼锅中进行。作业周期包括加含银铅、加入返料贫银锌壳、加温、搅拌、降温和捞渣（银锌壳）等。其中加锌反应仅 20～30min。作业周期主要取决于升温和降温速率。降温速率为 10～12℃/h，每锅需 15～20h。

富银锌壳的产率为粗铅的 1.5%～2.0%，其成分为：6%～11% Ag，0.01%～0.02% Au，25%～30% Zn，60%～70% Pb。

除银后的铅含 Ag 3～10g/t，Au 微量，Zn 0.6%～0.7%。对于含银为 1～2kg/t 的粗铅，除银耗锌量为 8～15kg/t 铅。

加锌除银也可连续作业，见图 2-15。1932 年，皮里港铅厂首先实现铅的连续加锌提银精炼，故连续除银锅也称皮里港式连续除银锅。

与间断操作比较，连续精炼除银的优点是：
① 提高了劳动生产率，操作过程简化；
② 精铅含银稳定在 1～10g/t；
③ 银锌壳的产量少，其中含银高 1～2 倍；
④ 进入银锌壳的铅要少 2～3 倍。

但是连续精炼锅上部的温度高，锌对上部锅壁腐蚀大。

由于粗铅精炼所产的富银锌壳含银高达 10% 左右，一般火法精炼车间均设银锌壳处理工序。首先蒸馏脱锌，然后进行灰吹除铅，回收金银。由于锌的沸点为 907℃，银为 1935℃，铅为 1527℃，在熔析除去夹带的金属铅后进行蒸馏加收锌，锌蒸气冷凝后得到的液体锌返回除银作业使用，余下的蒸馏渣含锌仅 0.5%～1.0%，主要成分是银和铅，称为贵铅。将贵铅进行灰吹除铅，即在分银炉中氧化除去其中的铅和少量铜、铋、锑等杂质，产出金银合金铸成银阳极，再进行粗银电解精炼，分别回收金和银。

2.6.2.5 铅的脱锌精炼

加锌提银后的铅中常残留有 $w_{Zn}=0.5\%～0.6\%$，必须进一步精炼除去。铅的脱锌精炼有氧化法、氯化法、碱法和真空法。

(1) 氧化法 氧化法是基于锌比铅更容易氧化，向铅液中鼓入空气，锌氧化生成不溶于铅的氧化锌而被除去。这是个老方法，因作业时间长、回收率低、劳动条件不好而很少采用。

(2) 氯化法　氯化法是向铅液中通入氯气，将锌变成 $ZnCl_2$ 除去，其缺点是有过量未反应的氯逸出，给污染治理带来许多麻烦，还不能把锌除至要求的程度，仍要加 NaOH 除去残留的锌。

(3) 碱法脱锌　碱法脱锌的原理与碱法除砷、锑、锡大致相同，也采用 NaOH 和 NaCl 做反应剂，但无需用 $NaNO_3$ 做氧化剂，锌的氧化剂为空气中的氧。其反应为：

$$Zn+0.5O_2 = ZnO$$
$$Zn+PbO = ZnO+Pb$$
$$ZnO+2NaOH = Na_2ZnO_2+H_2O$$

每吨锌消耗 NaOH 1t，NaCl 0.75t，过程不需加热即可维持450℃，每除去 1t 锌约需 12h，产出的 Na_2ZnO_2 浮渣经水浸蒸发结晶得到 NaOH 与 NaCl 可返回再用，锌以 ZnO 形式回收。

缺点：碱的回收再生作业比较麻烦且费用高。

(4) 真空法脱锌　这是目前应用较广的脱锌方法。真空法脱锌是利用在同一温度下铅和锌的蒸气压有很大差别，从而使铅与锌分离。见图 2-16。

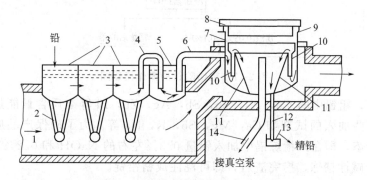

图 2-16　连续真空脱锌设备连接图

1—重油燃烧器；2—加热铅用的管；3—加热铅用的铅；4—虹吸管；5—给料锅；
6—供铅管；7—真空精炼锅；8—冷凝器；9—橡皮密封；10—分配管；11—表面蒸
发器；12—放精铅的管；13—铅封；14—接真空管

2.6.2.6　铅的脱铋精炼

加钙镁除铋是基于钙镁与铅水中的铋能形成较为难熔的化合物。这些化合物不溶于铅水中，从而以硬壳状的铋质浮渣浮至铅面而被除去。

铋与钙能形成 Bi_2Ca_3（熔点928℃）和 Bi_3Ca（507℃分解）两种化合物；而 Bi-Mg 只有一种化合物 Bi_2Mg_3，熔点823℃。

加钙时，钙以 $w_{Ca}=2\%\sim5\%$ 的铅钙合金加入，它与铋进行下列反应：

$$Pb_3Ca+3Bi = Bi_3Ca+3Pb$$

加镁时，反应为：

$$3Mg+2Bi = Mg_3Bi_2$$

同时加入钙和镁时，除铋将更彻底，此时反应为：

$$Ca+2Mg+2Bi = CaMg_2Bi_2$$

钙、镁与铋形成的除铋化合物虽密度比铅小，但由于它们呈微细颗粒悬浮于铅液中，不易除去，影响结果。若加入适量的锑，由于锑和钙、镁分别形成易上浮的 Sb_2Ca_3、Sb_2Mg_3 和 Mg_2CaSb_2 颗粒，能将悬浮的微粒 $CaMg_2Bi_2$ 夹带至表面被除去。此时铅含铋可降至0.002%。

其工艺流程见图 2-17。

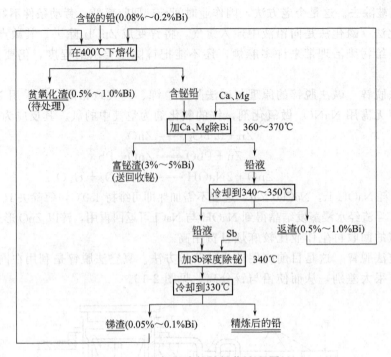

图 2-17 粗铅除铋的操作流程图

粗铅除铋后，粗铅中的 Cu，As，Sn，Sb，Ag，Zn，Bi 等杂质含量能达到产品标准要求，可能还残留些加入的试剂如 Ca，Mg，Sb，K，Na 等。为了确保产品质量要求，铸锭之前进行最终精炼，即在原精炼锅中加入铅量 0.3% 左右的 NaOH 和 0.2% 左右的 NaNO$_3$，搅拌 2～4h 进行碱性精炼，捞完渣后，即可浇注成精铅锭。

思 考 题

1. 试述粗铅火法精炼流程，并简述熔析法除铜的原理和过程。
2. 试述粗铅精炼除砷、锑、锡的方法，并说明氧化精炼过程。

2.7 粗铅的电解精炼

【内容导读】

> 本节主要介绍粗铜电解精炼的原理和工艺过程。分析了铅电解过程的电极反应、杂质在电解过程中的行为并对电解液的净化除铅进行了阐述。

2.7.1 概述

铅的电解精炼技术在我国、日本和加拿大等国家广泛应用。当前，用电解方法生产精铅量约为火法精炼铅量的 1/5。电解液采用硅氟酸盐型电解液。我国炼铅厂的粗铅精炼大都采用粗铅火法精炼（除铜）-电解精炼的联合工艺流程。它的火法精炼部分只是除铜，也有工厂还除锡，得到的是初步除铜（锡）粗铅，被浇铸成阳极板送去电解。初步火法精炼产出的粗铅一般含 98%～98.5%Pb、1.5%～2.0% 的杂质。

2.7.2 电解精炼原理

电解精炼是利用阳极中不同元素的阳极溶解或在阴极析出难易程度的差异来提纯金属的，其基本原理是以电化学基础理论为依据。其电解精炼工艺流程见图 2-18。

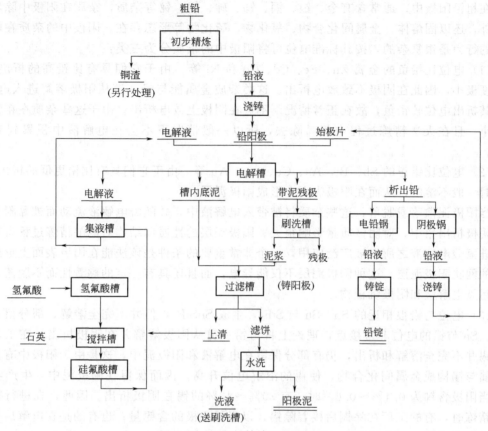

图 2-18 铅电解精炼工艺流程图

阴极板是利用析出铅（纯铅）熔化制作的始极片（阴极），按一定的间距装入盛有电解液的电解槽中，电解液由硅氟酸和硅氟酸铅的水溶液组成。

在两极通以直流电后，溶液中的铅离子（Pb^{2+}）便移向阴极，获得电子后就成为铅原子沉积在阴极上，产出纯度很高的电解析出铅；在阳极方面，由于电源不断地从它上面把电子取走，结果阳极方面铅原子因为失去电子成为离子。当硅氟酸离子（SiF_6^{2-}）移向阳极与这些 Pb^{2+} 接触时，便形成 $PbSiF_6$，Pb^{2+} 就陆续从阳极脱离，进入溶液。

铅电解精炼时，电解槽可视为下列化学系统：

$$Pb(纯) \mid PbSiF_6, H_2SiF_6, H_2O \mid Pb(含杂质)$$

2.7.2.1 电极反应

电解液各组分在溶液中离解为 Pb^{2+}，SiF_6^{2-}，H^+ 和 OH^-。

对于粗铅电解精炼的电极反应，即在"电极/溶液"界面上所进行的电化学反应，可用下列电极反应方程式来描述：

阳极　　$Pb - 2e \Longrightarrow Pb^{2+}$（铅阳极溶解）

阴极　　$Pb^{2+} + 2e \Longrightarrow Pb$（阴极析出铅）

在阳极，铅失去电子被氧化，发生阳极溶解的氧化反应，而不发生 OH^- 与 SiF_6^{2-} 的放电。

在阴极一边，铅离子得到电子被还原，即进行还原反应，而不发生 H^+ 的放电。这就是铅电解精炼所进行的电极反应的实质。

2.7.2.2 杂质在电解过程中的行为

在粗铅阳极中，通常含有金、银、铜、锑、砷、锡、铋等杂质，杂质在阳极中除以单质存在外，还以固熔体、金属间化合物、氧化物、硫化物等形态存在。阳极中的杂质在电解过程中的行为是很复杂的，按其标准电位可将阳极中的杂质分为三类：

(1) 电位比铅负的金属 Zn、Fe、Cd、Co 和 Ni 等 由于它们具有比铅高的析出电位，且浓度极小，因此在阴极不致放电析出。这类杂质金属能与铅一道从阳极溶解进入电解液，由于其析出电位较铅负，故在正常情况下不会在阴极上放电析出。由于这些杂质在粗铅中含量很小，且在火法精炼过程中很易除去，所以一般情况下不会在电解液中积累到有害的程度。

(2) 电位比铅正的 Sb、Bi、As、Cu、Ag、Au 等 由于它们具有比铅更低的析出电位，电解时一般不溶解，从而在阳极表面上形成阳极泥层。

当阳极泥散落或脱落，这些杂质将被带入电解液中，并随着电解液流动而被黏附在和夹杂于阴极析出铅中，对阴极质量影响很大。阳极泥层的性质和结构对电解精炼过程有很大影响。硅氟酸电解液之所以被广泛应用，一个非常重要的条件是该法能在阳极表面上形成一个多孔的网状阳极泥层。这种阳极泥层不仅能导电，而且还具有一定的黏着性而不脱落，否则便会污染电解液和阴极沉积物。

(3) 电位与铅很相近的 Sn Sn 与 SiF_6^{2-} 生成 $SnSiF_6$，但并不完全溶解，部分留在阳极泥中。Sn 与铅的电位非常接近，理论上将与铅一道从阳极溶解并在阴极析出。在工厂实践中，锡并不完全溶解和析出，仍有部分保留在电解液和阳极泥中，这是由于阳极中有部分杂质金属与锡构成金属间化合物，使锡的溶解电位升高，因而保留在阳极泥中。生产实践表明，当阳极含锑为 0.4%～0.6% 时，有 30%～40% 的锡在阴极析出。因此，在进行初步的火法精炼时，有的工厂在除铜后接着除锡，以降低阳极的含锡量；也有的是在电解后熔铸析出铅的电铅锅中进一步除锡。

2.7.2.3 电解温度

铅电解过程可在较大范围的温度（10～50℃）下正常进行，但最佳温度范围是 30～40℃。

电解液温度的高低对其比电阻有较大的影响。温度越高，电解液比电阻越小。如果温度过低，电解液导电性差，槽电压升高，电耗增大。

然而，温度过高，电解液蒸发损失又会增大，硅氟酸分解过程加快，硅氟酸的消耗增加，而且分解产物气体既有腐蚀性又有毒性。对于用沥青胶泥作衬里的电解槽，电解液温度过高时，衬里容易软化或鼓泡，影响其使用寿命。

电解液温度受电流密度、气温及散热状况等条件的影响，一般波动在 30～45℃。

2.7.3 电解液净化

铅电解精炼的电解液主要组成为硅氟酸铅和硅氟酸的混合水溶液。除了主要成分外，电解液中还含有少量的杂质离子和添加剂及其水解产物。

电解生产正常时，电解液中杂质的浓度一般不会积累到有害的程度，一般情况下，电解液不需要净化处理。但是若采用集中掏槽或是停产后再生产，电解液往往受到污染而变得浑浊，此时，需将电解液进行过滤处理，以除去悬浮物和部分胶质。对于溶于电解液中的杂质，则需采用大电流密度电解办法除去，一般只需一个周期后即可产出合格的析出铅。随着电解的进行，电解液中有害杂质的浓度可迅速下降，转入正常状态，析出铅中的杂质含量也随之降低。国内某厂采用工业絮凝剂处理电解液中的有害杂质，方法简单，效果比较明显。

在电解过程中，由于阴极电流效率稍低，加上铅的化学溶解等原因，电解液中的Pb^{2+}浓度一般随着电解过程进行而逐渐升高。只有当阳极铅品位过低、电解液游离H_2SiF_6含量较少时，Pb^{2+}浓度才会逐渐下降，此时，要补充大量的H_2SiF_6与$PbSiF_6$，同时降低电流密度。如果电解液含Pb^{2+}浓度过高，则需要脱除多余的铅，其方法有两种。

(1) 硫酸沉淀法 往洗液或抽出的部分电解液中加入H_2SO_4，使铅生成不溶解的$PbSO_4$沉淀下来，同时使硅氟酸再生，化学反应式为：

$$PbSiF_6 + H_2SO_4 = PbSO_4 + H_2SiF_6$$

加硫酸脱铅操作简单，脱铅速度快，但产出的硫酸铅要过滤干燥，处理麻烦。

(2) 电积法 在电解生产车间，利用其中几个电解槽，以不溶性石墨作为阳极，用一般的始极片作阴极，进行电解。电积过程的总反应式为：

$$PbSiF_6 + H_2O = Pb + H_2SiF_6 + \frac{1}{2}O_2 \uparrow$$

电积的结果是在阴极上析出铅而在阳极上放出氧气。电积法脱铅速度较缓慢，虽析出的阴极铅含杂质稍高一些，但可作生产始极片的原料或分批装入电铅铸型锅搭配使用。电积法脱铅的优点是能破坏电解液中残留的有害有机物成分，例如，由电解添加剂动物胶裂化形成的氨基酸会部分被电积脱除，从而有利于改善析出铅结晶；缺点是电力消耗较高，槽电压2.5V，电流效率约85%，每脱除1t铅耗电约800kW·h。

在条件许可时调整阳极含铅量，可以使Pb^{2+}浓度基本稳定，不必脱铅。有的阳极含铅太低，Pb^{2+}浓度逐渐下降，需要向电解液中补充Pb^{2+}。在搅拌槽加入硅氟酸和粉状氧化铅搅拌，二者用量的原则是使反应后的溶液中仍保留较高的残酸，保证氧化铅完全反应消耗尽。配好的溶液即补入电解液中以缓解Pb^{2+}浓度下降。

2.7.4 铅电解精炼的主要设备及其配置

2.7.4.1 铅电解槽

根据电解工艺的特点，对电解槽结构的要求是：

① 具有一定的强度，有良好的抗腐蚀性和抗热性；
② 便于电解液循环；
③ 结构简单，便于维修，质好、价廉、耐用；
④ 槽与槽间、槽与地面间有良好的绝缘性能，防止漏电损失。

当前广泛采用单体式电解槽。铅电解槽大多为钢筋混凝土单个预制，壁厚80mm，长度2~3.8m。电解槽的防腐衬里过去多为沥青胶泥，现在则为衬5mm厚的软聚氯乙烯塑料。电解槽寿命可达50年以上，关键是制作要保证质量，使用时要精心维护、及时修理。

还有整体注塑成型的聚乙烯塑料槽，厚5mm，以它作为浇制钢筋混凝土槽体的内模板浇灌混凝土，经养护脱模后，即成为外部是钢筋混凝土、内部是整体防腐衬里的电解槽。这种电解槽只要施工方法合理，焊缝紧密无气孔和夹渣，此种衬里可使用8年以上，维修也较简单。

2.7.4.2 电解槽配置

电解槽的配置依照槽与槽之间电路是串联连接，槽内极间是并联连接。电解槽的电路连接，一般采用复联法，即每个电解槽内的全部阳极（比阴极少一块）并列相连，全部阴极

(通常为30～40块)也并列相连,而槽与槽之间则为串联连接。槽子高度最好保证槽底距地面1.8～2.0m,以便于检查槽子是否漏液和及时修理,同时便于槽下设置贮液槽。

2.7.4.3 影响电流效率的因素

在工业生产中,实际的析出产量总是小于理论析出量。铅电解电流效率一般为93%～96%。电流效率小于100%的主要原因如下。

(1) 短路　由于极板放置位置不正,阴、阳极掉落到槽底以及阴极上长粒子而引起阴阳极短路。

(2) 漏电　由于电解槽与电解槽之间、电解槽与地面、导电板电路系统以及溶液循环系统等绝缘不良而使电流流入大地,造成漏电。

(3) 副反应　氢离子在阴极上放电析出;铁离子分别在阴、阳极上周而复始地进行还原-氧化反应($Fe^{3+}+e \rightleftharpoons Fe^{2+}$),无效地消耗电流。

(4) 化学溶解　由于电解液温度、游离酸和铅离子浓度等技术条件控制不当而造成析出铅反溶。

思 考 题

粗铅的电解精炼时电极反应是什么?

2.8　湿法炼铅

【内容导读】

本书主要介绍湿法炼铅的原理和工艺,并对湿法炼铅的主要方法进行了介绍。

2.8.1　概述

烧结焙烧-鼓风炉还原熔炼是一种成熟的炼铅方法,然而,该法产出的烟气中二氧化硫浓度低,不易回收,因而会对大气造成严重污染;冶炼过程中含铅逸出物也会造成对生产环境和大气的污染;能源消耗也较大。

尽管像基夫赛特法和QSL法这样一些现代火法炼铅过程能产出高二氧化硫浓度的烟气可以用于制酸。但是,制酸尾气和含铅逸出物的污染也难以根除。

此外,火法炼铅方法不适合处理低品位矿和复杂矿。

因此,近年来冶金工作者开展了大量湿法炼铅的试验研究工作。湿法炼铅过程不产生二氧化硫气体,含铅烟尘和挥发物逸出极少,对低品位和复杂矿处理的适应性也较强。随着地球环境保护政策和工业卫生规范要求日趋严格,湿法炼铅的试验研究工作越来越受到重视。近几十年来,各国冶金工作者对铅精矿的湿法冶炼进行了大量的研究并形成了多种工艺方案。

2.8.2　湿法炼铅方法

湿法炼铅概括起来大致可分为下列四类方法:氯化物浸出法;碱浸出法;氨浸出法;含氨硫酸铵浸出法。

2.8.2.1　氯化物浸出法

(1) NaCl、NaCl-CaCl$_2$浸出法　该方案最早被研究,主要利用铅在氯盐中生成络合离子,以达到浸出铅的目的。该法先将铅精矿或含铅物料中的PbS转变为PbCl$_2$或PbSO$_4$,

多采用添加 $CuCl_2$ 或 $CaCl_2$ 的酸性饱和 NaCl 溶液作为浸出液，反应如下：

$$PbCl_2 + 2NaCl = Na_2PbCl_4$$

$$PbSO_4 + 4NaCl = Na_2PbCl_4 + Na_2SO_4$$

该法最大的不足就是杂质被同时浸出，造成浸出液的净化困难。从净化后的溶液中提取金属铅可用下列方法：

① 使 $PbCl_2$ 结晶，然后在 NaCl 熔体中将 $PbCl_2$ 进行电解；

$$PbCl_2 = Pb + Cl_2$$

② 用海绵铁或废铁片使铅沉淀；

$$PbCl_2 + Fe = Pb + FeCl_2$$

③ 用可溶阳极（熟铁或铸铁）或不溶阳极（石墨）进行电解以获得海绵铅；

$$PbCl_2 = Pb + Cl_2$$

④ 加入消石灰以生成 $Pb(OH)_2$ 沉淀，再进行 $Pb(OH)_2$ 的还原熔炼。

（2）氯化铁食盐水浸出法　氯化铁作氧化浸出剂，NaCl 饱和溶液作增溶络合剂，方铅矿 PbS 与 $FeCl_3$ 发生如下反应：

$$PbS + 2FeCl_3 = PbCl_2 + 2FeCl_2 + S$$

从热力学上看，$PbCl_2$ 在氯化盐体系中的溶解度较小，但是由于 $PbCl_2$ 能与 Cl^- 络合生成 $PbCl_4^-$，从而大大提高了 $PbCl_2$ 在溶液中的浸出率。因此，通过加入氯化钠饱和溶液增加 Cl^- 的总浓度，有助于 $FeCl_3$ 溶液浸出铅。

此工艺通过控制 $FeCl_3$ 与 NaCl 的溶液浓度、温度以及方铅矿颗粒的大小来控制该反应的速度，同时必须考虑 Fe^{3+} 的循环利用。过高的 Fe^{3+} 浓度会因溶液黏度太大，过滤难于进行。其次酸度是高铁饱和食盐水浸出过程中不可忽视的指标，必须维持不致使 Fe^{3+} 水解沉淀的 pH，一般来说，pH<5，有较好的浸出效果。

此工艺的优点：高铁饱和食盐水做浸出剂，不仅价廉易购，而且利用电解废气（氯气）将其再生并反复循环使用，大大降低了材料的成本；工艺流程简单，浸出反应速度快，金属的浸出率较高

此工艺的不足：要通过电解 $PbCl_2$ 溶液的方法来得到纯度较高的金属铅，在技术上还存在一定的难度；$FeCl_3$ 再生所用氯气和氯化物水溶液都具有较高的腐蚀性，对设备具有较高的要求。

2.8.2.2　碱浸出法

由于铅的化合物是两性的，所以高浓度的 NaOH 能溶解碳酸铅、硫酸铅等而生成亚铅酸盐。

对于 PbS 则可在高压釜中同时加入 CuO 添加剂进行浸取，使之生成不溶性的硫化铜渣，其反应为：

$$PbCO_3 + 4NaOH = Na_2PbO_2 + Na_2CO_3 + 2H_2O$$

$$PbS + 4NaOH = Na_2S + Na_2PbO_2 + 2H_2O$$

$$Na_2S + CuO + H_2O = CuS + 2NaOH$$

溶出后再进行电解得到金属铅。

因为浸出液含碱（NaOH）量要求太高，而浸出液中铅的浓度又太低（仅为 20g/L），近年来此法没有多大发展。

2.8.2.3　胺浸出法

此法将硫化铅转化为 $PbCl_2$、$PbSO_4$ 和 PbO 等之后，在胺溶液中形成络合物，铅以

$PbCO_3 \cdot Pb(OH)_2$ 的形式被完全浸出，然后在 600℃下焙烧得 PbO，或电解及还原得到金属铅。可用的有机胺种类很多，如乙二胺（EN 或 EDA）和二乙基三胺（DETA）等。

胺浸出法包括下列过程：
① 硫化铅转变为硫酸铅或氧化铅；
② 硫酸铅在常温下用胺溶液溶浸而形成易溶于水的络合物；
③ 溶液通 CO_2 使铅成为碱性碳酸铅沉淀析出；
④ 用碳或其他还原剂使碱性碳酸铅还原为高纯铅；
⑤ 析出铅后的母液加石灰处理，以使胺溶剂再生，同时 SO_4^{2-} 成石膏分离出来。

溶浸过程反应：
$$PbSO_4 + 2EN == [Pb(EN)_2]SO_4$$
$$PbO + EN + EN \cdot H_2SO_4 == [Pb(EN)_2]SO_4 + H_2O$$

碳酸化过程的反应：
$$2[Pb(EN)_2]SO_4 + 3CO_2 + 5H_2O ==$$
$$PbCO_3 \cdot Pb(OH)_2 + 2(EN \cdot H_2CO_3) + 2(EN \cdot H_2SO_4)$$

再生胺过程的反应：
$$EN \cdot H_2SO_4 + Ca(OH)_2 == CaSO_4 \cdot 2H_2O + EN$$
$$EN \cdot H_2CO_3 + Ca(OH)_2 == CaCO_3 + 2H_2O + EN$$

碱式碳酸铅可在高温下还原为 99.99% 的金属铅，也可用电解法从溶液中回收铅。

2.8.2.4 含氨硫酸铵浸出法

该法的基础是硫酸铅或氧化铅在 NH_3-$(NH_4)_2SO_4$ 溶液中有一定的溶解度。其过程包括：将精矿或其他含铅物料中的 PbS 转变为 $PbSO_4$；常温常压下于 NH_3-$(NH_4)_2SO_4$ 溶液中溶浸；用电解法或沉淀法回收铅及溶剂的再生。

其浸出过程的反应：
$$PbSO_4 + NH_3 + H_2O == NH_4[Pb(OH)SO_4]$$
$$PbO + (NH_4)_2SO_4 + H_2O == NH_4[Pb(OH)SO_4] + NH_4OH$$

从溶液中析出铅可采用电解、蒸馏、结晶等方法。

电解时，电解反应为：
$$2PbSO_4 + 2H_2O + 4NH_3 == Pb(阴极) + PbO_2(阳极) + 2(NH_4)_2SO_4$$

电解所得的 PbO_2，须加 6%~7% 炭粉在 600℃下将其还原成金属。

蒸馏法析出反应：
$$NH_4[Pb(OH)SO_4] + (NH_4)_2SO_4 == PbSO_4(NH_4)_2SO_4 \downarrow + NH_3 + H_2O$$
$$2NH_4[Pb(OH)SO_4] == PbO \cdot PbSO_4 \downarrow + (NH_4)_2SO_4 + H_2O$$

蒸馏法最终产品 $PbSO_4$，须进一步处理成金属。

结晶法是在 45℃下加入晶种，1h 内可有 50% 的铅析出。

2.8.2.5 加压浸出法

加压浸出分为加压酸浸和加压碱浸两种。酸浸时，当在 110℃和 142kPa 氧压下浸出 6~8h，可使铅和锌的 95% 进入溶液中。碱浸是将铅矿与含有 NH_4OH 和 $(NH_4)_2SO_4$ 水溶液制浆，矿浆浓度 15%~20%，并通入氨气保持 pH 为 10 左右，在 85℃和氧分压达 42.6kPa 的条件下，浸出 2h，铅浸出率达 90%，生成的 $Pb_2SO_4 \cdot (OH)_2$ 用氨性硫酸铵法将其回收。

思 考 题

1. 与火法炼铅相比，湿法炼铅有哪些特点？

2. 湿法炼铅大致有哪几类方法，简述氯化物浸出过程。

2.9 再生铅的生产

【内容导读】

> 本节主要介绍再生铅生产的原理和工艺。简单介绍了再生铅的原料、处理方法，并对再生铅的工艺进行了叙述。

2.9.1 概述

20世纪60年代以来，世界铅工业发生了新的变化。由于人们对铅污染环境的认识日益提高，使铅在汽油、涂料、焊料等大部分产品的市场迅速衰减。然而，由于铅酸蓄电池的几乎不可替代的优异性能及高回收率，随着汽车、能源、通信和交通等支柱产业的发展，铅仍有一定的市场，故产量有一定的增长。然而，其特点是原生铅的产量逐渐下降，再生铅的产量逐渐上升。这有两个原因：一是与从铅矿熔炼铅相比，废铅物料再生铅成本要低38%，劳动生产率提高近2倍，能耗少2/3；二是废铅物料来源丰富，还获得了环保（回收）效应。所以，世界各地十分重视废铅物料的回收再生，世界铅总量中有一半是从废铅物料中再生而得。

2.9.2 再生铅生产的原料

用于再生铅的原料有很多种。它们分别产生于铅生产过程、铅的一次消费过程（指以铅为原料的加工制品过程）和二次消费过程（铅制品的流通消费过程，如废电池）。

铅生产过程的废料有：铅熔炼所产生的铅锍，再生金属和有色金属生产所产的铅炉渣、含铅浮渣、含铅烟尘等；属一次性消费过程的废料有：铅熔化过程中产生的铅灰、浮渣，加工过程中产生的废品、边角废料等；属于二次消费过程的废料有：废旧铅蓄电池（铅蓄电池的极板是含有$w_{Sb}=3\%\sim8\%$的铅锑合金格栅和涂于其上的填料所组成），电话和电力铅电缆护套、铅压延棒、板、片材，铅衬，铅容器，铅印刷合金等。世界产铅总量的约60%用于生产蓄电池，废旧铅蓄电池是主要的再生铅原料，一般占80%以上。美国废蓄电池和蓄电池厂废料占有再生铅原料的90%。

2.9.3 再生铅原料的处理方法

再生铅原料根据其组成，可采用坩埚炉、反射炉、鼓风炉和电炉等设备进行火法熔炼得到再生精铅或铅合金，也可与原生铅的冶炼搭配处理。原料中含有较大量的铅化合物时，还可以用湿法处理生产电铅或铅化工产品。

由于废蓄电池是再生铅最主要的原料，所以其炼前处理也很受关注。废铅酸蓄电池的分选预处理就是利用废铅酸蓄电池中各种物料各自物理特性的差异，通过机械的方式进行分离，以提供后续回收利用的效率。

整个废铅酸蓄电池通常由以下4部分组成：废电解液11%～30%、铅或铅合金板栅24%～30%、铅膏30%～40%、有机物22%～30%。其中废电解液进一步处理后排放或回用；板栅主要以铅及合金为主，可以独立回收利用；有机物如聚丙烯塑料可作为副产品再生利用；铅膏主要是极板上活性物质经过充放电使用后形成的料浆状物质，含$PbSO_4$（约50%）、PbO_2（约28%）、PbO（约9%）、Pb（约4%）等，还可能含有少量Sb（约0.5%）。铅膏中含有大量硫酸盐，而且存在不同价态的铅的氧化物。

炼前处理可包括分类、解体、分选、防爆检验、取样以及细小物料的烧结等。

废蓄电池解体的方法很多，处理方法有火法、湿法、火湿联合法之分，具体处理工艺有4类：

① 废电池经去壳倒酸等简单处理后，进行火法冶炼，得到铅锑合金；

② 废电池经破碎分选后分出金属部分和铅膏部分，二者分别进行火法冶炼，得到铅锑合金和软铅；

③ 废电池经破碎分选后分出金属部分和铅膏部分，铅膏部分脱硫转化，再分别进行火法冶炼，得到铅锑合金和软铅；

④ 全湿法处理，根据流程不同，可以是电铅（或精铅）、铅合金、铅化合物等。

2.9.4 再生铅废料的熔炼技术

再生铅熔炼可用坩埚炉、鼓风炉、反射炉、短窑、电炉等火法冶金设备，也可用湿法冶金处理。

在1000℃以上高温条件下，铅、锑的蒸气压是相当大的，其挥发损失也是较大的。因此，熔炼应在较低的温度（低于1200℃）及维持较小的负压下进行，炉内设一深熔池，以减小铅、锑的挥发损失。同时，废蓄电池在入炉熔前，最好分选出含氯较高的有机物。

铅膏中$PbSO_4$含量一般在50%以上，熔点高，达到完全分解的温度要在1000℃以上，这是熔炼过程中产生SO_2的主要原因。同时高温下造成大量的铅挥发损失并形成污染性的铅尘。

在熔炼中要加入诸如炭、铁屑、苏打等还原性物质。

在还原气氛下，以布多尔反应为主。还原气氛下，CO对PbO的还原是最主要的还原反应。在160～185℃，PbO已开始被CO还原，在700℃前，绝大部分PbO已被CO还原为金属铅。除CO外，PbO还可被锑、锡、锌等金属及固体炭粉所还原。

若存在铁屑，则与PbS会发生所谓的沉淀反应。因此，在进行废蓄电池冶炼时宜加入铁屑。温度在550～630℃时，$PbSO_4$在还原气氛中还原为PbS。在废蓄电池熔炼时配入的Na_2CO_3可与物料发生固硫、造渣、还原等各种反应。

熔炼废蓄电池时，熔炼过程中同时发生铅硫酸盐和氧化物同苏打及炉料中的其他氧化物组分以及炭还原剂之间的交互反应。

2.9.4.1 含铅废料的鼓风炉熔炼

块状的蓄电池废件和其他的块状含铅废料可以直接送往鼓风炉熔炼，细料和粉料则需先经烧结为烧结块或制成团矿后才能进入鼓风炉。烧结料由含铅物料、鼓风炉水淬渣、黄铁矿烧渣（或铁矿）、返粉和焦粉组成。

2.9.4.2 含铅废料的反射炉熔炼

含铅废料反射炉熔炼操作简单，适应性强。既可处理粉料，又可处理块料；既可不加还原剂产出纯度较高的粗铅，又可加入还原剂产出硬铅（铅锑合金），因此在国内外得到普遍的应用。

2.9.4.3 含铅废料的电炉熔炼

采用电炉熔炼含铅废料的技术经济指标比较好，它不用焦炭或煤等作燃料，碳质燃料只作为还原剂，因此熔炼时的烟气量少，铅锑随烟气的损失也低，环境污染大大减轻。

为节省电能，电炉熔炼一般都选用熔点低的渣型，且渣熔体必须具有适当的导电率。配料时也加入苏打、铁屑以及石英、石灰石、烧渣等熔剂，可根据原料的化学组成和性质而定。

2.9.4.4 含铅废料的湿法处理

目前，含铅废料湿法冶金多采用 H_2SiF_6 溶液电积的方法，也有用 $PbCl_2$ 的食盐溶液电积提铅的。

若属金属铅废料，可将废料铸成阳极板在 H_2SiF_6 和 $PbSiF_6$ 的电解液中电解精炼得纯铅；若属 $PbSO_4$、PbO_2、PbO、Fe_2O_3 等铅的化合物废料，通常是将其转化为 $PbCO_3$ 后用 H_2SiF_6 溶液浸出，浸出液送电积得金属铅。

2.9.5 含铅废料处理的其他方法

（1）固相电解还原法　该法利用了铅和铅的化合物在电池充电和放电过程中能被还原和氧化的原理。

在电解还原过程中，阴极上将发生如下反应：

$$PbSO_4 + 2e = Pb + SO_4^{2-}$$

$$PbO_2 + H_2O + 2e = PbO + 2OH^-$$

$$PbO + H_2O + 2e = Pb + 2OH^-$$

阳极上的反应为：　　　　$$2OH^- - 2e = H_2O + 0.5O_2$$

蓄电池经脱壳分离后，金属部分经熔铸即可得硬铅。渣泥经磨细后进行固相电解。用不锈钢板作阴阳极，用 15%NaOH 溶液作电解液。渣泥浆料装在阴极的隔膜套内。

电解还原得到的海绵铅在 NaOH 保护下 400℃ 熔化铸成铅锭。

碱性介质的固相电解还原已用于小规模的工业试生产。

（2）石灰转化还原法　石灰转化还原法处理蓄电池废料是先用石灰制浆，按下列反应式进行湿法转化，使 $PbSO_4$ 转化为 PbO 和 $CaSO_4$：

$$PbSO_4 + Ca(OH)_2 + H_2O = PbO + CaSO_4 \cdot 2H_2O$$

思　考　题

1. 请简述再生铅的原料及原料的炼前处理过程。
2. 再生铅废料的主要熔炼技术有哪些，请分别简要进行说明。
3. 试述废蓄电池的组成。

3 锌 冶 金

3.1 概 述

【内容导读】

本节主要介绍锌及锌的化合物的物理性质、化学性质及其用途；锌矿的资源；锌的冶炼方法、原理及工艺流程，并对我国锌冶炼现状进行了简单介绍。

人类很早就使用锌，青铜为铜锌锡合金。我国炼锌的历史悠久，早在唐朝以前就炼出了金属锌，到明朝时炼锌技术已经达到很高水平。

生产锌的方法由我国传到欧洲，但欧洲的锌的冶炼长期处于停滞状态，直到19世纪蒸馏法炼锌的出现。

湿法炼锌直到20世纪20年代才正式应用于工业生产。目前湿法炼锌的产量已占世界锌总产量的80%以上，我国湿法炼锌的产量约占70%左右。

锌储量较多的国家有中国、澳大利亚、美国、加拿大、哈萨克斯坦、秘鲁和墨西哥等。我国的锌资源丰富，地质储量居世界第一位。我国铅锌储量较多的省（区）主要是云南、广东、甘肃、四川、广西、内蒙古、湖南和青海八省（区），其铅锌储量占全国总储量的80.7%。大中型锌矿187处，探明资源总量7961万t，储量1950万t，其中大型锌矿区44处，探明资源总量5352万t，储量1553万t，分别占全国的58.1%和76.6%。

我国是世界产锌大国，锌冶炼工艺以湿法冶炼为主，约占总产量的70%。2002年我国锌冶炼能力为254.7万t/a，2004年全国生产锌251.9万t，居世界第一位，占全球总产量的1/4。

锌的消费仅次于铝、铜，在十大有色金属中居第三位。世界精炼锌消费大国主要有美国、中国、日本、德国、意大利和韩国等。中国不仅是锌生产大国，而且是锌的消费大国。

3.1.1 锌的物理性质

锌为ⅡB族元素，原子序数为30，相对原子质量65.38。金属锌是银白色略带蓝灰色的金属，在常温下密度为7.1g/cm³，熔点和沸点分别为419.58℃和906.97℃，延展性好，莫式硬度为2.5，较铅、锡稍硬。

锌的晶体结构为密排六方晶格，α、β、γ三种结晶状态，转化温度分别为170℃和330℃；α锌在170℃以下存在；β锌在170℃与330℃之间存在；γ锌在330℃与其熔点419℃之间存在。

锌在常温下延展性差，加热至100～150℃时延展性变好，当加热到250℃时则失去延展性而变脆。

锌在熔点附近的蒸气压很小。锌的蒸气压随温度变化的公式如下：

$$\lg p^* = -6620/T - 1.255\lg T + 14.465$$

温度/℃	450	500	700	907
蒸气压/Pa	52.5	189	8151	101325

液态锌的蒸气压随温度升高而迅速增大，到906℃时达到10132.5Pa，火法炼锌就是利用了锌的这一特点。

3.1.2 锌的化学性质

锌具有较好的抗腐蚀性能。锌在干燥空气或氧气中很稳定，但在潮湿空气中容易生成一层灰白色致密的碱式碳酸锌［$ZnCO_3·3Zn(OH)_2$］，这样可以锌进一步被腐蚀。熔融的锌能与铁形成化合物，可使钢铁免受腐蚀，镀锌工业利用了锌的这一特点。

在红热的温度下，锌易分解水蒸气生成氧化锌。

二氧化碳与水蒸气的混合气体可使锌蒸气迅速氧化，生成氧化锌及一氧化碳。

纯锌不溶于任何浓度的硫酸或盐酸中。商品锌由于含有少量杂质，极易溶于硫酸或盐酸中并放出氢气。商品锌也可溶于碱中。

3.1.3 锌的主要化合物及性质

（1）ZnS ZnS是炼锌的主要原料，在自然界中以闪锌矿的形态存在。熔点为1923K，在1200℃下升华。ZnS在空气中于450℃下缓慢氧化，在873K以上时剧烈氧化。

$$ZnS + \frac{3}{2}O_2 = ZnO + SO_2$$

在1100℃下，ZnS与CaO反应生成CaS和ZnO

$$ZnS + CaO = CaS + ZnO$$

硫化锌在酸中可氧化分解，目前利用这一点已研究开发了高压氧酸浸法处理硫化锌精矿的新工艺。

（2）ZnO ZnO俗称锌白，无天然矿物。真密度为5.78g/cm³，熔点为1975℃。在1200℃下有微量升华，1400℃时显著升华。氧化锌为两性氧化物，可溶解于酸和氨液中。在高温下，ZnO可被C、CO和H_2还原，其中被CO还原的反应在800℃下十分激烈：

$$ZnO + CO = Zn(g) + CO_2$$

在550℃以上，ZnO与Fe_2O_3形成铁酸锌（$ZnFe_2O_4$）。

（3）$ZnSO_4$ 无天然矿物。易溶于水，密度为3.474g/cm³，受热分解，在1123K左右温度下分解压达到10132.5Pa，

$$ZnSO_4 = ZnO + SO_2 + \frac{1}{2}O_2$$

在700℃以上温度时，ZnO易与Fe_2O_3生成铁酸锌，所以加速上述分解反应的进行。

（4）$ZnCl_2$ 无色晶体，熔点253℃，沸点732℃，在500℃下显著升华，氯化锌的这一特点是挥发锌并得以富集的依据。氯化锌易溶于水，有极强的水溶性和吸湿性，甚至会潮解，应在干燥处密封储存，避免与空气中的水蒸气接触。

3.1.4 锌的用途

锌广泛用于航天、汽车、船舶、钢铁、机械、建筑、电子及日用工业等行业。其中最大用途是镀锌，起防腐作用，约占总耗锌量的40%以上；其次是用于制造黄铜，约占总耗锌量的20%；铸造合金约占15%左右；其余约25%主要用于制造各种锌基合金、干电池（如锌可以制造用于航天仪表上的Ag-Zn电池）、氧化锌、建筑五金制品及化学制品等。

锌在冶金工业中可作为还原剂，化学工业中作为制造颜料用的原材料。利用Zn熔点低的特点，还可浇铸精密铸件。

片状铜锌合金粉是一种重要的金属颜料,它具有酷似黄金的颜色和随角异色等特点,在装饰、油墨等方面得到广泛应用。高纯度的铜锌合金颗粒通过电化学氧化-还原反应进行水处理工作,它可以清除水中的氯、铅、汞、镍、铬及其他可溶解金属。

3.1.5 炼锌原料

锌矿物中较常见的有:闪锌矿(ZnS);磁闪锌矿($nZnS \cdot mFeS$);菱锌矿($ZnCO_3$);硅锌矿($ZnSiO_4$)等。纤锌矿是闪锌矿的一个变体,将闪锌矿加热后快速冷却就可变成纤锌矿。表 3-1 列出锌的主要矿物及性质。

表 3-1 锌的主要矿物及性质

矿物名称	分子式	密度/(g/cm³)	颜　色
闪锌矿	ZnS	3.9～4.2	从淡黄、棕褐至黑色、灰黑色
菱锌矿	$ZnCO_3$	4～4.5	黄色或淡绿色
红锌矿	ZnO	5.64～5.68	橙黄、暗红或褐红色
硅锌矿	$ZnSiO_4$	3.89～4.18	无色、带绿的黄色或带黄的褐色

自然界中较多的为硫化矿,为原生矿。自然条件下并不存在单一的锌金属矿床,通常情况锌与铅、铜、黄金等金属以共生矿的形式存在。其中最常见的有铅锌矿,其次为锌铜矿和铜铅锌矿。

选矿后的硫化锌精矿含锌为 38%～62%,Zn、Fe、S 总和为 90%～95%。锌精矿中还含有 SiO_2、Al_2O_3、$CaCO_3$ 和 $MgCO_3$ 以及 Co、In、Ga、Ge、Ti 等稀有金属。因此处理锌精矿提炼锌时,必须充分回收其中的有价金属。

除了矿物之外,冶金工业中产生的含锌烟灰、熔铸锌时产出的浮渣和一些氧化锌,也可作为炼锌原料。

3.1.6 锌的冶炼方法

我国开发利用的锌资源,以硫化矿为主,氧化矿数量有限。氧化锌矿难于选矿富集,低品位氧化矿多通过回转窑挥发焙烧,得到品位较高的氧化锌尘作为火法或湿法炼锌原料。

3.1.6.1 火法炼锌方法

由硫化锌矿直接炼锌虽有可能,如:

$$ZnS + Fe = Zn + FeS$$

但在工业上还没有应用,因为还原硫化锌实际上在 1200～1300℃ 才开始,而此时精矿已熔化。

氧化锌则较易还原,为此硫化锌精矿首先焙烧成氧化锌。焙烧矿与碳质还原剂混合装入密闭器皿加热到 1100℃ 左右时,锌被还原出来,然后引入到冷凝器内冷凝为液体锌,即火法炼锌,见图 3-1。

火法炼锌有平罐、竖罐、电炉炼锌和鼓风炉等方法。其中 20 世纪 50 年代投入使用的鼓风炉法(ISP 法),由于适合处理铅锌混合精矿,有了一定的发展。平罐(最早使用)和竖罐炼锌由于能耗高和污染环境等问题,几乎被淘汰。

3.1.6.2 湿法炼锌方法

湿法炼锌是第一次世界大战期间开始应用的。其本质是用稀硫酸(即废电解液)浸出焙烧矿中的锌,锌进入溶液后再以电解法从溶液中沉积出来。湿法炼锌可直接得到很纯的锌,不像火法蒸馏炼锌还需精炼。除此之外,操作所需劳动力较少,劳动条件也较好,只是电能消耗大。

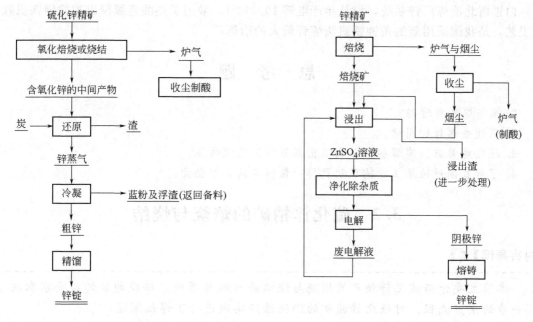

图 3-1 火法炼锌原则工艺流程　　图 3-2 湿法炼锌原则工艺流程

从图 3-1 和图 3-2 可见，进入火法或湿法炼锌的硫化锌精矿都要先进行焙烧脱硫，进入烟气中的硫可以回收利用。

3.1.7 我国锌冶炼现状

我国现代锌冶炼工艺可分为火法炼锌和湿法炼锌两大类。目前以湿法冶炼为主，火法其次。

火法炼锌产量在我国占 33%。火法炼锌有竖罐炼锌、鼓风炉炼锌、电炉炼锌及其他土法炼锌。

葫芦岛有色金属集团采用竖罐炼锌，开发了高温沸腾焙烧、自热焦结炉、大型蒸馏炉、大型精馏炉、双层煤气发生炉、罐渣旋涡熔炼挥发炉等新技术，可直接生产 99.99% 以上的高纯锌，还可直接产生高纯氧化锌及锌粉；锌的总回收率可达 95%～96%，硫利用率大于 94%，将竖罐炼锌技术提高到一个新水平。先后建成了 20×10^4 t/a 竖罐炼锌产能，13×10^4 t/a 常规湿法炼锌产能，总规模达 33×10^4 t/a，成为我国最大的锌冶炼厂。

鼓风炉炼锌又称 ISP 法（帝国熔炼法），最适宜于处理铅锌共生精矿，能有效回收物料中伴生的金银等贵金属。我国建有 3 套装置，1999 年共产锌 18×10^4 t，占当年我国锌总产量 10% 以上。韶关冶炼厂采用鼓风炉炼锌，设计生产能力为 20×10^4 t/a，1999 年实际产铅锌 21.3×10^4 t，锌的总回收率达 93.8%。

电炉炼锌的生产规模都很小，单台电炉产锌量在 1000～2500t/a，吨锌电耗在 4000～5000kW·h。

湿法炼锌即电解法炼锌。株洲冶炼厂是我国采用常规流程中最大的湿法炼锌厂，浸出渣用回转窑烟化挥发回收渣中的铅锌等有价金属。

驰宏锌锗股份有限公司、水口山锌厂、葫芦岛有色金属集团湿法炼锌分厂、开封冶炼厂等均采用常规浸出工艺炼锌。浸出渣处理，除葫芦岛锌厂采用该厂自行开发的旋涡炉烟化挥发外，其余都是采用回转窑处理。

白银西北冶炼厂锌系统，设计年产电锌 $10×10^4$ t，采用了热酸连续浸出和黄钾铁矾除铁新工艺，是我国采用新的黄钾铁矾法炼锌最大的冶炼厂。

思 考 题

1. 炼锌原料有哪些？
2. 简述金属锌的用途。
3. 现代炼锌方法有哪些？分别画出其原则工艺流程图。
4. 了解我国锌冶炼工业的现状及锌产量排名前 5 家企业。

3.2 硫化锌精矿的焙烧与烧结

【内容导读】

> 本节主要介绍硫化锌精矿的焙烧与烧结的目的与原理。焙烧的目的与要求取决于下一步的生产流程。对硫化锌精矿的沸腾焙烧实践进行了详细阐述。

从硫化锌精矿中提取锌，除高温加压直接浸出流程外，无论采用火法和湿法工艺，一般须预先经过焙烧作业。使焙烧产物适合下一步冶炼要求，因此，焙烧是生产锌的第一个冶金过程。

3.2.1 硫化锌精矿的焙烧目的

硫化锌精矿焙烧过程是在高温下借助于空气中的氧进行的氧化过程：

$$2ZnS+3O_2 \rightleftharpoons 2ZnO+2SO_2$$

焙烧的目的与要求决定于下一步的生产流程，各具特点。

(1) 火法炼锌（蒸馏法） 采用高温氧化焙烧，主要是获得适于还原蒸馏炼锌的锌焙砂。

① 在焙烧时是纯粹的氧化焙烧，尽可能地除去全部硫；

② 尽可能完全使铅、镉、砷、锑挥发除去，得到主要由金属氧化物组成的焙砂，使后续还原蒸馏时可以得到较高质量的锌锭；

③ 产出浓度足够大的 SO_2 烟气以供生产硫酸；

④ 含镉与铅多的烟尘作为炼镉原料。

(2) 湿法炼锌 采用低温部分硫酸化焙烧，主要是获得适于湿法炼锌的锌焙砂。

① 尽可能完全地氧化金属硫化物并在焙砂中得到氧化物及少量硫酸盐，即这种焙砂要求含有一定数量的硫酸盐形态的硫（2%～4%S），实行部分硫酸盐化焙烧，焙砂中保留少量硫酸盐以补偿电解与浸出循环系统中硫酸的损失；

② 使砷与锑氧化并以挥发物状态从精矿中除去；

③ 在焙烧时尽可能少地得到铁酸锌；

④ 得到 SO_2 浓度大的焙烧炉气以制造硫酸；

⑤ 得到细小粒子状的锌焙砂以利于浸出的进行。

3.2.2 硫化锌精矿焙烧的理论基础

3.2.2.1 硫化锌的焙烧反应

硫化锌焙烧反应可以分为以下几大类。

(1) 硫化锌氧化生成氧化锌

$$2ZnS+3O_2 \Longleftrightarrow 2ZnO+2SO_2$$

(2) 硫酸锌和 SO_3 的生成

$$2ZnS+2SO_3+O_2 \Longleftrightarrow 2ZnSO_4$$
$$2SO_2+O_2 \Longleftrightarrow 2SO_3$$

(3) ZnO 与 Fe_2O_3 形成铁酸锌

$$ZnO+Fe_2O_3 \Longleftrightarrow ZnO \cdot Fe_2O_3$$

3.2.2.2 硫化锌焙烧的热力学分析

(1) Zn-S-O 系等温平衡状态图 焙烧过程中硫化锌精矿中的 Zn-S-O 系基本反应列于表 3-2 中。利用表中数据可绘制出如图 3-3 所示的焙烧过程中的 lgp_{SO_2}-lgp_{O_2} 等温状态图。

从 Zn-S-O 系等温平衡状态图可以得到如下结论。

① ZnS 直接获得金属锌是比较困难的。

② 硫酸锌的分解经过一个中间产物——碱式硫酸锌。

③ 温度升高时,硫酸锌稳定区缩小(如虚线所示),提高沸腾焙烧温度可以保证锌硫酸盐的彻底分解。

④ 对于含 Cu、Fe 等的复杂的含锌原料进行硫酸化焙烧时,希望 Cu、Zn 等有价金属转变为硫酸盐,须控制适当的焙烧温度(953K±30K)。

Zn-S-O 系中各反应的平衡常数如表 3-2 所示。

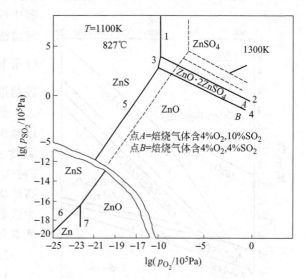

图 3-3 Zn-S-O 系 lgp_{SO_2}-lgp_{O_2} 等温状态图

表 3-2 Zn-S-O 系中各反应及其平衡常数(lgK)

反应	lgK				
	900K	1000K	1100K	1200K	1300K
1. $ZnS+2O_2 \Longleftrightarrow ZnSO_4$	26.607	22.158	18.614	15.673	13.206
2. $3ZnSO_4 \Longleftrightarrow ZnO \cdot 2ZnSO_4+SO_2+\frac{1}{2}O_2$	-3.978	-2.120	-0.869	-0.151	1.008
3. $3ZnS+\frac{11}{2}O_2 \Longleftrightarrow ZnO \cdot 2ZnSO_4+SO_2$	75.843	64.354	54.973	47.170	40.627
4. $\frac{1}{2}(ZnO \cdot 2ZnSO_4) \Longleftrightarrow \frac{3}{2}ZnO+SO_2+\frac{1}{2}O_2$	-5.260	-3.394	-1.880	-0.627	0.424
5. $ZnS+\frac{3}{2}O_2 \Longleftrightarrow ZnO+SO_2$	21.774	19.189	17.071	15.305	13.845
6. $Zn(气、液)+SO_2 \Longleftrightarrow ZnS+O_2$	-6.852	-6.316	-5.876	-5.589	-5.671
7. $2Zn(气、液)+O_2 \Longleftrightarrow 2ZnO$	29.844	25.745	22.341	19.433	16.308

当焙烧温度一定时,焙烧过程中锌的存在形态取决于 p_{SO_2} 和 p_{O_2}。如图3-3中 A 点和 B 点所示。

当气相组成不变,改变焙烧温度时,也可改变焙烧产物中锌存在的形态。如图中虚线所示,当温度升高时,ZnO 区域扩大,$ZnSO_4$ 稳定区缩小。

在实际的锌精矿焙烧过程中,就是通过控制焙烧温度和气相组成来控制焙烧产物中锌的存在形态。生产中通过控制供风量(空气过剩系数)来调节气相组成。

火法炼锌的焙烧温度一般控制在1273K以上,有的达到1340～1370K。空气过剩系数为1.05～1.10。

湿法炼锌的焙烧温度一般控制在1143～1193K,有的达到1293K。空气过剩系数为1.20～1.30。

(2) 铁酸锌($ZnO \cdot Fe_2O_3$)的生成 由于锌精矿中含有 FeS 或 (Zn,Fe)S,焙烧过程中铁酸锌的生成是不可避免的。铁酸锌的生成对湿法炼锌的影响较大。利用图3-4的 Zn-Fe-S-O 系 $\lg p_{SO_3} - \frac{1}{T}$ 平衡状态图,可以了解生成铁酸锌的焙烧条件和减少铁酸锌生成的措施。

焙烧过程中只要减少 Fe_2O_3 的生成,就可以减少铁酸锌的生成。从图中可以看到,当焙烧温度一定时,低氧分压时,Fe_2O_3 分解为 Fe_3O_4,这样可以减少产物中铁酸锌的生成。提高焙烧温度可使 Fe_3O_4 的稳定区域扩大,也减少铁酸锌的生成。因此,焙烧过程中一定要维持低氧分压和适当提高焙烧温度。

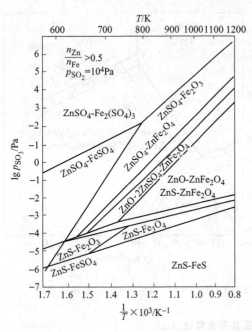

图3-4 Zn-Fe-S-O 系的 $\lg p_{SO_3} - \frac{1}{T}$ 图

3.2.2.3 硫化锌焙烧的动力学分析

锌精矿的焙烧是一个复杂过程,存在着气-固反应、固-固反应以及固-液反应;除有一般的化学环节,还包括吸附、解吸、内扩散、外扩散等物理环节和晶核的生成、新相的成长等化学晶形转变等现象。另外,焙烧时还会出现稳定的中间化合物和多种硅酸盐、铁酸盐、硫酸盐等。

(1) 焙烧反应的机理与速度 硫化锌焙烧反应的机理如下:

$$ZnS + \frac{1}{2}O_2(气) \longrightarrow ZnS\cdots[O]_{吸附} \longrightarrow ZnO + [S]_{吸附}$$

$$ZnO + [S]_{吸附} + O_2 \longrightarrow ZnO + SO_{2解吸}$$

该反应是多相反应焙烧。反应速度的快慢与硫化物的着火温度有关,在某一温度下,硫化物氧化所放出的热足以使氧化过程自发地扩展到全部物料并使反应加速进行,此温度即为着火温度。各种硫化物具有自己的着火温度,着火温度决定于硫化物的物理与化学性质以及外界因素。在着火温度以下或低温阶段,反应受化学反应环节控制。当在着火温度以上时或高温阶段,过程的控制环节由动力学范围转移到扩散控制。向反应界面的气流扩散对焙烧过程的影响较大。焙烧反应是一个强的放热过程,在粒子内部的反应界面与粒子的表面有一定温度梯度,并有热传递发生。在低温焙烧时,可能生成硫酸锌和碱式硫酸锌。

图 3-5 为硫化矿焙烧反应模式的示意图。

决定硫化锌精矿氧化焙烧速度的控制环节：

① 氧通过颗粒周围的气膜向其表面扩散（外扩散）；

② 氧通过颗粒表面的氧化物层向反应界面扩散（内扩散）；

③ 在反应界面上进行化学反应；

④ 反应的产物 SO_2 向着与氧相反方向的扩散。

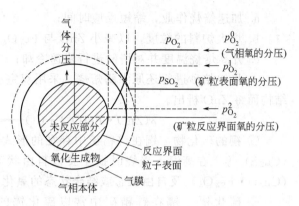

图 3-5 硫化矿焙烧反应模式示意图

反应速度是由以上 4 个环节中最慢的环节来决定。

硫化锌矿氧化生成的氧化锌层比较疏松，对氧和 SO_2 的扩散阻力不大，因此决定反应速度的环节是气膜中氧的扩散和界面反应。在 830℃ 以下，界面反应的阻力占主要地位，880℃ 以上，气膜传质的阻力占绝对优势。颗粒粒度的减小有利于界面反应，也有利于扩散过程，但不能过小，否则增加烟尘率。

（2）影响锌精矿焙烧反应速度的因素　影响焙烧反应速度的因素主要有：温度、氧气浓度、气流速度、精矿粒度、精矿品位等。提高温度，增大气流速度与氧的浓度，提高精矿的磨细程度，都有利于硫化锌氧化反应的加速，可以提高设备的生产率。

（3）硫化锌精矿焙烧时各成分的行为

① 硫化锌（ZnS）　硫化锌以闪锌矿或铁闪锌矿（nZnS·mFeS）的形式存在于锌精矿中。焙烧时硫化锌进行下列反应：

$$ZnS + 2O_2 = ZnSO_4 \tag{3-1}$$

$$2ZnS + 3O_2 = 2ZnO + 2SO_2 \tag{3-2}$$

$$2SO_2 + O_2 = 2SO_3 \tag{3-3}$$

$$ZnO + SO_3 = ZnSO_4 \tag{3-4}$$

② 二氧化硅（SiO_2）　硫化锌精矿中往往含有 2%～8% 的 SiO_2，多以石英矿物形态存在，在焙烧过程中易与金属氧化物生成可溶性硅酸盐，在浸出时溶解进入溶液，形成硅酸胶体。铅的存在能促使硅酸盐生成，促使精矿熔结，妨碍焙烧进行。熔融状态的硅酸铅可以溶解其他金属氧化物或其硅酸盐，形成复杂的硅酸盐。

③ 硫化铅（PbS）　铅在硫化锌精矿中存在的矿物形式为 PbS。硫化铅在空气中焙烧时铅可被氧化为 $PbSO_4$ 和 PbO。

硫化铅和氧化铅在高温时具有大的蒸气压，能够挥发进入烟尘，因此可采用高温焙烧来气化脱铅。

铅的各种化合物熔点较低，容易使焙砂发生黏结，影响正常的沸腾焙烧作业的进行。

④ 硫化铁　锌精矿中主要的硫化铁矿有黄铁矿（FeS_2）、磁硫铁矿（Fe_nS_{n+1}）和复杂硫化铁矿，如铁闪锌矿（nZnS·mFeS）、黄铜矿（$FeCuS_2$）、砷硫铁矿（FeAsS）等。焙烧结果是得到 Fe_2O_3 与 Fe_3O_4。由于 FeO 在焙烧条件下继续被氧化以及硫酸铁很容易分解，故可以认为焙烧产物中没有或极少有 FeO 与 $FeSO_4$ 存在。

当温度在 600℃ 以上时，ZnO 与 Fe_2O_3 按以下反应形成铁酸锌：

$$ZnO + Fe_2O_3 = ZnO·Fe_2O_3$$

对于湿法炼锌厂来说，力求在焙烧中避免铁酸锌的生成，措施如下：

a. 加速焙烧作业,缩短反应时间;
  b. 增大炉料的粒度,以减小 ZnO 与 Fe_2O_3 颗粒的接触表面;
  c. 升高焙烧温度并对焙砂进行快速冷却;
  d. 将锌焙砂进行还原沸腾焙烧(采用双室沸腾炉),用 CO 还原铁酸锌,破坏铁酸锌的结构而将 ZnO 析出。

$$3(ZnO \cdot Fe_2O_3)+CO = 3ZnO+2Fe_3O_4+CO_2$$

⑤ 铜的硫化物 铜在锌精矿中存在的形式有辉铜矿(CuS)、黄铜矿($CuFeS_2$)、铜蓝(Cu_2S)等。在高温下焙烧时铜主要以自由状态的 Cu_2O 存在,部分为结合状态的氧化铜($Cu_2O \cdot Fe_2O_3$)及自由状态或结合状态的氧化铜。

⑥ 硫化镉 镉在锌精矿中常以硫化镉的形式存在,在焙烧时被氧化生成 CdO 和 $CdSO_4$。$CdSO_4$ 在高温下分解生成 CdO,与 CdS 挥发进入烟尘,成为提镉原料。

⑦ 砷与锑的化合物 在锌精矿中存在的砷、锑化合物有硫砷铁矿(即毒砂 FeAsS)、硫化砷(As_2S_3)、辉锑矿(Sb_2S_3),在焙烧过程中生成 As_2O_3、Sb_2O_3 以及砷酸盐和锑酸盐。As_2S_3、Sb_2S_3、As_2O_3、Sb_2O_3 容易挥发进入烟尘,砷酸盐和锑酸盐是稳定化合物残留于焙砂中。

⑧ Bi、Au、Ag、In、Ge、Ga 等的硫化物 Bi、In、Ge、Ga 等的硫化物在焙烧过程中生成氧化物,以氧化物的状态存在于焙烧产物中,Au 和 Ag 主要以金属状态存在于焙烧产物中。

3.2.3 硫化锌精矿的沸腾焙烧

3.2.3.1 沸腾焙烧的理论

硫化锌精矿的焙烧大都采用沸腾炉焙烧,有的还采用多膛炉焙烧或悬浮焙烧。沸腾焙烧是使空气以一定速度自下而上地吹过固体炉料层,固体炉料粒子被风吹动互相分离,并做不停的复杂运动,运动的粒子处于悬浮状态,其状态如同水的沸腾,有效地进行硫化物氧化反应的强化焙烧过程,因此称为沸腾焙烧。沸腾焙烧炉内料层温度高达 850~1150℃,炉内热容量大且均匀。由于固体粒子可以较长时间处于悬浮状态,反应速度快、传热传质效率高、温差小、料粒和空气接触时间长,使焙烧过程大大强化。

沸腾焙烧的基础是固体流态化。当气体通过固体炉料层时,由于气体的速度不同可分为三个阶段:即固定床、膨胀床及流态化床。

沸腾层的三种形态:
① 黏紧态,不适于精矿的焙烧;
② 聚式态,精矿焙烧所希望的状态;
③ 腾冲态,降低焙烧效果,影响焙烧质量,烟尘带出量增多。

沸腾层的临界速度就是流态化点速度,即开始沸腾时的气流直线速度,临界速度还与空隙度有关。沸腾层的临界速度与粒子的直径平方成正比,并与固体性质、气体性质有关,与沸腾高度无关。

沸腾层的传热可分为固体与流体之间的热传递、沸腾层内各部分之间的热传递、沸腾层与管壁或换热器之间的热传递三种形式,主要是对流方式。因为沸腾层内固体颗粒快速的循环以及气流又使床层激烈的搅动,因而沸腾床层内传热系数很大,沸腾层内各部分温度几乎一致,可控制沸腾层内温度在±10℃波动。

3.2.3.2 硫化锌精矿沸腾焙烧的实践

沸腾炉所用设备简单,易于实现自动化控制。沸腾焙烧的应用是在 1944 年开始,首先用于硫铁矿的焙烧，1952 年才应用到炼锌工业中。我国于 1957 年末建成第一座工业沸腾焙烧炉并投入生产，且在后来新建的炼锌厂都采用了沸腾焙烧。

(1) 沸腾焙烧的工艺　沸腾焙烧的工艺过程一般包括炉料准备及加料系统、炉本体系统、收尘及气体处理系统和排料系统四个部分。

炉料准备包括配料、干燥、破碎与筛分。

沸腾焙烧炉的加料方式有干法加料与湿法加料两种。

沸腾焙烧所得焙烧矿自沸腾层溢流口排出，排出后多采用冷却圆筒进行冷却。焙烧矿可采用湿法和干法两种输送方式。

(2) 沸腾焙烧的设备　硫化锌精矿的焙烧可采用反射炉、多膛炉、复式炉（多膛炉与反射炉的结合）、飘悬焙烧炉和沸腾焙烧炉。

目前采用的沸腾焙烧炉有带前室的直形炉（图 3-6）、道尔型湿法加料直形炉（图 3-7）和鲁奇扩大型炉（图 3-8）三种类型，多采用扩大型的鲁奇炉（Lurgi 炉，又称为 VM 炉）。

(3) 沸腾焙烧炉的结构　沸腾焙烧炉的结构包括内衬耐火材料的炉身；装有风帽的空气分布板；下部的钢壳送风斗；上部的炉顶和炉气出口；侧边的加料装置和焙砂溢流排料口。

沸腾炉炉底空气分布板及风帽，必须满足以下要求：

① 必须使空气经过炉底的整个截面均匀地送入沸腾层；
② 不应使炉内焙烧矿漏入炉底的送风斗中；
③ 炉底应能够耐热，不致在高温下发生变形或损坏。

空气能否均匀地送入沸腾层，主要取决于风帽的排列及风帽本身的结构：

① 对圆形炉子，采用同心圆的排列；
② 对于长方形炉子，采用棋盘排列。

风帽形状有菌形、锥形和伞形。风帽风眼断面积之和，一般为炉底面积的 1% 左右，孔

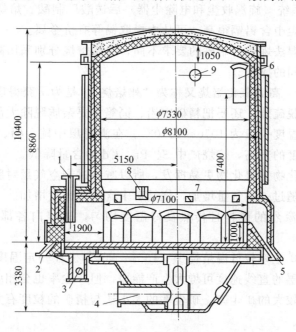

图 3-6　42m² 前室加料直筒形焙烧炉

1—加料孔；2—事故排出口；3—前室进风口；4—炉底进风口；
5—排料口；6—排烟口；7—点火孔；8—操作门；9—开炉用排烟口

3 锌冶金

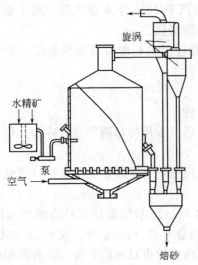

图 3-7 道尔型流态化炉结构示意图

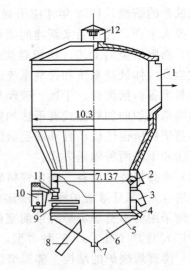

图 3-8 鲁奇扩大型沸腾炉图
1—排气道；2—烧油嘴；3—焙砂溢流口；4—底卸料口；
5—空气分布板；6—风箱；7—风箱排放口；8—进风管；
9—冷却管；10—高速皮带；11—加料孔；12—安全罩

风眼喷出的风速达 10～12m/s。有加料前室的沸腾炉，其加料前室与炉体的送风是分开的。

沸腾层周围安装有汽化冷却水套数块。

(4) 沸腾焙烧的技术经济指标　精矿加入炉内后，在沸腾层高温作用下进行焙烧。焙烧所得烧矿经溢流口自动排出炉外。焙烧所得炉气携带矿尘从炉上部的炉气出口导入冷却（降温至 350℃）及收尘系统（旋涡收尘和电除尘器）后送酸厂制酸。焙烧矿质量随操作的基本条件而变，电收尘焙尘中含铅镉很高，可从中提取镉等有价金属。

根据火法炼锌和湿法炼锌对焙砂的要求不同，沸腾焙烧分别采用高温氧化焙烧和低温部分硫酸化焙烧两种不同的操作。

① 高温氧化焙烧　高温氧化焙烧又称为"死焙烧"，是为了获得适于还原蒸馏的焙砂以满足蒸馏需要。除了脱硫外，还要把精矿中铅、镉等主要杂质脱除大部分。

高温沸腾焙烧的温度一般为 1070～1100℃。在沸腾层中硫、铅、镉的脱除主要决定于焙烧温度。沸腾层温度的升高，焙烧矿中 S、Pb、Cd 的含量降低。

由于铅和镉的硫化物比氧化物更易挥发，所以减少过剩空气量对脱铅与脱镉更有利，而对脱硫的关系不大。随过剩空气量增加，烧结矿中含铅与镉量增加。

在沸腾层内由于激烈的搅拌且传热良好温度均匀，故层内各部位的焙烧矿质量是相似的。

高温氧化焙烧的矿尘率较低温焙烧少（10%～30%）。在一定温度与一定的过剩空气量的条件下，增大沸腾层的直线速度可增大生产能力，但矿尘率也会相应的增大。过高地提高生产能力必然会产生较大的矿尘率。矿尘率的大小还与精矿的粒度有关，精矿粒度愈细，则相应地矿尘率就愈大。

② 低温部分硫酸化焙烧　低温部分硫酸化焙烧主要是为了得到适合湿法炼锌用的焙砂。要求在焙烧矿中留有少量可溶性硫（2%～4%），同时还应避免与减少铁酸锌和硅酸盐的形成，并除去一部分砷和锑。

沸腾焙烧时，精矿中的砷、锑硫化物迅速氧化形成 As_2O_5 与 Sb_2O_5 而很难挥发除去，使砷、锑的脱除不理想。

低温硫酸盐化焙烧的脱硫效率主要取决于温度。为得到含有少量可溶性硫的焙砂，沸腾层温度一般采用 850～900℃。

低温沸腾焙烧的焙尘率较高（40%～50%）。沸腾焙烧的时间即炉料在炉内停留的时间对脱硫反应有影响。炉料在炉内只需停留 12～18s 便可以得到满意的焙烧结果。

3.2.3.3 硫化锌精矿沸腾焙烧的发展

(1) 高温沸腾焙烧 锌精矿沸腾焙烧的温度，已从 850℃ 提高到 950℃ 左右，大多数工厂为 910～980℃。温度提高后，可提高炉子生产率与脱硫程度。

(2) 锌精矿富氧空气沸腾焙烧 富氧鼓风沸腾焙烧是强化措施之一。前苏联一工厂首先在沸腾炉采用 27%～29% O_2 的富氧鼓风，使生产率提高了 60%～70%，达到 8.4～8.8t/$(m^2 \cdot d)$，烟气量减少，SO_2 浓度提高到 13%～15%，还降低了烟尘率与提高了产品质量。

其他强化沸腾焙烧的措施还有制粒、利用二次空气或贫 SO_2 烧结烟气焙烧、多层沸腾炉焙烧等。

3.2.4 硫化锌精矿的烧结焙烧

硫化锌精矿的烧结焙烧在直线形烧结机上进行死焙烧，以获得适合蒸馏法炼锌或鼓风炉炼锌的烧结块。其目的是利用空气通过烧结机上的料层在较高温度下（1200～1300℃）尽可能除尽硫，同时也除去对蒸馏有害的杂质砷、铅、镉。在烧结焙烧过程中，铅除去约 75%，镉除去约 95%。炉料中加入少量的食盐或氯化钙，以使铅与镉变为较易挥发的氯化物而除去。

对蒸馏法炼锌，锌精矿烧结焙烧时炉料中不加熔剂。对鼓风炉炼锌，炉料中要加入熔剂，使烧结矿烧结成较大的块料并具有较高的强度。

烧结焙烧一般有吸风烧结和鼓风烧结两种方法。鼓风烧结机构造示意图如图 2-6 所示。

吸风烧结时，烧结反应由料层的上层向下层发展，点火时间较长（大于 18s），空气量较大（为理论量的 5～10 倍），风压较大（负压 2.5～5kPa），有效烧结块单位生产率低 [8～13.5t/$(m^2 \cdot d)$]，脱硫率低（50%～75%），烟气中 SO_2 平均浓度低（0.5%～2.5%），制酸困难且造成严重的环境污染。

鼓风烧结点火时间较短（小于 5s），鼓风压力较小（1.5～3kPa），有效烧结块单位生产率高 [13～18t/$(m^2 \cdot d)$，最高可达 22t/$(m^2 \cdot d)$]，脱硫率高（70%～80%），烟气中 SO_2 浓度高达 6%～9%，可用于制酸。

对鼓风炉炼锌来说，因炉料中常含有较多的铅，因此采用鼓风烧结。并且要求烧结块中含铅量一般不大于 20%。

若原料含铜较高，则应在烧结块中残留部分硫，使铜以 Cu_2S 的形态进入铅冰铜，减轻产出高铜粗铅的熔炼困难和铜随渣的损失。

为提高炉料的透气性，在烧结焙烧锌精矿时，可采取下列办法：

① 用预先焙烧的方法加大精矿的粒度；
② 在圆筒内混合加湿料，加大精矿的粒度，水分蒸发后还可留下孔隙，增大透气性；
③ 加入返粉；
④ 在小车底上铺一薄层较大粒的烧结矿。

思 考 题

1. 根据 Zn-S-O 系状态图,说明 ZnS 难以直接氧化得到金属锌的原因。
2. 为什么说硫化锌是较难焙烧的硫化物?
3. 简述硫化锌精矿焙烧的目的。
4. 在硫化锌精矿焙烧的过程中如何避免铁酸锌的生成?
5. 硫化锌精矿的焙烧的设备有哪些?
6. 沸腾焙烧的强化措施有哪些?

3.3 湿法炼锌

【内容导读】

> 本节主要介绍湿法炼锌的原理与工艺。从浸出、净化、电解沉积等方面进行详细阐述。并对锌电积生产实践进行了介绍。

湿法炼锌过程可分为焙烧、浸出、净化、电解和熔铸5个阶段,以稀硫酸溶剂溶解含锌物料中的锌,使锌尽可能全部地溶入溶液中,得到硫酸锌溶液,再对此溶液进行净化以除去溶液中的杂质,然后从硫酸锌溶液中电解析出锌,电解析出的锌再熔铸成锭。

与火法炼锌相比,湿法炼锌具有产品纯度高、金属回收率高、综合利用好、劳动条件好、环境易达标、过程易于实现自动化和机械化等优点。

3.3.1 锌焙砂的浸出

湿法炼锌的浸出实质是以稀硫酸溶液(废电解液)作溶剂,控制适当的酸度、温度和压力等条件,将含锌物料中的锌化合物溶解呈硫酸锌进入溶液、不溶固体形成残渣的过程。

浸出的目的:①使物料中的 Zn 尽可能地全部溶解到浸出液中,得到高浸出率;②使有害杂质尽可能地进入渣中,达到与锌分离的目的。

表 3-3 对浸出方法进行了分类。

表 3-3 浸出方法分类

分类	名 称	特 征
按过程酸度等不同	中性浸出	终点 pH 值,5.2~5.4,60~70℃
	酸性浸出(低酸浸出)	终酸 1~5g/L(10~20g/L),75~80℃
	热酸浸出(高酸浸出)	终酸 40~60g/L,90~95℃
	超酸浸出	终酸 120~130g/L,90~95℃
	氧压浸出	终酸 15~30g/L,135~150℃,氧分压 350~1000kPa
	还原浸出	终酸 20g/L,100~110℃,SO_2,压力 150~200kPa
按过程段数不同	一段浸出	一段中性浸出;一段氧压浸出;一段还原浸出
	二段浸出	一段中浸;一段酸浸;两段中浸;两段酸浸;两段氧压酸浸
	三段浸出	一段中浸、一段低浸、一段热酸浸
	四段浸出	一段中浸、一段酸浸、一段高浸、一段超酸浸出
按作业方式不同	间断浸出	浸出过程在同一槽内分批间断进行
	连续浸出	浸出过程在几个槽内循序进行

图 3-9 为锌焙砂浸出的一般流程。浸出过程分为中性浸出、酸性浸出和 ZnO 粉浸出。中性浸出过程中为了使铁和砷、锑等杂质进入浸出渣,终点 pH 值控制在 5.0~5.2。中性

浸出只溶解一部分锌,此时浸出渣中有大量的锌焙砂存在,所以中性浸出渣必须进行酸性浸出,其目的是尽量保证焙砂中的锌更完全地溶解,其终点酸度 1~5g/L H_2SO_4。然而经上述两次浸出并不能将焙砂中的锌完全溶出,浸出渣仍含锌 20%左右,这部分锌以不溶的铁酸锌形态进入渣中。所以,这种浸出渣常用烟化挥发的火法处理,将锌还原挥发出来与其他组分分离,并以粗 ZnO 粉的形式回收,进一步用湿法处理。湿法炼锌在 20 世纪 60 年代以后有了较大的发展,中性浸出已改为热酸浸出。图 3-10 为中浸渣部分热酸浸出流程。

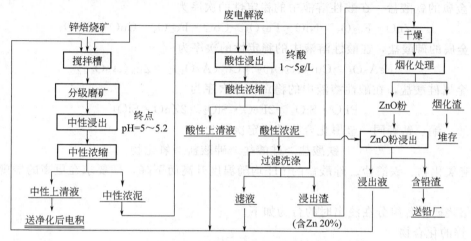

图 3-9　锌焙砂浸出的一般流程

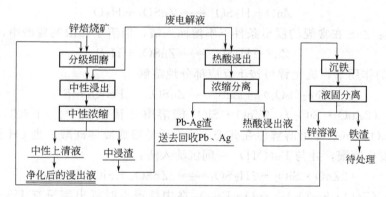

图 3-10　中浸渣部分热酸浸出流程

3.3.1.1　浸出反应的热力学

锌焙砂用稀硫酸溶剂进行浸出时是焙烧矿氧化物的稀硫酸溶解和硫酸盐的水溶解过程,发生以下几类反应。

① $ZnSO_4$ 的溶解　它们直接溶解于水形成硫酸锌水溶液。硫酸锌很易溶于水,溶解时放出溶解热,溶解度随温度升高而增加。

② 氧化锌及其他金属氧化物的溶解

$$Me_nO_m + mH_2SO_4 \Longleftrightarrow Me_n(SO_4)_m + mH_2O$$

锌焙烧矿的主要成分是自由状态的 ZnO,浸出时与硫酸作用进入溶液,浸出的反应为

$$ZnO + 2H^+ \Longleftrightarrow Zn^{2+} + H_2O$$

当反应达到平衡时,反应的平衡常数为

$$K_a = \frac{a_{Zn^{2+}}}{a_{H^+}} = 10^{11.6}$$

在达到平衡状态后，H^+ 和 Zn^{2+} 两种离子浓度相差很远。在 25℃，当锌离子活度按 1mol/L 计时，则锌离子的水解时的 pH＝5.8。

锌焙砂中存在的金属氧化物、铁酸盐、砷酸盐和硅酸盐等锌的多种化合物在酸浸出过程中溶解的难易程度，或在酸性溶液中的稳定性，可用 pH 来衡量。

a. 金属氧化物，在酸性溶液中的稳定性的次序为

$$SnO_2>Cu_2O>Fe_2O_3>Ga_2O_3>Fe_3O_4>In_2O_3>CuO>ZnO>NiO>CaO>CdO>MnO$$

b. 金属的铁酸盐，在酸性溶液中的稳定性的次序为

$$ZnO·Fe_2O_3>NiO·Fe_2O_3>CoO·Fe_2O_3>CuO·Fe_2O_3$$

c. 金属的砷酸盐，在酸性溶液中的稳定性的次序为

$$FeAsO_4>Cu_3(AsO_4)_2>Co_3(AsO_4)_2>Zn_3(AsO_4)_2$$

d. 金属硅酸盐，在酸性溶液中的稳定性的次序为

$$PbO·SiO_2>2FeO·SiO_2>2ZnO·SiO_2$$

e. 锌、铜、钴等同一金属化合物的稳定次序为

$$铁酸盐>硅酸盐>砷酸盐>氧化物$$

所有氧化物、铁酸盐、砷酸盐的 pH 均随温度升高而下降，即要求在更高的酸度下进行浸出。

锌焙烧矿中各组分在浸出时的行为如下。

① 锌的化合物

a. 氧化锌：氧化锌浸出时与硫酸作用进入溶液，方程式为

$$ZnO+H_2SO_4 \Longrightarrow ZnSO_4+H_2O$$

b. 硫化锌：ZnS 在常规的浸出条件下不溶而入渣，但溶于热浓的硫酸中，其反应为

$$ZnS+H_2SO_4 \Longrightarrow ZnSO_4+H_2S$$

在硫酸铁的作用下，硫化锌可按下反应部分地溶解

$$Fe_2(SO_4)_3+ZnS \Longrightarrow ZnSO_4+2FeSO_4+S$$

c. 硅酸锌（$2ZnO·SiO_2$）：$2ZnO·SiO_2$ 能溶解在稀硫酸中。当 60℃ 浸出时，溶液 pH<3.8，$2ZnO·SiO_2$ 即可溶解但在硅进入溶液后易形成胶体硅酸。当 pH 值升高到 5.2～5.4 时，硅酸发生凝聚，并与 $Fe(OH)_3$ 一同沉淀入渣：

$$2ZnO·SiO_2+2H_2SO_4 \Longrightarrow 2ZnSO_4+SiO_2·2H_2O$$

d. 铁酸锌（$ZnO·Fe_2O_3$）：$ZnO·Fe_2O_3$ 在中性浸出时浸出率只有 1%～3%，几乎不溶解而进入浸出残渣中造成锌的损失。采用高温高酸浸出焙砂，铁酸锌可按以下反应溶解：

$$ZnO·Fe_2O_3+4H_2SO_4 \Longrightarrow ZnSO_4+Fe_2(SO_4)_3+4H_2O$$

② 铁的化合物　Fe_2O_3 在用很稀的硫酸浸出时不溶解，Fe_3O_4 不溶于稀硫酸。中性浸出时，焙烧矿中的铁约有 10%～20% 进入溶液，溶液中存在 Fe^{2+} 和 Fe^{3+} 两种铁离子。在中性浸出终了时，Fe^{2+} 不水解，而 Fe^{3+} 则很易水解形成 $Fe(OH)_3$ 沉淀除去。为了在浸出终了能使铁盐水解除去，需要将 Fe^{2+} 氧化成 Fe^{3+}。

③ 铜、镍、镉、钴的氧化物　在酸性浸出时很容易溶解，生成硫酸盐进入溶液。

$$MeO+H_2SO_4 \Longrightarrow MeSO_4+H_2O$$

④ 砷酸盐和锑酸盐　焙烧中的砷和锑以砷酸盐和锑酸盐形态留在焙砂中，浸出时主要以络阴离子存在：

$$FeO·As_2O_5+H_2SO_4+2H_2O \Longrightarrow FeSO_4+2H_3AsO_4$$

$$FeO·Sb_2O_5+H_2SO_4+2H_2O \Longrightarrow FeSO_4+2H_3SbO_4$$

⑤ 铅与钙、镁的化合物　铅的化合物在浸出时呈硫酸铅（$PbSO_4$）和其他铅的化合物（如 PbS）留在浸出残渣中。

钙与镁在浸出时生成 $CaSO_4$ 和 $MgSO_4$，消耗硫酸。$MgSO_4$ 溶解度较高，当溶液温度降低时，$MgSO_4$ 便结晶析出，堵塞管道。

⑥ 硅化物　焙砂中游离态的 SiO_2 不溶进入渣中，硅酸盐则在稀硫酸溶液中部分溶解。

⑦ 金与银　金在浸出时不溶解，完全留在浸出残渣中。锌焙砂中的硫化银（Ag_2S）不溶解，硫酸银溶入溶液中，溶解的银与溶液中的氯离子结合为氯化银沉淀进入渣中。

⑧ 镓、铟、锗、铊　镓、铟、锗在酸性浸出时，能部分地溶解，在中性浸出过程中水解而进入浸出的残渣中。铊浸出时进入溶液中，在加锌粉净化除铜、镉时将与铜、镉一道进入铜镉渣中而被除去。

3.3.1.2　浸出过程动力学

锌焙砂浸出过程是属于液-固之间的多相反应。反应速度受酸浓度和温度影响外，还与反应物接触的表面积、液体黏度和溶质的物理化学性质有关。充分磨细矿物（增大反应表面积）、提高温度（增大扩散系数），提高溶剂浓度（增大溶液与反应表面处的酸的浓度差），加强搅拌（减少扩散层厚度）等可加快浸出速度。控制反应速度环节主要是液相边界层的扩散过程和界面反应过程。

（1）扩散过程控制　单位时间反应的物质的量：

$$\frac{dn}{dt} = DF\frac{(c-c_S)}{\delta}$$

式中　c、c_S——溶液本体和反应表面处酸的浓度；

　　　F——反应表面积，$F=4\pi r^2$（球形）；

　　　δ——扩散层厚度，对静态溶液 $\delta=0.5mm$，搅拌下 $\delta\approx 0.01mm$；

　　　D——扩散系数。

由上式可知，当 c_S 一定时，当本体中酸浓度越大，反应速度越快，所以实际生产中适当提高反应液酸度（170～200g/L）。提高搅拌强度时，δ 变小，也能加快反应。还有颗粒越细或提高反应温度，降低介质黏度都能增大扩散系数 D，也能提高反应速度。

（2）界面反应过程控制　当搅拌强度达到一定程度后，扩散过程能够比较顺利地进行，这时氧化锌的溶解速度取决于界面反应速度。

3.3.1.3　中性浸出及中和水解除杂

中性浸出过程包括焙烧矿中 ZnO 的溶解和浸出液中 Fe^{3+} 的水解两个过程。对 ZnO 是溶解属浸出过程。对 Fe^{3+} 是中和水解除铁，属净化过程。水解除杂质就是在浸出终了调节溶液 pH 值，使锌离子不致水解，而杂质金属离子全部或部分以氢氧化物 $Me(OH)_n$ 形式析出。

中和水解的主要反应为

水解反应：　　　$Fe_2(SO_4)_3 + 6H_2O == 2Fe(OH)_3\downarrow + 3H_2SO_4$

中和反应：　　　$2H_2SO_4 + 3ZnO == 3ZnSO_4 + 3H_2O$

总反应：　$Fe_2(SO_4)_3 + 3ZnO + 3H_2O == ZnSO_4 + 2Fe(OH)_3\downarrow$

中性浸出的目的就是控制浸出终点 pH 值为 5.2～5.4，使铁、砷、锑水解以氢氧化物的形态沉淀入渣：

$$Me^{n+} + nH_2O == Me(OH)_n + nH^+$$

（1）三价铁水解及净化作用　在中性浸出过程中，控制终点 pH=5.2～5.4，可同时使

Fe^{3+}、Sn^{2+}、Al^{3+}等杂质以氢氧化物的形态沉淀下来：

$$M^{n+} + nOH^- \rightleftharpoons M(OH)_n$$

当pH=5.2～5.4时，溶液中的Zn^{2+}、Cu^{2+}、Fe^{2+}、Ni^{2+}、Cd^{2+}、Co^{2+}等不能沉淀出来。

为了在浸出终了能使其中的Fe^{2+}水解除去，需要用二氧化锰（软锰矿）或空气在酸性介质中将Fe^{2+}氧化成Fe^{3+}：

$$2Fe^{2+} + MnO_2 + 4H^+ \rightleftharpoons 2Fe^{3+} + Mn^{2+} + 2H_2O$$

$$\Delta E = E_{Mn^{2+}/MnO_2} - E_{Fe^{3+}/Fe^{2+}} = 0.46 - 0.12pH - 0.031 \lg \frac{a_{Fe^{3+}}^2 a_{Mn^{2+}}}{a_{Fe^{2+}}^2}$$

当温度为40℃，溶液含酸10～20g/L，中性浸出前液中锰的含量为3～5g/L时，a_{H^+}=0.08～0.12，$a_{Mn^{2+}}$=1.82×10^{-2}。如果取a_{H^+}=0.1，则pH=1，代入上式，则反应达平衡时：

$$\frac{a_{Fe^{3+}}}{a_{Fe^{2+}}} = \sqrt{\frac{10^{11.4}}{1.82 \times 10^{-2}}} = 3.72 \times 10^6$$

(2) 水解除硅　硅在浸出矿浆中基本上以胶体状态存在。硅胶过多将使矿浆澄清、沉降性能恶化。硅酸的等电点在pH=2附近，pH＞2时，硅胶微粒带负电，pH＜2时硅胶微粒带正电。浸出终点控制在pH=5.2时，氢氧化铁和硅酸胶体带有相反的电荷，两种胶体会聚结在一起发生共同沉淀。

为了使浸出矿浆易于沉降或过滤，工业生产通常向溶液中加入聚丙烯酰胺（三号凝聚剂）来改善和加速沉降过程。

3.3.1.4　浸出过程的实践

在浸出后期水解除杂质主要是针对铁、砷、锑、硅几个元素进行。

在中性浸出过程中，控制中性浸出温度为50～70℃、终点pH=5.2～5.4、适当的搅拌强度和中和速度以及加入凝聚剂，有利于$Fe(OH)_3$的凝聚及与硅胶相互凝聚而共同沉淀。在锌焙砂中性浸出Fe^{3+}沉淀的同时，溶液中的As、Sb可与铁共同沉淀进入渣中。为使As、Sb降至0.1mg/L以下，生产实践中一般控制Fe与As、Sb之比为10～15倍。如果溶液中铁不足，必须补加$FeSO_4$。

在中性浸出过程中，为了得到过滤性良好的矿浆，应控制好一下条件：浸出温度为50～70℃，终点pH为5.2～5.4，减少焙砂中可溶性SiO_2的含量，搅拌速度不宜过大，当pH值达5时应停止搅拌，中和速度不宜过快，加入适当的絮凝剂（如丹宁酸、二丁基萘磺酸钠、树脂等，我国多采用"三号絮凝剂"），以有利于$Fe(OH)_3$的凝聚及与硅胶相互凝聚而共同沉淀。

(1) 浸出过程对原料的要求　焙烧矿含锌的多少与浸出渣的数量有直接关系；可溶锌是表明原料中可浸出锌的数量，它直接影响锌的浸出率和回收率；水溶锌可起到补充浸出系统硫酸量的作用。

原料中杂质，如硅、砷、锑、氟、氯等的含量愈少愈好。

浸出过程对原料有如下要求：

① 焙烧矿全锌含量，一般要求焙烧矿含锌量应在50%以上；
② 可溶锌率，常规浸出法一般要求可溶锌率大于90%；
③ 铁含量，在常规浸出法中，焙烧矿中含铁量增加1%，不溶锌量增加0.6%。在热酸浸出法中，除影响作业进程外，也影响铁渣量的多少。

(2) 中性浸出对技术条件的控制

① 浸出终点的控制 中性浸出时控制终点 pH 值 5.2~5.4，达到除去铁、砷、锑、锗等有害杂质的目的。

② 一次中性浸出液质量的控制 中性浸出液的质量要求 Fe<20mg/L，As<0.24mg/L，Sb<0.2mg/L，同时要求浸出液中的悬浮物小于 1.5g/L。

a. 铁、砷、锑的控制：为了除去溶液中的砷、锑，溶液中必须含有足够的铁量。铁量为锌焙砂中砷、锑含量的 15~20 倍。

b. 固体悬浮物的控制：工厂一般采用低酸浸出，严格控制终点 pH 值 5.2~5.4，以减少硅酸盐溶解进入溶液的二氧化硅量。

为了尽可能减少上清液中的悬浮物，应控制浸出液含锌不超过 150g/L。控制较高的浸出温度，准确及时地掌握浸出终点停风搅拌时间以及控制矿浆液固比在 10~12∶1，均可起到减少上清液含悬浮物的作用。

③ 二次浸出的技术控制 锌焙砂经过一次中性浸出后，浓泥渣通常含有酸溶锌 10%~20%甚至更高。含锌浓泥进行二次浸出的目的就是最大限制地从浓泥中回收锌，提高锌的回收率，从而产出含锌量最少的残渣。

二次浸出可采用中性浸出或酸性浸出，技术指标如下。

a. 浸出矿浆的温度：浸出矿浆温度保持在 65℃以上，有时甚至高达 70~80℃。

b. 保证浸出时间和充分的搅拌强度：一般在保证溶液含酸的条件下，搅拌时间不少于 2h。

c. 控制矿浆的液固比：液固比愈大，澄清就愈好，锌回收率也相应提高。一般酸性浸出矿浆液固比在 6~8∶1 左右。

d. 浸出终点的控制：二次浸出采用中性浸出，终点 pH 值控制为 5.2~5.4；若采用酸性浸出，终点 pH 值控制在 2.5~3.5。

湿法炼锌厂多数是采用连续复浸出流程，即第一段为中性浸出，第二段为酸性或热酸浸出；浸出渣是用热酸浸出-黄钾铁矾法或火法还原挥发处理。

中性浸出的目的是保证把铁、砷、锑、铝、硅酸除到合格要求，仅有少部分 ZnO 溶解，锌的浸出率 75%~80%；二次浸出主要任务是进一步提高锌的浸出率，同时还要得到过滤性能良好的矿浆，以利于后一步进行固液体分离。

经过两段浸出，锌的浸出率为 85%~90%，渣中含锌>20%，其中以铁酸锌存在的锌占总锌量的 60%以上，为了提高锌的回收率，需采用回转窑还原挥发法、硫酸化焙烧法、电热蒸馏法及鼓风炉熔炼法等火法工艺或热酸浸出-黄钾铁矾法等湿法工艺回收渣中的锌。

采用热酸浸出法处理浸出渣，可使整个湿法炼锌流程缩短，生产成本降低，锌的浸出率达 97%~98%，并获得贵金属的铅银渣，各种铁渣容易过滤洗涤。

3.3.1.5 热酸浸出及铁的沉淀

(1) 热酸浸出 经中性浸出和酸性浸出后的浸出渣含锌仍在 17%~20%。分析表明，渣中锌的主要形态为 $ZnFe_2O_4$(60%~90%) 和 ZnS(0~16%)。

除含有锌外，还有其他有价金属，如铅、铜及贵金属金、银等。为此必须从锌浸出渣中回收锌及有价金属。

热酸浸出的实质是锌焙烧矿的中性浸出渣经高温、高酸浸出，在低酸中难以溶解的铁酸锌以及少量其他尚未溶解的锌化合物得到溶解，进一步提高锌的浸出率。一般是将常规浸出法的酸性浸出改为高温、高酸浸出，使浸出过程成为不同酸度、多段逆流的浸出过程。

$$ZnO·Fe_2O_3+4H_2SO_4 \Longrightarrow ZnSO_4+Fe_2(SO_4)_3+4H_2O$$

热酸浸出就是将中性浸出渣进行酸性浸出时，将浸出温度由一般酸性浸出的50～70℃提高到90～95℃，终酸由1～5g/L提高到40～60g/L，使渣中的铁酸锌溶解的过程。

（2）铁的沉淀　热酸浸出的结果使铁酸锌的溶出率达到90%以上，锌的浸出率显著提高（达到97%～98%），铅、银富集在渣中，但大量铁也被溶解出来转入溶液中。如果用通常的水解法沉淀铁，由于有大量的胶状铁质生成，难以进行沉淀过滤。

根据沉淀铁的化合物形态不同，热酸浸出过程中采用的沉铁方法有黄钾铁矾法、针铁矿法和赤铁矿法。

① 黄钾铁矾法　使三价铁以黄钾铁矾复盐的形式从弱酸溶液里沉淀出来，其基本反应为：

$$3Fe_2(SO_4)_3+2A(OH)+10H_2O \Longrightarrow 2AFe_3(SO_4)_2(OH)_6+5H_2SO_4$$

式中，$AFe_3(SO_4)_2(OH)_6$ 为黄钾铁矾，其中 A 为 K^+、Na^+、NH_4^+、Ag^+、Rb^+、H_3O^+ 和 $1/2Pb^{2+}$。这几种碱金属离子中 K^+ 的作用最佳，Na^+、Rb^+ 稍差。溶液中的一部分 Fe^{2+} 需氧化成 Fe^{3+}，可采用 MnO_2 或空气氧化的方法：

$$2Fe^{2+}+MnO_2+4H^+ \Longrightarrow 2Fe^{3+}+Mn^{2+}+2H_2O$$

在沉铁过程中除发生一般浸出的化学反应外，还包括铁酸锌的溶解反应：

$$ZnO·Fe_2O_3+4H_2SO_4 \Longrightarrow ZnSO_4+Fe_2(SO_4)_3+4H_2O$$

工业上采用接近沸腾温度（95～100℃）沉铁。当pH值为1.5、温度为90℃时，溶液中90%～95%的铁可以黄钾铁矾形态沉淀出来，残存的铁进一步以 $Fe(OH)_3$ 沉淀。铁矾化合物在形成的同时会产生一定的酸，为保持沉铁pH值为1.5，需用焙砂作中和剂中和沉铁过程产出的硫酸，但焙砂中的铁酸锌不溶解而留在铁矾渣中。

黄钾铁矾法的优缺点：

a. 黄钾铁矾沉淀为晶体，易澄清过滤分离；

b. 金属回收率高；

c. 碱试剂消耗量少；

d. 沉铁是在微酸性（pH=1.5）溶液中进行，需中和剂 ZnO 少；

e. 铁矾带走一定的硫酸根，有利于保持酸的平衡；

f. 脱砷、锑的效果不佳，也不利于稀散金属的回收；

g. 黄钾铁矾渣渣量大（渣率40%），渣含锌高（3%～6%），渣中含铁低（25%～30%），难于利用，堆存时其中可溶重金属会污染环境。

为提高其他有价金属的回收率和降低铁矾渣的污染，又发展出了低污染黄钾铁矾法和转化法。

a. 低污染黄钾铁矾法：在铁矾沉淀之前通过对含铁溶液的稀释及预中和等手段，降低沉矾前液的酸度或 Fe^{3+} 的浓度，避免在沉矾过程中加入焙砂作中和剂，沉淀出纯铁矾渣，以减少有价金属在矾渣中的损失并改善矾渣对环境的污染。

低污染黄钾铁矾法的特点：在沉矾过程中不需加中和剂，可沉淀出较纯铁矾渣，渣含铁较高，含有价金属较少。铁矾渣中有价金属的损失减少，可改善矾渣对环境的污染，且金属回收率高。但需将沉铁液稀释，增加沉铁液的处理量，使生产率降低。

b. 转化法：在同一阶段完成铁酸锌的浸出和铁矾的沉淀，即将传统黄钾铁矾法流程中的热酸浸出、预中和及沉铁三个阶段在同一个工序完成，又称铁酸锌的一段处理法，见图 3-11。其基本反应包括铁酸锌的浸出及沉铁，总反应为：
$$3Fe_2(SO_4)_3 + xA_2SO_4 + (14-2x)H_2O \rightleftharpoons 2A_x(H_3O)_{1-x}Fe_3(SO_4)_2(OH) + (5+x)H_2SO_4$$
转化法的沉铁率可达 90%～95%。

转化法具有流程短、投资省、过程稳定、操作容易的优点，但只适宜处理含铅、银低的锌精矿。

② 针铁矿法　Fe^{3+} 的沉淀过程受温度的影响。低温下，控制一定的 pH 和温度可生成 $Fe(OH)_3$ 沉淀，当温度升高到 90℃ 以上时，控制一定的 pH 值可生成 FeOOH（针铁矿），当温度升高到 150℃ 时，可生成 Fe_2O_3（赤铁矿）。

在较低酸度（pH＝3～5）、低 Fe^{3+} 浓度（＜2g/L）和较高温度（80～100℃）的条件下，浸出液中的铁以稳定的化合物针铁矿（$Fe_2O_3 \cdot H_2O$ 或 α-FeOOH）形式析出。

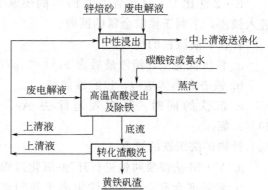

图 3-11　转化法工艺流程

实际的热酸浸出液中 Fe^{3+} 为 20g/L 以上，有的高达 30～40g/L，显然不能直接沉淀针铁矿，从含 Fe^{3+} 高的浸出液中采用针铁矿法和赤铁矿法沉铁时，必须大大降低 Fe^{3+} 的含量，用 ZnS 或 SO_2 预先将 Fe^{3+} 还原为 Fe^{2+}，随后用空气将 Fe^{2+} 缓慢氧化析出针铁矿或赤铁矿。实际生产中采用以下两种方法。

a. 用 ZnS 还原 Fe^{3+} 的方法。其反应为：
$$Fe_2(SO_4)_3 + ZnS = 2FeSO_4 + ZnSO_4 + S$$
结果使 Fe^{3+} 浓度＜2g/L，这时开始鼓入空气，再用空气缓慢氧化，不断氧化 Fe^{2+} 为 Fe^{3+}，同时中和溶液，控制 pH 在 3～4，就可连续生成针铁矿。生成针铁矿的速度足以保证 Fe^{3+} 的浓度一直小于 2g/L。

b. 通 SO_2 方法。在热酸浸出过程中就通入 SO_2 气体进行还原，直接得到 Fe^{2+} 溶液，这样在沉铁过程中就不用再还原 Fe^{3+} 了。

针铁矿沉铁法有两种实施方法，即 V·M 法（氧化-还原法）和 E·Z 法（部分水解法）。

a. V·M 法：即把含 Fe^{3+} 的溶液用过量 15%～20% 的锌精矿在 80～90℃ 下还原成 Fe^{2+} 状态，其反应为：
$$2Fe^{3+} + ZnS = Zn^{2+} + 2Fe^{2+} + S$$
为了加快还原反应速度，采用近沸腾温度（90～95℃），硫酸浓度＞50g/L，ZnS 的过剩量为 12%～20%，还原时间 3～6h，Fe^{3+} 的还原率达 90%，溶液中残存 Fe^{3+} 1～2g/L。随后在 80～90℃ 以及相应 Fe^{2+} 状态下中和 pH 值为 2～3，用空气氧化沉铁，主要反应为：
$$2Fe^{2+} + 0.5O_2 + H_2O + 2ZnO = 2FeOOH + 2Zn^{2+}$$
实际生产过程中，空气氧化 Fe^{2+} 很彻底。

沉铁总反应为：
$$2FeSO_4 + 0.5O_2 + 2ZnO + H_2O = 2FeOOH + 2ZnSO_4$$
沉铁技术条件为：85～90℃，pH3.5～4.5，分散空气，添加晶种，Fe^{3+} 初始浓度 1～2g/L，7h。

b. E·Z法：即将浓Fe^{3+}的溶液与中和剂一道均匀地加入到加热且强烈搅拌的沉铁槽中，Fe^{3+}的加入速度等于针铁矿沉铁速度，故溶液中Fe^{3+}的浓度低，得到的铁渣组成为$Fe_2O_3 \cdot 0.64H_2O \cdot 0.2SO_3$，称为类针铁矿。

E·Z法比V·M法省去了Fe^{3+}的还原工序，工艺流程简单，操作较容易，但稀散金属进入铁渣，不利于稀散金属的回收。

针铁矿法沉铁的优点：

a. 铁沉淀完全，溶液最后含$Fe^{3+}<1g/L$；

b. 铁渣为晶体结构，过滤性能好；

c. 沉铁的同时，可有效地除去As、Sb、Ge，并可除去溶液中大部分（60%～80%）氯。

针铁矿法沉铁的缺点：

a. V·M法需要对铁进行还原-氧化过程，而E·Z法中和酸需要较多的中和剂；

b. 针铁矿含有一些水溶性阳离子和阴离子（即12%SO_4^{2-}或6%Cl^-），有可能在渣堆存时渗漏而污染环境；

c. 对沉铁过程pH值的控制要比黄钾铁矾法严格。

③ 赤铁矿法　当硫酸浓度不高时，在高温（180～200℃）、高压（2000kPa）条件下，溶液中的Fe^{3+}会发生如下水解反应得到赤铁矿（Fe_2O_3）沉淀：

$$Fe_2(SO_4)_3 + 3H_2O \Longrightarrow Fe_2O_3 + 3H_2SO_4$$

赤铁矿法的沉铁率可达90%。如果溶液中的铁呈Fe^{2+}形态，应使其氧化为Fe^{3+}。产出的硫酸需用石灰中和。赤铁矿法的沉铁率可达90%。

赤铁矿法的优点：锌及伴生金属浸出率高，综合回收好，产渣量少，渣的过滤性好，渣含铁高（58%），可直接用作炼铁原料。

赤铁矿法的缺点：需用高压釜，建设投资费用大，蒸汽消耗多，产生大量的$CaSO_4$渣。

3.3.1.6　硫化锌精矿的直接浸出

湿法炼锌实质上是湿法和火法的联合过程，只有硫化锌精矿直接酸浸工艺，才真正算是全湿法炼锌工艺。

硫化锌精矿直接酸浸方法可分为常压酸浸法和加压酸浸法两种。

(1) 硫化锌精矿常压酸浸　硫化锌及其他硫化物常压下在有氧化剂存在时可按下式进行硫酸浸反应：

$$MeS + 2H^+ + \frac{1}{2}O_2 \Longrightarrow Me^{2+} + S + H_2O$$

或

$$MeS - 2e^- \Longrightarrow Me^{2+} + S$$

在常压酸浸条件下，氧的存在需通过某些中间物质（如Fe^{3+}/Fe^{2+}）才能起作用。只有在高温高压条件下亚铁的氧化速率才能达到工业要求。硫化物氧化得到的锌通过沉淀或借助于溶剂萃取等方法才能通过电积将其回收。

(2) 硫化锌精矿加压酸浸　硫化锌加压酸浸可以利用氧作为氧化剂：

$$ZnS + 2H^+ + 0.5O_2 \Longrightarrow Zn^{2+} + S + H_2O$$

硫化锌精矿的主要矿物形态有高铁闪锌矿[(Fe, Zn)S]、磁黄铁矿（FeS）、方铅矿（PbS）、黄铜矿（$CuFeS_2$）等，浸出时析出元素硫并生成硫酸盐。Fe^{2+}可被进一步氧化成Fe^{3+}，Fe^{3+}可加速硫化锌的分解：

$$2Fe^{3+} + ZnS \Longrightarrow Zn^{2+} + 2Fe^{2+} + S$$

为了提高浸出过程的反应速度,要求精矿的粒度应有98%小于44μm,同时需加入木质磺酸盐(约0.1g/L)破坏精矿粒表面上包裹的熔融硫。

3.3.2 硫酸锌浸出液的净化

净化就是将浸出过滤后的中性上清液中的杂质除至规定的限度以下,提高其纯度,使杂质浓度在允许含量之下,从而满足锌电积对电解液的要求。

净化的目的主要是除去浸出液中的铜、镉、钴、镍等有害杂质和残留在溶液中的砷、锑、锗等杂质,同时使铜、镉、钴等有价金属富集在净化渣中,以便进一步回收有价金属。

净化流程及方法取决于中性浸出液中的杂质成分及对净化后液的要求。净化过程趋向于采用连续化自动化控制、自动化检测及多段深度净化。

净化方法按原理可分为两类:①加锌粉置换除铜、镉,在有其他添加剂存在时加锌粉置换除钴、镍;②加特殊试剂(黄药、β-萘酚)沉淀除钴。

在选择净化流程时,除主要满足电解工序对新液的要求外,还要考虑杂质在净化渣中的富集率和锌粉用量等因素。

3.3.2.1 锌粉置换法除铜、镉

锌粉置换净化的原理 利用锌的标准电极电位比铜和镉的电极电位更负的特点,从浸出液中把铜、镉、钴等金属(用Me表示)离子置换出来,其基本反应为:

$$Zn + Me^{2+} \Longrightarrow Zn^{2+} + Me$$

加入的锌粉可置换出氢气,所以要控制在较高的pH条件下进行(通常为3~5)。净化过程中的搅拌均采用机械搅拌,而不用空气搅拌。这是为了防止加入的锌粉被氧化。

置换反应进行的极限程度取决于它们之间的电位差。两种金属电位差愈大,置换反应愈彻底。当反应达到平衡时,

$$E^{\ominus}_{(Me^{2+}/Me)} - E^{\ominus}_{(Zn^{2+}/Zn)} = 0.0295 \lg(a_{Zn^{2+}}/a_{Me^{2+}})$$

式中 $a_{Zn^{2+}}/a_{Me^{2+}}$——在平衡状态时,置换剂锌与被置换金属的活度比值,表示置换的程序。

由热力学计算可以看出,锌粉置换除铜、镉、钴、镍可降至很低的程度。实践证明,锌粉置换除铜、镉很容易进行,单纯用锌粉置换除钴、镍比较困难。在置换过程中,可能同时产生某些有害反应,必须采取相应措施予以防止,如氧、氢与AsH_3的析出。

锌粉置换除铜、镉是在锌粉表面上进行的多相反应过程,影响锌粉置换除铜、镉的因素如下:

① 锌粉质量。纯度高,即ZnO等杂质含量少和粒度较细(0.149~0.125mm以下),都会加快反应速度。

② 搅拌速度。增大搅拌速度,可改善置换反应的动力学条件,加快反应速度。

③ 置换温度。温度升高可提高置换反应的速度,但不能过高,否则导致锌粉溶解增多和使镉复溶。因此置换温度要适当,一般为45~50℃。

④ 中浸液成分。中浸液中锌的含量、酸度、固体悬浮物和添加剂等都会影响置换反应的进行。

⑤ 添加剂。当除镉时,溶液中没有Cu^{2+},则除镉效果很差。溶液中Cu^{2+}含量应保持在200~250mg/L。除钴时除了Cu^{2+}外,还需要其他的添加剂。

加锌粉的净化过程在机械搅拌槽或沸腾净化槽内进行。净化后的过滤设备一般采用压滤机。滤渣称为铜镉渣,由铜、镉和锌组成,含Zn35%~40%、Cu3%~6%、Cd4%~10%,

送去回收锌、铜、镉。当锌粉一段除铜、镉后,可使中性液中含铜由 200~400mg/L 降至 0.5mg/L 以下,含镉由 400~500mg/L 降至 7mg/L 以下。

3.3.2.2 锌粉置换除钴

在热力学上用锌粉可以置换除钴,且能除至很低的程度。但实践中由于动力学因素,单纯用锌粉置换除钴很困难,达不到合格程度。为了有效地净化除钴,必须在较高温度下,加锌粉的同时添加某些降低钴超电压的较正电性金属,如铜、锡、砷、锑或其盐类,使钴与锌和各种不同金属组成微电池。

钴在微电池阴极析出的条件是 $|E_{Zn}| > |E_{Co}|$,锌粉置换反应便可不断进行,且差别愈大,置换速度愈快。阴极析出电位 E_{Zn} 和 E_{Co} 随离子浓度、溶液温度以及作为阴极的性质而变化。

在高温及添加活化金属的锌粉置换过程中,在除钴的同时,还能除去溶液中其他微量杂质砷、锑、镍、铜、锗等,从而达到溶液的深度净化。所用的方法有砷盐净化法、锑盐净化法和合金锌粉净化法。

(1) 砷盐净化法 是基于在有 Cu^{2+} 存在及 80~90℃ 的条件下,在搅拌的情况下加锌粉及 As_2O_3(或砷酸钠)使钴沉淀析出。该法适于处理含钴比较低的溶液。

在砷盐净化阶段,大多数工厂采用两段净液流程除钴,即第一段在高温(80~95℃)下加锌粉、硫酸铜和 As_2O_3 除钴、铜等杂质;第二段低温(45~65℃)加锌粉除镉。

其净化原理简述如下:硫酸铜液与 Zn 粉反应,在锌粉表面沉积铜,形成 Cu-Zn 微电池,由于该微电池的电位差比 Co-Zn 微电池的电位差大,因而使钴易于在 Cu-Zn 微电池阴极上放电还原,形成 Zn-Cu-Co 合金。而这时的钴仍不稳定,易复溶。而加入砷盐后,As^{3+} 也在 Cu-Zn-Co 微电池上还原,形成稳定的 As-Cu-Co(-Zn) 合金,从而使 Co^{2+} 降到电解合格的程度。

砷盐净化法的缺点:在净化过程中产生的 Cu-Co 渣被砷污染,而且还有可能放出有毒的 AsH_3 气体。锌粉耗量大,钴易反溶而降低除钴效率。

(2) 锑盐净化法 锑盐净液的原理与砷盐净液类似,但净化的温度制度与砷盐净液法相反。锑活化剂有 Sb_2O_3、锑粉及酒石酸锑钾、酒石酸锑钠和铅锑合金等锑盐化合物,其实质是 Sb 的作用,因此统称为锑盐净化法。

原理:第一步,在 50~60℃ 较低温度下,加锌除铜镉,使铜和镉的含量小于 0.1mg/L 和 0.25mg/L;第二步,在 90℃ 的高温下,加锌粉及锑活性剂除钴及其他微量杂质。以 3g/L 的锌量和 0.3~0.5mg/L 的锑量计算,加入锌粉和 Sb_2O_3 除钴,使钴含量小于 0.3mg/L。实际生产中还可以用含锑锌粉或其他含锑物料,比如酒石酸锑钾、锑酸钠等。

与砷盐净化法相比有以下优点:

① 锑的活性大,添加剂的消耗少,可不加或少加硫酸铜;
② 先除铜和镉,后加 Sb 盐除钴效果好;
③ 净化过程中产生的 SbH_3 容易分解,置换过程可以说无有毒气体产生;
④ 锑盐的活性比较大,用量比较少。

锑盐法与砷盐法除钴的副反应是已沉淀的钴发生复溶而降低除钴效率,一般除钴效率≤95%。所以,一些工厂在净化末期还要补加 1~2 次锌粉,以保证有足够的锌粉与置换出的金属结合,使溶液中钴达到要求程度,但会增加溶液中锑浓度。

(3) 合金锌粉净化法 采用 Zn-Sb、Zn-Pb、Zn-Pb-Sb 合金锌粉代替纯锌粉。合金锌粉一般 Sb<2%、Pb<3%。

合金锌粉中锑的存在可使钴的析出电位变正,并抑制氢的放电析出;铅的存在则可防止钴的复溶,除钴效率可达到99%。

铅-锑合金锌粉除钴的效果取决于锑的含量及锌粉的制造方法,在相同组分的情况下,由于锌粉合金的结晶状态与粒度不同,其效果也不相同。

我国一些工厂用电炉锌粉代替一般的雾化锌粉。

3.3.2.3 化学沉淀法

(1) 黄药除钴法　黄药是有机磺酸盐,常用的有乙基磺酸钠($C_2H_5OCS_2Na$)。黄药除钴是在有硫酸铜存在的条件下,除铜镉后的溶液中的三价钴与黄药作用,生成难溶的磺酸钴而沉淀:

$$4C_2H_5OCS_2Na + CuSO_4 + CoSO_4 == Cu(C_2H_5OCS_2) \downarrow + Co(C_2H_5OCS_2)_3 \downarrow + 2Na_2SO_4$$

其中硫酸铜起使Co^{2+}氧化成Co^{3+}的作用,也可采用空气、$Fe_2(SO_4)_3$、$KMnO_4$等作氧化剂。

黄药除钴过程一般控制溶液pH值为5.2~5.4,以防止黄药在酸性溶液中分解。除钴后的净化液含钴较高。

黄药除钴的条件:

① 除钴温度要控制在35~40℃,温度过低,反应速度慢,温度过高黄药会受热分解;

② 一般控制溶液pH值为5.2~5.6,过高会增加黄药的消耗,降低操作效率。

黄药由于能与铜、镉等生成化合物,故黄药除钴前应先净化除去铜、镉、砷、锑、铁等杂质,以免增加黄药的消耗。由于此法黄药的价格昂贵,劳动条件差,消耗大量的试剂,而且净化后液含钴量较高,磺酸钴不好处理,所以工业上很少采用。

(2) β-萘酚除钴法　β-萘酚法除钴是向锌溶液中加入β-萘酚、NaOH和HNO_2,再加废电解液,使溶液的酸度达到0.5g/L H_2SO_4,控制净化温度为65~75℃,搅拌1h,溶液中的Co^{2+}以亚硝基-β-萘酚钴沉淀下来:

$$13C_{10}H_6ONO^- + 4Co^{2+} + 5H^+ == C_{10}H_6NH_2OH + 4Co(C_{10}H_6ONO)_3 \downarrow + H_2O$$

试剂消耗为钴量的13~15倍,因该试剂也与铜、镉、铁形成化合物,故应在净化除铜、镉之后进行。除钴后液中残留有亚硝基化合物,需要加锌粉搅拌破坏,或用活性炭吸附。该反应速度快,可深度除钴,但试剂昂贵不经济,工业上很少采用。

3.3.2.4 其他杂质的除去

湿法炼锌过程中,由于要处理其他的一些含锌物料,这些物料会不同程度地带入氟、氯,如不进行处理,对后续的电解过程带来很多不利影响,如腐蚀电极、降低电锌质量和使剥锌困难等。因此必须事先除去。

(1) 净化除氯　氯主要来源是锌烟尘中的氯化物及自来水中氯离子。氯存在于电解液中会使阳极腐蚀并降低阴极锌的质量,当溶液含$Cl^- > 100mg/L$时,应净化除氯。

① 硫酸银沉淀除氯　使Ag^+与Cl^-作用生成难溶的AgCl沉淀。

$$Ag_2SO_4 + 2Cl^- == 2AgCl \downarrow + SO_4^{2-}$$

除氯条件:pH=3~4,T=50~55℃。此法虽然除氯效果好,但银盐昂贵,而且再生太低。

② 铜渣除氯　利用二段净液除铜镉时得到的铜渣或处理铜镉渣提取镉后的铜渣除氯。此方法要在除铜镉前进行。该法是基于铜及铜离子与溶液中的氯离子相互作用,形成难溶的Cu_2Cl_2沉淀:

$$Cu^{2+} + 2Cl^- + Cu == Cu_2Cl_2 \downarrow$$

除氯条件：$T>55℃$；铜渣用量：$10\sim14g/L$。

③ 离子交换除氯　国内某厂采用国产 717 强碱性阴离子树脂，除氯效率达 50%。

(2) 净化除氟　氟来源于锌烟尘的氟化物，浸出时进入溶液。氟在电解液中会使阴极锌剥离困难，当溶液中含 $F^->80mg/L$ 时，须净化除氟。一般可在浸出过程中加入少量石灰乳，使氢氧化钙与氟离子形成不溶性氟化钙（CaF_2），但除氟效果不佳。也可用硅胶在酸性溶液中使氟吸附在硅胶上，除氟率达 26%～54%。

一些工厂采用预先火法（如多膛炉）焙烧脱除锌烟尘中的氟、氯，并同时脱砷、锑，这样氟、氯则不进入湿法系统。

(3) 净化除钙、镁　湿法炼锌溶液中钙、镁的来源主要有原料锌精矿、湿法冶炼过程的辅助材料（锰矿粉）和在中性浸出后期加入石灰乳中和调节 pH 值时进入到系统中。钙、镁盐类进入到湿法炼锌溶液系统中，不能用一般净化方法除去。钙、镁盐会在整个湿法系统的溶液中不断循环积累，直至达饱和状态。

钙、镁盐类在溶液中大量存在，给湿法炼锌带来一些不良影响：

① 使溶液的黏度增大，使浸出矿浆的液固分离和过滤困难。

② 含钙镁盐饱和的溶液，在溶液循环系统中，当局部温度下降时，Ca^{2+}、Mg^{2+} 分别以 $CaSO_4$ 和 $MgSO_4$ 结晶析出，在容易散热的设备外壳和输送溶液的金属管道中沉积、结垢，造成设备损坏和管路堵塞。

③ 锌电积液中，增加电积液的电阻，降低锌电积的电流效率。

除钙、镁的方法主要有：

① 在焙烧前除镁，稀硫酸洗涤法除 Mg；

② 溶液集中冷却除钙、镁；

③ 氨法（石灰乳中和）除镁；

④ 电解脱镁。

3.3.2.5　净化过程主要设备

净化过程主要设备是净化槽，有沸腾净化槽和机械搅拌槽，净化过程液固分离采用压滤机和管式过滤器等。

3.3.3　硫酸锌溶液的电解沉积

锌的电解沉积是湿法炼锌的最后一个工序，是用电解的方法从硫酸锌水溶液中提取纯金属锌的过程。

锌的电解沉积是将净化后的硫酸锌溶液（新液）与一定比例的电解废液混合，连续不断地从电解槽的进液端流入电解槽内，用含银 0.5%～1% 的铅银合金板作阳极，以压延铝板作阴极，当电解槽通过直流电时，在阴极铝板上析出金属锌，阳极上放出氧气，溶液中硫酸再生。电积时总的电化学反应为：

$$ZnSO_4+H_2O = Zn+H_2SO_4+\frac{1}{2}O_2$$

随着电积过程的不断进行，溶液中的含锌量不断降低，而硫酸含量逐渐增加，当溶液中含锌达 45～60g/L、硫酸 135～170g/L 时，则作为废电解液从电解槽中抽出，一部分作为溶剂返回浸出，一部分经冷却后返回电解循环使用。电解一定周期（一般为 24h）后，将阴极锌剥下，经熔铸后得到产品锌锭。阴极铝板清洗后返回电解槽继续电解。

3.3.3.1　锌电积的电极反应

锌电积的电解液的主要成分为 $ZnSO_4$、H_2SO_4 和 H_2O，并含有微量杂质金属铜、镉、钴等的硫酸盐。对于纯硫酸锌溶液，通以直流电时，发生的电极反应：

阴极 $\quad Zn^{2+} + 2e == Zn$

阳极 $\quad H_2O - 2e == 0.5O_2 + 2H^+$

电解槽内发生的总反应为：

$$Zn^{2+} + H_2O == Zn + 0.5O_2 + 2H^+$$

(1) 阴极反应

① 锌在阴极上的析出　在锌电积的阴极区存在有 Zn^{2+}、H^+、微量 Pb^{2+} 及其他杂质金属离子（Me^{n+}），通直流电时，在阴极上的可能的反应有：

$$Zn^{2+} + 2e == Zn \quad E_{Zn^{2+}/Zn}^{\ominus} = -0.763V$$

$$2H^+ + 2e == H_2 \quad E_{H^+/H_2}^{\ominus} = 0.0V$$

从热力学上可以看出，在阴极上析出锌之前，电位较正的氢应先析出。但在实际的电积锌过程中，由极化现象而产生电极反应的超电压（η）由于氢气超电压的存在，使氢的析出电位比锌负，锌优先于氢析出，从而保证了锌电积的顺利进行。

② 氢在阴极上的析出　氢析出超电压与阴极材料、阴极表面状态、电流密度、电解液温度、添加剂及溶液成分等因素有关。当溶液中加有铜、锑、铁、钴等大大降低过电压。

在锌电积过程中，氢气析出不可避免。为了提高锌的电流效率，必须设法提高氢析出超电压。

氢的超电位在不同金属阴极上是不同的。氢的超电压与温度、电流密度及阴极材料的关系服从塔菲尔定律：

$$\eta_H = a + b \lg D_k$$

式中　a——依据阴极材料及表面状态而定的经验常数值；

b——$(2 \times 2.303RT)/F$，为随温度变化的参数，通常 $0.11 \sim 0.12$ 范围内；

D_k——阴极电流密度，A/m^2。

(2) 阳极反应　工业生产大都采用含银 $0.5\% \sim 1\%$ 的铅银合金板作不溶阳极，当通直流电后，阳极上发生的主要反应是氧的析出：

$$2H_2O - 4e == O_2 + 4H^+ \quad E_{O_2/H_2O}^{\ominus} = 1.229V$$

在上述电极反应发生之前，首先发生铅阳极的溶解，因电位更负，更易溶解形成 $PbSO_4$ 覆盖在阳极表面，阻止铅板继续溶解，而且会升高阳极电位。

$$Pb - 2e = Pb^{2+}$$

$$E_{Pb^{2+}/Pb}^{\ominus} = -0.126V$$

$$Pb + SO_4^{2-} - 2e = PbSO_4$$

$$E_{PbSO_4/Pb}^{\ominus} = 0.356V$$

当阳极电位接近 $0.65V$ 时，会有下列反应发生：

$$Pb + 2H_2O - 4e == PbO_2 + 4H^+ \quad E_{PbO_2/Pb}^{\ominus} = 0.655V$$

这样未被覆盖的铅会直接生成 PbO_2，形成更致密的保护层。当电位超过 $1.45V$ 时，溶液中的 Pb^{2+} 和 $PbSO_4$ 也会氧化成 PbO_2。

$$Pb^{2+} + 2H_2O - 2e == PbO_2 + 4H^+ \quad E_{PbO_2/Pb^{2+}}^{\ominus} = 1.45V$$

$$PbSO_4 + 2H_2O - 2e == PbO_2 + H_2SO_4 + 2H^+ \quad E_{PbO_2/PbSO_4}^{\ominus} = 1.685V$$

由于氧超电压（约为 $0.5V$）的存在，待阳极基本上为 PbO_2 覆盖后，即进入正常的阳极反应，结果在阳极上放出氧气，而使溶液中的 H^+ 浓度增加。

阳极上放出的氧，消耗于三个方面：

① 大部分氧在阳极表面形成气泡，形成酸雾；

② 小部分氧与阳极表面作用，参与形成过氧化铅（PbO_2）阳极膜，保护阳极不受腐蚀；

③ 一部分氧与溶液中二价锰作用形成高锰酸和二氧化锰，其反应为：

$$2MnSO_4 + 3H_2O + \frac{5}{2}O_2 = 2HMnO_4 + 2H_2SO_4$$

高锰酸继续与硫酸锰作用：

$$3MnSO_4 + 2HMnO_4 + 2H_2O = 5MnO_2\downarrow + 3H_2SO_4$$

生成的 MnO_2，一部分沉于槽底形成阳极泥，一部分附于阳极表面形成比较致密的 MnO_2 薄膜，保护阳极不受腐蚀。

当溶液中含有氯离子时，在阳极氧化析出氯气，污染车间空气，并腐蚀阳极。

(3) 杂质行为　电解液中微量杂质的存在，能改变电极和溶液界面的结构，直接影响析出锌的结晶状态，降低电流电效率及电锌质量。

① 杂质在阴极上的析出　杂质金属离子能否在阴极放电析出，取决于其平衡电位的大小。在锌电积过程中，杂质在阴极上析出不可避免。

杂质的析出速度与析出电位有关。但当溶液杂质浓度低到一定程度时，决定析出速度取决于杂质扩散到阴极表面的速度，即析出速度就等于扩散速度。进入阴极锌的杂质量与其浓度成正比，阴极锌中某杂质 i 的含量（%）为：

$$W_i = \frac{D_d M_i}{D_k M_{Zn} \eta}$$

式中　D_d——极限电流密度，A/m^2；

D_k——扩散电流密度，A/m^2；

M_i——杂质原子量；

M_{Zn}——锌原子量；

η——电流效率。

因此，要提高电锌质量，必须降低溶液中杂质含量及提高电流效率。

② 杂质在电解时的行为　根据电化反应性质和发生地点的不同，可以把各种杂质分为以下几类。

a. 在阴极上放电的杂质离子：铅、镉、锡、铋、铜、钴、镍、锗、砷、锑。

根据生产实践总结，铜、钴、镍、砷、锑、锗等可造成"烧板"现象影响析出锌表面状态，如铜形成圆形透孔，周边不规则；钴呈独立小圆孔，甚至烧穿成洞；砷使阴极表面起皱纹，失去光泽，或呈苞芽状。

b. 在阴、阳极之间进行氧化-还原的杂质离子：主要是 Fe^{2+}、Mn^{2+}。它们一般不在阴极析出，不会影响电锌的质量，但能够在阳极氧化为高价 Fe^{3+}、MnO_2 和 MnO_4^-，在阴极又被还原为低价的 Fe^{2+}、Mn^{2+}。在阴、阳极之间进行的这种氧化反应消耗电能，使锌复溶，降低电流效率。

阴极　　　　　　$Fe_2(SO_4)_3 + Zn = ZnSO_4 + 2FeSO_4$

阳极　　　　　　$4FeSO_4 + 2H_2SO_4 + O_2 = 2Fe_2(SO_4)_3 + 2H_2O$

3.3.3.2　锌电积生产实践

锌电解车间的主要设备有：电解槽、阴极、阳极、供电设备、载流母线、冷却电解液的设备及剥锌机等。

(1) 电解槽　锌电积槽为一长方形槽子，一般长 2~4.5m，宽 0.8~1.2m，深 1~2.5m。槽底为平底型和漏斗型，我国采用平底型。

锌电解槽大都用钢筋混凝土制成，内衬铅皮、软塑料、环氧玻璃钢。

电解槽放置在进行了防腐处理的钢筋混凝土梁上，槽子与梁之间垫以绝缘瓷砖。槽子之间留有 15~20mm 的绝缘缝。槽壁与楼板之间留有 80~100mm 的绝缘缝。大多数工厂采用水平式配置。每个电解槽单独供液，通过供液溜槽至各电解槽形成独立的循环系统。

(2) 阴极　阴极由阴极板、导电棒及铜导电头（或导电片）组成。阴极板用压延纯铝板（Al>99.5%）制成，一般尺寸为长 1020~1520mm，宽 600~900mm，厚 4~6mm，重 10~12kg。目前，湿法炼锌厂趋向采用大阴极（1.6~3.4m^2）。

为减少阴极边缘形成树枝状结晶，阴极要比阳极宽 30~40mm。为了防止阴、阳极短路及析出锌包住阴极周边剥锌困难，阴极的两边缘粘压有聚乙烯塑料条。

阴板平均寿命一般为 18 个月。每吨电锌消耗铝板 1.4~1.8kg。

(3) 阳极　阳极由阳极板、导电棒及导电头组成。阳极板大多采用含 Ag0.5%~1% 的铅银合金压延制成。阳极尺寸一般为长 900~1077mm，宽 620~718mm，厚 5~6mm，重 50~70kg。

阳极平均寿命为 1.5~2 年，每吨电锌耗铅约为 0.7~2kg。

为了降低析出锌含铅、延长阳极使用寿命和降低造价，研究使用了 Pb-Ag-Ca（Ag0.25%，Ca0.05%）三元合金阳极 和 Pb-Ag-Ca-Sr（Ag0.25%，Ca0.05%~1%，Sr0.05%~0.25%）四元合金阳极，后者使用寿命长达 6~8 年。

导电棒的材质为紫铜。为了减少极板变形弯曲、改善绝缘，在阳极板边缘装有聚氯乙烯绝缘条。

(4) 电流效率　在锌电积过程中，电流效率是指在阴极上实际析出的金属锌量与理论上按法拉第定律计算应得到的金属锌量的百分比。

由于实际生产中氢和杂质元素的放电析出以及锌的二次化学反应和短路、漏电等原因，析出的锌量总是小于理论上计算的析出锌量。工业电流效率一般为 85%~93%。

影响电流效率的因素主要有：电解液的组成、阴极电流密度、电解液温度、电解液的纯度、阴极表面状态及电积时间等。

(5) 阴极锌的熔铸　阴极锌熔铸过程的实质是在熔化设备中，加热熔化阴极锌片成熔融的锌液，加少量氯化铵（NH$_4$Cl）搅拌，扒出浮渣，锌液铸成锌锭。

熔锌所用的设备有反射炉及电炉两种。电炉熔锌比反射炉熔锌可以得到较高的金属直接回收率，达 97%~98%；浮渣率低，能耗较低，一般耗电 100~120kW·h/t 析出锌；劳动条件好；操作条件易于控制。

在锌片的熔化过程中会有部分锌液氧化，生成氧化锌与锌的混合物——浮渣。浮渣产出率一般为 2.5%~5%，一般含锌 80%~85%，其中金属锌约占 40%~50%、氧化锌约占 50%、氯化锌约 2%~3%。为了降低浮渣的产出率，熔化过程一般控制熔化温度在 450~500℃。

为了降低浮渣的产出率和降低浮渣含锌量，熔锌时加入氯化铵，使它与浮渣中的氧化锌发生如下反应：

$$2NH_4Cl + ZnO = ZnCl_2 + 2NH_3 + H_2O$$

低熔点的 $ZnCl_2$ 破坏了浮渣中的 ZnO 薄膜，使浮渣中夹杂的金属锌颗粒聚合成锌液。NH_4Cl 的消耗为 1~2kg/t 锌。

思 考 题

1. 锌焙砂中性浸出液净化时，锌粉置换除铜、镉的原理是什么？影响锌粉置换反应的因素有哪些？
2. 试比较从硫酸锌溶液中沉钴、铁的方法。
3. 写出锌电积的主要电极反应。
4. 锌与氢的标准电极电位分别为 $-0.763V$ 和 $0.00V$。从热力学上看，在阴极上析出锌之前，电位较正的氢应先析出，但在实际电积锌的过程中为什么是锌优先于氢析出？

3.4 火法炼锌

【内容导读】

> 本节主要介绍火法炼锌的原理与工艺。介绍了火法炼锌的几种方法。着重阐述了鼓风炉炼锌工艺原理和实践，并对火法炼锌的新工艺进行了简单介绍。

火法炼锌是将含 ZnO 的死焙烧矿用碳质还原剂还原得到金属锌的过程。由于 ZnO 较难还原，所以火法炼锌必须在强还原和高于锌沸点的温度下进行。还原出来的锌蒸气经冷凝后得到液体锌。

火法炼锌包括焙烧、还原蒸馏和精馏三个主要过程。

还原蒸馏法主要包括竖罐炼锌、平罐炼锌和电炉炼锌。竖罐和平罐炼锌是间接加热，电炉炼锌为直接加热。共同特点是：产生的炉气中锌蒸气浓度大，而且含 CO_2 含量少，容易冷凝得到液体锌。

20世纪50年代开发，60年代投入工业生产的密闭鼓风炉炼锌法（帝国熔炼法，简称 ISP）是一种适合于冶炼铅锌混合矿的炼锌方法。它的特点是采用铅雨冷凝法从含 CO_2 含量高而锌含量低的炉气中冷凝锌，产出铅和锌两种产品。

3.4.1 蒸馏炼锌的理论基础

3.4.1.1 ZnO还原的热力学

火法炼锌是将已死焙烧的矿与炭混合，在高温（$>1000℃$）下 ZnO 能被碳质还原剂还原得到的锌蒸气，在几乎不含 CO_2 的气体中冷凝得到液体金属锌的过程，其主要反应为：

$$ZnO(s) + CO(g) = Zn(g) + CO_2(g)$$
$$CO_2(g) + C(s) = 2CO(g)$$

ZnO 被炭还原，实际上是被 CO 还原：

$$ZnO(s) + CO(g) = Zn(g) + CO_2(g) \quad \Delta G^{\ominus} = 178020 - 111.67T(J)$$

$$K_1 = \frac{p_{Zn} p_{CO_2}}{a_{ZnO} p_{CO}}, \frac{p_{CO_2}}{p_{CO}} = \frac{K_1}{p_{Zn}}$$

还原所消耗的 CO 可由炭的气化反应来补充：

$$C(s) + CO_2(g) = 2CO(g) \quad \Delta G^{\ominus} = 170460 - 174.43T(J)$$

$$K_2 = p_{CO}^2/(a_C p_{CO_2}) = p_{CO}^2/p_{CO_2}$$

对反应 $\quad ZnO(s) + CO(g) = Zn(g) + CO_2(g)$

$p_总 = p_{CO} + p_{Zn} + p_{CO_2}$，$ZnO$ 被还原时，Zn 与 O 的原子个数相等，因此有：

$$p_{Zn} = p_{CO} + 2p_{CO_2}$$

在温度为 1100～1400K 的范围内，经计算 p_{Zn}、p_{Zn}^0（锌的饱和蒸气压）及 $p_总$ 与温度的关系曲线绘图，如 3-12 所示。

由图 3-12 可见，从 1283K 开始，$p_{Zn} > p_{Zn}^0$，锌蒸气应冷凝为液体锌，直到 $p_{Zn} = p_{Zn}^0$ 为止。

用固体炭还原生产液体锌的必要条件是温度高于 1280K，总压大于 350kPa，在 ZnO 被炭还原的同时，如果有另一种不挥发的金属（如铜），而它又能溶解锌形成液体合金，合金中锌的活度小于 1，则 ZnO 开始还原的温度也可以降低。这是 Cu-Zn 矿直接还原生产黄铜的基础。

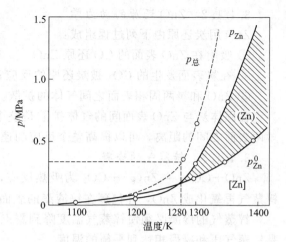

图 3-12 ZnO 用炭还原得出液体锌所必需的温度与压力

从上述反应中可知，ZnO 还原成金属锌，需要大量的热量。补充热量的方法有两种，一种是蒸馏法炼锌采用的间接加热法，另一种是鼓风炉法采用的直接加热法。

(1) 间接加热时锌的还原挥发　间接加热方式是将燃料燃烧产生的气体与 ZnO 还原产生的含锌气体，用罐体分开而进行的火法炼锌过程。所以罐体内的 ZnO 的还原产生的炉气中含锌 45% 左右，含 CO_2 只有 1%，其余为 CO。

(2) 直接加热时锌的还原挥发　鼓风炉炼锌与蒸馏法炼锌不同，大量的燃烧气体和还原产出的锌蒸气混在一起，从而气相中 Zn 蒸气的浓度比较低，通常只有 5%～7%。

鼓风炉炼锌时，锌的还原挥发与残留在炉渣中的 ZnO 活度有关。鼓风炉炼锌产出的是液态炉渣，而从液态炉渣中还原 ZnO 比较困难，要求较强的还原气氛和较高的温度。

在还原气氛下，除 ZnO 的还原外，其他锌化合物的还原情况如下。

① 铁酸锌　存在于焙砂中的铁酸锌（$ZnO \cdot Fe_2O_3$）在蒸馏过程可被 CO 按如下反应还原为 FeO：

$$ZnO \cdot Fe_2O_3 + CO = ZnO + 2FeO + CO_2$$
$$ZnO \cdot Fe_2O_3 + 3CO = ZnO + 2Fe + 3CO_2 (<900℃)$$
$$ZnO + CO = Zn + CO_2$$
$$ZnO + Fe = Zn + FeO$$

铁酸锌也可以被金属铁还原：

$$ZnO \cdot Fe_2O_3 + 2Fe = Zn + 4FeO$$

在鼓风炉炼锌时，不希望渣中的 FeO 还原成 Fe，因为 Fe 的存在会给操作带来困难。

② 硅酸锌　焙砂中的硅酸锌较氧化锌和铁酸锌难还原，在加入石灰、Fe_2O_3 后可以促使硅酸锌分解，加速锌的还原。

③ 硫化锌和铝酸锌　焙砂中的 ZnS 和铝酸锌在蒸馏过程中不被还原而进入残渣造成锌的损失。

④ 硫酸锌　硫酸锌在蒸馏过程中可以分解为 ZnO 和 SO_2，ZnO 又可以被还原成锌蒸气，但 SO_2 也被还原成元素 S 与锌结合成 ZnS 造成锌的损失。此外，硫酸锌也可被 C 或 CO 还原成 ZnS。因此，焙烧矿中的硫酸盐中的硫会造成锌损失在蒸馏残渣中。

3.4.1.2 ZnO 还原的动力学

ZnO 用炭还原由下列过程组成：

① 吸附在 ZnO 表面的 CO 还原 ZnO；
② 在炭表面发生的 CO_2 被炭还原的反应；
③ ZnO 和炭两固相表面之间气体的扩散。

在固体炭与 ZnO 表面间的气体扩散是整个过程的控制过程。增大两固体的表面积和缩短两表面之间的距离，可以提高整个反应的速度。

3.4.1.3 锌蒸气的冷凝

$ZnO + CO \rightleftharpoons Zn(g) + CO_2$ 为吸热反应，所以当炉气中温度下降时，CO_2 将使产出的锌蒸气再氧化成 ZnO，并包裹在锌液滴的表面，形成蓝粉，降低冷凝效率。

锌蒸气的冷凝必须使锌蒸气温度降到露点以下，降低冷凝温度至锌的熔点以下。露点就是锌蒸气压和凝聚相达到平衡的温度。

锌蒸气冷凝过程中，所获得的液体锌量取决于所控制的冷凝温度。锌蒸气从炉气中冷凝为液体锌的百分数是衡量冷凝过程中锌回收率的重要指标，常用冷凝效率表示：

$$\text{冷凝效率} = \frac{\text{冷凝所获得的锌量}}{\text{冷凝前炉气含锌量}} \times 100\% = \frac{c_1 - c_2}{c_1} \times 100\%$$

式中 c_1——冷凝前锌蒸气的浓度；
c_2——冷凝后锌蒸气的浓度。

在冷凝器中，锌蒸气最先冷凝于器壁上的锌为极细的点滴，随后逐渐聚成较大的点滴，而汇流于冷凝器底部。若锌蒸气在气流中冷凝为微细的点滴，又来不及凝聚成为较大的点滴成为细尘状的锌粒则形成冷凝灰，沉积于冷凝器内锌液的表面。

如果锌蒸气刚刚冷凝成小点滴，其表面即被 CO_2 氧化成 ZnO，不能汇聚成较大的点滴，最终凝固为细粉，这种细粉叫做蓝粉。

无论锌冷凝灰或蓝粉的生成，都将降低锌的冷凝效率。

在火法炼锌中，为了提高锌的冷凝效率，必须防止锌蒸气再氧化以减少蓝粉的产生。防止锌蒸气再氧化的办法有：

① 炉气的骤冷，急剧冷却的温度下限一般介于 450~550℃ 的温度范围内；
② 强化物理过程，采用飞溅式铅雨冷凝器；
③ 控制进入冷凝器混合炉气中的 CO_2 含量或 CO_2/CO 的比值和炉气中的水蒸气量以及防止冷凝系统漏风。

在锌蒸气冷凝过程中，影响凝结速度的因素有：

① 过冷蒸气中凝结核心出现的速度；
② 蒸气压降低速度；
③ 冷凝器排出热量的速度。

现代火法炼锌工业应用的冷凝器主要有以下两种。

(1) 锌雨飞溅式冷凝器　用于竖罐炼锌，处理含锌蒸气 25%~35% 或更高的炉气。它是靠没入冷凝器内锌液面下的石墨转子的转动，将液体锌在冷凝器内扬起，形成密集的锌雨充满于冷凝室内，导入的锌蒸气与锌雨密切接触冷凝而汇聚于锌液中，锌液定期或连续放出。

(2) 铅雨飞溅式冷凝器　适于处理鼓风炉炼锌时产出的低锌、高 CO_2 的高温炉气（含锌 5%~7%，含 CO_2 11%~14%，含 CO 18%~20%，入冷凝器炉气温度高于 1000℃）。铅雨冷凝是ISP炼铅锌工艺的主要设备之一。锌蒸气从鼓风炉炉喉到铅雨冷凝器后,被铅雨冷凝器内铅泵打起的低温(440～570℃)铅雨捕捉而冷凝。

① 铅雨冷凝器的优点

a. 铅的价格便宜,熔点较锌低而沸点较锌高,在锌的冷凝温度下呈液态且蒸气压低,损失量小;

b. 在锌的冷凝温度下铅不易氧化,且与锌部分互溶,溶解度随温度的升高而增大;

c. 锌在铅液中的活度系数小于1,冷凝炉气对铅液中锌的氧化比纯锌液要困难。

② 铅雨冷凝器的缺点 由于铅的热容量小以及锌在铅中的溶解度随温度的变化率很小,使铅液的循环量很大,是冷凝锌量的420倍。

3.4.2 火法炼锌的生产实践

3.4.2.1 平罐炼锌

平罐炼锌是20世纪初采用的主要的炼锌方法。其装置如图3-13所示。

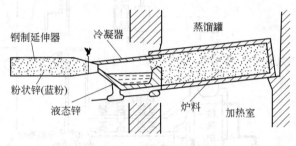

图3-13 平罐炼锌示意图

平罐炼锌时一座蒸馏炉约有300个罐,生产周期为24h,每罐一周期生产20～30kg,残渣中含锌约5%～10%,锌回收率只有80%～90%。

平罐炼锌的生产过程简单、基建投资少,但由于罐体容积少,生产能力低,难以实现连续化和机械化生产。而且燃料及耐火材料的消耗大,锌的回收率还很低,仅为一些小厂所采用,所以目前已基本淘汰。

3.4.2.2 竖罐炼锌

竖罐炼锌在20世纪30年代应用于工业生产,经历了70多年,但目前在我国的锌生产中仍占一定的地位。它的生产过程包括焙烧、制团、焦结、蒸馏和冷凝5个部分。

竖罐炼锌的原料是从罐顶加入,残渣从罐底排出,还原产出的炉气与炉料逆向运动,从上沿部进入冷凝器。离开炉子上沿部的炉气的组分为40%Zn、45%CO、8%H_2、7%N_2,几乎不含CO_2。在冷凝器内,锌蒸气被锌雨急剧冷却成为液态锌,冷凝器冷凝效率为95%左右。

竖罐炼锌具有连续性作业,生产率、金属回收率、机械化程度都很高的优点,但存在制团过程复杂、消耗昂贵的碳化硅耐火材料等不足。

3.4.2.3 电炉炼锌

电炉炼锌的特点是直接加热炉料的方法,得到锌蒸气和熔体产物,如冰铜、熔铅和熔渣等。因此此法可处理多金属锌精矿。此法锌的回收率约为90%,电耗为3000～3600kW·h/t(Zn)。

3.4.2.4 密闭鼓风炉炼锌

(1) 概述 密闭鼓风炉炼锌法又称为帝国熔炼法或ISP法,是目前世界上最主要的火法炼锌方法,它合并了铅和锌两种火法冶炼流程,是处理复杂铅锌物料的较理想方法,其工艺流程见图3-14。

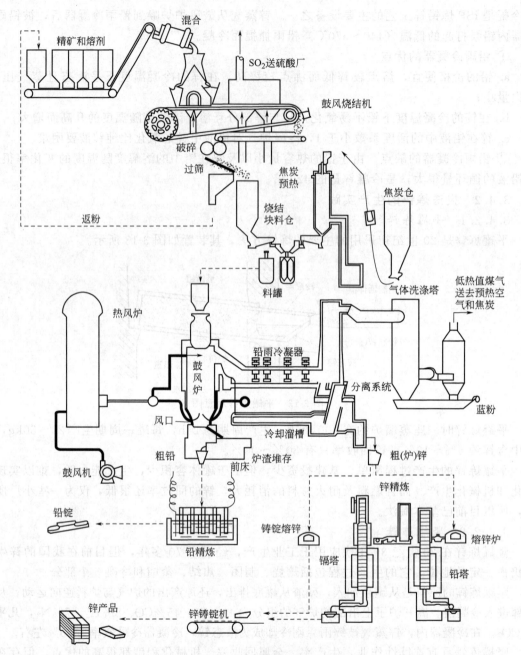

图 3-14 鼓风炉炼锌生产工艺流程图

鼓风炉炼锌与蒸馏法炼锌的不同之处在于鼓风炉炼锌直接加热炉料,作为还原剂的焦炭同时又是维持作业温度所需的燃料。

直接加热的鼓风炉炼锌由于焦炭燃烧反应产生的 CO、CO_2、鼓入风中的 N_2 和还原反应产生的 Zn 蒸气混在一起,炉气被大量 CO、CO_2 和 N_2 气所稀释,炉气为低锌、高 CO_2 的高温炉气,含锌 5%~7%,含 CO_2 11%~14%,含 CO 18%~20%,入冷凝器炉气温度高于 1000℃,使从含 CO_2 高的炉气中冷凝低浓度的锌蒸气存在许多困难。

在鼓风炉炼锌炉气的冷凝过程中,为了防止锌蒸气被氧化为 ZnO,在生产中采用高温密封炉顶和铅雨冷凝器。高温密封炉顶的另一个作用是防止高浓度的 CO 逸出炉外。

① 鼓风炉炼锌的优点

a. 对原料的适应性强,适合处理难选的铅锌混合矿,简化了选冶工艺流程,提高了选冶综合回收率。

b. 生产能力大,燃料利用率高,有利于实现机械化和自动化,提高劳动生产率。

c. 基建投资费用少。

d. 可综合利用原矿中的有价金属,金、银、铜等富集于粗铅中予以回收,镉、锗、汞等可从其他产品或中间产品中回收。

② 鼓风炉炼锌的缺点

a. 需要消耗较多质量好、价格高的冶金焦炭。

b. 技术条件要求较高,特别是烧结块的含硫量要低于1%,使精矿的烧结过程控制复杂。

c. 炉内和冷凝器内部不可避免地产生炉结,需要定期清理,劳动强度大。

(2) 鼓风炉炼锌的基本原理

① 鼓风炉炼锌的主要反应

$$ZnO(s)+CO(g) \Longrightarrow Zn(g)+CO_2(g)$$
$$PbO(s)+CO(g) \Longrightarrow Pb(l)+CO_2(g)$$
$$Fe_3O_4(s)+CO(g) \Longrightarrow 3FeO(s)+CO_2(g)$$
$$PbSO_4(s)+4CO(g) \Longrightarrow PbS(s)+4CO_2(g)$$

以及炭的燃烧反应。

为了方便,按炉子高度划分为炉料加热带、再氧化带、还原带和炉渣熔化带4个带。

在生产实践中,根据具体的生产条件,正确地选定炭锌比、鼓风量以及热风温度以提高产量。

在鼓风炉炼锌过程中,一部分ZnO(约40%)是从固态烧结块中还原出来,其余部分是从熔化后的炉渣中还原的。

从炉渣中还原ZnO是比较困难的,需要具有更强的还原气氛和较高的温度。

② 铅、铜在熔炼过程中的变化　鼓风炉炼锌能处理复杂铅锌矿甚至含铜的铅锌矿。目前鼓风炉炼锌能处理含锌、铅、铜金属总量达70%的烧结块。

处理铅锌混合精矿,在烧结时随含铅量的提高,烧结块的强度增加,在鼓风炉熔炼时PbO比ZnO优先还原,Pb与挥发的硫化合生成PbS,可以溶解As,从而提高锌的冷凝效率;在下流过程中铅可以溶解物料中的Au、Ag、Cu、Sb、Bi等元素,提高综合回收能力;可以补偿在锌冷凝过程中铅的损失。随原料中铅含量的增加,锌的生产能力下降,当铅含量超过24%时,容易形成炉结。

烧结块中的铜在炼锌鼓风炉中容易被还原,还原得到的铜可以溶解于铅中,少量以硫化物或砷化物进入铅中,在粗铅精炼时予以回收。烧结块中的铜被还原后能与As、Sb、Sn等化合,将它们带至炉底,减少对锌冷凝的影响。

处理高铜原料的困难是在炉内造冰铜时,要求烧结块中保留较多的硫,这便会增加渣含锌,同时粗铅含铜太高也会给放铅带来困难,加上处理铜浮渣时铜的回收率不高,熔炼时铜随渣损失也大,所以鼓风炉炼锌过程中铜的回收率较低。铜的损失主要是在渣中。

炉料中的Cu、Bi、Sn、Sb、Au、Ag等元素在熔炼过程中大都富集在粗铅中。

(3) 密闭鼓风炉炼锌的设备　鼓风炉炼锌的主要设备有:密闭鼓风炉炉体、铅雨冷凝

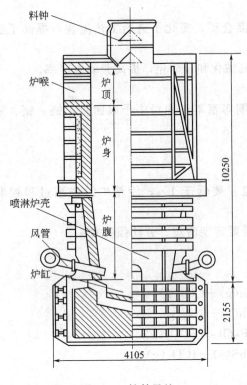

图 3-15 锌鼓风炉

器、冷凝分离系统以及铅渣分离的电热前床。锌鼓风炉结构见图 3-15。

密闭鼓风炉是鼓风炉系统的主要设备,由炉基、炉缸、炉腹、炉身、炉顶、水冷风口等部分组成。

由于密闭鼓风炉炉顶需要保持高温高压,密封式炉顶是悬挂式的。在炉顶上装有双钟加料器。

冷凝分离系统可分为冷凝系统和铅、锌分离系统两部分,铅雨冷凝器是鼓风炉炼锌的特殊设备,铅锌的分离一般采用冷却熔析法将锌分离出来。

(4) 密闭鼓风炉炼锌实践 铅锌精矿与熔剂配料后在烧结机上进行烧结焙烧,烧结块和经过预热的焦炭一道加入鼓风炉,烧结块在炉内被直接加热到 ZnO 开始还原的温度后,ZnO 被还原得到锌蒸气,锌蒸气与风口区燃烧产生的 CO_2 和 CO 气体一道从炉顶进入铅雨冷凝器,锌蒸气被铅雨吸收形成 Pb-Zn 合金,从冷凝器放出再经冷却后析出液体锌,形成的粗铅、冰铜和炉渣从炉缸放入前床分离,粗铅进一步精炼,炉渣经烟化或水淬后堆存。

密闭鼓风炉的熔炼产物有粗锌、粗铅、炉渣、黄渣、浮渣、蓝粉和低热值煤气等。密闭鼓风炉的主要产品为粗锌,另外还有粗铅。

(5) 密闭鼓风炉炼锌炉渣的处理 鼓风炉炼锌炉渣为高氧化钙炉渣,采用高钙炉渣有利于减少熔剂消耗量和渣量,从而提高锌的回收率。炉渣的 CaO/SiO_2 比一般为 1.4~1.5,炉渣中除含有 85% 的 FeO、SiO_2、CaO 和 Al_2O_3 等化合物外,一般含 0.5% Pb 和 6%~8% Zn,锌随渣的损失占入炉总锌量的 5%。

由于鼓风炉炼锌炉渣一般含 6%~8% Zn 和小于 1% 的 Pb,有的炉渣含有一定数量的锗,可采用烟化炉或贫化电炉处理,回收其中的锌、铅、锗等有价金属。图 3-16 为烟化炉处理炉渣工艺流程图。

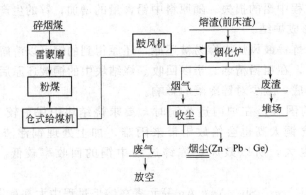

图 3-16 烟化炉处理炉渣工艺流程图

3.4.3 火法炼锌新技术

3.4.3.1 等离子炼锌技术

等离子发生器将热量从风口输送到装满焦炭的炉子的反应带，在焦炭柱的内部形成一个高温空间，粉状 ZnO 焙烧矿与粉煤和造渣成分一起被等离子喷枪喷到高温带，反应带的温度为 1700～2500℃，ZnO 瞬时被还原，生成的锌蒸气随炉气进入冷凝器被冷凝为液体锌。由于炉气中不存在 CO_2 和水蒸气，所以没有锌的二次氧化问题。

3.4.3.2 锌焙烧矿闪速还原

包括硫化锌精矿在沸腾炉内死焙烧、在闪速炉内用炭对 ZnO 焙砂进行还原熔炼和锌蒸气在冷凝器内冷凝为液体锌三个基本工艺过程。

3.4.3.3 喷吹炼锌

在熔炼炉内装入底渣，用石墨电极加热到 1200～1300℃ 使底渣熔化，用 N_2 将 0.074mm 左右的焦粉与氧气通过喷枪喷入熔渣中与通过螺旋给料机送入的锌焙砂进行还原反应，产出的锌蒸气进入铅雨冷凝器被冷凝为液体锌。

思 考 题

1. 简述火法炼锌的基本原理。
2. 火法炼锌主要有哪些方法？
3. 铅雨冷凝器的特点有哪些？
4. 密闭鼓风炉炼锌有哪些优缺点？
5. 密闭鼓风炉炼锌法从低锌蒸气中冷凝锌获得成功的主要措施有哪些？
6. 简述密闭鼓风炉炼锌的炉渣特点。

3.5 粗锌火法精炼及烟化法处理含锌物料

【内容导读】

> 本节主要介绍粗锌火法精炼的原理与工艺，对熔析精炼和精馏精炼分别进行了说明。阐述了烟化法处理含锌物料的原理，对回转窑处理锌浸出渣进行了介绍。

3.5.1 粗锌火法精炼原理与工艺

由于火法炼锌所得的粗锌中含有 Pb、Cd、Fe、Cu、Sn、As、Sb、In 等杂质（总含量为 0.1%～2%，见表 3-4），这些杂质元素影响了锌的性质，限制了锌的用途，因此必须对粗锌进行精炼以提高锌的纯度。

表 3-4 火法炼锌产出锌的化学成分　　　　　　　　　　　　　单位：%

方　法	Zn	Pb	Cd	Cu	Sn	Fe
鼓风炉炼锌	98～99	0.9～1.2	0.04～0.10	0.002～0.004	0.001～0.002	—
竖罐炼锌	99.5～99.9	0.139	0.074	0.0008	—	0.014
平罐炼锌	98～99	0.976	0.192	0.0012	—	0.0092
电热法炼锌	98.9	1.1	0.07	—	—	0.013

目前，粗锌采用的精炼方法是火法精炼和真空蒸馏精炼。火法精炼又分为熔析法和精馏法，目前大多采用精馏法。

3.5.1.1 熔析法精炼

熔析法精炼锌仅是除去锌中的铅与铁。在熔体状态时铅与锌相互部分溶解。当锌熔化后即分层，上层为较轻的含有少量铅的锌，而下层为含有一些锌的铅。熔析温度为 430~450℃。

当含有铁的粗锌冷却时，化合物 $FeZn_7$ 进行结晶。析出的 $FeZn_7$ 结晶因为较重，沉于锌熔池底上，形成糊状结晶，称作硬锌。

当锌进行熔析精炼时熔池内分为三层：

① 下层　铅与锌（5%~6%Zn）的合金熔体；
② 中层　由铁与锌的化合物组成，呈糊状聚集在铅合金上面，称作硬锌；
③ 上层　熔体精炼锌。

熔析精炼在反射炉内或锅内进行。粗锌在 703~723K 熔化后静置 24~48h 以达到熔体必要的分层。所得精炼锌（即上层）约含锌 99%、含铅 0.9%~1.0%、含铁 0.02%~0.03%；下层含铅 92%~94%，含锌 5%~6%；在两层中间的硬锌含铁约达 5%，含有很多的锌。

熔析法的缺点是仅能部分地除去杂质铅与铁，锌的回收率低，燃料消耗大，生产率较低。

3.5.1.2 精馏法精炼

（1）粗锌精馏精炼的原理　粗锌精馏精炼的基本原理是利用锌与各杂质的蒸气压和沸点的差别，在高温下使它们与锌分离。其工艺流程图见图 3-17。

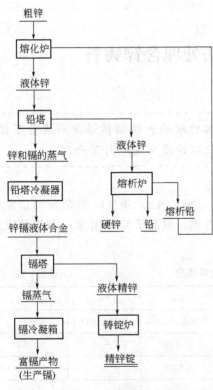

图 3-17　精馏法生产精炼锌工艺流程图

粗锌中可能含有的杂质金属，按其蒸气压或沸点分为两类：

① 蒸气压高于（或沸点低于）锌的杂质，如 Cd 等；
② 蒸气压低于（或沸点高于）锌的杂质元素，如 Pb、In、Fe、Cu 等。

生产中常将脱除沸点高于锌的杂质金属的过程称为脱铅过程；脱除沸点低于锌的金属杂质的过程称为脱镉过程。

由 Zn-Cd 二元系组成的沸点图 3-18 可以看出，当锌中熔有低沸点镉时，锌的沸点便会降低，其变化规律如图中Ⅰ线所示。当成分为 A 的粗锌加热到 a 的温度时，这种含镉的锌便会沸腾，锌、镉同时挥发。蒸气冷却时，其组成则是沿着线Ⅱ变化，从Ⅰ线上的 a 点作横坐标的平行线，交于 b 点，b 点所代表成分，即为 A 成分的合金加热至 a 点蒸发，气液两相平衡时气相的平衡成分。将 b 点组成的气相冷却至 c 点，此时平衡的液相和气相成分分别为 a' 和 b'。如此反复蒸发和冷凝，液相便富集了高沸点的金属锌，气相则富集了低沸点的金属镉，从而达到锌和镉完全分离。粗锌中还含有铅。粗锌含铅越高则沸点也越高，含镉越高则沸点也越低。在粗锌中的锌和镉不断蒸发后，进入铅塔下部的粗锌含铅量在增大，沸点也在不断增加。在铅塔的温度下，保证了镉的完全挥发和锌的大量挥发，而铅不挥发。全部的镉和挥发的锌在铅塔冷凝器中冷凝为液体并流入镉塔分离，使镉和低熔点杂质在较低的温度下蒸发分离。从镉塔底部流出的精锌，进入精锌贮槽，定期放出铸锭。镉塔上部得到含镉高的锌，作为提镉原料。

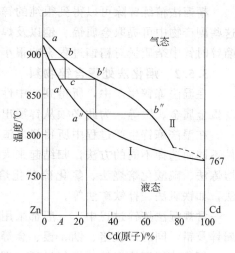

图 3-18 Zn-Cd 二元系沸点组成图

从铅塔底部流出的含铅等高沸点杂质的液锌，进入 600~650℃ 温度的熔析炉进行分层，上层为 B 号锌（无镉锌），送至单独处理 B 号锌的铅塔精馏，产出精锌；中层为硬锌（锌铁合金），送回粗锌生产工段处理；下层为粗铅，送综合利用车间回收铅等有价金属。

（2）精馏设备与工艺　粗锌精馏精炼的主要设备是铅塔和镉塔，此外还有熔化炉、铅塔冷凝器、镉塔冷凝器、熔析炉、铸锭炉等。

粗锌精馏精炼在精馏塔内完成。精馏塔包括铅塔和镉塔两部分，一般是由两座铅塔和一座镉塔组成的三塔型精馏系统构成。铅塔的主要任务是从锌中分离出沸点较高的 Pb、Fe、Cu、Sn、In 等元素，镉塔则实现锌与镉的分离。

（3）粗锌精馏精炼的过程　粗锌精馏精炼在精馏塔内完成。

锌精馏塔一般由两座铅塔和一座镉塔组成一生产组，铅塔由 50~60 个碳化硅盘所叠成，铅塔下部四周用煤气或重油加热，铅塔燃烧室的温度控制在 1323~1423K，上部保温。加热部分的塔盘为浅 W 形，叫蒸发盘。上部塔盘为平盘，叫回流盘。蒸发盘设在下部，以保证大量金属锌的蒸发。相邻两塔盘互成 180℃ 交错砌成。为了不使铅蒸气达到塔的上部，在蒸发盘与回流盘之间，有一空段，高约 1m，不装塔盘，被蒸发的铅在此被冷凝下来。

在混合炉熔化的粗锌，经过一密封装置均匀地流入铅塔。液体金属由各层蒸发盘的溢流孔流入下面蒸发盘时，与上升的锌和镉的蒸气呈之字形运动，以保证气相和液相充分接触，使蒸发与冷凝过程尽可能接近平衡状态。从铅塔下部挥发出来的金属蒸气，经上部回流盘使高沸点的铅及一部分锌冷凝为液体回流至塔的下部，由铅塔的最下层流入熔析炉内，产出无镉锌（B 号锌）、硬锌和含锌粗铅。从硬锌中可回收锗、铟等有价金属。

在铅塔中未被冷凝的锌、镉蒸气从铅塔最上层逸出，经铅塔冷凝器冷凝为液体（含镉＜1％）后进入镉塔分离锌和镉，燃烧室温度控制在 1100℃ 左右，发生与在铅塔中相同的蒸发和冷凝过程。最后，从镉塔最上层逸出的富镉蒸气，进入镉冷凝器冷凝为 Cd-Zn 合金（5％~15％Cd），这种合金是生产镉的重要原料。镉塔的最下层聚积了除去镉的纯锌液，铸锭后即为商品纯锌。

精锌精馏精炼可以产出 99.99％ 的高纯锌，锌的回收率在 99％ 以上，并能综合回收 Pb、Cd、Fe 等有价金属。锌精馏过程的主要能耗是塔内金属蒸发所需热量，生产 1t 精锌的能耗为 6~10GJ。

在粗锌中铁的含量为 0.04％~0.085％ 时，将严重侵蚀铅塔底部的塔盘，降低塔盘的使用寿命。

精馏法精练锌除可以得到很纯的锌之外，还可得到镉灰、含铟铅、含锡铅等副产物，从这些副产物中可提取金属镉、铟以及焊锡等，因而可以大大地降低精馏法的成本。此外，精馏锌时锌中杂质量对精馏过程影响很小，且操作稳定，易于掌握。

3.5.2 烟化法处理含锌物料

在湿法炼锌生产中，所得到的中性浸出渣，除含有锌外，还有其他有价金属，如铅、铜及贵金属金、银等。为此必须从锌浸出渣中回收锌及有价金属。

在湿法炼锌生产过程中所得浸出渣的处理方法很多，可根据渣的成分及冶炼所具备的条件不同而选择不同的方法，归结起来大致可分两类：一类是火法，如鼓风炉熔炼法、烟化炉熔炼法、硫酸化焙烧法、氯化硫酸化焙烧法、旋涡炉熔炼法、回转窑烟化法；另一类是湿法，如铁矾法、针铁矿法等。

常规湿法炼锌过程中，一般都采用高温还原挥发的方法来处理锌浸出渣，并回收主要金属锌及铅，同时回收锗、铟、银、金等有价金属，我国通常采用回转窑烟化法。

烟化法属还原挥发、氧化过程，烟化法处理含锌物料的实质是在高温（1100～1300℃）的条件下，用碳作还原剂，在固态或熔融状态下使物料中的氧化锌、氧化铅及氧化镉等还原呈金属蒸气挥发，再被炉气中的氧及 CO_2 氧化为金属氧化物的过程：

$$ZnO+C(CO) \rightleftharpoons Zn+0.5O_2(CO_2) \rightleftharpoons ZnO+(CO)$$

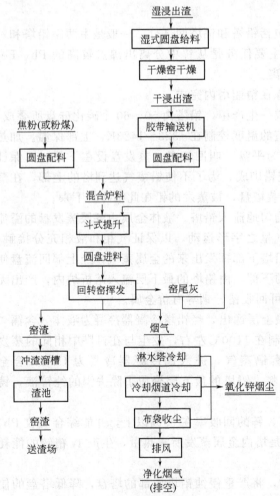

向干燥后的浸出渣中配入 40%～50% 的焦粉，加入到回转窑内处理，窑内温度控制在 1100～1300℃，浸出渣中的金属氧化物（ZnO，PbO，CdO 等）与焦粉接触，被还原出的金属蒸气，进入气相，在气相中又被氧化成氧化物。炉气经冷却后导入收尘系统，使铅、锌氧化物收集。

回转窑处理锌浸出渣工艺流程图为图3-19，锌浸出渣经过过滤后，仍然含水较高（40%～45%），不能直接加入回转窑处理，必须进行干燥。

一般浸出渣的干燥是在回转式圆筒干燥窑内进行，窑长 12～15m，内径 1.2～2.2m。

在回转窑挥发过程中，被处理的物料与还原剂（焦炭）混合，有时还加少量石灰石促进硫化锌、硅酸锌的分解和调节渣成分以防止炉料熔化而导致窑内结圈。已混合好的炉料装入略有倾斜的管状回转窑内，当窑转动时炉料翻转滚动，于是料中金属（铅、锌、镉等）氧化物与还原剂碳接触并被还原。窑内的炉气最高温度可达 1100～1300℃。

被还原出来的金属蒸发进入气相，在气相中又被氧化成氧化物。炉气经废热锅炉回

图 3-19 回转窑处理锌浸出渣工艺

收炉气的余热后再导入收尘设备,将铅、锌氧化物收集。浸出渣中的镉、铟、锗皆易挥发进入氧化锌尘中,从而使稀散金属铟、锗得到富集。浸出渣中的铜和贵金属皆不挥发,完全留在窑渣中。

挥发过程分三步进行:

① 炉料中含锌铅等盐类分解成氧化物,并且使氧化物还原成为金属蒸气进入气相中;

② 气相中的金属蒸气与窑内炉气中的氧结合,生成氧化物(ZnO,PbO 等);

③ 金属氧化物随烟气一道进入烟气冷却和收尘系统而被回收。

决定氧化物还原速率的因素:

① 气相还原剂—氧化碳(CO)在反应带产出的速率及产出物(CO_2)和锌蒸气的排出速度;

② 还原过程的温度;

③ 炉料的粒度;

④ 还原剂的气体分压。

(1) 各组分在回转窑处理过程中的行为 锌在浸出渣中以铁酸锌($ZnO \cdot Fe_2O_3$)、硫化锌(ZnS)、硫酸锌($ZnSO_4$)、氧化锌(ZnO)及硅酸锌($ZnO \cdot SiO_2$)等形式存在,铅主要以硫酸铅及硫化铅形式存在,它们在烟化过程中都可以被还原,铅、锌最后以氧化物形态进入烟尘。

浸出渣中的镉、铟、锗易挥发进入氧化锌烟尘中,从而使稀散金属得到富集。浸出渣中的铜、金、银难于挥发,残留在窑渣中,当窑渣中含铜、金、银较高时,则须进一步从窑渣中提取铜及贵金属。

(2) 回转窑的结构 回转窑的结构见图 3-20。

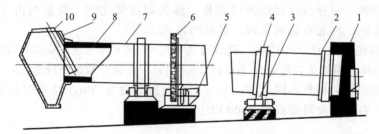

图 3-20 回转窑结构示意图
1—燃烧室;2—密封圈;3—托轮;4—领圈;5—电动机;
6—大齿轮;7—窑身;8—窑内衬;9—下料管;10—沉降室

窑外壳是由 16~20mm 的锅炉钢板制成的圆筒体,一般与水平线成 3°~4°倾角支撑于托轮上。钢壳外面有领圈、大齿轮,由电动机通过转动装置与大齿轮相连接,带动圆筒体以 0.5~1.0r/min 的速度转动,使炉料在窑内流动并滚动混合。窑的直径一般为 2~3.5m,长度 30~50m,窑壳直径与长度之比例为 1∶12~15。

在窑身内,衬有既耐高温与化学腐蚀作用,又耐机械磨损的耐火材料,通常采用的耐火材料是镁质砖、高铝砖及铝镁砖。

窑头部分设有燃烧室、排料管、密封圈及空气鼓入装置,窑尾部分设有加料管、密封圈、沉降仓。煤气或重油在窑头燃烧室内燃烧,炉料从窑尾加入,炉渣从窑头排出。窑内温度如表 3-5 所示。

表 3-5　窑内各温度带距离及温度分布

项目	距离/m	炉料温度/℃	炉气温度/℃
干燥带	0～8	300～700	700～750
预热带	8～12	700～1000	1000～1100
反应带	12～35	1000～1200	1200～1300
冷却带	35～44	700～1000	600～900

(3) 操作实践

① 炉料的混合与加料　回转窑处理浸出渣，必须加入一定量的焦粉或无烟煤粉，以保证产生高温使锌、铅充分还原，并使炉料具有一定的松散性。焦比一般在 40%～50%。

炉料在窑内的填充系数，大约占回转窑体积的 15%。

② 窑内负压控制　窑内负压是决定强制鼓风的基本条件之一，窑内负压必须适当，以控制在 50～80Pa 为宜。

③ 焦粉的质量　所加入的焦粉不仅是维持窑内的热平衡，而且也是为铅锌的挥发创造良好的还原气氛，并不使炉料过早软化。

焦粉粒度对于生产有极大的影响，焦粉粒度要求适中，以 5～15mm 为最好。

④ 炉料的粒度及水分　浸出渣的粒度一般在 5～15mm 为好。炉料的水分以控制在 12%～16% 为好。

⑤ 强制鼓风　向窑内强制鼓风，可使窑内反应带延长，并能将炉料吹起形成良好的翻动，提高挥发能力，并延长窑使用寿命。

风压是强制鼓风作业的必要条件，风压以保持在 0.18～0.20MPa 为好。

⑥ 窑身转速　窑身的转速决定于炉料在窑内停留的时间，对于炉料的反应速率及反应的完全程度有很大的影响。正常转速为 1～0.5r/min。挥发窑主要产品为氧化锌，按其产出部位不同可分两种，一种为冷却烟道所收集，称为烟道氧化锌，其量约占 48%；另一种为布袋收尘器收集的，称为布袋氧化锌，其量约占 52%。

⑦ 炉气出窑温度为 923～1073K，其成分为 1%～5% O_2，0～1% CO，17%～20% CO_2，所得到的窑渣中锌、铅的总含量通常不超过 2%～3%，在较好情况下降至 1%～0.5%。

窑寿命因使用耐火材料不同而波动较大，一般窑寿命为 70d，经采用在反应带窑壳外浇水冷却的措施，窑的寿命可提高到 100d 以上。

思 考 题

1. 根据 Zn-Cd 二元系沸点组成图，说明粗锌火法精馏精炼的基本原理和过程。
2. 烟化法处理含锌物料的原理是什么？
3. 试述回转窑处理锌浸出渣工艺。

3.6　再生锌的生产

【内容导读】

本节主要介绍再生锌生产的原理和工艺。简单介绍了再生锌的来源，着重对再生锌生成及回收途径进行了叙述。

3.6.1 概述

随着世界经济的持续发展，全球的锌消费量显著增加。在目前全球锌精矿供应日趋紧张的情况下锌资源的再生利用显得尤为重要。目前全球锌消费中，矿产锌占70%，再生锌占30%。美国再生锌消费量占锌总消费量的比例超过40%，中国的锌产量和消费量连续多年居世界第一位。随着我国锌消费量的大幅度增长国内锌废料也明显增多，锌废料的再生利用不仅可以节省自然资源和能源，而且可以减少环境污染改善生态环境。

3.6.2 再生锌原料

再生锌的原料主要来源于各种锌的新旧废料。新废料是指利用金属锌生产其他产品时产生的废料；旧废料是指锌产品和含锌的产品在使用过程中报废的废料。主要有几个方面：各钢铁公司冶炼镀锌废钢时产生的含锌烟尘；热镀锌行业生产过程中产生的锌泥、锌渣；废旧锌和锌合金废料；冶金及化工行业生产过程中产生的各种含锌废料。我国再生锌的原料主要来源于国外进口和国内回收。

把含锌废料通过冶炼或化工处理，重新转变成金属锌及其化工产品，这就是锌的再生。

我国再生锌的处理工艺分火法和湿法两种，以火法为主。单纯的锌合金废料一般通过分类可直接用火法熔炼成相应的合金，金属回收率高，综合利用好，生产成本低。锌的废金属杂料一般采用还原蒸馏法或还原挥发富集于烟尘中加以回收。设备主要是平罐蒸馏炉、竖罐蒸馏炉、电热蒸馏炉及回转窑烟化等。此外还有氨法处理干电池的湿法冶炼工艺，废干电池经球磨、筛分、分选后可分别综合回收锌、铜、锰等金属。

所谓再生锌是指再生锌资源经过回收并按照不同再生工艺生产出的锌制品或中间品。

3.6.3 再生锌生成及回收途径

在锌制品的生产和加工阶段都会产生再生锌资源，锌制品主要有6种：镀锌、电池、黄铜、锌合金压铸、锌材、氧化锌等化合物，每种制品的加工制造工艺和再生锌回收途径不相同。

3.6.3.1 锌生产阶段

锌生产阶段的再生锌生成及回收途径见图3-21。

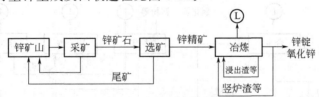

图3-21 锌生产阶段的再生锌生成及回收途径

说明：Ⓛ表示流失到自然界的锌（下同）

在冶炼环节，根据所采取的工艺（平罐、竖罐、电炉、ISP、湿法）会产生不同的废锌渣。竖罐法在国外已经淘汰，我国约18%的锌利用此法生产，锌回收率为94%，竖罐渣再生工艺比较成熟，可用于生产粗氧化锌，但是经济效益较差，我国除葫芦岛锌厂对竖罐渣采取旋涡炉工艺回收锌金属外，其余基本堆存处理。鼓风炉（ISP）锌回收率大于94%，国外约15%的锌利用此法生产，我国为9%。鼓风炉废渣一般进入废铅的再生系统。电炉法炼锌回收率为95%，国外约5%的锌利用此法生产，我国很少。湿法炼锌的浸出渣一般在冶炼企业内部经回收处理生产原生锌，总回收率提高到95%~98%。

3.6.3.2 加工制造及使用、回收阶段

（1）镀锌制品的加工制造及使用与回收 镀锌制品再生锌的生产回收途径见图3-22。

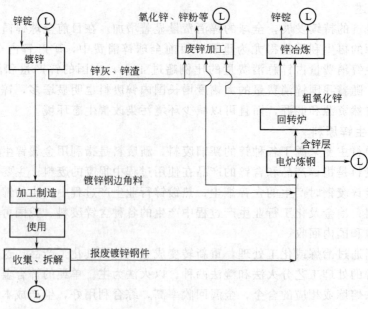

图 3-22 镀锌制品再生锌的生成回收途径

镀锌制品的加工再生锌资源主要来自：镀锌环节产生的镀锌灰、镀锌渣、加工制造环节产生的镀锌钢材边角料。

镀锌灰和镀锌渣再生工艺成熟、经济效益明显，一部分镀锌灰和镀锌渣用于生产重熔锌锭和粗锌锭，另一部分生产氧化锌、锌粉等产品。镀锌钢材边角料一般经过回收送至电弧炉炼钢，产生含锌烟尘。含锌烟尘回送至回转窑形成粗氧化锌，最终送至锌冶炼和加工制造环节生产锌产品，有少部分镀锌钢材边角料经过电弧炉前脱锌，回收生产氧化锌。镀锌钢材的锌回收工艺比较成熟，但是经济效益不明显。

(2) 黄铜制品的加工制造及使用与回收　黄铜制品再生锌的生成回收途径见图 3-23。

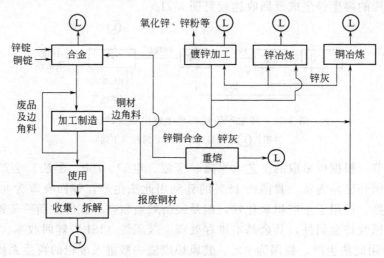

图 3-23 黄铜制品再生锌的生成回收途径

由于黄铜的价值高和含铜量高，因此，大部分都在铜加工企业内回收，而不进入锌工业的回收系统。

黄铜制品的加工再生锌资源主要来自：黄铜加工时产生的废品和边角料。废品作为企业内废料在企业内部循环使用，大部分金属锌没有从合金中脱离出来。黄铜边角料也被全部回收，一部分被送至废铜加工企业，首先重熔并调节合金配比制成黄铜锭，大部分锌直接进入黄铜锭，少部分形成锌灰，经回收分别送至锌冶炼和加工制造环节生产锌产品；另一部分被送至铜冶炼环节，形成的含锌铜炉渣，经回收同样送至锌冶炼和加工制造环节。

(3) 锌合金压铸制品的加工制造及使用与回收　锌合金压铸制品再生锌回收途径见图3-24。

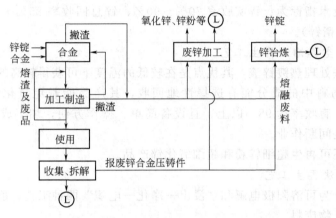

图 3-24　锌合金压铸制品再生锌生成回收途径

锌合金压铸制品的加工再生锌资源主要来自：锌合金及压铸的撇渣、压铸的熔渣和废品。

这些废料基本可以全部回收，其中压铸熔渣和废品一部分返回合金制造工序，另一部分返回压铸阶段再次利用；撇渣则主要送锌冶炼环节制造锌锭，少部分送加工环节生产氧化锌和锌粉等产品。

(4) 锌电池的加工制造及使用、回收　锌材/锌电池制品再生锌回收途径见图3-25。

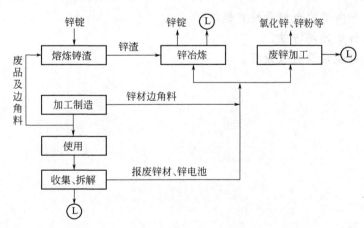

图 3-25　锌材/锌电池制品再生锌生成回收途径

锌电池中的加工再生锌资源主要来自：锌饼、锌板的加工废品和边角料，以及锌锭熔铸时的锌渣。

废品及大部分边角料在企业内部返回熔铸环节再次被利用，另一部分边角料主要回到冶炼环节生产重熔锌锭，少部分在加工制造阶段生产氧化锌或锌粉等；熔铸锌渣则一部分送冶炼环节生产锌锭，另一部分送加工制造阶段生产氧化锌和锌粉等。

3.6.4 其他再生工艺

3.6.4.1 精馏法再生工艺

为了提高再生锌的质量，把再生锌中的主要杂质铅、镉、铁、铜除去，把锌的质量提高到 $1^{\#} \sim 2^{\#}$ 锌的水平，可以采用精馏法精炼。为了得到高纯锌，精馏法使用铅塔和镉塔两种精馏塔。

原料主要是平罐所产 $4^{\#} \sim 5^{\#}$ 锌等及锌品位较高的锌渣和含锌废料。

精馏的主要技术指标为：锌实收率 70%～90%；锌总回收率 85%～99%；煤耗 0.65～0.35t（标煤）/t（精锌）。

3.6.4.2 真空蒸馏法再生工艺

用真空蒸馏法处理热镀锌渣，其优点是在较低的温度下可获得较高的蒸发速度和较高的金属回收率，对物料中的成分能有选择性地回收，其产品能避免氧化和污染，锌纯度达 99.8%～99.9%，直收率达 98% 以上，且设备简单、操作方便，加工成本低于传统的平罐再生工艺。缺点是间断作业。

真空蒸馏法还可再生超细锌粉和超细氧化锌产品。

3.6.4.3 湿法再生工艺

湿法再生锌分为可溶阳极电解和"浸出—净化—电积"两种工艺，前者适宜处理热镀锌灰及各种含锌化合物废料。

各种含锌废料，可用湿法工艺生产氧化锌、硫酸锌和氯化锌等锌化合物。

湿法工艺的优点是金属回收率高（比传统的火法高 20%）、便于实现机械化、自动化，能减轻环境污染。其缺点是电解液须严格净化，导致原材料消耗增加、设备投资增大，过程多、周期长等。

思 考 题

1. 再生锌生产所用的含锌原料有哪些？
2. 简述再生锌的冶炼方法。
3. 试述再生锌生成及回收途径。

4 氧 化 铝

【内容导读】

> 本节介绍了铝土矿、氧化铝生产用途、氧化铝生产方法及发展情况。论述了氧化铝及其水合物的性质，着重讲述了铝酸钠溶液的性质、碱成分、组成、苛性比以及影响铝酸钠溶液稳定性的因素。

4.1 概 述

4.1.1 氧化铝工业发展概况

铝自 19 世纪末开始工业化生产以来，发展十分迅速，全世界原铝产量大约每十年增长一倍。在现代工业技术的许多部门以及日常生活中，铝都获得了很广泛的应用，这是由于铝及其合金具有许多优良性能，而铝的资源又很丰富之故。从 1890 年至 1900 年，全世界金属铝的总产量约为 2.8 万吨，到 20 世纪 60 年代初期，铝的产量已超过铜而居有色金属之首位。

铝生产包括从铝矿石生产氧化铝以及电解炼铝两个主要过程。

每生产 1t 金属铝消耗近 2t（1.9～1.92t）氧化铝。因此，随着电解炼铝的迅速增长，氧化铝生产已发展成比较大的工业部门之一。据报道，全世界氧化铝年产量约达 3400 万吨，目前主要的氧化铝生产国是美国、澳大利亚、苏联、牙买加、日本等。

(1) 氧化铝的用途　氧化铝主要是供电解炼铝用（90%以上），但是电子、石油、化工、耐火材料、陶瓷、磨料、防火剂、造纸以及制药等许多部门也需要各种特殊性能的氧化铝和氢氧化铝。国内外不少氧化铝厂都注意发展多品种氧化铝生产，例如活性氧化铝、低钠氧化铝、喷涂氧化铝、γ-Al_2O_3、超细 α-Al_2O_3 微粉、高纯氢氧化铝及铝胶等，这些供炼铝以外其他用途的多品种氧化铝约占整个氧化铝产量的 8%，而品种已达 150 种以上。

(2) 氧化铝生产方法及发展　从世界范围看，当前氧化铝生产绝大部分采用铝土矿为原料，生产方法主要是拜耳法，少数厂采用烧结法、联合法及其他方法。

这几种方法在流程上没有大的原则性改变，但是由于装备水平和技术水平不断提高，其技术经济指标显著提高，在降低能量消耗和提高劳动生产率方面，成效更为显著。

① 氧化铝生产技术经济指标的提高，主要是由于工艺过程不断强化和完善的结果。例如在拜耳法生产中，采用管道溶出器代替高压溶出器进行铝土矿的溶出；用流态化焙烧炉代替回转窑进行氢氧化铝的焙烧；在母液蒸发中采用高效的降膜蒸发器和闪速蒸发器等，都使生产过程得到强化，能耗大为降低。燃料、动力费用在氧化铝生产成本中占有相当大的比重，降低能耗仍然是当前氧化铝生产中一项中心任务。

② 连续化和自动化水平不断提高是氧化铝生产中的一个重要特点。

自动化是生产现代化的重要标志。目前氧化铝生产中多数工序已经实现了自动化，例如用电子计算机控制高压溶出、赤泥沉降及晶种分解等工序。辅助工序自动控制的研究也在进行，特别是研究生产过程中各种物料的自动分析。

③ 氧化铝工业的另一个重要特点是工厂向大型化发展，并且靠近原料基地建厂。澳大利亚格拉德斯通厂氧化铝年产能为240万吨，是目前世界上规模最大的氧化铝厂。工厂大型化使劳动生产率提高，单位产品投资与成本降低。

④ 由于工厂规模大，必然促使单体设备大型化和高效化。

例如，在氧化铝生产上采用了 $\phi 5m \times 185m$ 的熟料窑（烧结霞石熟料）；容积达 $250m^3$ 以上的高压溶出器（双流法溶出）和 $4500m^3$ 的种分槽，日产氧化铝 $1500t$ 以上的流态化煅烧炉，蒸水量达 $250t/h$ 的高效降膜蒸发器等。

⑤ 为了节约投资，方便操作，有些工厂采取了设备布置露天化。如日本横滨厂除过滤机外，几乎所有设备都设置在露天。

⑥ 近年来对氧化铝生产中的综合利用与环境保护给予了很大关注，特别是对数量很大的赤泥的综合处理问题，很多国家做了大量的研究工作。综合利用赤泥是解决氧化铝生产中环境污染的重要措施。但是目前氧化铝生产中大部分赤泥（特别是拜耳法赤泥）还没有得到利用。

⑦ 扩大原料来源，利用非铝土矿原料是国外氧化铝生产的发展方向之一。因为有些主要产铝国家缺乏铝土矿，而国际市场上铝土矿价格又不断上涨。

霞石与明矾石的综合利用早已在工业上实现。综合处理霞石，可生产氧化铝、碳酸钠、碳酸钾和水泥。综合处理明矾石可生产氧化铝、硫酸钾和硫酸。据报道，苏联处理浮选霞石精矿（含 29％ Al_2O_3，13％ Na_2O，7％ K_2O）的皮卡列夫厂的氧化铝成本在苏联所有氧化铝厂中是最低的，这是由于同时产出大量碱和水泥的结果。由于全部废渣可用于生产水泥，因而避免了对环境的污染。

不少氧化铝厂从分解母液中回收镓和五氧化二钒。目前世界上90％以上的镓是在生产氧化铝的过程中提取的。

近年来，许多氧化铝厂采取各种措施，降低产品中杂质含量，并且普遍重视氧化铝产品的物理性质，以满足电解炼铝和环境保护对氧化铝质量不断提高的要求。有关氧化铝生产的基础理论研究仍在广泛的领域内进行。例如对原料、生产过程中的中间物料与生成物（铝酸钠溶液、赤泥浆液、钠硅渣、原硅酸钙、水化石榴石及结垢等）、半成品（氢氧化铝）及成品（氧化铝）的形态、结构、组成和物理化学性质，对氧化铝各主要生产工序中的反应机理和动力学，各种杂质及添加剂在生产过程中的行为等，都在进行深入的研究。

总之，目前氧化铝工业总的发展方向是充分利用现代科学技术成就，广泛研究和采用新工艺、新技术和新设备，以强化生产，降低消耗（特别是能耗），提高产品质量增加品种；综合利用资源，减少或消除对环境的污染；提高生产过程的连续化、自动化水平，在利用现代电子计算机技术的基础上实现全流程的集中自动控制。

我国的铝工业是在新中国成立后建立和发展起来的。自1954年第一个氧化铝厂投产以来，我国氧化铝产量和品种不断增加，质量日益提高。在生产技术上取得了一系列重要成就：不仅根据我国高硅铝土矿的资源特点，成功地掌握了碱石灰烧结法和混联法的生产工艺；而且在碱石灰烧结法熟料的溶出、从循环母液中回收镓、应用烧结法赤泥生产水泥以及增加产品品种等方面取得了创造性的成就；氧化铝总回收率和碱耗与国外同类工厂相比，达到了先进的水平。但是，我国氧化铝工业与世界先进水平相比，还有很大差距，主要表现在技术装备水平和某些主要技术经济指标比较落后，特别是生产过程的能耗太高，自动化水平和劳动生产率低，氧化铝产量也满足不了国民经济发展的需要。

当前我国氧化铝生产技术赶超世界先进水平的中心课题是大幅度降低生产过程中的能量消耗；实现技术装备的现代化；提高自动化水平和劳动生产率；进一步提高产品质量，增加品种；结合我国铝矿资源特点，加强基础理论和改进氧化铝生产工艺的研究；提高资源的综合利用程度，从根本上解决环境污染问题。

4.1.2 氧化铝及其水合物的性质

4.1.2.1 氧化铝（氧化铝又称无水氧化铝）

(1) 氧化铝的物理化学性质　氧化铝分子式为 Al_2O_3，相对分子质量为 102，为两性氧化物，能溶于无机酸和碱性溶液中，由于 Al_2O_3 的结晶形式不同，其在无机酸和碱性溶液中的溶解度也不同。

(2) 氧化铝的同素异晶体　存在于自然界中的氧化铝称为刚玉（$\alpha\text{-}Al_2O_3$），它在岩石中呈五色结晶，也可与其他氧化物杂质（氧化铬或氧化铁）染成带色的结晶体，红色的结晶体为红宝石，蓝色的结晶体为蓝宝石。

工业氧化铝是各种氧化铝水合物热分解的脱水产物，它们形成一系列的同素异晶体，有些呈分散相，有些呈过渡态，但当温度超过 1200℃ 时，它们都转变为同一种稳定的最终产物，真正的无水氧化铝，即 $\alpha\text{-}Al_2O_3$。所以氧化铝的同素异晶体又可以看做是 $\alpha\text{-}Al_2O_3$ 的中间过渡态，按照它们的生成温度可分为两大类。

① 低温氧化铝　其化学组成为 $Al_2O_3 \cdot nH_2O$，式中 $0<n<0.6$，是各种氧化铝水合物在不超过 600℃ 下脱水的产物，这些形态也叫 γ 系列，包括 $\rho\text{-}Al_2O_3$，$\chi\text{-}Al_2O_3$，$\eta\text{-}Al_2O_3$，$\gamma\text{-}Al_2O_3$，其结晶情况不好。

② 高温氧化铝　是在 800～1200℃ 的温度条件下形成的，几乎是无水产物，这些形态称为 δ 系列，包括 $\alpha\text{-}Al_2O_3$，$\kappa\text{-}Al_2O_3$，$\theta\text{-}Al_2O_3$ 和 $\delta\text{-}Al_2O_3$，结晶情况较好。

a. 活性氧化铝：在催化领域中常用的是 $\gamma\text{-}Al_2O_3$ 和 $\eta\text{-}Al_2O_3$。通常所说的活性氧化铝，一种是指活性 $\gamma\text{-}Al_2O_3$；另一种含义则是泛指 $\chi\text{-}Al_2O_3$、$\eta\text{-}Al_2O_3$ 和 $\gamma\text{-}Al_2O_3$ 的混合物。

b. $\alpha\text{-}Al_2O_3$：它属于六角晶系，由于具有完整的晶型，所以是所有氧化铝同素异晶体中最稳定的一种，它在酸中和碱液中不溶解。

含 $\alpha\text{-}Al_2O_3$ 的细粉在冰晶石-氧化铝熔体中很快溶解，且在空气中不吸收水分，流动性好，对铝电解生产有利。纯刚玉的熔点是 2050℃，沸点是 2980℃，莫氏硬度仅次于金刚石而居第二位，因此广泛应用于磨料。

c. $\gamma\text{-}Al_2O_3$：它属于立方晶系，具有很大的分散性，化学性质较为活泼，易与酸或碱溶液作用。$\gamma\text{-}Al_2O_3$ 对水和其他物质具有很高的吸附特性，因此可作为吸附剂和干燥剂等。

4.1.2.2 氧化铝水合物

氧化铝水合物，是构成各种类型铝土矿的主要成分。

氧化铝水合物通常按所含结晶水数目的不同，分为三水型氧化铝、一水型氧化铝和铝胶三大类。

三水型氧化铝的同素异晶体包括：三水铝石、拜耳石和诺耳石（或称新三水铝石）；一水型氧化铝的同素异晶体包括：一水软铝石和一水硬铝石；结晶不完善或低结晶氧化铝水合物，称为铝胶，如拟薄水铝石和无定形铝胶。氧化铝水合物的表示符号见表 4-1。

(1) 三水铝石　它是天然三水铝石型铝土矿的主要成分，也是氧化铝生产中从铝土矿中提取氧化铝的中间产品，工业生产上称为普通氧化铝，俗称氢氧化铝。三水铝石结晶属于单斜结晶系，晶体呈鳞片状，有玻璃光泽，莫氏硬度 2.5～2.39。三水铝石在热水条件下可脱水转变为一水软铝石，转变温度为 160～230℃；在碱液中可加速其转化，温度可降至 120℃。三水铝石在空气中加热会发生一系列的脱水和晶型转变，在 1200℃下最终转变为 α-Al_2O_3。三水铝石是典型的两性化合物，能较快地溶于酸或碱溶液中。

表 4-1 氧化铝水合物的分类及表示符号

类 别	组成	名 称	常用符号
三水型氧化铝	$Al_2O_3 \cdot 3H_2O$	三水铝石	$Al(OH)_3$ 或 $Al_2O_3 \cdot 3H_2O$
		拜耳石	β-$Al(OH)_3$ 或 β-$Al_2O_3 \cdot 3H_2O$
		诺耳石	β'-$Al(OH)_3$ 或 $\beta'Al_2O_3 \cdot 3H_2O$
一水型氧化铝	$Al_2O_3 \cdot H_2O$	一水硬铝石	γ-$AlOOH$ 或 γ-$Al_2O_3 \cdot H_2O$
		一水软铝石	α-$AlOOH$ 或 α-$Al_2O_3 \cdot H_2O$
铝胶	$Al_2O_3 \cdot nH_2O$	拟薄水铝石	α-$Al_2O_3 \cdot nH_2O(n=1.4～2.0)$
		无定形铝胶	$Al_2O_3 \cdot nH_2O(n=3～5)$

(2) 一水软铝石 一水软铝石是构成自然界中一水软铝石型铝土矿的主要成分，一水软铝石结晶属于斜方晶系，晶体呈片状，莫氏硬度 3.5～4.0。易溶于酸或碱溶液中，溶解度介于三水铝石和一水硬铝石之间。

(3) 一水硬铝石 一水硬铝石是构成自然界中一水硬铝石型铝土矿的主要成分，一水硬铝石结晶属于斜方晶系，晶体呈条状，莫氏硬度 6～7。一水硬铝石是氧化铝水合物中化学性质最稳定的化合物，在酸或碱液中的溶解度比三水铝石和一水软铝石都差。

(4) 铝胶 自然界中存在的铝胶主要在铝土矿形成时起重要作用，它是一种介稳状态，以后再结晶成三水铝石。

人工制造铝胶的方法很多，如低温中和铝盐溶液可得无定形铝胶，它属于胶体，含有不定量的水分；从铝酸钠溶液中沉淀出来的铝胶称为拟薄水铝石，也称假一水软铝石，含有 1.4～2 个分子的结晶水，经过老化，可以转变成为拜耳石和三水铝石。

铝胶可作为生产活性氧化铝和石油化工催化剂的原料。

各种氧化铝及其水合物的物理性质是不同的，以常见的几种铝矿物而言，其折射率、密度和硬度是按下列次序增加的：三水铝石→一水软铝石→一水硬铝石→刚玉。

氧化铝和氢氧化铝实际上不溶于水，但可溶于酸和碱中，为典型的两性化合物。

不同形态的氧化铝及氧化铝水合物在碱和酸中的溶解速度及溶解度是不同的。拜耳石与三水铝石最易溶，一水软铝石次之，一水硬铝石特别是刚玉则很难溶；刚玉具有最坚固和最致密的晶格，晶格能大，所以它的化学性质也最稳定，即使在 300℃的高温下与酸和碱的反应也极慢；γ-Al_2O_3 的化学活性较强，特别是在低温焙烧时获得的 γ-Al_2O_3，其化学活性与三水铝石相近。

因此，氧化铝生产中矿石的溶出条件（温度、溶出用的碱液浓度及溶出时间等）主要取决于其中氧化铝存在的矿物形态。

但要指出，不能只看氧化铝的矿物形态而忽视它们的生成条件。因为生成的条件不同，即使同一种形态的氧化铝，其性质可以有很大的差异。例如，在 500℃左右焙烧一水硬铝石所得的 α-Al_2O_3，其化学活性与自然界产出的刚玉或者在 1200℃焙烧氢氧化铝所得到的 α-Al_2O_3 迥然不同，也与焙烧前的一水硬铝石不同，即前者活性要比后三者大得多。故在适当的温度下焙烧一水硬铝石型铝土矿，能够加速溶出过程，提高氧化铝的溶出率。这是因为在较低温度下焙烧得到的 α-Al$_2$O$_3$，其晶格处于一种尚未完善的过渡状，晶粒很细，同时由于水的脱除，产生了较多的晶间空隙，有利于碱液渗透进去，因而表现出对苛性碱溶液的较高的化学活性。但随着焙烧温度的提高，α-Al$_2$O$_3$ 的晶格越来越完善，强度越来越高，其化学活性将急剧降低。

4.1.3 铝土矿及其他铝矿

铝在地壳中的平均含量为 8.8%，仅次于氧和硅而居于第三位，按金属元素来说，铝则占第一位。由于铝的化学性质活泼，它在自然界只以化合状态存在。铝矿物绝少以纯的状态形成工业矿床，而都是和其他各种脉石矿物共生的。

4.1.3.1 铝土矿

铝土矿是目前氧化铝生产中最主要的矿石资源，世界上 95% 以上的氧化铝是用铝土矿生产出来的。

铝土矿是一种组成复杂、化学成分变化很大的矿石，其主要含铝矿物为三水铝石、一水软铝石和一水硬铝石。

根据含铝矿物的存在形态不同，铝土矿区分为三水铝石型、一水软铝石型、一水硬铝石型以及各种混合型（如三水铝石-一水软铝石型及一水软铝石-一水硬铝石型等）。

铝土矿中氧化铝的含量变化很大，低的在 40% 以下，高者可达 70% 以上。与其他有色金属矿石相比，铝土矿可算是很富的矿，其含量一般为 30% 左右，这对冶炼过程是一个很有利的因素。

除氧化铝外，铝土矿中还含有各种杂质，主要是氧化硅、氧化铁和氧化钛。此外，还含有少量钙和镁的碳酸盐以及钠、钾、铬、钒、镓、磷、氟、锌和其他一些元素的化合物、有机物等。

镓在铝土矿中含量虽少，但在氧化铝生产过程中会逐渐在分解母液中积累，从而可以有效地回收，并成为生产镓的主要来源。

在氧化铝生产上，衡量铝土矿质量的主要标准是铝硅比（用 A/S 表示，代表矿石中全部 Al$_2$O$_3$ 含量与 SiO$_2$ 含量的质量比）及氧化铝含量。

所谓 Al$_2$O$_3$ 含量一般是指铝土矿中 Al$_2$O$_3$ 的总含量。

氧化硅是碱法（特别是拜耳法）生产中最有害的杂质，所以铝土矿的铝硅比及氧化铝含量越高越好。目前工业生产上要求铝土矿的铝硅比不低于 3.0~3.5。

对于铝土矿中的硫（主要以 FeS$_2$ 形态存在）含量和二氧化碳［主要以 (Ca,Mg)CO$_3$ 和 FeCO$_3$ 形态存在］含量也有一定要求，二者含量越低越好，但对烧结法用的铝土矿可以不限制二氧化硫含量。

评价铝土矿的质量不仅要看它的化学成分、铝硅比的高低，而且还要看它的矿物类型。铝土矿的类型对氧化铝的可溶性影响甚大。三水铝石最易为苛性碱液溶出，一水软铝石次之，一水硬铝石的溶出条件则苛刻得多。

铝土矿类型对溶出以后各湿法工序的技术经济指标也有或多或少的影响。因此，铝土矿的类型与拜耳法的溶出条件及氧化铝生产成本有密切关系，但对烧结法的影响则不大。

我国铝土矿的一般特点：高铝、高硅、低铁（也有少部分高铁的），即氧化铝含量高，但氧化硅含量也高，因而铝硅比较低，多数在 4~7，铝硅比 10 以上的优质铝土矿较少。

国外铝土矿的一般特点是多数为三水铝石型，但欧洲以一水软铝石型居多，希腊为一水硬铝石——水软铝石型,苏联则各种类型都有。从化学成分来看,国外多数铝土矿的硅含量较低,铝硅比较高,而氧化铁含量一般都较高。

4.1.3.2 其他铝矿及含铝资源

除铝土矿外,可以用于生产氧化铝的其他原料主要有明矾石、霞石、高岭土、黏土、长石、页岩、丝钠铝石、硫磷铝锶石以及大型热电站的煤渣等。其中明矾石与霞石已用于工业生产。高岭土与黏土中的氧化铝含量虽低,但在自然界分布很广,特别是铝土矿资源缺乏的国家,长期以来都在进行用高岭土和黏土生产氧化铝的研究。

(1) 明矾石矿 明矾石矿的主要成分是明矾石 $(Na,K)_2SO_4 \cdot Al_2(SO_4)_3 \cdot 4Al(OH)_3$。此外尚含有大量的氧化硅,多数情况下主要以石英状态存在,少量为高岭石或蛋白石$(SiO_2 \cdot nH_2O)$形态。明矾石中的铁多以赤铁矿形态存在。由于明矾石含有氧化铝、钾、硫等有价成分,故可以综合处理以生产氧化铝、硫酸和钾肥。

我国明矾石矿储量很丰富,主要分布于浙江、安徽及福建等省,并以浙江平阳和安徽卢江两地储量最大,且都以钾明矾石为主,这是我国铝工业和化学工业的一项重要资源。苏联、美国及伊朗等国都拥有丰富的明矾石矿。

(2) 霞石 $(Na,K)_2O \cdot Al_2O_3 \cdot 2SiO_2$ 常与长石、磷灰石等矿物伴生。经选矿后所得的霞石精矿,氧化铝含量虽低,但可综合利用以生产氧化铝、碱和水泥。我国云南个旧市和四川南江县发现了霞石资源,其储量大、质量好。苏联有丰富的霞石资源,并已用于工业生产。

(3) 高岭土、黏土 高岭土和黏土是分布最广泛的含铝原料,其主要成分都是高岭石 $Al_2O_3 \cdot 2SiO_2 \cdot 2H_2O$。但黏土中杂质(如氧化钙、氧化镁、氧化铁和石英等)含量较多,而高岭土中杂质含量少。

(4) 硫磷铝锶矿 我国四川有的磷矿中伴生有相当数量的硫磷铝锶矿。不同矿区所产矿石的化学成分差别很大,如金河磷矿某矿区硫磷铝锶石的成分为(%):P_2O_5 24,Al_2O_3 27,SrO 5.3,S 2.27,Fe_2O_3 3,CaO 11,A/S 15~16;清平磷矿某矿区硫磷铝锶石的成分为(%):P_2O_5 15,Al_2O_3 27.6,SrO 5.1,P 9,Fe_2O_3 11.3,CaO 7.6,A/S 3。硫磷铝锶矿可以综合利用以生产磷肥及氧化铝等产品,现正进行综合利用工艺的试验研究。

(5) 丝钠铝石 $(Na_2O \cdot Al_2O_3 \cdot 2CO_2 \cdot 2H_2O)$ 不久前,丝钠铝石还被视为一种稀有矿物,但近年来在一些国家(如美国、苏联等)发现了它的矿床。据报道,美国科罗拉多州的储量很大。

根据某些资料,丝钠铝石矿中的丝钠铝石含量变化较大,并含有或多或少的三水铝石以及大量的高岭石。国外已经研究用烧结法、拜耳-烧结联合法等不同工艺流程综合处理这种矿石以生产氧化铝、纯碱和水泥。

4.1.4 氧化铝生产方法

生产氧化铝的方法大致可分为四类:碱法、酸法、酸碱联合法与热法。目前工业上几乎全部是采用碱法生产。

碱法生产氧化铝时,是用碱(NaOH或Na_2CO_3等)处理铝矿石,使矿石中的氧化铝变成可溶于水的铝酸钠。矿石中的铁、钛等杂质和绝大部分的硅则成为不溶解的化合物。把不溶解的残渣(由于被氧化铁染成红色,故称为赤泥)与溶液分离,经洗涤弃之或综合处理。将纯净的铝酸钠溶液进行分解以析出氢氧化铝,经分离、洗涤和煅烧后,便可获得氧化铝产品。分解母液则循环使用来处理另一批铝矿。

碱法有拜耳法、烧结法及拜耳-烧结联合法等多种流程。

所谓拜耳法是直接用含有大量游离 NaOH 的循环母液处理铝矿石，以溶出其中的氧化铝而获得铝酸钠溶液，并用加晶种分解的方法，使溶液中的氧化铝成为氢氧化铝结晶析出。种分母液经蒸发后返回用于浸出铝土矿。烧结法则是在铝矿石中配入石灰石（或石灰）、苏打（含有大量 Na_2CO_3 的碳分母液），在高温下烧结而得到含固态铝酸钠的熟料，用水或稀碱溶液溶出熟料，便得到铝酸钠溶液。经脱硅后的纯净铝酸钠溶液用碳酸化分解法（往溶液中通入二氧化碳气体）使溶液中的氧化铝成氢氧化铝析出。碳分母液经蒸发后返回用于配制生料浆。

拜耳法比较简单，能耗低，产品质量好。处理高品位铝土矿时，产品成本也低。目前全世界 90% 以上的氧化铝是用拜耳法生产的。但此法不能处理铝硅比较低的矿石（如 A/S 在 7～8 以下）。

碱石灰烧结法工艺比较复杂，能耗高，产品质量和成本一般不及拜耳法好。目前碱石灰烧结法处理的矿石铝硅比一般不小于 3～3.5。

实践证明，在某些情况下，采用拜耳法和烧结法联合生产流程，即拜耳-烧结联合法，可以兼收拜耳法和烧结法的优点，获得较单一的拜耳法或烧结法更好的经济效果。

铝土矿的铝硅比是选择氧化铝生产方法的一个主要依据，但是还必须考虑铝土矿的矿物类型以及其他技术和经济方面的因素，因此不能简单地划分适用于每种方法的铝硅比界线。酸碱联合法是先用酸法从高硅铝矿石中制取含铁、钛等杂质的不纯氢氧化铝，然后再用碱法处理。这一流程的实质是用酸法除硅，碱法除铁。

电热法适合于处理高硅高铁的铝矿，其实质是在电炉中熔炼铝矿石和碳的混合物，使矿石中的氧化铁、氧化硅、氧化钛等杂质还原，形成硅合金。而氧化铝则以熔融状态的炉渣上浮，由于密度不同而与硅合金分离，所得氧化铝渣再用碱法处理，从中提取氧化铝。

4.1.5 铝酸钠溶液

4.1.5.1 铝酸钠溶液的性质

铝酸钠溶液是碱法生产氧化铝的重要中间产物，其分子式为 $NaAl(OH)_4$。铝酸钠溶液的基本成分是 Al_2O_3 和 Na_2O。

铝酸钠溶液的主要成分：$Na_2O·Al_2O_3$（铝酸钠）；$Na_2O·SiO_2$（硅酸钠）；NaOH（氢氧化钠）；Na_2CO_3（碳酸钠）。

铝酸钠溶液的分析成分：Na_2O_K（苛性氧化钠）；Na_2CO_3（碳酸钠）；Al_2O_3（氧化铝）；SiO_2（二氧化硅）；Fe_2O_3（氧化铁）。

4.1.5.2 铝酸钠溶液碱成分

铝酸钠溶液的组成是以溶液中 Al_2O_3 和 Na_2O_K（苛性碱）的绝对浓度表示的。

(1) 苛性碱（Na_2O_K 或 N_K） 包括化合为铝酸钠的 Na_2O 和以氢氧化钠形式存在的游离 Na_2O_K，浓度以 g/L 表示。

(2) 碳酸碱（Na_2O_C）和硫酸碱（Na_2O_S） 工业铝酸钠溶液中的碳酸钠 Na_2CO_3（以 Na_2O_C 或 N_C 表示）

工业铝酸钠溶液中的硫酸钠 Na_2SO_4（以 Na_2O_S 或 N_S 表示）等碱。

(3) 全碱（Na_2O_T 或 N_T） 铝酸钠溶液中的苛性碱与碳酸碱浓度之和称为全碱，即 $Na_2O_C + Na_2O_K = Na_2O_T$。

4.1.5.3 工业铝酸钠溶液的组成

工业铝酸钠溶液中 Al_2O_3 浓度和 Na_2O 浓度变化范围很大，Al_2O_3 为 60～250g/L，Na_2O_K 为 100～280g/L，Na_2O_C 约为 10～30g/L。

4.1.5.4 铝酸钠溶液的 α_K

铝酸钠溶液中的 Na_2O 与 Al_2O_3 的比值,可以用来表示铝酸钠溶液中氧化铝的饱和程度,是铝酸钠溶液的一个重要特性参数,也是氧化铝生产过程的一项重要的技术指标。

对于这个比值,有不同的习惯表示方法。较为普遍的是采用铝酸钠溶液中的 Na_2O 与 Al_2O_3 的摩尔比,写作 Na_2O_K/Al_2O_3 摩尔比,或简称"摩尔比",以符号"MR"(或 α_K)表示。

$$\alpha_K = \frac{[Na_2O_K]}{[Al_2O_3]} = 1.645 \times \frac{Na_2O_K}{Al_2O_3} = 1.645 \times \frac{N_K}{A}$$

式中,1.645 为 Al_2O 相对分子质量 102 和 Na_2O 相对分子质量 62 之比。

【例 4-1】 已知铝酸钠溶液的成分为 Na_2O 135g/L、Al_2O_3 130g/L,则该溶液的 $Na_2O:Al_2O_3$ 摩尔比为多少?

解
$$\alpha_K = \frac{135}{130} \times 1.645 = 1.708$$

【例 4-2】 已知某溶出粗液中:Al_2O_3 122.2g/L;SiO_2 4.9g/L;Na_2O_K 92.1g/L,求该粗液的苛性化系数 α_K 和硅量指数 A/S(指铝酸钠溶液中 Al_2O_3 与 SiO_2 的质量比,表示铝酸钠溶液的纯度)。

解
$$\alpha_K = 1.645 \times \frac{Na_2O_K}{Al_2O_3} = 1.645 \times \frac{92.1}{122.2} = 1.24$$

$$\frac{A}{S} = \frac{Al_2O_3}{SiO_2} = \frac{122.2}{4.9} = 24.9$$

工业铝酸钠溶液的 Na_2O/Al_2O_3 摩尔比变化范围也很大,大致为 1.25~4.0。

不存在摩尔比 MR≤1 的铝酸钠溶液。

由于 α_K 的不同,在同等浓度的铝酸钠溶液中,有不同的行为:α_K 很高时,铝酸钠溶液在相当长的时间内也不会分解,性质相当稳定;α_K 很低时,铝酸钠溶液能自行分解出氢氧化铝,不稳定。

铝酸钠溶液的水解反应如下:

$$NaAl(OH)_4 \rightleftharpoons Al(OH)_3 \downarrow + NaOH$$

上式是可逆反应,反应的方向主要取决于 α_K,当 α_K 较低时,反应向右进行;提高 α_K 时,反应向左进行,结晶的 $Al(OH)_3$ 将全部溶解。

4.1.5.5 Na_2O-Al_2O_3-H_2O 系

研究铝酸钠溶液,首先要了解氧化铝在氢氧化钠溶液中的溶解度与碱液浓度和温度的关系及其平衡固相。

不同温度条件下的 Na_2O-Al_2O_3-H_2O 系平衡状态图已有多人研究过。据某些测定结果绘出的 Na_2O-Al_2O_3-H_2O 的溶解度等温线如图 4-1 所示。由图 4-1 可得以下结论。

① 不同温度下的溶解度等温线都包括两个线段 左支线随 Na_2O 浓度增加,Al_2O_3 溶解度增大;右支线随 Na_2O 浓度增加,Al_2O_3 溶解度下降,这两线段的交点,即是在该温度下的 Al_2O_3 在 Na_2O 溶液中的最大溶解度。

说明在不同的温度下,氧化铝的溶解度都是随着溶液中苛性碱浓度的增加而增大,但当苛性碱浓度超过某一限度后,氧化铝的溶解度又随苛性碱浓度的增加而降低。这与溶液的平衡固相成分改变有关。

② 随温度升高,溶解度等温线的曲率逐渐减小,即越来越直,它的两个线段所构成的

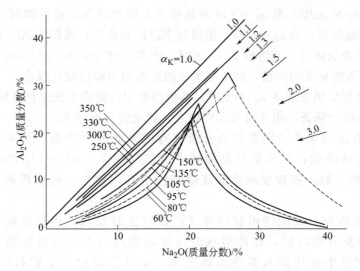

图 4-1 不同温度下的 Na_2O-Al_2O_3-H_2O 系状态图

夹角也逐渐增大，这样就使溶液的未饱和区越来越大。溶解度的最大点随温度升高而向较高的 Na_2O 浓度和 Al_2O_3 浓度方向推移。

③ 曲线左侧各等温线上的平衡固相，在100℃以下为三水铝石，在较高温度时理论上的平衡固相是一水硬铝石（因一水软铝石为介稳相）；曲线右侧各等温线上的平衡固相，在130℃以下为水合铝酸钠 $Na_2O \cdot Al_2O_3 \cdot 2.5H_2O$，130℃以上为无水铝酸钠 $NaAlO_2$。

利用 Na_2O-Al_2O_3-H_2O 系状态图等温线的特点，可以解释铝酸钠溶液稳定性的某些规律：

① 在其他条件相同时，溶液 α_K 越低，其过饱和程度越大；

② 在常压下溶液温度越低，等温线的曲率越大，所以当溶液 α_K 一定时，中等浓度（50～160g/L Na_2O）的铝酸钠溶液的过饱和度大于更稀和更浓的溶液。

拜耳法生产氧化铝即根据 Na_2O-Al_2O_3-H_2O 系溶解度等温线（左侧曲线）的上述特点，利用浓苛性碱溶液和在较高温度下，溶出铝土矿中的氧化铝，然后再经冷却和稀释使溶液成过饱和而析出氢氧化铝。

4.1.5.6 铝酸钠溶液的稳定性及影响稳定性的因素

(1) 铝酸钠溶液的稳定性　铝酸钠溶液的稳定性指的是从过饱和的铝酸钠溶液开始分解析出氢氧化铝所需时间的长短。

研究铝酸钠溶液的稳定性，对生产过程有重要意义。在氧化铝生产中的铝酸钠溶液，绝大部分处于过饱和状态，因此，如果生产过程控制不好，则溶液将自发结晶析出氢氧化铝而造成氧化铝的损失。

例如，拜耳法溶出后的铝酸钠溶液在其与赤泥分离洗涤的过程中，必须保持有足够的稳定性以避免溶液的自发分解所造成的 Al_2O_3 损失，并减轻氢氧化铝在槽壁和管道上的结疤。

在铝酸钠溶液晶种分解工序则需要破坏铝酸钠溶液的稳定性，以加速和加深溶液的分解，提高单位体积铝酸钠溶液中 Al_2O_3 的产出率，增进经济效益。因此生产具有适当稳定性的铝酸钠溶液对碱法生产氧化铝有十分重要的意义。

(2) 影响铝酸钠溶液稳定性的因素　影响铝酸钠溶液稳定性的主要因素如下：铝酸钠溶液的 α_K、铝酸钠溶液的浓度以及溶液中所含杂质等。

① 铝酸钠溶液的 α_K　在其他条件相同时，溶液的 α_K 越低，其过饱和度越大，溶液的稳定性越低。

对于同一 Al_2O_3 浓度，当 $α_K=3$ 时溶液处于未饱和状态，尚能溶解 Al_2O_3；当 $α_K=2$ 时，溶液处于平衡状态；当 $α_K=1$ 时，溶液处于过饱和状态，将析出 $Al(OH)_3$ 晶体。

② 铝酸钠溶液的浓度　当溶液 $α_K$ 一定时，中等浓度 Al_2O_3 70～200g/L 铝酸钠溶液的过饱和度大于更稀或更浓的溶液，即中等浓度的铝酸钠溶液稳定性最小。

③ 温度　当铝酸钠溶液的 $α_K$ 不变时，溶液的稳定性随温度的降低而降低。但当溶液的温度低于 30℃ 后继续降低，由于溶液黏度增大，稳定性反而增大。

④ 溶液中所含的杂质　铝酸钠溶液所含有的某些固体杂质，如氢氧化铁和钛酸钠等，使溶液稳定性降低；工业铝酸钠溶液中的多数杂质，如 SiO_2、Na_2CO_3、Na_2SO_4、Na_2S 以及有机物等都不同程度地使溶液稳定性增高。这与上述杂质都会增大溶液的黏度有关。

⑤ 晶种　在研究合成的纯铝酸钠溶液的稳定性时发现，用超速离心机将溶液中大于 $0.02μm$ 的微粒分离以后，即使溶液的过饱和程度很大，也可长期保存而不发生水解。在铝酸钠溶液中往往带入某些固体杂质，如果溶解的三水铝石以及氢氧化铁等，极微细的氢氧化铁离子经胶凝作用也可长大，结晶成纤铁矿结构，它与一水软铝石的结构相似，因而起着氢氧化铝结晶核心的作用，使溶液的稳定性下降。添加晶种会降低铝酸钠溶液的稳定性。

所以，铝酸钠溶液的稳定性决定于它的过饱和度的大小，同时又受溶液中所含杂质的影响。

⑥ 搅拌　加搅拌能促进溶液中的扩散作用。在添加晶种时，搅拌还可使晶种处于悬浮状态，使晶种与溶液更好的接触，降低溶液的稳定性，加速铝酸钠溶液分解。

思 考 题

1. 氧化铝工业的技术进步主要表现在哪些方面？
2. 简述氧化铝水合物的性质。
3. 氧化铝及其水合物如何分类和命名？
4. 什么是铝土矿？
5. 氧化铝有几种生产方法？简述这几种生产方法。
6. 什么是铝酸钠溶液的稳定性及其影响因素？

4.2　拜耳法生产氧化铝

【内容导读】

> 本节主要介绍拜耳法工艺生产氧化铝。主要讲述了拜耳法工艺生产氧化铝过程中铝土矿各种成分在溶出过程中的行为；铝土矿溶出过程及衡量溶出过程的质量指标以及影响溶出过程的主要因素；重点讲解了拜耳赤泥稀释、沉降、洗涤及控制过滤过程；对晶种分解的机理、影响晶种分解的几个主要因素以及氢氧化铝的分离洗涤及焙烧技术也作了详细阐述。

所谓拜耳法是因为它是由 K.J. 拜耳在 1889～1892 年提出而得名的。100 多年来它已经有了许多发展和改进，但仍然习惯地沿用这个名称。目前，仍然是世界上生产氧化铝的主要方法。

拜耳法用来处理低硅铝土矿（一般要求铝硅比 7～10），特别是处理三水铝石型铝土矿的时候，具有流程简单、作业方便、能量消耗低、产品质量好、容易实现自动控制等优点，其经济效果远非其他方法所能相比。目前全世界生产的氧化铝和氢氧化铝，有 90% 以上是用拜耳法生产的。该法主要缺点是不能单独地处理二氧化硅（SiO_2）含量高的矿石。另外对于赤泥的处理很困难。

拜耳法包括两个主要过程，也就是拜耳提出的两项专利。一项是他发现 Na_2O 与 Al_2O_3 分子比为 1.8 的铝酸钠溶液在常温下，只要添加氢氧化铝作为晶种，不断搅拌，溶液中的 Al_2O_3 便可以呈氢氧化铝晶体形式徐徐析出，直到其中 $Na_2O:Al_2O_3$ 的分子比提高到 6 为止。这也就是铝酸钠溶液的晶种分解过程。另一项是他发现已经析出的大部分氢氧化铝的溶液，在加热时，又可以溶出铝土矿中的氧化铝水合物，这也就是利用种分母液溶出铝土矿的过程。交替使用这两个过程就能够一批批地处理铝土矿，从中得出纯的氢氧化铝产品，构成所谓拜耳法循环。

直到现在工业生产上实际使用的工艺流程还是以上述两个基本原理为依据。因此，拜耳法生产的基本原理可以归纳如下：用苛性钠溶液溶出铝土矿中的氧化铝而制得铝酸钠溶液，采用对溶液降温、加晶种、增加搅拌的办法和条件，从溶液中分解出 $Al(OH)_3$（工业上常简单记为 AH），将分解后的母液经过蒸发后用来重新溶出新的一批铝土矿。溶出过程是在加温加压下进行的。

拜耳法的实质就是下一反应在不同的条件下的交替进行：

$$Al_2O_3 \cdot (1 或者 3)H_2O + 2NaOH \rightleftharpoons 2NaAl(OH)_4 + aq$$

图 4-2 是拜耳法生产氧化铝的工艺流程。每个工厂由于条件不同，可能采用的工艺流程会稍有不同，但原则上它们没有本质的区别。

从拜耳法生产的基本工艺流程，我们可以把整个生产过程大致分为如下几个主要的生产工序：原矿浆的制备、高压溶出、压煮矿浆的稀释以及赤泥分离和洗涤、晶种分解、氢氧化铝分离和洗涤、氢氧化铝焙烧、母液蒸发及苏打苛化等主要生产工序。

4.2.1 原矿浆制备

原矿浆制备是氧化铝生产的第一道工序。所谓的原矿浆制备，就是把拜耳法生产氧化铝所用的原料，如铝土矿、石灰、苛性钠溶液等按一定的比例配制成化学成分、物理性能都符合溶出要求的原矿浆。

对原矿浆制备的要求是：

① 参与化学反应的物料要有一定的细度；

② 参与化学反应的物质之间要有一定的配比和均匀混合。

因此原矿浆制备在氧化铝生产中具有重要作用。能否制备出满足氧化铝生产要求的矿浆，将直接影响氧化铝的溶出率，影响赤泥沉降性能、种分分解率以及氧化铝的产量等技术经济指标。

原矿浆制备工序的主要技术指标有：铝硅比、矿浆细度、液固比、氧化钙添加量、补充碱量、循环母液浓度、配料分子比等。

(1) 铝土矿原料准备　本工序主要包括矿石的破碎和细磨。铝土矿的破碎和细磨是为了保证下一个工序能得到必需粒度的原料。从矿山开采的铝土矿有时直径达 40～50mm。通常用颚式破碎机或锤式破碎机进行粗碎，破碎至原矿块度的 1/5～1/10；然后再用圆锥破碎机

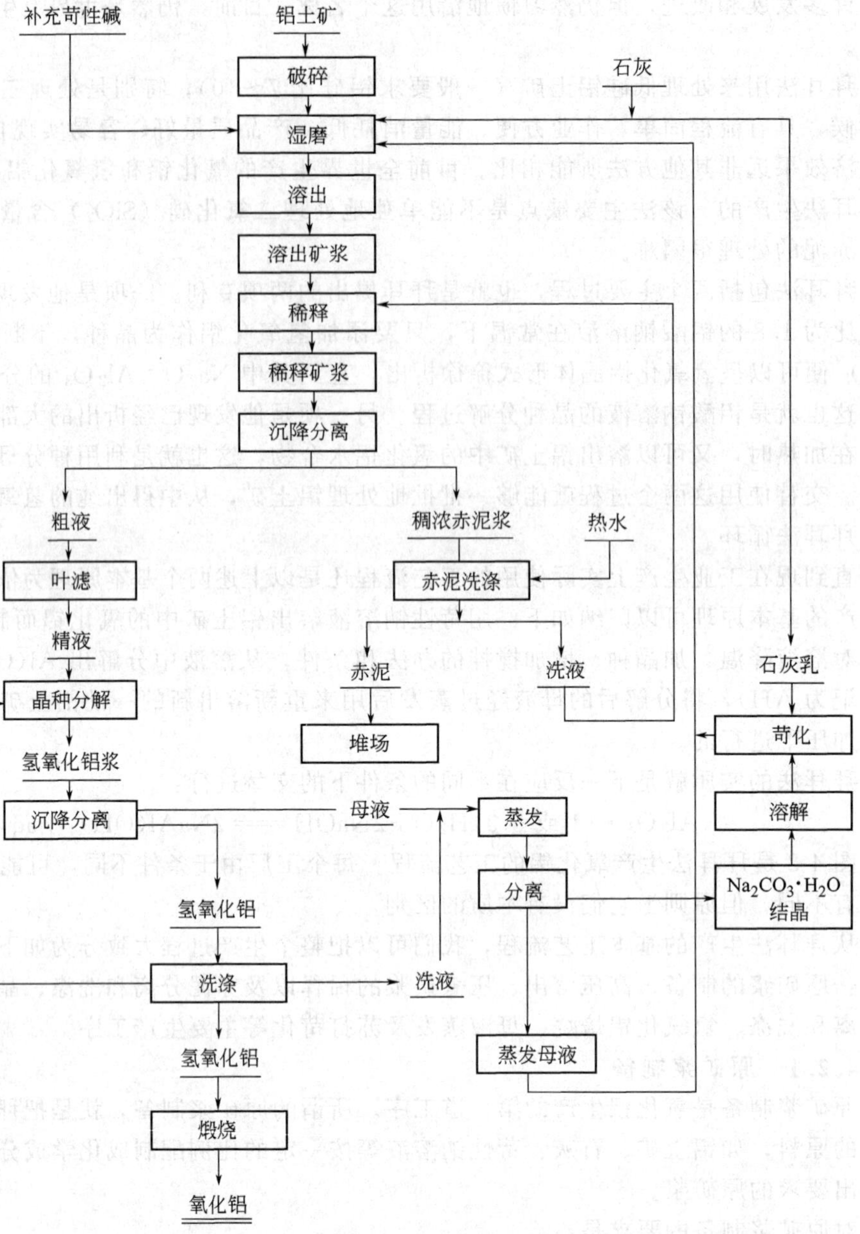

4 氧化铝

```
补充苛性碱   铝土矿         石灰
      ↓      ↓           ↓
         破碎
          ↓
         湿磨 ←──────────┐
          ↓              │
         溶出             │
          ↓              │
        溶出矿浆           │
          ↓              │
         稀释 ←───────────┤
          ↓              │
        稀释矿浆           │
          ↓              │
        沉降分离           │
      ↓         ↓        │
     粗液     稠浓赤泥浆  热水
      ↓         ↓     ↓
     叶滤      赤泥洗涤
      ↓       ↓     ↓
     精液    赤泥   洗液      石灰乳
      ↓       ↓              ↓
    晶种分解   堆场           苛化
      ↓                      ↑
    氢氧化铝浆                  溶解
      ↓                      ↑
    沉降分离 ──母液─→ 蒸发    Na₂CO₃·H₂O
      ↓                ↓     结晶
     氢氧化铝           分离 ──┘
      ↓              ↓
  晶种←洗涤→洗液    蒸发母液
      ↓
     氢氧化铝
      ↓
      煅烧
      ↓
     氧化铝
```

图 4-2 拜耳法生产氧化铝的基本流程

进行中碎，破碎至原矿块度的 1/30 左右；细磨铝土矿是为使原料形成化学反应所必需的表面，应避免过磨而消耗大量电能。细磨作业多采用球磨机进行湿磨。球磨机通常与分级机或水力旋流器组成闭路循环。

(2) 铝土矿矿浆预脱硅　经过湿磨的铝土矿矿浆需经过预热、再加热到溶出需要的温度，以进行溶出反应。在预热过程中铝土矿所含的易于与碱液作用的硅矿物，在常压下即开始与碱液反应而进入溶液，使溶液中的氧化硅迅速增加，然后又成为溶解度很小的水合铝硅酸钠（俗称钠硅渣）从溶液中析出，在预热器表面形成结垢。

为防止在矿浆加热过程中，由于硅渣析出产生结垢，近年来工业上采取"预脱硅"措施，即在矿浆进入预热器之前，将矿浆在95℃以上保持 6～8h，使进入溶液中的氧化硅先行脱除。

在处理一水软铝石型铝土矿或一水硬铝石型铝土矿时，实行矿浆预脱硅是减轻溶出设备结垢的有效方法。

提高溶液温度和原矿浆中的固体含量以及降低 Na_2O 浓度，都可加速脱硅过程。

4.2.2 高压溶出

4.2.2.1 概述

铝土矿溶出过程是拜耳法生产的主要工序之一。溶出的目的在于将铝土矿中的氧化铝水合物溶解成铝酸钠溶液。溶出效果好坏直接影响拜耳法生产氧化铝的技术经济指标。

溶出工艺主要取决于铝土矿的化学成分及矿物组成的类型。

(1) 溶出铝土矿时的主要反应　铝土矿的溶出通常是在高于溶液常压沸点的温度下，用苛性碱溶液处理的化学反应过程，所以也叫"高压高温溶出"反应。

① 对于三水铝石型铝土矿，溶出反应如下：

$$Al(OH)_3 + NaOH + aq \xrightarrow{>100℃} NaAl(OH)_4 + aq$$

② 对于一水软铝石型铝土矿，溶出反应如下：

$$AlOOH + NaOH + aq \xrightarrow{>200℃} NaAl(OH)_4 + aq$$

③ 对于一水硬铝石型铝土矿，溶出反应如下：

$$AlOOH + NaOH + aq \xrightarrow{>240℃} NaAl(OH)_4 + aq$$

(2) 脱硅反应　铝土矿中以高岭石、石英等形式存在的氧化硅（SiO_2），也依其矿物形式与苛性碱发生不同的反应。

在处理一水硬铝石型铝土矿时，高岭石（$Al_2O_3 \cdot 2SiO_2 \cdot 2H_2O$）远在一水硬铝石开始溶解之前，即已与碱液反应（95℃），石英需要在180℃以上才开始反应。各种形式的硅矿物与苛性碱反应，均以硅酸钠形式进入溶液。

$$Al_2O_3 \cdot 2SiO_2 \cdot 2H_2O + 6NaOH + aq \longrightarrow 2NaAl(OH)_4 + 2Na_2SiO_3 + aq$$

$$SiO_2 + NaOH \longrightarrow Na_2SiO_3 + H_2O$$

溶液中的硅酸钠又与铝酸钠反应，生成溶解度很小的水合铝硅酸钠沉淀，进入赤泥。

$$2NaAl(OH)_4 + 1.7Na_2SiO_3 + H_2O + aq \rightleftharpoons Na_2O \cdot Al_2O_3 \cdot 1.7SiO_2 \cdot nH_2O + 3.4NaOH + aq$$

上述反应就是"脱硅反应"。

根据含硅矿物的不同，铝土矿中含硅矿物的溶解和从溶液中脱硅，可能发生于溶出过程的各个阶段。对于易与碱反应的高岭石等所谓"活性"含硅矿物，应采取"预脱硅"措施，使之在矿浆进入预热器系统之前生成钠硅渣脱除，以减轻预热器结垢的负担。

溶出所得的铝酸钠溶液中都存在某些数量的氧化硅，根据溶液的碱浓度，SiO_2 含量大致为 0.3~0.7g/L。

应当注意，根据铝土矿中含铝矿物及硅矿物的成分，来选择适当的工艺条件，以使 Na_2O 和 Al_2O_3 的化学损失为最小。例如，对于含石英量较高的三水铝石型铝土矿，选择较低的溶出温度处理，则石英部分的 SiO_2 即不会造成 Al_2O_3 和 Na_2O 的损失。

铝土矿溶出是在超过溶液沸点的温度下进行的。温度越高，溶液的饱和蒸气压力越大，因而铝土矿是在超过大气压的压力下溶出的，称之为高压溶出。随着技术进步，难溶铝土矿的溶出温度最高达到了280℃。高压溶出技术不仅要解决设备的强度和密封问题，而且要解决料浆的输送、加热、搅拌和冷却问题以及由此而引起的结疤、腐蚀等问题。降低能量消耗是完善高压溶出过程的重要内容,主要是充分利用高温溶出料浆的显热。几十年来高压溶出技术已由最初的简单搅拌槽经直接鼓蒸汽的压煮器到蒸汽间接加热的压煮器,发展到用熔盐加热的管道溶出器,设备产能提高,整个流程的生产能耗大幅度下降。

溶出过程的主要技术条件和经济指标有溶出温度、溶出时间、氧化铝溶出率、碱耗、热耗等。

4.2.2.2 铝土矿各种成分在溶出过程中的行为

铝土矿在溶出过程中发生的主要反应是氧化铝水合物的溶出。溶出过程中绝大部分的杂质多进入赤泥中,但也有少量的杂质溶解于碱液中,杂质在溶出过程中的反应也影响到氧化铝生产的技术经济指标。

(1) 氧化铝水合物溶出时的行为 铝土矿中所含的氧化铝水合物在溶出时与循环母液中的 NaOH 作用生成铝酸钠进入溶液,形成铝酸钠溶液。反应方程式如下:

$$Al_2O_3 \cdot (1 \text{ 或 } 3)H_2O + 2NaOH + aq \Longleftrightarrow 2NaAl(OH)_4 + aq$$

这是溶出过程的主反应。

(2) 氧化硅在溶出过程中的行为和危害 SiO_2 在溶出过程中的行为取决于它的矿物组成、溶出温度和溶出过程的时间。

游离状态的 SiO_2 和石英只有在较高的温度下 (>150℃) 才开始和铝酸钠溶液起反应。如果在低温下溶出三水铝石,这部分 SiO_2 将转移到赤泥中被分离出去。

而以硅酸盐状态存在的氧化硅在溶出过程中与碱液作用生成 Na_2SiO_3 进入溶液中,Na_2SiO_3 随即与溶液中的铝酸钠发生脱硅反应生成含水铝硅酸钠(钠硅渣)($Na_2O \cdot Al_2O_3 \cdot 1.7SiO_2 \cdot nH_2O$)进入固相赤泥中。

高压溶出过程铝酸钠溶液的硅量指数一般达 150~200。

SiO_2 在 Al_2O_3 生产中的危害如下。

① 生成含水铝硅酸钠,造成 Na_2O_K 和 Al_2O_3 的损失。按 $Na_2O \cdot Al_2O_3 \cdot 1.7SiO_2 \cdot nH_2O$ 分子式计算,每千克 SiO_2 造成 0.608kg 的 Na_2O_K 和 1kg Al_2O_3 的损失,因而拜耳法只适应于处理低硅优质铝土矿。

② 由于溶出液在流程中发生脱硅反应,造成工厂管道和设备器壁上产生结疤,妨碍生产。

③ 残留在铝酸钠溶液中的 SiO_2 在分解时会随 $Al(OH)_3$ 一起析出,影响产品质量。

因此,在生产过程中要控制和减少 SiO_2 的有害作用。

(3) 氧化铁在溶出过程中的行为 在铝土矿溶出过程中所有铁矿物全部残留在赤泥中,成为赤泥的重要组成部分。

(4) 氧化钛在溶出过程中的行为 铝土矿中的含钛矿物以金红石和锐钛矿存在。氧化钛与苛性钠溶液作用生成钛酸钠 $Na_2O \cdot 3TiO_2 \cdot 2H_2O$。

① 造成 Na_2O 的损失。

② 生成的钛酸钠会在一水硬铝石的表面形成一层致密的保护膜,使溶出过程恶化,Al_2O_3 溶出率降低。

但氧化钛对三水铝石的溶解起不到阻碍作用,对一水软铝石的阻碍作用也小得多。

消除 TiO_2 危害的有效措施是在铝土矿溶出时添加石灰,此时 TiO_2 与 CaO 生成结晶状的钛酸钙 $Ca_2O \cdot TiO_2$(松脆多孔、极易脱落),使 Al_2O_3 的溶出过程不再受到阻碍,也降低了 Na_2O 的消耗。

(5) 氧化钙在溶出过程中的行为和作用　氧化钙的来源有两个方面：
① 工艺流程中添加石灰；
② 铝土矿本身含有石灰［在原矿浆中氧化钙以 $Ca(OH)_2$ 形态参与反应］。
氧化钙的行为有两个方面：
① 在原矿浆的制备、储存过程以及压煮后矿浆的自蒸发冷却稀释过程中，生成 $3CaO \cdot Al_2O_3 \cdot 6H_2O$，造成 Al_2O_3 的损失。

$$3Ca(OH)_2 + 2NaAl(OH)_4 + aq \Longrightarrow 3CaO \cdot Al_2O_3 \cdot 6H_2O + 2NaOH + aq$$

② 当物料中含有硅矿物时，往铝酸钠溶液中添加石灰，将引起水化石榴石［$3CaO \cdot Al_2O_3 \cdot xSiO_2 \cdot (6-2x)H_2O$］的生成。

4.2.2.3 溶出时加入石灰的作用

在溶出一水硬铝石型铝土矿时，加入相当于矿石重量 3%～7% 的石灰，其作用有以下几个方面。

① 促进一水硬铝石的溶解，主要生成水合铝硅酸钙和水合钛酸钙。
② CaO 也将部分地置换水合铝硅酸钠中的 Na_2O，生成一种成分相当于 $3CaO \cdot Al_2O_3 \cdot xSiO_2 \cdot (6-2x)H_2O$ 的水合铝硅酸钙的化合物，其 x 约为 0.5～1.0，称为水化石榴石。这样可以减少一部分碱的损失，但是可增大 Al_2O_3 的损失。
③ 由于一水硬铝石本身较难溶解，而矿石中锐钛矿和金红石等钛矿物则先于一水硬铝石而与碱液反应生成钛酸钠，钛酸钠呈胶态膜状包围矿粒表面，阻止一水硬铝石与碱液接触，致使氧化铝不能溶出。如有石灰存在，则钛酸钠可转变为结晶较好的水合钛酸钙或钛酸钙，破坏钛酸钠的保护膜，此即所谓"消除 TiO_2 的有害作用"。

近年来国外在处理一水软铝石型铝土矿时，有的也添加百分之几的石灰，以减少赤泥带走的碱损失。

4.2.2.4 溶出过程的质量指标

(1) 苛性比值　苛性比值是指铝酸钠溶液中 Na_2O_K 与 Al_2O_3 的摩尔比。

$$\alpha_K = \frac{[Na_2O_K]}{[Al_2O_3]} = 1.645 \times \frac{\rho(Na_2O_K)}{\rho(Al_2O_3)}$$

(2) 氧化铝的溶出率

指铝土矿在溶出过程中，进入溶液中的氧化铝与铝土矿带入的氧化铝总量之百分比值。

多数情况下铝土矿高压溶出的脱硅产物的组成为 $Na_2O \cdot Al_2O_3 \cdot 1.7SiO_2 \cdot nH_2O$，即其中的 Al_2O_3/SiO_2 质量比为 1.0，Na_2O/SiO_2 质量比为 0.608。也可采用这种组成的关系来计算氧化铝的理论溶出率：

$$\eta_{理} = \frac{[Al_2O_3] - [SiO_2]}{[Al_2O_3]} \times 100\% = \frac{(A/S)_{矿} - 1}{(A/S)_{矿}} \times 100\%$$

工厂一般倾向采用上式代表理论溶出率。

通常由于操作条件波动，往往达不到理论溶出率，即洗涤后赤泥中的 Al_2O_3/SiO_2（质量比）大于 1.0。所以，可根据洗后赤泥的 A/S，按下式计算氧化铝的实际溶出率：

$$\eta_{实} = \frac{(A/S)_{矿} - (A/S)_{泥}}{(A/S)_{矿}} \times 100\% = \left[1 - \frac{(A/S)_{泥}}{(A/S)_{矿}}\right] \times 100\%$$

氧化铝实际溶出率与理论溶出率之比称为相对溶出率。

$$\eta_{相对} = \frac{\eta_{实际}}{\eta_{理论}} \times 100\% = \frac{(A/S)_{矿} - (A/S)_{泥}}{(A/S)_{矿} - 1} \times 100\%$$

4.2.2.5 影响溶出过程的因素

(1) 溶出温度 溶出温度是影响溶出速度最主要的因素。提高温度，溶出速度增大，氧化铝溶出率增大，溶液中 Al_2O_3 的平衡浓度亦增大，溶出液 A/S 增高。

但对三水铝石而言，溶出温度过高（>150℃），溶液中的氧化铝会发生晶型转变，生成一水软铝石进入赤泥中，降低 A/S 和实际溶出率。因此，拜耳法管道溶出采用低温高压溶出技术。

(2) 保温时间 溶出反应进行完全需要一定的时间，随管道化溶出后溶出液保温时间的延长，溶出率增大，溶出液 A/S 增高。拜耳法：物料在保温罐中保温 40min 以上。

(3) 循环母液苛性碱浓度及苛性比值 α_K 循环母液中 Na_2O_K 浓度越高，α_K 越大，溶解度越大，未饱和程度越大，溶出速度越快。然而，循环母液浓度太高，蒸水量越大，加重蒸发负担同时，增加了新蒸汽消耗。因此，在不同生产工艺条件下，循环母液浓度和 α_K 宜保持在一个适当的范围。

(4) 溶出液 α_K 的影响 溶出液 Na_2O_K 浓度较高，溶出 α_K 较高时，能保证矿石中氧化铝完全溶出，溶液的 Al_2O_3 浓度高，A/S 高。溶出 α_K 很低时，不能保证矿石中氧化铝完全溶出，溶液的 Al_2O_3 浓度低，A/S 低。但溶液 Na_2O 浓度过高时，Al_2O_3 溶出率（η_A）的增幅较小，且蒸汽消耗较多。工业实践中，往往尽可能获得较低的苛性比值的溶出液。因此溶出液的 α_K 常为 1.40~1.50。

(5) 搅拌强度 铝土矿溶出时，增大搅拌强度，可强化溶出过程，A/S 增大。

(6) 矿浆细度 铝土矿的溶出过程是液-固两相反应。矿浆细度愈细，固相比表面积愈大，溶出速度愈快，溶出液 A/S 升高。

4.2.2.6 溶出工艺技术条件

某厂管道化溶出工艺技术条件：溶出液 α_K 为 1.40~1.50；溶出液中 Al_2O_3 为 180~190g/L；溶出液 A/S≥200；溶出温度 140~150℃；物料流速 1.5~1.9m/s；分配站蒸汽压力 0.6~0.8MPa；管道化进口饱和蒸汽压力 0.5~0.6MPa。

4.2.2.7 溶出技术的发展过程

拜耳法生产氧化铝已经走过了 100 多年的历程。尽管拜耳法生产方法本身没有实质性的变化，但就溶出技术而言却发生了巨大变化。溶出方法由单罐间断溶出作业发展为多罐串联连续溶出，进而发展为管道化溶出。溶出温度也得以提高，最初溶出三水铝石的温度是 105℃，溶出一水软铝石为 200℃，溶出一水硬铝石温度为 240℃，而目前的管道化溶出器，溶出温度可达 280~300℃。加热方式由蒸汽直接加热发展为蒸汽间接加热，乃至管道化溶出高温段的熔盐加热。随着溶出技术的进步，溶出过程的技术经济指标得到显著的提高和改善。

(1) 单罐压煮器间接加热溶出 第一次世界大战后，在欧洲，拜耳法氧化铝生产得到迅速发展。它主要是处理一水软铝石型铝土矿（主要是法国和匈牙利），因而要采用专用的密封压煮器以达到必需的较高的溶出温度（160℃以上）。当时采用的是单罐压煮器间断加热溶出作业。

① 蒸汽套外加热机械搅拌卧式压煮器 铝土矿溶出用的第一批工业压煮器是带有蒸汽套和浆叶式搅拌机的卧式圆筒形压煮器，在德国和英国，这种压煮器20世纪30年代还在使用。这种压煮器是内罐装矿浆，外套通蒸汽，通过蒸汽套加热矿浆，实现溶出。其缺点之一是热交换面积有限，蒸汽与矿浆间温差必须相当大，压煮器的直径还要受其蒸汽套强度的限

制，蒸汽套压力必须考虑比压煮器内矿浆的压力高 400～500kPa(4～5atm)，而且要有较大直径。

由于热膨胀不平衡，在蒸汽套和压煮器壳体的固定点上产生应力，限制着设备长度。因此，这种结构的压煮器的容积不能很大。

② 内加热机械搅拌立式压煮器　20世纪30年代在德国首先应用，后在西欧广泛利用。即将加热元件装置在压煮器壳体内，代替外部蒸汽套，克服了蒸汽套加热压煮器的主要缺点。但为了保持加热表面的传热能力，要定期清除加热元件表面的结疤。

③ 蒸汽直接加热并搅拌矿浆的立式压煮器　前苏联在处理一水硬铝石型铝土矿的工艺设计中，首先提出了蒸汽直接加热方法，即取消加热元件和机械搅拌器，将新蒸汽直接通入矿浆，加热并搅拌矿浆。这种压煮器的优点是结构大大简化，避免了因加热表面结疤而影响传热和经常清理结疤的麻烦。但它的缺点是加热蒸汽冷凝水将矿浆稀释，从而降低了溶液中的碱浓度，增加了蒸发过程的蒸水量。

(2) 多罐串联连续溶出压煮器组　1930年，奥地利的墨来和密来两人首先获得一水型铝土矿连续溶出的专利，从此世界上开始了连续溶出过程的试验和工业应用。

① 蒸汽间接加热机械搅拌连续溶出　蒸汽间接加热机械搅拌连续溶出试验前期无法解决矿浆对泵的磨损（寿命不超过500h）问题，以及在热交换管壁上结疤严重。后采用隔膜泵解决了这一问题。

② 蒸汽直接加热并搅拌矿浆的连续溶出　将蒸汽直接通入压煮器加热矿浆，同时起到了搅拌矿浆的作用。这样，避免了间接加热元件表面结疤生成和清除的麻烦，同时取消了机械搅拌机构及大量附件，因而使压煮器结构变得简单。

压煮器可保证铝土矿颗粒处于悬浮状态。如果立式"虹吸管"（出料管）中矿浆的速度超过最大颗粒的沉降速度，那么，固相就不能在压煮器底部沉淀。

压煮器串联成组之后所产生的缺点是，较大铝土矿颗粒的沉降速度偏高，因而缩短了在压煮器内的停留时间，对铝土矿中氧化铝溶出率带来一定影响。连续溶出压煮器组的工业试验研究和工业生产运行还表明，利用管壳式预热器可将矿浆间接加热到很高温度（直至反应温度），但因为在热交换面上严重生成非常坚硬的铁酸盐结疤，无论用化学溶解法，还是用机械方法都很难清除掉，所以用管壳式预热器加热铝土矿矿浆只加热到140～160℃。采用两级自蒸发，一级自蒸发的蒸汽用来加热矿浆，而二级自蒸发的蒸汽用来制备热水。

(3) 管道化溶出　匈牙利在第二次世界大战以后，氧化铝厂就开始了将间断式变为连续式溶出的现代化改造。在研制连续溶出工艺同时，还研制出自蒸发系统，以利用溶出矿浆降温过程产生的自蒸发蒸汽。为了更好地利用这些压煮器的容积，就要增加装在压煮器中的加热面积。以前溶出器的单位加热面积一般是 $1m^2/m^3$，而改造后是 $3.5～4.0m^2/m^3$。因为增加了加热面积，所以要求有较好的搅拌。这就使溶出器 $1m^3$ 容积的搅拌电耗从 0.2kW 增加到 0.4kW。

在研究自蒸发系统时，可以明显看出，用压煮器来预热矿浆不利。一是其制造费用高，二是其传热系数相当有限［平均为 $300～400W/(m^2·K)$］。而多管热交换器的制造费用要比压煮器低很多，而且其传热系数也比较高，平均在 $400～600W/(m^2·K)$。

多管热交换器的优点是制造费用较低，传热系数较高；但它的缺点是设备容易产生结疤而且清洗比较麻烦，因弯腔而引起的压力损失较大。使用这种热交换器所获得的正反两方面的经验和教训，使研究者研究出没有弯腔的单管热交换器，从而消除了多管热交换器的缺点，最终研制成管道化溶出器。

① 西德氧化铝厂的管道化溶出技术

a. 套管式管道化溶出器：自磨机出来的原矿浆，通过隔膜泵送入管道内与经熔盐（或蒸汽）加热溶出后的高温浆液进行套管式热交换，从而达到原矿浆预热的目的。为提高热回收效率，在矿浆预热段，一般外管为冷的原矿浆，内管为溶出后的高温浆液。而熔盐（或蒸汽）加热段则内管是预热后的矿浆，外管是熔盐（或蒸汽）。

b. 自蒸发器式管道化溶出装置：自磨机出来的原矿浆与经熔盐（或蒸汽）加热溶出后的高温浆液，不是直接进行热交换，而是通过多级自蒸发器所得的二次蒸汽去进行多级热交换以达到预热目的。

② 匈牙利氧化铝厂的管道化溶出技术　其特点是管道预热器内管为多管（至少为三管）。匈牙利的多股流管道化溶出装置特别适合于处理一水硬铝石矿。我国曾经把马扎尔古堡氧化铝厂的管道化溶出装置使用于一水软铝石型铝土矿所获得的经验应用到我国一水硬铝石型铝土矿的溶出，并于 1986~1988 年在我国郑州铝厂进行了试验。这个试验的目的是确定三根单管加热装置处理较硬的一水硬铝石型铝土矿的最佳操作条件。某厂管道化溶出设备系统示意图如图 4-3 所示。

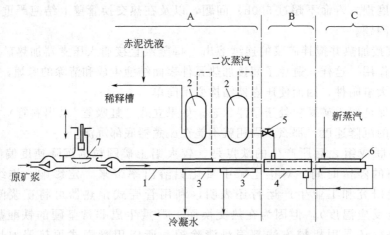

图 4-3　铝土矿管道溶出设备系统示意图

1—原矿浆管道；2—自蒸发器；3，4，6—蒸汽夹套；5—喇叭状喷嘴；7—高压隔膜泵

4.2.3　赤泥分离洗涤

铝土矿溶出后，形成赤泥和铝酸钠的混合浆液，浆液必须经过稀释才能沉降或过滤使赤泥和铝酸钠溶液分离，分离后从铝酸钠溶液中生产出氧化铝，赤泥需洗涤，降低氧化钠、氧化铝通过赤泥附液途径的损失。该工序生产效能的大小和正常运行对产品质量、生产成本以及经济效益有着至关重要的影响。

4.2.3.1　赤泥分离洗涤

目前拜耳法生产赤泥多采用沉降槽和过滤机分离，分离洗涤一般有如下步骤。

(1) 赤泥浆液稀释　溶出后的浓赤泥浆液用赤泥洗液稀释，以便于沉降分离，并满足种分对溶液浓度和纯度（SiO_2 含量）的要求。

(2) 沉降分离　稀释后的赤泥浆液送入沉降槽，以分离出大部分溶液。沉降槽溢流（粗液）中的浮游物含量应小于 0.2g/L，以减轻叶滤机负担和减少操作费用。

(3) 赤泥反向洗涤　将分离沉降槽底流进行多次反向洗涤，将赤泥附液损失控制在工艺要求的限度内。

(4) 粗液控制过滤　经控制过滤浮游物含量低于 0.02g/L 的精液,送往种分工序。控制过滤一般采用叶滤机,美国则是采用一种固定床砂滤器。

分离沉降槽底流一般经 4~7 次反向沉降洗涤,弃赤泥中氧化钠的附液损失一般为干赤泥量的 0.3%~1.8%。

沉降槽的洗涤效率取决于洗涤次数、洗水量和赤泥附液中氧化钠浓度。增加洗涤次数就要增加洗涤槽数量,增加设备投资;增加洗水量则使蒸发水量增加,蒸发费用增大。

4.2.3.2　赤泥浆液稀释

溶出后的浆液在赤泥分离之前用赤泥洗液稀释,其作用如下。

(1) 降低浆液浓度,便于晶种分解　溶出后的铝酸钠溶液浓度高(视铝土矿类型及溶出方法不同而异),例如,在高压溶出一水硬铝石型铝土矿时,溶出液含 Al_2O_3 约 250g/L,稳定性很高,不能直接进行晶种分解,必须稀释。另一方面,赤泥洗液所含 Al_2O_3 数量约占铝土矿中全部氧化铝的 30%,并含有相应数量的碱,必须回收。但赤泥洗液中 Al_2O_3 浓度太低(一般为 30~60g/L),这种稀溶液也相当稳定,也不宜单独分解。用赤泥洗液稀释高压溶出的赤泥浆液则满足了两方面的要求。

(2) 使铝酸钠溶液进一步脱硅　在溶出过程中虽然也进行了脱硅反应,但由于溶液浓度高,铝硅酸钠的溶解度大,溶出液的硅量指数一般只有 100 左右,而晶种分解要求精液的硅量指数在 200 以上。稀释可以使溶液进一步脱硅。从图 4-4 可知,随着溶液浓度的降低,SiO_2 平衡浓度也相应大大地降低,而且精液中含有相当数量的铝硅酸钠晶种,在动力学上也是有利的。浆液在 100℃ 左右的温度搅拌 2~6h 后,溶液的硅量指数可达 300 左右。

(3) 便于赤泥分离　溶出后的浓赤泥浆液黏度大,直接分离非常困难,实际上是不能进行的。稀释的结果,溶液浓度大大降低,黏度、密度下降,而且赤泥的溶剂化程度降低,促进了粒子的聚结,因而赤泥的分离效率提高。

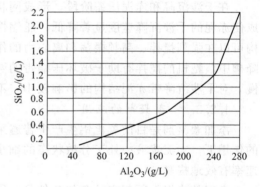

图 4-4　SiO_2 含量与 Al_2O_3 浓度的关系

(4) 有利于稳定沉降槽的操作　生产中高压溶出浆液的成分是有所波动的,它进入稀释槽内混合后,波动幅度减小,这就有利于沉降槽作业平稳进行。

高压溶出浆液在稀释后的浓度,必须从全局出发,通过实践来确定。因为溶液浓度过高,将影响赤泥分离洗涤效果,降低种分速度,难于得到强度大、粒度较粗的氢氧化铝;并且也不利于氢氧化铝和母液的分离。溶液浓度低,则使整个系统的物料流量成比例增加,导致设备产能降低、各项消耗指标(如蒸汽及电能消耗等)相应提高。目前处理一水铝石型铝土矿的拜耳法厂,稀释后铝酸钠溶液的氧化铝浓度变化范围为 120~150g/L。处理三水铝石型铝土矿的拜耳法厂的溶液浓度则较低,一般为 110g/L 左右。

在稀释过程中,由于溶液浓度降低,可能发生 Na_2CO_3 与 $3CaO \cdot Al_2O_3 \cdot 6H_2O$(或水化石榴石)作用,重新苛化转变为 NaOH。

4.2.3.3　拜耳法赤泥浆液的特性

赤泥浆液主要由赤泥和铝酸钠溶液组成,拜耳法赤泥粒度较细,半数以上是小于 20mm 的粒子,具有很大的分散度,并且有一部分接近胶体的微粒,因此,拜耳法浆液属于细粒子悬浮液，其很多性质与胶体相似。泥浆颗粒为分散质，铝酸钠溶液为分散介质，泥浆颗粒本身的重力使其下降，而铝酸钠溶液的黏度和布朗运动引起的扩散作用阻止粒子下沉，当两种作用相当时，就达到平衡状态，赤泥沉降过程根据溶液固含量的多少分自由沉降区、过渡区和压缩区。

赤泥粒子与极性的铝酸钠溶液接触，它的表面显示出较大的剩余价力、分子力以及氢键力等，在界面上会带电［电苛可能来源于 $Al(OH)_4^-$、OH^-、Na^+ 及水分子等］，生成一层溶剂化膜，从而形成双电层，产生电动势（ζ 电位）。泥浆颗粒带正电还是带负电，由它的矿物成分和溶液成分决定，整个浆液是电中性的。赤泥颗粒同名电性相斥以及包裹在其周围的溶剂化膜都阻止了赤泥粒子结聚成大的颗粒，使赤泥难以沉降和压缩。赤泥的沉降、压缩性能与赤泥颗粒吸附 $Al(OH)_4^-$、OH^-、Na^+ 及水分子的数量之间存在一定的关系，吸附得越多，沉降越慢，压缩性能也越差。在氧化铝生产中，一般是取经过一定时间沉降后所出现的清液层高度来表述赤泥浆液的沉降性能；其压缩性能用压缩液固比 L/S 和压缩速度来衡量。

对于胶体体系，分散系可以分为形成结构和不形成结构两类。前者是分散相颗粒借范德华力结合成网状结构，分布于体系中；后者的分散相颗粒是彼此不结合，在外力作用下可以在分散介质中单独移动。

在干涉沉降和赤泥压缩阶段，形成网状结构是赤泥浆液的重要性质之一。网状结构的形成使赤泥的干涉沉降速度显著降低，压缩性能变坏，不利于其分离和洗涤过程。这种网状结构可以在强烈搅拌、高频振荡和离心力的作用下受到破坏，不利于其分离和洗涤过程。在沉降槽中，耙机的搅拌有助于破坏压缩带的网状结构，从而促进赤泥的压缩过程。这种搅拌缓慢，对干涉沉降带赤泥结构的影响较小，不足以使干涉沉降带网状结构破坏。

4.2.3.4 絮凝剂的应用

添加絮凝剂是目前氧化铝生产中普遍采用且行之有效的加速赤泥沉降的方法。在絮凝剂的作用下，赤泥浆液中处于分散状态的细小赤泥颗粒互相联合成团，粒度增大，因而使沉降速率有效地提高。

良好的赤泥絮凝剂应具备的条件是：①絮凝性能良好；②用量少，水溶性好；③经处理后的母液澄清度高，残留于母液中的有机物不影响后续氢氧化铝的分解；④所生成的絮凝团能耐受剪切力；⑤经沉降分离后，低流泥渣的过滤脱水性能好，滤饼疏松；⑥原料来源广泛，价格低廉。

(1) 絮凝剂的种类

① 天然高分子絮凝剂　早期的氧化铝生产中，为了加速赤泥与铝酸钠溶液的分离，通常在分离过程中加入天然絮凝剂来提高生产效率。这类絮凝剂主要为淀粉类高分子絮凝剂，包括麦类、薯类等加工产品（如面粉及土豆淀粉等）和副产品（如麦麸等），我国多用麦麸，添加量约为 1.5kg/t（干赤泥）。天然高分子絮凝剂在赤泥分离过程中，形成的絮团大，且抗剪切力强（主要归结于絮团破坏后，通过分子间的作用，能马上重新形成稳定的絮团），好输送，价格低廉，无毒，易于生物分解。但天然高分子絮凝剂在水中的溶解度小，且分子量较低和不稳定，因而用量较大，并可能引起铝酸钠溶液中有机物含量过高，对后续氧化铝的生产会带来不利的影响。

② 合成絮凝剂　20 世纪 60 年代开始研究合成高分子絮凝剂在赤泥分离中的絮凝效果。70 年代合成絮凝剂在国外氧化铝厂广泛应用。目前普遍用于氧化铝工业生产中的高分子絮凝剂主要有聚丙烯酸（钠）（SPA）、聚丙烯酰胺（PAM）以及含氧肟酸类絮凝剂。

聚丙烯酸钠为胶状高分子絮凝剂，在赤泥浆液中絮凝时均有 30～60s 的诱导时间。由于存在诱导时间，使得加入方式存在争论，一种观点认为只要有适当的搅拌条件，可以一点将絮凝剂加入到沉降槽中，多点加入时其沉降效果未见明显好于一点加入；另一观点认为多点加入能提高沉降速度，降低浮游物含量，同时能降低絮凝剂的加入量。这些结果都可能源于浆液中赤泥性质、实验条件的变化。

聚丙烯酰胺与聚丙烯酸钠类似，吸附也存在一定的诱导时间，但比较易于溶解和分散，形成的絮团较大，沉降速度在相同的加入量的条件下略好于聚丙烯酸钠，可在相同沉降速度下，加入量较聚丙烯酸钠少。聚丙烯酸钠和聚丙烯酰胺之类的高分子合成絮凝剂虽有不同牌号，但其差别主要仅在于分子量的不同，作用效果也有所出入。用它们分离赤泥浆液，所得溢流的澄清度不高，仍需采用叶滤机进行控制过滤，所得的精液才能满足工业生产的要求。因此多数商品化的赤泥絮凝剂需要改性处理后，改变它的结构和特性，才能获得良好的效果。

(2) 絮凝剂在赤泥沉降中的作用机理 由于悬浮液中的固相和液相以及高分子絮凝剂本身的组成都是复杂的和多种多样的，故其絮凝过程的机理也因之而异。但一般认为絮凝作用可划分为吸附（即絮凝剂吸附于悬浮液中固体粒子表面）和絮凝（单个粒子互相联合成絮团）两个阶段。二者互相联系，但又并非经常是一致的关系。也就是说，絮凝剂吸附于固体粒子表面是絮凝作用的必要条件和关键，但吸附并不一定都能导致有效的絮凝作用。

絮凝剂与悬浮液固体粒子的电荷符号相反时，能产生有效的吸附。此时粒子的电荷被中和，电位降低而发生凝结作用。在很多情况下，聚丙烯酰胺分子是靠氢键强烈地同时吸附于几个固体粒子上，像纽带一样将各个粒子联结起来成为大粒子，使粒子沉降速度大大增加。此种作用机理称为"桥连"（架桥）。在电子显微镜下可直接观察到这种现象。虽然酰胺基及羧基两种官能团都能吸附于矿物表面，但前者的主要作用是通过生成氢键而产生吸附，而后者的主要作用是借静电斥力使溶液中的聚合体分子伸长，从而使架桥作用更易发生，这是影响絮凝剂活性的一个重要因素。聚丙烯酰胺还可以通过化学键而对某些含有金属离子的矿物发生吸附和絮凝作用。在组成复杂的工业悬浮液中，可能是几种吸附力同时起作用，但在每一具体情况下，必然有一种是起主要作用的。

4.2.3.5 沉降槽及其操作原理

赤泥分离洗涤工序的高产优质体现在沉降槽按溢流量计算的单位产能高，溢流质量好（浮游物含量低），洗涤效率高而附液损失少等方面。对上述指标有重大影响的是赤泥的沉降速度与压缩性能。添加絮凝剂是强化赤泥沉降的主要措施，而改进沉降槽结构，保证沉降槽的正常操作条件，对于提高产能及其他技术经济指标也是很重要的。

与单层沉降槽相比，多层沉降槽的主要优点是单位沉降面积的材料消耗和投资少，节省占地面积。因此至 20 世纪 50 年代末，国内外的氧化铝厂大多数采用多层沉降槽。但以后在一些国家里开始采用槽身较高的单层沉降槽，近年来则已普遍采用直径为 30～50m（高度一般为 4～8m，有的达 10m 以上）的大型单层沉降槽了。

实践证明，沉降槽的产能和底流压缩程度与其高度有很大关系。有的资料指出，单层沉降槽按溢流量计算的单位产能比多层槽高 1～2 倍，而赤泥压缩程度高 0.5～1 倍，因此分离洗涤效率提高，洗涤次数可以减少。有的工厂已由过去的 6～8 次沉降洗涤减至 5 次，这样也就减少了建设投资。此外，在操作控制和清理维修方面，单层沉降槽也较多层沉降槽简单方便。近年来国外已发展到采用平底的单层沉降槽（如图 4-5 所示），这种沉降槽可以进一步节约基建投资，而且便于清理槽内结垢。苏联某氧化铝厂

4 氧化铝

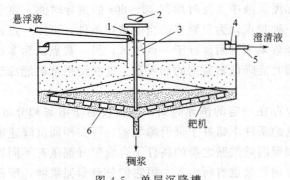

图 4-5 单层沉降槽
1—进料槽道；2—转动机构；3—料井；
4—溢流槽；5—溢流管；6—叶片

将直径 16m 的五层沉降槽的第二、四两层隔板去掉，改成三层沉降槽。改后第二、三层的高度比原来增加一倍而为 3.6m，第一层的高度不变，但给料筒直径由 1.52m 增加到 3m。下面两层给料筒直径维持不变，但高度从 0.38m 增加到 1.2m。下渣筒也相应地加长。改革后的沉降槽经过工业试验，表明槽子工作稳定，容易控制，与原来的五层沉降槽相比，产能提高 30%～50%。郑州铝厂拜耳法赤泥分离，目前也是采用直径 16m 的五层沉降槽，该厂现在新建了一个直径和总高度与原来五层沉降槽相同的三层沉降槽，初步试验取得了良好效果。

多层沉降槽的操作控制较单层沉降槽复杂，但二者的操作原则与基本要求有其相同之处。多层沉降槽应处于平衡状态下工作，以获得高的产量以及合格的溢流和底流。沉降槽的平衡状态一旦遭到破坏，溢流必然跑浑，影响生产。跑浑严重时，溢流浮游物含量可达每升几克、几十克甚至更高，使工厂的正常生产受到破坏而被迫减产。

保证多层沉降槽平衡工作的条件为：
① 各层下渣管必须被压缩带泥渣封住；
② 各层的饲料量相等而且均匀，各层的溢流量亦应如此；
③ 沉降槽进、出的泥量应该相等。

在生产中往往是多种因素交织在一起互相影响而引起沉降槽跑浑。除了操作上和设备上的因素以外，赤泥沉降速度如果显著变慢也会引起或加剧跑浑。造成赤泥沉降速度降低的原因是多方面的，例如，由于矿石成分和性质的变化引起赤泥沉降性能变坏；洗涤系统中由于液量的波动而使进料液固比降低以及其他正常作业条件的破坏。

进入分离沉降槽的赤泥浆液以及整个分离洗涤系统应尽可能保持高的温度，以利于沉降并防止或减少铝酸钠溶液的分解。沉降槽底流液固比应根据工艺要求，参照相应条件下赤泥的压缩液固比来控制。

赤泥的压缩程度决定于它的性质和溶液浓度等因素，但总是随着压缩带高度的增加而增大。因为随着压缩带高度的增加，赤泥在槽内停留的时间延长。当沉降槽的结构和生产条件一定时，控制底流液固比的操作就在于掌握压缩带的高度。一般调整赤泥排出量可以改变压缩带高度。单层沉降槽由于槽身高，压缩带和清液带的高度都可控制较高，故底流压缩程度比多层沉降槽高，溢流质量也较稳定，好操作。

4.2.4 晶种分解

晶种分解是将铝酸钠溶液降温、加氢氧化铝晶种进行搅拌使其析出 Al(OH)$_3$ 的过程，是拜耳法生产氧化铝的关键工序之一。它应该得到质量良好的氢氧化铝和苛性比值较高的种分母液，以提高拜耳法的循环效率。烧结法工厂也常用种分过程制取生产中所需要的高 α_K 溶液。

对拜耳法铝酸钠溶液添加晶种分解的工艺要求是：①得到较高的氢氧化铝产出率或分解率；②产物氢氧化铝结晶应有适宜的粒度分布和机械强度。但实现这两项要求的工艺条件往往是矛盾的。

4.2.4.1 晶种分解的主要指标

衡量种分作业效果的主要指标是氢氧化铝的质量、分解率、产出率以及分解槽的单位产能。这几项指标是互相联系而又互相制约的。

(1) **氢氧化铝质量** 对氢氧化铝质量的要求，包括纯度和物理性质比两个方面，它们都首先决定于种分过程。

氢氧化铝中的主要杂质是 SiO_2、Fe_2O_3、Na_2O，另外还可能有很少量的 CaO、TiO_2、P_2O_5、V_2O_5 和 ZnO 等杂质。Na_2O 含量取决于分解和氢氧化铝洗涤作业，而铁、钙、钛、锌、钒、磷等杂质的含量主要取决于原液纯度。为此，溶液在分解前要经过控制过滤，使精液中的赤泥浮游物降低到允许含量（0.02g/L 以下）。

种分氢氧化铝中的 SiO_2 含量一般可以达到较好的指标，因为拜耳法精液的硅量指数一般为 200~400，而实践证明，当硅量指数在 200 以上时，SiO_2 在种分过程不致明显地析出。但硅量指数低于 150~200 时，在 $Al(OH)_3$ 析出的同时，SiO_2 也以水合铝硅酸钠形式析出，使产品中 SiO_2 含量超出规范要求，并使 Na_2O 含量增加。用回转窑煅烧氧化铝时，由于窑衬的磨损，成品氧化铝的 SiO_2 含量将比它在氢氧化铝（折成氧化铝计）中的含量增加 0.01%。

氧化铝中的碱（Na_2O）来自氢氧化铝。氢氧化铝中所含的碱有三种，第一种是进入氢氧化铝晶格中的碱，它是 Na 离子取代晶格中的 H 的结果。这部分碱是不能用水洗去的，研究表明，某些种分氢氧化铝中，这种 Na_2O 的含量约为 0.05%~0.1%。第二种为以水合铝硅酸钠形式存在的碱，这部分碱也是不能洗去的，其量取决于分解原液中 SiO_2 的含量。当分解原液的硅量指数在 200 以上时，这部分碱是不多的（0.01%~0.03%）。第三种为氢氧化铝挟带母液中的碱，这部分碱数量最多。氢氧化铝挟带的母液，一部分是吸附于颗粒表面的，另一部分是进入结晶集合体的晶间空隙中的。前者易于洗去，在生产条件下，它在洗涤后的氢氧化铝中的含量为 0.1%左右。晶间碱很难洗去，其量约为 0.1%~0.2%。

氧化铝的粒度和强度在很大程度上取决于原始氢氧化铝的粒度和强度。在种分过程中，控制产品质量主要是保证分解产物具有所要求的粒度和强度。

(2) **分解率** 分解率是种分工序的主要指标，它是以铝酸钠溶液中氧化铝析出的百分数来表示的。由于分解过程中溶液浓度与体积的变化，故直接按照溶液中的 Al_2O_3 浓度来计算分解率是不准确的。分解前后苛性碱的绝对数量变化很少，可以用作内标，利用溶液分解前后的苛性比值来计算分解率：

$$\eta = \left[1 - \frac{\alpha_m}{\alpha_0}\right] \times 100\% = \frac{\alpha_0 - \alpha_m}{\alpha_0} \times 100\%$$

式中 η ——种分分解率，%；

α_m ——分解原液的苛性比值；

α_0 ——分解母液的苛性比值。

(3) **分解槽单位产能** 分解槽的单位产能是指单位时间内（每小时或每昼夜）从分解槽单位体积中分解出来的 Al_2O_3 数量：

$$P = \frac{A_a \times \eta}{\tau}$$

式中 P ——分解槽单位产能，kg/(m³·h)；

A_a ——分解原液的 Al_2O_3 浓度，kg/m³；

η ——分解率，%；

τ——分解时间，h。

计算分解槽的单位产能时，必须考虑分解槽的有效体积。

当其他条件相同时，分解速度越快，则槽的单位产能越高。但是单位产能和分解率之间并不经常保持一致的关系，例如，过分延长分解时间，分解率虽然有所提高，但槽的单位产能将会降低。因此要予以兼顾。

(4) 产出率 在文献中常用到"溶液产出率"这个指标，它的意义是从单位体积溶液中分解出来的 Al_2O_3 量 [g/L(A_2O_3)]，它与原液 Al_2O_3 浓度和分解率有关。

需要指出，获得高的溶液产出率与制取粒度粗、强度大的产品的分解条件常常是相互矛盾的。选择最佳的分解作业条件，保证产品有适当的粒度分布，而同时又能取得高的产出率。这是晶种分解工序需要解决的首要问题。一些专家认为，现代化的氧化铝厂，其晶种分解工序应做到，溶液产出率高 [70~80g/L(Al_2O_3)]；产品粒度粗（$-44\mu m$ 以下的粒子<10%），强度大（磨损指数<10%）；碱含量（折合成氧化铝含量的百分数）低（<0.45%）。

4.2.4.2 铝酸钠溶液分解过程的机理

从过饱和的铝酸钠溶液中结晶析出氢氧化铝，在热力学上是自发的不可逆过程，但是铝酸钠溶液又具有很强的过饱和稳定性，经过用高速离心机处理，分离出所含亚显微粒子之后，可以长期不分解。一般所说过饱和铝酸钠溶液的自发分解，也是由于溶液中原来存在的亚显微粒子引起的，特别是那些与氢氧化铝结构近似的物质，如针铁矿 γ-FeOOH 等，其分解过程可能有一个较长的诱导期。溶液中的这种固体亚显微粒子起着结晶核心的作用。所以，在生产中只有外加氢氧化铝晶种后，铝酸钠溶液才能以工业要求的速度分解。

从过饱和的铝酸钠溶液中结晶析出氢氧化铝，可用下式表示：

$$Al(OH)_4^- + \underbrace{xAl(OH)_3}_{(晶种)} \longrightarrow \underbrace{(x+1)Al(OH)_4}_{(结晶)} + OH^-$$

加入的氢氧化铝晶种可以作为现成的结晶核心，以克服在铝酸钠溶液中均相成核的困难。

铝酸钠溶液的外加晶种分解实际上包括两个方面：铝酸根离子的分解和氢氧化铝结晶。

(1) 铝酸根离子分解 当铝酸钠溶液中有可作为晶核的固体杂质微粒或外加的氢氧化铝种子时，铝酸根离子 $Al(OH)_4^-$ 被吸附于晶种表面发生分解，生成的氢氧化铝分子在晶种表面经过重新排列，形成氢氧化铝结晶。种子晶体表面的微细缺陷部分、晶体的顶点和棱都是"活性部位"，这些部位的原子饱和程度较小，故易于吸附铝酸根离子。种子的作用即在于种子表面这些活性部位的强度和数目。

(2) 氢氧化铝结晶 在铝酸钠溶液加种子分解过程中，析出的氢氧化铝多晶体有如下的形成机理：次生成核；结晶生长；晶粒附聚；晶粒破裂和磨损。

① 次生成核 晶种分解时，在一定条件下会产生大量新的晶核。这种产生于晶种表面而后脱落进入溶液的很细小的晶核称为"次生晶核"，这种现象称为"次生成核"或"繁殖成核"。次生晶核与晶体由于破裂和磨蚀所产生的细粒子不同，它比后者要细得多。在原始溶液过饱和度高和加入的种子表面积小的条件下，利用电子显微镜观察可以看到，首先是晶种表面变得粗糙，长成向外突的细小晶体，在颗粒相互碰撞以及流体剪切作用下，这些细小晶体脱离母晶而落入溶液中，成为新晶核。分解原液过饱和度愈高，种子表面积愈小，温度愈低，则产生次生晶核的数量愈多。

铝酸钠溶液分解过程中的次生成核是产生大量细颗粒氢氧化铝的主要原因之一，这是拜耳法生产所不希望的，但这也是可以控制的。

次生成核机理是加种子分解过程的重要机理，即"表面成核"机理。

② 结晶生长　在溶液过饱和度高、温度高和种子表面积大的条件下，有利于由种子晶体"表面成核"而发生的结晶生长。实验表明：分解过程中氢氧化铝结晶生长速度与溶液过饱和度的二次方成正比。国外拜耳法铝酸钠溶液中多存在有机物杂质（如草酸盐）会吸附于种子表面而使种子表面活性降低，更使结晶生长速度减小。

③ 晶粒附聚　在种分过程中，附聚作用也使氢氧化铝粒度增大。附聚是指若干个颗粒黏结在一起形成稳定的附聚体的现象。细粒的氢氧化铝晶体在过饱和的铝酸钠溶液中有着强烈附聚的倾向。

在适当条件下，一些细小的晶种颗粒（特别是 $20\mu m$ 以下的）由于相对运动而碰撞并黏结成为一个较大的颗粒，同时伴随有颗粒数目的减少。氢氧化铝附聚包括如下两个阶段：

a. 细小晶粒互相碰撞，产生由两个或两个以上原始颗粒组成的松弛的絮团；

b. 该絮团被从铝酸钠溶液中析出的氢氧化铝"充填空隙"，将各个晶粒黏结在一起，形成较为牢固的附聚物。

溶液过饱和度高、温度高、种子晶粒细小且数量少时，有利于附聚过程的进行。附聚过程仅发生在分解过程中的前 6～8h。附聚物颗粒再进一步结晶生长，可以得到机械强度较大的粗粒氢氧化铝。

④ 晶粒破裂和磨蚀　氢氧化铝晶体在搅拌强烈的情况下与搅拌器、器壁及其他晶体碰撞而破裂成小晶体，这是破裂。晶体的棱角在分解槽内因碰撞而被磨蚀下来成为小晶体，此时原晶体变得圆滑，但颗粒大小实际上无甚变化，这便是磨蚀。磨蚀使细小颗粒数目增加，但并不影响大颗粒的粒度。在加种子分解过程中氢氧化铝颗粒的破裂和磨损产生的细颗粒都可称为"机械成核"。在没有次生成核的条件下，这种"机械成核"就是分解产物中期颗粒的主要来源。在工业分解槽中的搅拌强度不会导致显著的颗粒破裂，但在循环管中搅拌是强烈的。

晶体长大、附聚和次生成核（如图 4-6 所示）都与晶种的"表面成核"有关，虽然其微观机理还不很清楚。晶体长大是 Al_2O_3 从溶液中析出的唯一途径，直接影响分解率，其他各种作用只有间接的影响。这是因为它们都能够改变溶液中晶体的长大速度和表面积，从而影响分解率。

(a) 次生成核(1)

(b) 次生成核(2)

(c) 结晶生长

图 4-6　晶种分解过程中的电镜图片

晶体长大固然使粒度增大，但其速度很慢。二次成核和晶体破裂将降低分解产物的平均粒度，附聚作用则既减少了细粒子数且又产生了较大的颗粒，从而能改善分解产物的粒度分布。

在种分过程中，这些现象往往同时发生，只是在不同的条件下，发生的程度不同，有主次之分。晶体的成长与晶粒的附聚导致氢氧化铝结晶变粗，而次生成核和晶粒的破裂则导致氢氧化铝结晶变细。分解产物的粒度分布就是这些作用的综合结果。在生产面粉状氧化铝的种分过程中（欧洲拜耳法），晶体长大和二次成核是其主要机理，而在生产砂状氧化铝的美洲拜耳法的种分过程中，主要机理是附聚和晶体长大，二次成核则受到控制。因此要获得砂状氧化铝就必须创造条件，促使晶体附聚和长大的发生，减少二次成核及磨蚀的影响。砂状氧化铝的强度决定于氢氧化铝强度及其组成多晶集合体的晶粒大小。生产中氢氧化铝晶种是循环利用的，所以还需要注意新产生的晶粒数应与成品氢氧化铝晶粒数相同才能保持生产中晶粒数平衡的问题。

4.2.4.3 拜耳法种子分解过程及其影响因素

铝酸钠溶液经控制过滤除掉其中悬浮微粒（浮游物），然后冷却到规定温度，送入大型分解槽并加入晶种，进行搅拌使种子处于悬浮状态。

拜耳法加种子分解的主要要求是尽可能大的氢氧化铝产出率或分解率；产出的氢氧化铝具有要求的粒度分布和机械强度。但是实现这两项要求的条件往往是矛盾的，可以达到高分解率的条件，却不易得到所希望的粒度，所以对工艺条件的控制极为重要。

(1) 分解原液的浓度和 α_K　分解原液的浓度和 α_K 是影响种分速度和分解槽单位产能的主要因素，对分解产物的粒度也有明显影响。当其他条件相同时，中等浓度的过饱和铝酸钠溶液具有较低的稳定性，因而分解速度较快。

分解原液的浓度和 α_K 与工厂所处理的铝土矿的类型有关。处理三水铝石型矿石时，原液的浓度和 α_K 总是比较低的，而处理一水铝石型矿石时，原液的浓度和 α_K 则较高。多年来，很多氧化铝厂（包括某些处理三水铝石型矿石的拜耳法厂）都曾不同程度地提高了铝酸钠溶液的浓度。目前处理一水铝石型铝土矿的拜耳法溶液，Al_2O_3 浓度一般为 130~160g/L。

实践证明，适当提高铝酸钠溶液浓度收到了节约能耗和增加产量的显著效果。当然，随着溶液浓度的提高，在其他条件相同时，分解率和循环母液的 α_K 会降低，此外对赤泥及氢氧化铝的分离洗涤也有不利的影响。此外，原液浓度高不利于得到粒度粗和强度大的氢氧化铝，给砂状氧化铝的生产带来困难。

为了克服溶液浓度提高后对分解速度所产生的不利影响，可采用以下措施：

① 采用洗涤的氢氧化铝作晶种；

② 增大晶种系数；

③ 提高搅拌速度。

降低铝酸钠溶液的 α_K 是强化种分和提高拜耳法技术经济指标的主要途径之一。将降低分解原液 α_K 与适当提高其浓度结合起来，对种分和整个拜耳法技术经济指标的提高都是有利的。

(2) 分解温度　温度制度对种分过程的技术经济指标和产品质量有很大影响。确定和控制好温度是种分过程的主要任务之一。

成分一定的铝酸钠溶液，随温度降低，其过饱和度增大，可借以提高其分解速度。在工业生产中往往采取合理的温度制度，以使分解过程始终处于一定的过饱和度的条件下进行。如果是在某一较低的恒定温度下进行分解，必然会析出大量细粒氢氧化铝。

根据某些试验资料，分解温度降低，析出的 SiO_2 数量有所增多，并认为，种分氢氧化铝中的 SiO_2 来源于物理吸附，因为发现氢氧化铝用水洗后，其 SiO_2 含量可以降低。在正常情况下，分解原液的硅量指数为 200~400，以铝硅酸钠形态析出的 SiO_2 数量是很少的。

工业生产上是采取将溶液逐渐冷却的变温分解制度，这样有利于在保证较高分解率的条件下，获得质量较好的氢氧化铝。分解初温较高，对提高氢氧化铝质量有好处。分解初期溶液过饱和度高，分解进度较快，随着分解过程的进行，溶液过饱和度迅速减小，但由于温度不断降低，分解仍可在一定的过饱和度条件下继续进行，故整个分解过程进行比较均衡。如果在其一恒定的较低温度下进行分解，则必然析出很多粒度小而杂质含量多的氢氧化铝来。

确定合理的温度制度包括确定分解初温、终温以及降温速度。实践证明，合理的降温制度应当是分解初期降温较快，分解后期则放慢。这样既能提高分解率，又不致明显地影响产品粒度。

（3）晶种数量和质量　晶种的数量和质量是影响分解速度和产品粒度的重要因素之一。

在拜耳法中，添加大量晶种进行铝酸钠溶液的分解是一个很突出的特点。通常用晶种系数表示添加晶种的数量，它的定义是添加晶种中 Al_2O_3 含量与溶液中 Al_2O_3 含量的比值。也有用晶种的绝对数量（g/L）来表示的。在生产中周转的晶种数量是惊人的。一个日产 1000t 的氧化铝厂，当晶种系数为 2 时，在生产中周转的氢氧化铝晶种数量就超过 15000~18000t。

晶种的质量是指它的活性大小，它取决于晶种的制备方法和条件，保存时间以及结构和粒度（比表面积）等因素。新沉淀出来的氢氧化铝的活性比经过长期循环的氢氧化铝大得多；粒度细、比表面积大的氢氧化铝的活性远大于颗粒粗大结晶完整的氢氧化铝。工厂中多采用分级的办法，将分离出来的比较细的氢氧化铝返回作晶种。

随着晶种系数的增加，分解速度亦随之提高，特别是当晶种系数较小时，提高晶种系数的作用更为显著。而当晶种系数提高到一定限度以后，分解速度增加的幅度减小。

当晶种系数很小，或者晶种活性很低时，分解过程有一较长的诱导期，在此期间溶液不发生分解。随着晶种系数提高，诱导期缩短，以致完全消失。使用新沉淀的氢氧化铝晶种，实际上不存在诱导期。

但是，晶种系数提高，会使分解槽有效容积减少。当每小时送往分解的精液量和分解槽总容积一定时，势必减少溶液的实际分解时间。其次，在工业生产上，晶种常常是不经洗涤的，晶种系数愈高，带入的母液愈多，分解原液的分子比因而升高得更多。而且增加晶种量还使流程中周转的氢氧化铝量和分解时搅拌的动力消耗增加，分离氢氧化铝所需的设备增多。因此晶种系数过高也是不利的。

目前绝大多数氧化铝厂都是采用循环氢氧化铝作晶种，许多厂采取了提高晶种系数的措施。但由于具体条件不同，各厂的晶种系数可以差别很大，多数是在 1.0~3.0 的范围内变化。

（4）杂质影响　铝酸钠溶液中各种杂质，除可影响到产品纯度外，对种分过程也有一定影响。积累到一定程度的有机物可增大溶液黏度，且能吸附于晶种表面，阻碍结晶生长。

溶液中含氟、V_2O_5 达 0.5g/L 时，均能强烈地使氢氧化铝粒度变细，甚至破坏晶种。P_2O_5 则有助于得到较粗的氢氧化铝。

（5）搅拌强度　一般说来，提高搅拌强度可以加快分解速度，提高分解率。但搅拌速度过高会由于粒子的摩擦和流体剪切使粒子变细。

4.2.4.4　铝酸钠溶液加种子分解工艺及设备

（1）种子分解的生产工艺条件　种分工艺条件的制定主要根据：①由于处理矿石类型不同而得到不同的溶液成分（浓度）；②对产品氢氧化铝物理性质的要求，是生产砂状氧化铝还是粉状氧化铝。所以，不同工厂种分工艺条件差别可能很大。

(2) 种子分解设备系统　种子分解设备系统包括分解原液冷却、分解槽及氢氧化铝的分离和洗涤。

① 分解原液冷却　经控制过滤后的铝酸钠溶液（95℃左右）进行冷却，使之成为具有规定分解初温的过饱和溶液。近代冷却设备有板式热交换器和闪速蒸发器（真空降温）等。板式热交换器应用较广，用分解母液作冷却介质。闪速蒸发器使溶液自蒸发冷却到要求温度，一般采用3～5级自蒸发。二次蒸汽用于分解母液蒸发前的加热。

② 分解槽及分解工艺　现代种分槽的容积多为1000～3000m^3。分解槽的大型化可使同样产量的工厂分解槽数量减少，并减少钢材用量、连接管件和占地面积。增大分解槽容积是通过增大直径而不增加其高度的办法，故并不增加输送溶液的动力消耗。日本横滨铝厂从1971年起采用了一种3000m^3的平底机械搅拌分解槽。这种槽型比锥底机械搅拌槽更为简单经济，目前世界上正在研究和推广这种槽型。

晶种分解可采用间断或连续分解。除少数厂外，大部分厂采用连续分解。每组分解槽数可从7～8个至20多个。槽间导流采用位差自流（以流槽连通）或用空气升液器导流。连续分解可以至有效地利用分解槽的容积，简化配置，降低维修费用，操作简便，易于实现自动控制。

连续分解亦有其重大缺点，即分解速度比间断分解低。因为连续分解时，分子比较低的溶液连续进入第一个分解槽，与该槽中已部分分解的大量溶液迅速混合，致使原液分子比马上从1.6～1.7提高到2.3～2.4，故原液是在比它原来分子比高出很多的条件下开始分解的，分解速度因而显著降低。槽内原有溶液的分子比虽然有所降低，分解速度相应有所提高，但不足以抵偿原液分解速度的降低。此外，由于分子比提高，连续分解还不利于氢氧化铝颗粒的附聚。

减轻上述缺点的办法之一是适当增加分解槽系列的槽数，以缩小分解原液与第一号槽内溶液分子比的差值以及相邻各槽间溶液分子比的差值。

在分解槽的操作中，必须控制好风压，保持液量均衡稳定，控制适宜的温度制度和晶种添加量。国外一些氧化铝厂的种分工序已经采用了电子计算机控制。

③ 氢氧化铝分离和洗涤　分离和洗涤对于获得水分和Na_2O含量低的氢氧化铝产品是很重要的。

在生产粉状氧化铝分解槽系列末槽中的固含量达500～600g/L时，采用氢氧化铝直接过滤的流程是合理的。此时可省去氢氧化铝的分级和沉降过程。当生产砂状氧化铝时必须分级。由于种子量较少，分解后浆液的固含较低，分解后溶液的温度较高，浓度一般较低，因而也保证了有利的分级条件。一般经过2～3次分级即可获得产品和粒度粗细不同的晶种。分级设备有水力旋流器、弧形筛和沉降槽等。近年来我国开发出一种高效的新型分级设备——旋流细筛一次就可以将成品氢氧化铝、粗晶种和细晶种分离开来。晶种氢氧化铝须滤去其所夹附的母液以免过分提高分解溶液的苛性比值。成品氢氧化铝稠浓浆液或滤饼带有大量母液，必须洗涤回收，并保证氧化铝产品中的Na_2O含量符合规范。由于氢氧化铝粒度较大，过滤性能良好，因此采用耗水量少的过滤洗涤法是经济合理的。为保证产品质量，氢氧化铝须用软水（水温90℃以上）洗涤。每吨氢氧化铝洗水消耗量为0.5～1t。

近年来，氢氧化铝分离洗涤工序中的一个重要进展是应用表面活性物质作为脱水剂。脱水剂在过滤洗涤时加入洗水，它可以使氢氧化铝滤饼的水分含量只由未加脱水剂时的10%～13%降低到6%～8%。以澳大利亚戈弗氧化铝厂为例，氢氧化铝产品的水分平均降低40%以上，从而产品中可洗碱含量也相应减少40%以上。这样就提高了产品质量，降低了碱的损失,并且使燃烧氢氧化铝的油耗下降5%~6%,燃烧窑的产能提高5%~6%。

脱水剂的作用机理是当其吸附于氢氧化铝表面时,使表面具有疏水性,氢氧化铝与洗水的界面张力下降,从而使滤饼水分降低。

氢氧化铝产品粒度较大,过滤性能和可洗性良好,故多选用过滤分离和洗涤,可有不同的流程和设备。有的工厂用旋流器、弧形筛或分级器先将氢氧化铝分级,细粒部分用作晶种,粗粒部分作为产品。细粒部分按分级的粒级分别作为附聚用晶种和生长用晶种。

氢氧化铝的过滤分离与洗涤,主要是采用三种类型的过滤机,水平圆盘过滤机,立式圆盘过滤机和刮刀卸料或滤布卸料的回转真空过滤机(后者即折带过滤机)。大颗粒氢氧化铝用水平圆盘过滤机最好,因为过滤方向与重力方向相同,滤饼的粒度分布有利于滤液顺利通过(大颗粒在下面),同时真空度完全用于脱水上,所以过滤效率较高,示意图分别见图4-7和图4-8。

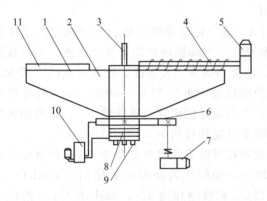 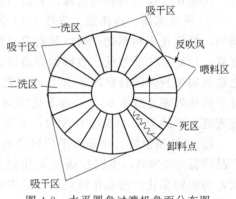

图4-7 水平圆盘过渡机结构示意图　　图4-8 水平圆盘过渡机盘面分布图
1—平盘;2—吸滤室;3—真空头提升杆;4—卸料螺旋;
5—螺旋齿箱电极;6—大小齿轮;7—驱动电极齿箱;
8—真空头;9—滤液软接管;10—集中供油泵;11—喂料箱

4.2.5 氢氧化铝煅烧工艺技术

4.2.5.1 概述

氢氧化铝煅烧工艺经历了传统回转窑工艺、改进回转窑工艺和流态化焙烧工艺三个发展阶段。

19世纪早期,世界上的氢氧化铝基本上都是采用回转窑焙烧,这种设备结构简单,维护方便,设备标准化、焙烧产品的破碎率低。然而焙烧过程热耗大[一般为4.5~6.0GJ/t(AO)][工业上将Al_2O_3简称为AO],燃料占本工序加工费用的2/3以上。

鉴于传统回转窑的缺点,为此,世界各国围绕回转窑降低热耗开展了一系列的改造并取得了良好的效果。其经历大体阶段为:带旋风预热氢氧化铝的短回转窑→改变燃烧装置的位置→采用气态悬浮焙烧技术改造回转窑→采用旋风热交换器与流化冷却机的回转窑→带两套旋风换热器系统的氢氧化铝焙烧窑。经过上述发展后,焙烧热耗约降低25%,热效率达到52%。

虽然回转窑焙烧氢氧化铝的不断改进,但从传热观点来看,用回转窑焙烧氢氧化铝这种粉料并不理想。因为它不能提供良好的传热条件,在窑内只是料层表面的物料与热气流接触,紧贴窑壁的物料难加热,换热效率低,同时回转窑是转动的,投资大,窑衬的磨损使产品中二氧化硅的含量增加,物料在窑中焙烧也不够均匀,直接影响产品质量,所以,一直在寻找一种消除这些缺点的替代工艺设备。20世纪40年代，细粒固体物料的流态化技术成功地用于炼油工业，表现出强化气流与悬浮于其中的颗粒间换热的巨大优势。氢氧化铝的焙烧，正是粉状物料与高温气流的换热过程。受此启发美国铝业公司于1946年率先进行流态床焙烧氢氧化铝技术的开发。多年来，流态化焙烧技术发展十分迅速。目前广泛应用于氧化铝生产的焙烧技术为美国的闪速焙烧、德国的循环焙烧、丹麦的气态悬浮焙烧三种，其中气态悬浮焙烧技术起步最晚，但技术先进，代表着最新流态化焙烧水平，号称"第三代"。然而，因其在工业生产中应用较晚，实际运行中，仍然存在许多问题，若能很好地解决，进一步完善其工艺，则气态悬浮焙烧技术无疑是氧化铝生产的最佳选择。

我国自1987年山西铝厂引进第一台美铝闪速焙烧炉以后，20多年来，相继又引进了德国鲁奇循环流态化焙烧炉、丹麦史密斯气态悬浮焙烧炉，其中以气态悬浮焙烧炉为主，占到总数的70%。目前国内氧化铝几乎全部采用流态化焙烧。

流态化焙烧与回转窑比较，有其明显优点。

① 热效率高、热耗低。热耗 3.1～3.2GJ/t，流态化焙烧炉中燃料燃烧稳定，温度分布均匀，氢氧化铝和燃烧产物以及高温氧化铝和助燃空气间接触密切，换热迅速，空气预热温度高，过剩空气系数低，燃料燃烧温度提高，系统热效率大大提高，废气量则随之减少，加之散热损失只有回转窑的30%，流态化焙烧炉的热效率可达75%～80%，而回转窑最好情况下的热效率也低于60%，流态化焙烧炉单位产品热耗比回转窑降低约1/3。国外回转窑热耗先进水平约为 4.186GJ/t(AO)，而国内回转窑焙烧热耗约为 5.032GJ/t(AO)。

② 产品质量好。这是由于炉衬磨损少，德国循环流态化焙烧产品中 SiO_2 含量比回转窑产品约低 0.006%，不同粒级氢氧化铝焙烧均匀，相同比表面积的氧化铝中 $\alpha\text{-}Al_2O_3$ 含量低，与回转窑比，流态化焙烧的产品中小于 $45\mu m$ 粒级增加约 4%，而小于 $15\mu m$ 的粒级没有改变。各类型流态化焙烧炉都能制取砂状氧化铝。

③ 投资少。流化床焙烧炉单位面积产能高、设备紧凑、占地少。它的机电设备重量仅为回转窑的 1/2，建筑面积仅为 1/3～2/3，投资比回转窑低 40%～60%（以 1983 年国内价格计），国外发表数据，美国少 50%～70%，法国少 15%～20%。

④ 设备简单、寿命长、维修费用低。流态化焙烧系统除了风机、油泵与给料设备之外没有大型的转动设备。焙烧炉内衬使用寿命可长达 10 年以上。维修费用比回转窑低得多。如德国的循环流态化焙烧炉的维修费仅为回转窑的 35%。

⑤ 对环境污染轻。燃料燃烧完全，过剩空气系数低，废气中氧的含量低（1%～2%），SO_2 和 NO_x 的生成量均低于回转窑。

4.2.5.2 氢氧化铝焙烧设备——闪速焙烧炉

流化闪速焙烧炉是美国铝业公司发明的，已在很多工厂中采用。据报道，这种燃烧炉的热耗与循环流态化煅烧炉接近。此外，这种炉子还大大节省基建投资和维修费用，占地面积很小，灰尘逸出量少。

图 4-9 为流化闪速焙烧炉系统示意图。湿氢氧化铝滤饼用来自煅烧炉的热气体脱水和干燥后，经旋风分离器分离，通过路管送入炉子燃烧带中央进行闪速焙烧。焙烧炉为具有锥顶和锥底的直立圆筒。经过预热的助燃空气从炉底送入，燃料（气体或油）从圆筒下部圆周上的几个点同时送入，在稀

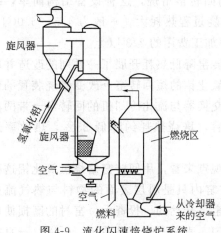

图 4-9 流化闪速焙烧炉系统

相（闪速）焙烧过程中实现完全燃烧，达到最高焙烧温度。焙烧氧化铝和燃烧产物从炉顶排入旋风器，氧化铝与气流分离后落入该旋风器下部的流化床中，通过控制流化床的料面，以控制氧化铝的停留时间，从而控制氧化铝产品的灼减和比表面积。

焙烧好的氧化铝先通过一系列旋风热交换器，与空气直接接触换热而冷却，最后进入双层流化床冷却器，其上层设有管式换热器，加热流化床干燥器用的空气；下层设有水冷管束，进行氧化铝产品的最后冷却。

4.2.5.3 某氧化铝厂氧化铝焙烧工艺过程

(1) 湿氢氧化铝的烘干和预热

① 一级干燥　来自分解车间的湿氢氧化铝，由皮带输送机送到焙烧炉氢氧化铝小仓，再由螺旋喂料机将物料喂入文丘里一级干燥器。在此物料与二级干燥器来的热废气混合，蒸发掉湿氢氧化铝的附着水。

a. 电收尘器：热废气携带已被干燥的干氢氧化铝与废气组成含尘废气流，进入两级静电收尘器。在第一级机械收尘器，夹带的大部分固体物料被收下，剩余的含尘废气进入第二级静电收尘器，用静电除尘方法将废气进行净化，达到排放标准后排放。

b. 干氢氧化铝的主流向：由第二级电收尘器收下的固体物料，通过螺旋输送机输送到机械收尘器下部，汇同机械收尘器收下的固体物料进入空气斜槽。空气斜槽排出的干氢氧化铝经翻板阀送入空气提升机。然后，被罗茨风机提供的压缩风吹送起来，经管道到旋风收尘器，经收下的大部分物料，通过喂料密封槽被送入文丘里二级干燥器的下部。经净化的空气，通过管道，进入二次风旋风收尘器，最终作为二次燃烧空气。

c. 电收尘细粉：焙烧炉电收尘器收下的细粉可以通过调速回转阀排出，经螺旋输送机输送到流化床冷却器的第一室（用来调节产品的灼减值，降低消耗）。

d. 二级干燥器的旁路：为了调节炉内温度和电收尘器进口温度，来自一级干燥器的一小部分物料可以经调速回转阀和管道，直接进入流化床焙烧炉或直接经管道进入焙烧炉管道；经管道、回转阀管道进入混料槽。

② 二级干燥　进入二级文丘里干燥器的干氢氧化铝与来自循环旋风收尘器的热废气相混合，并被部分脱水和预焙烧。气体和物料将再一次在后面的旋风收尘器中进行分离。经分离出来的预焙烧氧化铝，通过下料管，进入流化床焙烧炉。下料管上的翻板阀保证了焙烧炉的压力密封，防止热废气反窜。出的废气经管道，进入一级干燥器。万一发生喂料故障，可以用注入被蒸汽雾化的应急冷却水到管道和干燥器的办法，来控制废气温度。

(2) 氧化铝焙烧　经预热和部分脱水的氢氧化铝在流化床焙烧炉中进行最终焙烧。

① 焙烧炉能源供应　焙烧所需热量是由燃油（重油）在流化床焙烧炉直接燃烧所产生的；供燃烧用的燃油，通过插入流化床焙烧炉下部的4支油枪喷入流化床，用蒸汽将燃油雾化；焙烧炉温度可以通过温度控制器保持稳定。

燃油燃烧所需要的空气，分为一次风和二次风。一次风是由风机提供，这部分燃烧用风通过流化床冷却器内间接加热盘管，经管道导入流化床焙烧炉中。二次风作为补充燃烧所需空气不足部分，通过上方炉壁进入流化床焙烧炉中。

二次风主要由风机提供。二次风首先作为流化床冷却器的流化风，最终经管道、二次风旋风收尘器和管道，被导入流化床焙烧炉中。辅助风机和空气提升风机也做二次风用，同样被正常引入管道。

② 焙烧炉再循环系统（CFB）　由于焙烧炉中强烈的混合和热交换，焙烧温度是燃烧温度和物料温度之间的混合温度。这个温度可以调节和稳定保持在预设范围内。

在炉子下半区，存在一个固体物料浓度较高的流化床，这有利于燃油的燃烧和增加物料在炉内平均停留时间。在焙烧炉上半区，二次风进口上方，随着固体物料扩散到焙烧炉的顶部，固体物料浓度随之降低。热气流进入再循环旋风收尘器，固体物料在那里得到分离，分离出的热氧化铝，经密封槽重新进入流化床焙烧炉。在整个焙烧阶段中，固体物料的再循环导致了产品和气流温度几乎一致。

密封槽的流化风由密封槽风机提供，保证了再循环的需要。从中取出部分焙烧段的物料作为成品，通过出料阀排入氧化铝冷却系统。用压差控制器来控制出料量，保持焙烧炉内压差恒定。

(3) 氧化铝的冷却　从焙烧系统排出的氧化铝，经二次风旋风收尘器和流化床冷却器，被冷却到约 80～100℃。经铝氧皮带送入铝氧储存大仓。

① 热量回收　为了降低焙烧工艺单位热耗，从焙烧炉排出的氧化铝中所含热量，在流化床冷却器内得到回收，用热氧化铝与燃烧空气直接和间接热交换的方法，来加热燃烧空气，达到可能的最高温度。氧化铝所含不能用于空气预热的部分热量，被冷却水带走。

a. 空气预热：焙烧炉内燃烧所需空气是由罗茨风机提供的，分为一次风和二次风。一次风经冷却器 3 个管道调节器，压送到流化床冷却器的 3 个室中，在那里空气和热氧化铝进行间接热交换。二次风为氧化铝直接冷却和流化床冷却器 6 个室流化用风。二次风进二次风旋风收尘器，在二次风旋风收尘器中，固体物料从二次风中分离出来，进入冷却器，二次风经二次风管道，进入焙烧炉。罗茨风机之间通过管道互联，这样，即使有一些风机不能运行，仍能够提供稳定的风源。

b. 水冷却：冷却水经水泵房处理后，用离心泵打入流化床冷却器的 3 个室中，在这些室中，氧化铝最终被冷却到约 80～100℃。

② 产品氧化铝的排出：从冷却器排出的已冷却的氧化铝，经卸料密封槽和卸料空气斜槽，进入氧化铝输送系统。卸料密封槽和卸料空气斜槽的流化风由风机提供。

③ 氧化铝的输送　从卸料空气斜槽卸下的氧化铝，经铝氧皮带和空气斜槽送入铝氧储存大仓。

(4) 氢氧化铝焙烧工艺技术条件

① 焙烧炉炉顶温度应不小于 700℃，不大于 1100℃；焙烧炉炉中温度应不小于 750℃，不大于 1100℃。

焙烧炉炉底温度应不小于 700℃，不大于 1100℃。

② 氧含量为 0.2%～0.5%；过剩空气系数 $\lambda > 1.08$。

③ 电收尘进口温度不小于 130℃，不大于 230℃（正常生产时）；焙烧炉内压差保持在 6.5～8.5kPa。

④ 雾化蒸汽量>400 kg/h 并<800 kg/h；蒸汽压力大于 450kPa；压缩风、仪表风压力大于 200kPa。

⑤ 冷却水量大于 285m^3/h；排料阀的冷却水量保持在 2～3m^3/h。

⑥ 小仓料位大于 6m。

⑦ 应急冷却水系统备用；各流化床运行工作正常。

⑧ 烘炉炉温上升速度不大于 50℃/h（冷态）。

4.2.5.4　氢氧化铝在煅烧过程中的物理化学性质变化

氢氧化铝煅烧的目的是要脱除其附着水和结晶水，并进行一定程度的晶型转变，制成符合电解要求的氧化铝产品。成品氧化铝的物理性质首先由分解过程保证，但与煅烧过程也有很大关系。

氢氧化铝在煅烧过程中的物相、结构和性质的变化，是选择煅烧作业条件的依据。氢氧化铝的脱水和相变非常复杂，尽管有过很多研究，至今仍存在不少分歧。主要原因在于原始氢氧化铝的制取方法、粒度大小、杂质种类及其含量以及煅烧条件的不同，使脱水和相变的具体进程也随之而异。此外，氧化铝过渡相命名不甚统一也带来紊乱。

总体来讲可分为以下几个变化过程。

(1) 附着水的脱除　工业生产氢氧化铝含有8%~12%的附着水，该水分在110~120℃时，就可全部蒸发掉，成为不带附着水的干氢氧化铝。

(2) 结晶水的脱除　归纳以往资料，氢氧化铝开始脱水温度在130~190℃。三水铝石的脱水过程有三个吸热反应，依次脱出0.5个、1.5个及1个水分子，生成一水软铝石为中间产物。阿耳廖克利用多种方法研究工业氢氧化铝的脱水过程后指出：在脱水的第一阶段（180~220℃）脱出约0.5个分子水，第二阶段（220~420℃）脱出约2个分子水，第三阶段脱出约0.4个分子水。种分产品在一、三两阶段脱出的水分稍多于碳分产品，而在第二阶段则相反。在动态条件下，从600℃加热至1050℃的脱水产物中仍残留有0.05~0.1个水分子。

(3) 晶型转变　氢氧化铝脱水后，温度提高到1200℃以上，最终都转变为$\alpha\text{-}Al_2O_3$。在氢氧化铝转变为$\alpha\text{-}Al_2O_3$的整个相变过程中，出现若干性质不同的过渡型氧化铝，它们的出现及数量随原始氢氧化铝性质及加热条件的不同而异，并使煅烧产品的物理化学性质受到影响。

焙烧的目的是将过滤、洗涤后的氢氧化铝生产成冶金级的氧化铝。氢氧化铝经干燥、脱水、焙烧等过程得到合格的氧化铝产品。反应如下：

$$2Al(OH)_3 \longrightarrow Al_2O_3 + 3H_2O$$

思 考 题

1. 简述拜耳法生产氧化铝的原理及过程。
2. 原矿浆的配料如何计算？
3. 什么是高压溶出？简述铝土矿中各元素在高压溶出中的行为。
4. 影响铝酸钠溶液稳定性的因素是什么？
5. 铝酸钠溶液苛性比值是什么？
6. 拜耳法生产氧化铝中氧化硅在溶出过程中的行为如何？
7. 铝土矿高压溶出过程中添加石灰的作用是什么？
8. 拜耳法赤泥高压溶出矿浆在赤泥分离以前进行稀释的目的是什么？
9. 什么是铝土矿的铝硅比（A/S）？

4.3　烧结法生产氧化铝

【内容导读】

本节介绍了碱石灰烧结法工艺生产氧化铝的工艺流程。主要对原料制备、熟料烧结、熟料溶出、脱硅、碳酸化分解、焙烧及碳分母液的蒸发进行了阐述。重点介绍了生料浆的配制、熟料烧结的基本原理及生料在窑中的变化以及熟料溶出过程的主要反应，论述了烧结法赤泥的分离及洗涤过程，对铝酸钠溶液的脱硅过程做了详细介绍，最后对铝酸钠溶液碳酸化分解制备氢氧化铝进行了讲解。

4.3.1 概述

早在拜耳法提出之前，法国人勒·萨特在1858年就提出了碳酸钠烧结法，即用碳酸钠和铝土矿烧结，得到含固体铝酸钠 $Na_2O \cdot Al_2O_3$ 的烧结产物，这种产物称为熟料或者烧结块，将其用稀碱溶液溶出便可得到铝酸钠溶液，往溶液中通入 CO_2 气体，即可析出氢氧化铝，残留在溶液中的主要是铁酸钠，可以再循环使用。这种方法，原料中的 SiO_2 仍然是以铝硅酸钠的形式转入泥渣，而成品氧化铝质量差，流程复杂，耗热量大，所以拜耳法问世后，此法就被淘汰了。后来发现用碳酸钠和石灰石按一定比例与铝土矿烧结，可以在很大程度上减轻 SiO_2 危害，使 Al_2O_3 和 Na_2O 的损失大大减少，这样就形成了碱石灰烧结法。在处理高硅铝土矿时，它比拜耳法优越。

目前在工业上应用的只有碱石灰烧结法，它所处理的原料有铝土矿、霞石和拜耳赤泥，这些原料分别称为铝土矿炉料、霞石炉料和赤泥炉料。它们各有特点，例如，铝土矿炉料的铝硅比一般在3左右，而霞石炉料只有0.7左右，赤泥炉料为1.4左右，而且常常含有大量的氧化铁。

烧结法也叫碱-石灰烧结法。烧结法生产氧化铝的基本原理是将铝土矿与一定的纯碱、石灰（石灰石）配成炉料在高温下进行烧结，使氧化硅与石灰化合成不溶于水的原硅酸钙 $2CaO \cdot SiO_2$，氧化铝与纯碱化合成可溶于水的固体铝酸钠 $Na_2O \cdot Al_2O_3$，而氧化铁与纯碱化合成可以水解的铁酸钠 $Na_2O \cdot Fe_2O_3$。将烧结产物（熟料）用稀碱液溶出时 $Na_2O \cdot Al_2O$ 便进入溶液，$Na_2O \cdot Fe_2O_3$ 水解放出碱，氧化铁以水合物形式与原硅酸钙一起进入赤泥，将铝酸钠溶液与赤泥进行分离，铝酸钠粗液经脱硅净化后再用 CO_2 分解铝酸钠溶液便可析出氢氧化铝，经过焙烧后产出氧化铝。分离氢氧化铝后的母液成为碳分母液（主要成分为碳酸钠），经蒸发后返回配料。

碱石灰烧结法生产氧化铝的工艺过程主要有以下几个步骤：原料制备；熟料烧结；熟料溶出；脱硅；碳酸化分解；焙烧；分解母液蒸发。

碱石灰烧结法的工艺流程与最初的流程相比已经有了很大的变化，但各个工厂所用工艺流程的基本原理是相同的。图 4-10 是传统碱石灰烧结法的工艺流程示意图。

碱石灰烧结法和拜耳法比较，它的作业环节多，能量消耗大，投资和成本都较高，成品氧化铝的质量有时还差些，这是它的缺点方面；但是它可以处理 SiO_2 含量较高的矿石，更有条件实现原料的综合利用，则是它的优点和具有发展前途的方面。

4.3.2 生料浆的制备

炉料配方的选择应该以保证烧结过程的顺利进行，制得高质量的熟料，并且节约原料（碱和石灰石）和燃料为原则。要使烧结过程顺利进行，关键在于使炉料具有比较宽阔的烧结温度范围。

在确定炉料配方的时候，要综合考虑原料特点、烧结制度以及熟料溶出工艺等各方面的问题。例如矿石中的 Fe_2O_3 含量、石灰石中的 MgO 含量、燃料中硫的含量以及窑灰循环量的大小都应该加以考虑。熟料作颗粒溶出时，它必须是气孔率较大的正烧结熟料，炉料应有更宽阔的烧结温度范围，而对于湿磨溶出的熟料则允许有适度的过烧结。

为了保证炉料中各组分在烧结时能生成预期的化合物，因此各组分间必须严格地保持一定的配合比例，即配料。烧结法生料浆的配料指标主要根据烧结反应来确定，即使各原料经烧结过程形成 $Na_2O \cdot Al_2O_3$ 和不溶于水的 $2CaO \cdot SiO_2$ 以及 $Na_2O \cdot Fe_2O_3$ 等。烧结法生产氧化铝配料主要包括碱比、钙比、铁铝比、铝硅比四项指标。四项指标的定义如下：

① 碱比是指生料浆中氧化钠与氧化铝和氧化铁的分子比，$\dfrac{N}{A+F}=\dfrac{N}{R}=\dfrac{[Na_2O]}{[Al_2O_3]+[Fe_2O_3]}$；

② 钙比是指生料浆中氧化钙与氧化硅的分子比，$\dfrac{C}{S}=\dfrac{[CaO]}{[SiO_2]}$；

③ 铁铝比是指生料浆中氧化铁和氧化铝的分子比，$\dfrac{F}{A}=\dfrac{[Fe_2O_3]}{[Al_2O_3]}$；

④ 铝硅比是指生料浆中氧化铝和氧化硅的分子比，$\dfrac{A}{S}=\dfrac{[Al_2O_3]}{[SiO_2]}$。

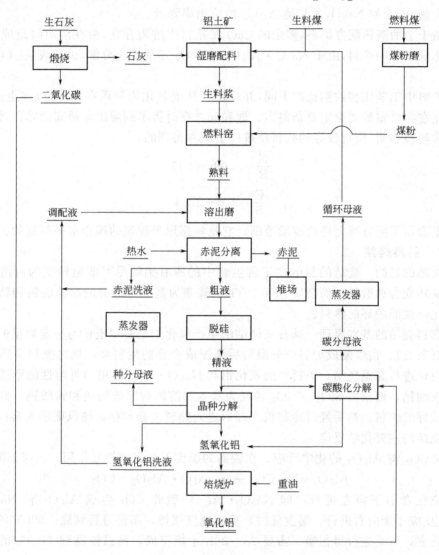

图 4-10 传统碱石灰烧结法的工艺流程示意图

在生料掺煤的情况下，配方包括料浆中如下 7 项指标的确定：即铝硅比 A/S，铁铝比 F/A、碱比（又称钠铝铁比）N/(A+F)、钙比（又称钙硅比）C/S、水分含量、固定碳含量以及干生料的细度。铝硅比和铁铝比虽然是非常重要的指标，但是它们的数值已经由矿石品位所决定，只能在配矿时作小幅度的调节。水分、细度和固定碳含量三项指标比较易于确定。剩下碱比和钙比就成了配方中所应该确定的最重要的两项指标。

从理论上说 $N/(A+F)=1$，$C/S=2$ 的饱和配方炉料最能保证 $Na_2O \cdot Al_2O_3$、$Na_2O \cdot Fe_2O_3$ 和 $2CaO \cdot SiO_2$ 的生成，具有最好的烧结效果。

碱比大于 1 的配方称为高碱配方，即炉料中含有超出生成 $Na_2O \cdot Al_2O_3$ 和 $Na_2O \cdot Fe_2O_3$ 所需要的碱。

碱比低于 1 的配方称为低碱配方或未饱和配方。Na_2O 配量不足，使 Al_2O_3 和 Fe_2O_3 不能全部转变成 $Al_2O_3 \cdot Na_2O$ 和 $Fe_2O_3 \cdot Na_2O$。一部分 Al_2O_3 将与 $2CaO \cdot SiO_2$ 结合成钙铝黄长石 $2CaO \cdot Al_2O_3 \cdot SiO_2$，一部分 Fe_2O_3 也将生成 $CaO-Fe_2O_3-SiO_2$ 和 $Na_2O-Fe_2O_3-SiO_2$ 系三元化合物，因而使 Na_2O，尤其是 Al_2O_3 的溶出率降低。

钙比高于 2 的高钙配方炉料，多余的 CaO 在熟料中游离存在，会在溶出时造成 Al_2O_3 损失。而钙比低于 2 的炉料，由于 $Na_2O \cdot Al_2O_3 \cdot 2SiO_2$ 不能完全分解，也造成 Al_2O_3 和 Na_2O 的损失。

由于炉料中铝硅比和铁铝比的不同，并且还有其他氧化物杂质存在，所以在生产条件下，烧结反应比在实验室的实验中复杂得多。饱和配方时得不到溶出率最高的熟料，例如，我国长期的实践经验表明，质量较好的熟料是按以下配方得到的：

$$\frac{N}{R}=0.92 \sim 0.95$$

$$\frac{C}{S}=2.0 \sim 2.03$$

在这里表示了配方所允许的波动范围，它是根据原料配制的操作水平规定的。

4.3.3 熟料烧结

(1) 烧结的目的　烧结的目的在于将生料中的所有铝氧尽可能地转变为可溶性的铝酸钠，氧化铁转变为铁酸钠，而杂质 SiO_2、TiO_2 转变为基本不溶解的原硅酸钙和钛酸钙。并获得物理化学性能较好的熟料。

(2) 熟料烧结的基本原理　碱石灰烧结法生产氧化铝是将铝土矿与一定数量的苏打、石灰（或者石灰石）、白煤配成炉料充分湿磨后调配成合格的生料浆，送之熟料窑后经高压喷枪喷入窑内，进行高温烧结，炉料中的氧化铝和 $Na_2O \cdot CaO$ 作用为可溶性的铝酸钠，氧化铁转变为铁酸钠，而杂质 SiO_2、TiO_2 转变为基本不溶解的原硅酸钙和钛酸钙。并获得物理化学性能较好的炉料。然后经过冷却机冷却后进入熟料大仓储存，热风则进入窑内燃烧。

(3) 烧结的主要化学反应

① Na_2CO_3 与 Al_2O_3 的化学反应。在较高的温度下二者就相互作用，生成铝酸钠：

$$Al_2O_3 + Na_2CO_3 \longrightarrow Na_2O \cdot Al_2O_3 + CO_2$$

该反应在常温下向左进行，即 $Na_2O \cdot Al_2O_3$ 吸收 CO_2 生成 Al_2O_3 和 Na_2CO_3，在 500℃ 以上反应才能向右进行。温度低时，反应速度很慢，不能进行到底。800℃ 的时候，反应可进行到底，可是进行得很慢，需要 25~30h 才能完成，而温度高到 1150℃ 的时候反应可以在 1h 内完成。

② Na_2CO_3 与 Fe_2O_3 之间的反应。二者之间相互反应的规律基本与 Na_2CO_3 和 Al_2O_3 的反应相似，反应的结果是生成铁酸钠：

$$Fe_2O_3 + Na_2CO_3 \longrightarrow Na_2O \cdot Fe_2O_3 + CO_2$$

反应生成的产物铁酸钠对降低烧结温度有重要影响。而且在熟料溶出时候，铁酸钠能分解游离的苛性钠，从而使铝酸钠溶液的稳定性得到提高。该反应在 700℃ 已经能够比较快的进行，在 1000℃ 时候 1h 反应就可以全部结束。

③ CaO 与 SiO$_2$ 之间的反应。利用这一反应，使 SiO$_2$ 与 CaO 生成基本不溶解于水和稀碱溶液的 2CaO·SiO$_2$，在溶出时借以达到基本分离杂质 SiO$_2$ 的目的。实验证明，加热 SiO$_2$ 与 CaO 的反应开始于 1100℃，生成 2CaO·SiO$_2$，但是反应速度很慢，提高温度至 1200℃，反应急剧进行：

$$2CaO + SiO_2 \longrightarrow 2CaO \cdot SiO_2$$

④ 流程中的硫主要来源于矿石，烧结法更多的是由燃料带入，其次是石灰、石灰石、碱粉和生产用水也带入一定量的硫。这些硫在烧结时候都将与碱反应生成 Na$_2$SO$_4$ 进入熟料，而在熟料溶出时又部分进入铝酸钠溶液。硫对生产的危害是消耗碱粉使碱耗增加。

熟料中的硫升高对大窑操作带来困难，硫酸钠的熔点低，只有 884℃，并且能与碳酸钠等生成熔点更低的化合物，使炉料在进入烧成带之前出现液相，硫酸钠熔体的黏度大，容易使炉料粘挂在窑壁上，结成厚的副窑皮和结圈，因为硫酸钠熔体与高温阶段出现的液相物质和作用是大不相同的。母液中 Na$_2$SO$_4$ 的升高对蒸发作业带来困难。

排硫方法是生料掺煤。它的优点和作用是，可以少配氧化钠从而节约碱，掺煤后烧制的熟料在正常情况下负二价的硫大于 0.32%，是黑心多孔、性脆、可磨性好，由于性能好，不易产生过磨现象，溶出后赤泥为黑绿色，细度均匀适中，从而提高了沉降槽的产能。

生料掺煤还原效果的限制，在熟料窑中 Na$_2$SO$_4$ 在分解带就基本上全部还原成了负二价硫，当炉料进入烧成带、冷却带和冷却机后，处于强氧化性气氛中，故有一部分又重新被氧化成 Na$_2$SO$_4$。

（4）生料在熟料窑中的变化　生料的烧结过程是在熟料窑中进行的，它有一定的斜度和转速，从窑的冷端向它的热端移动，并在高温下经过烘干、预热分解、烧结、冷却几个阶段才变成熟料。

① 烘干带　在该带主要是脱除料浆的附着水，80℃左右的料浆喷入窑内后经过喷枪雾化并降落下来与返回窑灰混合的过程中蒸发大量水分，结成料团向窑头移动。窑内各带产生的窑灰随同窑气进入烘干带后，一部分与喷入的料浆相撞失去动能进入料团，但由于大量水分在此蒸发，窑气流速很大，加上料浆雾化，所以大部分灰尘在这里随同窑气出窑。为了强化烘干过程，就必须降低料浆水分，改进料浆雾化程度，提高窑灰循环量，这样才能增加烘干带的烘干能力。

② 预热分解带　又分为 2 段。预热段的炉料温度 120~600℃，分解段的炉料温度为 600~1000℃，发生各种含水矿物脱除结晶水的反应，还发生各种碳酸盐以及高岭石的分解过程，同时发生铝酸钠和铁酸钠的生成剧烈反应。生料掺煤的时候，炉料中正六价的硫基本上被还原为负二价的硫，还原率达到 93% 以上。

③ 烧结带　是火焰所占据的一带，炉料由 1000℃ 左右被加热到 1200~1300℃，称为烧结。主要反应是石灰分解铝硅酸钠以及原硅酸钙的生成反应。此带烧结温度高，为氧化性气氛，炉料中的负二价的硫又被部分氧化成正六价的硫（SO$_4^{2-}$），严重影响了脱硫的效果。

④ 冷却带　从火焰后部到窑头的一带。高温熟料在冷却带由二次空气和窑头漏风冷却，逐步冷却到 1000℃ 以下下落到冷却机。

4.3.4　熟料溶出

碱石灰烧结法熟料的主要矿物组成是铝酸钠、铁酸钠、原硅酸钙（β-2CaO·SiO$_2$，占 30% 左右）、钛酸钙和少量 Na$_2$SO$_4$、Na$_2$S、CaS、FeS 等产物，以及其他少量不溶性中间产物。

熟料溶出的目的是将熟料中的 Al$_2$O$_3$ 和 Na$_2$O 最大限度地溶解于溶液中制取铝酸钠溶液

（粗液），并为赤泥分离、洗涤创造良好的条件。

4.3.4.1 熟料溶出过程的主要反应

熟料溶出过程的主要反应是铝酸钠的溶解和铁酸钠的水解反应。反应式为：

$$Na_2O \cdot Al_2O_3 + aq \rightleftharpoons 2NaAl(OH)_4 + aq$$

$$Na_2O \cdot Fe_2O_3 + 2H_2O + aq \rightleftharpoons 2NaOH + Fe_2O_3 \cdot H_2O \downarrow + aq$$

熟料中的固体铝酸钠（$Na_2O \cdot Al_2O_3$）很容易以 $NaAl(OH)_4$ 形态溶解于水和稀碱溶液，制得铝酸钠溶液。

熟料中的铁酸钠（$Na_2O \cdot Fe_2O_3$）极易水解，生成 $NaOH$ 和 $Fe_2O_3 \cdot H_2O$，$Fe_2O_3 \cdot H_2O$ 进入赤泥，$NaOH$ 进入溶液，提高了溶液的 α_K 和 Na_2O 的溶出率。

4.3.4.2 熟料溶出过程中的二次反应（副反应）

由原硅酸钙所引起的反应称为熟料溶出时的副反应或二次反应。

由二次反应造成的 Al_2O_3 和 Na_2O 的损失称为二次反应损失。二次反应损失使氧化铝的净溶出率低于标准溶出率。

二次反应的实质是首先 $\beta\text{-}2CaO \cdot SiO_2$ 被 Na_2CO_3 和 $NaOH$ 分解，使 SiO_2 进入溶液中。

$$2CaO \cdot SiO_2 + 2Na_2CO_3 + aq \rightleftharpoons 2CaCO_3 + Na_2SiO_3 + 2NaOH + aq$$

$$2CaO \cdot SiO_2 + 2NaOH + aq \rightleftharpoons 2Ca(OH)_2 + Na_2SiO_3 + aq （原硅酸钙主要是被 NaOH 分解）$$

进入溶液中的 $Ca(OH)_2$ 和 Na_2SiO_3 将与 $NaAl(OH)_4$ 进一步反应：

$$3Ca(OH)_2 + 2NaAl(OH)_4 + aq \rightleftharpoons 3CaO \cdot Al_2O_3 \cdot 6H_2O + 2NaOH + aq$$

$$2Na_2SiO_3 + (2+n)NaAl(OH)_4 + aq \rightleftharpoons Na_2O \cdot Al_2O_3 \cdot 2SiO_2 \cdot nH_2O + 4NaOH + aq$$

生成的含水铝酸钙再与溶液中的 Na_2SiO_3 作用生成水化石榴石：

$$3CaO \cdot Al_2O_3 \cdot 6H_2O + xNa_2SiO_3 + aq \rightleftharpoons 3CaO \cdot Al_2O_3 \cdot xSiO_2 \cdot yH_2O + 2xNaOH + aq$$

水化石榴石也可以由 $Ca(OH)_2$、Na_2SiO_3 和 $NaAl(OH)_4$ 直接反应生成：

$$3Ca(OH)_2 + 2NaAl(OH)_4 + xNa_2SiO_3 + aq \rightleftharpoons$$
$$3CaO \cdot Al_2O_3 \cdot xSiO_2 \cdot yH_2O + 2(x+1)NaOH + aq$$

生成的水化石榴石进入赤泥，造成了 Al_2O_3 的大量损失。Na_2SiO_3 与 $NaAl(OH)_4$ 反应生成含水铝硅酸钠造成了 Al_2O_3 和 Na_2O 的损失。

综上所述，二次反应的主要根源是 $\beta\text{-}2CaO \cdot SiO_2$ 被 $NaOH$ 分解。二次反应的主要产物是水化石榴石和含水铝硅酸钠。二次反应的结果是造成了 Al_2O_3 和 Na_2O 的损失。

4.3.4.3 氧化铝和氧化钠的净溶出率

Al_2O_3 和 Na_2O 的净溶出率是指熟料在溶出、分离、洗涤过程进入粗液中，Al_2O_3（或 Na_2O）与熟料中 Al_2O_3（或 Na_2O）的质量分数。净溶出率表示熟料溶出作业效果。

净溶出率的计算式：

$$\eta_{A_{净}} = \frac{A_{熟料} - A_{赤泥} \times \dfrac{c_{熟料}}{c_{赤泥}}}{A_{熟料}} \times 100\%$$

$$\eta_{N_{净}} = \frac{N_{熟料} - N_{赤泥} \times \dfrac{c_{熟料}}{c_{赤泥}}}{N_{熟料}} \times 100\%$$

4.3.4.4 赤泥分离和洗涤

烧结法赤泥的主要成分是硅酸二钙、钛酸钙、碳酸钙和不同形态的铁的化合物。赤泥和铝酸钠溶液快速分离的目的是减少 Al_2O_3 和 Na_2O 的化学损失。

赤泥分离的方法包括沉降分离、过滤分离、沉降-过滤联合分离（现在普遍采用沉降-过滤联合分离）。

赤泥洗涤的目的是减少 Al_2O_3 和 Na_2O 的机械损失即赤泥附液损失，回收赤泥附液中的有用成分 Al_2O_3 和 Na_2O。赤泥洗涤的方法是采用沉降槽进行多次反向（逆向）洗涤。

(1) 赤泥分离洗涤流程及步骤　赤泥分离洗涤步骤为赤泥沉降-过滤联合分离，赤泥反向洗涤，末次洗涤沉降槽底流过滤。烧结法赤泥分离洗涤流程图如图 4-11 所示。

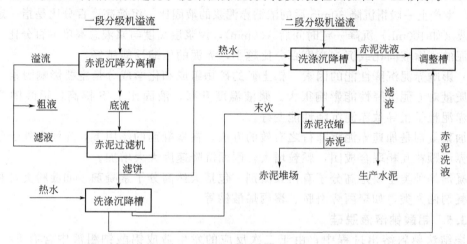

图 4-11　烧结法赤泥分离洗涤流程

(2) 赤泥浆液的物理化学性质　赤泥浆液是赤泥与铝酸钠溶液组成的悬浮液。

铝酸钠溶液中主要含有 $NaAl(OH)_4$、$NaOH$、Na_2CO_3 等，此外含有少量的 Na_2SO_4、Na_2SiO_3 和有机物。这些化合物在溶液中浓度越高，其黏度就越大，赤泥的沉降速度就越慢。

烧结法赤泥物相组成主要以原硅酸钙为主（±50%），其次有含水氧化铁、含水铝硅酸钠、水化石榴石、霞石、方解石等。赤泥中各种矿物的含量主要由矿石成分决定。

烧结法熟料在采用湿磨溶出沉降分离洗涤时，赤泥沉降性能不仅对沉降槽产能，而且对二次反应损失有重大作用。因此，研究赤泥的沉降性能非常重要。

生产实践证明，熟料中负二价硫含量直接影响赤泥的沉降性能。熟料中 $S^{2-}>0.25\%$ 时，赤泥呈黑色，沉降速度快；熟料中 $S^{2-}<0.1\%$ 时，赤泥呈黄色，沉降速度慢。

黄色赤泥沉降速度慢的原因，是由于其中 Fe_2O_3 主要以胶体 $Fe(OH)_3$ 形式存在，胶体 $Fe(OH)_3$ 不仅由于粒度细难于沉降，而且由于带电荷造成同性相斥难以沉淀。实验证明，黄色赤泥带有正电荷。在黄色赤泥中加入絮凝剂能加速黄色赤泥的沉降。

黑色赤泥中，Fe_2O_3 主要是以 FeO 和 FeS 存在。实验证明含 FeO 和 FeS 的赤泥是电中性的。又由于粒度较大，所以沉降速度较快。

当赤泥是棕色时，实际上赤泥是黑色和黄色两种组成，部分赤泥为电中性，部分赤泥带正电荷，沉降速度介于黑、黄两者之间。欠烧的粉状熟料和黄料，不仅由于其 S^{2-} 含量低，而且由于这种欠烧熟料中还含有部分的游离 CaO，也会使赤泥沉降性能变坏。因为赤泥浆液中 $Ca(OH)_2$ 粒子不仅是溶剂化物质，而且也是表面活性物质，当其被其他赤泥离子吸附时，就会使全部赤泥产生溶剂化作用而难于沉降。

生产实践证明，生料加煤后能改善赤泥的沉降性能。生料未加煤还原，或虽生料加煤因欠烧或过烧而还原不好等，赤泥呈黄色。

(3) 赤泥性能的表示方法　赤泥的沉降性能以沉降速度表示。以 100mL 量筒取满赤泥浆液，沉降 10min 或 5min 后观察清液层高度作为赤泥的沉降速度。

赤泥的沉降速度快，赤泥的沉降性能就好。

烧结法赤泥沉降性能，如同拜耳法赤泥一样，根本问题也是决定于赤泥浆泥的胶体化学性质。

赤泥的压缩性能以压缩液固比或沉淀高度百分比表示。压缩液固比即泥浆不能再浓缩时的液固比。生产上一般指沉降 30min 后的浓缩赤泥浆的液固比。沉淀高度百分比是指一定体积的赤泥浆液（如 100mL）沉降一定时间后（30min），泥浆层高度与浆液总高度的百分比。

赤泥的压缩液固比或沉淀高度百分比越小，赤泥的压缩性能越好。

(4) 影响赤泥沉降性能的因素　铝土矿的矿物组成和化学成分是主要影响因素。熟料的成分与质量对赤泥沉降性能影响很大。浆液温度升高，液固比 L/S 提高，铝酸钠溶液浓度降低，赤泥粒子粗导致赤泥沉降性能变好。

添加絮凝剂是加速赤泥沉降行之有效的方法。在絮凝剂的作用下，赤泥中处于分散状态的细小赤泥颗粒互相联合成团，颗粒增大，因而沉降速度大大增加。

絮凝剂的种类主要是高分子有机絮凝剂，包括天然高分子絮凝剂，如淀粉类，和合成高分子絮凝剂两大类，如聚丙烯酰胺、聚丙烯酸钠等。

4.3.5　铝酸钠溶液脱硅

在烧结法熟料溶出过程中，由于二次反应的发生造成铝酸钠粗液中含有 $5\sim6g/L$ 的 SiO_2，粗液的硅量指数 (A/S) 只有 $20\sim30$。若把粗液直接送入碳分工序，则碳分分解率低，产品 AO 质量差，蒸发器管壁结疤。因此，为了提高溶液的硅量指数，提高分解率，烧结法粗液必须设置单独的脱硅工序。

(1) 铝酸钠溶液脱硅过程的实质　铝酸钠溶液脱硅的实质是使铝酸钠溶液中的 SiO_2 转变为溶解度小的固相物质沉淀析出，液固分离，提高溶液的硅量指数，同时降低溶液中的浮游物含量。

(2) 铝酸钠溶液脱硅的方法　铝酸钠溶液脱硅的方法有两大类：一类是使 SiO_2 成为含水铝硅酸钠析出；另一类是使 SiO_2 成为水化石榴石析出。

(3) 脱硅工序对氧化铝生产的影响　对氧化铝生产而言，脱硅工序统观起来有以下 6 个不可忽视的影响。

① 脱硅的深度和指标的稳定性以及溶液精滤程度对氧化铝质量至关重要。

② 加压脱硅是高耗能工序，其装备和工艺流程的改进对氧化铝汽耗和成本有重大影响（脱硅工序的加工费最高时可占全部成本 10% 以上）。

③ 脱硅过程中生成的钠硅渣和钙硅渣含有较高的碱和铝，当采用返回配料烧成加以回收时，将造成物料循环加工的费用损失。

④ 由于加钙脱硅比加压脱硅氧化铝损失高出 $3\sim10$ 倍，所以只有尽可能提高一次脱硅 A/S 才能减少脱硅过程的 Al_2O_3 损失。

⑤ 钠硅渣的溶解度高于钙硅渣，所以当溶液中钠硅渣未分离干净时，将会严重影响加钙脱硅的深度。

⑥ 烧结法脱硅工序要分别设置钠硅渣和钙硅渣两道沉降分离、过滤工序，还要进行分离后溶液的精滤，因此沉降、过滤和叶滤往往成为影响脱硅车间甚至整个氧化铝生产的关键。

(4) SiO_2 在铝酸钠溶液中的溶解性 铝酸钠溶液中过饱和溶解的 SiO_2 经过长时间的搅拌便可成为含水铝硅酸钠析出。这个过程相当缓慢,并且受到铝酸钠溶液成分以及其他一些因素的影响。

图 4-12 表明 SiO_2 在 70℃ 下的铝酸钠溶液(分子比 1.7~2.0)中的溶解情况。

由图 4-12 可以看出,向铝酸钠溶液中添加 Na_2SiO_3,搅拌 1~2h 后即可得到 SiO_2 在铝酸钠溶液中的介稳溶解度曲线 AB,继续搅拌 5~6 昼夜,才能得到溶解度曲线 AC,析出的固相是含水铝硅酸钠。

这两支曲线将此图分为三个区域:AC 下面的 Ⅰ 区为 SiO_2 未饱和区;AB 曲线上面的 Ⅲ 区是 SiO_2 的不稳定区,即过饱和区;在此区中溶液中的 SiO_2 成为含水铝硅酸钠迅速沉淀析出;曲线 AB 和 AC 之间的 Ⅱ 区是 SiO_2 的介稳状态区,所谓介稳状态是指溶液中的 SiO_2 在热力学上虽属于不稳定,即处于不平衡状

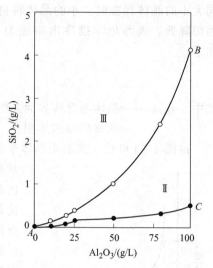

图 4-12 SiO_2 在铝酸钠溶液中的溶解度和介稳状态的溶解度(70℃)

态,存在着化学反应、扩散及相变等,但是在不加含水铝硅酸钠作为晶种时,经长时间搅拌仍不至于结晶析出的状态。曲线 AB 表示 SiO_2 在铝酸钠溶液中含量的最高限度,氧化铝生产过程的溶出粗液中,SiO_2 含量大体上接近这一极限含量。

熟料溶出温度改变,AB、AC 曲线的位置会有所不同,但仍保持上述形状。

在 20~100℃ 温度范围内,SiO_2 在铝酸钠溶液中的介稳溶解度随溶液中 Al_2O_3 浓度的增加而提高,可按以下经验公式计算。当 Al_2O_3 浓度在 50g/L 以上时:

$$[SiO_2]/(g/L)=2+1.65n(n-1)$$

式中 n——Al_2O_3 浓度(g/L)除以 50 后的数值。

当 Al_2O_3 浓度在 50g/L 以下时:

$$[SiO_2]/(g/L)=0.35+0.08n(n-1)$$

此时 n 为 Al_2O_3 浓度(g/L)除以 10 后的数值。据此可以大致地估计溶出时,粗液的 SiO_2 浓度以及碳分母液所允许的 SiO_2 含量,从而可预计脱硅过程所必须达到的最低要求,即精液硅量指数的最低值。但是碳分母液中含有大量 Na_2CO_3,使 SiO_2 的介稳溶解度要比计算值小得多,精液的硅量指数应该比计算值高,通常不应低于 400。

对于 SiO_2 能在铝酸钠溶液中以介稳状态存在的原因有不同的见解。以往有人认为 Na_2SiO_3 一类含 SiO_2 化合物与铝酸钠溶液相互作用,首先生成的是一种具体成分尚待确定的高碱铝硅酸钠 $mNa_2O·Al_2O_3·2SiO_2$,它后来水解才析出含水铝硅酸钠,水解反应式为:

$$mNa_2O·Al_2O_3·2SiO_2+nH_2O \rightleftharpoons Na_2O·Al_2O_3·2SiO_2·nH_2O+2(m-1)NaOH$$

这种设想的依据是含水铝硅酸钠的析出程度是随着温度的升高以及溶液浓度的降低而增大的,这正好是水解的特征。

较多的人认为 SiO_2 的介稳溶解度是与刚从溶液中析出的含水铝硅酸钠具有无定形的特点相一致的。随着搅拌时间的延长,含水铝硅酸钠由无定形转变为结晶状态,溶液中的 SiO_2 含量也随之降低到稳定形态的溶解度,即该温度下的最终平衡浓度。因为物质的晶体越小,表面能越大,所以物质的溶解度是随着晶体的增大而减小的。同一物质在溶液中以不

同大小的晶体存在时,小的晶体将自动溶解,再析出到大的晶体上使其长大,晶体的表面能因而降低。表面化学推导出半径为 r 的较大晶体的溶解度(分别为 c_1 和 c)之间的关系如下:

$$\ln \frac{c_1}{c} = \frac{2\sigma_{晶\text{-}液}V}{RTr}$$

式中 $\sigma_{晶\text{-}液}$——晶体与溶液界面上的表面张力;
　　　V——晶体的摩尔体积。

由图 4-13 可见,当溶质晶体半径小到某一临界数值 r' 之后,其溶解度便明显地高于正常晶体(稳定)的溶解度,有时无定形物质的溶解度可以比晶体物质的溶解度大得多。但是无机物结晶速度一般都比较快,所以无定形很快转变为结晶状态,一般很少出现介稳溶解状态。含水铝硅酸钠由于其无定形转变为晶体的过程比较困难,才表现出明显的介稳溶解度,这些困难与溶液的界面张力较大有关。温度升高后,结晶条件改变,所以 SiO_2 含量才能够较快地由介稳溶解度降低到接近于正常溶解度。

在氧化铝实际生产过程中,由于存在铝酸钠溶液中析出的含水铝硅酸钠吸附的各种附加盐,使生成的含水铝硅酸钠晶体在成分和结构上互不相同,从而增加了无定形向结晶状态变化过程的复杂性。

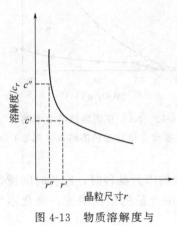

图 4-13　物质溶解度与其晶粒大小的关系

(5) 铝酸钠溶液不添加石灰脱硅的基本原理(含水铝硅酸钠的析出)　SiO_2 在工业铝酸钠溶液中呈过饱和的介稳状态,能自发地转变成其平衡固相(含水铝硅酸钠),从溶液中沉淀出来。

$$2Na_2SiO_3 + 2NaAl(OH)_4 + aq \rightleftharpoons Na_2O \cdot Al_2O_3 \cdot 2SiO_2 \cdot nH_2O \downarrow + 4NaOH + aq$$

此反应在常压和不加搅拌以及无添加物的情况下,反应速度很慢。为了加快脱硅反应的速度,缩短脱硅时间,工业脱硅是在高温(高压)和添加晶种的条件下进行的,称为压煮脱硅。生产上称此脱硅的产物为钠硅渣。

(6) 影响含水铝硅酸钠析出的主要因素

① 温度　温度对于含水铝硅酸钠在铝酸钠溶液中溶解度的影响比较复杂,随溶液组成不同而不同,通常是在某一温度下出现溶解度的最低点。一般情况下,温度升高,化学反应速度加快,脱硅时间缩短。温度对脱硅过程的影响见表 4-3。

表 4-3　温度(压力)对脱硅过程的影响

原液成分			工作压力 /(kgf/cm²)	脱硅时间 /h	脱硅后溶液 SiO_2 含量/(g/L)
Al_2O_3/(g/L)	SiO_2/(g/L)	α_K			
99.7	3.25	1.60	1	2	2.71
101.6	2.95	1.61	3	2	0.61
101.8	2.76	1.55	5	2	0.37
99.0	2.89	1.60	7	2	0.24
107.8	2.93	1.60	9	2	0.26
101.8	2.67	1.62	12	2	0.29

② 时间　脱硅时间越长，脱硅效果越好。常压下，脱硅时间对脱硅效果的影响如表4-4所示。

表 4-4　常压脱硅时间与脱硅深度的关系

脱硅时间/h	0	1	2	6	12	15
精液 SiO_2 含量/(g/L)	5.8	0.87	0.7	0.64	0.25	0.22
脱硅程度/%	0	86	88.6	89.5	95.5	96

③ 原液 Al_2O_3 浓度　当 Na_2O_K 浓度一定时，SiO_2 浓度随着 Al_2O_3 浓度降低而降低。但这对提高硅量指数 $A/S=[Al_2O_3]/[SiO_2]$ 意义不大。

④ 原液 Na_2O_K 浓度　当 Al_2O_3 浓度一定时，Na_2O_K 浓度降低，SiO_2 浓度减小，$\alpha_K=[Na_2O]/[Al_2O_3]$ 降低，硅量指数 A/S 增加，所以在保证溶液稳定性的前提下，α_K 越低，脱硅效果越好。

⑤ 原液中的钠盐含量（Na_2CO_3、Na_2SO_4、$NaCl$）　钠盐（Na^+）有利于脱硅过程。

⑥ 添加晶种　添加晶种可以避免含水铝硅酸钠在结晶时形成晶核的困难，提高脱硅速度和深度。

生产中可以用作晶种的物质有脱硅析出的硅渣和拜耳法赤泥，前者在国外又称白泥。晶种的质量决定于它的表面活性，新析出的细小晶体，表面活性大；而放置太久或反复使用后的晶体活性降低、作用差。

烧结法粗液脱硅采用混合硅渣（钠硅渣和钙硅渣）作晶种进行脱硅。

(7) 铝酸钠溶液添加石灰脱硅的基本原理　石灰是以石灰乳 $Ca(OH)_2$ 浆的形式加入铝酸钠溶液的，加入石灰后将发生如下反应：

$$3Ca(OH)_2+2NaAl(OH)_4+aq \rightleftharpoons 3CaO \cdot Al_2O_3 \cdot 6H_2O+2NaOH+aq$$

$$3CaO \cdot Al_2O_3 \cdot 6H_2O+xNa_2SiO_3+aq \rightleftharpoons$$
$$3CaO \cdot Al_2O_3 \cdot xSiO_2 \cdot (6-2x)H_2O+2xNaOH+aq$$

由于以上反应生成的水化石榴石系固熔体的溶解度比含水铝硅酸钠的溶解度更小，所以可以加深脱硅，从而提高溶液的硅量指数。生产上此脱硅产物叫钙硅渣。

(8) 影响添加石灰脱硅过程的主要因素

① 溶液中 Na_2O_K 浓度和 Al_2O_3 浓度　添加石灰过程中，如果 Al_2O_3 含量<150g/L，添加石灰可增加脱硅深度；如果 Al_2O_3 含量>150g/L，添加石灰脱硅效果不明显。

Na_2O_K 增大，α_K 升高，这促进了水化石榴石分解，因此添加石灰脱硅效果降低；通常情况下 α_K 保持在 1.47~1.57。

② 溶液的 Na_2O_C 浓度　Na_2O_C 浓度增大，添加石灰脱硅效果变差。因为 Na_2CO_3 不仅可以分解水化石榴石，提高溶液中 SiO_2 浓度；而且 Na_2CO_3 与 $Ca(OH)_2$ 发生苛化反应，增加石灰的消耗，增加 Na_2O_K 浓度，不利于 SiO_2 的脱除。

③ 石灰添加量和质量　SiO_2 含量一定时，石灰添加量越多，溶液 A/S 越高，但 Al_2O_3 损失也越大。因此，为了保证溶液的 A/S，减少石灰用量和 Al_2O_3 的损失，应使脱硅原液中的 SiO_2 含量低一些。

石灰乳中有效 f_{CaO} 越高，石灰质量越好，脱硅效果越好。

一般要求石灰添加量为 10g/L，石灰乳中 $f_{CaO}>200g/L$。

④ 溶液中 SiO_2 含量　原液中 SiO_2 含量越高，消耗的石灰量以及损失 Al_2O_3 量也越大，精液的 A/S 降低。

⑤ 温度　温度升高，脱硅速度和深度加大。生产上一般在溶液沸点温度 100～105℃ 时进行。

(9) 铝酸钠溶液脱硅工艺及方法　各个工厂根据具体条件的不同，可以采用多种多样的脱硅方法。但大体可以按如下方法分类。

① 按照脱硅工艺可以分为

a. 一段脱硅（又叫压煮脱硅），压煮脱硅按压力又分为高压脱硅、常压脱硅；

b. 二段脱硅；

c. 三段脱硅（深度脱硅）。

② 按加热方式分为直接加热和间接加热脱硅。

③ 按操作周期分为连续脱硅和间断脱硅。

(10) 铝酸钠溶液脱硅工艺及发展

① 蒸汽直接加热一次脱硅与加石灰二次脱硅　一次高压脱硅采用蒸汽直接加热的脱硅机，间断作业。脱硅机的规格为 $\phi 2.5\mathrm{m} \times 9.5\mathrm{m}$，自蒸发器为 $\phi 4.0\mathrm{m} \times 9.5\mathrm{m}$。一次脱硅后，为了进一步提高溶液硅量指数，再添加石灰进行二次脱硅。在 1994 年以前，一直沿用的是直接加热脱硅工艺。工艺流程如图 4-14 所示。

粗液预热到一定温度后，用泵打入脱硅机，通入蒸汽进行预热，加热方式为蒸汽直接加热。脱硅后的料浆进入自蒸发器和缓冲槽降温降压，产生的二次蒸汽用于加热赤泥洗水和预热粗液。在缓冲槽中加入石灰乳进行二次脱硅。从缓冲槽出来的料浆进入硅渣沉降槽，溢流用液滤机进行过滤，除去精液中的浮游物，送分解过程；过滤后的硅渣返回配料。

② 间接加热连续脱硅　间接加热连续脱硅与直接加热脱硅相比，具有如下特点。

a. 实现了脱硅工业连续化、自动化作业，大大降低了劳动强度，易于操作管理，设备检修工作量少。

b. 采用列管间接加热，蒸汽冷凝水不进入溶液中，因此，溶液浓度不仅没有被冲淡，反而得到

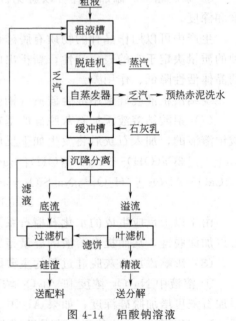

图 4-14　铝酸钠溶液
二次脱硅工艺流程

浓缩，使后续工序物料流量减少，提高了溶液生产率，配套设备投入减少。同时脱硅耗用蒸汽的冷凝水不带入后续蒸发工序，因此使蒸发汽耗降低。

c. 采用间接加热连续脱硅工艺蒸汽消耗量下降。因为是间接加热，蒸汽可以连续利用，所以每生产 1t 氧化铝蒸汽消耗由原来的 4.2t 降低到 3.6t 以下。

间接加热连续脱硅工艺流程图如图 4-15 所示。

③ 铝酸钠溶液的深度脱硅　铝酸钠溶液脱硅是决定烧结法氧化铝产品质量及碳分分解率的关键工序，并对生产能耗等项指标有一定影响。多年来国内外对脱硅过程进行了大量的研究，工艺不断改进。20 世纪 60 年代以前，工业上采用一段高压脱硅，精液硅量指数仅达到 350 左右。60 年代以来各铝业公司广泛采用以石灰为添加剂的两段深度脱硅方式。精液

4.3 烧结法生产氧化铝

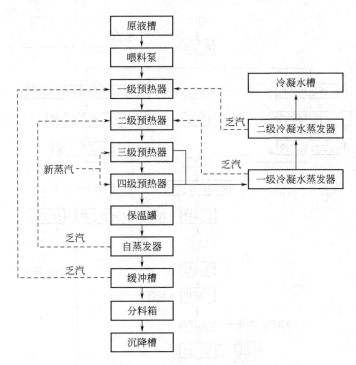

图 4-15　间接加热连续脱硅工艺

硅量指数可提高到 700～800，氧化铝质量明显提高。但以石灰为添加剂的两段深度脱硅这一方法也存在一些缺点，产品质量仍然不高。另外，这一方法石灰添加量大，精液被稀释（因为石灰乳带入大量水），导致生产能耗增加，氧化铝回收率降低，因此改进脱硅工艺的研究一直在继续进行。

后来人们采用三段脱硅工艺进行脱硅，其实质是将两段脱硅法中第二段的石灰分两次加入，即增加一次脱硅。

图 4-16 是某厂采用的三段脱硅工艺。

20 世纪 80 年代前期，国外某些氧化铝厂成功地采用了以水合碳铝酸钙代替石灰作第二段脱硅添加剂，这种方法称为超深度脱硅法。采用此法，精液可达到很高的硅量指数（精液硅量指数约 5000）。

水合碳铝酸钙采用石灰乳与精液合成，工艺简单，易于在工业上实现。

水合碳铝酸钙脱硅工艺包括两个步骤：首先合成水合碳铝酸钙，然后以它作为脱硅添加剂，经过一段高压脱硅。

④ 粗液两段常压脱硅工艺　目前较为常用的脱硅工艺为两段脱硅。第一段为中压脱硅，第二段为添加石灰（或含钙添加剂）深度脱硅。一段采用中压脱硅时蒸汽消耗较大，流程复杂，大量的钠硅渣等在加热管壁上形成结疤，这将严重影响传热，增加了蒸汽的消耗，也使得设备维护的工作量加大。二段深度脱硅形成的钙硅渣中 SiO_2 饱和系数小硅渣产出量过大，随钙硅渣返回的氧化铝量也大，现有工艺中存在不足。

某氧化铝厂脱硅工艺经过技术改造，采用常压脱硅工艺成功地代替目前生产上采用的中压脱硅工艺，这对于简化操作、延长设备寿命、节能降耗有着重要的意义。

a. 一段常压脱硅理论分析：铝硅酸钠溶液中的主要离子是 $Al(OH)_4^-$ 和 $[SiO_2(OH)_2]^{2-}$，随着溶液中碱浓度和 Al_2O_3 浓度的增大，使得铝酸钠溶液中铝酸根离子

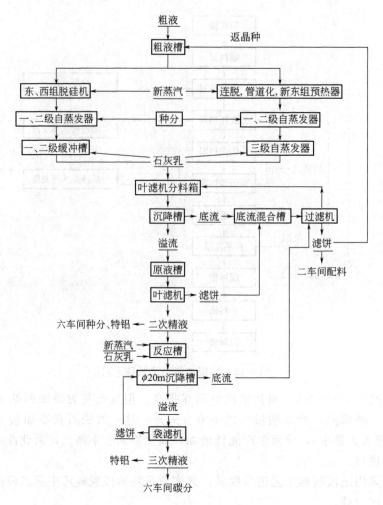

图 4-16 三段脱硅工艺流程

形成结构复杂的铝酸根络合离子；硅酸根离子以 $(SiO_3)^{2-}$ 取代复杂铝酸根离子中的 AlO_2^-，生成稳定状态的钠硅渣：

$$2Na^+ + 2Al(OH)_4^- + 1.7(H_2SiO_4)^{2-} =\!=\!=$$
$$Na_2O \cdot Al_2O_3 \cdot 1.7SiO_2 \cdot xH_2O \downarrow + 3.4OH^- + (4-x)H_2O$$

生产过程中，可采用加入晶种、强化搅拌、升高温度、溶液改性等措施破坏 SiO_2 这种热力学上的介稳状态，加速钠硅渣的形成。

b. 二段常压脱硅理论分析：在烧结法二段添加石灰乳深度脱硅过程中，石灰乳首先与铝酸钠溶液反应生成水合铝酸三钙（C_3AH_6），然后 C_3AH_6 再与溶液中的 SiO_3^{2-} 结合形成水化石榴石 [$C_3AS_xH_{(6-2x)}$]。反应方程式如下：

$$3Ca(OH)_2 + 2Al(OH)_4^- \longrightarrow 3CaO \cdot Al_2O_3 \cdot 6H_2O + 2OH^-$$
$$3CaO \cdot Al_2O_3 \cdot 6H_2O + x[H_2SiO_4]^{2-} \longrightarrow$$
$$3CaO \cdot Al_2O_3 \cdot xSiO_2 \cdot (6-2x)H_2O + 2xOH^- + 2xH_2O$$

如此反应形成的钙硅渣结构，最内层为尚未反应的 $Ca(OH)_2$，中间为 C_3AH_6，外层为 $C_3AS_xH_{(6-2x)}$。由于钙硅渣中含有一部分尚未结合 SiO_2 的 $Ca(OH)_2$ 和 C_3AH_6，且它们具有较强的结合 SiO_2 的能力，因此可利用钙硅渣作为晶种，返回一段粗液进行常压脱硅。这样可以提高粗液的预脱硅效果，大大降低随钙硅渣返回熟料窑的氧化铝量。

⑤ 常压脱硅工艺流程及其特点 改进后的粗液两段常压脱硅工艺流程如图 4-17 所示。

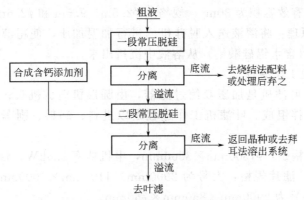

图 4-17 改进后的粗液两段常压脱硅工艺流程

上述工艺流程与传统的脱硅工艺流程相比有如下特点：

a. 由于取消了粗液的中压脱硅工序，可以明显降低能耗，同时可以降低设备维护、清理的难度；

b. 一段常压脱硅渣（钠硅渣）比中压脱硅渣更容易处理，可回收钠硅渣中的碱后直接弃之，二段常压深度脱硅渣（水化石榴石）可送去拜耳法溶出系统，以代替石灰石，回收其中的氧化铝；

c. 相对于原来的脱硅工艺，常压脱硅多了一道分离工序，并延长了脱硅时间，从总体上来考虑该工艺是合理可行的。

（11）铝酸钠溶液在脱硅前添加种分母液的作用、种分母液加入量的确定 烧结法生产氧化铝过程中，熟料溶出采用低苛性比溶出技术，溶液 $\alpha_K=1.20\sim1.25$。而在后续的粗液脱硅过程中，这种低苛性比值的铝酸钠溶液由于稳定性差，会分解出 $Al(OH)_3$，造成 Al_2O_3 的损失，影响生产的正常进行，因此，生产上向脱硅前的铝酸钠粗液中添加种分母液，使溶液的 α_K 提高到 1.45 以上，保证铝酸钠溶液的稳定性。

种分母液加入量的计算：

$$V_{种}=\frac{V_{粗}\ A_{粗}(\alpha_{K原}-\alpha_{K粗})}{A_{种}(\alpha_{K种}-\alpha_{K原})}$$

（12）烧结法生产氧化铝过程中铝酸钠粗液的一次压煮脱硅和加石灰的二次脱硅 一次脱硅的产物为钠硅渣，分子式为：$NaO \cdot Al_2O_3 \cdot xSiO_2 \cdot nH_2O$（$x=1.5\sim1.8$）其中 $[SiO_2]:[Al_2O_3]=1.5\sim1.8$。

二次加石灰乳脱硅的产物为钙硅渣，分子式为：$3CaO \cdot Al_2O_3 \cdot xSiO_2 \cdot (6-2x)H_2O$，其中 x 值为二氧化硅的饱和度，约为 $0.1\sim0.2$，即在钙硅渣中 $[CaO]:[SiO_2]=15\sim30$，$[Al_2O_3]:[SiO_2]=5\sim10$。若直接采用添加石灰乳脱硅会造成 Al_2O_3 的大量损失和 CaO 的损耗，因此烧结法生产氧化铝过程中铝酸钠粗液要先进行一次压煮脱硅使溶液中的大部分二氧化硅以钠硅渣的形式析出后再进行添加石灰的二次脱硅。

钙硅渣的溶解度远远小于钠硅渣的溶解度，钙硅渣析出时，若溶液中存在钠硅渣，钠硅渣将溶解进入溶液并转化为钙硅渣析出，造成溶液中 Al_2O_3 的损失增加，溶液 A/S 下降，以及石灰乳加入量增加，因此一次脱硅与二次脱硅之间应分离钠硅渣。

(13) 脱硅工艺主要设备简介

① 脱硅机构造及工作原理

a. 脱硅机构造：脱硅机是一个圆筒密封高压容器，球形盖，底由 25mm 钢板制成，有进料口和进出汽口，有效容积为 30m³，规格为 $\phi2.5m\times9.5m$ 和 $\phi2.6m\times9.5m$。

b. 脱硅机工作原理：将溶液送入脱硅机内进行加温加压，使粗液中的过饱和介稳状态的 SiO_2 转变为固相（含水铝硅酸钠）从溶液中沉析出来。

② 叶滤机构造及工作原理

a. 叶滤机构造：叶滤机是加压双筒过滤器，由圆形机筒、机头、机架轨道、滤片及进出料系统、电机及搅拌组成。叶滤机工作过程是以进料、卸料、刷车、上车周期性的间断操作。

叶滤机滤筒的规格是：$\phi1300mm\times3500mm$，电机功率 2.6kW，台时产能 100m³/h，有效过滤面积 23.4m²。滤片规格为 大号为 2900mm×1100mm×1000mm；中号为 2900mm×960mm×860mm；小号为 2900mm×860mm×760mm。

b. 叶滤机工作原理：叶滤机的作用主要是将浮游物从液体中分离出来。

硅渣沉降槽的溢流用泵打进叶滤机内，因滤片上过滤介质的前后压力不同，精液在压力差的作用下穿过过滤介质从出口流出制成纯净透明的精液，而浮游物被隔在介质面上形成硅渣滤饼被分离出来。

③ 硅渣过滤机构造及工作原理

a. 硅渣过滤机构造　硅渣过滤机由滤鼓、半圆槽、搅拌器、分配头等组成。规格为 $\phi3000mm\times4000mm$。

b. 硅渣过滤机工作原理　利用真空泵所产生的负压，用卡布龙做过滤介质，使介质两边形成压力差，将来料中的硅渣浆液迅速分离，滤饼附着在介质表面，随滤鼓转动，经卸泥辊时，由于滤布急折回而自动脱落，被喷液冲入漏斗，滤液经真空受液槽送往沉降槽。

④ 袋滤机构造及工作原理

a. 袋滤机构造　袋滤机主要部件及规格为机筒 $\phi3500mm\times6300mm$，滤筒 $\phi300mm\times16400mm$，每台袋滤机内装 30 个滤筒，有效过滤面积为 40m²，滤液量为 200～300m³/h，进出料球阀 $\phi200mm$，由 $300mm\times530mm$ 摆动汽缸带动，由时间程序控制换向阀，换向阀控制汽缸，清扫器汽缸为 $\phi300mm\times450mm$，自动换向。

b. 袋滤机工作原理

ⅰ. 过滤：深度脱硅的浆液用泵打入袋滤机内，在泵的压力作用下，液体通过滤布经滤筒出料管流出，固体被均匀地阻挡在滤布外面形成滤饼达到液固分离。

ⅱ. 蓄泥：当滤饼达到一定厚度时，出料阀便自动关闭，滤液在储能室积存，储能室的空气被压缩，其压力不断升高而达到蓄能的目的。

ⅲ. 卸泥：当蓄能压力达到规定值时，在关闭进料阀的同时，打开回流球阀，机内压力猛然下降，蓄能室里被压缩的气体膨胀，使积存在滤筒里的滤液反喷出来，把滤饼吹落，同时滤布得到一次清洗，随即开始第二次循环。

ⅳ. 排泥：滤渣堆积在机筒锥底，其量达到一定值时，排泥阀自动打开排出滤渣，量小到一定值时，排泥阀又自动关闭。

4.3.6　铝酸钠溶液碳酸化分解

4.3.6.1　碳酸化分解过程的原理

铝酸钠溶液的碳酸化分解是一个有气、液、固三相参加的复杂的多相反应过程。它包括以下的物理化学过程。

① 二氧化碳为铝酸钠溶液吸收，中和苛性碱；

② 氢氧化铝结晶析出；

③ 溶液脱硅析出水合铝硅酸钠结晶；

④ 水合碳酸铝钠（$Na_2O \cdot Al_2O_3 \cdot 2CO_2 \cdot nH_2O$）的生成和破坏，并在碳酸化分解终了时沉淀析出。

(1) 苛性碱中和反应和氢氧化铝结晶过程　关于碳酸化分解过程的机理，一般认为，通入溶液的 CO_2，使部分游离的苛性碱中和：

$$2NaOH + CO_2 \longrightarrow Na_2CO_3 + H_2O$$

于是溶液分子比降低，铝酸钠溶液过饱和度增大，引起溶液的分解：

$$NaAl(OH)_4 \longrightarrow Al(OH)_3 \downarrow + NaOH$$

由于连续通入 CO_2，使溶液始终维持较大的过饱和度，所以，在碳酸化分解时，即使不加晶种，溶液也有较大的分解速度。

对工业碳酸化分解槽分解过程的实测表明：溶液通入 CO_2 之后，NaOH 浓度连续均匀下降，Al_2O_3 浓度的降低滞后几十分钟，然后 Al_2O_3 浓度的变化曲线几乎与 NaOH 浓度变化曲线平行。溶液摩尔比基本保持在 1.5 左右。

水合铝硅酸钠的析出主要在碳分过程的末期，这也使氢氧化铝被 SiO_2 和碱污染。

(2) 水合碳酸铝钠的生成和破坏过程　碳酸化分解时，在通入的 CO_2 气泡和铝酸钠溶液的边界上，先形成碳酸铝钠的薄膜，随气泡向溶液表面的上升运动，薄膜脱出而被苛性碱分解（破坏）：

$$Na_2O \cdot Al_2O_3 \cdot 2CO_2 \cdot nH_2O + 2NaOH + aq \rightleftharpoons 2Al(OH)_3 + 2Na_2CO_3 + aq$$

在碳酸化分解的初期，由于溶液中苛性碱浓度较大，碳酸铝钠薄膜分解形成 $Al(OH)_3$ 的同时，又发生 $Al(OH)_3$ 的溶解，结果只是 NaOH 变为 Na_2CO_3，$Al(OH)_3$ 并未析出。随苛性碱量的减少，形成的碳酸铝钠即按上式分解，并析出 $Al(OH)_3$。

碳酸化分解末期，当溶液中苛性碱很少、碳酸钠含量增高、且温度也较高的条件下，水合碳酸铝钠即从溶液中析出。所以，当溶液彻底碳酸化分解时，最后的氢氧化铝中含有大量的 Na_2CO_3。

(3) 丝钠铝石的析出　在一定条件下，碳分过程中能生成丝钠铝石 $Na_2O \cdot Al_2O_3 \cdot 2CO_2 \cdot nH_2O$ 和丝钾铝石 $K_2O \cdot Al_2O_3 \cdot 2CO_2 \cdot nH_2O$（$n$ 值与生成温度有关），后者见于以霞石为原料的情况下，此时溶液中含有大量的 $KAl(OH)_4$。

丝钠（钾）铝石是一种结构类似 $Na_2O \cdot Al_2O_3 \cdot 2CO_2 \cdot nH_2O$ 的化合物，在苛性碱溶液中不稳定。碳分时，在通入的二氧化碳气泡与铝酸钠溶液的界面上，生成丝钠铝石，其反应如下：

$$Na_2CO_3 + H_2O + aq \rightleftharpoons NaHCO_3 + NaOH + aq$$
$$2NaAl(OH)_4 + 4NaHCO_3 + aq \rightleftharpoons Na_2O \cdot Al_2O_3 \cdot 2CO_2 \cdot nH_2O + 2Na_2CO_3 + aq$$
$$Al_2O_3 \cdot nH_2O + 2NaHCO_3 + aq \rightleftharpoons Na_2O \cdot Al_2O_3 \cdot 2CO_2 \cdot nH_2O + aq$$
$$2Na_2CO_3 + Al_2O_3 \cdot nH_2O + aq \rightleftharpoons Na_2O \cdot Al_2O_3 \cdot 2CO_2 \cdot nH_2O + 2NaOH + aq$$

在碳分初期，当溶液中还含有大量游离苛性碱时，丝钠铝石与苛性碱反应生成 Na_2CO_3 和 $NaAl(OH)_4$：

$$Na_2O \cdot Al_2O_3 \cdot 2CO_2 \cdot nH_2O + 4NaOH + aq \rightleftharpoons 2NaAl(OH)_4 + 2Na_2CO_3 + aq$$

在碳分第二阶段，当溶液中苛性碱减少时，丝钠铝石为 NaOH 分解而生成氢氧化铝：

$$Na_2O \cdot Al_2O_3 \cdot 2CO_2 \cdot nH_2O + 2NaOH + aq \rightleftharpoons 2Na_2CO_3 + Al_2O_3 \cdot nH_2O\downarrow + aq$$

在碳分末期，当溶液中苛性碱含量已相当低时，则丝钠铝石成固相析出。

实验证明，当溶液中碳酸钠和碳酸氢钠含量高、碳分温度低、分解速度快以及不添加氢氧化铝晶种时，有利于丝钠（钾）铝石的生成。添加氢氧化铝晶种以及碳分速度低时，可以大大减少丝钠铝石的生成，因为在此条件下得到粒度较粗而活性较小的氢氧化铝，不易与$NaHCO_3$或Na_2CO_3反应生成丝钠（钾）铝石。

4.3.6.2 碳分过程中氧化硅的析出

研究碳分过程中氧化硅的行为具有重要意义，因为它关系到氢氧化铝中的SiO_2含量，从而极大地影响氧化铝成品的质量。

脱硅后的精液虽然具有较高的硅量指数，但是对于未添加石灰的脱硅精液而言，其中的SiO_2浓度仍然略高于含水铝硅酸钠在溶液中的溶解度。在碳分过程中，溶液中的Na_2O和Al_2O_3浓度不断降低，含水铝硅酸钠在溶液中的溶解度也随之不断降低。这样就使得溶液中的SiO_2过饱和程度随着碳分过程的进行越来越大。

实践证明，铝酸钠溶液碳分时$Al(OH)_3$首先析出，而SiO_2仅在开始时有少量析出。但分解率增加到一定程度后，SiO_2析出速度急剧增加。这是由于在温度不高而又没有铝硅酸盐晶种存在的条件下，铝酸钠溶液中的SiO_2能够以介稳状态存在较长的时间，只有当其过饱和度达到一定程度后才开始迅速析出。

研究表明，碳分过程中溶液里SiO_2的析出是分阶段进行的。在碳酸化分解过程中，铝酸钠溶液中SiO_2的析出可分为三个阶段。

第一阶段（分解初期），Al_2O_3和SiO_2共同沉淀。分解原液硅量指数越高，与氢氧化铝共沉淀的SiO_2量就越少。

第二阶段（分解中期），二氧化硅析出很少，故这一阶段得到的氢氧化铝是最纯的。这一段的长度随分解原液硅量指数的提高而延长。

第三阶段（分解末期），随着氢氧化铝的析出和Na_2O浓度的降低，SiO_2过饱和度大大增加，以铝硅酸钠形式又强烈地析出。

溶液中的SiO_2大部分是在这一阶段（碳分末期）析出的，如果将所有Na_2O都变成Na_2O_C，Al_2O_3将全部分解出来，则SiO_2也几乎全部析出，因为铝硅酸钠在碳酸钠溶液中的溶解度是非常小的。

当硅量指数很高时，在碳分初期没有SiO_2和氢氧化铝一道析出。

从上述不同A/S溶液碳酸化分解时SiO_2析出的变化规律，可以认为，A/S较低的溶液，其SiO_2浓度可能仍为过饱和状态，在Al_2O_3未析出之前，由于Na_2O浓度的降低，其过饱和度要稍有增加，但碳分温度不超过70~80℃时，不具备合适的脱硅条件，这种过饱和度不易降低。还有当第一批氢氧化铝呈细分散状态析出后，因比表面积大、吸附力强，造成降低SiO_2过饱和度的条件。于是这种活性氢氧化铝从溶液中吸附部分SiO_2。溶液中SiO_2过饱和度越高，被吸附的SiO_2量就越大。

随溶液继续分解，氢氧化铝颗粒增大，比表面积减少，吸附能力下降，这时只有氢氧化铝单独析出。析出的氢氧化铝中SiO_2相对含量逐渐降低。在此期间，随Na_2O和Al_2O_3浓度的降低，SiO_2过饱和度不断提高，当SiO_2过饱和度达到一定极限时，SiO_2即以水合铝硅酸钠形式和氢氧化铝一起强烈析出。

所以，铝酸钠溶液碳酸化分解过程中，氢氧化铝中SiO_2杂质含量以在第二阶段终了之前为最少。

针对 SiO_2 析出行为，可采取以下措施。

① 分解初期，预先往精液中添加一定数量的晶种，在碳酸化分解初期不致生成分散度大、吸附能力强的氢氧化铝，减少它对 SiO_2 的吸附。

② 将铝酸钠溶液深度脱硅，同样能防止碳酸化分解时第一批氢氧化铝与 SiO_2 共同析出。

③ 分解后期，控制碳分分解率在允许范围内。

根据上述 SiO_2 在碳分过程中的行为可以得出如下结论：铝酸钠溶液 A/S 一定时，氢氧化铝产品纯度决定于碳分分解率。因此在生产中要根据精液的 A/S 和产品中允许的 SiO_2 含量（等级标准）来规定碳酸化分解率。

4.3.6.3 碳酸化分解速度

碳酸化分解速度决定于 CO_2 气体的浓度和通入速度。碳分分解速度对氢氧化铝产品质量有较大的影响。

工业碳酸化分解时间为 6~8h，快速分解者只需 3h。

快速碳分的优点：当分解率相同，快速碳分所得的氢氧化铝中 SiO_2 含量较慢速碳分所得者显著减少。这可能与快速分解条件下溶液中过饱和的 SiO_2 析出滞后有关。

快速碳分的缺点如下。

① 快速碳分条件下得到的氢氧化铝结晶集合体的晶间空隙中包含的母液有所增加，这使氢氧化铝中不可洗碱（Na_2O）的含量略有增加。

② 分解过快，则 CO_2 利用率下降；氢氧化铝粒度可能变细。

利用高浓度 CO_2（38%左右）的石灰炉炉气进行碳分，可以提高分解速度。同时，由于 CO_2 与 $NaOH$ 的中和反应及 $Al(OH)_3$ 结晶放热，不仅能维持碳酸化分解所需的温度，而且溶液的温度尚能提高（可达85℃左右），因而有利于氢氧化铝结晶生长以及氢氧化铝的分离洗涤。

当采用 CO_2 含量为 12% 左右的熟料窑窑气时，则碳分速度缓慢。碳分后期，由于 $NaOH$ 浓度降低，CO_2 利用率下降，碳分槽的散热损失增大，甚至不能维持过程所需的温度（70~80℃）。这时需要通蒸汽保温。

4.3.6.4 碳分氢铝强度

现有工业碳酸化分解所得氢氧化铝的粒度是较粗的，但其机械强度很差，是由 20% 左右的枝状晶体附聚而成的多晶集合体，不能用于生产砂状氧化铝。如增强晶粒间的黏结，则可得到强度高的氢氧化铝和氧化铝。

4.3.6.5 碳酸化分解设备

碳酸化分解设备叫碳酸化分解槽，简称碳分槽。它是一种带挂链式搅拌器的圆筒形平底容器。

二氧化碳气体经若干支管从槽的下部通入，并经槽顶的汽水分离器排出。

另外一种为气体搅拌的圆筒形锥底碳分槽。上述碳分槽都是从下部通入 CO_2 气体，气体通过的液柱层很高，因而动力消耗都很大。

碳分槽改进的方向是从上部导入 CO_2 气体，降低气体通过的液柱高度。实验证明，CO_2 气体利用率并不与液控高度成正比。为了提高低液柱条件下 CO_2 气体的利用率，应使 CO_2 气体分散成细的气泡进入槽内，且在气体进入处保持溶液的不断更新，从而保证气体与溶液之间有很大的接触面积。

碳分可以间断进行，即在同一个碳分槽内完成一个作业周期。也可在一组碳分槽内连续进行，而每一个碳分槽都保持一定的操作条件。连续碳分已在国外采用，它的优点是生产过程较易实现自动化，并保持整个生产流程的连续化，设备利用率和劳动生产率提高。

4.3.7 分解母液的蒸发

母液的蒸发是拜耳法生产氧化铝工艺中一个十分重要的工序，其任务是平衡氧化铝生产过程中的水量和排出杂质盐类。

分离氢氧化铝后的分解母液氧化钠浓度一般在170g/L，经蒸发浓缩到280g/L左右后，送回到前段工艺用于溶解铝土矿。母液中的杂质如碳酸钠、硫酸钠和氧化硅等随蒸发过程中溶剂的减少而不断地析出沉积，这种行为有利于母液净化，降低母液循环中杂质的含量，并且碳酸钠可以苛化回收再利用，降低生产成本。

4.3.7.1 蒸发目的及在氧化铝生产中的作用

拜耳法的种分母液和烧结法的碳分母液通常需要进行蒸发，其主要目的：

① 排除流程中多余的水分，保持循环系统中液量的平衡；

② 将分解母液蒸浓到符合铝土矿溶出或配制生料浆的浓度要求。

氧化铝生产过程中进入流程中的水分主要有：①赤泥洗水，约$3\sim8m^3/t$（干赤泥）；②氢氧化铝洗水，约$0.5\sim1.5m^3/t$ [$Al(OH)_3$]；③蒸汽直接加热的冷凝水；④原料带入的附着水和结晶水；⑤非生产用水，包括用水管冲洗车间地面的水、泵密封用水以及进入的雨水。

蒸发后母液的去向：烧结法大部分碳分母液经蒸发后去配生料浆，少部分不经蒸发去溶出铝土矿；种分母液蒸发后加入脱硅工序，提高溶液的稳定性。

拜耳法种分母液蒸发后去溶出下一批铝土矿。

4.3.7.2 蒸发原理

物质都具有三种相态：气相、液相和固相。蒸发过程包括加热蒸汽变成水和溶液中的水变成汽的两种相变过程。

借加热作用使溶液中部分溶剂汽化，从而使溶液浓缩的过程称为蒸发过程。

蒸发的一般原理可归结为：液体分子所获的能量超过液体分子间的吸引力之后逸出液面而成为自由分子的过程。

蒸发持续进行，必须具备如下条件：热能不断地供给和汽化生成的蒸气不断地排除。

4.3.7.3 蒸发器结垢的清除及预防

(1) 杂质在母液中的结垢行为　在拜耳法生产氧化铝中，母液中主要含有苛性钠、碳酸钠和硫酸钠，同时还含有铝、硅和钙等物质。在母液增浓过程中，由于各种盐类浓度提高，一部分盐类（如碳酸钠、硫酸钠）将结晶出来；同时由于温度升高，具有逆溶解度特性的铝硅酸钠将以水合物的形式也结晶出来。这些结晶物附着在加热管壁面上，并不断生长，最终形成极为致密坚硬的结疤，致使蒸发效率明显下降，蒸水能力不能满足经济运行的要求，需要停车清理结疤。

① 碳酸钠在母液中的结垢行为　拜耳法氧化铝生产流程中，Na_2CO_3主要来自以下几个方面：

a. 铝土矿中的碳酸盐与苛性碱作用生成Na_2CO_3；

b. 苛性碱与空气接触吸收CO_2生成Na_2CO_3；

c. 添加石灰添加剂带入未分解的$CaCO_3$与苛性碱作用生成Na_2CO_3。

其中，添加石灰添加剂是使流程中的Na_2CO_3含量高的主要原因之一。碳酸钠在生产中的析出受到溶液温度、苛性碱含量以及分子比（α_K）等诸多因素的影响，其结晶产物主要是一水碳酸钠。

蒸发过程中，苛性碱和全碱浓度不断上升，当碳酸钠处于过饱和状态时便结晶析出，形成结垢，附于蒸发器壁面。循环母液中的碳酸钠含量需控制在溶出系统自蒸发器出料时的碳酸钠平衡浓度以下，才可避免出料管结疤堵塞现象。在工艺条件一定时，循环母液每次循环溶解铝土矿时，其在母液中的含量基本稳定。结晶析出的一水碳酸钠苛化后，再使用。

有机杂质的存在将使溶液中的碳酸钠过饱和，因此，生产中母液碳酸钠的含量一般比平衡液的含量高1.5%～2%。

② 硫酸钠在母液中的结垢行为　拜耳法系统中，含硫矿物与碱作用生成硫酸钠进入溶液，并且在母液循环中不断积累，在母液蒸发过程中，当硫酸钠含量达到过饱和，就会造成蒸发器和管壁结疤增加，影响蒸发效率，增加能耗。

③ 氧化硅在母液中的结垢行为　在铝土矿溶出时，绝大部分SiO_2已经成为铝硅酸钠析出混入赤泥中，但母液中铝硅酸钠仍然是过饱和的，其溶解行为与在溶出液中相似，温度升高和Na_2O浓度降低都使铝硅酸钠在母液中溶解度降低，易析出形成结垢。另外，碳酸钠和硫酸钠在母液中的存在将使含水铝硅酸钠转变为溶解度更小的沸石族化合物，降低铝硅酸钠在母液中的溶解度。

生产中，铝硅酸钠和$2Na_2SO_4 \cdot Na_2CO_3$混合沉积在蒸发器内壁，并不断生长，最终形成极为致密坚硬的结疤，降低传热系数，堵塞管道，使蒸发效率明显下降，蒸水能力不能满足经济运行的要求，需要停车清理结疤。铝硅酸钠垢不溶于水，易溶于酸，蒸发器每运行几天即需水洗1次，每1个月左右用5%稀硫酸加入缓蚀剂（约0.2%的若丁）酸洗1次。结疤不仅使蒸发效率严重下降，而且频繁的酸洗对设备造成严重腐蚀，蒸发器使用寿命缩短，严重阻碍了生产的正常运行。

（2）蒸发过程的阻垢措施　氧化铝生产中母液蒸发器结疤的主要组成为碳酸钠、硫酸钠和钠硅渣，以钠硅渣对蒸发效率影响最大，清洗难度也最大。所以，任何强化母液蒸发过程的措施，均应有利于抑制钠硅渣的析出。

多年来对蒸发器结垢的防止或减轻进行了大量的研究和实际运用，取得了一些效果，主要方法如下。

对于易溶解性的碳酸钠和硫酸钠的结垢，可采用：

① 原液煮罐法，即倒流程，如原作业流程为3→1→2，经过生产一段时间后倒为2→3→1流程，每隔一定时间倒一次，但清除结垢不彻底；

② 水煮罐法，即在生产一定时间后结垢严重时，用水煮罐一次，可彻底消除结垢，但降低了设备运转率，热损失较大；

③ 通死眼，即对结垢严重，有的加热管被大量的结晶或其他固体物质堵塞成为死眼时，先将蒸发器进行水煮，然后将水放掉，用具有一定温度的高压水冲击和溶化加热管内的结垢，但劳动强度较大，工作条件较差。

对于难溶性的铝硅酸钠的结垢的清除，目前普遍采用：

① 化学除垢，分为酸法和碱法；

② 机械除垢。

近年来，国外采用高压水射流装置消除结垢，已取得良好效果。如当采用压力为300～500kgf/cm² 的高压水，清理一根（ϕ36mm和长7m）加热管的结垢（硅渣和碳酸钠），只需要5～7min。

（3）降低蒸发汽耗的途径　目前氧化铝生产中的蒸汽消耗，蒸发工序约占总汽耗的

30%～50%，因此，如何降低蒸发汽耗，对氧化铝生产的节约能耗有很大的实际意义。

降低蒸发能耗的途径，一是降低蒸发每吨水的汽耗，二是减少每吨产品 Al_2O_3 的蒸发水量。

降低蒸发每吨水的汽耗措施是：选择高效的蒸发设备与合理的蒸发流程、减少温度损失、防止或减轻加热表面上的结垢生成及合理地利用二次蒸汽等。

减少每吨产品氧化铝的蒸发水量，关键在于减少每吨产品氧化铝所需要的循环碱液量及循环碱液与种分原液中的 Na_2O 浓度差。

减少单位氧化铝蒸发水量的途径有：
① 减少循碱液量；
② 降低循环碱液的浓度；
③ 提高种分原液的浓度；
④ 减少进入流程的非生产用水量。

思 考 题

1. 简述烧结法生产氧化铝的原理。
2. 熟料溶出过程的主要反应（原理）是什么？
3. 熟料溶出二次反应的实质是什么？
4. 铝酸钠溶液脱硅过程的实质是什么？
5. 烧结法生产氧化铝过程中铝酸钠粗液为什么要先进行一次压煮脱硅后再进行添加石灰的二次脱硅？
6. 烧结法生产氧化铝一次脱硅与二次脱硅之间为何应分离钠硅渣？
7. 简述碳分过程中氧化硅的析出行为。
8. 分解母液通常进行蒸发的主要目的是什么？

4.4 化学品氧化铝的生产

【内容导读】

本节简单介绍了化学品氧化铝的生产。对化学品氧化铝物理性质的表征名词逐一作了解释；就目前化学品氧化铝的生产方法的选择依据进行了论述；并对碳酸化成胶法、种子搅拌分解法、颗粒成型法三种方法进行了讲解。

氧化铝除主要作为电解炼铝的原料之外，它和它的水合物在陶瓷、磨料、医药、电子、石油化工以及耐火材料等许多工业部门也得到广泛的应用。我们把这种非电解炼铝用氧化铝及其他用途的氧化铝水合物统称为化学品氧化铝，或称多品种氧化铝，也称特种氧化铝等。化学品氧化铝是以工业铝酸钠溶液、工业氢氧化铝和氧化铝为原料，经过特殊加工处理制成，在晶型结构、化学纯度、外观形状、粒度组成、化学活性等物化性质上别具特色，因而具有某些特殊用途，而其主要化学成分（除去附着水、结晶水以外）仍为氧化铝。

近年来国内外化学品氧化铝的应用和发展非常迅速，化学品氧化铝的用量越来越多，目前化学品氧化铝的用量约占氧化铝总产量的10%，生产和开发产品已达200多个品种。

氧化铝厂尤其是烧结法氧化铝厂具有生产化学品氧化铝的原料和工艺条件：中间产

品——工业铝酸钠溶液可作为深度加工的原料,它的有机物等杂质含量低,易得到高纯度、高白度的产品;再者,自制的高浓度二氧化碳气体,可以替代其他化工部门生产催化剂或载体,是必不可少的酸、碱或盐类等昂贵的化工原料,也不需要耐腐蚀特殊设备,投资少、成本低、见效快;此外,产出的残渣废液量不多,而且还可以返回到氧化铝大生产流程充分利用,对自然环境无污染等。因此,在氧化铝厂大力发展化学品氧化铝的生产有很大优势。

化学品氧化铝品种繁多,性能各异,无统一的命名标准。综合现有化学品氧化铝的命名或叫法,大都根据以下几个方面来命名:按产品的物理化学性质命名,如高纯氧化铝、低钠氧化铝、低铁氢氧化铝、氢氧化铝微粉、氧化铝微粉、粗粒氢氧化铝、球形和柱状活性氧化铝等;按产品主要用途命名,如牙膏级氢氧化铝、硫黄回收催化剂、加氢脱硫催化剂载体、填料氢氧化铝和电瓷用氧化铝等;按产品生产方法或制备工序命名,如碳化铝胶、高温氧化铝、低温氧化铝等;按产品矿物学名称命名,如拟薄水铝石、氢氧化铝凝胶等。上述不少品种已形成不同牌号的系列产品,随着氧化铝工业的持续发展,化学品氧化铝的生产也展现了更好的前景。

4.4.1 化学品氧化铝的表征特性

化学品氧化铝的品种繁多,各有表征本身物化特性的项目和指标。目前,国内外化学品氧化铝性能常用的表征项目,一是化学纯度除主要为 Al_2O_3 含量以外,还包含其他化学杂质的含量,如 SiO_2、Fe_2O_3、Na_2O、CaO、MgO 和 H_2O 等;二是物理性能,如颗粒大小、形状、粒度和粒度组成、比白度、pH 值、孔容和孔径分布、堆积密度、比表面积、吸湿率、机械强度等。现就常用的表征物理性质名词概念解释如下。

(1) 粒度组成 表示颗粒物料按粒度尺寸大小的分布情况,一般以各粒级的百分数表示。

(2) 比白度 即以氧化镁的白色为标准,对照表示其他物质颜色的白度,以%表示。

(3) pH 值 定义为氢离子浓度的负对数(pH=-lg[H^+]),用来表示溶液呈酸性或碱性的强弱程度。pH=7 为中性;pH>7 呈碱性;pH<7 呈酸性。

(4) 孔容 孔容又称孔体积,是物质内部的微孔体积,即为单位固体物质内部空穴体积,用 mL/g 表示,是衡量物质活性大小的重要指标之一。

(5) 孔径分布 孔径分布是表示孔体积按孔径大小的分布情况,是衡量物质活性大小的指标之一。

(6) 吸湿率 吸湿率表示固体物质对水蒸气和水分的吸附能力,以%表示。

(7) 机械强度 机械强度指颗粒物料承受外力作用时的抵抗能力。

(8) 磨损率 磨损率表示颗粒物料物质受冲击而自身相互摩擦或撞碎成为粉末的质量与原物质总质量的比值,用%表示。

(9) 容积密度 容积密度指在自然状态下单位体积的物料的质量,以 kg/m^3 表示。

4.4.2 化学品氧化铝的生产方法概述

目前化学品氧化铝的生产方法较多,在选择不同的生产方法时主要考虑以下几个因素。

① 根据原料来源和种类不同 有的直接采用含铝矿物或铝土矿作生产原料,有的用金属铝、工业氧化铝和氢氧化铝以及工业铝酸钠溶液加工生产,也有从铝盐或铝酸盐及其他含铝附产物提取的。

② 根据产品性质要求和用途不同 如化学品氧化铝在化工、石油、陶瓷、磨料、造纸、塑料等工业部门广泛用于干燥、吸附、催化、填料和喷涂等方面,要求氧化铝产品在某一方面如化学纯度、晶型结构、粒度组成、颗粒形状、机械强度和活度等方面具有某种特殊

性质。

③ 根据地方工业的发展和布局需要，因地制宜发挥优势来选择生产方法。

现行氧化铝厂兼顾生产化学品氧化铝的主要生产方法有：碳酸化成胶法、种子搅拌分解法、水力离心分级和筛分法、机械粉碎或磨细法、高温和低温焙烧法以及快脱、成型、水洗方法等。

现将几种生产方法分述如下。

(1) 碳酸化成胶法　制造活性氧化铝成型产品时，首先都是生产出性质不同的氢氧化铝凝胶，如碳化铝凝胶、拟薄水铝石等，工业上称这一过程为成胶。

$$2NaAl(OH)_4 + CO_2 + aq \Longrightarrow 2Al(OH)_3 + Na_2CO_3 + H_2O + aq$$

以铝酸钠溶液为原料，CO_2 气体作沉淀剂的碳酸化成胶原理与烧结法氧化铝大生产中的碳酸化分解原理基本一致的，不同的是前者析出不完整的氢氧化铝凝胶或者 β 型氢氧化铝，后者析出结晶的普通氢氧化铝。由于控制的工艺条件不同，生产过程也略有差别。

初生的氢氧化铝凝胶是含有大量水分的胶体无定形沉淀物，具有不稳定性，在母液中迅速向具有一定晶型的氧化铝水合物方向转化。至于转化成哪一种晶型，则取决于介质种类、溶液浓度、温度、pH 值以及停留时间等条件。将新生成的氢氧化铝凝胶置于母液中加温并保持一段时间，这一过程称为老化。老化的目的是促使成胶产物向所要求的晶型结构方向转化和增加稳定性，是分离洗涤等后续处理工序和最终产品性质及用途的需要。若在洗涤过程中自然老化，尽管晶型结构相类似，但其他性质却有较大差别。

成胶浆液的液固分离一般都采用自动板框压滤机。分离后的固体必须用蒸馏水或软化水搅拌洗涤数次，以降低其含碱量。同时洗涤也是物料进一步老化的过程，所以，在成胶产物生成以后，老化和洗涤工序也是制取氢氧化铝凝胶十分重要的环节，它将对生产的氢氧化铝凝胶及至下一步加工成的其他产品的物化性能造成影响。

(2) 种子搅拌分解法　氧化铝大生产的实践证明，铝酸钠溶液添加种子搅拌分解较碳酸化分解得到的氢氧化铝粒度小、杂质含量低。化学品氧化铝生产利用这一原理来制取细粒级或高纯度的氢氧化铝和氧化铝产品，如牙膏级氢氧化铝、微粉氢氧化铝和氧化铝、高纯氢氧化铝和氧化铝等。与氧化铝大生产采用种分法不同的是，化学品氧化铝生产是采用添加活性种子，且在低温条件下进行的种分法。具有添加种子少、分解时间短和小设备高产能等特点。

(3) 颗粒成型法　生产活性氧化铝和氧化铝型催化剂及其载体颗粒产品时，都必须经过成型步骤，使粉末状物料变成具有一定机械强度、几何形状、尺寸大小以及使用活性等特性的颗粒，因此，选择成型方法很重要。按照用途需要不同，产品颗粒可以制成粒状、圆柱形、球形（包括小球或微球）、片状等多种形状。除粒状颗粒外，其他形状的产品都是通过一定的成型方法得到的。在成型之前，粉末物料往往要先经过混合打浆，以促进物料的均匀分布，提高分散度，便于颗粒成型。同时，为了方便成型，常在粉末物料中添加少量黏结剂或润滑剂，以增加粉末的流动性和改变加压聚结性，如添加硝酸、铝溶胶等。粉末混合分为固-固混合和固-液混合两种。

一般在选择成型方法和成型机械时，首先应考虑原料的性质、产品性状和添加剂种类等因素。目前，工业采用的成型方法主要有压缩成型法、挤出成型法、转动造粒法、喷雾成球法以及油中成型法。

压缩成型法是借助于外力作用，压缩装填在一定形状冲模中的粉状物料，使之压实、黏结和硬化而得到所要求的颗粒。产品具有形状一致、大小均匀、表面光滑、机械强度高等特点。

挤出成型法是将装入挤压机料缸内的黏结物料,通过油压活塞的推动力或螺旋输送压力的作用,使物料压缩聚结后,经过预制的多孔模板而挤出。挤出的圆柱条状靠自行断裂或以高速旋转的刃具割下,成为圆球状颗粒。该方法生产的产品表面光滑、机械强度较高。但易弯曲,断面不整齐,适于长度要求不严的产品。

喷雾成型法是将固体粉末制成具有一定流动性的料浆,利用喷雾干燥的基本原理,通过雾化器使浆液分散为雾状液滴,在热风和再热种子中喷涂干燥,得以成型长大,然后筛分而获得不同粒级范围的球形产品。该法生产的产品性状规则、表面光滑、机械强度较高,比其他成型产品的用途广泛得多。

思 考 题

1. 化学品氧化铝通常从哪些方面进行表征?如何表征?
2. 化学品氧化铝的生产方法如何分类?具体分为哪几种生产方法?

5 铝 电 解

5.1 概 述

【内容导读】

> 本节介绍铝的性质及各种用途；铝电解工艺流程及铝电解用的原料和各种熔剂的性质；论述了铝电解质的酸碱性以及在电解过程中控制铝电解质酸碱性的方法。

铝是一种常见的银白色金属，属于元素周期表中第 3 周期ⅢA 族元素，原子序数 13，相对原子质量 26.98154，主要同位素是 ^{27}Al（稳定的），面心立方体，常见化合价为＋3。铝因质量轻并且兼有其他各种特性，故在工业上被誉为万能金属。

5.1.1 铝的主要性质

(1) 主要物理性质

① 熔点低。铝的熔点与纯度有关，纯度为 99.996％的铝熔点为 933K（660℃）。

② 沸点高。沸点是 2467℃。

③ 密度小。铝的密度与铝中所含的合金元素或杂质的种类和数量有关，工业纯铝的密度主要取决于其中 Fe 和 Si 的质量分数。一般工业纯铝中 $m(Fe)/m(Si)=2\sim3$，密度约为 $2.70\sim2.71g/cm^3$。在 950℃时，铝液的密度为 $2.303g/cm^3$。

④ 电阻率小。纯度为 99.996％的铝（也称高纯铝）的电阻率在 293K 时为 $(2.62\sim2.65)\times10^{-8}\Omega\cdot m$，相当于铜的标准电阻率的 1.52～1.54 倍。

⑤ 良好的导热能力。20℃时，铝的热导率为 $2.1W/(cm\cdot℃)$。

⑥ 良好的反射光线的能力，特别是对于波长为 $0.2\sim12\mu m$ 的光线。

⑦ 无磁性。因为无磁性，故不会产生附加的磁场，所以在精密仪器中不会起干扰作用。

⑧ 易于加工。铝易于进行机械加工、轧制、切削、压延、拉丝、锻造等。

⑨ 再生利用率高。

⑩ 可以与多种金属构成合金。例如 Al-Ti，Al-Zn，Al-Fe，Al-Mn 等合金。

⑪ 铝的标准电极电势（25℃）为－1.662V，电化当量 $0.3356g/(A\cdot h)$。

(2) 主要化学性质

① 铝同氧的反应，生成 Al_2O_3，即

$$2Al+1.5O_2 = Al_2O_3$$

这一反应的生成热很大，这可以解释为什么铝在自然界中很少以游离状态出现的原因。铝粉容易着火。

② 铝在高温下能够还原金属氧化物，利用这些反应可以制取纯金属，例如 Mg、Li、Mn、Cr 及其相应的铝基母合金，或者焊接钢轨。其一般反应式如下：

$$2Al+3MeO = Al_2O_3+3Me$$

式中，Me 代表金属。

在高温2000℃左右，铝易于同碳反应，生成碳化铝（Al_4C_3）。铝电解时，在有冰晶石存在时，Al_4C_3的生成温度可降低到900℃左右。

③ 铝具有两性性能，既能被碱溶液侵蚀，又易同稀酸起反应，生成铝酸盐。

④ 铝与人体健康的关系。据报道，动物的衰老症与体内摄入过量的铝有关。人体内摄入少量的铝，对健康无害。使用铝锅制作含酸或含碱的食物时，铝在食物中的溶解率提高，对人体尤为有害；用铝锅烧煮米饭、稀粥、面条、土豆则无碍人体健康，但不可用其存放隔夜食物。据最新研究证明，铝能够抵御进入人体的铅对人体造成的毒害。

（3）铝的用途　铝的矿藏量和其独特的物理化学性质，决定了铝在金属中占极其重要的地位。随着铝工业的不断发展和铝产量的不断增长，铝及铝合金在现代国民经济和国防工业中都得到了广泛的应用，一跃而成为仅次于钢铁的第二大金属，在现代工业中发挥着越来越大的作用。

铝的应用有三种形式：纯铝、高纯铝和铝合金。其用途主要表现在以下几个方面。

① 轻型结构材料　铝及铝合金质轻、机械性能好、易加工，目前已成为制造各种交通运输工具不可缺少的材料。现代新型轿车上的用铝量，已从60kg增加到130kg，全铝汽车正在研制。这样既可保证汽车的体形小、质量轻，又保证了汽车的结构稳定。铸造铝合金具有良好的机械强度，浇铸时流动性好，凝固时收缩率小，故用来制造汽车发动机等。

此外，铝及铝合金在航空和航天事业上的应用也极为广泛，重要的战略武器如导弹、人造卫星、宇宙飞船等都需要大量的铝及铝合金。以超音速喷气式飞机为例，其中铝及铝合金的用量占总质量的80%。

② 建筑材料　最近几年来铝材在建筑工业上的应用越来越广泛。主要是用铝合金型材作房屋的结构架和门窗、柜橱一类的设施，以铝代木，经久耐用、美观大方。国外用素色或染色的合金作为民用住宅的材料。

③ 电气材料　铝与铜比，价格比铜便宜一半，所以铝在电力输配、元器件制造等方面的应用占居首位。因铝质轻，导电性又好，所以制造电线、电缆、电容器、整流器、母线以及无线电器材几乎都用铝。

④ 防腐材料　由于铝表面有一层光滑、致密、坚硬的氧化铝薄膜，故它有很好的抗腐蚀性。一些热交换器及暖气的表面也涂有铝粉以防腐。

⑤ 食品包装材料　因铝没有毒性，故可用来做食品包装材料。大到仓库储槽，小到糖果包装纸，都用到铝。铝也是日常生活中常用炊具和一些装饰品的主要材料；饮料包装材料使用了铝合金；铝还可用于制作铝质硬币。

⑥ 冶金方面的应用　在钢铁冶金中，纯铝可用来作还原剂、炼钢脱氧剂或发热剂。高纯铝则广泛应用于恒温技术领域。

⑦ 太阳能方面的应用　近几年，铝及铝合金在太阳能收集器的制造上得到广泛应用。

5.1.2　铝电解用的原料和熔剂

5.1.2.1　铝电解生产流程

现代铝工业生产，主要采取冰晶石-氧化铝熔盐电解法。熔融的冰晶石是熔剂，氧化铝作为熔质被溶解在其中，以炭素体作为阳极，铝液作为阴极，通入强大的直流电流后，在950~970℃下，在电解槽内的两极上进行电化学反应，即电解。阳极产物主要是CO_2和CO气体，但其中含有一定量的氟化氢（HF）等有害气体和固体粉尘。为了保护环境和人类健康，须对阳极气体进行净化处理，除去有害气体和粉尘后排入大气。阴极产物是铝液，铝液通过真空抬包从槽内抽出，送往铸造车间，在保温炉内经净化澄清后，浇铸成铝锭，或直接

5 铝电解

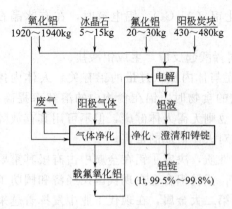

图 5-1 铝电解生产流程简图

加工成线坯、型材等。其生产工艺流程图如图 5-1 所示。

现代铝工业正在研制惰性阳极和惰性阴极，若研制成功后，铝电解生产流程将会发生重大的变革，阳极不再大量消耗，所产生的气体将是 O_2，生产成本将会明显降低。

5.1.2.2 铝电解生产所用原料

铝电解生产所用原材料基本上可以分为三类：原料——氧化铝；熔剂——氟化盐（包括冰晶石、氟化铝、氟化镁、氟化钙、氟化锂、氟化钠等）；阳极炭素材料。氟化盐中最常用的是冰晶石和氟化铝，其他氟化物是作为添加剂调整电解质成分的。

铝电解的原料——氧化铝 氧化铝俗称铝氧，是一种白色粉状物，熔点为 2050℃，真密度为 3.5～3.6g/cm³，容积密度为 1g/cm³。它的流动性很好，不溶于水，能溶于冰晶石熔体中。工业用氧化铝是由氧化铝厂从铝土矿中提取出来的，铝电解对其要求，首先是氧化铝的化学纯度，其次是其物理性能。

① 化学纯度 在化学纯度方面，要求氧化铝中杂质含量和水分要低。电解过程中，氧化铝中那些电位正于铝的氧化物，如二氧化硅（SiO_2）和氧化铁（Fe_2O_3），在电解过程会被铝还原，或者优于铝离子在阴极析出，析出的硅、铁进入铝内，降低铝的品位；那些电位负于铝元素的氧化物，如 Na_2O、CaO 会分解冰晶石，使电解质成分发生变化并且增加了氟盐的消耗量。氧化铝中的水分同样也会分解冰晶石，其危害为：一是引起氟化盐消耗，二是增加铝中氢含量，三是产生氟化氢气体污染环境。P_2O_5 则会降低电流效率。我国生产的氧化铝，按化学纯度分级如表 5-1 所列。

表 5-1 氧化铝化学纯度分级

等　级	化学成分/%				
	Al_2O_3 含量（不小于）/%	杂质含量(不大于)/%			
		SiO_2	Fe_2O_3	Na_2O	灼减
一级品	98.6	0.02	0.03	0.5	0.8
二级品	98.5	0.04	0.04	0.55	0.8
三级品	98.4	0.06	0.04	0.60	0.8
四级品	98.3	0.08	0.05	0.60	0.8
五级品	98.2	0.10	0.05	0.60	1.0
六级品	97.8	0.15	0.06	0.70	1.2

注：灼减一般是指氧化铝在 110℃ 排出吸附水分后，在 1100℃ 左右充分灼烧时所减少的质量分数。

② 物理性能 工业氧化铝的物理性能，对于保证电解过程正常进行和提高气体净化效率，具有重要作用。一般要求它具有较小的吸水性，能够较多较快地溶解在熔融冰晶石里，加料时的飞扬损失少，并且能够严密地覆盖在阳极炭块上，防止它在空气中氧化。当氧化铝覆盖在电解质结壳上时，可以起到良好的保温作用。在气体净化中，要求它具有较好的活性和足够的比表面积，从而能够有效地吸收 HF 气体。这些物理性能取决于氧化铝晶体的晶型、形状和粒度。

按照氧化铝的物理特性，可将其分成砂状、中间状和粉状三种类型，见表 5-2。

表 5-2 工业氧化铝的分类和特性

特性 \ 分类	砂状 Al_2O_3	中间状 Al_2O_3	粉状 Al_2O_3
通过 45μm 筛网的粉料/%	<12	12～20	20～50
平均粒度/μm	80～100	50～80	50
安息角/(°)	30～35	35～40	>40
比表面积/(m²/g)	>45	>35	2～10
密度/(g/cm³)	<3.70	<3.70	>3.90
容积密度/(g/cm³)	>0.85	>0.85	<0.75
α-Al_2O_3 的含量/%	10～15	30～40	80～90

物料的安息角取决于它的一部分颗粒在另一部分颗粒上滑动或滚动的阻力。

安息角测定的方法是让氧化铝从某一固定高度的漏斗中落下,在水平设置的平板上堆积成圆锥形,平板与圆锥体构成的角度便是安息角 θ,Al_2O_3 安息角的测定如图 5-2 所示。

由图 5-2 可知:

$$r = \frac{1}{2}d + h\cos\theta$$

式中　r——料堆半径,mm;
　　　d——漏斗管内径,mm;
　　　h——料堆高度,一般为 100mm;
　　　θ——安息角,(°)。

所以

$$\theta = \cos^{-1}\left(\frac{r - \frac{1}{2}d}{h}\right)$$

砂状氧化铝呈球状,颗粒较粗,安息角小,只有 30°～35°,其中 α-Al_2O_3 的含量少于 10%～15%,γ-Al_2O_3 的含量较高,具有较大的活性,适于在干法气体净化中用来吸附 HF 气体,以及在半连续下料的电解槽上用作原料,故目前得到广泛应用;粉状氧化铝呈片状和羽毛状,颗粒较细,安息角大,为 45°,其中 α-Al_2O_3 的含量达到 80%;中间状氧化铝介乎两者之间。

生产 1t 铝所需的 Al_2O_3 量,从理论上计算等于 1889kg。实际上由于工业氧化铝中大约含有 98.5% 的 Al_2O_3,以及在运输和加料过程中有尘散损失,所以生产每吨氧化铝所需的工业氧化铝量大约是 1920～1940kg。

现代铝电解生产对于氧化铝的化学组成提出一些新的要求。例如,氧化铝中各项杂质的含量应符合下列条件:

Na_2O < 0.04%;V_2O_5 < 0.003%;SiO_2 < 0.04%;P_2O_5 < 0.003%;Fe_2O_3 < 0.04%;ZnO < 0.005%;TiO_2 < 0.005%;CaO < 0.05%。

此外,还要求工业氧化铝具有下列特性:

a. 在冰晶石熔液中有较大的溶解度和溶解速度;

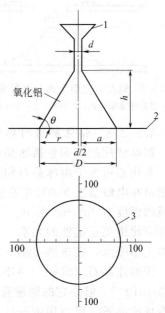

图 5-2 测定 Al_2O_3 安息角的装置
1—玻璃漏斗;2—玻璃板(有方格坐标);3—Al_2O_3 料堆

b. 很好地覆盖在阳极上和槽面上，并有较好的保温能力，以减少热量损失；

c. 较低的CaO含量，以便往电解质内添加更多的AlF_3和MgF_2或LiF；

d. 有良好的吸附氟化氢气体的能力；

e. 有良好的抗磨性，不至于改变其容积密度；

f. 有良好的流动性；

g. 杂质含量低，容许接受在气体净化过程中带进来的金属杂质（如铁、钒、钙、钠、磷等），不至于由于这些额外的金属杂质的带入而降低铝的品位或影响电流效率。

砂状氧化铝的粒子较粗，粒度分布范围小，流动性好，既供电解用，又作保温用。目前大多数氧化铝厂采用浓相输送氧化铝技术。

值得注意的另外一个问题是氧化铝在运输和加料过程中因相互摩擦而产生静电荷，从而造成氧化铝的飞扬和尘散损失。

经测量发现，氧化铝颗粒表面上产生的静电压一般为2000V。以0.147mm（100目）大小的氧化铝颗粒为例，它的质量为$4.86×10^{-6}$g，按照库仑定律算出的静电引力相当其重力的4～5倍，故造成氧化铝的飞扬与尘散损失。检测氧化铝飞扬与尘散损失的实验装置如图5-3所示。

为了减少飞扬与尘散损失，可采用"离子化"装置，当带电的氧化铝颗粒流经此"离子化"装置附近时，静电荷即消失。消除氧化铝颗粒上静电荷的实验装置如图5-4所示。

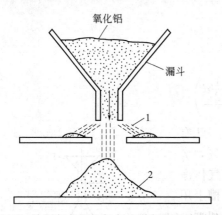
图5-3 检测氧化铝飞扬与尘散损失的实验装置
1—受静电排斥的氧化铝颗粒；2—未受排斥的氧化铝颗粒

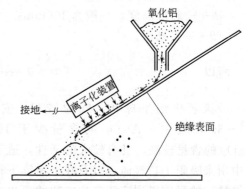
图5-4 消除氧化铝颗粒上静电荷的实验装置

5.1.2.3 铝电解用的熔剂——氟盐

铝电解用的熔剂包括冰晶石、氟化铝、氟化钙、氟化镁、氟化锂等几种。

氧化铝可溶于由冰晶石和其他几种氟化物组成的熔剂内，构成冰晶石-氧化铝熔液。这种熔液在电解温度950℃左右能够良好地导电，它的密度大约是2.1g/cm³，比同一温度下铝液的密度2.3g/cm³小10%左右，因而能够保证铝液与电解液分层。在这种熔液里基本上不含有比铝更正电性的元素，从而能够保证电解产物铝的质量。此外，冰晶石-氧化铝熔液基本上不吸水，在电解温度下它的蒸气压不高，因而具有较大的稳定性。

天然冰晶石（$3NaF·AlF_3$）属于单斜晶系，无色或雪白色，相对密度2.95，硬度2.5，熔点1010℃。但是它的储量有限，远远不能满足全世界铝工业的需要，所以现代铝工业采用合成冰晶石，可以用萤石、硫酸、纯碱和氢氧化铝等原料制成，还可以在磷肥生产中以副产物形式制造。前者称为酸法冰晶石，后者称为副产冰晶石。

工业冰晶石是一种灰白色粉末，比氧化铝的粒度小，用手触摸易黏手，熔点1008℃。

冰晶石的分子式为 Na_3AlF_6，也可以写成 $3NaF·AlF_3$。

在工业生产上，对冰晶石的要求必须有以下几种性能：

① 能较好地溶解氧化铝，并且所构成的熔体可在纯冰晶石熔点以下进行电解；

② 在电解温度下冰晶石-氧化铝熔液的密度要比铝液的密度小10%，利于获得较高的电流效率；

③ 要具有良好的导电性。

从理论上讲，在电解过程中冰晶石是不能被消耗的。但在实际生产中，由于冰晶石中的氟化铝被带入电解液中的水分分解，或自身挥发，以及氟化钠被槽内衬吸收和在操作中的机械损失等因素的影响，所以冰晶石在生产过程中是有一定损失的。一般每生产1t铝大约需要消耗冰晶石10~15kg。

5.1.2.4 铝电解质中的添加剂

工业上为了改善冰晶石-氧化铝的基本体系，使用了添加剂，即往冰晶石-氧化铝熔液中添加某些能够改善其物理化学性质以及提高电解生产指标的盐类物质，这些盐类物质称为添加剂。

盐类添加剂应基本满足下列各项要求，首先是它们在铝电解过程中不分解，从而可以保证铝的质量和电流效率；能改善冰晶石-氧化铝熔液的物理化学性质，例如降低其熔点，或者提高其电导率，减少铝的溶解度，降低其蒸气压，而且对于氧化铝在冰晶石溶液中的溶解度没有大的影响。此外，添加剂应是来源广泛而且价格低廉的。

基本上满足上述要求的添加剂有氟化铝、氟化钙、氟化镁、氟化锂、氟化钾、氯化钠、氯化钡等几种。它们都具有降低电解质初晶点的优点，有的还能提高电解质的导电率，但是大多数添加剂具有减少氧化铝溶解度的缺点。迄今为止，还没有一种完全合乎要求的添加剂。锂化物价格昂贵，而氯化钠价格低廉，它们都能提高电解质的导电率并降低其初晶点。

(1) 氟化铝　氟化铝（AlF_3）是铝电解生产中的一种添加剂。它既可以调整电解质的分子比，又可以弥补电解质中氟化铝的损失，以保证生产技术条件的稳定。工业氟化铝是极细的白色粉末，不粘手，其流动性略小于氧化铝。生产1t铝大约消耗氟化铝30~40kg。因为氟化铝价格较贵，用量也较大，同时易挥发和飞扬，故应注意添加方法。

目前铝电解工业上一般采用酸性电解质，故用氟化铝来调整电解质的 NaF/AlF_3 摩尔比。

(2) 氟化钠　氟化钠（NaF）是白色粉末状物质，极易溶于水，是电解质的一种添加剂，多用于电解槽开动或开动初期。因为在此期间，新槽的炭素内衬对氟化钠有选择性的吸收，使电解质的分子比急剧下降，同时新槽所用冰晶石的分子比又比较低，而生产条件下要求分子比要高，以便提高炉温，因而在开动和开动初期，要加一定量的氟化钠。

(3) 氟化钙　氟化钙（CaF_2）也是调整电解质成分的添加剂之一，多半在新槽装炉时使用，其主要作用是使形成的炉帮伸腿比较坚固，同时也可以降低电解质的初晶温度，从而降低电解温度。氟化钙的含量在生产过程中是要随着电解质的损失而减少的，但在平时生产中并不经常添加氟化钙，原因是电解质中总有少量的氧化钙（CaO），氧化钙与氟化铝反应生成氟化钙，所以它可以自行补充。氟化钙由天然萤石经过精选而得，其成分是 $CaF_2>95\%$，$CaCO_3<2\%$，$SiO_2<1\%$。

(4) 氟化镁　氟化镁（MgF_2）也是电解质的一种添加剂。其作用和氟化钙基本相似，但在降低电解质初晶温度、改善电解质的性质、细化电解质中的炭粒、提高电流效率等方面更为明显。

(5) 氟化锂　氟化锂（LiF）也是电解质的一种添加剂。近年来，在铝电解工业上越来越被广泛地使用。它可以明显降低电解质的初晶温度,增加电解质的导电度,从而提高电流效率。若与氟化镁复合添加使用,效果更加明显。氟化锂是由精氟酸分别与有关的碳酸盐起作用而制得。

在铝电解过程中,生产 1t 铝的氟盐消耗指标是冰晶石 5~20kg,氟化铝 20~30kg,氟化镁 3~5kg,氟化钙 3kg,氟化锂 2~3kg。

5.1.2.5 铝电解质的酸碱度

现代冰晶石-氧化铝电解质,依其组成不同,可分为以下 4 种:传统电解质、弱酸性电解质、酸性电解质和低熔点电解质。前三者都已在工业上应用,而低熔点电解质尚处于实验室试验阶段。

铝的熔点为 660℃,如为制取液体铝,铝电解的温度仅须高出铝的熔点 150℃ 左右,即可满足铝液运输和铸锭的需要。现代铝工业上一般采取相当高的电解温度是迫不得已的,因为所用的电解质具有较高的熔点。如果采用低熔点电解质,则电解温度可明显降低,实现低温 800~900℃ 下的电解,照样可以制取液态铝,而电流效率明显提高,电能消耗量和炭阳极消耗量均明显减少,槽寿命亦可大为延长。此外,低温电解质与惰性阴极配合使用,则其经济效益愈加显著,可算是铝工业的一个发展方向。

铝电解质的酸碱度是铝电解生产中的一项重要技术参数,影响电流效率和电能消耗量。

现代铝工业上普遍采用酸性电解质,其定义是除了冰晶石(Na_3AlF_6)之外,还含有一定数量的游离氟化铝(AlF_3)。游离氟化铝含量越高,则电解质的酸度越大。酸性电解质的优点是熔点比较低,因而可以降低电解温度;铝在其中的溶解度较小,故有利于提高电流效率;而且电解质结壳酥松好打。

但电解槽内的电解质,随着使用时间的延长其成分会发生变化,使得冰晶石比不能保持在规定的范围内。使电解质成分发生变化的原因,除易挥发的 AlF_3 发生挥发损失之外,最主要的原因是随氧化铝和冰晶石带入电解槽中的杂质 SiO_2、Na_2O、H_2O 等与冰晶石作用的结果。

由于氢氧化铝洗涤不好而在 Al_2O_3 中留下的 Na_2O,可按如下反应式使冰晶石分解:

$$2Na_3AlF_6 + 3Na_2O = Al_2O_3 + 12NaF$$

作为 Al_2O_3 与冰晶石的杂质而进入电解槽的 SiO_2,按如下反应式使冰晶石分解:

$$4Na_3AlF_6 + 3SiO_2 = 2Al_2O_3 + 12NaF + 3SiF_4\uparrow$$

生成了挥发性的四氟化硅,造成 NaF 的过剩。

随 Al_2O_3 带入的水分也会使冰晶石发生分解,反应如下:

$$2Na_3AlF_6 + 3H_2O = Al_2O_3 + 6NaF + 6HF\uparrow$$

上述所有反应都使冰晶石比增大,使冰晶石中出现 NaF 过剩,电解质由酸性变为碱性。

铝电解质的酸度,有三种表示方式:

① K_1,即 NaF/AlF_3 摩尔比(中国采用);
② K_2,即 NaF/AlF_3 质量比(北美洲采用);
③ f,即过量 AlF_3 物质,%(西欧采用)。

这三种表示方式均以熔融态为基准,其间的相互转化关系可推算如下。

(1) NaF/AlF_3 摩尔比(中国铝工业上通常称为分子比)与质量比之间的关系 设 x 为 NaF 质量分数(%),设 y 为 AlF_3 质量分数(%),

则:
$$K_1 = \frac{\frac{x}{42}}{\frac{y}{84}} = \frac{x}{y} \times 2 = 2K_2$$

即 NaF/AlF_3 摩尔比是其质量比数值的 2 倍。

(2) NaF/AlF_3 摩尔比与过量 AlF_3 之间的关系：

设 $\sum a$——电解质中 Al_2O_3 与 CaF_2 的含量，%；

y_1——与 NaF 结合成 Na_3AlF_6 所需的 AlF_3 量，%；

$1.5y_1$——与 AlF_3 结合成 Na_3AlF_6 所需的 NaF 量，%。

则
$$f + y_1 + 1.5y_1 + \sum a = 100\%$$

$$y_1 = \frac{100\% - \sum a - f}{2.5} = 0.4(100\% - \sum a - f)$$

因为 AlF_3 总量 $x = y_1 + f$，

所以
$$K_1 = 2 \times \frac{0.6(100\% - \sum a - f)}{0.4(100\% - \sum a - f) + f} = \frac{3(100\% - \sum a - f)}{100\% - \sum a + 1.5f}$$

如略去 $\sum a$，则有：

$$K_1 = 3 - \frac{7.5f}{100\% + 1.5f} \quad \text{或} \quad f = 100\% - \frac{500K_1}{3K_1 + 6}$$

由于添加剂会与熔融冰晶石发生反应，生成具有一定组成的化合物，故会影响溶液的摩尔比。添加 CaF_2 和 LiF 会使摩尔比增大；添加 MgF_2（也包括 AlF_3）会使摩尔比减小。在 Na_3AlF_6-MgF_2 体系中，生成的镁冰晶石 Na_3MgF_6 是稳定。1 单位重量的 MgF_2 同 0.674 单位重量 NaF 结合，生成 1.647 单位重量的 Na_3MgF_6，故在计算熔液摩尔比时，宜考虑到这种实际情况。

【例 5-1】 某一电解槽内有电解质 3500kg，其组成为 $[NaF] = 52.5\%$，$[AlF_3] = 37.5\%$，$[MgF_2] = 3\%$，$[Al_2O_3] = 2\%$。试计算其 NaF/AlF_3 摩尔比，以及调整到摩尔比 2.5 所需的 AlF_3 的量。

解 槽内所剩 NaF 量 $= 52.5\% - 0.674 \times 3\% = 50.5\%$

电解液摩尔比：$K_1 = 2 \times \dfrac{50.5}{37.5} = 2.69$

设 m 为配入的 AlF_3 量（%），则：$2 \times \dfrac{50.5}{37.5 + m} = 2.5$

$$m = 2.9\%$$

AlF_3 配入量 $= 2.9\% \times 3500 = 101.5$ kg（理论量），实际上需要 130kg。

5.1.2.6 工业电解质 NaF/AlF_3 比的测定

在工业生产上，电解质中的 NaF/AlF_3 摩尔比值（NaF/AlF_3 摩尔比值按工业习惯简称为分子比）并不是一经确定便不会改变，而会由于多种原因使其发生变化。例如，电解质中某些组分，如 $NaAlF_4$ 会蒸发出来，结果使 NaF/AlF_3 摩尔比增大；同时还有 NaF 浓度高的冰晶石熔液会自发地向炭阴极中渗透，使电解质本体的摩尔比减少；此外，加入槽内的氧化铝和氟盐含有水分以及多种杂质，如 SiO_2，Na_2O，P_2O_5 等，都会与高温的电解质发生化学反应，使 NaF/AlF_3 摩尔比增大，例如：

$$2(3NaF \cdot AlF_3) + 3H_2O = 6NaF + Al_2O_3 + 6HF\uparrow$$
$$2(3NaF \cdot AlF_3) + 3Na_2O = 12NaF + Al_2O_3$$
$$2(3NaF \cdot AlF_3) + 3Si_2O = 12NaF + 2Al_2O_3 + 3SiF_4\uparrow$$

所以，工业铝电解质中的 NaF/AlF_3 摩尔比需要经常检测和调整，历来铝工业上应用的检测方法可分为两大类：化学分析法和物理分析法，详见表 5-3。

表 5-3　测定铝电解质酸碱度（或摩尔比）的方法

化学分析法	物理分析法	化学分析法	物理分析法
(1)热滴定法	(1)观察法	(4)氟离子选择电极法	(2)晶相分析法——用偏光显微镜
(2)pH 值指示剂法	①熔融电解质	(5)全部元素分析法	(3)X 射线荧光分析法
(3)电导法	②固态电解质		

这里介绍一下观察法。

从液体电解质的颜色、流动性、炭渣漂浮状态、槽内冒出的火焰颜色和形态，以及电解质在铁钎子上的黏附状况可以定性地判断液体电解质的酸碱程度。液体电解质的外观特征如表 5-4 所示。

表 5-4　液体电解质的外观特征

酸碱性	颜色	铁钎子上凝固电解质的黏附情形
碱性	亮黄	凝固电解质层较厚，会自动裂开，容易脱落，呈紫褐色
中性	橙黄	凝固电解质层略厚，容易脱落，白色
酸性	浅红色	凝固电解质层薄，容易脱落，白色
强酸性	樱桃红色	凝固电解质层更薄，不易脱落，白色，有时略带浅黄色

固体电解质呈白色者为中性至酸性，带浅黄色的为强酸性（摩尔比为 2.0 或 2.0 以下）。中性者断口致密；酸性者断口多孔；呈紫褐色者为碱性，致密，质地坚硬。中性至碱性电解质，在微温时用水湿润，加酚酞指示剂滴定时，呈粉红色至殷红色。

5.1.2.7　工业铝电解质的发展趋势

今后的发展趋势是采用低熔点电解质，即继续增加 AlF_3 的浓度，使之达到过量 20%～30%，并使电解温度降低到 800～900℃。对于其他低熔点电解质体系也正在研究中，其中包括 Na_3MgF_6-AlF_3-$BaCl_2$ 和 BaF_2-Al_2O_3 体系。这些低熔点电解质体系可在温度 750～900℃进行电解，达到相当高的电流效率，此时，铝液上浮。

思 考 题

1. 除了书上列举的铝的用途，你还能列举出哪些铝的用途？
2. 铝电解所用的原料有哪些？铝电解过程对各种原料有哪些要求？
3. 铝电解生产有哪些生产工序？
4. 铝电解对所用熔剂有何要求？
5. 何谓铝电解的添加剂？铝电解对添加剂有哪些要求？
6. 铝电解质为何采用酸性电解质？
7. 铝电解质的酸碱度在工业上检测采用哪些方法？如何用观察法来判断电解质的酸碱性？
8. 对于今后工业铝电解质的发展趋势，你有何见解？

5.2　铝电解厂的简介

【内容导读】

本节介绍铝电解厂的规模、铝电解槽系列、电解车间的安全生产以及铝的再生利用和铝的再生工艺。

5.2.1 铝电解厂的规模

一方面由于原铝消费量正在迅速增加,另一方面由于生产每吨铝的固定成本会随着工厂规模的扩大而减少,所以近年来的趋势是建设较大规模的铝电解厂,或者扩大现有工厂的生产能力,或者强化现有的生产,或者改造原有的电解槽使之现代化,以求增加产量。

确定铝厂规模大小的因素是拥有的电能量,工厂的地理位置,运进原料和材料以及运出金属产品的方便条件等。近年来还要特别考虑环境保护的问题。

现在世界上有一些大型铝电解厂,例如加拿大铝业公司所属的阿尔维特铝电解厂,年产铝为37万吨;克拉斯诺亚尔斯克铝厂年产量为76万吨。一般铝电解厂的生产规模是在15万~20万吨。

大型铝厂一般拥有2个或4个以上的电解槽系列。每个电解槽系列各有很多台电解槽串联。由于整流技术的发展,电解槽系列能够采用更大的电流和更高的电压。现在,电压的界限是由不同的安全规程来确定,而电流的界定是由电解槽的结构状态来确定的。

消耗大量电能的电解铝厂,首先要有价格便宜、能够连续供应巨量电能的电源,因此,电解铝厂在位置上同电源靠近。

电解厂生产原铝,需要各种原料。以1t原铝而言,大约需要氧化铝2t,氟盐(冰晶石和氟化盐)30~50kg,炭素阳极600kg。一座年产原铝10万吨的电解铝厂,每年需要运进上述几种原料30万吨,运出原铝10万吨。因此,电解铝厂应设在运输方便的地方,例如铁路交通线上、海滨或运河岸边。

由于环保要求日益严格,每吨铝的氟散发量不得超过1kg。一座年产原铝10万吨的电解铝厂,按此规定,全年要散发出100t的氟。所以出于环保的要求,电解铝厂不宜毗邻大城市,而且其生产规模亦不宜过于庞大。

5.2.2 铝电解槽系列

(1) 电解槽系列 电解槽系列是铝电解生产的单元。每一个系列都有它额定的直流电流和电解槽数目。一般大型电解槽系列,电流强度约为300kA,直流电压为1200V,电解槽数目为240台,整个系列的直流电功率达到36GW,年生产能力为20万吨。

(2) 电源 铝电解厂需要稳定而可靠的电源(两个或两个以上电源),以保证电解槽系列能够连续进行生产,不至于因为停电而发生极其严重的电解槽冻结事故。

交流电由外线送入电解厂的变电站,降压后送至整流器前的变压器,经整流器整流后,变换成直流电流,供给电解槽系列。有些铝厂则采用直接降压式大容量变压硅整流装置。直接降压式大容量变压硅整流装置是由调变、整流变压器和硅整流器组合在一起的整流设备。这是新型的直流电供电设备,其优点是占地少、投资省和减少电能消耗。例如新西兰铝厂、加纳铝厂都采用了这种新型的供电设备。

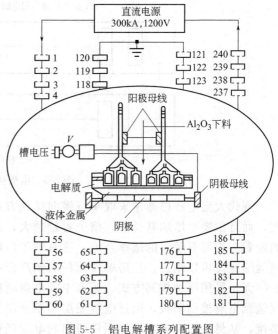

图 5-5 铝电解槽系列配置图
(300kA, 240台, 1200V, 分设在4座厂房内)

系列中电解槽串联连接。直流电从整流器的正极经铝母线送到电解槽的阳极,经电解质和铝液层流过阴极,然后进入下一台电解槽的阳极,依此类推。从最后一台电解槽阴极出来的电流,返回整流器的负极,如图 5-5 所示铝电解槽系列配置。

(3) 电解厂房的概况　电解槽设在电解厂房内。铝电解厂房是直接生产铝液的场所,其长度、宽度依电解槽的容量、数量及排列方式而定。厂房内主要设备是电解槽,另外还配有天车等大型设备,电解生产所需要的直流电源由建在厂房一端的整流所供给。

电解厂房有两种结构,一种是单层结构,另一种是双层结构。

双层结构能改善电解厂房的通风条件,在某些情况下,还能够把需要修理的槽体(阴极装置)从楼下搬运到厂房外面的修理部去修理,这样有利于电解槽的大修理工作,并减少停产损失。

电解厂房内电解槽的配置方式有纵向排列和横向排列两种,每一种排列方式又可分为单行排列和双行排列。纵向排列就是电解槽纵轴与电解厂房的纵轴平行,横向排列就是电解槽的纵轴与电解槽的纵轴相垂直。如图 5-6 所示。

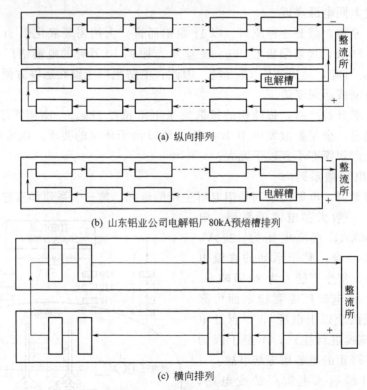

图 5-6　电解槽的排列方式

现代大型电解槽通常采取单行横向排列方式。原因是要提高电流容量不仅要增加槽身宽度,而且主要是增加其长度。槽子容量越大,其长宽比也越大。采取横向排列时,导电母线的配置方式可有较多的选择余地,这有利于削弱磁场的影响并减少铝母线的用量。此外,原料运输距离可以缩短,厂房单位面积的铝产量可以增加,因而其投资费用可以节省。

无论采用哪种排列方式,系列中的电解槽都是串联的。直流电从整流所的正极进到铝母线送到电解槽的阳极,通过电解质层和铝液层导至阴极,串联到下一台电解槽的阳极,以此类推,从最后一台电解槽的阴极流出的电流经铝母线送回整流所的负极,构成一个闭合的回路,每个系列的电解槽的数目必定是偶数。

在两座电解厂房中间设有氧化铝贮仓,所贮存的氧化铝量大约可供整个系列使用半个月。电解厂房之间有走廊相通。由电解槽抽出的铝液,用电瓶车运往铸造部,在那里铸成普通铝锭和拉丝铝锭,或者铸成合金锭。

(4) 电解厂房的通风与排烟　电解生产中散发出大量的气态和固态的污染物,这些污染物对人体、环境都是非常有害的。为了改善工人的劳动条件,保护环境,减少污染,必须对这些污染物进行净化,主要是加强通风、排风,提高电解槽的集气率。

电解厂房的通风一般采用自然通风和机械通风。预焙阳极电解槽其阳极是专门经过预先焙烧而成的,所以电解厂房内无沥青烟,同时预焙槽的密闭集气率较高,故预焙电解厂房都采用自然通风方式。为了达到和强化自然通风,在厂房两侧墙壁下方及中部都设有侧窗,墙顶部设有天窗,天窗旁设有挡风板,这样,室外冷的新鲜空气经过下面的侧窗进入电解厂房后,流过电解操作带,变成带有污染物的热气流上升经天窗排入大气中。

排烟是将电解生产中产生的烟气收集后,通过排烟管送往净化系统进行净化回收。搞好排烟的首要任务是搞好电解槽的集气,只有烟气有效地集中起来,净化回收才有效。预焙槽的烟气是由水平罩、立式端头罩及分解式铝平板罩构成密闭体系加以收集,收集到的烟气经支烟道汇总到总烟道后,送往净化厂房进行净化处理。

(5) 电解厂房的运输　电解厂房内生产所需的各种原料、原铝等都需要运输,其所用工具分别如下:

① 氧化铝,氧化铝运输主要靠浓相输送或天车吊运斗子运到厂房和电解槽料箱内;

② 铝液,电解生产的铝液用真空抬包从槽内吸出后倒入敞口抬包内,由电瓶车运往铸造部;

③ 氟化盐,用电瓶车从氟化盐库运到厂房内,送到各大组保管;

④ 残极,阳极换极后,旧阳极块剩余部分称为残极,残极用拖拉机运往残极堆场集中粉碎处理;

⑤ 阳极炭块组有阳极组装部供应。

电解厂房内设有天车联合机组,承担打壳、添加氧化铝和氟化铝、更换阳极、出铝等各项常规作业。

现代铝电解槽系列设有中央和单槽电子计算机,对电解槽进行自动控制,其控制项目包括定时定量地供给氧化铝和氟盐,控制槽电压,处理阳极效应,检测病槽等。每台电解槽都设有槽控箱。

5.2.3　电解车间的安全生产

生产必须安全,安全促进生产。在组织、管理生产和进行生产操作时,必须强化安全意识。电解工上岗前必须了解铝电解生产的安全技术特点、生产规律,做到群防群治、树立安全第一的思想。

(1) 铝电解厂房常见安全事故　铝电解生产操作人员是在大电流、高系列电压、强磁场、高温、具有粉尘和氟化氢等有害气体环境中工作。常见的安全事故有触电、烫伤、爆炸、砸伤、中毒等。为防止事故的发生,做到预防为主,必须遵守安全操作规程,做到防患于未然,把事故消灭在萌芽中。

(2) 铝电解厂房安全生产基本要求　凡进入铝电解厂房的一切人员必须执行以下各项要求:

① 生产操作人员进入厂房工作时,必须穿戴齐全劳动防护品,不准穿有钉子的工作鞋,鞋要保持干燥;

② 不要光着手去触摸铝电解槽体的各部位、厂房内金属管柱、母线和电气设备（按钮和电气开关除外），不准用手和导体去触摸吊车、吊钩、滑轮以上部位，也不要把金属工具靠放在厂房内金属管管柱和母线上；

③ 电解槽加工、阳极工作、出铝、倒包和处理阳极效应时，非直接操作人员一律禁止在附近逗留，处理阳极效应时，不得在该槽进行其他操作；

④ 听到机组吊车发出的铃声和其他车辆发出的信号时，要立即躲开，不准站在起重物的下面和移动物的前面；

⑤ 不准向槽内添加冷、湿的原料和使用冷、湿的工具操作，更不许乱倒水，保持电解槽附近地面干燥，以防止爆炸；

⑥ 两排电解槽间和相邻槽间不许传递和横放导电的工具，避免短路，以防止触电；

⑦ 不允许从电解槽上爬登金属房架和管柱；

⑧ 不允许操作不熟悉的设备和工具；

⑨ 发生事故后要服从厂房值班长的统一指挥，积极参加抢救，并报告有关领导。

(3) 电解工安全操作规程　为保护电解工的安全和健康，电解工安全操作规程如下：

① 进行电解槽加料时，必须穿戴好齐全的劳动防护用品，裤腿要套在工作鞋的外面，打火眼和处理阳极效应时必须戴好防护眼镜；

② 在电解槽上操作时，工人站在母线沟盖板上，不准把脚踏在槽台、氧化铝表面、阳极炭块和阳极钢爪上；

③ 操作中如发现身上防护品意外着火时，要立即扑灭，不要乱跑，也不许用水浇身；

④ 取电解质和铝液时，要用经过预热干燥的电解质箱子和工具，取出的液体要待完全冷凝后倒出，从槽中捞出的沉淀、氧化铝面壳要待冷却后再打碎；

⑤ 吊运物件时，要检查好吊具是否牢固，待吊稳后再指挥吊车起吊；

⑥ 加工时要与机组保持半米远的距离，以防止被机组撞伤或被溅出的电解质烫伤；

⑦ 工具要堆放在指定地点，要堆放整齐，不使用潮湿和有缺陷的工具；

⑧ 清理地沟和检查阴极棒时要戴安全帽；

⑨ 发生事故时要立即报告，并积极参加抢救。

5.2.4 铝的再生利用

(1) 绿色金属的生产　铝是最重要的有色金属之一，广泛应用于国防、建筑、运输、包装等行业和日常生活领域。铝工业之所以能成为一种可持续发展的工业，不仅在于铝具有良好的性能（密度小、塑性变形性能好等），而且由于它是最具有可回收性与再生利用价值的工程金属，其回收节能效果甚佳，能够多次反复循环利用。再生铝的能耗仅为制取原铝的3%～5%。

铝的回收和再生利用不仅节能效果显著，而且可以减免铝生产中和发电工业中CO_2和CO排放量，这对于防治大气污染有重要意义，所以铝的再生被誉为一种"绿色金属"生产。

废铝回收和再生利用可以节约铝矿和石油焦、萤石等资源。我国优质铝土矿并不丰富，且有些省份的铝土矿资源已接近枯竭，另外一部分氧化铝还要从国外进口，因此回收利用废铝，其经济价值确实是很大的。

(2) 国内外废铝回收工业　美国是世界上最早回收废铝的国家，设有废铝回收专业公司。美国铝业公司和雷诺金属公司等大公司都建有自己的废铝回收网络和再生工厂。如阿卢马克斯铝业公司于1993年建成了科克拉得废铝再生公司，专以废幕墙型材、商店门面型材、门窗废料、废型材等为原料，经再生处理后铸成挤压建筑型材用的锭坯。

日本对资源的再生利用尤为重视，如设立了全国性的铝罐回收协会，专门从事铝罐回收宣传和组织利用工作。目前，日本每年使用的再生铝量达到 150 万吨，这对于原铝产量很小的日本来说，具有重要的意义。

德国的铝工业对废铝的回收也极为重视，建有各自的处理基地。如德国阿卢比列兹公司于 1996 年在开普敦建立了一家新铸造厂，其主要原料就是废旧的铝合金，极大地缓解了原铝资源的供需矛盾。

目前，我国废铝的再生利用属于初级阶段。虽然我国是铝生产和消费大国，但对于废铝的回收和利用尚未引起公众的充分重视，基本上由小熔炼点经营，金属实收率很低；再者，由分散的厂家生产的再生铝，规模小、质量不稳定，得不到社会的承认。今后我国应大力开发铝的再生利用工作。

在原铝生产中，每吨铝大约需要 273×10^6 J 能量。其中生产氧化铝所需能量约占 24.1%，氟盐生产、炭素电极生产和铝电解三者所需要的能量约占 75.9%，而废铝再生所需能量只占生产原铝所需总能量的 5% 左右。所以，从事废铝的再生可以大幅度地节能。

因此，将来研究和开发铝冶金的一个重要目标是废铝再生。如石油、煤或化肥等原料，用了就无法再生利用，而像铝、铜、钢铁等金属材料能够多次再生利用，因此，这些材料是非常可贵的。

(3) 铝再生工艺　废铝的品种繁多，而且成分各异，实际上不能用单一的方法加以处理，所以生产再生铝只能是因材而异。工业废铝大致有以下几种类型：

① 铝质饮料罐；

② 铝和铝合金机械加工（车、铣、刨、磨）时产生的铝屑，可直接加入熔炼炉中；

③ 报废的铝板材、线材、型材制品，铸造、锻造铝制品时的废件、边角余料等，电工制品，如电缆生产过程的废料，日用品，如旧家具、门窗、柜台和其他铝件；

④ 废旧的飞机、船舶、汽车上的含铝部件；

⑤ 废杂铝，社会上收集的牌号不清的各种变形铝合金、铸造铝合金废件，其中还含有橡胶、塑料、铁件、纸屑等夹杂物，需要在熔炼之前分离；

⑥ 铝渣，从铝电解厂和铸造厂出来的铝渣，其中含铝量较多，有较大的回收利用价值。

铝之所以被广泛地用来制造饮料罐，主要是因为它的可塑性好、密度小，因为用铝可以减轻运输中的能量消耗，而且加上再生利用的价值，其经济效益甚大。像饮料罐之类的废铝，只要去除其外表面上的着色，经过打包成捆之后，送入熔炼炉内，熔炼成合金，然后调整其成分，铸成再生铝合金锭，就可重新应用于制造新罐。

废铝的再生方法随其品种而异，一般包括预处理、熔炼和合金调配三个步骤。

① 预处理　含铝废杂物料在熔炼前的预处理阶段，包括分类、解体、切割、磁选、打包和干燥等工作。预处理的目的是清除易爆物、铁质零件和水分，并使之具有适宜的块度。

② 熔炼　经预处理的废铝在炉内熔化、精炼和调整合金成分，一般在反射炉和电炉内进行。精炼是熔炼的重要环节，其中包括往熔炼的铝液或合金表面上添加熔剂覆盖，以免铝液受空气氧化，同时通入气体对液体施加搅拌作用，促使其中夹杂物和氢气分离出来。精炼用的气体有氯气、氮气、氩气和其他混合气体，例如含氯 12% 的氯氮混合气体。精炼用的熔剂有 $ZnCl_2$、$MnCl_2$、C_2Cl_6 和碱金属盐类的混合物，例如由 30%NaCl+25%KCl+45%Na_3AlF_6 组成的混合物。气体和熔剂的用量，视铝料被污染的程度而异。精炼温度一般高于铝或铝合金熔点 75～100℃。若温度过低，氧化物、夹杂物不易分离出来；温度过高，则

铝合金和铝中溶解的氢气量增加。

③ 调整合金成分　由于有的合金成分在熔炼过程中有损失，在精炼处理之后要向液态铝合金中添加合金元素，使熔炼后的铝合金符合产品标准要求。

思 考 题

1. 影响铝厂规模大小的因素是什么？
2. 铝电解系列中电解槽是如何连接的？电解槽的电流如何流动？
3. 电解厂房内电解槽的配置方式有哪两种，排列的原理是什么？
4. 现代大型电解槽通常采取何种排列方式？为何采用此种排列方式？
5. 铝电解厂房的特点有哪些？
6. 废铝的再生方法包括哪些步骤？
7. 对于今后废铝回收，你有何见解？

5.3　预焙阳极电解槽的构造

【内容导读】

> 本节介绍工业铝电解槽的演变过程及发展趋势，并详细介绍了预焙阳极电解槽的各部分构造和组成。

5.3.1　工业铝电解槽的演变

铝电解槽是炼铝的主要设备。

(1) 铝电解槽的发展历程　冰晶石-氧化铝融盐电解法自从19世纪末发明以来，已有一百多年的历史了。在此期间，铝电解的生产技术有了重大的发展，这主要表现在持续地增加电解槽的生产能力方面。

在电解铝工业发展初期，曾采用电流强度为 4~8kA 的小型预焙阳极电解槽，其每昼夜的铝产量约为 20~40kg。目前大型电解槽的电流强度达到 300~500kA，每昼夜的铝产量可达到 2270~3780kg。可见，提高电流强度是增产的主要因素，而 1kg 铝的电能消耗也明显减少。铝电解的电流效率，在铝工业生产初期低于 80%，目前一般达到 86%~88%，有的达到 90%~95%。

电解槽电流强度的持续加大以及电能消耗率的不断降低，还与电解质组成的改进、整流设备的更新、电极生产的改进、电解槽设计、电解生产技术操作的改善，特别是自动化程度的提高有着密切的关系。

在铝工业生产初期，曾采用小型直流发电机，电流只有数千安。后来，改用了水银整流器，现代则普遍采用了大功率、高效率的硅整流器组，整流效率达到 97%~98%。

炭素电极生产技术的发展促进了电解槽阳极形式的演变，从而大力推进了铝电解工业的发展。在铝工业初期曾采用小型预焙阳极，这跟当时炭素工业的生产水平相适应。后来为了扩大阳极尺寸，借以提高电流，在铝电解槽上装设了连续自焙阳极，采取侧插棒式。这种形式的电解槽很快便在世界范围内推广使用。随后，为了扩大阳极尺寸和简化阳极操作，提高机械化程度，在 20 世纪 40 年代又发展了上插棒式自焙阳极电解槽。自焙阳极的采用，标志着铝电解槽结构形式发展的第二个阶段。但是，自焙阳极有其缺点，首先是它本身所带的黏结剂沥青在电解槽上焙烧时进行分解，散发出有害的烟气，使劳动条件恶化；其次电耗较高。这些缺点因为后来的炭素工业的发展，能够制造出高质量的大型预焙炭块，才得到弥补。于是在50年代中期，改造了小型预焙阳极电解槽，使之大型化、现代化，成为新式预焙阳极电解槽。后来又改建了连续预焙阳极电解槽，因此预焙阳极电解槽的现代化是铝电解槽发展的第三个阶段。

自焙阳极电解槽在最近20年来的发展不大。目前，旁插棒槽的电流强度一般是 $6\times10^4 \sim 10\times10^4$ A，而上插棒槽则达到 $10\times10^4 \sim 15\times10^4$ A。现在，自焙阳极电解槽的电流强度已停止发展，其主要原因是由于环保的限制和机械化程度不高。

铝电解槽的现代化与电解槽烟气的净化密切相关。历来的环境污染问题，现代基本已经得到解决。铝电解槽的现代化还与生产操作的机械化和自动化紧密联系在一起。现在各项生产操作已经能够按照既定的程序自动进行，并且能够对于生产过程加以自动控制，因此劳动生产率显著提高。

（2）铝电解槽的分类及发展趋势　现代铝工业上主要有以下两种形式的电解槽：

① 非连续式预焙阳极电解槽；

② 连续式预焙阳极电解槽。

预焙阳极电解槽的构造示意图见图5-7。

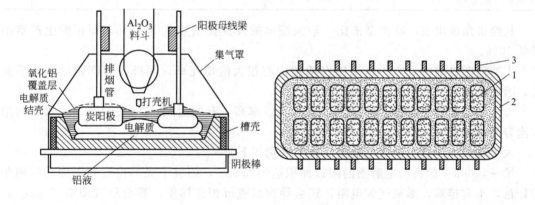

(a) 预焙阳极槽立面图
(中部打壳)

(b) 预焙阳极槽平面配置图
1—阳极炭块组；2—槽壳；3—阴极棒

图5-7　预焙阳极电解槽的构造示意图

在电解过程中，阳极大约以每小时0.8～1.0kg的速度消耗着。自焙阳极定期补充阳极糊，因而阳极可以连续使用。而预焙阳极消耗到一定程度时就要更换，不能连续使用，因此，现代铝电解工业上发展了连续预焙阳极电解槽，因为阳极的连续性正好适应了电解生产过程的连续性。

自焙阳极在电解槽上焙烧之后，会散发出有害的沥青烟气，污染厂房内外的空气，这是一个很大的缺点，所以自焙阳极电解槽已经逐渐被预焙槽取代。对于预焙阳极，由于其事先已经在专用的焙烧炉中焙烧过了，它的沥青烟气正好在焙烧炉中当作燃料使用，不再在铝电解槽上散发出来，因此，采用预焙槽的电解厂房，烟害小点，当然预焙电解槽也需要密闭和采用气体净化设施，以排除HF气体和SO_2气体。

铝电解槽在增大生产能力的同时，原铝的质量有明显的提高，有的达到99.85%。由于铝电解生产需要大量的电能，故降低单位铝产量的电能消耗量是历来全力以赴的研究目标。

从1980年以来，全世界新建许多大型预焙槽，铝厂的规模因此扩大。原先的自焙阳极电解槽也纷纷改建成预焙阳极电解槽，同时增大电流，使生产量增加，电耗降低。现在最大的预焙电解槽为500kA。良好的生产指标来源于炼铝科学技术的改进，亦即增大电解槽的容量，同时电解质NaF/AlF_3的摩尔比逐渐减少，电解温度相应降低。今后的发展趋势是在较低的温度下进行铝电解（例如850~930℃），而惰性电极和绝缘侧壁可以更好地发挥作用，槽寿命得以延长，生产成本大幅度降低。

(3) 大型电解槽的优点　法国彼施涅公司的500kA槽的生产技术参数如下：电流效率93%，每槽日产铝3825kg，阳极效应系数0.04~0.05次/（槽·d）。每一个电解槽系列有336台槽，铝的年产量达到46万吨。下面以180kA系列、360kA系列与500kA系列相比，则有明显的差异，见表5-5。

表5-5　180kA系列、360kA系列与500kA系列的比较

性　能	180kA	360kA	500kA	性　能	180kA	360kA	500kA
系列数/槽数	3/720台	3/756台	1/336台	投资费用/[$/t(Al)]	4500	4000	3400
电流/kA	190	320	460	建设时间/月	30	30	24
生产能力/(kt/s)	380	500	460	生产投入时间/月	18	12	8
人均产铝量/[t/(a·人)]	350	550	750				

从经济角度出发，特大型槽比一般大型槽的投资费用可节省15%，而铝的生产费用可降低10%。

大型槽明显的特点之一是阳极在槽膛内有很大的填充率，阴极表面产铝的部分明显增大，因此电流效率随槽电流增大而提高。

大型预焙阳极电解槽的特点之二是电流效率高，有的达到92%~94%，这首先与阳极气泡容易排除有关。

大型自焙电解槽与预焙电解槽二者的区别如下。

第一，60kA的自焙电解槽的阳极面积达到$6.8m^2$，阳极中央部位底掌下面的气泡距边缘较远，不宜排除，形成气膜电阻，还会导致炭渣沉积在那里，甚至形成阳极"包块"，造成局部电流短路，引起电流效率明显降低，所以自焙槽宜使用狭长的炭阳极，预焙槽阳极的宽度一般是在0.8m以内，具有重要的尺寸优势。

第二，自焙槽阳极至侧壁的距离较远，一般为400~450mm，而预焙阳极只有250~300mm，可使电流比较均匀地通过电解质层，减小了低效率的周边区域。

第三，预焙槽从槽中央部位自动下料，真正实现了"勤加工、少下料"，电流从槽底上均匀地通过，防止产生局部过热现象，从而使电流效率提高。

大型预焙阳极电解槽的特点之三是用同样大小的槽壳可以增加铝产量30%~40%。原因是一方面提高了电流效率，另一方面提高了槽膛内阳极填充率。

5.3.2　工业铝电解槽的构造

电解槽是长方形刚体槽壳，外壁和槽底用型钢加固。侧壁砌一层炭块和一层耐火砖。槽底铺一层阴极炭块，一层炭素垫，两层耐火砖，两层保温砖，一层氧化铝粉。

预焙阳极电解槽的构造主要由以下四部分组成（见剖面图5-8）：

① 炭阳极；

② 炭阴极；

③ 侧壁（包括炭素侧壁材料和SiC侧壁材料）；

④ 槽壳、槽罩、导电母线等。

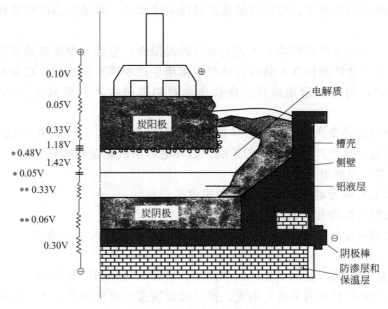

图 5-8 预焙槽的剖面图
（图中左侧为槽各部分的电压降）

5.3.2.1 预焙阳极

在铝电解过程中，高温的、具有很大侵蚀性的冰晶石熔液直接同电极接触。在各种电极材料当中能够抵抗这种侵蚀性并且能良好地导电而又价格低廉的只有碳素材料。因此目前铝工业均采用炭阳极和炭阴极。炭阳极在电解过程中参与电化学反应而连续消耗，炭阴极原则上只破损而不消耗。

（1）预焙阳极的制造工艺 焦炭和沥青是制造阳极的原料。焦炭经高温煅烧后，进行中碎和粉碎，然后按照不同的粒度组成与一定比例的沥青进行配料，经混捏后，用于制造预焙阳极的炭块糊。炭块糊经振动成型或挤压成型，制成生炭块。生炭块经过高温焙烧后，便得到预焙阳极炭块。

（2）预焙阳极炭块组 阳极炭块组包括阳极炭块、钢爪和铝导杆三部分。阳极炭块组排列在阳极水平母线的左右两侧，在电解过程中参与电化学反应不断地被消耗掉。铝导杆是用铝合金制作，起输导电流和悬吊阳极炭块的作用，用夹具夹紧在阳极母线大梁上。炭块组有三种类型：单块组、双块组和三块组。铝导杆下端与钢板的联结采取铝钢爆炸焊连接起来，钢板下面焊接圆柱形钢爪。炭块上有炭碗，钢爪分别插入此炭碗中。在钢爪与炭碗之间浇注铸铁，在铸铁上面用炭糊捣固在铝环内。此种炭环在电解槽上自行烧结，可用来防止钢爪不受电解质的侵蚀，并起到减少 Fe-C 电压降的作用，参见图 5-9。

（3）阳极高度的经济性和合理性 阳极高度直接决定着阳极的总耗、阳极本身的电压降和热耗量，也影响着阳极作业系数。在阳极制造技术满足的前提下，它存在着经济选择问题。例如 190kA 的预焙阳极经济高度为 612mm，设计高度为 540mm，若采用经济高度，预焙阳极可降低阳极总耗 30kg/t（Al），

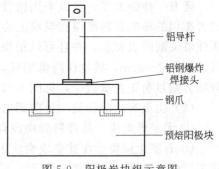

图 5-9 阳极炭块组示意图

综合降低原铝车间生产成本40元/t（Al），换极作业工作量减少20%。依据这一原则，在阳极制造技术满足的条件下，应尽可能选择经济高度阳极，以求达到降低阳极消耗和降低换极系数的目的。

由于预焙阳极电解槽在结构及工艺上本身的局限性，它需定期更换预焙阳极来保持铝电解生产的连续性，这样换极作业就成为预焙电解槽生产中不可缺少的一项重要操作。阳极矮的，更换周期短，需要频繁地换块。换块作业对铝电解生产的影响主要体现在以下几个方面：

① 更换阳极势必要产生残极，这样就增加了阳极的消耗，增大了生产成本；

② 会对铝电解生产产生周期性的影响，破坏电解槽的能量和物料平衡，影响电流效率，增大热量的损失，影响电耗率；

③ 会增大工人的劳动强度和设备的使用频率；

④ 会干扰烟气的净化，污染环境；

⑤ 会增大阳极生产、阳极组装、阳极运输的工作量，增大生产成本。

5.3.2.2 炭阴极

炭阴极是指电解槽的底部炭块、边部炭块、炭素内衬和阴极导电棒。

炭阴极的功能主要是用来传导电流。铝液经常覆盖在底部炭块之上，铝液就是实际上的阴极。

(1) 阴极形式　现代工业电解槽的阴极可分为以下两种形式。

① 由预焙阴极炭块，并用炭糊捣入在炭块之间接缝以及炭块周围的边缝内组成的阴极。这种形式目前仍然是工业上最常用的设计方案，但是其中的捣固炭糊部分是一个薄弱环节，见图5-10。

② 黏结的阴极。其中的炭素部分完全用预焙炭块材料砌成，炭块在黏结之前已经被加工好并且彼此可以良好的接触。这是目前铝电解工业上最先进的阴极设计。此种槽内衬方案可以成功地延长槽寿命，见图5-11。

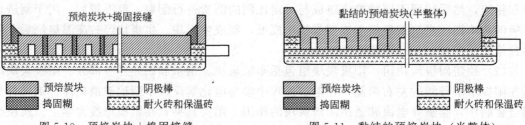

图5-10　预焙炭块+捣固接缝　　　　　图5-11　黏结的预焙炭块（半整体）
　　　　阴极结构示意图　　　　　　　　　　　　　阴极结构示意图

还有一种新方案，可以采用惰性的或可湿性阴极，它是由硬质阴极耐火材料，如TiB_2或者类似的导电材料涂覆在炭块上构成的；也有的应用TiB_2/C复合物，其主要优点是液体铝能够湿润阴极材料，并且可以很快地从阴极上排出，只保留薄薄的一层铝液，因此极距可以缩短到2～3cm，槽电压降低明显，耗电量减少，且大部分铝液汇集到槽内的沟坑中。这种新方案目前正在试验中，见图5-12。

(2) 阴极炭块的种类　目前铝电解用阴极炭块材料的分类如下。

① 无定形炭块　其骨料炭块没有或者只有一部分被石墨化过。炭块被焙烧到1200℃。

② 石墨化炭块　在其整块炭块中（包括骨料炭和黏结剂），含有可石墨化的材料。它是预先受过热处理（通常在3000℃）而得到的一种石墨质材料，其骨料是石油焦。

③ 半石墨化炭块 在其整块炭块中（包括骨料炭和黏结剂），含有可石墨化的材料。已经在2300℃受过热处理。

④ 半石墨质炭块 骨料已经被石墨化，而炭块（黏结剂焦）仅加热到正常的焙烧温度（大约1200℃）。

在这4种阴极炭块中，石墨化炭块的导电性最好，膨胀系数最小，灰分最低，其主要弱点是不耐磨。因此若在石墨化炭块上用等离子喷涂一层TiB_2，则其使用寿命可延长到8～10年，而其炉底电压降明显低于其他三种，但是价格较贵。如果由于节省电能和延长寿命所取得的经济效益能够补偿价格昂贵的缺点的话，则是可取的。

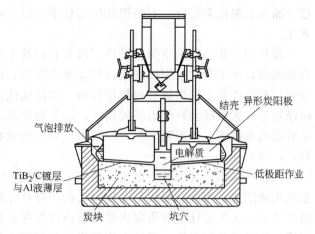

图 5-12 惰性阴极电解槽（铝液汇集在槽内坑穴中）

在工业电解槽上，价格较低的无定形炭在长时间电解后会逐渐石墨化，在一年或更长时间内大部分会转化成石墨。其导电性能跟同龄的石墨化内衬（砌筑的）并无大的差别，而导热率因此会增加4倍，导电率会跟随导热率变化，但并不成比例。电解一段时间之后，钢-碳接触电阻值增大。因此，无定形炭块与石墨化炭块相比，在电解一段时间后会显示出较高的阴极电压降值，而没有因石墨含量增多所预期的好效果。因为这是一种多孔的石墨材料，熔融的电解质组分和碳化铝则完全填充在其多孔的组织中。

（3）底糊 底糊是填充在阴极炭块之间以及阴极炭块与槽壁之间的填充料。由于微温糊易于操作，而且对环境影响较小，故应用广泛，可代替冷糊或热糊。

底糊通常是以煤焦油或煤焦油沥青为基础，加上适当的溶剂或其他添加物来降低其软化点，提高焦炭产出率。

捣固糊影响槽寿命的主要性质是可压缩性、焙烧时的收缩率，以及黏结剂炭质填充料的质量。

用于接缝和边缝的捣固糊的主要功能在于：填充预焙块之间的孔隙，并阻止金属和电解液渗透进入阴极的内部。

捣固糊，特别是周边捣固糊的另一个功能是在电解槽焙烧期间，提供一个缓冲层用来吸收预焙底块达到焙烧温度时的热膨胀。施工的目标是要形成高度致密的炭糊捣固层。要实现紧密而均匀的捣固，需要良好的炭糊配方，适宜的工具以及熟练的砌筑内衬技术。糊中焦炭填充料和黏结剂的质量对于底糊的性质以及其在内衬中的行为有重要影响，特别是它对于钠侵蚀作用的抵御能力。

电解槽在焙烧、启动和正常生产之后，通常会发现铝和电解质渗入阴极内衬的裂缝，其位置是在边缝之中，或者在边缝-阴极炭块之间。

在高温下，底糊是收缩的，而阴极炭块是膨胀的。在槽的纵长方向上，炭块膨胀宜与底糊的收缩相适应；而在槽的横阔方向上，二者也要匹配，这样槽寿命就可以延长。

（4）侧壁 侧壁是电解槽的一个重要结构部分。阴极的侧壁炭块通常是由与底部炭块相同的材料制成。工业生产上不希望侧壁传导电流，但要求其具有良好的导热性，使侧壁-电解质界面上滋长一层凝固的电解保护层。另外，也希望侧壁材料不易被空气氧化。因此，铝电解槽的侧壁材料在高温下应该具有如下一些重要性能，例如电阻率高，导热性好；不与熔融的冰晶石起化学反应；不与铝和钠起化学反应；孔隙度小，不渗透电解液和铝，不被空气氧化。

现代铝工业采用预焙侧壁炭块，但是它们易于遭受氧化，或者易于被槽内循环流动的电解液磨损，由于表面上生成碳化铝层而遭受腐蚀，由于受热振动和吸入钠而破裂。凡此种种危害，都会严重缩短电解槽的使用寿命。因此现代先进的铝电解槽改用碳化硅材料构筑铝电解槽侧壁。碳化硅材料优点是硬度高，耐热强度高；导热性好，可以在碳化硅侧壁上滋长一层凝固的电解质；体膨胀率低，抗热振性好；抵御高温化学腐蚀性能好，差不多是一种惰性材料，导电性差。

现在许多铝厂为了加大电流，采用了通长的阴极炭块和阴极棒，使阴极炭块的端头至侧壁的距离缩短，因此需要采用电阻率大的、导热性好的 SiC 侧壁，并把 SiC 砖直接粘贴到槽壳内壁上，为的是让电解质凝固在侧壁内缘作保护层。同时槽膛内的斜坡不全用底糊捣固，而用整块的三角形炭块，黏结在底部炭块与侧壁之间。这样，"斜坡"能更加牢固。阴极中的电流有相当大的份额经此三角形区域传导，所以，减薄周边的炭糊层厚度，代之以通长的三角形炭块是很有益的，特别有助延长电解槽的寿命。

(5) 阴极棒　阴极棒用软钢制成，一般用长方形或方形的，少数用圆形，因为周长相同时，圆行棒的截面积最大。阴极棒与炭块之间的连接方式有以下几种：①用炭糊；②用炭胶；③用铸铁浇铸。其中以炭胶黏结为最好。

阴极棒的形状应与炭块凹槽的形状相适应，阴极棒有图 5-13 中所示的 5 种形状。其中最好的是圆形棒，它与炭块之间的应力最均匀，它是用炭胶灌注黏结的，第 2 种和第 3 种也是好的，炭块凹槽内的两角呈圆弧形；第 4 种为长方形但采用圆角，也是较好的；第 5 种用直角长方形，是最差的。

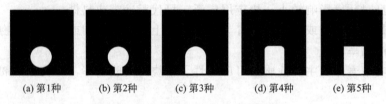

(a) 第1种　　(b) 第2种　　(c) 第3种　　(d) 第4种　　(e) 第5种

图 5-13　阴极棒在炭块中的形状

大型槽的阴极炭块是通长的，但是阴极棒不一定用通长的，也可以用 2 根短棒，而炭块中央部位不留凹槽。

(6) 耐火材料、保温材料和防渗材料　铝电解槽中采用耐火材料和保温材料，它们的功用是：

① 节省热能，亦即减少往周围环境中的热损失量，可以使槽电压降低，并且减少单位金属产量的电能消耗量；

② 保持必要的热平衡，以便获得足够的伸腿结壳保护层，同时避免不必要的过度冷却而造成操作上的困难；

③ 延长槽寿命。

防渗材料又称化学挡板。其本身不是不能被渗透的，但是能够同渗入的电解质组分发生化学反应，就地形成干涸的挡板，可阻止电解质继续向下渗透；亦即，在同氟化物反应之后生成不透性的固体层或玻璃状层。具有此种特性的材料包括含有硅酸钙或钙硅酸铝的一组矿物，当其中某些矿物同氟渗入的熔盐在 900℃ 下发生反应时，所有的反应产物都是固体化合物，结果使熔盐相"干涸"。

对于防渗料的质量要求：
① 耐火度不低于1400℃；
② 防渗料在高温下与渗透下来的电解液接触时，能够阻挡其继续渗透下来；
③ 干粉防渗料应易于振实，振实后具有相当的承载能力，以便于施工和承载炭块质量，以及在炭块扎缝时保证防渗料不变形。

5.3.2.3 铝母线与绝缘设施

铝电解槽有阳极母线、阴极母线和立柱母线，都用铝制作。

铝母线的主要作用是将直流电从一台槽传输到另外一台槽。

铝母线有两种：压延母线和铸造母线。后者通用于高电流的大型电解槽。铝母线的配置方式视电解槽的容量和排列方式而异。大型预焙电解槽一般采用横向排列方式，而中小型自焙槽或预焙槽一般采取纵向排列方式。母线的排列方式，前者采取双端进电，后者采取一端进电。新式的大型槽则采取边部四端进电。

由于铝电解厂房内系列电压很高，电流强度很大，所以金属结构之间、金属结构与铝母线之间以及槽壳与环境之间都有绝缘设施，以防短路。

5.3.2.4 上部金属结构

上部金属结构包括支柱、平台、氧化铝料斗、阳极升降机构、槽帘和排烟管道。4个支柱装在槽壳的4个角上，它的作用在于承担全部金属结构、阳极和导电母线束的重量。

电解槽是密闭的，阳极上产生的烟气由排烟管道排出。槽帘有平板式和卷帘式两种。槽上的排烟管道与厂房内的总烟管连接。

思 考 题

1. 大型电解槽有哪些优点？
2. 大型自焙电解槽与预焙电解槽有何区别？
3. 工业铝电解槽有哪些构造？
4. 预焙阳极电解槽的构造主要由哪几部分组成？
5. 换块作业对铝电解生产的影响主要体现在哪几个方面？
6. 炭阴极由哪几部分组成？炭阴极有何作用？
7. 目前铝电解用阴极炭块材料的分类有哪些？
8. 铝母线包括哪几部分？铝母线的主要作用是什么？铝母线的配置方式有哪些？

5.4 铝电解的两极反应

【内容导读】

> 本节介绍铝电解的两极反应。两极反应包括阴极反应、阳极反应以及铝电解过程发生的主要副反应。

5.4.1 阴极反应

冰晶石-氧化铝熔液中的离子质点，有Na^+、AlF_6^{3-}、AlF_4^-、F^-，还有Al—O—F型络合离子。其中Na^+是单体离子，Al^{3+}结合在络合离子里面。

单一的融盐电解时，电流传送到电极以及在电极上放电都是由同一离子来实现。例如

NaCl 融盐电解时，Na^+ 向阴极迁移而 Cl^- 向阳极迁移，这两种离子在电极上放电，阴极上产出金属钠，阳极上放出氯气。

复合融盐电解时，体系中存在多种阳离子和阴离子。它们虽然都参与迁移电流，但是究竟何种阳离子在阴极上放电，何种阴离子在阳极上放电，这要比较它们的电位。在其他条件相等时，阳离子电位愈正，则它在阴极上放电的可能性愈大。但是，所有传送电流的离子不一定都同时在电极上放电。甚至有这种情形，即使大部分电流是由某种离子来迁移，但是在电极上放电的，却可能是另外一种离子。

现在已经确定，在 1000℃ 左右，冰晶石-氧化铝熔液中，纯钠的平衡析出电位大约比纯铝的平衡析出电位负 250mV。由于阴极上离子放电不存在很大的过电位（析出铝的过电位大约是 10～100mV），所以在这样大的析出电位差之下，阴极上的反应主要是析出铝。

在该反应中，铝氧氟络合离子中的 Al^{3+} 获得三个电子而放电：

$$Al^{3+}(络合) + 3e = Al$$

这是阴极一次反应。但是，冰晶石-氧化铝熔液中纯钠和纯铝析出电位的差值，并非固定不变，而是随着电解质中 NaF/AlF_3 摩尔比增大、温度升高、Al_2O_3 浓度减少以及阴极电流密度的提高而减小。如果钠和铝的析出电位差值减小，则钠离子就会同铝离子一起放电，结果造成电流效率的重大损失。此外，随着电流密度增大，由扩散和对流引起的传质过程如果保持不变，则由于阴极液中 Al^{3+} 浓度的迅速减小而造成 Na^+ 的大量积聚，也将会引起铝离子和钠离子析出电位之间的差值减小，直至倒转过来。

5.4.2 阳极反应

在适当的电流密度下，炭阳极上的气体产物几乎是纯 CO_2。氧离子（基本上是络合在铝氧氟离子中的离子）在炭阳极上放电，生成二氧化碳的反应是：

$$2O^{2-}(络合) + C - 4e = CO_2$$

因此，铝电解的总反应式是：

$$Al_2O_3 + 1.5C = 2Al + 1.5CO_2 \uparrow$$

铝和 CO_2 气体都是电极上的一次产物。

铝电解中的阳极反应，包括以下几个步骤。

① 氧离子越过双电层在阳极上放电，并生成原子态氧：

$$O^{2-}(络合) \longrightarrow O(吸附) + 2e$$

② 吸附在阳极上的氧与炭阳极本身发生作用，生成碳氧化合物 C_xO：

$$O(吸附) + xC \longrightarrow C_xO$$

③ C_xO 分解出 CO_2，此 CO_2 仍然吸附在炭阳极上：

$$2C_xO \longrightarrow CO_2(吸附) + (2x-1)C$$

5.4.3 铝电解中两极副反应

铝电解中，阴极和阳极上除了发生主反应之外，还进行着多种副反应，例如阳极效应，铝的溶解等。这些副反应会影响电流效率和电能消耗，所以铝电解工业力图设法避免其发生。

(1) 阳极效应 阳极效应是熔盐电解，特别是电解冰晶石-氧化铝过程中发生在阳极上的一种特殊现象。

阳极效应的外观特征是在阳极周围发生明亮的小火花，并带有特别的劈啪声；阳极周围的电解质有如被气体拨开似的，阳极与电解质界面上的气泡不再大量析出；电解质沸腾停止；在工业电解槽上，阳极效应发生时槽电压急剧升高，从正常的 4.5～5V 突然升到 30～

40V（有时高到60V），在与电解质接触的阳极表面出现许多微小的电弧。

阳极效应发生的机理，一般认为阳极效应是由于电解质对于炭阳极的湿润性的改变引起的。当电解质中有大量 Al_2O_3 时，电解质在炭阳极上的表面张力小，因而能很好地湿润阳极表面，在这种情况下，阳极电化学反应的气体产物很容易从阳极表面排出（呈气泡溢出）。随着电解过程的进行，电解质中溶解的 Al_2O_3 逐渐减少，电解质对阳极的湿润越来越差。最后，当 Al_2O_3 的浓度降到某一数值，电解质在阳极表面上的表面张力增加，对阳极湿润性减小，这时阳极电化学反应产生的气泡就会滞留在阳极表面上，并且很快在阳极表面上形成一层由气泡形成的膜层，因而使槽电压急剧升高，发生阳极效应。当向电解质中加入一批新的 Al_2O_3 时，电解质重新具有湿润阳极的能力，又开始湿润阳极，从阳极表面很快地把气体薄膜排挤开，阳极效应熄灭，槽电压降低下来，恢复到正常值。

正常操作的电解槽，当电解质中 Al_2O_3 的含量降低到 0.5%～1.0% 时，就会发生阳极效应。

阳极效应的危害是阳极效应能够使得电解过程中电能消耗增加，电解质过热，挥发损失增大。

阳极效应的用途是阳极效应能预告向电解槽中加入新 Al_2O_3 的时间，并且还可以根据它来判断电解槽的操作是否正常。如果电解槽操作正常，那么，阳极效应的周期（两次效应之间的时间间隔）是一定的，而且与加入电解槽中的 Al_2O_3 量、工作电流强度相适应；如果阳极效应推迟或提前到来，则说明电解槽操作不正常，比如，阳极效应推迟到来，就有可能是电解槽发生了漏电等。

从工艺上说，阳极效应应当越少越好，一般应控制在每24h一次。

（2）铝的溶解 铝在冰晶石-氧化铝熔液中的溶解度甚小，在1000℃时仅为0.05%～0.10%。所谓铝的溶解度，通常是指在一定温度并有过量金属存在时，在平衡状态下，溶解在密闭容器内熔盐中的铝量，以百分数表示。

铝在冰晶石-氧化铝熔液中发生化学反应，可有以下4种方式。

① 铝与冰晶石熔液发生化学反应，生成低价氟化铝：

$$2Al(液) + Na_3AlF_6(液) = 3NaF(液) + 3AlF(液)$$

② 铝置换冰晶石中的钠，生成元素钠：

$$2Al(液) + Na_3AlF_6(液) = 3Na(液) + 3AlF(液)$$

③ 铝以电化学溶解方式，生成低价铝离子，并给出电子：

$$2Al(液) = Al^+(液) + 2e$$

④ 铝的物理溶解。

铝以金属微粒的形态存在于冰晶石-氧化铝熔液中。此种金属微粒在入射光的照耀下呈现紫蓝色，其密度略大于冰晶石-氧化铝熔液。虽然铝在电解质中的溶解度不大，但由于电解质的强烈循环，会携带溶解的金属铝到达阳极空间被阳极气体氧化。如此反复循环最终造成铝的损失还是很大的，并且这也是电流效率降低的主要原因。

（3）金属钠的析出 电解过程中阴极的主反应是析出铝而不是钠，因为钠的析出电位比铝低。但是，随着温度升高，电解质分子比增大，氧化铝浓度减少以及阴极电流密度提高，钠与铝的析出电位差越来越小，而有可能使钠离子与铝离子在阴极上一起放电，析出金属钠：

$$Na^+ + e = Na$$

此外，在碱性电解质中，溶解的铝也可能发生下列反应而置换出钠：

$$Al + 6NaF \Longrightarrow Na_3AlF_6 + 3Na$$

析出的钠少部分溶解在铝中，剩下的一部分被阴极炭素内衬吸收，一部分以蒸气状态挥发出来（钠的沸点为880℃），在电解质表面被空气或阳极气体所氧化，产生黄色火焰。可能的反应为：

$$4Na + O_2 \Longrightarrow 2Na_2O$$
$$2Na + CO_2 \Longrightarrow Na_2O + CO$$
$$2Na + CO \Longrightarrow Na_2O + C$$

思 考 题

1. 写出铝电解的总反应式。
2. 铝电解中的阳极反应，包括哪几个步骤？
3. 阳极效应的外观特征有哪些？
4. 阳极效应的危害是什么？
5. 阳极效应的用途有哪些？
6. 铝在冰晶石-氧化铝熔液中发生化学反应的几种方式是什么？

5.5 铝电解的电流效率

【内容导读】

本节介绍铝电解的电流效率以及引起电流效率降低的原因分析。

在铝电解中，遵照法拉第定律，每通过1F电量，阴极上析出1mol铝，同时阳极上析出1mol氧。据此，可推算出铝和氧的电化学当量值。

铝的相对原子质量＝26.98154　　氧的相对原子质量＝15.999　　法拉第常数＝96487C

$$铝的电化学当量 = \frac{\frac{26.98154}{3}}{\frac{96487}{3600}} = 0.3356 \text{g/(A·h)}$$

$$氧的电化学当量 = \frac{\frac{15.999}{2}}{\frac{96487}{3600}} = 0.2985 \text{g/(A·h)}$$

当平均电流强度为 $\bar{I}$，时间为 t（h），理论的铝产量 m 为 $0.3356\bar{I}t$，实际上产出的铝量（m'）由于副反应和其他原因，往往不足此数。

引起电流效率降低的原因甚多，归纳起来，不外乎以下4种。

（1）铝的溶解和损失　阴极上析出的铝一部分重新溶解在电解质里，这部分溶解的铝转移到阳极附近，被阳极气体氧化：

$$2Al(溶解的) + 3CO_2(气) \longrightarrow Al_2O_3(溶解的) + 3CO(气)$$

结果造成铝的损失，同时在阳极气体中出现 CO 气体，而 CO_2 气体浓度降低。因此铝工业上可利用阳极气体中 CO_2 浓度值来计算瞬时电流效率。

（2）析出钠　阴极上的一次反应是析出铝，但是在一定条件下，钠离子也会同铝离子一起放电。此外，铝还能置换电解质中的钠。

(3) 电流空耗　高价离子在阴极上放电不完全，结果生成低价离子，此低价离子以后又在阳极上氧化，重新生成高价离子，如此循环不已，造成电流空耗。此外，融盐中的电子导电，或阴极和阳极局部短路，也造成电流空耗。

(4) 其他损失　槽内生成 Al_4C_3，融盐中所含的水分电解，以及铸锭过程中的机械损失等。

在这 4 个因素当中，最主要的是铝的溶解和损失。减少铝的溶解和损失，是提高电流效率的关键。

思　考　题

引起电流效率降低的原因有哪些？

5.6　预焙电解槽的焙烧和启动

【内容导读】

本节介绍预焙槽的预热方法和预焙槽的启动方法以及启动后期的特征。

铝电解的全部生产过程分三个阶段，即预热、启动和正常生产阶段。其中焙烧和启动大约经历几天或十几天，其余绝大部分时间属于正常生产阶段，占 4～5 年之久。焙烧和启动阶段虽然时间很短，但是工作的好坏对于以后的正常生产以及电解槽的寿命有很大关系，所以特别需要精心照料。

5.6.1　预焙槽的预热

新槽包括大修理之后的电解槽。

在投入正常生产之前，新槽要先预热，其目的在于加热阳极和阳极周围的固体电解质料，以及加热阴极，使底部炭块之间的炭糊烧结，达到预定温度 900℃，以利于下一步的启动操作。

铝工业上有 3 种预热方法。

(1) 炭粒预热法　用焦粒作发热电阻体，这是一种比较通用的预热方法。其原理是在电解槽的阴极上铺设一层焦粒（冶金焦的颗粒）作为电阻体。当电流通过此层焦粒时，就在阳极、焦粒层和阴极中产生热量，提高阳极温度，同时阴极中的底糊逐渐加热以致烧结。焦粒事先经过煅烧。焦粒层发热体还可以用来保护槽底，免受空气氧化。

所用的阳极要经过仔细挑选，要求没有外部的和内部的裂缝，这可用铁锤敲击阳极而判定。阳极炭块要平整，导杆要与炭块垂直。要求阳极的密度大而且电导率好。

在预热过程中，要观察阴极的表面状况，即纵向中缝处呈现浅红色，表示焙烧得很好，并未过热。阴极炭块之间的底糊填充物，在焙烧终了时不应冒出来，而且不产生大的裂缝。阴极表面温度在焙烧终了时达到 800～900℃。

(2) 铝液预热法　铝液预热法的原理是把铝液灌注入槽内，覆盖在阴极表面上，与阳极接触，通电后构成电流回路，并产生热量。由于铝液本身的电阻很小，大部分热量是由阳极和阴极产生。以预焙槽而言，总的发热量不大，因此铝液预热法适用于本身电阻很大的自焙槽。在铝液预热法的实施中，先往槽膛内灌入铝液，铸成铝板，然后在其上进行阳极铸型，通电焙烧。此法的缺点是铝液先进入阴极裂缝中，影响槽寿命。

(3) 燃料预热法　燃料预热法是在阴极和阳极之间用火焰来加热，因此需要燃烧器，同时在阳极上面要加保护罩，使高温气体停留在槽内，并防止冷空气串入。加热阴极时，依靠传导、对流和辐射，热量传输到其他部位上。

此法的优点是容易控制加热速度，并使阴极表面均匀加热。其缺点是操作比较复杂，为了放入燃烧器不得不在阴极和阳极之间留出较大的空当；其次，燃烧时所用的过量空气会使阴极和阳极表面氧化。当温度低于650℃时，氧化的程度较小；但当温度接近950℃时，氧化相当严重。经过氧化的碳，对钠的亲和力较大，因此体积膨胀率大，结果造成破裂，使更多的电解质渗透进来。要想防止其氧化是困难的，所以有些工厂宁愿采用较低的预热温度（600℃）。

燃料预热法的优点是可以节省电能，预焙阳极槽一般采用铝液焙烧法，新槽需时 6~7d；旧槽需时 2~3d。焙烧完了后即可启动。

5.6.2　预焙槽的启动

铝电解槽启动是紧接着预热之后的一道工序，其任务是在槽内熔化电解质，同时开始铝电解。目前工业上有两种启动方式，即干式启动与常规启动。前者适用于启动新系列中的头几台槽，当电解厂房内尚无现成的熔融电解质可供使用，只好在本槽内熔化所需的全部电解质；后者则是常规的启动方法，在开始时往槽内倒入从其他槽内取出的熔融电解质，以加速启动过程，并缩短启动时间。

(1) 干式启动　干式启动的电解槽采取特殊的预热方法。在安放阳极之前，要仔细洗刷干净阴极表面，然后用真空吸尘器清理，表面还要平整，使二者接触良好。在阳极炭块底下铺薄层焦粒，四周堆积冰晶石。用耐火毡垫覆盖在相邻的两排阳极上面，其目的是防止阳极被空气氧化。

在预热时电流经阳极导入阴极，开始通入全电流的1/3，随后按照槽电压与阳极电流分配情况，逐渐增大电流。阳极导杆经软母线与母线梁连接。因此各原阳极分别与阴极炭块直接接触。当阴极温度逐渐升高时，槽电压自然降落，此时要逐渐提升电流。在24h之内达到全电流，以后保持72h。最后把阳极直接拧紧在母线大梁上，稍稍提高阳极，以升高电压。

当阴极温度继续升高时，把少量冰晶石加到阳极底下使它熔化。当槽内熔融电解质达到适当高度时，可引发阳极效应以加速熔化电解质，同时捞出炭渣，最后熄灭阳极效应。也有不引发阳极效应，只是逐步提高电压的。随后的操作方法同常规启动法。

(2) 常规启动　常规启动法适用于随后启动的许多台电解槽。通常在启动之前要仔细检查电解槽的上部结构，其中包括阳极母线梁的升降装置和行程，拧紧夹具，检测各部位的绝缘性能。此外，还要准备好打壳机和加料车。

启动时所用的液体电解质，它的温度应该尽可能高些，接近1100℃，它的数量取决于电解槽的容量大小，最好多准备些。熔融电解质可以从邻槽移来。

当电解质覆盖在整个阴极表面上时，稍稍提升阳极，此时电压宜低，保持低而稳定的电压可避免或减少阳极碎裂。灌完电解质之后，阳极效应电压宜稳定地保持在20V以下。把边部的固体冰晶石投到阳极前；当灌注液体电解质结束以后，加入少量氧化铝，其加入量一般是按照启动结束后2h发生头一次阳极效应来估计；用青木棒熄灭阳极效应；短木棒插在每块阳极之下，长木棒插在中缝处。临熄灭效应前，要清除浮起来的炭粉和炭粒；电解质深度与槽膛深度一般应为 40~50cm。

启动时所用的电解质组成，按照惯例，含有2%过量NaF。这是在固体电解质和液体电解质的基础上，添加碳酸钠而配成的。但是现代电解槽，改用大约含有5%过量的 AlF_3 的电解质启动。当一批电解槽启动完成之后，可在槽内熔化电解质并调整其组成，以供其他新槽启动所需。此种电解质组成有益于延长电解槽的使用寿命。另外，不宜过早地往新启动的电解槽灌注铝液，建议至少在 24h 以后再灌入铝液。确切的时间往往由厂房内的出铝时间决定。

对大型电解槽而言，适宜的加铝时间是在启动后 32h；对于预热和启动良好的电解槽而言，延迟加铝时间是无害的。避免过早往新槽中灌注铝液的用意在于让阴极中的细小裂缝先被冰晶石填充满，让内衬中的底糊继续焙烧好并且体积膨胀，而不让铝液先进去。灌入的铝液量视槽容量和金属水平上升速度而定，要同预定的热制度相配合。标准的做法是，灌入量大约占最终的金属量的 50%（指正常生产期内所宜保持的金属量）。具体操作时视电解槽的实际状况而定。

5.6.3 预焙槽的启动后期

铝电解槽的启动后期是从启动终了到正常生产之间的一个调整阶段，大约延续 1 个月。在此期间，电解槽的控制和生产操作要按照预订的计划进行。系列中的所有电解槽，通过技术参数的逐渐调整，最终达到各自的热平衡和电磁平衡。其主要特征如下。

① 在初始时，电解槽槽身的温度低，尚未达到热平衡。所以在后期中电解槽要保持较高的电压和阳极效应系数，以保持较高的温度。随后才逐渐降低电压并减少效应系数，以便趋近于正常的电解温度。同时，加入的氧化铝量逐渐趋于正常。

② 电解槽的炭阴极强烈吸收氟化钠，因而使电解质酸化。酸度大的电解质不能很好地溶解氧化铝，氧化铝容易沉淀下来。因此需要经常调节电解质的 NaF/AlF_3 摩尔比，使它保持在 2.7～2.8。调整时用碳酸钠，然后逐渐降到正常值。

③ 在启动后期中要逐渐提高槽内铝液水平。在出铝班上测量铝液水平。如果铝液水平低于预定的目标则不必出铝。随着铝液水平的逐渐提高，在电解槽槽膛内壁上逐渐形成结壳，它是热和电的绝缘体，起着保护作用。

槽内的铝液是一个良好的热缓冲体。在偶尔发生的长时间阳极效应时，它可以防止结壳的熔化，从而避免液体电解质的组成和温度急剧的改变，以及由此引发的生产失常。

④ 启动后的前 4 个班内，电压可以较快地降低到 5V。每次熄灭阳极效应要扒捞炭渣，然后调整电压。

经过初始阶段电压快速降低之后，逐日调节电压，这是根据槽电阻的预订目标用计算机进行自动调节。在两星期以内达到最终的电压目标。在整系列电解槽启动时，宜首先把所有电解槽调整到适合的电压目标值，等到阴极电压降稳定之后再做精确的调节，这需要较长的时间。

⑤ 在启动后的前 4 个班内，每个班应发生 1～2 次阳极效应。控制点式下料器的下料量，实现长期的"供料不足"而避免"供料过量"，以达到一定的阳极效应频率。在阳极效应的熄灭程序中，要求下料迅速，但要避免阳极做上下移动。用青木棒插在每块阳极的底下，让焦粒和焦粉浮起来并在边部汇集，在那里扒出。添加冰晶石，有助于在电解液表面上生成结壳。

当电解质完全清除掉炭渣之后，就可以用计算机操纵的自动供给氧化铝的程序。在此种程序中，"供料不足"和"供料过量"周期轮换执行，用来控制氧化铝浓度。

⑥ 启动后，槽上的阳极宜尽早按照常规的程序逐渐更换。只要槽电压和温度适宜，经 3～5d 便可陆续更换。换下来的阳极多数仍然可用于生产作业。

系列中的其他电解槽在结束预热之后，要把槽内的阳极取出来，换上早先启动时换下的阳极进行启动。现代的中部下料电解槽，为使阳极间的中缝得到充分的焙烧，焙烧时必须用长阳极覆盖到中缝附近。但是此种长阳极会妨碍中部下料，所以必须在焙烧结束之后换上常规的阳极，以保持原设计所规定的中缝宽度。

所以，预热时采用长阳极是一种权宜之计。

思 考 题

1. 简述炭粒预热法的应用原理。
2. 简述铝液预热法的应用原理。
3. 简述燃料预热法的应用原理。
4. 简述预焙槽的启动后期的特征。

5.7 铝电解槽的正常生产阶段

【内容导读】

> 本节介绍铝电解槽正常生产的特征和所宜保持的技术条件；电解槽的加料操作；电解过程中阳极效应及其处理；电解槽工作电压的保持与调整；电解场所的日常管理；电解槽的日常检查与判断；病槽及其处理；电解质含碳及其处理；电解质生成碳化铝及其处理；电解生产过程中常见的事故及其处理方法；分析了大跑电解质的原因及其处理方法；分析了电解槽的破损的原因与停槽；介绍了电解槽的破损检查与停槽；常见预焙槽病态及处理；铝电解中的电能节省；铝电解槽的计算机控制；电解得到的铝液的铸锭以及降低铝生产成本的措施。

铝电解槽在正常生产期间，电解槽的各项技术条件已经保持稳定，建立了热平衡，并且取得良好的生产指标。

铝电解槽经过焙烧、启动和后期管理阶段之后，即转入正常生产阶段。焙烧和启动及其后期管理阶段仅约几天或十几天，其余绝大部分时间属于正常生产阶段，约3~5年。一名新进厂的电解工，通过厂、车间、工段三级安全教育后，方可上岗操作。电解工上岗操作前要了解电解生产的管理体系，并需要迅速掌握铝电解生产的正常操作技术。

铝电解实行连续生产，生产管理实行纵向管理与横向管理相结合原则。纵向管理由电解大组负责，设大组长1~2名，负责本大组内电解槽的生产，做到平稳、高产，以获得最佳经济技术指标为本大组的奋斗目标。横向管理是由电解班负责，设班长1~2名，实行6h工作制，进行四班倒作业。电解班要完成当班的各项生产、工作任务，并做好两个文明建设。电解工要受所在电解班的班长领导，又受到所在大组的大组长的领导，大组长的生产意图通过各电解班的小组长贯彻执行。电解工在小组长带领下负责电解槽的正常操作、技术条件的调整、病槽处理等工作。其正常操作包括对电解槽进行加料，处理阳极效应，检查维护电解槽，调整槽工作电压，完成换阳极块与出铝工配合出铝等作业，清扫卫生等。

5.7.1 铝电解槽正常生产的特征

(1) 正常生产的特征　在生产正常期间，电解槽的各项技术条件在计算机控制之下已经稳定，并且取得优良的生产指标，其主要特征如下。

① 从火眼中喷出有力的火苗,颜色呈纯蓝色或淡紫蓝色,或者稍带黄线。颜色为浓黄色者,因温度高或者 NaF/AlF$_3$ 摩尔比高,属于热行程;颜色淡蓝色而又喷冒无力者,因温度低,属于冷行程,此二者都是不正常的。槽内应有适当的电解液层(20~22cm)和铝液层深度(18~20cm)。

② 槽电压稳定地保持在设定的范围内。

③ 电解质温度保持在 940~960℃ 范围内。

④ 阳极周边"沸腾"均匀,炭渣分离良好。

⑤ 槽面上有完整的结壳,结壳酥松好打。

⑥ 用铁钎插入槽内,经数秒钟之后取出,可以看到电解质与铝液分得很清楚。

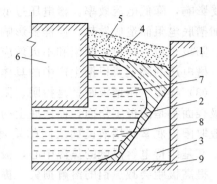

图 5-14 电解槽工作膛示意图
1—槽衬;2—槽底伸腿结壳;3—槽衬斜坡;
4—电解质结壳;5—氧化铝覆盖层;6—阳极;
7—电解质;8—铝液;9—阴极

(2) 槽膛内型 铝电解槽正常生产的一个重要内部标志是它的槽膛内型。由侧部炭块内壁和底部炭块表面形成的空间,称为槽膛。在电解过程中,侧部炭块内壁上沉积着一层由刚玉($\alpha\text{-}Al_2O_3$)和冰晶石组成的结壳,它分布在阳极的周围,形成一个椭圆形的环。由这一圈结壳所规定的槽膛形状,工业上称为"槽膛内型",见图 5-14。

这层椭圆形的结壳,是电和热的不良导体,能够阻止电流从侧壁通过,并减少电解槽的热损失,同时,它保护电解槽的侧壁。它的另一个重要作用是把槽底上的铝液挤到槽膛中央部位,使铝液镜面收缩,这对于提高电流效率是有益的。

5.7.2 铝电解槽正常生产期间所宜保持的技术条件

铝电解正常生产是在一定的技术参数和常规作业制度的密切配合下实现的。铝电解生产技术参数包括电流强度、槽工作电压、极距、电解质温度、电解质成分、电解质水平和铝水平、阴极压降和效应系数。

(1) 电流强度 在现代铝工业生产上,采用强大的直流电流进行电解,每一个电解槽系列都有额定的电流,因此相对应就有额定的铝产量。

额定的电流强度不是一成不变的。铝电解厂往往根据电力供应情况调整电流强度。例如在电力供应有余裕的季节,适当增大电流强度,或者在电力供应不足的时期,适当地减少电流强度。许多铝电解厂还特意采取增大电流、强化生产的措施,以增加单位阴极面积的铝产量。

电流强度一经确定,就应在一定的时期内尽可能保持恒定,并且不受发生阳极效应的干扰。在整流所内采取恒定电流的调节装置可以使其实现电流强度相对恒定。

在现有的电流强度之下,铝电解厂采取与之适应的其他各种技术条件,以求实现正常生产并获得良好的生产指标。

(2) 槽电压 槽电压是阳极母线至阴极母线之间的电压降,它由与电解槽并联的直流电压表来指示。

在同一台电解槽上,槽电压常随生产操作而变动,因此只能控制在一定的电压范围之内。现代铝电解生产上采取自动调节电压(或极距)的办法来严格控制电解过程,因此可以节省电能并增加铝产量。

槽电压是铝电解生产的一项很重要的技术参数,对电解温度有着很重要的影响。槽电压过高不但浪费电能,而且电解质的热量收入增多使电解生产转向热行程,炉膛被熔化,铝质量受影响，降低电流效率。槽电压过低，因热量收入不足造成电解质下缩，产生大量沉淀，增加槽底电阻而造成发热，同样要影响原铝质量和电流效率。同时槽电压过低还可能造成压槽、阳极长包、掉块、滚铝和不灭效应等技术事故。

槽电压的确定要根据生产中的具体情况，以维护最佳热平衡为原则。

（3）极距　所谓极距，是指阴、阳两极之间的距离。在工业电解槽上，浸在电解质里的阳极表面都是阳极工作面，而槽底上的铝液表面实际上就是阴极工作面。为便于测量起见，一般取阳极底掌到铝液镜面之间的垂直距离作为极距。它既是电解过程中的电化学反应区域，又是维持电解温度的热源中心，极距大小对电解温度和电流效率有着直接的影响。

提高极距会减少铝的溶解损失，提高电流效率，但电解质压降增大，使槽电压升高。缩短极距，可以降低槽电压，并达到节能的目的，但过度缩短极距则会使电流效率降低。

极距的确定以保持稳定的热平衡出发，在不影响电流效率的前提下，尽可能保持低极距，以便节省电能。

一般来讲，预焙阳极电解槽的极距要求比自焙阳极电解槽稍高。因为预焙阳极电解槽的阳极块数目众多，很难使每块阳极都保持在同一极距。同时也不应有极距过低的炭块，这会引起电流分布不均，造成局部过热、电压摆动、阳极掉块，从而降低电流效率。

（4）电解温度　所谓电解温度，是指电解质温度而言。这是一个温度范围，一般取950～970℃，大约高出电解质的初晶点10～20℃。

铝的熔点为660℃。如果为了制取液体铝，电解温度只需要高出铝的熔点100～150℃。理想的电解温度应在750～800℃左右。但是，目前所有的冰晶石-氧化铝电解质，它的初晶点是很高的，所以电解温度也相应很高。其结果使得槽内铝的溶解损失量增多（将使电流效率降低），同时电能和物料消耗量亦增多，对生产不利。因此，现代铝工业上力图采用低熔点的电解质，以降低电解温度。欲想保持较低的电解质温度，必须首先降低电解质初晶温度，否则会导致电解质过冷，引起病槽。现代铝工业都力图采用低熔点电解质的主要措施有采用低分子比电解质及向电解槽内添加氟化锂（或碳酸锂）、氟化镁等。电解温度低，虽然可以提高电流效率，但同时又遇到了氧化铝溶解降低的麻烦。

所以，电解温度的确定要从多方面考虑，它有赖于其他技术参数的配合，其温度范围要视电解槽的类型、工艺制度和电解质成分而定。

（5）电解质成分　工业铝电解生产目前普遍采用冰晶石-氧化铝熔融电解质。其中，冰晶石是熔剂（82%～90%），氧化铝是电解的原料（约占3%～5%）。此外，在冰晶石-氧化铝电解质里还含有游离的氟化铝8%～10%，以及旨在改善电解质物理化学性质的一些添加物（CaF_2、MgF_2 和 LiF）3%～5%。

工业电解质里的氧化铝浓度，在打壳终了时约为4%～5%，而在下一次打壳前减少到2%～3%。采取"勤加工少加料"的办法，或自动连续下料的办法，可使电解质保持比较稳定的 Al_2O_3 浓度，因而有利于提高电流效率。

（6）电解质水平和铝液水平　铝电解槽内，电解液和铝液两层液体按照密度差别而分上下两层。所谓电解质水平和铝液水平，是指它们各自的厚度而言。

槽内的熔融电解质起着溶解氧化铝的作用。在中型电解槽上，电解质水平通常保持16～18cm，槽内电解质质量约为2.5t。当加料周期为2h之时，每次加入槽内的氧化铝量约为70～75kg。而在中部下料的大型预焙槽上，电解质水平通常保持20cm，槽内电解质质量约为7～8t。电解质水平高，电解槽热稳定性好，不易生成沉淀；由于阳极与电解质接触面积大，使槽电压减少。缺点是阳极埋入电解质太深，阳极气体不易排出，铝的二次反应引起电流效率降低。同时还易造成阳极长包，电解槽上口空等不良后果。电解质水平低，电解槽热稳定性差，对热量变化特别敏感，而且易生成沉淀，增加效应次数，产生病槽。

工业电解槽内经常保持一层液体铝是有益的。第一，它保护着槽底炭块，减少生成碳化铝；第二，它使阳极底掌中央部位多余的热量通过这层良导体传输到阳极四周，使槽内各部分温度趋于均匀；第三，它填充了槽底上高低不平之处，使电流比较均匀地通过槽底；第四，厚度适当的铝液层能够削弱磁场产生的作用力。铝水平过高，使槽底发冷，电解质水平不易控制且易生成大量沉淀。铝水平过低，使槽底发热，伸腿熔化，易造成热槽和槽电压摆动不稳。槽内铝液水平一般保持20cm。电磁平衡好的电解槽，铝液水平还可减薄到10cm。

（7）阳极效应系数　阳极效应系数是每日分摊到每槽上的阳极效应次数，其单位为次/(槽·d)。

适宜的阳极效应系数对生产是有利的。因为发生阳极效应时，电解质对炭渣的湿润性不良，有利于炭渣从电解质中分离出来；另外发生阳极效应时产生大量的热量，其60%可用于溶解氧化铝，这有助于控制槽内沉淀。但过大的阳极效应系数对生产也有危害。因为阳极效应发生的时候，槽电压升到30~50V，将浪费大量的电能。以130kA电解槽为例：如阳极效应系数为1次/(槽·d)，效应电压为30V，正常工作电压为4V，效应持续时间为5min，则每天阳极效应多耗电能为：

$$\frac{1\times 80000\times (30-4)\times 5}{1000\times 60}=173（kW·h/槽）$$

另外，电解槽发生阳极效应时，增加氟化盐的损失。在效应发生前后一段时间内，电流效率会明显降低。发生效应时会引起系列电流波动，对整个系列电解槽的生产产生不良影响。

权衡其优缺点，需要确定一个适宜的阳极效应系数，山东铝业公司电解铝厂80kA预焙电解槽的阳极效应系数为0.3~0.4次/(槽·d)。

在上述的各种技术条件当中，有主有次。由于各种技术条件都是互相紧密地联系着的，所以在生产操作上应该把它们有机地配合起来。而且，这些技术条件并不是固定不变的，必要时可根据具体情况作适当调整。如果需要改变其中的一个条件或几个条件，就必须同时考虑是否需要改变其他的条件。把各种技术条件适当地配合起来，可以保证电解槽正常运行，并可获得优良的生产指标。

铝电解槽的生产指标，最重要的是生产率和电耗率两项。增加铝产量和节省电能是当前铝工业生产上的关键问题。

5.7.3　电解槽的加工操作

铝电解生产连续进行，电解槽内的氧化铝不断发生电化学反应，分解生成铝液。电解槽内氧化铝数量和浓度随之不断减少，需要按时间向电解槽内添加氧化铝。电解槽的加工，一方面是补充槽内氧化铝含量，使电解质中铝离子浓度保持在一定的范围内，以保证电解生产的正常进行。另一方面是槽内炉膛和技术条件经常发生变化，需要借加工操作来调整与生产不相适应的炉膛和技术条件，消除和防止对生产不利的因素，这些工作通常称为电解槽的加工操作。

目前，电解槽的加工制度普遍采用无效应加工制度。具体的加料方式根据电解槽的类型不同而不同。边部加料预焙槽采用间断加料方式，它通过联合机组在电解槽的边部进行加料；中间下料预焙槽采用半连续加料方式，它是通过装在电解槽的纵向中央部位上的自动打壳下料装

图 5-15 预焙电解槽中间下料示意图

置加料。山东铝业股份有限公司电解铝厂 80kA 预焙槽采用中间自动打壳下料，如图 5-15 所示。

5.7.3.1 边部加料预焙槽的加工操作

边部下料预焙槽实行定时加工，隔一定时间对电解槽进行一次加料。间隔时间的长短应根据电解槽的容量、技术条件等因素确定。一般边部加工预焙槽实行 2h 加工制，即每隔 2h 进行一次加料操作。当技术条件或电解槽运行状况发生变化时（如升电流或降电流、槽帮上口空、槽底沉淀多、效应频繁等），可以根据具体情况改变加工制度。长时间改变加工制度应由分厂或工段批准，临时调整由大组长或小组长确定。

(1) 加工方法　根据电解槽的运行状况，采用不同的加工方法是保证电解槽正常生产的重要措施。由于不同的打壳部位及加工的深度，加工方法有边部加工、大加工和局部加工三种方法。一般来讲，为保证良好的加工质量，加工时需要有三名电解工配合操作。为了能正确确定加工方法，保证加工质量，在加工前必须对电解槽运行状况做好认真检查，做好加工前的准备工作。

(2) 加工前的准备工作　加工前的准备工作首先要确认加工面，电解槽有两个大加工面，每次加工时，只能加工一个大面，两个加工面应交替进行。检查电解槽状况，根据其具体情况，确定具体的加工方法。检查的主要内容有电解质水平、槽子上口状况、炉底沉淀、槽温等。准备好操作工具，主要包括漏铲、铁锹、墩子、扫帚等。如加工时需要向槽内添加阳极残块上的氧化铝块、电解质块等要提前将它们运到电解槽前备用。

(3) 加工使用的工具　加工使用的工具包括漏铲、铁锹、墩子、小推车、扫帚等。

漏铲形状如图 5-16 所示，是加工常用的工具之一。其主要用途是刮阳极、捞炭渣、浇阳极、处理沉淀及大加工时翻动氧化铝块。墩子形状如图 5-17 所示，它是用来人工击打氧化铝壳面使之破碎的一种工具，还常用其打火眼、打出铝洞、打取试料洞等。小推车是推运物料、炭渣、垃圾的工具。扫帚是用来清扫卫生及撒落的物料。

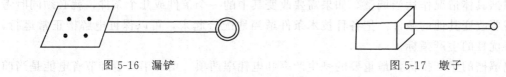

图 5-16　漏铲　　　　　　　　　　图 5-17　墩子

(4) 加工操作方法　大加工、边部加工、局部加工的操作方法，适用的范围各不相同，现分述如下。

① 大加工　所谓大加工是把确定的加工面壳全部打开，要从槽子边部打到阳极边缘，并用漏铲将打掉的氧化铝面壳扒到炉帮上口靠住。防止壳块滑入阳极下面或沉入槽底，然后浇好阳极，再加氧化铝，以形成新的面壳。这种加工方法下料量多、散热量大，要求操作迅速。因而多适用于炉膛未建立或上口过空的电解槽上。在电解质水平和温度偏高的电解槽上也可采用。

大加工的操作方法如下。

a. 用联合机组将加工面上的氧化铝面壳全部打成大小不等的碎块，并要打到边、打到角。

b. 用漏铲将碎的氧化铝面壳块从加工面的一端逐一翻到炉帮上口靠住，上口过空的地方可多靠一些（漏铲的正确使用姿势为一手在前握住漏铲杆的中部，一手在后握住漏铲杆末端的圆环），操作中注意不要将氧化铝面壳块推到阳极底掌下。

c. 如有阳极氧化处要浇阳极（浇阳极就是将阳极氧化处粘挂一层电解质薄膜，隔绝阳极面料块与空气直接接触，减缓其氧化速度），其操作方法为：将漏铲头平放在阳极氧化处附近的电解质中，一手握住漏铲杆的圆环，将电解质飞溅到阳极氧化处。

d. 如局部处仍然过空，可加残极上的氧化铝块补充。

e. 用镦子将翻到炉帮处高出槽沿板的氧化铝块打平。

f. 机组开始放新鲜氧化铝。为防止下料速度过快，下料过程中用铁锹挡一下，以减缓下料的冲击，或将料先下到槽沿板上，然后用铁锹传到壳面上，并将壳面的氧化铝平整好。

g. 用镦子打出火眼，规范的火眼应为4个，在四角第二、三组阳极间，距阳极10cm处打火眼。使用镦子的正确姿势是一手在上用力，一手在下，掌心向里把握方向。

h. 调整工作电压至要求保持的电压范围内。

i. 清扫作业现场及附近的卫生。

② 边部加工　边部加工是普遍采用的一种正常加工方法，该法实质是不打掉和阳极连接的面壳，只将靠近槽沿板边部的面壳打开15～20cm，然后下料，重新结成面壳。该加工方法的特点是工作量小、下料量少、散热量小、槽温比较稳定，能够促进炉底沉淀的熔化和上口炉帮的维护，适用于勤加工、少下料的加工制度。尤其是电解槽伸腿宽大、沉淀多的情况下采用该法更有利。

边部加工操作方法比较简单，联合机组在前面打壳，电解工在后面用镦子进行补充，调整加工，局部上口空，可加残极上的氧化铝块；机组加工结束开始下料，下料完毕后，平整好炉面，打好火眼，调整好槽工作电压，清扫卫生即可。

③ 局部加工　局部加工是一种辅助性加工方法。当电解槽局部上口过空，或为防止阳极效应发生都可以局部加工。其操作方法根据电解槽具体情况，参照大加工和边部加工操作方法进行。

5.7.3.2　中间下料预焙槽的连续打壳下料

中间下料预焙槽的打壳下料是采用定点、半连续自动打壳加料制度。打壳下料系统实现了机械化自动化，采用计算机控制，减轻了工人劳动强度，提高了劳动生产率，同时能够将电解质中的氧化铝浓度控制在一个较稳定的范围内，有利于稳定电解生产，提高电流效率。另外，中间下料预焙槽的密闭性较强，有利于阳极气体的回收，有利于改善作业环境。

打壳下料装置是中间下料槽上部结构中重要组成部分，它对于完成电解生产过程，适应一定范围的工艺技术条件关系极大。正确掌握和操作打壳下料装置对保证中间下料厂预焙槽生产的稳定是非常重要的。

5.7.3.3　辅助加工

中间下料预焙槽因出铝和技术条件变化而引起的塌壳、边部壳面的裂缝、炉帮空、壳面与电解质之间空隙大等，会使电解槽热量损失较多，为此需进行周期性边部辅助加工。这种加工是将边部的壳面及隆起的壳面打掉，将残极上的氧化铝壳块破碎后加到边部，再盖上氧化铝。其加工程序是：①将槽控箱的开关搬到停槽位置；②摘下大面的槽罩垛好；③将破碎的残极上氧化铝块推到两大边处；④用打壳机打下边部壳面；⑤往边部加破碎的氧化铝壳块；⑥加一层氧化铝保温料；⑦打好火眼；⑧调整好槽电压；⑨清扫卫生，盖好槽罩。

5.7.4　阳极效应及其处理

铝电解发生阳极效应时具有以下特征：槽电压急剧升高达30～50V，火眼冒出的火苗颜色由蓝变紫，进而变黄，阳极周边的电解质停止沸腾，在电解质与阳极接触周边有细小的弧光在闪烁。同时与电解槽并联的效应信号灯变亮,效应警铃也响起来。因此,工厂里直呼阳极效应为"灯亮"。

发生阳极效应的机理比较复杂,人们认识尚未达到完全统一。在这里我们不探讨阳极效应发生的机理,只讨论一下阳极效应发生的可能性及处理方法。

实践指出,当电解质中的氧化铝含量低于1%~2%时,就可能发生阳极效应。在下列情况下容易造成氧化铝浓度低于1%~2%。①电解加工时下料不足;②电解质温度低,氧化铝在电解质中溶解度降低;③电解质水平低,电解质数量少,溶于电解质中的氧化铝数量少;④加工时间滞后。

发生阳极效应,会增加电能和原材料的消耗,影响原铝质量,引起系列电流波动,增加工作量,恶化环境。所以电解槽发生阳极效应时要及时熄灭。在工厂里为熄灭阳极效应通常采取使阴阳两极局部短路的办法。熄灭效应可采用大耙、漏铲和木棒,以大耙、漏铲熄灭效应较为合理。使用木棒熄灭效应易加剧铝的二次反应,降低电流效率,在方法不当的情况下,也易造成电解质发黏、电解质与铝液界限不清。但大型预焙槽由于阳极面积大,且为多组阳极块构成,所以很难用大耙、漏铲熄灭。国外有采用计算机控制升降阳极的方法熄灭效应的,目前国内采用木棒熄灭阳极效应。其操作方法为:

① 用镦子在氧化铝壳面上打一个处理效应洞,效应洞尽可能打在沉淀少的地方,其大小以一组阳极宽度为宜;

② 等待3~5min,借以提高槽温,有利于效应的熄灭;

③ 将熄灭阳极效应用的杆子斜插到电解槽铝水内,注意不要插到两组阳极缝隙中;

④ 待槽电压恢复到正常电压左右,抽出熄灭效应的杆子;

⑤ 用氧化铝盖好效应洞,调整好工作电压。

电解槽发生阳极效应时,电解槽内的沉淀、炉帮有一部分将返回电解质中,增大电解质中氧化铝浓度。所以,如果效应发生的时间距离下次加工时间较近时,可减少一次加工作业,如果距下次加工时间较长时,熄灭效应后到下次加工前的中间,进行调整加工,以增加电解质中氧化铝浓度。中间下料预焙槽可进行手动打壳下料,补充电解质中的氧化铝浓度。

电解槽的温度正常、电解质水平适当,由于缺少氧化铝而发生的阳极效应,属于正常阳极效应,正常阳极效应电压为30~50V,效应易熄灭。在实际生产中,还有几种不正常的阳极效应,需区别对待处理。

5.7.5 槽工作电压的保持与调整

槽工作电压指阳极母线至阴极母线之间的电压,它是由与电解槽并联的直流电压表来显示。

槽工作电压由以下几部分组成:极化电压、阳极电压降、电解质电压降、阴极电压降、母线电压降。极化电压是为完成电化学反应所需要的电压,其变化甚小。除极化电压外,其余几项可统称为导体电压降。在工业电解槽上,可以独立地随意改变的电压降是电解质电压降。这部分电压降可以通过改变极距来调整,所以平时调整槽的工作电压,都是通过升降阳极调整极距来达到调整槽工作电压的目的。

电解槽的槽工作电压保持有一定标准,这一标准的制定是以维持槽内热能平衡为原则的,因为槽电压常随生产操作而变动,因此,槽工作电压只能控制在一定的范围,大型预焙电解槽一般控制在3.8~4.2V。正常生产时各台电解槽的槽电压值保持在上述范围内,并根据运行状况、阴极压降大小等因素进行调整。若阴极压降大,槽电压要保持适当高一点以保证有足够的极距;若电解质温度低、阳极效应频繁或有瞬时阳极效应发生时,电压可比正常槽高 0.05~0.1V；若铝水平高，电解质水平低，炉膛渐长，电压可比正常槽高 0.05~0.1V；若炉膛规整，电解质水平高，电解质干净而炉膛渐化，槽工作电压可比正常槽低 0.05~0.1V；若电压有轻微摆动，抬高电压至电压表不摆动为止，但最高不能超过 5.0V，并查找电压摆动的原因，待消除原因后，逐渐将电压降至正常；出铝后的槽工作电压要比正常槽高出 0.1~0.2V，保持 2h 以后再降为正常。

5.7.6 电解场所的日常管理

铝电解生产除要求在安全生产的前提下实现高产低耗外，还要有一个整洁、文明的工作场所，实现文明生产。这不仅可以振奋人们的精神，而且也是安全生产和获得良好经济技术指标的重要保证，也是电解工人的日常工作内容之一。

(1) 电解槽的维护　电解槽维护的标准为氧化铝壳面平整，阳极上的保温料要充足，火眼整齐，阳极无氧化，钢爪不红，槽罩完整。

氧化铝壳面对电解槽起保温作用。壳面上氧化铝要平整，厚度要均匀，氧化铝壳面口与槽沿板要有明显的分界线，新换阳极块处的壳面上不能堆积大量氧化铝。平整壳的工作随电解槽加工同时进行，加工时用铁锹将新下到壳面上的氧化铝平整好，高出平面的氧化铝面壳用錾子打平。

阳极上的保温料要充足，这是减少阳极热损失和阳极氧化的重要措施。一般要求阳极上的保温料在 10cm 以上。阳极保温料要在阳极换块后及时加好。加保温料的要求是三块阳极炭块上的保温料厚度一致，不能只加在外面两块上而不加里边的一块。

火眼是阳极气体排出槽外的通口处。每台电解槽要求有 4 个火眼，其位置在两大面四角第二、三组阳极之间，如该处的阳极为新换块，可将火眼向槽子中部移动。在正常生产过程中，有时火眼被电解质和炭渣堵死，要经常检查，发现火眼堵塞时要及时打开。打火眼所用工具是錾子，操作时除要配戴好完整的劳保护品外，人不要站在正对火眼的位置上，要向左或右偏一点，因为打火眼瞬间，由于阳极气体突然排出，会将炭渣带出喷射得很远，很容易造成烫伤，尤其是在 4 个火眼全部堵住的槽子上作业更应注意。

电解生产要求阳极不氧化、钢爪不红，如出现阳极氧化现象，加工时要浇阳极，如阳极顶部氧化要加盖保温料。钢爪发红会导致阳极掉块，平时要认真检查。检查阳极底掌是否有氧化铝壳块或脏物，阳极是否出现下滑或长包等，并采取相应措施进行处理。

除进行边部加工、出铝、换阳极块等作业外，电解槽的槽罩必须完整，这是提高电解槽的集气率、改善厂房环境卫生的重要保证，也是文明生产的重要内容。

(2) 卫生清扫　电解厂房所用物料大多为粉末状，颗粒小、易飞扬，每次加工后，电解槽的四周及地面会落有大量的物料，应及时进行清扫。清扫所用工具有竹扫帚和拖布，清扫的物料如不是很脏的，可以直接加入电解槽内；若很脏可运往母槽使用。无母槽时要将脏料存放到指定地点，供以后使用。对电解槽大梁和水平罩上的灰尘也需要定期清扫，同时保持好大组休息室及厂房周围的卫生，做到文明生产。

(3) 物料及工具堆放　电解厂房内存放的物料有氟化盐、电解质块等，所有物料要存放在既不影响交通和生产操作，又不影响使用的地方，电解槽周围不要存放物料。电解厂房所用工具有大耙、漏铲、大勺、试料模、錾子、铁钎子、铁锹、扫帚等。大耙、漏铲等长工具要放到厂房内的工具架上，铁锹、扫帚、錾子、钎子要在电解槽前摆放好。电解厂房的工具不能乱扔、乱放，也不准拿到厂房外面、电解工休息室及易受潮的地方，以防使用时爆炸伤人。

5.7.7 电解槽的日常检查与判断

电解槽平稳生产是获得良好经济效益的先决条件。为此，必须要经常对电解槽进行检查与判断，以便及时采取措施加以调整，实现平稳、高效、低耗的目标。

(1) 铝电解槽正常生产的特征　生产中的电解槽炉膛内形有以下三种类型，如图 5-18 所示。

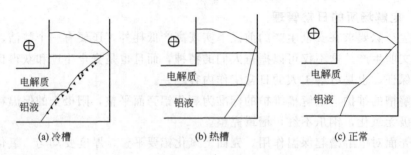

图 5-18　生产中的电解槽炉膛内形

① 图 5-18(a) 所示为冷槽，伸腿肥大延伸到阳极底掌下，槽内铝水平高，电解质冷缩。

② 图 5-18(b) 所示为热槽，伸腿薄而短，槽内铝液面积大，电解质升高。以上两种炉膛内形的电解槽其电流效率都降低。

③ 图 5-18(c) 所示为正常炉膛内形，边部结壳均匀地分布在阳极的正投影周围，铝液被挤在槽中央部位。具有这种炉膛内形的电解槽其电流效率高。

(2) 电解槽的日常检查与判断　电解槽生产是否正常，一般有两种方法加以判断。

第一种方法用化验分析、仪表测量来确定，如电解质成分、电解质温度、阴极压降等；第二种方法是凭经验用眼睛观察或借助简单工具来检查判断的，如火眼的火苗颜色、电解质在槽内的沸腾情况、炉膛内伸腿情况、槽内沉淀等。这里着重讨论后一种判断方法。

日常电解槽的检查，主要是用眼观察及用铁钎子进行检查。观察及检查的主要项目包括火苗颜色、炭渣分离状况、电解质颜色、炉膛状况、沉淀多少、电解质与铝液分界线、阳极工作状态、氧化铝结壳、槽电压等。检查时间可在平时，也可在电解槽加工及阳极效应时检查。

① 火苗颜色的判断　正常槽从火眼喷冒出来的火苗长而有力，火焰呈淡紫色或略带黄线。冷槽的火苗为蓝中带白。热槽的火苗是黄色。若火苗呈浓黄色，且火苗断断续续，时冒时回，则说明出现病槽或电压不稳定。

② 火眼周围状况的判断　主要用肉眼观察火眼周围炭渣喷射的远近及炭渣颗粒的粗细。一般来讲，炭渣喷射得远而且干净，说明电解槽内炭渣分离状况好。

③ 氧化铝壳面的判断　正常槽的氧化铝壳面完整。不结壳或结不住壳的为热槽。结壳厚而硬的槽电解质分子比高，结壳薄而软的槽电解质分子比低。

④ 阳极状况的判断　正常槽的阳极上应当有足够的氧化铝保温料，阳极不氧化钢爪不红。若阳极氧化说明温度偏高或阳极材料抗氧化能力差，阳极上保温料少。钢爪发红说明电流分布不均。

⑤ 槽电压的判断　正常生产时槽电压应当是稳定的，如出现电压波动说明槽内铝水不稳定，有局部短路现象。

以上 5 项是平常随时用肉眼可以观察到的。除此之外，还可以用铁钎子对电解槽进行检查，通过检查到的或看到、感觉到的来判断槽子运行的状况。用铁钎子检查槽子的情况大致有以下几个方面。

① 检查铝水平与电解质水平　检查铝水平与电解质水平时观察铝液与电解质的分界线与钎子颜色。正常槽的电解质与铝液分界清晰。热槽的分界线模糊不清，且挂在铁钎子上的电解质发亮，严重时还冒白烟。

② 观察炭渣分离情况　正常槽的炭渣能很好地从电解质中分离出来。如果炭渣分离得不好，则说明电解质对炭的湿润性大，电解质黏度大，比电阻大。

③ 观察电解质的颜色与清洁度　电解质呈亮黄色，说明电解质为碱性，分子比高，如果电解质呈暗红色，说明电解质呈酸性，分子比低。

④ 观察阳极工作状况即阳极周边电解质沸腾情况　正常槽的电解质应当均匀沸腾。如果电解质不沸腾，则说明该处的阳极工作不好。

⑤ 用铁钎子检查炉底沉淀情况　炉底沉淀多时，钎子头部有黏着物，炉底压降增大，且容易形成热槽。

⑥ 用铁钎子检查炉膛内形　包括电解槽上口空否、伸腿软硬、伸腿下部延伸位置、四角伸腿的位置，以此来判断炉膛内形属于哪一类。如果铁钎子接触炉底或伸腿有发滑感，说明槽温低。如果有"沙沙"感，说明槽温正常。

5.7.8　病槽及其处理

在铝电解生产中，由于正常的生产技术条件被破坏，形成了病槽，此时生产指标恶化，铝的质量降低，原材料消耗增高，劳动量增大，严重时导致生产事故。

电解生产中常见的病槽有：冷槽、热槽、压槽、滚铝、电解质含碳、电解质生成碳化铝等。

5.7.8.1　冷槽及其处理

电解槽在生产运行中，由于热收入小于热支出，使电解温度低于正常温度而形成冷槽。冷槽的初期对生产影响不太大，但如果发现较晚且处理不及时，便很快地转变成热槽，对生产会产生较大的影响。

(1) 冷槽的外观特征　电解质水平明显下降，黏度增大，流动性差，电解质颜色发红，火苗呈淡蓝紫色，软弱无力，同时氧化铝壳面厚而硬，上口炉帮长死，阳极效应提前发生，次数频繁，效应电压高达 60～80V。炉底有大量沉淀产生，炉膛内伸腿大而发滑。

(2) 冷槽产生的原因

① 由于热量收入不足而引起。主要是系列电压超负荷等原因造成系列电流大幅度下降或极距保持过低，使热收入减少。

② 由于热支出的增加而引起。主要是由于铝水平过高，铝液量大导致热量支出过多或是电解质水平过低，添加的氧化铝量多；加工时炉面敞开时间过长，引起电解温度急剧下降，或是阳极与壳面上保温料严重不足，造成炉内热量大量损失所造成的。

(3) 冷槽的处理方法　根据冷槽产生的原因，可采取相应的处理方法：

① 加强保温，在阳极上和氧化铝壳面上多加保温料，减少热量损失；

② 适当降低铝水平，减少传导热损失，但要注意防止压槽的发生；

③ 适当提高槽电压，减少加工次数；

④ 根据情况灌入一部分温度较高的液态电解质，补充槽内电解质量的不足，提高槽温和保持热稳定性；

⑤ 对温度过低的电解槽发生阳极效应时可以多持续些时间，以增加热收入；

⑥ 如槽内沉淀过多，要打洞处理沉淀，减少加工次数；

⑦ 调整供电制度，保持电流平稳或调整与供电制度不适应的技术条件。

5.7.8.2 热槽及其处理

在高于正常电解温度下进行生产的电解槽称为热槽。热槽是最常见的病槽。热槽一开始就对生产指标有严重影响，同时恶化工作环境。

(1) 热槽的外观特征　电解质颜色发亮，挥发厉害，火苗黄而无力，电解质与炭渣分离不清，火眼喷出的气体含有细小的炭黑落在氧化铝壳面上。热槽初期，炉面结壳薄而不完整，严重时炉面几乎消失，并冒有云雾状的白烟。炉膛内，侧部炉帮过空，伸腿变小或变软，炉底稀，沉淀增多。用铁钎子插到槽内测量，取出后分不清铝水与电解质的界线，铁钎子尖端烧成白热甚至有冒烟现象。发生阳极效应时效应灯泡暗淡而滞后。

(2) 热槽产生的原因　热槽产生的原因有以下 7 种可能。

① 可能是极距保持过高，极距高两极间发热量增大，槽内热收入过多，使电解质温度升高。极距过高反映到槽电压上是电压偏高。造成极距过高的原因有两种情况，一是电压表有误差或电压表接线接触不良，从而造成电压表显示数与实际不符。这种情况一般在槽子开始发热时经过校表就能发现。另一种情况是槽电压人为地保持高，没有及时降阳极，这种情况只要加强责任心，并坚持"勤蹓、勤看、勤调整"的电压管理原则就可及时发现并消除。

② 可能是极距过低引起。在铝电解中除发生氧化铝电解生产金属铝的主反应外，还存在许多副反应，其中之一是在阴极上已经析出的铝与在阴极区的二氧化碳发生二次反应，使铝损失。二次反应是降低电流效率的主要原因。这个反应是一个放热反应，当极距过低时该反应加剧，铝的损失增多，同时放出大量的热使电解槽变热。

③ 可能是电解槽内铝水平过低，存铝量少，散热量小，造成热槽。

④ 可能是由于电解质水平低，造成氧化铝在电解质中熔解能力下降，炉底生成大量沉淀，引起炉底反热。电解质水平低、热稳定性差，这本身就容易形成热槽。

⑤ 可能是由于电流分布不均匀，造成局部电流集中，形成局部过热的现象。

⑥ 可能是阳极效应发现不及时或处理方法不当，效应时间持续过长形成热槽。

⑦ 可能是由于冷槽处理不及时而转化成热槽。因为冷槽的特点是电解温度低，电解质萎缩，处理不及时就易在槽内造成大量沉淀而转化成热槽。

(3) 热槽的处理方法　发现热槽后首先要认真检查槽子，正确判断产生的原因，对症处理，否则不但不能恢复正常，还可能引起更严重的后果。

对槽子的检查包括电解质水平，铝水平及炉底沉淀，炉膛变化，槽电压的保持情况；测量电压表是否存在误差；测量阳极电流分布情况，并查看工作记录，了解该槽加工、效应情况，作出判断，针对具体情况采取适当的处理方法。

① 因极距保持过高引起的热槽，只要将极距降至正常，并配以适宜的降温措施即可。如上口空，可以加入一些砸碎的残极上的氧化铝块，也可以加一些电解质块。如果电解质水平够高但发热，可采取换块加工的方法。加工前从电解槽内取 2~4 箱电解质出来，加工时再向槽内加 2~4 箱冷的电解质块。如极距保持高是因电压表不准或接线不好造成的，要在处理热槽同时更换电压表，消除产生电压误差的外因。

② 因极距过低引起的热槽，首先要将极距调至正常。电解质水平低时要提高电解质水平，最好灌液体电解质。槽内沉淀多时要处理沉淀，同时要刮阳极，防止阳极底掌与沉淀接触，造成电流分布不均匀。

③ 因槽内铝水平低而产生的热槽，可向槽内加固体铝，也可灌液体铝。加铝之前要扒净沉淀，并检查电解质是否够高，以免因加铝造成电解质水平回缩。

④ 因电解质水平低使槽内生成大量沉淀引起槽子发热，要采取措施提高电解质水平，处理好沉淀，保持热稳定性。

⑤ 因电流分布不均匀形成的热槽，要查找产生电流分布不匀的原因并采取措施消除之。如阳极某部分与沉淀接触要处理沉淀。如发现阳极长包或掉块，尽量将包打掉或换块。

⑥ 由冷槽恶化转变成热槽，要分析好原因，参照前面所述的方法及时处理。

5.7.8.3　压槽及其处理

压槽有两种情况：一是极距压得过低，二是阳极压在结壳或沉淀上。压槽如果处理不及时，很容易引起阳极长包、阳极掉块、热槽、电解质含碳和不灭效应等。

(1) 压槽的外观特征　火苗黄、软弱无力，并时冒时回；电压摆动，有时会自动上升；沿阳极周围的电解质有局部沸腾微弱或不沸腾现象；阳极与沉淀接触处的电解质温度很高，而且发黏，炭渣分离不清，有时向外冒白条状物。

(2) 压槽产生的原因　压槽产生的原因，并不单纯与铝液水平和电压低有关，更主要是取决于电解槽的炉膛内形、沉淀和结壳的情况，有时个别槽即使保持很高电压也可能出现压槽现象。所以，对炉膛内形不规整、伸腿宽大且沉淀多的电解槽，在出铝过程中必须时刻注意压槽问题。

(3) 压槽的处理方法　极距过低造成的压槽，要抬高阳极，使电解质均匀沸腾。如果槽温过高，可按一般热槽处理。阳极底掌与沉淀或结壳接触产生的压槽，首先必须抬高阳极，使之脱离接触，刮好该处阳极底掌。电解质低时要灌电解质，必要时采取灌入铝液，淹没沉淀或结壳。在槽电压稳定的前提下可以处理沉淀，规整炉膛，然后按一般热槽加以处理。出铝时出现压槽，要立即停止出铝，抬起阳极，如果电压摆动且有滚铝现象，将铝液倒回一部分使电压稳定。或者找出炉帮过空之处，将打下的面壳和大块电解质补砸好，使铝液增高。

5.7.8.4　滚铝及其处理

滚铝是电解槽内铝液从槽底泛上来，或一股巨流喷射到槽外的现象。滚铝有时还伴有响声。

(1) 滚铝的外观特征　由于铝液的波动，而使电解槽局部存在短路，外观上表现为电压摆动、火苗时冒时回，同时在槽壁上可以观察到泛上来的铝水，有时会听到响声。

(2) 产生滚铝的原因　滚铝是由于电解槽内磁场发生改变而造成的。槽膛畸形，槽底上结壳分布不均，一端特别肥大并有大量沉淀，而电解槽局部又过空。电解槽内铝水平过低，造成铝液中水平电流密度增大，在电磁场的作用下发生滚铝现象。

(3) 处理方法　发生轻微滚铝可适当提高阳极，并用残极上氧化铝块或电解质块塞住过空处，一般不处理沉淀。滚铝较为严重时，可向槽内灌注液体铝，以提高铝液水平。滚铝槽要防止添加粉状氧化铝、冰晶石，以免被铝液卷入槽底形成沉淀。

5.7.9　电解质含碳及其处理

电解槽在正常生产过程中，阳极脱落的炭粒漂浮在电解质表面上。由于某种原因使电解质性能发生改变，炭粒却包含在电解质里即形成了电解质含碳。它属于热槽中比较严重的一种。

(1) 电解质含碳的特征　电解质温度很高，发黏，流动性极差，表面无炭渣漂浮，且火苗黄而无力，火眼无炭渣喷出，有时"冒烟"。电解质含碳处不沸腾，周围有较弱的涌动，电解质比电阻增大，槽电压升高。含碳不太严重时局部不结壳，严重时全部不结壳，可见到有条状混合物从阳极底掌排出。

(2) 电解质含碳的原因　含碳原因主要是由于极距过低，温度过高，电解质脏而造成。

尤其是在压槽时,最易引起电解质含碳。单纯的温度高是不容易形成电解质含碳的。

(3) 电解质含碳的处理方法

① 立即抬高阳极,直至含碳处电解质沸腾为止。

② 局部含碳时不要轻易搅动电解质,控制含碳范围不使其蔓延。可用大块电解质块将局部含碳处围起来,把已含碳的电解质取出来。

③ 如电解质水平低时要灌入新鲜电解质。

④ 为改善电解质性能及降低电解质表面温度,要向含碳处添加冰晶石和氟化铝的混合料。

⑤ 为降低槽内电解质温度,可向槽内加固体铝,固体铝要加在边部。

⑥ 为加速消除含碳现象,可用大耙将阳极底掌附着的脏物刮出来,刮时要稳,大耙要轻入轻出,避免搅动以防扩散。

⑦ 当炭渣从电解质中分离出来后,要及时捞出,避免重新进入电解质中。

⑧ 随着炭渣的分离,槽电压会自动下降,在炭渣没有彻底分离出来前不能下降阳极,以免出现反复。

⑨ 在处理电解质含碳过程中,不能向槽内添加氧化铝,同时要避免阳极效应的发生,否则会使含碳更加难以处理。

5.7.10 电解质生成碳化铝及其处理

电解质中生成大量碳化铝（Al_4C_3）,在实际生产中极为少见,但一旦发生就会严重地破坏正常生产过程,在处理过程中要消耗大量原材料和人力。

(1) 电解质含碳化铝的特征　生成碳化铝的电解质呈稀粥状,停止沸腾,在阳极周围蠕动,有时向外喷出白亮而黏稠的混合物。槽温升高,炉面上结壳结不住,电解质呈白热状态,比电阻增大,槽电压自动升高,电解质表面冒"白烟"。从槽内取出的电解质,冷却后其断面呈黑色,其中含有黄色的碳化铝小颗粒。

(2) 碳化铝生成的原因　在电解槽正常生产时期,碳化铝的生成多半是由于槽内局部过热而造成。特别是当电解质含碳处理不及时或不当,就可以在电解质过热最严重的地方首先生成碳化铝。碳化铝生成时放出大量的热,同时该处比电阻急剧增高,进一步加剧碳化铝的生成,如不严加控制,很快就会蔓延全槽。

(3) 电解质含碳化铝的处理方法

① 首先抬高阳极,尽可能使阳极工作,电解质沸腾。

② 把稀粥状的含碳化铝的电解质取出来,并将附在阳极下面的白热状脏物刮净,然后补充清洁的电解质,但应注意不要搅动电解质,以免扩散。

③ 由于含碳化铝的电解质熔化冰晶石的能力减弱,所以为了净化电解质和降低槽温,添加冰晶石时要勤加、少加,要加在比较干净的电解质上或阳极周围,不要加在含碳化铝的地方。

④ 含碳化铝的电解槽不要添加液体铝,以防将生成的碳化铝压入槽底。

⑤ 在采取上述措施均无效时,可采取全部更换电解质的办法。如果仍然无效,只有停槽。

5.7.11 电解生产过程中的常见事故及其处理

5.7.11.1 难灭效应及其处理

熔盐铝电解生产发生阳极效应是正常的,如果各项工艺技术条件选择和控制得好,管理得当,阳极效应将会周期性地发生,这样的效应容易熄灭。如果各项工艺技术条件选择不当和管理操作失误，就会发生异常效应，难灭效应就是其中的一种。其特点是效应发生后数小时甚至十几个小时不熄灭，效应的延续时间长，这种不易熄灭的效应称为难灭效应。

(1) 难灭效应产生的原因 一是电解质含碳，二是电解质中含有悬浮的氧化铝。难灭效应的实质是电解质不清洁、温度高，使电解质性质发生变化，对阳极的湿润性恶化所致。

电解质含碳所引起的难灭效应多在电解槽开动初期发生。启动时温度掌握不当，过高或过低。脏的原材料添加太多使电解质变脏、温度升高、电压降增大、对阳极的湿润性差等原因造成含碳，此时发生的效应一般都很难熄灭。

正常生产情况下，发生难灭效应绝大部分是因电解质中氧化铝过饱和，并含有悬浮的氧化铝所造成的。电解质中出现悬浮氧化铝的原因如下。

① 在电解槽发生效应时，由于电解质温度低，电解质水平低，熄灭效应方法不当，人为造成下冷料过多，使其中一部分氧化铝悬浮于电解质中。

② 出铝过多，使槽内结壳沉淀露出铝液镜面，由于铝液的波动而使沉淀涌进电解质中造成氧化铝过饱和。

③ 炉膛极不规整，炉底结壳较大，局部极距小，当效应发生时，磁场的变化引起电流分配不匀，导致局部电流过于集中，促使电解质和铝液的运动加速，冲刷炉帮，卷起沉淀带入电解质中，形成悬浮氧化铝。

(2) 处理难灭效应的方法 处理难灭效应必须沉着冷静分析产生的原因，采取正确的方法抓住有利时机及时熄灭。否则，将使效应时间更为延长。

① 因电解质含碳引起的难灭效应，首先要处理电解质含碳，待含碳范围缩小及减弱，温度下降，炭渣基本分离出来后，立即熄灭效应。应该注意，当含碳的电解槽发生效应时，必须及时处理，不能等温度过高再去处理，这将失去有利时机而延长效应时间。更不要频繁熄灭，这样效应不但回不去，反而使炭渣更不易分离，含碳更加严重。

② 因出铝后铝水平低而发生的难灭效应，必须抬高阳极，向槽内灌入铝液或在沉淀少的地方加铝锭，将炉底沉淀和结壳盖住，并加入电解质或冰晶石，稀释和溶解电解质中的过饱和氧化铝，降低温度，待电压稳定、温度适当时即可熄灭。

③ 因炉膛形状不规整、沉淀多等原因引起的难灭效应，要抬高阳极，局部炉帮空时可用电解质块补炉帮，待电压稳定后即可将效应熄灭。沉淀多或人为造成电解质中悬浮氧化铝多引起难灭效应，要灌注液体电解质，增加电解质容量，加速悬浮氧化铝在电解质中的溶解速度，待温度和电解质的性质改善后，电压趋于平稳后即可将效应熄灭。

若上述措施都不生效，可以采用降低系列电流或停电的方法迫使效应熄灭，这是不得已而为之的办法，一般情况下不采用。

难灭效应的发生对生产极为不利，处理效应时会消耗大量物料，使各项生产经济指标显著下降，甚至还会造成人身和设备事故，影响整个生产秩序。因此必须加强管理，避免发生难灭效应。预防的措施如下。

① 新启动的电解槽，一定要掌握好电解质温度，保持好电压，不要加入大量的脏料、杂铝渣和炉底结壳等物资。因为新开槽温度较高，炭渣分离得不好，在高温下，槽内衬排出的各种气体、沥青烟及灰分、阳极氧化脱落的炭粒等，大部分都浮在阳极底掌的下面，如果人为地再大量加入脏料及炉底结壳块等就使电解质更脏，其炭渣分离更困难，容易发生电解质含碳引起难灭效应。

② 正常生产的电解槽要加强管理，保持规整的炉膛和干净的炉底，炉底没有结壳和过多的沉淀，使电流分布均匀，电解质和铝液循环运动平稳，减少悬浮氧化铝。

③ 正确选择工艺技术条件，严格掌握出铝量，保持槽内铝水平稳定，选择适当的电压值并保持，保证热平衡制度的稳定。做到上述几点后，难灭效应是可以预防的。

5.7.11.2 漏槽及其处理

漏槽（漏炉）有两种情况：一种电解槽的底部炭块和内衬破损比较严重，阴极钢棒熔化，铝液从阴极钢棒的窗口处漏出，这种漏炉称为底部漏炉；另一种是电解槽的底部和侧部内衬完好，由于管理和操作不当，从侧部炭砖的顶部或缝间、槽壳的上沿、沿板的下部跑电解质和铝液，一般称为侧部漏槽。

(1) 漏炉的原因　新开槽发生底部漏炉有三种原因：

① 筑炉材料质量不符合要求，筑炉质量差，电解槽启动后出现炭块剥离、裂缝、渗铝等引起漏炉；

② 筑炉时底糊质量不符合规定，扎固得不实、黏结不牢引起起层、渗铝和漏炉；

③ 电解槽启动前焙烧温度低且不均匀，没有达到启动要求，强行启动，使电解温度急骤升高，造成电解槽的炭块剥离、内衬变形，产生裂缝而出现渗铝、漏炉。

另外，对已经发现破损的电解槽，由于管理得不细，没有准确地掌握破损的部位、破损的程度和铝液中出铁量等因素，采取的措施不得力，造成漏炉。侧部漏炉的原因主要是加工质量问题，没有打住边角部，局部炉帮过空、电流密度增大，造成侧部漏炉。

(2) 漏炉的处理　因筑炉质量和筑炉材料质量问题而造成的在新开的电解槽灌铝时发现渗铝及漏炉，应立即停工灌铝，查找渗漏的部位。根据损坏程度，可以用镁砂、氟化钙掺和沉淀堵住漏洞及裂缝，重新灌铝、焙烧；如果无效，只能停槽重新修复，进行二次启动。对槽龄已过的破损槽，一旦发生底部漏炉，首先要控制住槽电压不超过 5V，及时下降阳极，如果有个别阳极组下部伸腿大或有炉底结壳，阳极降不下去，要摘掉这部阳极块，防止顶坏滚动丝杠影响升降阳极。准备好木棒插入电解槽内，使阴阳极短路，防止效应发生。摘下漏炉部位的阳极块，用镁砂、氟化钙、氧化铝块以及沉淀、电解质块等掺和氧化铝料进行堵塞，把铝水和电解质挤出破损部位。同时要注意防止漏出的铝水、电解质冲刷地沟母线。渗漏堵住后，可灌入液体铝，破损部位的四周可加入适当的固体铝，降低该部位的温度。电解质水平低时灌液体电解质或加冰晶石，逐渐把电压降到正常。摘掉的阳极块暂不接上，每个作业班将破损部位加工 1～2 次，防止化开，这样可维持生产。如果上述措施处理仍然无效或该槽槽龄已超，破损严重已无修复价值时，可以停电进行停槽处理。若是侧部漏炉，要检查漏炉的部位，观察跑的是铝水还是电解质，若是跑电解质，一般是上部漏，不要急于降电压，电压不超过 5V 就可以。若含有铝水，有可能下部渗漏，要注意看住电压，保持在 5V 以下，同时打开壳面，用面壳块、氟化钙、氧化铝和电解质块等物料掺和沿槽壳边捣固扎实。电解质流失太多时，要调整电解质水平，将电压逐渐恢复正常。

(3) 漏炉的预防　铝电解槽出现漏炉会给正常生产带来损失，且容易发生人身伤亡和设备事故，消耗大量的人力、物力，因此要加强日常管理，做到防患于未然。

停槽大修的电解槽要加强检查，实行各道工序质量合格证制度，保证电解槽的大修质量。电解槽启动前，通电焙烧时间为 5～7d（预焙槽），焙烧的温度要均匀，槽四角温度在 700℃ 以上，再按常规启动电解槽，坚决防止蛮干。对已经破损的电解槽，要详细检查，准确地确定部位，掌握破损程度，能修补要用镁砂、氟化钙掺和沉淀补到破损部位，修补后不要检查碰动，取铝试料分析，检查修补效果。另外，从电解槽发现破损开始（铝液含铁量突然大幅度地增加为破损的先兆），计算出铝中的含铁量，累计接近或超过一根阴极钢棒的 2/3 重量时，要特别重视，做出计划，安排停槽，防止漏炉事故的发生。

5.7.12 大跑电解质的原因及其处理

在电解生产中，由于设备失灵、操作失误以及工艺条件等变化因素而造成的大跑电解质，会使电解槽内电解质水平过低，影响正常的生产。

(1) 大跑电解质产生的原因　电解槽长期处于热行程状态，槽内温度升高，侧部炉帮空且熔化得很薄，局部化开或上口较空，发现不及时导致电解质大量跑出，或是槽膛内形不规整，引起电流分布不均匀，局部电流密度大，将侧部炉帮熔化，发现不及时造成跑电解质；或是由于设备失灵或误操作，如电动机抱闸失灵、阳极开关粘连，引起阳极在其自身重量的作用下自动下滑，或该升阳极误操作为下降阳极，将槽内电解质挤出槽外；再是由于加工制度不合理和加工质量不好以及效应处理不当，使效应时间过长，烧化炉帮造成大跑电解质。

(2) 大跑电解质处理方法　如果是上口跑电解质，可适当抬高一些阳极，把上口空处的炉帮修补好，同时将跑出的冷却电解质块加到炉帮空处，不要加到氧化铝壳面上。电解槽大跑电解质损失大量的热量时，适当抬高阳极可增加电解槽的热收入。堵住漏口后，若电解槽内电解质水平过低，可以灌入液体电解质 1~2t，如果没有液体电解质可将壳面打开，捞出氧化铝块，加入冰晶石 1.5~2t，待冰晶石熔化后再添加一层氧化铝保温料。一般不要加过量的固体电解质，因为电解槽大跑电解质后，要散失大量的热量，使电解槽变冷，如再加入大量的固体电解质，将导致电解温度更低，破坏电解槽的热稳定，产生大量沉淀，最后转化成热槽，对生产是不利的。如果不具备添加电解质或冰晶石的条件，可以停止加工，等待阳极效应，在阳极效应发生后，可以多烧 10~15min，以提高槽温多熔化出一些电解质来，再熄灭效应，并将壳面上没有熔化的电解质块，用镦子及漏铲推入电解质内，再加氧化铝保温料加强保温。待电解质水平恢复到正常水平后将电压降到正常保持的位置。

5.7.13 电解槽的破损与停槽

铝电解槽是在高温熔盐状态下进行工作的生产设备，它的阴极内衬无可避免地受到电解质和铝的侵蚀，以及侵蚀过程中所产生的应力作用而发生槽体变形和内衬破损。因此，电解槽的阴极使用周期通常是 2~5 年。大型槽的使用周期较短，中型槽较长。抚顺铝厂的 135kA 预焙槽其寿命一般为 3~4 年。电解槽在大修期间不生产，同时要耗费大量物料和人工。所以，从降低生产成本增加产量的观点出发，应加强电解槽的保养和维护，同时也要考虑生产周期太长时电解槽生产指标变坏的程度，通过综合平衡利弊后，确定其使用周期。

(1) 电解槽的破损及其原因　电解槽的破损通常是指阴极槽体破坏和损耗程度。从停槽清理内衬可以观察到阴极槽体破损的部位：①阴极炭块发生变形，炭块膨胀隆起，裂开或冲蚀坑穴，炭块之间的炭糊接缝处发生裂纹，在炭块和接缝中浸渍着碳化铝（Al_4C_3）、电解质和铝。②在炭块至导电棒的交界面上有凝固的电解质。③侧部炭块受到侵蚀，体积膨胀，其中渗透着铝和电解质。④槽壳变形，侧壁向外鼓出，上部较大，四角上抬，壳底有时呈船形。从上述现象可得出，引起阴极槽体破损的主要原因是处于高温状态下的阴极内衬，由于钠、电解质和铝液的侵蚀和渗透作用，使其发生变化的结果。

另外，阴极炭块质量和筑炉质量不佳，焙烧、启动制度不适当及生产不稳定，病槽多等都能促使阴极破损。其破损过程可概括如下：①在电解槽焙烧期间，阴极扎固炭缝产生裂纹。②开始电解后，由于钠的侵蚀作用，扎固炭缝变得酥松和破碎，使裂缝增大，铝液大量渗漏。③炭块受钠和电解质的侵蚀，体积膨胀向上隆起，引起炭块和扎固炭缝断裂，铝液从断裂缝隙进入炭块下部熔化阴极钢棒。

在预焙槽上还有一种特殊情形，就是在阴极扎固炭缝（横向炭缝为多）处，或阴极炭块上形成冲蚀坑穴。如图 5-19 所示，冲蚀坑穴形状是一种上大下小的喇叭状，当它逐渐向下延伸到阴极钢棒的时候，铝液溶解了铁，最终使钢棒熔化，电解槽被迫停槽。

(2) 延长阴极内衬的使用期　针对电解槽的阴极内衬破损的原因，延长阴极内衬的使用周期应当从提高阴极槽体的质量，强化生产过程中的技术管理两个方面入手。

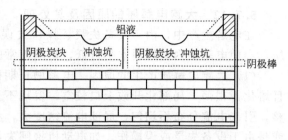

图 5-19　槽底上的冲蚀坑穴

① 提高阴极槽体质量　阴极槽体内衬要使用高质量的炭素材料，对阴极炭块的质量要求是在铝电解条件下，能够抵御钠、电解质和铝液的侵蚀作用，具有良好的导电性，即阴极压降产生的热量是补偿其散热量而不是加热铝液的。阴极炭块要具有一定的耐热性能和机械强度。此外炭块在储存、搬运过程中，不宜露天存放，不得受强烈振动和表面受潮；阴极扎固炭缝用的炭糊其配方应合理，具有较强的"黏结力"；提高炭块安装质量和改进炭块间的接缝方式；改善槽底保温材料的结构，在炭块下面敷设氧化铝保温层，一方面可以缓冲炭块向上隆起的作用力，另一方面可以加强槽底的保温能力，提高炭块自身温度，减小炭块上下面间的温度梯度，对延长阴极寿命有积极作用。

② 强化生产技术管理　采用合理的焙烧、启动制度，延长焙烧时间，提高阴极温度，调整好电流分布，避免局部过热，启动时要防止槽温骤冷骤热，防止产生阴极剥离、不灭效应等事故；启动后期的管理要防止冷槽和注意建立炉膛；电压下降速度要与电解温度相适应，保持足够的电解质；铝液不能增加过快，避免槽温急速下降；正常生产时选好各项技术条件，使用弱酸性电解质并添加 MgF_2 等添加剂，实行低温生产；减少病槽的发生；系列电流要保持稳定；尽可能避免电解槽二次开动。

5.7.14　电解槽的破损检查与停槽

电解槽经过一定时间生产后，发现槽底可能破损，必须进行细致、全面的检查。检查方法有两种：一是用铁钎子检查槽底。在直钎子的尖端弯成约 10cm 的直角钩，然后将该钎子的钩尖向下伸入阳极下面，按照底块和底缝的排列逐缝勾探，把有坑或有缝的部位逐一记录下来，确定破损部位的长度和深度。二是测量阴极电流分布和阴极钢棒的温度。一般说来，熔化的阴极钢棒的电流和温度都比正常钢棒要高些。

电解槽破损后，若管理得好还可以继续生产一段时间。对破损槽的管理要采取以下措施：保持较低的电解温度，减少电解温度波动；适当提高铝水平并保持铝水平的稳定，添加剂含量保持上限；不要在破损处扒沉淀；维持正常生产，减少病槽；也可以用镁砂、氟化钙和氧化铝沉淀在破损部位进行补炉。

在下列情况下可以考虑停槽。

① 阴极炭块破损严重，阴极钢棒被熔化，铝液中的铁含量增多。铁含量增多有两方面含义：一是原铝中铁含量特别高，二是铝液中铁含量并不十分高，但铁含量超出正常含量的持续时间长，累计比正常铁含量大。当然在计算出铁量时要扣除正常含铁量和铁工具熔化量。

② 阴极炭块向上隆起异常，造成电流分布不均，频频出现阳极掉块及病槽，电流效率显著降低。

③ 阴极电压降异常增大，造成电耗增多。

④ 阴极炭块分层剥落，造成操作困难。

⑤ 铝液从侧部或底部漏出即发生漏炉，可根据停槽标准考虑是否停槽。

5.7.15 常见预焙槽病态及处理

5.7.15.1 阳极长包

阳极长包就是阳极某一部位消耗速度迟缓，造成此部位的阳极以锥体形态凸出。出现阳极长包后，使各组阳极通过的电流分布不均，造成电压摆、阳极掉块等后果。一旦阳极包浸入铝液中，则电流经过该部分短路，大大降低了电流效率。

(1) 造成阳极长包的原因　其一由于阳极底掌某部分粘着导电不良的电解质沉淀所致；其二是当阳极某部分由于降阳极、出铝等作业与伸腿上的沉淀接触，沉淀黏在哪里、哪里便长包；其三是电解槽滚铝时，滚出来的铝液夹带沉淀物接触阳极底掌，使阳极底掌某部分被沉淀粘污；其四由于阳极没卡紧使阳极下沉粘上沉淀。由于电解质黏度大，槽内炭渣多且分离不好，随着电解质在槽内循环，大量炭渣集中在电解质中运动形成的旋涡里，粘在阳极底掌上，造成阳极消耗不好而长包。

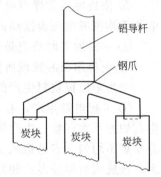

(2) 阳极长包的处理　发现阳极长包要视具体情况及时处理。

① 如阳极长的包较小，则用大耙刮掉即可，有时在将包刮掉后再将该组阳极向上提1～2cm。

② 如阳极长包较大，用大耙刮不掉，可将该组阳极从槽内拿出用镦子打掉后再重新安装上，并向上提1～2cm。

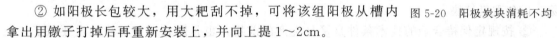

图 5-20　阳极炭块消耗不均

③ 如同一组阳极上，三块阳极出现了消耗不均现象（见图5-20），可将阳极吊出后，调转方向重新安上，即原在外面的那组转到里面去。

④ 如包长得很大而又打不掉或三块阳极严重消耗不均，可将该组阳极停止使用，送残极处理，重新换一组新阳极安上。

5.7.15.2 阳极掉块

阳极掉块是预焙阳极的又一种病态。它是由于阳极电流分布不均，在导电过多的阳极上，大量电能转化的热量使该组阳极炭碗中的磷生铁或钢爪很快熔化，使整个阳极块脱落坠于电解槽中。

出现阳极掉块其后果严重：

① 熔化的磷生铁水流入槽内污染原铝质量；

② 出现阳极掉块会使阳极电流分布更加趋向不均，电流有可能集中到另一组阳极上，如处理不及时便可能造成连锁反应，即产生多组阳极掉块，以至于被迫停槽；

③ 阳极掉块将增加工作量；

④ 阳极掉块将增加预焙块的消耗。

(1) 阳极掉块的原因

① 阳极组装质量不好，引起阳极掉块。在阳极组装过程中，炭碗中的焦粉没有清理干净，一组阳极中的六个钢爪高度不一，造成个别钢爪伸入炭碗内很浅，这样的阳极组在生产过程中都极易掉块。

② 由于阳极氧化严重，磷铁碗周围的炭块全部氧化掉，造成阳极掉块。

阳极氧化严重的原因：

a. 炭块本身抗氧化性能差；b. 预焙阳极上的氧化铝保温料少；c. 电解槽温度高；d. 炉膛不规整，使阳极电流分布不均从而造成阳极掉块；e. 电压保持不当，造成长时间压槽，阳极与伸腿或沉淀接触；f. 阳极安装时下得过深或卡具没有卡紧，造成阳极下沉；g. 电解质水平过高，电解质全部淹没炭块（俗称电解质上炕），此时发生阳极效应也易造成阳极掉块。

(2) 阳极掉块的发现与预防　发生阳极掉块要及早发现，及时处理，尽量减少掉块的危害。掉块的发现途径是：

① 检查钢爪，掉块原因之一就是电流分布不均，某组阳极通过电流过多，引起磷化铁，造成掉块时在掉块前或掉块初期伴有钢爪发红的现象，故要加强对钢爪的检查；

② 阳极掉块处火苗变黄，通过检查火苗变化也可以发现阳极掉块；

③ 阳极掉块常伴有电压摆动，故发现某槽电压摆动时，要测定阳极电流分布，对偏离电流平均值或电压表摆动的阳极组要用工具检查，察看是否掉块；

④ 平时加工时检查是否阳极掉块；

⑤ 更换阳极时发现所换阳极组及其邻近阳极组是否掉块。

发生阳极掉块对生产的危害性很大，平时要采取有效措施积极预防。

① 平稳电解生产，有一个规整的炉膛，使电流分布均匀。在实际生产中阳极掉块多发生在炉膛不太规整、生产波动不大的槽子上。这种槽稳定性差，当发生阳极掉块后会使电流分布更不均匀，容易造成多组阳极掉块。有时因炉膛不规整，会使某组阳极通过的电流偏多，造成该组阳极多次掉块。所以当发生阳极掉块后，首先要找产生掉块的原因，及时消除，以免重复掉块。

② 按规定保持合理的技术条件是平稳生产的前提，也是防止阳极掉块的重要保证，尤其以槽电压的保持更重要。在实际生产中，因槽电压保持不当造成阳极掉块是常见的。槽电压保持过低造成压槽，使电流分布不均造成掉块。由于槽电压低使电解质下缩，炉底沉淀增多，电解槽进入热行程，加剧了阳极掉块的发生。在生产中曾发生过因槽电压长时间保持不当，在一台槽子上出现 8 组阳极掉块的事故。

③ 严格按规定生产和组装预焙阳极，加强生产过程的检查。凡没达到技术质量标准的预焙阳极块不能使用。

④ 加强阳极日常管理与维护是预防阳极掉块的又一措施，主要包括将阳极氧化部位浇好；阳极顶部盖好保温料；对阳极底掌脏、槽内渣多的电解，要刮好阳极，捞好炭渣，提高阳极换块质量，防止氧化铝块落入附近阳极下面；加强对阳极的检查，发现红钢爪时要及时处理。

(3) 阳极掉块的处理　当发现阳极掉块时，要组织力量进行处理。将该部分壳面打开，将阳极吊出槽外，用大耙将脱落在槽内的阳极块捞出，并扒净落入槽内的氧化铝面壳块，选择适当的阳极安上。由于发生了掉块，不能按正常换块进行量定尺寸，确定安放高度用丁字尺。当阳极放入槽内后将丁字尺插入新换阳极与其邻近的一组阳极缝隙中，使两者底面处在同一水平面上，并将新换的阳极组向上提 1~2cm，紧好卡具即可。

新换阳极的选择原则是如果掉块阳极再有 1~2d 就到期，这组新阳极按一次正常计划换块。如其邻近阳极有当日新换块时，则需其他生产正常的电解槽上取出一组工作状态良好的热阳极换上。如掉块阳极距下次换块时间大于 3d，场房内有使用过的旧阳极块，则换旧阳极即可，无旧块时可新换块。同一槽子上连续发生几组阳极掉块，则不能全部换冷的阳极块上去，要将其他槽子上的热阳极换上一部分。

处理阳极掉块时一定要找出产生掉块的原因，如不消除造成掉块的原因，可能出现重复掉块。尤其在一个电解槽出现多组阳极掉块时尤为严重。如因病槽引起的阳极掉块，要首先处理病槽才能阻止掉块的发生。当发现钢爪发红掉块时，要及时进行检查，如扒沉淀、刮阳极或提阳极等。若发现磷铁已经开始熔化则不要马上提块，因这时提块会加速阳极掉块机会。此时可先将该组阳极进行断电处理，待温度下降后再提升。但断电处理并非上策，因该组阳极断电后会造成其他组阳极电流的增加，时间长了容易造成其他组阳极掉块。

5.7.16 铝电解中的电能节省

铝电解槽的电能消耗率是由平均电压与电流效率决定的，即

$$W = \frac{E_{平均}}{0.3356\gamma} [kW \cdot h/kg(Al)]$$

式中 W——每千克电解铝的电能消耗率，$kW \cdot h/kg(Al)$；

$E_{平均}$——铝电解槽的平均电压，V；

γ——电流效率。

由上式可以得知，降低平均电压与提高电流效率都能节省单位产品铝的电能消耗量。下面分别讨论。

(1) 提高电流效率 当前工业铝电解槽的电流效率是决定电能消耗的一个重要因素，目前平均而言，电流效率可达到 90%~92%，有的甚至达到 95%。实际上降低电解温度对于提高电流效率和减少电解槽的热量损失有很大帮助。

(2) 降低平均电压 降低平均电压的途径有以下几种：

① 减少导体的电阻，其原理是减少阳极、阴极、电解质、导电母线的电流密度，增大其电导率，或缩短其长度；

② 减少阳极效应；

③ 减少阳极和阴极的过电压。

(3) 减少电解槽的热损失量 在电流恒定的条件下，减少电解槽的热损失量是降低电压的先决条件。减少电解槽热损失量可采取下列办法：增大槽底部和阴极棒导出部位的保温能力，加强槽面特别是阳极炭块上面的保温。

(4) 节省电能的展望 目前设计的电解槽应该都是保温的。采用保温设计，可以明显降低槽电压。缩短极距，可以降低槽电压，而缩短极距的有效方法是采用惰性阴极，例如 TiB_2 阴极。因为 TiB_2 阴极既是良导体，又能被铝湿润，用它做阴极，则槽内不必有一厚层铝液。此情况下，铝液的波动问题可以基本上得到解决，从而可使极距较大幅度地缩短。

另外，采用惰性阳极，阳极上将析出的是 O_2，阳极处于不消耗状态，同时，阳极上的过电压较小。因为阳极底掌是平的，从而可以使阳极到阴极之间的距离缩短，从而使电解质的电压得以降低。采用惰性阳极的电解槽上，阳极经久耐用，电解槽可以完全封闭，从而可减少烟气净化的投资和维护费用，达到电解槽的节能降耗的目的。

5.7.17 铝电解槽的计算机控制

铝工业近年来最有意义的进展便是使用计算机来控制电解生产过程，并实现生产操作的自动化，使操作人员从繁重的体力劳动中解放出来，同时使生产成本降低。在电解厂房内采用计算机来控制生产状态和生产操作是很方便的，因为许多台电解槽都采用同样的程序，而受它控制的高度机械化的作业机，能够按照程序在每台电解槽的指定部位上从事打壳并添加氧化铝等作业。现代电解槽的大部分过程控制功能是由靠近电解槽的槽控机自动完成的，槽控机具备的控制功能包括：①原料输送，氧化铝添加，氟盐添加，电解质碎粒添加；②阳极升降控制，槽电阻控制，阳极电流分布检测，槽不稳定性检测和控制，阳极效应检测和熄

灭；③专项控制，例如阳极更换、出铝；④其他项目，例如自诊断，电解槽设备故障检测，槽前操作接口，进行与主机的通信。

槽控机与主机之间的工作任务包括：
① 主机每秒一次向每台槽控机提出询问；
② 主机每隔2s向每台槽控机播送一次电流强度值；
③ 每台槽控机每隔7min传送一次槽的过程数据。

列电流的测量与槽电压的测量同步进行，以便准确算出槽的似在电阻值。

注：在电解槽系列中，电压不是电阻与电流的简单乘积。实际上，电压很难用于电解槽控制，因为系列电流的微小变化所引起的槽电压，与氧化铝浓度或极距无关。如果是由于系列中同时发生几个阳极效应，或是由于稳流能力有限而发生电流波动，则实际上电压和电流之间的耦合是阻抗，计算时需要修正，因此，所用的槽电压称为似在电阻。

在现有的条件下，一些槽状态参数（例如槽电压和电流强度）以及它们随时间而变化的关系，都是自动控制的基础。但因电解温度高而且侵蚀性大，所以像电解质温度之类的重要参数尚未直接加以利用。这是一个值得研究的课题。

5.7.18 铸锭

铝电解槽产出的液体铝，经过净化、除渣和澄清之后，铸成商品铝锭，称为原铝。国际上规定，原铝的产量不包括配入的合金元素量和再熔的废屑量，只算由电解槽直接产出的铝量。原铝通常浇铸成普通铝锭或线锭，一部分原铝配成铝合金，铝合金浇铸成圆锭或板锭。

铝锭的外观呈银白色，表面无飞边、夹渣和较严重的气孔。

从电解槽抽出来的铝液中通常含有三类杂质：
① 金属和非金属元素——铁、硅、铜、钙、镁、钠、锂等，其中铁和硅是主要杂质；
② 非金属固态夹杂物——Al_2O_3、AlN 和 Al_4C_3；
③ 气体——H_2、CO_2、CO、CH_4 和 N_2，其中主要是 H_2。在660℃下，100g铝液中大约溶解 $0.2cm^3 H_2$。

如果铝液中存在金属杂质元素，则电阻率会增大。其中影响最大者为铬、钒、锰、锂、钛，影响最小者为镁、铜、硅、铁。非金属固态和气态杂质，使型材产生裂纹或气孔。所以，铝中的杂质是有害的，必须清除。

为清除铝液中的金属和非金属杂质，需要在铸锭之前进行熔剂净化和或气体净化。

熔剂净化主要是为清除铝中的非金属夹杂物。

气体净化是一种主要的净化方法。所用的气体是氯气，或者是氮气和氯气的混合气体。

用氯气净化铝液的原理是把干燥的氯气通入铝液中，使氯与铝中的金属杂质（如钠、锂、钙、镁等，它们的氯化物的生成自由能均比氯化铝的生成自由能更负）起反应，生成相应的氯化物而得以除去。同时，那些悬浮在铝液中的非金属夹杂物，例如 Al_2O_3、Al_4C_3 和炭粒等便吸附在氯化铝气泡上，上升到铝液表面上时，气泡破裂，分离出这些夹杂物。在此氯化过程中，铝液中的原子态氢也同氯气起反应，生成氯化氢气体而析出：

$$Cl_2 + 2[H] = 2HCl$$

铝在氯化时，反应生成大量热能。铝的氯化强度随温度升高而增大，因此宜选择适当氯化温度，以减少铝的氯化损失量。通常采用氯化温度750～770℃，时间15min。每吨铝大约耗用氯气 0.3～0.5kg，以 $AlCl_3$ 形态损失的铝量为 0.2kg。

现在铝工业上大多采用干燥的氯气与氮气的混合气体作铝液净化剂，以降低生产费用并减轻气体对环境的污染。氯气与氮气的配比一般为15：85（体积比）。

5.7.19　降低铝生产成本

铝生产成本的主要项目是原料和材料费、电力费、工资、折旧和管理费等。

① 原料和材料费约占原铝生产成本的45%～50%。其中，氧化铝占35%，炭阳极占10%，氟盐（冰晶石、氟化铝、添加剂等）占5%。减少原料和材料的机械损失，以及从废气和废旧内衬中回收氟盐可以节省原料。近年来，炭阳极价格上涨，故在生产中宜设法减少其消耗量并回收利用残极。

② 电力费用在原铝生产成本中所占的比重视电价而异。电价低廉者仅占30%，电价昂贵者可高达45%。减少电能消耗量，可从槽外和槽内两方面去解决。槽外，主要是减少母线中的电能损失；槽内，主要是减少电解质中的电能损失，为此需要降低电解温度，以求减少电解槽的热量损失。

③ 实行电解厂和加工厂的联合作用。一般铝电解厂，在铝锭铸造过程中损失铝量为0.4%～0.5%。而在另外的加工厂内需要把铝锭再熔，结果造成铝的双重损失。所以需要实行电解厂和加工厂的联合作业，把铝液（或把配成的铝合金液）直接浇铸成加工厂所需的坯锭，则可节省铝，又可节省能量。

④ 延长铝电解槽的使用寿命。槽龄的长短，直接影响铝生产的成本。一般中型电解槽，更换一次阴极内衬，耗资数万元，同时又停产一个月，经济损失甚大。所以，要求尽可能地延长电解槽的使用期。

⑤ 回收废铝。铝的使用周转期平均为20～30年。而一般饮料罐的使用周转期不过数月。回收废铝所需的能量大约占从矿石到原铝生产总共所需的5%。新屑的回收率约为70%。现在全世界回收的废铝量约占原铝总产量的30%。回收废铝意味着降低铝生产的成本。

思 考 题

1. 简述铝电解槽正常生产的特征。
2. 何谓槽膛内形？槽膛内形有何作用？
3. 何谓槽电压？槽电压过高或槽电压过低各有何危害？
4. 为何说工业电解槽内经常保持一层液体铝是有益的？
5. 何谓电解槽大加工？
6. 采用木棒熄灭阳极效应的操作步骤有哪些？
7. 电解槽维护的标准有哪些？
8. 生产中的电解槽炉膛内形有几种类型？各种类型的特点如何？
9. 冷槽的外观特征是什么？简述冷槽的处理方法。
10. 热槽的外观特征是什么？简述热槽的处理方法。
11. 电解质含碳的特征是什么？简述电解质含碳的原因。
12. 电解质含碳化铝的特征是什么？
13. 碳化铝生成的原因是什么？
14. 何谓大跑电解质？
15. 铝电解中的电能节省可以采取哪些措施？
16. 从电解槽抽出来的铝液中通常含有哪些杂质？

5.8 铝电解槽的污染治理

【内容导读】

本节介绍铝电解槽的烟气与粉尘及污染物的危害；铝电解槽的烟气收集系统、净化系统。

(1) 铝电解槽的烟气与粉尘　铝电解槽散发出来的污染物有气态和固态物质。气态污染物质的主要成分是氟化氢（HF）和二氧化硫（SO_2）。固态污染物质包括大颗粒物质（直径$>5\mu m$），主要是氧化铝、冰晶石和炭的粉尘；还有细颗粒的物质（亚微米颗粒），有电解质蒸气凝结而成，其中氟含量高达45%。上述几种污染物对人体和动植物有害，需要加以治理。一般规定，每吨铝的污染物（F）排放量不得超过1kg。在净化过程中回收的物质仍可返回应用于电解生产，因此气体净化与综合利用一举两得。

(2) 污染物的危害　铝电解槽的烟气产自炭阳极和高温电解液。炭阳极上产生的气体主要是CO_2（75%~80%，体积分数）和CO（20%~25%，体积分数），这些气体对环境是有害的。但是在烟气中还有多种其他污染物，对环境有很大的危害。

① 熔融电解质的蒸气。其主要质点是$NaAlF_4$、$(NaAlF_4)_2$和AlF_3。$NaAlF_4$在温度920℃以上分解成NaF和AlF_3，在680℃以下分解成亚冰晶石和氟化铝。

② 因电解质水解而产生的HF气体；发生阳极效应时产生的CH_4和C_2F_6气体。F使人产生氟骨病，并使植物枯萎和农作物减产。

③ 因阳极氧化而产生的SO_2气体。制造炭阳极的原料是油焦，油焦产自石油，石油中通常含有约3%的硫；故炭阳极中含有硫，因而产生SO_2气体。其实，SO_2气体对环境的污染程度并不比HF轻，现在铝工业上注意到了SO_2的危害性，正设法清除。

④ 随阳极气泡带出的电解质液滴。

⑤ 加料时产生的原料粉尘——固态的氧化铝、冰晶石和氟化铝。

(3) 烟气收集系统　铝电解槽散发出来的烟气，由槽上集气罩收集下来的，称为一次烟气；未经集气罩收集而直接进入电解厂房空气中者，称为二次烟气。一次烟气的体积较小，其中氟化物浓度较大；二次烟气的体积较大，其中氟化物浓度较小。收集一次烟气的设备系统，称为一次集气系统；收集二次烟气的设备系统，称为二次集气系统。

① 一次集气系统　预焙槽通常采用平板式罩子使其密闭，利用导气支管把罩子内的气体排送进入导气总管内，然后送入一次净化系统。

现代预焙槽在槽的中部打壳并加料，打壳和加料时不必打开罩子，因此集气效果较好。槽上罩子可收集95%~97%的污染物，氟的收集效率为96%。

② 二次集气系统　由于一次集气系统的密闭程度不能达到100%，再加上还有大量的热从电解槽散发出来，所以电解厂房内部必须有良好的通风，让外部的新鲜空气通过墙壁上的百叶窗口进入电解厂房，流经电解槽的操作地带，然后上升至天窗。未经槽罩收集的烟气与新鲜空气混合后，形成所谓二次烟气。这种二次烟气通常在天窗口排放。

(4) 烟气净化系统　铝电解槽的烟气净化系统分干式和湿式两类。

① 干式净化的原理和方法　铝电解用的原料为砂状氧化铝，对于气态氟化氢有吸附能力，可用作净化介质。

氧化铝对氟化氢的吸附主要是化学吸附。在吸附过程中，在氧化铝表面上生成单分子层吸附化合物，每个氧化铝分子吸附 2 个 HF 分子。根据 X 射线衍射测定，这种表面化合物在 300℃ 以上转化成 AlF_3 分子。这一过程的特点是速度快而不易解吸。用氧化铝来吸附氟化氢的效率可以高达 98%～99%。铝工业用的氧化铝，可因焙烧温度不同而使其比表面积和表面活性有所增大，从而对 HF 的吸附性能不同，其饱和含氟量通常为 1.5%～1.8%。这些基本特点，给应用氧化铝来净化含氟烟气提供了必要的条件。

从物理化学的观点来看，氧化铝对氟化氢的化学吸附过程分以下 4 个步骤：

a. HF 在气相中扩散；
b. HF 通过 Al_2O_3 表面气膜达到其表面单分子层；
c. HF 受 Al_2O_3 表面原子剩余价力的作用而被吸附；
d. 被吸附的 HF 与 Al_2O_3 发生化学反应，生成表面化合物 AlF_3：

$$Al_2O_3 + 6HF = 2AlF_3 + 3H_2O$$

在较低的温度下，有利于上述反应迅速向右侧推进。

干法净化系统通常是在烟气通过袋式过滤器进行收尘之前，使烟气在流化床或输送床中与氧化铝直接接触。流化床和输送床是一种强化手段，可改善气固两相的接触状况，使接触表面不断地更新，这对于减少气膜内的扩散阻力无疑是有益的。此外，烟气中的 HF 浓度越高，则气相传质的推动力越大，越有利于吸附过程的进行。所以，提高电解槽的密闭程度，避免空气漏入集气系统，对于提高吸收率是有利的。干法净化法目前已得到广泛的应用。

② 湿式洗涤塔　湿式洗涤塔对于清除可溶性气体（HF）具有很高的效率，而对于清除颗粒物质具有中等效率。洗涤塔的效率同烟气-洗涤液的接触装置中所耗用的能量多少成正比。湿式洗涤塔通常与静电收尘器联合使用。

在湿式净化系统中，通常用 5% 的苏打溶液去洗涤含氟气体。其原理是使 Na_2CO_3 与气体中的 HF 起反应，生成碳酸氢钠和氟化钠：

$$Na_2CO_3 + HF = NaF + NaHCO_3$$

苏打溶液在洗涤器内循环使用。可把 $NaF + NaHCO_3$ 溶液送至冰晶石合成槽，在那里与铝酸钠溶液起反应，合成冰晶石，冰晶石泥浆经沉降过滤后，送去干燥，得到无水冰晶石，可供铝电解之用。

对于电解槽中排放出来的烟气中因含有大量的 SO_2 气体，对人身和环境的危害性很大，需要在干式净化装置吸收 HF 之后，再加接上一个湿式洗涤塔，用碱液或海水来吸收剩余的 SO_2 气体。

思　考　题

1. 铝电解槽散发出来的气态污染物有哪些？固态物质污染物有哪些？
2. 何谓一次烟气？何谓二次烟气？
3. 简述干式净化的方法。

6 镁 冶 金

6.1 概 述

> 【内容导读】
> 本节主要介绍镁的物理性质、化学性质及各种用途；镁矿的种类以及我国镁矿的情况；金属镁生产的发展历史以及镁的制取方法、原理及工艺流程。

6.1.1 镁的性质和用途

(1) 镁的物理性质　镁是银白色轻金属，化学符号为 Mg，在元素周期表中属于ⅡA族。原子序数为 12，相对原子质量为 24.305，化合价为+2。镁在 20℃时的密度为 1.74g/cm³，为铁的 2/9、铝的 2/3，是最轻的金属结构材料。

镁无磁性，导热性好，无毒，属于密排六方晶格，能屏蔽电磁辐射、消振能力强，比阻尼容量为铝合金的 10~25 倍，能有效降低汽车振动和噪声；易于回收利用，有良好的疲劳强度；镁熔点、比热容和相变潜热比铝低，熔化耗能较少，凝固速度快。动力学黏度低，铸造充型好，其液态成型性能优越。

纯镁是柔软可锻的金属，铸造的镁抗拉强度约为 8MPa，锻造的镁则为 20MPa，其延伸率相应为 6%和 8%，布氏硬度为 30MPa 和 35MPa。

工业纯镁的力学性能很低，不能直接用于结构材料，但通过形变硬化、晶粒细化、合金化、热处理、镁合金与陶瓷相的复合等多种方法或这些方法的综合运用，镁的力学性能将会得到大幅度的改善。在这些方法中，镁的合金化是实际运用中最基本、最常用和最有效的强化途径，其他方法往往都建立在镁的合金化基础上。镁合金是镁的合金化产品，是目前使用最广泛的镁基材料。

(2) 镁的化学性质　镁的化学性质很活泼。固体镁在常温、干燥空气中，一般是比较稳定的，不易燃烧，但在熔融状态时，容易燃烧，并生成氧化镁 MgO。在 300℃时，镁与空气中的 N_2 作用生成氮化镁 Mg_3N_2，使镁表面成为棕黄色，并且温度达 600℃时，反应迅速。

镁在沸水中可与 H_2O 作用，使水释放出 H_2。

镁能溶解在无机酸（HCl、H_2SO_4、HNO_3、H_3PO_4）中，但能耐氢氟酸和铬酸的腐蚀。盐卤、硫化物、氮化物、碳酸氢钠（$NaHCO_3$）溶液对镁有侵蚀作用。镁在 NaOH 和 Na_2CO_3 溶液中是稳定的，但有机酸能破坏镁。镁能将许多氧化物（TiO_2、VO_2、LiO_2）和氯化物（$TiCl_4$、$ZrCl_4$）等还原。

镁和铁不形成合金，但铁在镁中的溶解度随温度增高而增大。

(3) 镁的用途　由于镁的密度小，合金性能强，可与其他金属构成机械性能优异、化学稳定性高、抗腐蚀力强的高强度轻合金，所以在现代工业中应用较广。

近年来，随着镁合金材料生产成本的降低、镁合金结构件成型工艺的进步和产品质量的提高，特别是随着环保标准越来越严格，人们对汽车等交通工具的能源消耗、废气污染和噪声限制不断提升，在同其他轻质材料的竞争中，镁合金已取得明显优势，再度受到汽车和航空工艺的青睐，被认为是 21 世纪交通工具减重的最理想、最实用的轻金属结构材料。

轻质结构材料在 20 世纪得到持续发展，这主要是由于灵活、轻及社会都市化和人的健康已成为人们选择新的替代材料的主要决定因素。而镁和镁合金恰恰符合人们的这种需要，它具有质轻、低污染、高阻尼性、可再生等优点，被誉为"新型绿色工程材料"，有可能成为继钢铁、铝之后的第三大实用金属材料。在目前世界范围之内，各种材料发展趋势放缓的情况下，镁和镁合金材料仍以每年 15% 以上的速度增长。

镁及镁合金的主要用途如下。

① 作为生产难熔金属的还原剂　如生产稀有金属钛、锆、铍、硼等，镁可做金属还原剂。

② 镁在铝合金中的应用　铝合金中增加镁，使合金更轻，强度更高，抗腐蚀性能更好，因此它广泛应用于航空、船舶及汽车工业、结构材料工业、电子技术、光学器件、精密机械工业。

③ 镁在球墨铸铁中的应用　镁在球墨铸铁中起着球化的作用，使铸件强度延展性更高。20 世纪 90 年代后，球墨铸铁在轻型卡车、客车中用量增加，每辆车用量均达 80kg 以上，为此镁在球墨铸铁中应用将逐年增大。生铁中加镁，可使铁中鳞片状石墨体球化，生铁的机械强度增加 1~3 倍，流动性增加 0.5~1.0 倍。

④ 镁在钢铁脱硫中的应用　镁正在成为整个北美钢铁生产中使钢脱硫的首要化学品，在欧洲采用镁作为脱硫剂的比例为 60%。这种方法工艺简单，镁对硫具有较好的亲和力，镁的这种独特性质，使钢铁企业能够在较低的成本下实现高产量、高质量，并能生产出如 HSLA 级的低硫钢，这种优质钢可用于汽车、设备和结构体中，很有前途。镁用于脱硫，不仅改善了钢的可铸性、延展性、焊接性和冲击韧性，而且降低了结构件的重量，这就进一步增加了镁在钢铁工业中的需求量。

⑤ 镁合金构件的应用将迅速增加　镁合金在汽车工业用途极广，美国福特公司在每台汽车上使用 103kg 镁合金，这是一个十分可观的数量。目前，摩托车、自行车也大量使用镁合金。

一种新型的高温下强度高、耐蚀性好的 AE43、AE42 镁合金应用于航天工业，其应用前途极大，其次在电子信息和仪表产业中，该合金也大有用武之地。

镁合金基复合材料是新开发的产品，以颗粒形碳化硅做加强相，主要效果是提高弹性模量达 40%，而密度只有 $0.2g/cm^3$，它具有更好的耐腐蚀性和较低的线膨胀系数。

由于通过采用降低电位实现控制电化学腐蚀的技术，镁牺牲阳极合金已广泛应用于油气管道、城市供水、供气管道、储罐的阴极保护，以及码头钢棒、混凝土基础、水工闸门等接地材料的电化学保护和船舶的阴极保护。镁牺牲阳极合金的应用在国内市场的需求量极大。

⑥ 作为高储能材料　镁在常压下大约 250℃ 和氢气作用生成 MgH_2，但在低压或稍高温度下又能释放氢，故具有储氢的作用。MgH_2 较一般金属氢化物储能高，所以镁可以作为高储能材料。

到目前，镁及其合金材料的开发应用已进入相对比较成熟的阶段，并已达到产业化的工业规模。其中北美是目前镁及合金材料用量最多的地区，其年发展速度约为 30%，而欧洲镁及镁合金产业的年发展速度达到了 60%。但比较来看，国外不同国家和地区对于镁及其合金材料的开发应用仍然存在较大的差异，其中表现突出的仍然集中在德国、俄罗斯、美国、加拿大、日本等对镁合金研究开发较早的国家。

自20世纪末以来，随着中国镁工业的崛起，世界镁工业生产格局被打破，一些国家镁工业的发展受到一定的阻碍。如面对中国金属镁的竞争优势，加拿大诺兰达采用先进技术新建的金属镁厂难以正常投产，澳大利亚拟建的新厂由于大股东撤资而无法建设，法国普基公司的金属镁厂也被迫关闭。而俄罗斯、乌克兰、以色列、挪威的金属镁生产企业为了自身生存，也企图通过种种手段对中国金属镁产品实施反倾销制裁，以寻求在国际市场占有一定份额。

今后镁工业的发展趋势是原镁生产与供应区域将继续向有资源、能源、劳动力及优惠政策、投资环境友好的区域转移，镁合金及其加工、成型技术的研发向深度、广度进军，主要将开展强化基础理论研究、各类新型合金的研发，新型铸造工艺及技术的开发与应用，变形加工工艺与技术的开发，以及新成型技术的研发。镁的多功能材料研发与应用已成为一种新的趋势。

6.1.2 镁矿资源

镁是地壳中分布较广的元素，占地壳总量的1.9%和海水总量的1.1%，仅次于氧、硅、铝、铁、钙、钠和钾，在结构金属中则次于铝和铁居第三位。在已知的1500种矿物中，含镁矿物占200种左右，在地球上几乎到处都可以找到镁的矿物。虽然镁矿物种类多，但生产金属镁的主要原料却只是白云石（$MgCO_3 \cdot CaCO_3$）、菱镁矿（$MgCO_3$）、光卤石（$MgCl_2 \cdot KCl \cdot 6H_2O$）、地下盐卤、盐湖水和海水，而目前主要是用白云石和菱镁矿。镁矿物的组成和性质如表6-1所示。

表6-1 镁矿物的组成和性质

矿物	分子式	镁含量(质量分数)/%	矿物	分子式	镁含量(质量分数)/%
硅酸镁：			硫酸镁：		
蛇纹石	$3MgO \cdot 2SiO_2 \cdot 2H_2O$	26.3	硫酸镁石	$MgSO_4 \cdot H_2O$	17.6
橄榄石	$(MgFe_2)SiO_4$	34.6	钾镁矾石	$MgSO_4 \cdot KCl \cdot 3H_2O$	9.8
滑石	$3MgO \cdot 4SiO_2 \cdot H_2O$	19.2	杂卤石	$MgSO_4 \cdot K_2SO_4 \cdot 2CaSO_4 \cdot 2H_2O$	4.0
碳酸镁：					
菱镁矿	$MgCO_3$	28.8	无水钾镁矾	$2MgSO_4 \cdot K_2SO_4$	11.7
白云石	$MgCO_3 \cdot CaCO_3$	13.2	白钠镁矾	$2MgSO_4 \cdot Na_2SO_4 \cdot 4H_2O$	7.0
氯化镁：					
水氯化镁	$MgCl_2 \cdot 6H_2O$	12.0			
光卤石	$MgCl_2 \cdot KCl \cdot 6H_2O$	8.8			

我国是世界上著名的"镁大国"，镁资源约占全球总量的70%。菱镁矿储量居世界首位，约占世界探明储量的1/4。此外，我国的白云石资源遍及全国各省区，并且青海盐湖中也含有大量的镁。目前世界原镁年产能力已超过550kt，2000年实际产量已达430kt左右。

占地球表面积70%的海洋也是一个天然的镁资源宝库，据预算，每立方米海水中约含有1.3kg的镁，海水中总的镁量约为2.3×10^{15}t，如果每年用海水生产100×10^4t镁，可以生产23万年。

因此在资源日益匮乏的当今年代，由于镁合金具有一系列优点和丰富储量，镁及合金成为"21世纪绿色结构材料"，也有人将镁合金作为"20世纪90年代以后的新型金属材料"。

6.1.3 镁的制取方法及工艺流程

6.1.3.1 金属镁生产的发展历史

金属镁从发现到现在经历了201年的历史（即1808~2009年），工业生产的年代已有

123 年（1886～2009 年）的历史。在这 123 年中，镁的发展分为三个阶段。

（1）化学法阶段　1808 年英国科学家 H. 戴维（Humphery Davy）首先从氯化镁中分馏出了镁。1829 年法国科学家布西等人开始尝试用钾蒸气还原氧化镁和还原氯化镁制取镁的方法，后又用还原熔融氧化镁制取金属镁。到了 19 世纪 60 年代，英国和美国才开始用化学法得到了多一点的镁。此阶段经历了 78 年（1808～1886 年），但没有形成工业规模。

（2）熔盐电解法阶段　1830 年英国科学家 M. 法拉第首先用电解熔融氯化镁方法制得了纯镁。1852 年 P. 本生在实验室里对电解法进行了较为详细的研究，并由试验研究走向工业生产，1885 年建立了工业电解槽。20 世纪 70 年代以来，盐水氯化镁在 HCl 气体中脱水-电解法成为当今具有先进水平的工艺方法。

（3）热还原法阶段　由于镁的需求量越来越大，光靠电解法生产镁不能满足镁的需求，所以许多科学家在化学法的基础上，研究了热还原法炼镁。氯化镁真空热还原法炼镁是 1913 年开始的。第一次用硅作还原剂还原氯化镁是 1924 年由安吉平和阿拉欠舍夫实现的。1932 年安吉平、阿拉欠舍夫用铝硅合金作还原剂还原氯化镁。1941 年加拿大多伦多大学教授 L. M. 皮江在渥太华建立了一个以硅铁还原煅烧白云石炼镁的实验工厂，并获得成功。1942 年加拿大政府在哈雷白云石矿建立了一个年产 5000t 金属镁的硅热法炼镁厂。皮江法炼镁成为工业炼镁的第二大方法。

1947 年法国着手研究了半连续生产的硅热法炼镁工艺流程，1950 年建立了扩大实验炉，1959 年建成了第一家日产 2t 镁的半连续硅热法镁厂，1971 年扩产为年产镁 9600t。半连续炼镁（即熔渣导电半连续还原炉）成为当今镁工业生产中具有先进水平的工艺方法之一。

生产金属镁的国家较多，如美国、俄罗斯、挪威、加拿大、中国等。在生产过程中各国都采用与本国矿产和能源相适应的炼镁方法。当前多数国家均利用白云石生产金属镁。

6.1.3.2　现代金属镁的生产方法

生产金属镁的方法有熔盐电解法和热还原法。前者的直接原料为氯化镁，后者的为氧化镁。

（1）熔盐电解法　电解法生产金属镁的方法很多，均以氯化镁为直接原料生产金属镁。依所用原料不同，原料准备方法可分为 4 种：道乌法（Dow Process），阿玛克斯法（Amax Process），诺斯克法（Norsk Hydro Process）和氧化镁氯化法。这些方法都是为制取氯化镁。

① 道乌法　道乌公司用海水做原料，提取 $Mg(OH)_2$，然后与盐酸起反应，生成氯化镁溶液，脱水后得 $MgCl_2 \cdot 2H_2O$，用作电解的原料。最后电解得镁。此法的主要工序包括：用石灰乳沉淀氢氧化镁；用盐酸处理氢氧化镁，得氯化镁溶液；氯化镁溶液的提纯与浓缩；电解含水的氯化镁 $[MgCl_2 \cdot (1～2)H_2O]$，制得纯镁。

② 阿玛克斯法　取美国大盐湖的卤水，在太阳池中浓缩，经进一步浓缩、提纯和脱水后，得到氯化镁，最后电解得镁。

③ 诺斯克法　所用原料或者是海水，或者是 $MgCl_2$ 含量高的卤水。跟道乌法不同的是：所得氢氧化镁不是用盐酸去氯化，而是加以煅烧，得到 MgO。MgO 与焦炭混合制团后，用电解槽产出的氯气去氯化，获得无水氯化镁。

诺斯克法的生产流程见图 6-1。

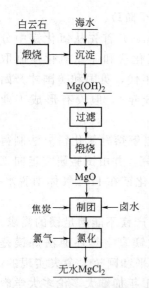

图 6-1 诺斯克炼镁流程

工艺流程如下：

白云石经破碎之后，在回转窑内煅烧到 1000℃，以排除所含的 CO_2。煅烧后的物料与海水混合，氧化镁逐渐溶解，生成 $Mg(OH)_2$ 泥浆。$Mg(OH)_2$ 泥浆在大型沉降槽内沉降，废液则返回海湾中。$Mg(OH)_2$ 泥浆在真空过滤器内过滤，滤饼在回转窑内煅烧，得到轻烧氧化镁，其中尚含有少量水分。一部分氧化镁供给纤维工业，大部分用于炼镁。所得轻烧氧化镁经磨碎后，与焦粉和卤水混合，制成直径为 1cm 的小球。经充分干燥后，在竖式电炉内氯化，温度为 1100~1200℃，使氧化镁转化成无水氯化镁。氯气主要来自电解槽，另外补给少量。无水氯化镁在 800℃ 下注入抬包中，然后运往电解厂房，在 750℃ 下加入电解槽进行电解。在炭阳极上析出氯气，同时在钢阴极上析出金属镁。阳极区是隔离的，以免氯气与镁发生逆反应。氯气从槽内抽出，然后返回去氯化氧化镁。金属镁每天或每隔一天抽送进入抬包内，运往再熔炉内去精炼，分离掉夹杂物之后，配入合金元素，然后在 700℃ 下浇铸成锭。铸锭时用 SO_2 或 S 和空气混合物保护，以免镁燃烧。

为了减少能量消耗并减轻环境污染，对原有工艺流程进行改进，建立了新的诺斯克法生产流程，流程中只用氯化镁卤水作原料，制取无水氯化镁。其生产流程见图 6-2。

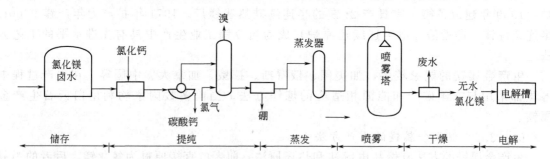

图 6-2 挪威诺斯克炼镁新工艺流程图

在此新流程中，利用制钾工业的卤水废液（其中含有氯化镁），制取无水氯化镁，然后电解。生产每吨镁，可得副产品氯气 2.9t。

工艺过程是先把卤水提纯，因为其中除了 30% $MgCl_2$ 之外，还有不少杂质，例如硼和硫，必须予以清除，以免影响电解的电流效率。氯化镁脱水是一个关键步骤，因为氯化镁会分解成氧化镁和氯化氢气体，氧化镁无助于电解过程，氯化氢则会使设备受到严重腐蚀。因此，卤水先经初步蒸发，然后喷入喷雾干燥塔内，使之转化成固态结块。产品的最后脱水是在氯化氢气氛中进行的。所得的无水氯化镁具有很大的吸水性，能吸收空气中的水分，因此在其运输和储存时必须妥善加以防护。镁电解槽的炉料都是对水很敏感的。在此新流程中，废弃了那种难于操作而又易形成污染源的氯化炉，代之以容易控制的在较大程度上自动化的密闭设备，从而避免了原料潮解和空气污染问题。另一优点是得到副产品氯气，它经过提纯后加以压缩，可以用来制造聚氯乙烯塑料。

④ 氧化镁氯化法　此法中利用天然菱镁矿，在温度 700~800℃ 下煅烧，得到活性较好的轻烧氧化镁。80% 的氧化镁要磨细到小于 0.144mm 的粒子，然后与炭素还原剂混合制团。炭素还原剂可选用褐煤，因其活性较好。团块炉料在竖式电炉中氯化，制取无水氯化镁。

(2) 硅热还原法　硅热还原法炼镁的基本原理是将硅铁与煅烧过的白云石矿石混合，并压成小块，装入钢蒸馏瓶内，在一定温度和相应的真空条件下，硅还原氧化镁生成金属镁蒸气，再经冷凝得到结晶镁。

硅热还原法，按照所用设备装置不同，可分为三种：皮江法（Pidgeon Process）、巴尔扎诺法（Balzano Process）和玛格尼法（Magnetherm Process）。

① 皮江法　首先将白云石煅烧后与硅铁、萤石混合制成球团，再在 1100℃真空炉内加热进行还原，生成镁蒸气及其他物质，再将镁蒸气冷凝回收铸成镁锭。用该方法生产金属镁耗能较高，生产操作繁重。其生产流程见图 6-3。

② 巴尔扎诺法　此法是从皮江法演化而来。将煅烧白云石和硅铁经过压团放入内热真空还原电炉内，以电加热（还原温度一般为 1250℃），镁金属蒸气在外部冷凝制成金属镁。

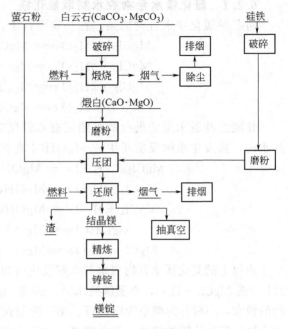

图 6-3　皮江法炼镁工艺流程

③ 玛格尼法　该方法是在带有炭石墨内衬和装设有固定石墨电极的密封电弧炉中，用硅铁还原制团的煅烧白云石，并添加铝土矿或氧化铝作助熔剂制取金属镁。该方法原料单耗较低，产量大，环境污染较少；缺点是产品质量差，硅含量高，非生产时间较长。

白云岩炼镁除上述方法外还有卧式真空石墨电阻还原炉硅热法、卧式炉硅热法等。

思　考　题

1. 除了书上介绍的镁的物理性质，你还能罗列出镁的其他物理性质吗？
2. 除了书上介绍的镁的化学性质，你还能罗列出镁的其他化学性质吗？
3. 对于镁的用途，你还知道有哪些？
4. 写出诺斯克法的生产流程。
5. 写出新的诺斯克法生产流程。

6.2　氯化镁的制取

【内容导读】

> 本节主要介绍氯化镁的制取。氯化镁的制取主要有氯化镁水合物脱水制取氯化镁和氧化镁氯化制取氯化镁两种工艺。

氯化镁的水合物有 $MgCl_2 \cdot 12H_2O$，$MgCl_2 \cdot 8H_2O(\alpha)$，$MgCl_2 \cdot 8H_2O(\beta)$，$MgCl_2 \cdot 8H_2O(\gamma)$，$MgCl_2 \cdot 6H_2O$，$MgCl_2 \cdot 4H_2O$，$MgCl_2 \cdot 2H_2O$ 及 $MgCl_2 \cdot H_2O$ 等，在室温下较稳定的是 $MgCl_2 \cdot 6H_2O$。

6.2.1 氯化镁水合物脱水制取氯化镁

将各种氯化镁水合物加热,在一定条件下,按下列各反应式进行脱水:

$$MgCl_2 \cdot 6H_2O \Longleftrightarrow MgCl_2 \cdot 4H_2O + 2H_2O(气) \tag{6-1}$$

$$MgCl_2 \cdot 4H_2O \Longleftrightarrow MgCl_2 \cdot 2H_2O + 2H_2O(气) \tag{6-2}$$

$$MgCl_2 \cdot 2H_2O \Longleftrightarrow MgCl_2 \cdot H_2O + H_2O(气) \tag{6-3}$$

$$MgCl_2 \cdot H_2O \Longleftrightarrow MgCl_2 + H_2O(气) \tag{6-4}$$

伴随这些脱水反应进行的可能还有水解反应,即在高温下氯化镁水合物脱去最后两个结晶水时,将发生水解反应而生成 MgOHCl 或 MgO,其反应如下:

$$MgCl_2 \cdot 2H_2O \Longleftrightarrow MgOHCl + HCl(气) + H_2O(气) \tag{6-5}$$

$$MgCl_2 \cdot H_2O \Longleftrightarrow MgOHCl + HCl(气) \tag{6-6}$$

$$MgCl_2 + H_2O \Longleftrightarrow MgOHCl + HCl(气) \tag{6-7}$$

$$MgOHCl \Longleftrightarrow MgO + HCl(气) \tag{6-8}$$

$$MgCl_2 + H_2O \Longleftrightarrow MgO + 2HCl(气) \tag{6-9}$$

由以上的氯化镁水合物脱水与水解反应可知,在热空气中加热水合物,只能脱到 $MgCl_2 \cdot 2H_2O$ 或 $MgCl_2 \cdot H_2O$,再继续脱水时,将使 $MgCl_2$ 严重的水解。因此工业上对于氯化镁水合物的脱水,一般分为两个阶段进行。第一阶段在热空气中将六水化合物脱至二水化合物或一水化合物;第二阶段再将二水化合物或一水化合物在 HCl 气流或 Cl_2 气流中进行脱水。

6.2.1.1 卤水的一次脱水

卤水是含 $MgCl_2$ 430g/L 的水溶液,含有 SO_4^{2-}、Br^-、MnO_2、$Fe(OH)_3$ 和 B_2O_3 等杂质。海水和盐湖提取 NaCl 和 KCl 的溶液就是卤水,也可以用盐酸与菱镁矿或蛇纹石等含 MgO 的矿物反应制取卤水。卤水炼镁是以卤水为原料,经过净化、浓缩和脱水,得到纯净无水氯化镁,然后在熔融状态下电解制取金属镁,简称卤水炼镁。

在实际生产中,对于用卤水制取无水 $MgCl_2$ 的过程也遵循同样的工艺原理,即采取在热空气中使卤水脱水制取 $MgCl_2 \cdot 2H_2O$ 或 $MgCl_2 \cdot H_2O$ 的过程,也就是所谓的卤水一次脱水。对于卤水的一次脱水,工业上一般采用喷雾脱水或喷雾沸腾造粒脱水,其工艺流程图如图 6-4 所示。

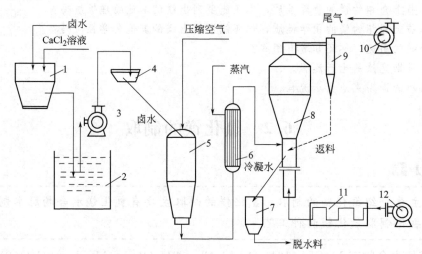

图 6-4 卤水一次脱水工艺流程图
1—脱硫槽;2—贮卤槽;3—卤水泵;4—过滤器;5—压卤罐;6—加热器;7—受料器;
8—脱水塔;9—旋风分离器;10—排风机;11—热风炉;12—鼓风机

6.2 氯化镁的制取

经过浓缩后的卤水，含 350~450g/L MgCl₂，1~4g/L MgSO₄ 及少量的 NaCl 与 KCl。由于硫酸根（SO_4^{2-}）是镁电解过程中极为有害的杂质，因此必须预先将它从卤水中除掉，通常是向卤水中加入 CaCl₂ 或 BaCl₂ 溶液，其添加量为按下述反应的理论量过量 30%。

$$CaCl_2 + MgSO_4 \rightleftharpoons MgCl_2 + CaSO_4 \downarrow$$
$$BaCl_2 + MgSO_4 \rightleftharpoons MgCl_2 + BaSO_4 \downarrow$$

为了提高脱水塔的产能，除硫后的卤水，在进入脱水塔之前，最好进行预热，经过预热后的卤水，再按不同的方法送入脱水塔中进行一次脱水。

(1) 喷雾脱水　经过预热后的卤水，用高压喷枪喷入脱水塔中，卤水经高压喷枪被雾化成极微小的液滴，这种细微的液滴，与送入脱水塔中的热风相遇，由于温度高，液滴便迅速蒸发脱水，变成粉状氯化镁水合物晶体。在工业生产中，热风温度控制在 450~550℃，脱水反应温度控制在 300℃ 左右，即可获得含 70%~80% MgCl₂，8%~12% H₂O，3%~5% MgO 的卤粉。

喷雾脱水塔如图 6-5 所示。

在上述条件下进行喷雾脱水所获得的卤粉，其容重小而且是极细的微粒。这样不仅容易造成输送管路的堵塞，而且这种微粒很不适于在沸腾床中氯化。因此，需在含 30%~45% MgCl₂，60%~65% H₂O 的盐卤中加胶凝剂，使其形成氯化镁胶状物，然后再进行喷雾脱水，即可获得容重大于 320g/L（比一般喷雾脱水料容重高 2~7 倍），含水量不大于 3% 的容重脱水氯化镁。

加入卤液中的胶凝剂是一种水合金属氧化物或水合金属碳酸盐。适于作胶凝剂的有氢氧化镁、氢氧化钠或碳酸镁。制取氢氧化镁胶凝剂的最有效的金属氧化物是煅烧菱镁矿时获得的氧化镁。

胶凝剂可预先单独制备，然后加到氯化镁盐卤中去，或者直接在氯化镁盐卤中形成。胶凝剂和氯化镁盐卤都要在高温条件下混合均匀，一般胶凝剂浆液的温度约 38℃，卤液温度 94℃，胶凝剂加入量为卤液量的 0.1%~10%，最好是 1.0%~5%，连续搅拌冷却，直到生成盐卤胶。

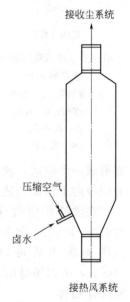

图 6-5　喷雾脱水塔示意图

卤水采用喷雾法脱水，由于热风温度高、气流速度大，脱水时所产生的水蒸气向气相中扩散的速度也增大，所以脱水速度快、产量高而且产品含水率低。但是热风数量与热风温度对脱水速度与产品质量的影响较大。当热风温度与卤水的喷雾量一定时，单位时间内蒸发的水量也一定，热风量多则塔内水蒸气分压低，这就有利于脱水。同时，热风量大，带入的热量多，在脱水温度相同的情况下，热风温度可以控制低些，这样可防止物料因为温度局部过高，从而引起物料熔融与水解反应的发生。

(2) 喷雾沸腾造粒脱水　喷雾脱水虽然产量高，产品中含水率低，但所得卤粉的粒度较细、飞扬损失大、劳动条件差。因此工业上对于卤水的一次脱水，采用喷雾沸腾造粒脱水，以便获得 1~3mm 的颗粒脱水料。

卤水用高压喷入脱水塔中，并黏附在预先加入脱水塔中处在沸腾状态的种子表面进行脱水，随着时间的延续，颗粒逐渐长大，当长大到 1~3mm 时，停止喷卤，再继续脱水一段时间，然后停止送入热风，进行出料。这种周期性的喷雾沸腾造粒脱水，生产能力较低，劳动强度大。工业上为了提高产能，采用连续喷雾沸腾造粒脱水，即将从尾气中回收的细小颗粒连续不断地加入脱水塔中作为种子，卤水喷入后便在种子表面进行脱水，经过喷雾沸腾脱水后的颗粒料，再由排料管排出。连续喷雾沸腾造粒脱水塔的结构如图6-6所示。

卤水不论是采用周期或连续的方法进行喷雾沸腾造粒脱水，由于脱水过程是卤液一层接着一层地黏附在颗粒料的表面进行脱水，因此包在颗粒内层的水分就不易排出，这就使产品的含水率较喷雾脱水法高。喷雾沸腾造粒脱水法的产品质量为 70%～75% $MgCl_2$，3%～5% MgO，25%～30% H_2O。

6.2.1.2　一次脱水料在氯化氢气流中脱水

卤水经过一次脱水后，可获得含 25%～30% H_2O、70%～75% $MgCl_2$ 的颗粒料（相当于 $MgCl_2 \cdot 2H_2O$ 料）或含 8%～12% H_2O、70%～80% $MgCl_2$ 的卤粉（相当于 $MgCl_2 \cdot H_2O$ 料）。若在热空气中继续脱水，必将发生严重的水解反应。工业生产中，通常是将这种物料在 HCl 气流中进行脱水。图 6-7 是一次脱水料在 HCl 气流中沸腾脱水的工艺流程图。

含 25%～30% $MgCl_2$ 溶液喷入喷雾塔 2 进行脱水，送入喷雾塔的热风温度为 537℃，脱水后废气排出温度为 190～343℃（具体取决于脱水深度）。被废气带走的物料由旋风收尘器 4 回收。经过喷雾脱水后的颗粒状物料（含 5% MgO，5% H_2O），由星形给料器 5 送入沸腾脱水器 7 中进行脱水，沸腾炉底部有一块气体分布板与底部形成一个空间，沸腾炉内装有一组电阻加热元件，HCl-H_2O 气体由导管送入炉内，通过分配板向上流动，使颗粒物料呈沸腾状态，并保持一定尺寸的沸腾层高度。

在沸腾炉中进行脱水时，沸腾温度为 226.6～400℃，最好为 260～343.3℃。经过沸腾脱水后可以获得基本上无水的 $MgCl_2$，由斜槽排出，进入熔炼炉 8 熔化成 $MgCl_2$ 熔体。

沸腾脱水的关键在于在反应温度下，HCl-H_2O 混合气体中 HCl∶H_2O 的比例。由于原料中所带入的水分，除少量可能残留于产物外，基本上可进入气相，所以必须有足够的有效 HCl 量才能使其不发生水解作用。为了降低 HCl 的消耗，应力求减少进料中的含水量。当进气中不含水分时，显然其所含 HCl 量都可以用来脱水，即全部为有效 HCl 量。若进气中含有一定量的水分，则这些水分需要一定量的 HCl 才能使其不对 $MgCl_2$ 发生水解作用。可见进气中 HCl 总量不变时，所含水分越少，有效

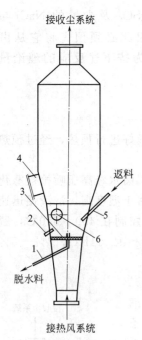

图 6-6　连续喷雾沸腾造粒脱水塔
1—排料管；2—喷嘴；
3—筛板；4—人孔；
5—返料管；
6—观察孔

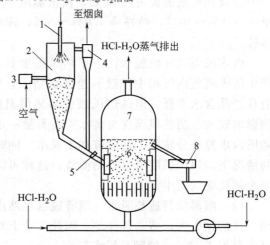

图 6-7　在 HCl 气流中沸腾脱水工艺流程图
1—喷嘴；2—喷雾脱水塔；3—空气加热器；4—旋风收尘器；5—星形给料器；6—电阻加热器；
7—沸腾脱水器；8—熔炼炉

HCl 的量越高。

为了保证物料在沸腾炉中处于良好的沸腾状态，只要气氛中能保持一定的 HCl、H_2O 的比例，也可以掺入适当的稀释气体。

采用氯盐解吸的方法可使 $MgCl_2$ 脱水后所得的含水 HCl 气体进行脱水，而达到 HCl 气体再生循环使用的目的。但在含水 HCl 气体再生回收过程中，生成物 HCl 气体的含水量，随冷却液温度的降低而减少，也随冷却液中溶解的 $MgCl_2$ 含量的增大而减少。在实际生产中含水 HCl 气体中最佳的 $MgCl_2$ 含量范围为 0～2%（质量分数），冷却液的温度为 20～40℃。

6.2.2 氧化镁氯化制取氯化镁

6.2.2.1 氧化镁氯化过程的基本原理

氧化镁的氯化，是一个可逆反应：

$$MgO + Cl_2 \rightleftharpoons MgCl_2 + \frac{1}{2}O_2 \tag{6-10}$$

金属镁是极易被氯化的。但与此相反，镁的氧化物 MgO 却属于最难氯化的金属氧化物。

实验研究表明，在低温下，反应(6-10)的氯化速度是极为缓慢的，因此只有当温度提高到 500℃甚至 700℃以上时，反应才具有工业生产上实际可以采用的速度。而从镁工业生产的角度来看，氯化过程除了反应应该具有足够快的速度，以保证氯化设备具有较大的产能以外，还必须利用氯化镁电解时所产生的阳极氯气。电解过程析出的阳极氯气，在净化与输送过程中，常被空气所稀释，其浓度通常为 75%～80%，或者更低。为了较好利用这种工业氯气，在氯化过程中选用了碳质还原剂参加氯化反应。

碳质还原剂在氯化过程中的作用，一是用以结合通入氯化炉的阳极氯气中所含的氧气，借以满足工业氯化所需要的高浓度氯气；二是用以结合氯化反应本身所产生的氧，以降低气相中氧的分压，保证氯化反应连续地向右进行。

在有碳参加时，氯化过程按如下反应进行：

$$MgO + C + Cl_2 \rightleftharpoons MgCl_2 + CO \tag{6-11}$$

$$2MgO + C + 2Cl_2 \rightleftharpoons 2MgCl_2 + CO_2 \tag{6-12}$$

反应(6-12)，可以被看做是反应(6-11)所产生的部分 CO 继续参加氯化反应的结果，即：

$$MgO + CO + Cl_2 \rightleftharpoons MgCl_2 + CO_2 \tag{6-13}$$

由此可知，氯化过程的速度及其完全程度，将由反应(6-11)和式(6-13)进行的情况所决定。在实际工业生产中，氯化反应进行得较完全的，且在有碳参加的氯化反应(6-11)和式(6-13)均为放热反应，且热效应的数值较大。基于这一点，在工业生产中，仅仅需要从氯化设备外部引入少量的热量，便可以维持氯化过程所需要的温度。

6.2.2.2 氯化炉及氯化过程

在镁工业中实现氯化过程的设备，多为一种圆柱形的竖式电炉，通常称为氯化炉。这种炉型结构，也适用于稀有金属的氯化冶金。

(1) 氯化炉的构造　镁工业的氯化炉，直径（外径）为 4.1～4.5m，高 8m 左右。现以直径为 4.1m 的炉子为例，简述其基本结构。

图 6-8 为氯化炉结构示意图。炉体外表，是由厚 12～14mm 的钢板焊制的圆柱形筒壳。其作用是保证炉体具有足够的强度和较好的气密性。炉壳内衬为半酸性砖或高密度耐火黏土

6 镁冶金

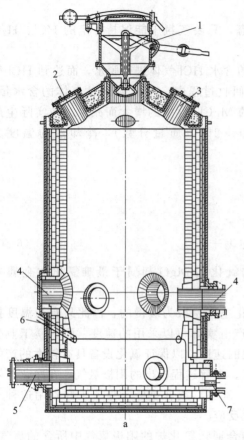

图 6-8 氯化炉构造
1—加料器；2—操作孔；3—废气出口；
4—上排电极；5—下排电极；
6—氯气入口；7—溜口

砖，用长石粉和水玻璃调制的耐酸胶泥砌筑。顶部为伞状炉盖，其内衬用耐酸的耐火混凝土捣制。这样，便构成了内径 3.1m、高约 7m 的圆筒形炉膛。

在炉盖正中，设有加料口，其上安装着加料器。加料器的结构，应该满足以下两点基本要求：

① 使炉料在炉子整个横截面上撒落均匀；

② 在加料过程中，炉气不能经加料口逸出炉外。

此外，炉盖上还设有操作孔和废气管道。

炉子下部的炉壁上，安装有两排电极。下排电极在炉底水平面处，上排电极较下排电极高出约 2m。每排三根电极，互成 120°夹角从炉子侧壁插入。从俯视图上看，上下两排电极相互错开 60°。两排电极之间的炉膛内，充满着直径和高为 100mm×100mm 的圆柱形炭素格子砖。两排电极分别与三相变压器相接，借以向炉内供电。炭素格子砖作为电阻体，电流通过时，产生热量，用以维持炉子下部的温度。

在两排电极之间的炉壁上，设有互成 120°夹角的三个氯气入口，氯化反应所需要的氯气由氯气口送入炉内。

炉底侧壁设有一溜口，用于定期从炉中放出氯化产生的氯化镁熔体。整个炉底，向溜口方向倾斜，其斜度为 1∶150。

与上排电极大致相同高度的炉壁上设有三个清渣口，相互之间成 120°夹角。该口在生产过程中被堵砌着，停炉后用以清除炉内的积渣。

(2) 氯化炉内的氯化过程 在上述结构的氯化炉中，炉料从炉顶的加料口加入，堆放于炭素格子砖之上。因此，炭素格子除了充当电阻加热体之外，还支撑整个炉料层。氯气从氯气口以一定的压力送入炉内，再经炭素格子砖之间的缝隙，沿着炉子横截面均匀地上升。当其与炽热的炉料接触后，便发生氯化反应。反应所得的氯化镁熔体，沿着炭素格子砖表面下流，并汇集于下层炭素格子间的缝隙中，以备定期从溜口放出。

在氯化炉内，炉料、产物氯化镁和氯气及废气之间，是呈逆向流动的。

氯化炉可以氯化煅烧后的氧化镁（苛性菱镁矿），也可以将未经煅烧的天然菱镁矿直接加入炉内进行氯化，即在同一氯化炉中连续地完成煅烧与氯化作业。这样做不但是可行的，而且是大有好处的。好处一是省去了专门的煅烧设备与操作；好处二是合理地利用氯化过程中产生的高温废气，加热与分解天然菱镁矿；好处三是碳酸镁分解后得到的氧化镁，立即进入氯化过程，因此，炉料具有较高的化学活性，这对氯化反应是十分有利的。

下面以天然菱镁矿炉料为例，来分析炉料进入炉内后到氯化镁熔体排出的运动过程。

炉料加入氯化炉后，按其氯化反应过程的变化，可将氯化炉大致分为上、中、下三带。其各带之间并无明显的界限，而是连续渐变的。

① 上带，位于料面以下 2～2.5m。温度从料面的大约 150℃ 变化到下层的 800℃ 左右。炉料加到这一带后，便被中间带上升的热气体加热。炉料在这一带的上层被预热和烘干。炉料中所含的水分，一部分在这里被蒸发，并被气流中的氯气（5%～8% Cl_2）氯化生成氯化氢。

在这一带的下层，炉料被加热到 700～800℃，因此，碳酸镁及其他杂质碳酸盐便进行分解。也就是说，天然菱镁矿的煅烧过程，是在这里完成的。当炉料中含有作为黏结剂而加入的沥青时，沥青在这里发生焦化作用，使块状炉料的机械强度和孔隙度得以增加。焦化作用在 300～500℃ 下便可进行。

由于上带中发生的主要变化是炉料的预热和碳酸盐的分解，因此，这一带也称为预热、分解带。

② 中间带，处于上带下面和炭素格子砖以上的空间，高度在 0.8～1m。在这里，从上带下来的具有 800℃ 以上温度的炉料与氯气相遇，发生强烈的氯化反应，生成氯化镁。同时放出大量的反应热，使这一带的温度达到 800～1000℃，这些热量，构成了氯化炉所需要热量的主要来源。由于这一带的温度高于氯化镁的熔点（714℃），因此反应生成的氯化镁呈液态，流向炉子底部。炉料中的一些杂质氧化物，也在这里不同程度地被氯化。

由于中间带进行着氯化炉内的主要反应，因此也可以称此带为反应带，或称为氯化带。

当氯化生成的氯化镁熔体向下流动时，其中往往夹带一些固态的杂质颗粒。这些颗粒大部分被阻留在炭素格子砖之上，成为氯化炉渣。随着生产的进行，这种渣不断积累，便在炉内形成所谓渣层。渣层在适当厚度时，能够对经过它向下渗流的氯化镁起过滤作用，因此，对提高熔体质量尚有好处。基于这一点，对于新投产或大修后的炉子常常在炭素格子层上表面有意地撒放一些炭素格子砖碎块，借以减小其缝隙，并有助于渣层的建立。但是，渣层过厚，会使氯气通入时的阻力增加，使炉膛有效容积减小，引起氯化带上移，氯气利用率下降等，此时，必须停炉清渣。炉渣的成分依使用的炉料不同和炉内运行情况的不同而各有差别。

③ 下带，即炉渣下部充填炭素格子砖的那一部分。

在这一带中部的炉壁上，配置了氯气入口，由此入炉的氯气，沿炭素格子砖之间的缝隙上升；而氯化镁熔体则顺着该炭素格子表面下流。两者在逆向流动中充分接触，可以使熔体里夹带的尚未氯化的炉料细粒再一次获得氯化的机会，因此提高了熔体的纯度。另一方面，阳极氯气中所含的氧，入炉后将在这里首先和灼热的炭素格子接触，造成炭素格子的损失。

氯化镁熔体汇集于这一带下部，当积聚到一定数量后，由溜口放出，一般每隔 6～8h 放流一次。为了保证熔体具有较好的流动性，下带的温度一般保持在 800～900℃ 范围。该温度主要靠下排电极的电热来维持。

上述情况表明，这种竖式电炉，无论使用什么原料，都必须以适当的块状加入炉内，因为只有这样才能保证供入的氯气和反应过程中产生的废气沿着炉子横截面自下而上均匀地流动，而这一点，也正是保证生产过程正常进行的必备条件。

(3) 氯化过程的影响因素　氧化镁的氯化反应，系固态的原料（如苛性菱镁矿）与气态的氯化剂之间发生的多相反应。对于这类多相反应的过程，一般认为由以下几个阶段组成：

① 气体氯化剂通过围绕固体的气膜层扩散到固体外表面，即外扩散；
② 气体氯化剂经过氯化物覆盖层的孔隙扩散到未反应的物料表面，即内扩散；
③ 气体氯化剂被氧化物吸附并发生氯化反应；
④ 反应产物从反应界面上解吸；

⑤ 反应产物离开界面等。

与反应有关的各种条件,会对反应过程中的不同环节产生不同的影响,以致影响到整个反应的速度。此外,有些条件还会对反应过程除速度以外的其他方面,如反应的完全程度,与反应有关的技术、经济指标等,产生不同的影响。

对于氧化镁的氯化过程而言,能够产生影响的因素,主要有以下几个方面。

① 炉料物理化学性质的影响

a. 炉料中杂质的影响:构成炉料的主要物质为含镁原料和碳质还原剂。它们本身都含有一些杂质。其中最常见的有氧化钙、氧化铁、氧化铝、氧化硅以及水分和硫酸盐等。

氧化钙按如下反应发生氯化:

$$CaO + Cl_2 + C = CaCl_2 + CO$$
$$2CaO + 2Cl_2 + C = 2CaCl_2 + CO_2$$

生成的 $CaCl_2$ 进入熔体中,因而也就随熔体加入到镁电解槽中去。由于电解质本身就含有 $CaCl_2$,所以菱镁矿中氧化钙的含量不超过 3% 时是允许的,也可以说是有益的,因为它经氯化后加到电解槽中去,可以补偿电解过程中 $CaCl_2$ 的损失。但是,当菱镁矿中氧化钙含量较高时,就会使氯化镁熔体中 $CaCl_2$ 的含量超过规定允许的数值。除此以外,CaO 的存在及氯化,对于氯化过程本身并无其他影响。

杂质 Fe_2O_3 的氯化按下式进行:

$$2Fe_2O_3 + 6Cl_2 + 3C = 4FeCl_3 + 3CO_2$$
$$Fe_2O_3 + 3Cl_2 + 3C = 2FeCl_3 + 3CO$$

反应生成的 $FeCl_3$,由于沸点低(为 315℃),因而在氯化带内生成后,几乎全部升华。由此看来,Fe_2O_3 的存在及氯化,要造成氯气的损失。尤其需要指出的是,部分 $FeCl_3$ 在氯化炉上部将被水解:

$$2FeCl_3 + 3H_2O = Fe_2O_3 + 6HCl$$

水解产生的 Fe_2O_3 再次随炉料进入氯化带,重复上述的氯化反应及其所造成的氯气损失。

杂质氧化铝 Al_2O_3 有一部分被氯化:

$$2Al_2O_3 + 6Cl_2 + 3C = 4AlCl_3 + 3CO_2$$
$$Al_2O_3 + 3Cl_2 + 3C = 2AlCl_3 + 3CO$$

生成易挥发的 $AlCl_3$(沸点 180℃),升华进入废气,从炉中逸出。其结果引起了氯气的损失。另一部分 Al_2O_3,当焙烧时和 MgO 结合形成尖晶石 $Al_2O_3 \cdot MgO$。由于其活性小,不被氯化而进入渣中。这种杂质过多,将引起炉内积渣过快,缩短氯化炉两次停炉清渣之间的连续运转周期。因此,氧化铝对氯化炉是一种有害杂质。

SiO_2 部分地被氯化:

$$SiO_2 + 2Cl_2 + 2C = SiCl_4 + 2CO$$
$$SiO_2 + 2Cl_2 + C = SiCl_4 + CO_2$$

$SiCl_4$ 沸点更低(57℃),挥发性很强。在其挥发过程中如和 MgO 相遇,则发生如下反应:

$$SiCl_4 + 2MgO = 2MgCl_2 + SiO_2$$

在炉子上部,$SiCl_4$ 遇水能够被水解:

$$SiCl_4 + 2H_2O = SiO_2 + 4HCl$$

两种作用的结果,都将使 $SiCl_4$ 再以 SiO_2 的形式重新返回炉子氯化带,这样,最终造

成了 SiO_2 在渣中的不断积累,而成为渣的主要成分之一。因此,二氧化硅也是很有害的杂质。

炉料中的水分,在氯化过程中是有害的,它将造成氯气的损失,降低氯气的有效利用率。

炉料中的水分,一部分来源于原料的吸附水,此外,采用水泥炉料时,配料中使用的氯化镁水溶液,也给炉料带入大量水分。这些水,有一些将和氧化镁发生水化作用,生成 $Mg(OH)_2$;有一些和氧化镁结合,构成碱式盐 $MgOHCl$;还有一些,以结晶水的形式存在于一水氯化镁 $MgCl_2 \cdot H_2O$ 中。这些呈结合状态的水,其中很大一部分是不能像吸附水那样在 $100 \sim 110℃$ 下被简单的蒸发排除掉的。

当炉料处在氯化炉上部预热带表层时,由于炉气的加热,炉料中的吸附水被蒸发。$Mg(OH)_2$ 也能够以水蒸气的形式脱掉水分。这些水蒸气在向上逸出的过程中进入废气,并有可能和其中游离的氯结合,生成 HCl。对于这部分水来说,除了在蒸发时要吸收炉中的一部分热量以外,对氯化过程并无有害影响。然而由于氯化镁水合物要发生水解:

$$MgCl_2 \cdot H_2O \longrightarrow MgOHCl + HCl$$

$MgOHCl$ 在温度超过 $554℃$ 以上时也要分解:

$$MgOHCl \longrightarrow MgO + HCl$$

其结果,相当于水分的氯化,将造成氯气的损失。因此,当炉料中水分含量为 $12\% \sim 15\%$ 时,氯化过程中氯气有效利用率不会超过 70%,这就有害于氯化过程了。

对于炉料中的硫酸盐,它们在氯化炉中也将被氯化:

$$MeSO_4 + Cl_2 + 2C =\!=\!= MeCl_2 + SO_2 + 2CO$$
$$MeSO_4 + Cl_2 + C =\!=\!= MeCl_2 + SO_2 + CO_2$$

显然,这些反应的发生有害于氯化过程。

综上所述,炉料中杂质的有害作用,主要表现在两个方面:一方面是由于其本身氯化,消耗氯气,因而降低了氯化过程的氯气有效利用率。所谓氯气有效利用率,是指氯化单位重量氧化镁时氯气的理论消耗量,与氯化含有同样数量氧化镁的炉料时氯气实际消耗量之间的比值。另一方面是某些杂质以不同形式进入渣中,将加速炉渣的积累,因而会产生缩短炉子连续工作周期等不良影响。

b. 炉料活性的影响:所谓炉料的化学活性,是指在具备了发生化学反应所需要的客观条件的情况下,炉料参与化学反应的能力。它既从反应速度方面又从反应的完全程度方面,影响着化学反应的进行。

氯化炉料主要是由氧化镁和碳质还原剂组成,因此,炉料的活性,首先决定于这两种原料的活性。

氧化镁的活性与它的制备方法、生产中的工艺条件等有密切关系。其中以氧化镁的煅烧温度影响较大,煅烧温度过高,氧化镁的活性降低。正是出于这个原因,用于生产金属镁的菱镁矿和用于生产耐火材料冶金镁砂的菱镁矿,尽管有时同出于一个矿山,但是也不能一起煅烧。因为后者要求在高温下死烧,所得到的 MgO 活性很低。此外,长时间的储放,也会使 MgO 的活性大为降低。基于这两个原因,天然菱镁矿在氯化炉内连续进行煅烧、氯化是合适的。

碳质还原剂的活性也是重要的。目前,氯化炉料都采用石油焦做还原剂。就其活性而言,石油焦次于褐煤和木炭,而优于无烟煤和焦炭。然而之所以选用这种活性居中的材料作为还原剂,是考虑到它灰分少、纯度最高的缘故。此外,试验研究表明,还原剂的活性与其磨细程度有很大关系，即磨得越细，活性越好。

c. 炉料的机械强度与孔隙度的影响：在竖式电炉中进行氯化，炉料必须呈块状，而且大小要均一，只有这样，才能使整个料柱中具有良好的透气性，保证氯气沿着炉子的横截面均匀地分布与流动。块度过大，炉料与氯气接触的总表面积要减小；块度过小，料层的透气性又要变差。料块大小不均，依加料方式不同，可能引起料层不同部位透气性不一，结果会导致各处氯化程度不一。这是正常氯化生产所不能允许的。

炉料具有较高的孔隙度，对氯化反应是有利的，因为它可以增加炉料与氯气的接触表面积，以加速氯化过程的进行。

需要特别指出的是，在氯化过程中，要求炉料必须在氯化带 800～1000℃ 的高温下，在承担上层预热、分解带料柱的重力作用下，仍然保持着所要求的块状和孔隙度。为达到这一要求，目前工业上采取三种不同方式对炉料进行加工处理。一是将天然菱镁矿或苛性菱镁矿及还原剂破碎、磨细后，加入沥青作黏结剂，加压制团，即所谓干团炉料；二是用氯化镁溶液取代上述的沥青黏结剂，使炉料发生水泥性固结，成型后的炉料即所谓水泥炉料；三是将天然菱镁矿和石油焦破碎到一定大小的粒状，便可入炉，称为颗粒氯化炉料。

d. 炉料发热值的影响：炉料的发热值，是指单位重量的炉料在氯化反应中所放出的热量。如前所述，有碳参加的氯化反应是放热反应。在竖式炉中，这一热量不但造成了氯化带的高温，而且也是决定整个电炉热工状况的主要热源。而由上下两排电极供电所产生的热量，则属整个炉子的辅助热源。正因为如此，炉料发热值的大小，便显得十分重要。炉料的热值过低，不能使氯化带达到应有的温度，则氯化反应的速度、MgO 的氯化率、Cl_2 的有效利用率都要下降。炉料的发热值过高，则可能使氯化带温度上升到 1000℃ 以上。这样，炉气温度随之升高，将导致炉料的上层及表面温度也升高，并造成炉料中的还原剂燃烧。同时，由于氯化镁的蒸气压随温度升高而剧烈增长，大量的 $MgCl_2$ 将挥发，被炉气带出炉外，造成损失。这种挥发损失甚至能够达到生成氯化镁量的 30% 以上。

炉料的发热值，决定了炉料的组成及其性质。例如，在采用天然菱镁矿为原料时，炉料中适量地配入苛性菱镁矿，便可相应地提高炉料的发热值。又如炉料的活性高，使得氧化镁的氯化率高，这也能增加炉料的发热值。

e. 炉料的碳量系数及其影响：炉料中加入碳质还原剂，是保证氯化反应彻底进行的重要条件，炉料中碳的存在主要是用来结合氧化镁及工业氯气中的氧。为此，炉料中必须配入足够数量的碳质还原剂，以使其充分地完成上述的结合氧的作用。

但是，炉料中碳的配比必须适当，过少过多都是不允许的。如果炉料中碳量不足，将造成一部分氧化镁不能氯化而成为渣。这种含有大量氧化镁的渣称为"白渣"，它对炉子的工作是十分有害的。当这种渣在炉内积累，它将占据炉膛中很大一部分空间，因而缩小了炉膛的有效容积，使得氯化带上移，料层变薄，废气及表层炉料温度升高，炉料容易燃烧。同时它还增加了氯气通入时的阻力，这样，必然导致炉子连续运转周期的缩短。生产实践表明，长期使用碳量不足的炉料，往往是产生熔炉事故的重要原因之一。一旦发生了熔炉现象，处理不当，随时有被迫停炉的可能。另外一种情况是，当炉料含碳量过多，多余的碳也要在炉中积累，形成所谓"黑渣"。黑渣在炉中的迅速积累，同样要造成炉内有效容积缩小、炉子连续工作周期缩短等不良后果。不过，需要加以说明的是，黑渣也有与白渣不同之处。当黑渣落在炭素格子层上时，由于其中含有大量的碳，可以导电；又由于它不像白渣那样黏稠，而是比较松散，对氯化镁熔体可起过滤作用。这样，当有少量黑渣存在时，它能够起到补偿炭素格子砖燃烧损失的作用。因此可以说，炉料中的碳稍有过量是合理的，当然，这里指的是适当的过量。

f. 氯气浓度的影响：氯气与氧化镁及碳一样，是参与氯化反应的物质之一。所以它也必须根据反应的需要，适量地供入炉内。除此之外，因为利用的是含有空气的所谓工业氯气，因此，还有一个氯气浓度对氯化过程的影响问题。

显然，氯气浓度高，对于氯化反应是有利的，但在工业生产上，从经济角度考虑，电解槽所含氯浓度低的阳极气体是必须在氯化过程中加以利用的。理论上，电解一定数量 $MgCl_2$ 时，阳极上所析出的氯气，应该等于氯化得到同样数量 $MgCl_2$ 所需要的氯气。然而在实际生产上，由于氯化时氯的有效利用率低等多种因素，使得电解所产生的阳极气体不足以满足氯化对氯气的要求。为此，一般采用向阳极气体中配入少量纯氯的办法来调整工业氯气的浓度。

氯气浓度低，对氯化过程是不利的，此时，必须加大向炉内的供气量，而其增加部分，实则是其中所含的空气。为结合这部分空气中的氧，炉料的碳量系数必随之增大，结果，还原剂的单位耗量要增加。同时，所增加的碳与氧气在炉内的燃烧，要放出热量，这又会带来与增加炉料发热值一样的后果。当炉料碳量系数不变时，降低氯气浓度，如同炉料中炭量不足一样，更有害于炉子的正常运行。还需要指出的是，低浓度的氯气入炉后，首先是与炭素格子接触，因此，也会加速炭素格子的燃烧损失。而炭素格子的减少，将加速它与上排电极脱离接触，以致使上排电极逐渐失去作用。

工业生产中，氯气浓度以不低于70%为宜。由于阳极气体中氯的浓度是不稳定的，因此，在入炉前要经常测定其浓度，然后相应地加入一定量的纯氯，以保证入炉氯气浓度的相对稳定。

此外，供入炉内的氯气量也必须适当。供应的氯气不足，会降低炉子的产量，并加速炉中渣的积累；如供应的氯气过量，不但要增加氯的消耗，同时还会增加废气中氯的含量，这将给废气的净化带来困难。

② 炉型结构对氯化过程的影响　氯化炉的结构，是按氯化过程的需要而设计的。其各部构造有着不同的功能。

如在炉子下部，相互之间等距离地装置了三个氯气口。将氯气口配置在炭素格子层中间，使氯气只能沿炭素格子间的缝隙分散地上升。氯气口与水平呈30°夹角，有助于氯气在上升过程中逐渐向炉子的中心部分扩散。为了克服氯气易于直接沿着炉壁上升的倾向，氯气口上方的炉壁砌成炉喉，炉膛内腔在此有所收缩。此外，炉膛呈圆柱形，既有利于炉料从上向下的运动，也是为避免氯气在上升中出现难以到达的死角。

由于氯气的分布状态还受着料层透气性是否均一的影响，所以，炉顶加料器的结构和动作，都是根据炉料在炉内能否形成锅底形料面而设计的。

6.2.2.3　氯化过程的生产工艺

由氧化镁或天然菱镁矿经氯化生产无水氯化镁的工艺过程，主要由炉料制备和氯化过程两大步骤组成。此外，还有废气的净化处理等附属的工艺过程。

(1) 炉料的制备　当采用竖式电炉进行氯化的时候，炉料必须是块状，并且要求这种炉料具有：

① 合理的化学组成，较高的化学活性；

② 足够的机械强度以及较高的孔隙度；

③ 大小均一的块度。

依据制备方法不同，炉料可以分为干团炉料、颗粒氯化炉料和水泥炉料三种。

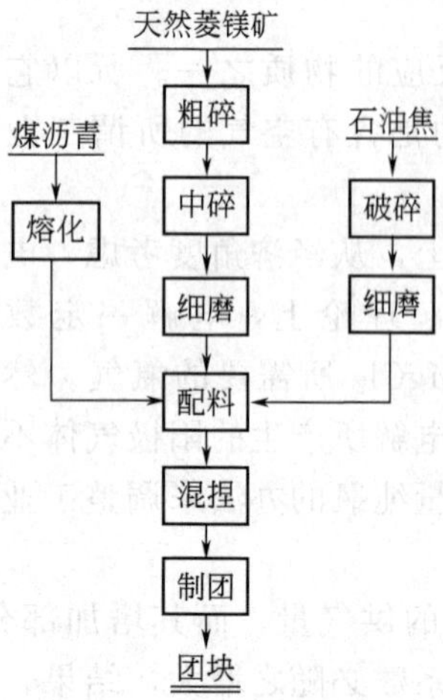

天然菱镁矿干团炉料的制备工艺过程如图6-9所示。

由于氯化反应是多相反应，故天然菱镁矿和石油焦相互之间的接触面积越大，越有利于反应的进行，因此，首先破碎和磨细，然后按所需要的比例配料。分批配得的炉料，加入具有蒸气间接加热或电加热装置的混捏机中混合均匀，然后送至辊环式压力机或蜂窝式压力机上加压制成团块。

为了使团块具有更高的机械强度，团块在送去氯化之前，还可以预先进行焦化处理，即在隔绝空气的情况下加热到300～500℃。生产实践表明，经过预先焦化的炉料，在氯化时，氯气利用率较高，如氯化未经预先焦化的炉料，其氯气利用率为70%；而氯化预先焦化的炉料，氯气的利用率可达90%～95%。

颗粒氯化炉料的制备是将天然菱镁矿破碎到20～30mm的颗粒，将石油焦破碎到15～20mm的颗粒，两者按一定比例混合均匀后，便可加入氯化炉中进行氯化。这种炉料的制备，不但省掉了磨细、混捏、制团等工序和设备，而且还取消了黏结剂。

图6-9 制备干团炉料的工艺流程

水泥炉料的制备方法，要求炉料中必须含有苛性菱镁矿等煅烧好的氧化镁。当氧化镁和氯化镁溶液混合时，由于两者相互作用而发生固化现象。制取水泥炉料首先是将破碎磨细的天然菱镁矿、还原剂和氧化镁及少量木屑一起与氯化镁溶液混合，调制成糊状物，然后将其切制或挤压成块状，待其固化。也可将它放到隧道窑中于175℃下干燥，并使之在这一过程中发生固化作用。氯化镁溶液的浓度越高，上述的固化作用发生的越激烈。炉料中氧化镁和氯化镁之间的质量比（$MgO/MgCl_2$）称为炉料的氯化镁系数。炉料的氯化镁系数为4.0～4.5时，炉料的机械强度最大。得到的块状炉料，一般尚需于回转窑中在450℃下烘干。但是炉料中的水分不能低于10%，否则，炉料将发生碎裂。但是炉料中水分含量高时，氯化时氯气的有效利用率将大大降低，这是水泥炉料不可克服的缺点。

（2）氯化炉的操作与控制　为了保证氯化炉的正常运行，对其进行正确的操作管理是十分重要的。在氯化炉上的主要操作有加料、送氯、放流（即从炉中放出氯化镁熔体）以及炉子的启动和停炉等。

① 加料　随着氯化过程的进行，炉料逐渐消耗，因此必须补充新的炉料。由于料面不断下降，废气经过料层时因途径缩短，而使之温度升高。生产中，可以根据这类现象出现的程度来决定加料的数量。

在加料之前，应该对料层情况进行检查和必要的调整，即透炉。要及时发现和消除局部崩料、燃烧以及透气性不均等不良现象。生产实践表明，料层过厚，易于产生炉内积渣过快的现象；料层过薄，又会降低氯气的有效利用率，以及由于料面温度升高，容易引起燃烧。因此，必须恰当地控制每次加料的时间和数量。两次加料之间的时间间隔不宜过长，每次加料量不宜过多。

② 送氯　正常生产过程中，氯气是连续不断供入炉内的。但由于电解槽的阳极气体中氯的含量不稳定，因此必须经常对氯气浓度进行炉前快速分析，并根据分析结果，以改变混入纯氯数量的方法来进行及时的调整，以保证入炉氯气浓度的相对稳定，一般氯气浓度不应低于70%（体积分数）。供入炉内氯气的数量，也应根据炉子废气中氯的含量，予以必要的调整。废气中的氯应保持不超过0.2%（体积分数）。

③ 放流　氯化炉每隔6～8h放流一次，每次放流的时间和数量，可以根据下排电极的

电流增长情况间接地作出大致的判断。这是因为氯化镁熔体是导电的,且其导电的性能优于炭素格子,所以随着炉内氯化镁熔体积存数量的增加,在电极外加电压不变的情况下,下排电极上通过的电流,相应地有所增加。基于这一现象,通过改变放流的时间和数量,也能够在一定程度上起到调整炉内温度的作用。

还需指出,炉内熔体积存的数量,以其表面水平不超过氯气入口下沿为限。否则,熔体将堵塞氯气入口,给向炉内送氯造成困难。在正常生产过程中,炉内熔体亦不应排放干净,以保证下排电极的供电。同时这对提高熔体质量也有一定好处,因为炉内熔体水平较高,从氯气口倾斜向下送入的氯气将与熔体接触,可使其表面浮渣进一步被氯化。如将熔体放净,这些浮渣也要随熔体排出。

④ 停炉　随着氯化炉生产时间的延续,炉中的渣层不断加厚,炭素格子不断消耗,会给正常生产带来种种不良影响。因此,到一定时间需要停炉以进行清除积渣,添加炭素格子和修补破损的炉衬等几项工作。

氯化炉停炉的基本程序是首先停止加料,但要继续向炉内送入氯气1~2昼夜,目的在于使其中尚存的炉料尽量进行氯化,成为熔体,以减少炉料的损失。送氯的数量要依据存氯的数量予以适当的调整。之后,停止送氯,并将炉内熔体排放干净。接着,立即打开炉壁上清渣口,趁热迅速向外扒渣,扒除得越干净越好。扒渣以后,待炉内温度下降到60℃以下时,再进行冷温清渣以及其他清理检修工作。

⑤ 启动　检修后的炉子,以及新砌筑的氯化炉欲投入生产,必须经过启动过程,这一过程进行的好坏,对炉衬的寿命有着重要影响,因此,在生产中应给以足够的重视。

(3) 氯化炉废气的净化处理　氯化炉的废气中,含有一定数量的氯气和氯化氢,及氯化物的升华物。这些物质是有害的,能够对环境造成污染。因此,氯化炉的废气不能直接排放到空气中去,必须严格地加以收集和净化处理。

为了收集废气,在氯化炉炉顶装有烟道,通过烟道的抽吸,使炉内保持 $3\sim5mmH_2O$ ($1mmH_2O=9.80665Pa$) 的负压,以防止炉气经炉体上某些漏气的地方向周围空气中逸散。此外,在流口和清渣口的上方,装有和排烟管道相联通的集气罩,借以收集放流和清渣时从那里逸出的气体。

针对氯化炉废气中有害物质主要为 Cl_2 和 HCl,并含有较多氯化物的特点,一般采用水洗法对其作净化处理。为此,将该废气引送到两个串联的洗涤塔内,进行两次洗涤,然后再经烟囱排放到高空。

思 考 题

1. 写出六水氯化镁水合物脱水的反应过程。
2. 写出六水氯化镁水合物脱水过程伴随的水解反应。
3. 对于氯化镁水合物的脱水,工业上一般分为哪两个阶段进行?
4. 何谓卤水炼镁?
5. 为何说硫酸根是镁电解过程中极为有害的杂质?
6. 写出喷雾脱水的工艺过程。
7. 写出喷雾沸腾造粒脱水的工艺过程。
8. 写出碳质还原剂在氯化过程中的作用。

6.3 氯化镁电解制取金属镁

【内容导读】

> 本节主要介绍氯化镁电解制取金属镁。对于镁电解进行了简单的概述，重点介绍了镁电解质的物理化学性质、氯化镁电解过程的基本原理以及镁电解工艺过程。

6.3.1 概述

对于电解法生产金属镁主要是以美国道屋（Dow）化学公司自由港镁厂的海水炼镁、前苏联的光卤石电解以及挪威希得罗公司的卤水在HCl气氛下脱水后的无水氯化镁电解炼镁为代表，其技术指标如表6-2所示。

表6-2 电解法镁厂生产技术指标

指 标	美国道屋公司	前苏联光卤石电解	挪威希德罗公司
电流/kA	90	190～200	250
直流电耗/(kW·h/t)	18500～19000	12800～13500	约12000
槽电压/V	6.3	4.68	5.0
电流效率/%	78～80	78～85	90
氯单位产量/(t/t)	槽气,流量1700m³/min	2.85	2.9
氯气浓度/%	—	95	95
燃料	天然气 1046×10⁵J/t		重油 0.85t/t

根据西方国家报道，电解法炼镁的成本为1.98～2.2美元/kg，即每吨镁成本为1980～2200美元，按1美元=6.8元人民币计，折人民币13464～14960元/t。

电解法炼镁之所以成为西方国家金属镁生产的主要方法，是由于其技术水平高、生产成本低的缘故。据加拿大国际有限公司金斯敦研究与开发中心对阿尔肯80～140kA多级镁电解槽的技术报道，其单位能耗为9.5～10kW·h/kg，单槽年产能力为1000t，形成的废渣量为5～8kg/t，石墨电极耗量为0.65kg/t，电解槽采用连续遥控传感和自动装置进行监控。电解槽全封闭，保持负压运转，采用了永久性的气体密封装置，可保持电解室与外界空气相隔离，使石墨的氧化减至最低程度。因此氯气的提纯可达97%～100%，无需使用大型净化装置进行废气处理。

电解法炼镁的技术发展与技术水平是当代硅热法炼镁（皮江法炼镁，半连续硅热法炼镁）无法比拟的。

氯化熔盐电解法包括氯化镁的生产及电解炼镁两大过程。现在镁的电解方法已有多种，但是都具有相同的基本原理，其中最有代表性并且历史悠久的有两种，即道屋（Dow）工艺和IG法本（I.G.Farben）工艺，两者的区别仅在于$MgCl_2$水合作用的程度和电解槽的特征。

道屋工艺是美国道屋化学公司开发的。从海水中提取$MgCl_2$，在加入石灰石后作为氢氧化物沉淀出来，又溶解于盐酸中，随后溶液浓缩和干燥，然而在$MgCl_2$还没有被完全脱水时就停止了，这样的$MgCl_2$用做电解的原料。电解过程中电解槽需要外部加热，槽内有钢槽做阴极，槽电流增加1倍，约1000A。生产1t镁约可获得2t氯气。电解产生的废电解质含有很高的碳酸钾,可用于生产肥料。

IG 法工艺在 20 世纪初期由德国 IG 法本工业公司首先使用,欧洲主要镁生产商海德鲁公司也曾经使用过这种方法。IG 法本工艺是用从矿物或海水中得到的干 MgO 与还原剂和 $MgCl_2$ 溶液制成团块,先经轻微煅烧,在约 1100℃ 氯化生产熔融无水 $MgCl_2$ 后,直接送往约 750℃ 的电解槽里。电解槽里加入其他氯化物如 NaCl 和 $CaCl_2$,以改善电解液的导电性、黏性和密度。每个槽内都相对地挂着石墨阳极和铸钢阴极。镁以小滴形式集聚在阴极表面上,然后上升到电解溶液面上,而氯在阳极析出后返回循环使用,以生产电解槽起始用的 $MgCl_2$ 原料。

我国电解法镁厂规模与国外相比差距较大。国外镁厂年产能力都在 $2×10^4$t 以上,而我国最大的电解镁厂是民和镁厂,它由 4000t/年菱镁矿氯化电解和 3000t/年钾光卤石炼镁流程构成,因此今后改造或新建电解法镁厂应考虑万吨级规模的镁厂,这是规模经济所提倡的。

另外,我国电解法镁厂所用原料为菱镁矿,因为菱镁矿颗粒氯化制取熔体氯化镁是现行镁厂电解槽用料的主要方法,它的特点是工艺流程短、设备少、投资省,但与挪威 NH 公司海水白云石球团氯化相比,氯化炉产能低,炉日产熔体氯化镁 8t 左右,而挪威 NH 公司日产 20t;氯气消耗高,每吨镁补充氯气 1.6t 左右,而挪威 NH 公司每吨镁补充氯气 0.2t,高出 7 倍。这样就造成了氯化炉尾气处理困难并且成本也相应提高,电耗也高,氯化镁质量差,影响着电解槽的稳定运行。所以,菱镁矿颗粒氯化工艺是我国目前电解镁厂的一个关键问题。另外,补充氯气多,由于市场货源与价格的波动,对镁的成本十分敏感,这也是电解镁厂十分头痛的问题。

其次,电解法镁厂的环保问题也十分突出,因为氯化炉尾气和电解槽阴极气体处理效果一直不够理想。但自从引进无隔板电解槽技术后,氯气回收率有所提高,这样大大减少了阴极气体含 Cl_2 量,并采用一些洗涤设备,环境条件也有了一定的改善。国内外电解法炼镁主要技术指标的比较如表 6-3 所示。

表 6-3 国内外电解法炼镁主要技术指标的比较

厂家 指标	美国道屋化学公司	前苏联		挪威 NH 公司	中 国		
					抚顺铝厂	民和镁厂	
原料	海水	钾光卤石矿	卤水	海水白云石	菱镁矿	菱镁矿	钾光卤石
电解槽型	道屋型	无隔板	无隔板	有隔板	无隔板	无隔板	无隔板
电流/kA	90~110	105~155	25~30	45	105	120	120
电流效率/%	78~80	78~80	87~93	85~87	78~80	75~80	75~80
吨镁直流电耗/kW·h	16500	13500~14500	12800~15000	15400~17500	14200	17500~18000	15400
吨镁氯气产量/t	—	2.4~2.6	2.85	—	约 1.7	约 1.8	2.4
氯气浓度/%		85	90~95	80~85	>80	70	>80
氯化炉产量/[t/(月·台)]				20	8~8.5	8~8.5	—
脱水装置产能/[t/(月·台)]		200~250 115~165	197				200 90~100
电解槽用料	含 25%水的氯化镁颗粒	熔体钾光卤石	无水氯化镁颗粒	熔体氯化镁	熔体氯化镁	熔体氯化镁	熔体钾光卤石
工厂规模/($×10^4$t/年)	10.0	2~3.2	1.5	4.0	0.54	0.4	0.3

6.3.2 镁电解质的物理化学性质

镁电解质的性质与组成是决定电解过程各项指标的基本因素。由于氯化镁熔点高,易挥发,电导率低,极易水解,所以目前生产中采用的电解质是由氯化镁、氯化钾、氯化钠、氯化钙组成的多元体系。为使析出的镁汇集得好,常在电解质中加入2%～5%的氟化钙或氟化镁。

采用四元系电解质电解时,$MgCl_2$与其他电解质成分之间的分解电压差较大,可降低电解作业温度;四元系电解质具有足够的流动性,导电性也能改善;电解质与金属镁密度差较大,镁汇集得好;电解质表面张力得到了改善,防止了镁的燃烧;镁在电解质中的溶解度较小,减少了二次反应。这种电解质的组成通常为:8%～15% $MgCl_2$;3%～10% KCl;38%～48% $NaCl$;35%～45% $CaCl_2$。

(1) 电解质的熔点 在生产中,电解质的熔点越低越好,因为电解质的熔点低,就会降低电解作业温度,同时也减少了电解质的挥发损失。如果电解质用单一的熔融氯化镁时,其熔点为718℃,沸点为1412℃,则槽温必须在800～900℃,操作十分困难,镁损失也会增大,因此生产上广泛采用三元系及四元系电解质,这样就使电解质的熔点降到600～650℃左右,电解作业温度可控制在700～740℃左右。

(2) 电解质的黏度 电解质的黏度对电解过程有着重大影响,黏度小的电解质,能使金属镁、槽渣等熔融电解质更好地分离。黏度大的电解质,电解析出的镁难以浮起,电解质中的氧化镁和其他固体杂质也难以向槽底沉积,长时间处于悬浮状态。如果落于阴极表面,则导致阴极钝化,使镁对阴极的湿润性变坏。但是必须指出的是电解质黏度较大时,溶解在电解质中的镁,其扩散速度与从阴极移向阳极的速度减小,这就能够减少镁的二次反应损失,即

$$2Mg + Cl_2 = 2MgCl_2$$

因此在电解过程中要求采用黏度较适当的电解质。

在$MgCl_2$-$NaCl$-KCl三元系电解质中,其黏度随着$NaCl$含量增加而增高;在含$CaCl_2$(质量分数)10%的四元系电解质中$NaCl$对电解质的黏度影响也是较大的,当$CaCl_2$含量超过10%时,电解质黏度随KCl浓度增加而增加,随$NaCl$含量提高稍有降低,随着$MgCl_2$,特别是$CaCl_2$和$BaCl_2$含量的增加,熔体的黏度剧增。$CaCl_2$或$BaCl_2$对熔体黏度的增加影响最为明显。

(3) 电解质的密度 熔融金属镁的密度为$1.57g/cm^3$,在750℃时比熔融电解质的密度低,所以镁才能漂浮在电解质的表面,因此熔融电解质与金属镁之间必须保持较大的密度差。

电解质的密度随电解质成分和温度而变化。电解质密度的变化在很大的范围内决定于其成分的变化。

在多元系电解质中,$MgCl_2$和$NaCl$的含量增加会使熔体的密度升高,KCl的含量会使熔体的密度降低。电解质中的$CaCl_2$或$BaCl_2$的含量对增加电解质的密度有重大影响。提高温度时镁的密度比电解质的密度下降的幅度要大。

在现行的镁电解槽中,镁是浮在电解质表面上的。为了使镁很好上浮,便于与电解质充分分离,镁与电解质之间需要有一定的密度差,这一差值大约为$0.09\sim0.15g/cm^3$,此时镁以镁珠形状浮在电解质表面上,但露出电解质表面不多。若密度差太大,镁成薄层,且露出电解质表面过多,则燃烧损失较严重。在通常的镁电解质成分中,$CaCl_2$和$BaCl_2$均能提高电解质密度。而$BaCl_2$的作用更为明显,而且含$BaCl_2$的电解质水解不如含$CaCl_2$的严重,

故当原料中含有 $BaCl_2$ 时,可考虑采用含 $BaCl_2$ 的电解质。

(4) 电解质的表面张力 电解炼镁过程中,电解质与气相(氯气、空气)、固相(阴极、阳极、内衬、槽渣)和熔镁之间的界面张力具有重要的意义。由于镁能很好地在阴极上汇集长大,氯气能在阳极上附聚,以及镁能在电解质表面汇集并为电解质覆盖保护,是获得高电流效率的必要条件。因此,电解质与阴极、阳极、空气之间的界面张力具有特别重要的作用,在镁电解中阴极上析出的镁的汇集、电解质挥发等现象都与电解质表面张力有关,而表面张力又与电解质的组成和电解质的温度有关。

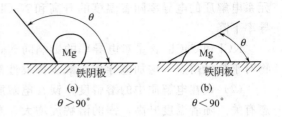

图 6-10 镁在阴极的分布

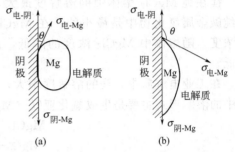

图 6-11 镁-阴极-电解质三相共存的状态

为了分析电解质的表面张力对电解过程的影响,引入了湿润性这一概念。湿润性是表示液体对固体的湿润能力,熔体的湿润性通常以湿润角的大小来表示,即测定液体在平坦的固体表面上的湿润角的角度,如图 6-10 所示。

当 $\theta > 90°$,说明湿润性不好,镁不能汇集成大的镁球上浮;若 $\theta < 90°$,说明湿润性良好,则熔融镁与铁阴极接触紧密,能汇集大的镁球上浮在电解质上。镁在阴极上和氯气在阳极上析出时能否汇集得好,决定于电解质对铁阴极和石墨阳极的湿润性的好坏。在电解质表面,镁、电解质、空气三相共存的情况是:

$$\sigma_{气-Mg} = \sigma_{气-电解质} + \sigma_{Mg-电解质}\cos\theta$$

如果电解质、镁、阴极三相共存时,相间张力符合下列关系:

$$\sigma_{Mg-阴} = \sigma_{电-阴} + \sigma_{电-Mg}\cos\theta$$

$$\cos\theta = \frac{\sigma_{Mg-阴} - \sigma_{电-阴}}{\sigma_{电-Mg}}$$

当 $\sigma_{Mg-阴} > \sigma_{电-阴}$,则 $\cos\theta > 0$,镁能很好地湿润阴极。如果电解质对阳极湿润性好,则氯气不能附聚;若电解质对阳极湿润性差,则氯气能较好地附聚。下面是镁与阴极、电解质三相共存状态,如图 6-11 所示。

电解质的表面张力是随 $CaCl_2$ 的增加而增大,随温度上升而下降,熔融电解质与气相的表面张力愈大愈好,这样可以减少电解质挥发损失,防止金属镁被空气氧化。熔融电解质与熔融金属镁表面张力愈大愈好,这样金属镁不易溶解于电解质,减少镁的损失。熔融电解质与铁阴极界面的表面张力愈大愈好,这样镁汇集得好,镁球长得大,易浮在电解质上面,从而提高电流效率。

(5) 电解质的蒸气压 在电解生产中,降低电解的温度,对于减少电解质的挥发来说具有重大意义。电解质蒸气压越小,电解质挥发性就越小,电解质损失就越小。氯化钾、氯化钠、氯化钙的蒸气压以氯化钙为最小,但它们都是随温度上升而增大,随 $CaCl_2$ 的增加而减小。当 $MgCl_2$ 含量增加时,熔体的蒸气压随之增大。

(6) 电解质的电导率 电导率是电解质的重要性质之一,取决于电解质的成分和温度。混合物的电导率与其组成有关,即电导率较大的盐类含量众多,其电导率也就愈大。三元系电解质的电导率随着温度的升高和 NaCl 含量的增加而增大,若提高 $MgCl_2$ 含量,则电导率下降。

KCl 和 $CaCl_2$ 含量对电导率的影响同 NaCl 一样。除 $MgCl_2$ 之外,钠、钾、钙这些氯化物对于降低熔点,增加电导率,减少挥发性都是有利的。

(7) 镁在电解质中的溶解度　镁在电解质中的溶解度与温度及其组成,以及镁的存在状态有关。随着温度升高,镁的溶解度增大,当镁汇集不好时,镁珠在电解质中溶解度也随之增大。

镁在纯 $MgCl_2$ 熔体中的溶解度最大,在 $MgCl_2$、NaCl、KCl 混熔体中的溶解度较小,在纯碱金属氯化物中是最小的。在 $MgCl_2$-NaCl-KCl 三元系中,镁的溶解度取决于 $MgCl_2$ 的浓度。随熔体中 $MgCl_2$ 浓度的降低,溶解度减少,增大熔体中 KCl 的浓度,溶解度也降低。

在工业电解质中,镁的溶解度不大,这是因为电解质中的 $MgCl_2$ 浓度不高。镁在电解质中的溶解形式主要是生成氯化亚镁(Mg^+),即金属镁同 $MgCl_2$ 相互作用时生成的。

$$MgCl_2 + Mg \longrightarrow 2MgCl$$

$$Mg^{2+} + Mg \longrightarrow 2Mg^+$$

这个反应的速度是随温度的升高而增加。因此镁在电解质中的溶解度不仅随 $MgCl_2$ 浓度的增加而增加,且随温度增加而增加。

(8) 氯在电解质中的溶解度　电解过程中,金属镁的损失不仅与熔体的组成、温度有关,与金属扩散速度有关,还与阳极气体(氯气)在熔体中的溶解度有关。因为这些阳极气体向着熔体深度扩散,氯化熔体中的金属镁。氯在熔体中的溶解度随着温度的升高而提高。

6.3.3　氯化镁电解过程的基本原理

6.3.3.1　氯化镁的电解过程

电解质熔体的结构　镁电解质主要由 $MgCl_2$、NaCl、$CaCl_2$ 和 KCl 等成分组成。NaCl 和 KCl 是典型的离子晶体化合物,熔化时能离解为简单离子 Na^+、K^+ 和 Cl^-。$MgCl_2$ 晶体具有层状结构,为离子晶体和分子晶体间的过渡型晶体。当其熔化时,层间键首先被破坏,而保存层内牢固的离子键力。因此,在纯 $MgCl_2$ 熔体中不可能存在两价镁离子。

$MgCl_2$ 的离解按下式进行

$$MgCl_2 \rightleftharpoons MgCl^+ + Cl^-$$

而更可能的离解方式是

$$2MgCl_2 \rightleftharpoons MgCl^- + MgCl_3^-$$

由于氯化镁在熔化温度下的电导率不高,所以氯化镁熔体是介于分子熔体和离子熔体之间的中间体。

在含 $MgCl_2$、NaCl、$CaCl_2$ 和 KCl 的电解质中,氯、钠和钾大量地以简单离子形态存在;镁和钙主要以络合离子的形态存在,如 $CaCl^+$、$MgCl^+$、$CaCl_3^-$、$MgCl_3^-$、$MgCl_4^{2-}$。熔体中只有极少量的钙、镁简单离子。

$MgCl_2$ 熔盐电解过程中,电流主要由 Na^+、K^+ 和 Cl^- 等简单离子传输。但由于电解质基本成分中 $MgCl_2$ 的分解电压最低(表 6-4),因此在阴极并不是 Na^+、K^+ 放电,而是析出金属镁:

$$Mg^{2+} + 2e \longrightarrow Mg$$

在阳极上,则是氯离子放电:

$$2Cl^- - 2e \longrightarrow Cl_2$$

6.3 氯化镁电解制取金属镁

表 6-4 镁电解质基本成分和某些杂质的分解电压

化合物	E/V 熔点时	E/V 700℃	化合物	E/V 熔点时	E/V 700℃
LiCl	3.53	3.41	$MnCl_2$	—	1.854
NaCl	3.25	3.39	$FeCl_2$	—	1.163
KCl	3.40	3.53	$FeCl_3$	—	0.780
$MgCl_2$	2.59	2.61	$AlCl_3$	—	1.730
$CaCl_2$	3.28	3.38	$TiCl_3$	—	1.817
$BaCl_2$	3.44	3.62	$TiCl_2$	—	1.825

在工业电解生产条件下，$MgCl_2$-NaCl-KCl 三元系电解质中 $MgCl_2$ 的分解电压为 2.8～2.81V。至于 $MgCl_2$-NaCl-$CaCl_2$-KCl 四元系电解质，当 $MgCl_2$ 的浓度不超过 10%～20% 时，$MgCl_2$ 的分解电压约为 2.70～2.80V。工业电解质 $MgCl_2$ 浓度的下限一般为 7%～8%，在此浓度以上，只有 $MgCl_2$ 发生电解。但是，某些杂质的分解电压也是很低的，因此在电解过程中，它们不可避免地会分解，故应尽可能降低电解原料中的杂质含量。

6.3.3.2 电解过程的副反应及杂质行为

(1) 镁的溶解和氯化　电解析出的镁又会溶解到电解质中。随着温度升高，镁在 $MgCl_2$ 及混合熔盐中的溶解度也升高。

在电解过程中，一方面 $MgCl_2$ 分解，在阴极和阳极分别析出镁和氯。但另一方面又存在着析出的镁和氯在电解质中重新化合，生成 $MgCl_2$ 的逆反应。在正常电解条件下，由于这一逆反应造成的镁损失，是电流效率降低的主要原因。逆反应进行的方式有以下 4 种：

$$Mg(气) + Cl_2(气) = MgCl_2(液)$$
$$Mg(液) + Cl_2(溶) = MgCl_2(液)$$
$$Mg(溶) + Cl_2(气) = MgCl_2(液)$$
$$Mg(溶) + Cl_2(溶) = MgCl_2(液)$$

以上各式的元素符号后的（液）、（气）和（溶）分别表元素的状态为液态、气态和溶解状态。因此，为减少镁损失，应使镁和氯都能在电极上汇集。

(2) 杂质的行为　镁电解质中的杂质有水分、硫酸盐、铁盐、氧化镁、碳以及硅、钛、硼、锰等的化合物。这些杂质的存在，严重影响着电解过程。

① 水分　电解质中的水分主要是由脱水不彻底的原料带入的。电解槽密闭不好时，电解质也能从空气中吸收水分。电解质中含有水分时，电解首先析出氢。

在电解温度下，电解质熔体中的水分不可能以 H_2O 的形态存在，而应该是溶解在电解质中的 MgOHCl。MgOHCl 在电解过程中按下式离解：

$$MgOHCl = MgOH^+ + Cl^-$$

离解生成的 $MgOH^+$ 在阴极放电析出 H_2：

$$2MgOH^+ + 2e = 2MgO + H_2$$

生成的 MgO 很容易使阴极钝化。

在阳极附近，MgOHCl 与阳极析出的 Cl_2 起反应，使得阳极石墨被消耗，阳极气体被 CO_2 冲稀：

$$2MgOHCl + 2Cl_2 + C = 2MgCl_2 + 2HCl + CO_2$$

MgOHCl 也能直接与 Mg 反应造成镁的损失：

$$Mg + 2MgOHCl = 2MgO + MgCl_2 + H_2$$

反应生成的 MgO 很容易被镁珠吸附，吸附了 MgO 的镁珠不易汇集，密度又大，故易落入槽底。

当电解槽加料中有以 H_2O 形态存在的水分时，这种水分会使 $MgCl_2$ 水解，增加电解槽的渣量，还直接或间接造成镁的损失。在阴极与镁反应，在阳极与氯和石墨起作用，反应如下：

$$MgCl_2 + H_2O = MgO + 2HCl$$
$$Mg + H_2O = MgO + H_2$$
$$3H_2O + 2C + 3Cl_2 = 6HCl + CO_2 + CO$$

水分的危害不仅在于电化学分解时的能量消耗，而且还与阴极上的镁反应，所形成的钝化膜覆盖于阳极表面，使镁对阳极湿润性变坏，导致了"鱼子"状镁的形成，从而降低了镁的电流效率。

消除水分的有害影响，是使原料彻底脱水，缩短熔体料和电解质同空气接触的时间，原料密封运输和电解槽使用密封槽盖。

② 硫酸盐 电解质中的硫酸盐主要来自海水氯化镁和光卤石。电解过程中，电解质中的硫酸镁与镁作用造成镁的损失：

$$MgSO_4 + 3Mg = 4MgO + S$$
$$MgSO_4 + 4Mg = 4MgO + MgS$$

在阳极，硫酸镁与石墨起作用，造成阳极的消耗：

$$MgSO_4 + C = MgO + CO + SO_2$$

③ 铁盐 $FeCl_3$ 在电解过程中是一种很有害的杂质，它能与镁作用造成镁的损失：

$$3Mg + 2FeCl_3 = 3MgCl_2 + 2Fe$$

生成的海绵铁留在镁珠表面上，使镁珠密度增加，易于落到槽底，造成镁的进一步损失。

存在于电解质中的 Fe^{3+}，电解时在阴极被还原成 Fe^{2+}：

$$Fe^{3+} + e = Fe^{2+}$$

Fe^{2+} 又在阳极上被氧化成 Fe^{3+}。这样交替地还原与氧化，造成了电流的无谓消耗：

$$Fe^{2+} - e = Fe^{3+}$$

在阴极还会析出一部分铁，它呈海绵铁状态，很易吸附 MgO，使阴极钝化，严重地降低了电流效率。

④ 钛和锰 电解质中钛和锰的化合物与铁盐相似，也能在阴极放电，析出海绵状金属钛和锰，吸附 MgO，使阴极钝化。

⑤ 硅的化合物 电解温度下，镁与槽壁内衬作用，使硅进入电解质：

$$SiO_2 + 4Mg = Mg_2Si + 2MgO$$

生成的硅化镁又按以下两式分解生成硅烷：

$$Mg_2Si + 2H_2O = SiH_4 + 2MgO$$
$$Mg_2Si + 4HCl = SiH_4 + 2MgCl_2$$

硅烷容易挥发，随阳极气体或阴极气体排出，然后分解：

$$SiH_4 + 2O_2 = SiO_2 + 2H_2O$$
$$SiH_4 + 2H_2O = SiO_2 + 4H_2$$

故电解槽升华物内常含一定量的 SiO_2。

⑥ 硼的化合物 以海水氯化镁作为电解原料时，电解质中常含硼。硼化物在阴极分解析出硼，使阴极钝化。或者，析出的硼被镁吸附生成硼化镁，使镁珠分散，严重降低电流效

率。当电解质中含硼时，添加 CaF_2 使镁汇集的效果明显降低。

⑦ 氧化镁 电解质中的 MgO 一部分来自原料，大部分是在电解过程中生成的。很多工作者研究了电解质中 MgO 的行为。细微的 MgO 粒子被阴极表面吸附，或本身吸附阳离子而带电以后，由于电泳作用沉积在阴极上，并能使阴极钝化。阴极钝化之后，镁不能在阴极上汇集长大。而镁在电解质中的分散，是造成电流效率下降的主要原因。

6.3.3.3 氯化镁的水解和氧化镁的氯化

当电解槽加料中含有水分，或电解质吸收空气中的水分，$MgCl_2$ 便与 H_2O 作用，发生水解反应。水解的第一步生成 MgOHCl，接着分解为 MgO：

$$MgCl_2 + H_2O \rightleftharpoons MgOHCl + HCl$$

$$MgOHCl \rightleftharpoons MgO + HCl$$

在电解温度下，水解产物基本上是 MgO。

水解反应的速度与电解质熔体的组成有密切关系。电解质中的 KCl 能使水解速度降低，原因是由于 KCl 的加入降低了 $MgCl_2$ 的活度。在 $MgCl_2$-NaCl-$CaCl_2$-KCl 系熔体中，随着 $CaCl_2$ 含量的增加，水解速度也增加。$CaCl_2$ 的影响是由于 $CaCl_2$ 与 KCl 能形成比 KCl·$MgCl_2$ 更稳定的化合物，使 $MgCl_2$ 活度增加，从而使水解速度增大。$CaCl_2$ 使 MgO 的生成速度增加还有另一个重要原因，就是 $CaCl_2$ 本身发生水解，水解生成的 CaO 又与 $MgCl_2$ 作用，产生 MgO：

$$CaCl_2 + H_2O \rightleftharpoons CaO + 2HCl$$

$$MgCl_2 + CaO \rightleftharpoons MgO + CaCl_2$$

电解质中的 MgO 和 MgOHCl 也影响阳极过程。在阳极表面附近，它们能被氯化：

$$2MgOHCl + 2Cl_2 + C \rightleftharpoons 2MgCl_2 + 2HCl + CO_2$$

$$3MgO + 2C + 3Cl_2 \rightleftharpoons 3MgCl_2 + CO + CO_2$$

当电解质中含有炭粒时，上述反应也能在远离阳极的电解质中进行。由于以上反应，电解过程中产生的 MgO 有 60%~70% 被阳极氯气氯化了。

镁电解过程中，使用四组成电解质时，一般渣的产出率为 0.2t/t（Mg）。渣的成分大致为（质量分数）：7%~10% $MgCl_2$，25%~32% $CaCl_2$；27%~32% NaCl；5% KCl；15%~20% MgO；3% Mg；其他氧化物（$Al_2O_3 + Fe_2O_3 + SiO_2$ 等）5%~10%。由此可见，MgO 的生成导致了大量的槽渣，造成原料中有用成分的大量消耗。一般，当电解质含 30%~40% $CaCl_2$ 时，从渣中排出的 MgO 比从原料带入的多 1~1.5 倍，而且还有许多已被氯化。由于 MgO 的存在造成镁的损失，浪费原料，增加劳动强度，危害很大。产生 MgO 的各种途径中，又以 $MgCl_2$ 的水解最为重要，故选择电解质成分时应充分注意这点。

6.3.3.4 镁电解的电流效率和各种因素的影响

(1) 电流效率 镁电解过程中，由于镁和电流的损失，实际产出的镁量（$w_实$）总是比理论产出量（$w_理$）少。实际产镁量与理论产镁量的比称为电流效率。

$$\eta = \frac{w_实}{w_理} \times 100\%$$

(2) 各种因素对电流效率的影响 由于电流的空耗（如漏电、其他离子放电等）和镁的损失，使电解过程的电流效率总是低于 100%。在正常条件下，造成电流效率降低的主要原因是镁的损失。镁的损失包括镁与氯反应的损失、镁与其他杂质作用的损失、燃烧损失和机械损失（如沉入渣中）。电解槽槽渣的含镁量约为 3%~4%，渣率按 0.2t/t（Mg）计算的话，渣中镁损失不到 1%。镁的燃烧损失在整个镁损失中占的比例也很低，约在 2% 以下。

工业电解槽电解质中杂质含量不高，杂质直接与镁作用造成的损失也很小。故在正常电解情况下，镁的损失应以与氯作用造成的损失最为严重。理论研究及工业实践都表明，镁的分散度对镁与氯的作用影响最大。以下主要从这方面讨论各种因素对电流效率的影响。

① 电解质成分的影响　影响镁汇集性能的电解质各物理化学性质中，最重要的是表面性质、密度和黏度。在镁电解质基本成分中，$MgCl_2$对钢阴极的湿润角较大，它能增大电解质与阴极的湿润角，从而有利于镁在阴极上的汇集长大。因此，$MgCl_2$浓度增大，应能使镁的分散度降低。此外，$MgCl_2$的表面张力较小，$MgCl_2$含量较高的电解质对电解质表面的镁层起着良好的保护作用。但是，$MgCl_2$含量高时，镁在电解质中的溶解度增大，电解质水解严重，导电性降低，挥发性增大；而$MgCl_2$浓度过低，碱金属离子放电，也会使电流效率降低。根据电解原料和电解槽型的不同，目前工业电解槽电解质中$MgCl_2$含量的波动范围较大，从加料前的5%~6%（电解光卤石）或7%~8%至加料后的15%~16%或25%。

NaCl能增大电解质与电极间的湿润角。当$MgCl_2$含量一定，电解质与阴极的湿润角随NaCl与KCl的比值升高而增大，这对镁在电极上的汇集长大是极为有利的。此外，NaCl还能提高熔体的导电性能。所以工业电解生产中，电解质NaCl一般含量较高，有的甚至达到50%~60%。$CaCl_2$与$BaCl_2$能增加电解质的密度，使镁易于上浮，与电解质分离；二者也能使熔体黏度增加。

此外，为减少镁的氯化损失，上浮在电解质表面的镁珠不应露出电解质太高。

KCl的表面张力较小，使电解质对阴极的湿润性能变好，故不利于镁在阴极上的汇集长大。但KCl能使电解质湿润镁层表面，起到较好的保护作用。KCl还能减轻电解质的水解，并降低镁在电解质中的溶解度。权衡其利弊，若以不含KCl的氯化镁为原料时，电解质中可不添加KCl或让其含量保持在较低的范围内。

② 杂质的影响　前面已经叙述过杂质在电解过程中的行为。从杂质的行为可以知道，杂质造成镁损失的原因有三种：

a. 与镁反应；

b. 杂质本身或杂质与镁反应生成的MgO被镁吸附，妨碍镁的汇集，使镁分散，或使镁的密度增大，落入槽底；

c. 使阴极钝化，镁不能汇集好，易于氯化或氧化而损失。

在正常杂质含量范围内，以上三个原因以第二个为主。当电解质中杂质含量超出正常范围，镁的损失显著增大，电流效率剧烈下降。例如，电解槽加料中含1%的水分，电解槽在一段时间内将不产镁；电解质中含铁0.1%~0.5%，电解槽很长一段时间不产镁；电解质中含锰0.02%，电流效率由81%降至76%；电解质中含硼0.1%~0.2%，镁便强烈分散，电流效率降至50%~60%等。故电解质或电解原料中杂质含量应该限制在一定范围以内。

③ 温度的影响　为获得高的电流效率，镁电解时应有一个最适宜温度。一般来说，温度过高，由于镁的分散更严重，分散的镁粒更细，因而镁的溶解面积增加，或者镁粒与氯气接触的机会增多。温度过高时，镁的溶解度增大、电解质黏度变小，扩散速度加快，化学反应速度加快，因而镁的损失增加。温度过低时，熔体黏度增大，镁与电解质分离不好，也造成镁损失增加。因此，温度过高过低都不好。最适宜的温度与电解质的成分以及电解槽的结构、操作特点等有关。在有隔板电解槽中，一般为700℃左右；在带导镁槽的80kA的阿尔肯型无隔板电解槽中，电解温度保持在660~670℃。

④ 添加剂的作用　为提高电流效率，工业电解槽电解质中常加入2%~3% CaF_2、NaF或MgF_2。氟化物的作用在于增加电解质与阴极间的界面张力，改善镁在阴极的析出条件。

同时，氟化物还能溶解镁珠表面的氧化镁薄膜，因此镁能更好汇集。当电解质中有硼存在时，氟化物的良好作用将消失。

6.3.4 镁电解工艺

6.3.4.1 镁电解槽的结构

自镁的工业生产开始以来，镁电解槽的结构发生了很大变化。初期的镁电解槽是一种简单的无隔板镁电解槽。它结构简单，极距易于调整，但不能密封，氯气不能收集，电流效率很低。随后，这种电解槽被带隔板的电解槽取代，电解过程的指标得到明显改善。随着镁工业的发展，又出现了新型无隔板镁电解槽。它的出现，将镁工业推进到一个新的水平，后来又出现了双极电解槽。

目前世界各国采用的镁电解槽主要有上插阳极电解槽，旁插阳极电解槽，道屋型电解槽和无隔板电解槽。这里只简单介绍无隔板电解槽的结构和双极电解槽。

所谓无隔板电解槽，就是阴阳两极之间无隔板，只在槽内沿纵向砌筑隔墙，将槽膛分成电解室和集镁室两部分。墙上有导镁沟，阴极上析出的镁可循环此沟引入集镁室内。目前，这种电解槽有两种类型：一种是借电解质的循环运动使镁进入集镁室，其结构示意图如图 6-12 所示；另一种是借导镁槽使镁进入集镁室（阿尔肯型），其结构如图 6-13 所示。

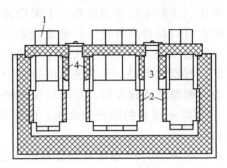

图 6-12 上插阳极框架式阴极无隔板电解槽
1—阳极；2—阴极；3—集镁室；4—隔板

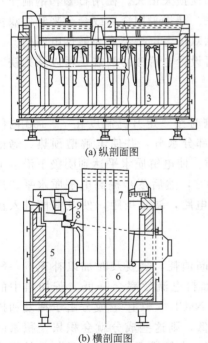

图 6-13 阿尔肯型无隔板电解槽
1—调温管；2—出镁井；3—阴极；
4—集镁室盖；5—集镁室；
6—电解室；7—阳极；
8—导镁槽；9—隔墙

无隔板电解槽由电解室和集镁室组成。阳极和阴极都在电解室。集镁室收集由电解室来的金属镁。集镁室和电解室之间用隔墙隔开，因此镁和氯被隔离。在循环集镁的无隔板槽中，电解质在电解室和集镁室之间循环流动。借此循环流动，镁从电解室进入集镁室。在用导镁槽集镁的无隔板槽中，导镁槽焊在阴极顶部，朝集镁室方向向上倾斜一定角度。阴极析出的镁上浮进入导镁槽后，在电解质浮力的作用下顺着导镁槽流入集镁室。由于无隔板电解槽有专门收集金属镁的集镁室，因此在电解室中不设隔板。另外，阴极是双面工作的，因此电解室中没有阴极室和阳极室，故结构很紧凑。无隔板镁电解槽的阴极是从纵墙插入槽内的，阴极多采用框式结构，以增大有效工作面。电解室是全封闭的，加料、出镁、出渣都在集镁室内进行。

无隔板电解槽具有很多优点，例如因为电解室密闭好，氯气浓度较高；氯气与镁分离较好，电流效率较高。与有隔板镁电解槽相比，由于无隔板电解槽电解室结构紧凑，电解室面积与集镁室面积的比又很高，因而单位槽底面积镁的生产率较高。无隔板镁电解槽没有阴极排气，集镁室排气又不多，因而热损失较低，极距可以缩短，加上电流效率较高，故能量消耗显著下降。但无隔板电解槽阴极从纵墙插入槽内，所以安装和检修都较困难。其次，由于无隔板电解槽阴极固定，极距不能调整，阴极钝化后也不能取出清洗，因此设计、管理都要求较严，对原料纯度要求也很高。

国外镁电解槽主要是向大容量的槽型发展。最近国外有关资料报道了一种能量效率更高的镁电解槽，其每吨镁电能消耗为 11500kW·h，这种电解槽是无隔板镁电解槽的一种改进。它的槽底是斜坡形的，电解室产生的沉淀物沿此斜坡流到集镁室的底部，从集镁室中被吸出。这种电解室的槽底上下聚积沉淀物，电解槽内电解质的循环不受槽底沉淀物的影响，因而可以获得高且稳定的电流效率。这种新型电解槽还具有如下优点。

① 无水氯化镁从集镁室上部加入，可使无水氯化镁中的氧化镁杂质沉积在集镁室的底部，而后被吸出，不会进入电解室中。因此，很适合使用水氯镁石脱水制得的无水氯化镁作为电解槽的炼镁原料，从而可使电解生产获得最佳经济技术指标。

② 电解槽的阳极寿命长，消耗低，电解质表面在阳极周围的结壳也没有了，便于定时加料。

③ 极距小，槽电压低且稳定，因此电能消耗大大低于同类型电解槽。

对于双极电解槽，它的特点是电流向位于电解槽两端的单电极（阳极和阴极）供电，并且每一电极都有双极性。用双极电解槽生产时，可大大降低母线上的电流。母线是按比较小的电流（5~10kA）计算的，如果串联 20 块双极时，就相当于 100~200kA 电流的电解槽，并且长度也不大。除此之外，电解室的电压（从一个双极的"正极"到第二个双极的"负极"）不超过 3.5~4.0V，这就能够大大地降低电能的单耗。

双极电解槽目前在生产实践中工作性质还不稳定。若双电极用石墨制成，那么镁在阴极上是以很细小的镁珠析出，镁与氯气相互作用，致使金属镁损失很大。在用石墨和钢制作双极时，又难以找到防止石墨与钢接触受到氯气腐蚀的方法。如果采用金属或合金来制作双极或采用某种涂料来解决钢和石墨接触处的腐蚀问题，那么双极电解槽会成为最佳电解槽。

双极电解槽的集镁室配置在双极侧面的纵壁上，也可设置电解槽的两端，可以从集镁室中进行真空除渣。

6.3.4.2 镁电解作业

(1) 电解槽启动　启动之前，先用烤槽器烤槽。烤槽时按一定升温制度在 7~10d 内使槽内温度达到 350~400℃，以除去槽体和各部件中的大部分水分，并使电解槽预热。烤槽结束后立即进行启动。启动时先加入一定量的启动电解质，使电解质水平达到阴极下沿以上 20cm 左右，同时送直流电，使电解质温度达到 700~720℃，然后逐步提高电解质水平。当电解质水平达到隔板下沿以上 15cm，便可接通全部阴极电路，调整极距，使电解槽进入正常操作。

(2) 电解槽的正常操作

① 加料和排废电解质　随着电解的进行，氯化镁不断消耗，需要及时加以补充。一般当电解质中 $MgCl_2$ 浓度降至 7%~8% 就应加料，过迟加料电流效率会降低。若加料中的 $MgCl_2$ 浓度较高，能够达到 97.5% 以上时，电解过程中 $NaCl$、$CaCl_2$ 等成分由于挥发和排渣的损失，不会在电解质中积累；若加料 $MgCl_2$ 浓度较低，则这些成分就会积累。积累的结果，既破坏了电解质的正常组成，又使电解质水平过高，电解槽不能容纳应该加入的氯化镁。因此，应当定期排除一部分电解质。排除废电解质时，$MgCl_2$ 的浓度不应高于 7%~8%（原料为氯化镁时）或 5%~6%（原料为光卤石时）。

废电解质可以用离心泵抽出，一般在出镁后进行。电解过程中，由于各成分的损失不同，经过一定时间后其比例失调，因此应补充不足成分，加以调整。补充的物料以及

CaF_2 或 MgF_2 等添加剂可直接加入电解槽内。

② 出镁　用真空抬包从电解槽中吸出熔融金属镁。这种真空抬包的工作原理是利用真空吸出熔融镁，并利用镁与电解质密度的不同进行分离。

出镁时电解温度不应低于 690℃，电解质水平不低于 18cm，$MgCl_2$ 浓度不低于 8%。

③ 排渣　由于加入电解槽中的熔体含有 MgO，以及电解过程中 $MgCl_2$ 的水解、镁的氧化等，使电解槽中生成大量 MgO 渣，其生成量约为 0.2t/t（Mg）。沉渣积于槽底，若不定期排出，常引起电解槽短路，还会促使阴极钝化。以氯化镁为原料的四组分电解质电解时，一般每隔 10~15d 排渣一次。排渣采用人工方法或机械方法。用人工捞渣不仅劳动繁重，而且容易造成镁的损失。

6.3.4.3　电解槽故障产生的原因及处理方法

电解过程中电解槽可能出现的故障、产生原因及处理方法如下。

(1) 热槽　由于极距增大；阳极气体管路堵塞，氯气排放量和阴极气体排气量减少；电解质成分不合理，电阻增大；电流密度提高；电流效率降低等原因，可以引起热电解槽。发生热槽时，电解质温度达 730~740℃，电解质发白，并剧烈挥发，使镁珠在电解质中翻滚，造成二次反应损失增大，电流效率降低。在生产实践中，对于热槽应根据其发生的原因进行处理。可以通过调整极距，清理阳极与阴极管路，增大气体排气量，提高电解质中的 NaCl 含量；检查阴极、阳极工作情况，根据检查结果更换阴极或阳极，或清洗阴极工作面，或加入固体氯化镁来消除热槽的症状。

(2) 冷槽　当电解质的极距较小，阴极排气量过大，阴极与阳极发生短路或系列电流降低时，都可能发生冷槽。冷槽时电解质温度低于 690℃，表面呈暗红色并有结壳，出镁时镁液表面脏且与电解质分离不好。如果冷槽严重，温度低于镁的熔点，镁成海绵状析出，容易引起两极短路。根据冷槽原因，可提高 $MgCl_2$ 含量，调整极距，减少阴极排气量，消除短路。冷槽严重时，可以切断两个阴极电路，或另用交流电加热。

(3) 电解质沸腾　电解质沸腾是电解过程中的一种不正常现象，它使电解质循环加快，电解质表面出现泡沫。此时电解槽中的电解质、液态镁以及氯气泡的正常运动规律便遭到破坏，导致电流效率降低，阳极氯气逸出槽外，既损失了氯，又恶化了劳动条件。镁电解槽电解质产生沸腾的原因是由于电解质中的杂质，如 SO_4^{2-}、MgO、炭粒和水分（H_2O、MgOHCl）引起的。电解质中 SO_4^{2-} 含量超过 1%（质量分数）时，引起电解质沸腾，会改变阳极上气泡的析出特性，进而影响了电解质的循环。电解质中的 MgO 或 MgOHCl 在电解过程中易于被阳极氯气氯化，而引起电解质沸腾，尤其以 $MgCl_2$ 水解产生的 MgO 和 MgOHCl 为甚。由于在氯化物熔体中 MgO 的溶解度很小，其分解电压又低，所以悬浮在电解质中的微细 MgO 更容易被阳极氯气所氯化。

电解质中 $MgCl_2$ 浓度过高，也容易出现电解质沸腾现象，这是由于下列水解反应生成了 MgO 的缘故：

$$MgCl_2 + H_2O \Longrightarrow MgO + 2HCl$$
$$MgCl_2 + H_2O \Longrightarrow MgOHCl + HCl$$
$$MgOHCl \Longrightarrow HCl + MgO$$

水解产生的细散、比表面积大的 MgO 最容易引起沸腾现象。含有细散炭粒的电解质也易沸腾。

电解槽电解质发生沸腾后，通常是向电解质中添加适量氟化物（CaF_2、MgF_2 或 NaF），可以有效地预防和消除沸腾现象的发生。

(4) 阴极钝化 电解质中含有分散性的 MgO 或鲕状 MgO 会造成阴极钝化，即阴极表面有一层 MgO 薄膜。阴极钝化后，镁以微粒从阴极析出，随着电解质循环，进入阳极集氯室，被氯气氯化，电流效率显著下降。如果电解槽加固体料或含水 $MgCl_2$，那么 $Mg(OH)_2$ 会在阴极分解生成 MgO，而且所生成的 MgO 带正电荷，由于电泳作用移向阴极放电。铁、钛、锰、硼等杂质在阴极析出后沉积在阴极上很容易吸附 MgO，使阴极钝化。阴极钝化后，为使分散的镁珠汇集，可加入少量 CaF_2 或 NaF。为了消除钝化膜，可将阴极从电解槽中取出，用机械方法刷洗阴极表面。实践表明，用贫槽电解的方法可以消除钝化膜。只要周期性地使用这种方法，就可以避免阴极钝化的出现。

(5) 阳极气体和阴极气体的处理 生产 1t 金属镁副产 2.71t 氯气。这部分氯气必须预先除去其中所含的水分及升华物。氯气的干燥是在氯压机中进行的，在氯压机中，水分被硫酸吸收，经过干燥后的氯气（氯气的质量分数为 85%）可以送入氯化炉中使用。

在电解过程中，由于电解质的循环或其他原因，部分氯气会从阳极室进入阴极室。阳极气体进入阴极室后，使阴极气体中氯气浓度增高。这种气体如果直接排入大气是不符合工业卫生要求的，因此在排入大气以前必须用石灰乳中和清洗。

思 考 题

1. 采用多元系电解质电解的优点有哪些？
2. 电解过程的副反应对电解过程的危害是什么？
3. 水分对电解过程的危害有哪些？
4. 硫酸盐对电解过程的危害有哪些？
5. 铁盐对电解过程的危害有哪些？
6. 硼的化合物对电解过程的危害有哪些？
7. 杂质造成镁电解电流损耗的原因有哪些？
8. 在镁电解过程中，为何要使用添加剂？
9. 热槽产生的原因和消除热槽的方法有哪些？
10. 冷槽产生的原因和消除冷槽的方法有哪些？
11. 电解质沸腾产生的原因和消除电解质沸腾的方法有哪些？
12. 阴极钝化产生的原因和消除阴极钝化的方法有哪些？

6.4 热还原法炼镁

【内容导读】

本节主要介绍热还原法制取金属镁。详细介绍了金属热还原法炼镁的原理及工艺操作。对于还原过程介绍了还原的技术条件、还原炉及其操作。

6.4.1 热还原法炼镁概述

热还原法炼镁就是利用某种还原剂，将镁从其化合物中还原出来而制得金属镁的一种生产方法。此种炼镁方法与电解炼镁相比具有如下的优点：可以直接采用天然原料，如白云石、菱镁矿、蛇纹石等；不需要直流电，不一定用电作热源，可以用燃料来代替电能；工艺过程比较简单，基建投资少，建厂快；生产过程不产生有害气体；副产物炉渣（主要是硅酸二钙 $2CaO \cdot SiO_2$），可作生产肥料或水泥的原料；间接加热的真空还原炉所得金属镁的纯度较高。热还原法炼镁的缺点是还原炉的结构不够完善，大多数炉子还是间接操作，设备产能低，机械化程度差；还原剂价格昂贵，这一切导致了热还原法生产镁的成本比电解法高。

在热还原法炼镁中，硅热法炼镁占有优势地位，这种方法同时在几个国家发展起来，但在生产工艺和设备方面均有所不同。目前用于工业生产的半连续化硅热法还原炉电功率为 4500kW，昼夜产镁 7t，每吨镁电耗为 10500～12000kW·h。随着硅热法炼镁新工艺的不断完善，将会进一步提高硅热法炼镁在镁工业中的地位。

我国白云石十分丰富，分布在 9 个省内，为我国发展硅热法炼镁提供了极为有利的条件。

热还原法炼镁按还原剂类型的不同可分为三种类型。

① 用金属或其合金作还原剂的热还原过程称为金属热还原法，氧化镁用金属还原的反应可用如下的通式表示：

$$mMgO + nMe = mMg + Me_nO_m$$

② 用炭质材料（木炭、煤、焦炭等）作还原剂时称炭热还原法，其反应式为：

$$MgO + C = Mg + CO$$

③ 用碳化物作还原剂时称为碳化物热还原法，如碳化钙还原氧化镁的反应式为：

$$MgO + CaC_2 = Mg + CaO + 2C$$

根据试验和热力学分析，有许多金属和化合物可使镁从氧化镁中还原出来，如硅、铝、钙、锰、锂、炭及碳化钙、硫化铁等。还原剂是热还原法炼镁炉料中最贵的成分。因此在选择还原剂时，首先必须考虑到熔炼还原剂的单位消耗，经济上是否合算；其次是还原剂的还原能力，在工艺、设备易于实现的条件下能否使还原反应进行得很彻底，还原剂是否易于保存和运输。

从经济观点出发采用纯硅、纯铝作还原剂是不合适的，在实际工作中主要是用含硅 75% 的硅铁和硅铝合金作还原剂。必须指出，最合适的铝硅合金是在过滤电热铝硅合金时得到的含硅的过滤残渣。硅铁中只有硅起还原作用，在一般条件下，铁不起作用。硅铝合金中硅和铝都起还原作用。

各种含氧化镁的矿石均可作为金属热还原法和碳化物热还原法炼镁的原料。但是，每种作为热还原法炼镁用的矿石，都必须进行适当的处理，以排除其中所含的挥发性化合物（CO_2、H_2O、SiO_2）。

菱镁矿或白云石要先进行煅烧，其目的是使碳酸盐分解并使二氧化碳完全排尽。煅烧过程发生如下反应：

$$MgCO_3 \longrightarrow MgO + CO_2$$
$$CaCO_3 \cdot MgCO_3 \longrightarrow CaO + MgO + 2CO_2$$

如果使用蛇纹石作热还原法炼镁原料时，也应进行煅烧，以便脱水，煅烧过程发生如下反应：

$$3MgO \cdot 2SiO_2 \cdot 2H_2O \longrightarrow 3MgO \cdot 2SiO_2 + 2H_2O$$

利用硫酸镁石作为热还原法炼镁原料时，则必须预先将其还原成氧化镁，还原焙烧过程发生如下反应：

$$MgSO_4 + C \longrightarrow MgO + CO + SO_2$$

目前热还原法炼镁使用的原料主要是白云石和菱镁矿。

6.4.2 金属热还原法炼镁

6.4.2.1 金属热还原法炼镁的理论基础

在自然界，有色金属差不多都以化合物的形式存在。主要的化合物是氧化物、硫化物、硫酸盐、氯化物、氟化物以及它们之间互相化合所形成的各种复杂化合物，如硅酸盐、铝酸盐等。许多金属的制取都是采用还原剂还原。金属氧化物还原的难易决定于它的稳定性。所谓金属氧化物的稳定性是指加热时它离解为金属和氧气的难易程度。用某一种金属还原另一种金属氧化物，就是基于各种金属氧化物稳定性的不同的缘故。金属氧化物稳定性是指金属对氧亲和力的大小。

氧化镁的金属热还原可用如下通式表示：

$$MgO + Me = Mg + MeO \tag{6-14}$$

式中 Me，MeO——还原剂及其氧化物。

反应(6-14)可以由以下两反应式得出：

$$2Me + O_2 = 2MeO \tag{6-15}$$

$$-)\ 2Mg + O_2 = 2MgO \tag{6-16}$$

$$MgO + Me = Mg + MeO$$

在反应温度下，只有那些对氧的化学亲和力大于镁对氧的亲和力的金属才能使氧化镁还原。现以硅还原氧化镁为例来说明。

$$2Mg + O_2 = 2MgO \tag{6-17}$$

$$Si + O_2 = SiO_2 \tag{6-18}$$

将式(6-18)-式(6-17)得

$$2MgO + Si = 2Mg + SiO_2 \tag{6-19}$$

式(6-19)即为硅还原氧化镁的反应式。此反应在理论上和工业实践中都是可行的。但实际上硅还原氧化镁的过程是复杂的，即按上述反应式产生的 SiO_2 不是以纯相存在，它能与未反应的 MgO 进一步发生反应生成镁的硅酸盐，即造渣反应。在生成这些化合物时，又放出大量的热，补充了还原反应需要的热量，这也就降低了 MgO 的还原温度，实际上硅还原氧化镁的过程是由以下两个连续进行的反应式构成的：

$$2MgO + Si = 2Mg + SiO_2$$

$$2MgO + SiO_2 = 2MgO \cdot SiO_2$$

总的反应式为：

$$4MgO + Si = 2Mg + 2MgO \cdot SiO_2$$

造渣反应能够降低还原温度，而且生成的 $2MeO \cdot SiO_2$ 比 SiO_2 更稳定。可见形成炉渣对于降低氧化镁的还原温度有良好的作用。若反应物中有 CaO 存在，则还原反应生成的 SiO_2 优先与 CaO 作用生成硅酸钙，此时 MgO 的还原反应为：

$$2CaO + 2MgO + Si = 2Mg + 2CaO \cdot SiO_2$$

在生成 $2CaO \cdot SiO_2$ 的条件下，硅开始还原 MgO 的最低温度为 1750℃。因此在工业生产中以煅烧白云石作硅热法炼镁的原料，不仅提高了镁的还原率，而且还降低了还原过程的温度。

当用铝作还原剂还原 MgO 时，其还原反应式如下：

$$3MgO + 2Al = Al_2O_3 + 3Mg$$

若有 CaO 存在时则进一步发生如下反应：

$$5CaO + 3Al_2O_3 = 5CaO \cdot 3Al_2O_3$$

所以，当有CaO存在时，MgO用铝还原时总还原反应式为：
$$9MgO+5CaO+6Al = 5CaO \cdot 3Al_2O_3+9Mg$$
生成$5CaO \cdot 3Al_2O_3$时，放出大量的热量，进一步降低了还原反应的温度。

当采用铝硅合金作还原剂还原MgO时，铝和硅都起还原作用，反应式为：
$$2MgO+2CaO+Si = Ca_2SiO_4+2Mg$$
$$9MgO+5CaO+6Al = 5CaO \cdot 3Al_2O_3+9Mg$$

应该指出，用铝还原煅烧白云石时，还需在配料中另外加入适量的氧化镁才能满足上述反应的要求。

由以上反应可以看出，造渣反应生成的硅酸盐或铝酸盐愈稳定，降低还原温度的作用愈明显。因此寻求一种含SiO_2或Al_2O_3的更稳定化合物，则有助于进一步降低还原温度。

蛇纹石也可用硅还原。在这种情况下，为了使所有的二氧化硅结合成硅酸二钙，应加入足够量的石灰。反应式如下：
$$2(3MgO \cdot 2SiO_2)+3Si+14CaO = 7(2CaO \cdot SiO_2)+6Mg$$

另外，反应的压力越低，用铝或硅还原氧化镁或白云石的平衡温度越降低。例如，硅还原氧化镁时，平衡温度与压力的关系为：

剩余压力/mmHg[❶]	760	10	1	0.1
平衡温度/℃	2370	1700	1430	1235

由以上可以看出，真空对降低有蒸气析出的还原反应的温度作用很大。当系统的实际压力由1atm[❷]降低到1mmHg时，硅和铝还原氧化镁的温度可分别降低约940℃和580℃。这样就使一些难还原的金属氧化物在真空条件下可能被还原。

在用硅和铝还原煅烧白云石的热法炼镁实践中，还原过程是在1100～1250℃和0.1～1.0mmHg的真空条件下进行的。真空除了能降低热还原法炼镁的操作温度，还可以防止还原剂和镁蒸气在高温下被空气氧化。

在热还原法炼镁中，大多数工厂是使镁蒸气冷凝成晶体。而近十多年来，在半连续生产的大功率还原炉中，是使镁蒸气冷凝成液体，不需要熔化精炼。若冷凝成晶体，冷凝器的温度一般控制在450～550℃，真空度应达到0.1mmHg以下。

6.4.2.2 还原过程的技术条件及其设备
(1) 技术条件

① 氧化镁或煅烧白云石的性质　煅烧温度直接影响氧化镁的化学活性。硅热法炼镁时，要求煅烧白云石的活性度在30%～35%以上。白云石的活性度对镁的产出率有很大影响。

矿石中的杂质含量与MgO及CaO作用而形成新的复合氧化物，像镁橄榄石（$2MgO \cdot SiO_2$）、尖晶石（$MgO \cdot Al_2O_3$）、铁酸镁（$MgO \cdot Fe_2O_3$）、硅酸钙及硅酸铝等。这种造渣作用使煅烧白云石出现局部液相而烧结，故使白云石活性降低。白云石的烧结温度与杂质含量有关，纯白云石在1650～1700℃烧结，含杂质量为2%～3%以上的白云石烧结温度分别降低到1550～1600℃和1460℃。

为了得到合乎质量要求的煅烧白云石，必须把煅烧温度控制在高于它的彻底分解温度（900℃）和低于其烧结温度的范围内。在实际生产中，白云石的煅烧温度为1000～1200℃。

② 还原剂的还原能力　热还原法炼镁采用的还原剂应具有足够的还原能力。钙、铝、

[❶] 1mmHg=133.322Pa。
[❷] 1atm=101325Pa。

硅、碳化钙及炭质材料等均能将镁从 MgO 中还原出来。从经济观点出发，在热还原法炼镁生产中，通常是用硅铁或硅铝合金作还原剂。可以用在一定的还原时间内得到镁的数量来表示还原剂的还原能力，得到镁的数量多说明还原速度大，反之则还原速度小。对于不同品位的硅铁对镁产出率有不同的影响。含硅量低于 50% 的硅铁，镁产出率很低；含硅量高于 75% 的硅铁，镁产出率显著提高，但硅含量进一步提高到 85% 或 95% 以上时，虽然镁产出率有所提高，但数量不大。可是熔炼高品位的硅铁比低品位的耗电量明显增多，故在实践中多采用含硅 75% 左右的硅铁作还原剂。

不同品位硅铁的还原能力不同的原因，是由于硅铁中硅的存在形态不同而引起的。硅铁中含硅量在 85% 以上时，只有游离状态的 Si 存在；含硅量为 75% 时，除游离硅外还有一部分 $FeSi_2$；含硅量低于 45% 时，没有游离状态的 Si，主要是 FeSi；当含硅量低于 25% 时，仅有金属化合物状态的 FeSi 存在。

游离状态存在的硅还原能力较强，与铁形成金属化合物状态的硅还原能力较差。

③ 炉料和残渣的熔融性　硅热法炼镁要求不熔性炉渣，而熔渣导电还原电炉为了能在较低温度下操作则要求低熔点的炉渣。硅热还原法要求还原后的残渣在热态下保持团块的原始形状，并且有足够的强度，此种残渣冷却后能自动碎成粉末。

白云石中含有的 SiO_2、Al_2O_3、Fe_2O_3 等杂质都能降低炉料的熔点，加入氟化钙既能加速反应也能降低熔点。在炉料料中加入一定数量的氧化铝，使其生成铝硅酸盐，就能得到低熔点的炉渣。渣中含有氧化铝除降低熔点外，还可以抑制某些炭热反应的进行。在还原过程中，如果发生了炭热反应，不仅污染了金属镁，还要消耗电极和炭素内衬。

④ 添加剂的影响　硅热法炼镁时，往往在炉料中添加 1%～3% 的氟化钙，以提高还原反应的速度，添加氟化镁及冰晶石也有类似的作用。这些氟化物的加入对于反应的平衡没有影响，只是起着矿化剂的作用，使物料间的相互作用加速，是使 SiO_2 与 CaO 之间的相互作用加速。在还原条件相同的情况下，氟化钙能提高硅热法炼镁时镁的产出率，对氧化镁用硅还原尤为显著。氟化钙添加量增至 3% 时，对提高镁的产出率有良好效果，但进一步提高氟化钙的添加量效果不太明显，在某些情况下由于添加过量氟化钙而稀释了炉料，还原后的炉渣变软，不易扒渣，而且渣在扒渣时易吸附在还原罐罐壁上，使还原条件变坏。

⑤ 白云石中杂质的影响　白云石中常含有 SiO_2、Al_2O_3、Fe_2O_3 及 Na_2O、K_2O 等杂质，这类杂质与煅烧白云石时的焦炭和煤等固体燃料中的灰分一起进入炉料，对还原过程不利。

矿石中的 SiO_2、Al_2O_3、Fe_2O_3 主要以硅酸盐的形态存在，在还原温度下，有可能与 CaO、MaO 造渣生成低熔点的复合氧化物，如果生成低熔点的复合氧化物，不仅妨碍镁蒸气的扩散，同时，也降低了还原反应的速度。

碱金属氧化物在真空及高温下，也能被硅还原，还原出来的钠和钾呈蒸气状态，它们在冷凝器的较冷端结晶。在空气进入冷凝器中时，粉状的碱金属强烈燃烧，并能引起镁的燃烧，造成镁的损失。

炉料中的水分和二氧化碳也有不良作用。当炉料加热时析出的水蒸气和二氧化碳会破坏真空度，也会使硅氧化造成损失。

⑥ 炉料粒度及制团压力的影响　硅热法炼镁的还原反应是属于有固相参与的反应，反应是在还原剂与白云石粒子间的表面进行，因此物料间接触的好坏，对于氧化镁的还原速度有很大的影响。粒度越细，则制团的单位压力越大，则接触越好，越有利于还原过程。

还原反应的速度随着制团压力的增加而提高，当其达到某一数值后，则随着压力的增加而降低。这是由于压力增加使粒子之间的接触变好，有利于还原反应的缘故。但是，压力增加使团块的孔隙度减少,妨碍镁蒸气从团块内部向外扩散,团块内部镁的蒸气有可能达到平衡蒸气压的数值,因而使镁的产出率有所降低。最适宜的制团压力是随氧化镁或白云石的活性、炉料的粒度、团块的尺寸及形状不同而变化的。

(2) 硅热法炼镁的还原炉及技术操作 在工业和半工业规模热还原法炼镁中,采用各种不同结构的真空还原炉。炉子结构基本上可以分为两类:炉膛外部加热的还原炉和炉膛内部加热的还原炉。硅热法炼镁是在高温和真空条件下实现的。因此不论何种结构的真空还原炉应该是在高温下具有良好的严密性和热稳定性,以保证炉子反应区内有高真空度。

① 横罐真空还原炉 横罐真空还原炉是属于炉膛外部加热的还原炉,它是由加拿大的皮江首先设计出来的,故又称皮江法还原炉。用煤气或重油加热的还原炉,通常由16个横排的还原罐组成,其规格为 10.54m×3.59m×2.94m,如图6-14所示。

还原炉的炉膛为矩形,罐间中心距为600mm,罐呈单面单排排列,炉子背面分布有8支DW-1-5型低压烧嘴。火焰从燃烧室进入炉膛空间,绕过还原罐周边,靠烟囱抽力将燃烧后的烟气抽入炉底部支烟道,经烟道与烟道闸门、热交换器后进入烟囱;经过预热后的二次风由副烟道进入二次风管,再通过炉底第二层二次风道送入炉内。炉壁厚520mm,包括一层耐火砖、一层轻质保温砖、硅酸盐纤维毡或石棉板和外壳钢板。

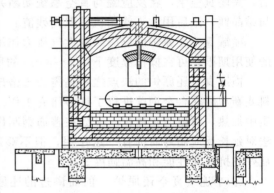

图 6-14 用煤气或重油加热的还原炉

还原炉底部两个还原罐中间设有一燃烧室或烟室,还原炉的拱顶较平。由于还原炉炉顶表面热损失量占还原炉表面热损失的50%,故炉顶通常铺有150mm厚的硅酸铝纤维棉。还原炉顶设有10支Pt-Pd-Rh热电偶及高温计来测量炉膛的温度。16个还原罐分为4组。与一个真空机组相连,每台还原炉还设一个备用真空机组,因此一台还原炉共有5个真空机组。为了缩短还原罐预抽的时间,每台还原炉有一个水环泵作为预抽泵。

煤气或重油通过烧嘴沿还原罐轴向喷入。一次风与二次风对煤气还原炉而言都需经过预热,预热温度为300~400℃。二次风由炉底燃烧室进入炉内,一次风由烧嘴的外套送入炉内,并将煤气雾化。对于烧重油的还原炉,一次风是冷风,如果是热风,往往使烧嘴口的重油焦化而堵塞烧嘴。二次风的预热,通常是通过设在烟道中的高硅耐热球墨铸铁热交换器进行预热的。燃烧的热气流,由燃烧室向上流动,并绕过罐壁进入设在还原罐中间的烟室,然后进入烟道。由烟道排出的热烟气,通过热交换器回收热量。二次风的温度,由设在烟道中的热电偶进行测量。

反应罐的结构如图6-15所示。炉内的高温部分(反应区)是用耐热镍铬合金钢管制成,反应罐伸出炉外部分(镁的冷凝区)用碳素钢管制成,在碳素钢管中装入一个圆筒形的冷凝器,钢管外面靠近罐盖一端焊有冷却水套,借冷却水控制冷凝区的温度。

在筒形冷凝区外端装入碱金属捕集器,

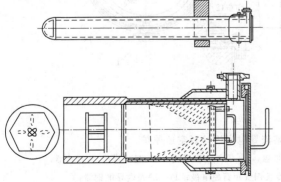

图 6-15 耐热合金钢反应罐

用以冷凝碱金属。炉料与冷凝器中间放有隔热板,它是由两层带孔的薄铁板构成,板上的孔洞不相对应,用以阻挡炉料的辐射以防止冷凝器温度升高。反应罐用带有真空橡皮垫圈的盖子密闭,在靠近盖子处罐壁上焊有与真空系统相连接的真空管道接头。

还原炉的每一周期操作时间为 8~10t。在清除残渣后的反应罐中加入用纸袋装好的团块料,然后依次装入隔热板、镁冷凝器和碱金属捕集器,最后将盖子盖好并抽出反应罐中的空气。

在还原过程中,初期由于炉料析出水分和 CO_2,真空度较低,以后真空度逐步提高。为了获得致密的镁晶体,真空泵应不断地工作,以保持真空度低于 0.1mmHg。还原结束后,关闭真空泵,将反应罐与真空系统切断并接通大气,然后打开罐盖,取出碱金属捕集器与结晶镁,最后用人工或用机械取出残渣。

横罐真空还原炉的反应罐在大气压力作用下会被压扁,出现局部凹陷,为了延长反应罐的使用期限,可在操作温度下用 6~8atm 的压缩空气直接在炉中进行矫正。

横罐真空还原炉的缺点之一是需要价格昂贵的镍铬合金钢制作反应罐,为了寻求代用材料或新型耐热合金钢曾进行了许多研究工作。例如,用普通钢制作反应罐,插入熔融玻璃介质中加热,可以防止氧化。又如在普通钢制作的反应罐的表面上喷涂或堆焊一层保护层等方法对延长反应罐寿命都有一定作用,但不够理想。实践证明,含稀土的 3Cr24Ni7N 钢具有良好的抗氧化性能和高温强度。

② 半连续真空还原炉　前面讲过的还原炉反应后的残渣是固体状态(主要是 $2CaO \cdot SiO_2$)。半连续真空还原炉的残渣则呈熔融状态。此种熔渣具有导电性,还原炉就是借电流通过熔渣产生的热量来使物料加热还原,所以这种炉子又叫熔渣导电还原炉。图 6-16 为单相供电的熔渣导电的半连续真空还原炉。还原炉由炉体和冷凝器两部分组成。炉体为圆柱形,炉子外壳用 20mm 厚的碳素钢板焊成,炉膛底部用炭块砌筑,有两根导电钢棒砌在炭块中间,侧壁衬里用炭素捣固。在钢壳与炭素(或炭块)之间,由外至内依次为石棉板、水泥蛭石、保温层和黏土耐火砖。炉身上部有镁蒸气出口与冷凝器相通。在炉身下部有两个放渣口和一个放剩余硅铁口,当进行还原时,这些放渣口都是密封的,只有在放渣和放出硅铁时才打开。

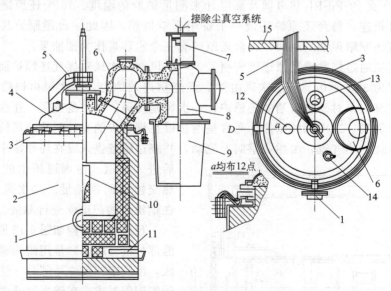

图 6-16　单相供电的熔渣导电半连续真空还原炉

1—渣口；2—炉体；3—导壳导电母线；4—炉盖；5—顶部电极母线；6—缓冲器；7—过冷器；
8—冷凝器；9—液体镁坩埚；10—水冷长铜管短石墨电极；11—炉壳内导电钢棒；
12—测渣面孔；13—下料管,观察孔；14—观察孔；15—炉变端墙

炉顶是半圆形，用钢板制成，其内筑以低钙铝酸盐水泥。炉顶设有一个可以旋转的观察孔，一个测渣面孔和两个加料孔。两个加料孔与真空加料系统相接并交换使用，接有石墨电极的水冷长铜管从炉顶中心插入炉内，电流经炉子上部的水冷铜管和石墨电极导入炉内，经过炉渣的渣层，从炉底的钢棒导出，导电母线与电炉变压器的输出端相接。

镁的冷凝系统包括一个除尘器和一个冷凝器。除尘器需要保温，故在钢壳内砌有耐火黏土砖层和保温砖。冷凝器外侧焊有水套，以调节冷凝器的温度。根据条件的不同镁蒸气可呈固态或液态冷凝下来。

新安装的还原炉，要经过严格的烘干和焙烧才能开始生产。烘干和焙烧的目的在于排除内衬砌体的水分，使糊状内衬烧结。经过烘干焙烧好的炉子，即可启动投入生产。还原炉的正常操作有加料、出镁、放渣、放剩余硅铁、接石墨电极等。

炉子转入正常生产后，颗粒状的煅烧白云石和硅铁可连续地或分批地加入炉内，炉料落到熔渣表面迅速升到反应温度而进行还原。加料的速度应与还原炉的电功率相适应，否则炉子温度会发生较大的波动，影响还原反应。

随着炉料的加入和还原反应的进行，炉内渣面不断地上升，当渣面上升到出镁口时，则停止加料，破坏真空，放出熔渣。从出渣口放出的熔渣用高压水进行水碎并冲入渣池。熔渣不能放完，否则影响导电而造成下一周期操作的困难。

在放渣的同时进行出镁操作。将连接冷凝器与除尘器的螺钉松开，取下冷凝器并将其放入带有水冷的密封筒内继续真空冷却，降至一定温度后再剥下结晶镁。从除尘器取下冷凝器后立即换上一个新的冷凝器。放渣出镁完毕，把炉子密封抽真空，重新加料，继续进行生产。

在还原过程中不可避免地总有一部分还原能力较差的硅来不及反应就同铁一起沉入炉底，当其积累到一定高度后，则需在放渣后同时放出这部分剩余硅铁。它尚含有25%～50%的硅，可用作炼钢的脱氧剂。

在生产过程中由于有时会发生打弧、氧化，特别是发生某些炭热反应，石墨电极慢慢消耗而变短，这时需要更换电极。

思 考 题

1. 热还原法炼镁与电解炼镁相比具有哪些优点？
2. 热还原法炼镁按还原剂类型的不同可分为哪些类型？
3. 热还原法炼镁选择还原剂的依据是什么？
4. 白云石中杂质对还原过程的影响有哪些？

6.5 镁精炼

【内容导读】

> 本节介绍镁的精炼。主要从粗镁中的杂质，精炼原理以及精炼方法三个方面论述了金属镁的精炼。

6.5.1 粗镁中的杂质

由电解槽和真空还原炉中所生产的镁称为粗镁，粗镁中往往含有金属杂质（Fe、Si、Al、Na、K、Ca、Cu、Ni、Mn 等）和非金属杂质（$MgCl_2$、KCl、$NaCl$、$CaCl_2$、MgO

等)。这些杂质由于镁生产方法的不同,其含量也有所不同。

对于电解法制得的镁主要含有氯化物杂质,其含量达 2%～3%,这些杂质是在电解槽出镁时混入镁中的。少量金属杂质(Na、K、Fe、Si 等)是由于电化学过程析出的。镁中杂质铁来源于原料和铁质部件的破损,镁中铁的含量与电解温度有关。镁中杂质硅和铝主要来源于内衬。由于二氧化硅与镁反应($SiO_2 + 4Mg = Mg_2Si + 2MgO$)使硅进入镁中,在个别情况下镁中硅含量可达 0.06%。热法制得的镁通常不含氯化物,其中主要含有比镁蒸气压高的金属杂质(K、Na 等),此外,还有极少量的非金属杂质(CaO、SiO_2、Fe_2O_3、MgO 等)。

存在于镁中的非金属杂质对镁的性质有重大影响,特别是氯化物杂质,降低了镁的抗腐蚀能力,使镁不能长期保存。这是由于镁表面上的这些氯化物盐类,尤其是 $MgCl_2$ 和 $CaCl_2$,与空气中的水分发生反应而产生水解,这时在镁锭的表面上出现盐酸,促使了镁的溶解。存在于镁中的金属杂质(Na、K、Ca)使镁的机械性质变坏。含 0.01%Na 或 0.03%K 的镁其极限抗张强度小,致使镁不适于压力加工。

根据上述原因,粗镁是不能作为产品出厂的,必须进行精炼以适合工业需要和长期保存。经过精炼后的金属镁,其杂质含量应符合国家规定的标准。我国冶金工业部规定的标准,如表 6-5 所示。

表 6-5 冶金工业部规定的各种牌号的镁的成分

牌号	镁含量不小于/%	化学成分						
		杂质不大于/%						
		Fe	Si	Ni	Cu	Al	Cl	杂质总量
Mg-1	99.95	0.02	0.01	—	0.005	0.01	0.003	0.05
Mg-2	99.92	0.04	0.01	0.001	0.01	0.02	0.005	0.08
Mg-3	99.85	0.05	0.03	0.002	0.02	0.05	0.005	0.15

6.5.2 粗镁精炼原理

电解法和热还原法所得原镁中,含有少量金属的和非金属的杂质。一般用熔剂或六氟化硫(SF_6)加以精炼。镁的纯度达到 99.85% 以上者,即可满足一般用户的要求。纯度更高的镁可用真空蒸馏法制取。

在镁的熔铸时,用熔剂以清除镁中的某些杂质,并保护熔融的镁以免其在空气中氧化。熔剂中通常含有 $MgCl_2$ 等,镁中的碱金属会同 $MgCl_2$ 相互作用,置换出 Mg,并生成相应的氯化物。镁中的非金属夹杂物 MgO 也与 $MgCl_2$ 作用,生成 MgOCl 沉淀下来。同时,熔剂在镁液表面上生成一层致密的保护膜,这是因为熔剂能够很好地湿润液态镁。

化学成分合格的镁锭,可根据用户要求及贮存期限,进行表面处理,防止氧化腐蚀。表面处理的方法有:重铬酸盐镀膜;浸油及油纸包装;阳极氧化和酚醛树脂涂层等。

镁的升华提纯一般在竖式蒸馏炉中进行。其原理是根据镁和其中所含杂质的蒸气压不同,在一定的温度和真空条件下,使镁蒸发,而与杂质分离。凡是蒸气压高、沸点低于镁的金属和盐类,首先蒸发;而蒸气压低、沸点高于镁的金属和盐类,则残留下来。因此,镁得以提纯。升华提纯时,镁从固态出发,直接冷凝成固态镁。

当升华温度为 600℃ 和冷凝温度为 500℃ 时,镁的升华过程就进行得相当快,这时候,镁中的大多数杂质实际上不升华,此时容器内的镁蒸气压稍大于 2mmHg。因此可得到 99.99% 以上的镁。其中,Fe 含量低于 0.002%,Si 低于 0.0004%,Al 低于 0.001%,Na

低于 0.001%，Cu 低于 0.001%，Ni 低于 0.0001%。

6.5.3 镁的精炼方法

镁的精炼方法有多种，如熔剂精炼、重力（沉降）精炼、金属热法精炼、区域熔炼精炼、真空升华精炼和电解精炼等。一些方法可以有效地除掉特定的杂质，有些方法则能综合地降低金属、非金属各种杂质的数量。因此，应根据不同用途的要求来选择各种方法或者不同方法的组合。

(1) 熔剂精炼法　熔剂精炼是在熔融状态下用熔剂去除镁中杂质。用熔剂精炼粗镁的方法为多数镁厂所采用，这种方法基本上可以除去粗镁中的非金属杂质并使金属的成分均匀。

熔剂精炼采用氯化物盐类和氟化物盐类的混合物作为熔剂，熔剂的化学组成如表 6-6 所示。熔剂应具有以下性质：熔剂与镁和坩埚不起化学反应；熔剂熔点低于镁的熔点；熔剂与杂质间界面张力小，与液体镁界面张力大，因此熔剂既能够吸附杂质，又能与液体镁分离；熔剂与液体镁密度不同。精炼熔剂密度大于液体镁密度，用作去除杂质。

表 6-6　熔剂的化学组成

熔　剂	组成/%					
	$MgCl_2$	KCl	NaCl	$CaCl_2$	$BaCl_2$	MgO
钙熔剂	38±3	37±3	8±3	8±3	9±3	≥2
精炼熔剂	90%~94%钙熔剂+6%~10%CaF_2					
撒粉熔剂	75%~80%钙熔剂+20%~25%S，粒度≥0.4mm					

熔剂的作用：第一，防止再熔镁与空气接触时遭受氧化；第二，与镁中杂质起化学作用，将杂质带入盐类物相中，其反应如下：

$$MgCl_2 + 2Na(K) \longrightarrow Mg + 2NaCl(2KCl)$$
$$2CaF_2 + SiO_2 \longrightarrow SiF_4 + 2CaO$$

第三，润湿和吸附机械混合于熔融镁中的固体颗粒（如 MgO 等），形成氯氧化物。

$$MgO + MgCl_2 \longrightarrow Mg_2Cl_2O$$

或

$$5MgO + MgCl_2 \longrightarrow Mg_6Cl_2O_5$$

为使熔剂在熔融镁表面上形成一层保护层，熔剂与空气必须具有适当的表面张力。为此，熔剂的成分中应当有足够的 NaCl、$CaCl_2$ 或 $BaCl_2$。熔剂中最重要的组成部分是无水氯化镁，它能够靠互换反应除去镁中杂质钠和钾。要使熔剂能很快地吸附固体颗粒，熔剂就必须很好地润湿这些颗粒。因此，熔剂中亦应有足够数量的氯化钾。

作为粗镁的精炼熔剂应满足以下条件：

① 在工业生产中无化学毒性和强腐蚀性；
② 具有一定的精炼性，即能和镁中杂质发生物理或化学反应并生成镁不溶性渣；
③ 应比镁具有更低的熔点；
④ 在熔融状态下，熔盐的密度应比镁大，并有适当的密度差，熔盐和镁液能很好地分层；
⑤ 在精炼和分离过程中，熔剂熔盐应有较小的黏度，使镁液在精炼过程中能彻底澄清；
⑥ 熔剂熔体在整个精炼过程中和镁液有适当的界面张力，在熔炼阶段，具有较小的界面张力，能较好地保护镁不被燃烧或氧化，在精炼静置阶段有较大的界面张力，能使镁更好的分离；
⑦ 熔剂中的阳离子与熔融金属镁发生置换反应，以免被二次污染。

镁的熔化与精炼一般是在电热的或者是在煤气加热的坩埚炉中进行，也可采用煤气炉，在煤气炉中通常都使用铸钢坩埚。

将从电解车间送来的盛有液体镁的坩埚放入炉中，加热至710℃，然后加入精炼熔剂，其添加量每吨镁约为20kg。精炼时要将熔融镁和熔剂仔细搅拌，搅拌时间为10min。精炼完毕后继续升温至740℃，以利于氯化物杂质的分离。但是铁在熔融镁中的含量却随着温度的升高而增加。因此必须静置5~10min，以降低熔融镁中铁的含量。当温度降至710℃时，再进行浇铸。为了避免镁在坩埚中氧化，熔融镁的表面上要加撒粉熔剂。精炼在电解车间浇成锭的粗镁时，先在坩埚内熔化熔剂，然后加入预热的镁锭。根据镁的熔化程度逐渐加入镁锭，直加到坩埚的正常容积为止。在整个熔炼过程中要逐渐往坩埚中加入熔剂，以防止镁燃烧。镁在坩埚中熔化后，再按精炼液体镁的过程进行精炼。

经过精炼后的熔融镁，用连续铸锭机进行铸锭。为了防止镁的氧化，必须将硫黄粉喷在镁流或镁锭的表面上，形成二氧化硫的保护气氛。

(2) 升华精炼 镁的升华精炼是利用镁的蒸气压和杂质的蒸气压不同而达到分离杂质的目的。粗镁中所含的铁、铜、硅和铝等杂质的蒸气压都比镁低，因此在升华精炼时，镁比上述杂质先升华。而氯化镁、氯化钾和氯化钠以及碱金属的蒸气压和镁的蒸气压相差不大，因此差不多和镁同时蒸发出来。

升华精炼是在蒸罐中进行的。蒸罐置于坩埚电炉中用镍铬丝加热（也可用其他方法加热，其中包括燃烧液体燃料和气体燃料）。冷凝器焊在罐上，露在炉子外面用空气冷却。冷却器上面用盖子盖紧，冷凝器中插入一个圆柱形的铁套筒，套筒上面盖以小盖，最易挥发的杂质在此小盖上集聚起来。冷凝区与蒸罐之间设有平放的隔热板。升华精炼时，蒸罐中温度为580~600℃，罐内的残余压力为0.1~0.2mmHg。在此温度与压力下，固体镁直接变成蒸气，并在冷凝器的铁套筒的内壁上冷凝成晶簇状镁。冷凝器的温度保持在450~500℃。精炼完毕，从冷凝器中将套筒取出，然后将套筒上的镁剥落。

升华精炼所得冷凝物成分是不一致的，上部冷凝物中几乎全是由氯化钾、氯化钠、氯化镁以及金属钠组成；中部是由极纯的镁的晶簇组成，其重量约占冷凝物的80%左右；在下部镁以细小的结晶粒聚集，并为硅和铁所玷污。

升华精炼所制取的镁纯度较高，经过重复升华精炼可以制得高纯度镁。升华法精炼所得的镁在低真空度下或惰性气体中进行再熔化。不应加熔剂再熔，以免为氯化物所玷污。

(3) 沉降精炼 沉降精炼是大型电解镁厂精炼粗镁的方法。该法是在电加热熔盐炉（为连续精炼炉）中通过沉降去除镁中杂质。精炼炉见图6-17。精炼炉为圆形，钢壳内衬耐火砖，炉顶直径约5.5m，炉底直径约3m，高约4.5m；炉中心部位是集渣井，炉体下部均匀分布6根石墨电极，加热功率为300kW。加热介质氯盐温度为720~730℃，氯盐成分：$MgCl_2$为8%~12%、KCl为55%~65%、NaCl为18%~22%、$CaCl_2$为0.5%~2%、$BaCl_2$为5%~8%、CaF_2为0.3%~1%。氯盐的密度大于液体镁的密度，因而位于液体镁层下面。

沉降精炼法的操作过程是将电解槽中抽取

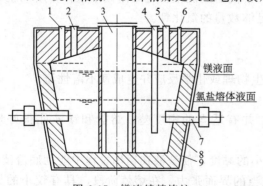

图6-17 镁连续精炼炉
1—虹吸出镁口；2—真空抬包出镁口；3—排渣口；
4—粗镁加入口；5—电极清理口；6—充氩气门；
7—石墨电极；8—耐火材料内衬；9—钢板炉壳

出的液体镁，用抬包运到精炼车间，从粗镁加入口注入连续精炼炉。由于加料管伸入氯盐熔体下层，液体镁从加料管出来后经过氯盐熔体层上浮到镁液层。这一过程与熔剂精炼过程相同。镁液层贮存镁8～10t，温度710～720℃。镁在炉内停留2h以上，镁中非金属杂质充分沉降分离。精炼渣汇集于炉底中部集渣井内，定期打开井盖用抓斗抓取渣。铸锭用的虹吸管从炉盖上插入镁液层，开始铸锭时用真空泵将虹吸管抽成负压，使液体镁流出。为了防止液体镁燃烧，向炉内充氩气。连续精炼炉每天产精镁50～100t。精炼1t镁耗电50～100kW·h，氯盐60kg。

（4）镁锭的表面处理　镁锭表面在空气中自然氧化也生成氧化膜，但此氧化膜不像铝表面的氧化膜那样致密无孔，所以熔剂精炼后的镁锭必须进行表面处理，以防止镁被腐蚀。为此，首先用机械的方法除去留在镁锭表面上的熔剂夹杂物，然后在镁锭的表面上盖以防护氧化膜。根据对镁锭是供临时需用还是供长期贮存的要求，可以采取不同的方法进行表面处理。

① 酸洗法　供临时使用的镁在每千克含20～50g Na_2CO_3 的热碱溶液中洗涤以除去盐类，然后在流动的冷水与热铬酸溶液中进行洗涤。

供长期贮存的镁一般采用酸洗镀膜。首先用水洗去镁锭表面的氯化物盐类，再在40g/L的 HNO_3 溶液中清洗并氧化。经过酸洗后的镁锭在酸性重铬酸钾溶液中进行氧化、镀膜。镀膜后的镁锭再用水洗，然后用热风吹干并在真空干燥箱（90～110℃）中干燥15～20min。为了防止镁锭腐蚀，再在其表面上涂熔融石蜡和凡士林的混合物，然后用油纸包装。

② 阳极氧化　镁锭表面进行阳极氧化是一种新的工艺。镁锭经过阳极氧化后其耐酸性比酸洗镀膜法高50倍，如果镁锭表面再用环氧酚醛清漆封孔，则镁锭不需包装即可长期保存。阳极氧化方法如下。

第一步是化学清洗。在阳极氧化前镁锭先用冷水浸2min，而后放到含 CrO_3 60g/L、KF 1.2g/L、$Fe(NO_3)_3·9H_2O$ 13g/L 的溶液中浸洗3min以除掉镁锭表面的氯盐。第二步是阳极氧化。经过化学清洗的镁锭再用水洗净，然后在组成为 NaOH 160g/L、水玻璃 18mg/L、酚3～5g/L 的阳极氧化槽液中，在电压3～6V、电流密度 $1A/cm^2$、槽液温度为70～80℃的条件下，阳极氧化20min。在上述条件下可获得高机械性能的 MgO 与 $Mg(OH)_2$ 厚膜。若温度高于80℃或电流密度偏离上述数值时，都会形成疏松膜层。第三步是镁锭表面填充，镁锭经过阳极氧化后，表面形成两层氧化膜，邻近金属的一层较致密，外层则疏松多孔。为了防止多孔的外层吸收水分和腐蚀性气体，所以阳极氧化后的镁锭还必须用环氧酚醛清漆封孔。封孔时镁锭须稍许加热，并除净缩孔内水分。为了促进聚合反应而加速硬化，必须在150～170℃下干燥1～2h，或在200℃下干燥20min。

思　考　题

1. 粗镁中的杂质有哪些？
2. 存在于镁中的非金属杂质对镁的性质有何影响？
3. 熔剂精炼时熔剂的作用有哪些？
4. 升华精炼的原理是什么？
5. 为什么要进行镁锭的表面处理？

7 钛 冶 金

7.1 概 述

【内容导读】

本节主要介绍钛的物理性质、化学性质和金属钛、合金钛以及钛的化合物的用途；在钛的资源方面主要介绍了钛的矿物以及中国的钛矿资源；对于钛的制取方法，主要介绍了各种还原方法以及最新的冶炼技术。

钛属于元素周期表中第ⅣB族第四周期元素，原子序数为22。钛有两种晶型：密集型六方晶型的α-钛和体心立方晶型的β-钛。

7.1.1 钛的性质和用途

(1) 钛的性质

① 物理性质　金属钛为银白色，外观似钢，密度为 $4.51g/cm^3$，不足钢的 60%，是难熔金属中密度最低的金属元素。钛的熔点高，密度小，易加工成形，且具有优良的耐腐蚀性能。

② 化学性质　致密钛在常温下的空气中十分稳定。当加热到 400~550℃ 时，则在表面生成一层牢固的氧化膜，起防止进一步氧化的保护作用。

微细的钛粉尘具有爆炸性。海绵钛和钛粉末有较大的活性表面积，点燃后即可燃烧。

钛具有强烈的吸气性质，能够吸收氧气、氮气、氢气，这些气体对金属钛是十分有害的，即使含量甚微（0.01%~0.005%）也能严重影响它的力学性能。

③ 力学性能　钛的力学性质即通称的机械性能与纯度十分相关。高纯钛具有很低的强度和很高的塑性，优良的机械加工性能，延伸率、断面收缩率均佳，但强度低，不适合做结构材料。微量杂质会使钛的强度显著增高，并降低其可塑性。硬度是判断海绵钛质量的基本参数之一。优质工业纯钛的布氏硬度通常小于120。钛的硬度越高，它的质量越低。

钛和钛合金在低温下仍能保持其力学性能。钛合金在 -253℃ 温度下能具有足够的韧性；在高温下钛合金仍能保持其室温下的性能。

(2) 钛的化合物　钛的氧化物有 TiO_2、Ti_2O_3、TiO。其中 TiO_2 为白色粉末，在天然矿物中存在三种同素异形变体：金红石、锐钛矿和板钛矿。其中金红石最稳定，不溶于水和稀无机酸中。

钛的氯化物有四氯化钛和碘化钛。四氯化钛（$TiCl_4$）在常温时为无色液体，它是非极性分子，分子间的作用力较弱，因此沸点低。四氯化钛易挥发，遇湿空气则水解生成偏钛酸而产生白烟。四氯化钛可在有碳存在的情况下，温度为 800℃ 左右时，用氯气作用于二氧化钛制得。工业生产上将四氯化钛用金属镁进行热还原后可得到海绵钛。

(3) 钛的用途　钛和钛合金是理想的高强度、低密度的结构材料。钛合金的强度可达 $120~150kgf/mm^2$，因此它的比强度（强度/密度）则为 27~33，而具有相等强度极限的合金钢的比强度为 15.5～19。

在常温下，钛合金的强度比高强度的铝镁合金的强度高不了多少，但在 150～430℃ 的范围，铝合金的强度急剧下降，而钛合金的强度却基本不变。在这一温度范围，钛合金也超过了不锈钢的强度。

钛合金制成飞机比其他金属制成同样重的飞机多载旅客 100 多人。制成的潜艇，既能抗海水腐蚀，又能抗深层压力，其下潜深度比不锈钢潜艇增加 80%。同时，钛无磁性，不会被水雷发现，具有很好的反监护作用。

钛具有亲生物性。在人体内，能抵抗分泌物的腐蚀且无毒，对任何杀菌方法都适应。因此被广泛用于制医疗器械，制人造髋关节、膝关节、肩关节、肋关节、头盖骨、主动心瓣、骨骼固定夹。当新的肌肉纤维环包在这些"钛骨"上时，这些钛骨就开始维系着人体的正常活动。

在飞机制造方面，钛合金可作机身、内燃发动机和喷气发动机的部件；在火箭制造方面，用钛合金作发动机壳体、盛液氧的压力容器以及其他零件；钛和钛合金不仅强度高，而且耐腐蚀，因而被应用于化工机械和医疗器械等方面；在电子真空技术中，用纯钛制作 X 射线管的阳极、阴极、栅极及其他零件。

由于钛与氧、氮等的化学亲和力强，在炼钢中可以用钛作脱氧、脱氮剂。在锰钢、铬钢、铬钼钢和镍铬钢中都含有钛的成分。钛加入于铜、铜合金和铝合金中，可以改善它们的物理机械性能和抗蚀性能。

碳化钛具有高硬度和高熔点，钛钨硬质合金刀具切削钢材效率很高。

钛的氧化物——TiO_2，是雪白的粉末，是最好的白色颜料，俗称钛白。钛白的黏附力强，不易起化学变化，永远是雪白的。特别可贵的是钛白无毒。它的熔点很高，被用来制造耐火玻璃、釉料、珐琅、陶土、耐高温的实验器皿等。TiO_2 是世界上最白的东西，1g TiO_2 可以把超过 $450cm^2$ 的面积涂得雪白。它比常用的白颜料锌钡白还要白 5 倍，因此是调制白油漆的最好颜料。二氧化钛可以加在纸里，使纸变白并且不透明，效果比其他物质大 10 倍，因此，钞票纸和美术品用纸就要加二氧化钛。此外，为了使塑料的颜色变浅，使人造丝光泽柔和，有时也要添加二氧化钛。在橡胶工业上，二氧化钛还被用作为白色橡胶的填料。

四氯化钛是种有趣的液体，它有股刺鼻的气味，在湿空气中便会大冒白烟——它水解了，变成白色的二氧化钛的水凝胶。在军事上，人们便利用四氯化钛的这种怪脾气，作为人造烟雾剂。特别是在海洋上，水汽多，一放四氯化钛，浓烟就像一道白色的长城，挡住了敌人的视线。在农业上，人们利用四氯化钛来防霜。

钛酸钡晶体有这样的特性：当它受压力而改变形状的时候，会产生电流，一旦通入电流又会改变形状。于是，人们把钛酸钡放在超声波中，它受压便产生电流，由它所产生的电流的大小可以测知超声波的强弱。相反，用高频电流通过它，则可以产生超声波。现在，几乎所有的超声波仪器中，都要用到钛酸钡。除此之外，钛酸钡还有许多用途。例如，铁路工人把它放在铁轨下面，来测量火车通过时候的压力；医生用它制成脉搏记录器。用钛酸钡做的水底探测器，是锐利的水下眼睛，它不仅能够看到鱼群，而且还可以看到水底下的暗礁、冰山和敌人的潜水艇等。

7.1.2 钛的资源

(1) 钛矿物　在地壳中存在量为 0.6%，按元素丰度排列居第九位，仅次于氧、硅、铝、铁、钙、钠、钾和镁；按结构金属排列钛仅次于铝、铁、镁，占第四位，比常见的铜、铅、锌金属储量的总和还多。钛通常以二氧化钛或钛酸盐的形态存在。

钛属于典型的亲岩石元素，存在于所有的岩浆岩中，主要集中在基性岩中（丰度值达1.38%）。钛的分布极广，遍布于岩石、砂土、黏土、海水、动植物，甚至存在于月球和陨石中。

目前最主要生产钛的矿物原料是金红石和钛铁矿。金红石中含 TiO_2 为95%左右；钛铁矿的组成为 $FeTiO_3$，经过选矿后可获得含43%~60% TiO_2 的精矿，主要杂质为氧化铁，目前它是我国炼钛的主要原料。

金红石是一种黄色至红棕色的矿物，其主要成分是 TiO_2，还含有一定量的铁、铌和钽。铁是由于它与钛铁矿共生的结果。由于 Ti^{4+} 与铌（Ni^{5+}）、钽（Ta^{5+}）离子的相似性，铌和钽常伴生在钛矿石中。

钛铁矿的理论分子式为 $FeTiO_3$，其中 TiO_2 理论含量为52.63%。但钛铁矿的实际组成是与其成矿原因和经历的自然条件有关。可以把自然界的钛铁矿看成是 $FeO-TiO_2$ 和其他杂质氧化物组成的固溶体，可用以下通式表示：

$$m[(Fe,Mg,Mn) \cdot TiO_2] \cdot n[(Fe,Cr,Al)_2O_3], 式中 m+n=1$$

由于钛铁矿中杂质种类和数量不同而存在许多衍生物，其中重要的有镁钛矿、钙钛矿、钙铈钛矿、榍石等。同时由于自然界的风化作用，使钛铁矿的组成不断发生变化，形成所谓"风化"钛铁矿。其中白钛石就是钛铁矿受到风化产生的一种蚀变产物，它没有固定的组成，其中 TiO_2 含量可高达70%~90%。

具有开采价值的钛矿床可分为岩矿和砂矿两大类。

岩矿床又可分为两类，即岩浆分化形成的块状矿和碱性岩石中的金红石矿。岩矿床是原生矿，这里是指块状钛矿床，属于岩浆分化矿床。主要矿物是由含钛铁矿的钛磁铁矿和赤铁矿组成，并多含有钒、钴、镍、铜、铬等有用金属元素。

岩矿钛铁矿具有下列特点：

① 矿中铁的氧化物主要以 FeO 形式存在，FeO/Fe_2O_3 比值较高；

② 岩矿的结构致密，脉石含量高，可选性差，不易将 TiO_2 与其他成分分离，选出的精矿含有相当数量的非铁杂质，特别是含有较高的 MgO，精矿的 TiO_2 品位一般在44%~48%，且选矿的回收率较低；

③ 岩矿产地集中，贮量大，可大规模开采。

由于岩矿的可选性差，目前世界上许多岩矿仍未被利用。

钛砂矿床是次生矿，属于沉积矿床，有海成因和河成因之分。它来自岩矿床，由于海浪和河流带到各地，在海岸和河滩附近沉积成砂矿，大多产于气候潮湿的热带、亚热带和温带地区，即大都分布在南半球的海滩和河滩上。

这类矿床的主要矿物是金红石、钛铁矿，其次是白钛石。钛砂矿在形成过程中被风化，一些可溶成分被溶出，同时又夹带了一些贵重矿物，因此往往与锆英石、独居石等共生。这些矿物的特点是：

① Fe_2O_3 含量较高，即 FeO/Fe_2O_3 比值较小；

② 矿物结构比较疏松，脉石含量较少，容易用选矿方法将 TiO_2 与其他成分分离。

因此，精矿品位高，其中金红石精矿 TiO_2 品位可达96%，钛铁矿精矿 TiO_2 品位可达50%~60%，且矿物颗粒较大。砂矿主要产地有南非、澳大利亚、印度、南美洲等地的海滨和内河的沉积层中。

（2）中国的钛资源 中国的钛资源储量十分丰富，但主要是钛铁矿资源，金红石矿甚少。在钛铁矿储量中，岩矿占大部分，部分为砂矿。钛铁矿、岩矿产地主要是四川、云南和河北；砂矿产地主要有广东、广西、海南和云南。金红石矿主要分布在湖北和山西。

中国四川攀枝花地区是一个超大型的钒钛铁矿岩矿储藏区。该钛铁矿的特点是结构致密，固溶了较高的氧化镁，因此选出的精矿品位较低，MgO 和 CaO 含量较高，给提取冶金带来一定困难。河北承德地区也有类似性质的钒钛磁铁矿，不过储量较小，钛精矿固溶的氧化镁较低，可选得质量较好的钛精矿但品位较低。

云南钛资源很丰富，云南的砂矿易采易选，经简单选矿便可获得质量较好的钛精矿。该矿一般含 TiO_2 48%～50%，钛铁氧化物总量（$FeO+Fe_2O_3+TiO_2$）大于 95%，除含 MgO 稍高（1.2%～2%）外，其他非铁杂质含量较少，是一种质量较好和应用价值较高的钛精矿。

广东、广西和海南地区的钛铁矿砂矿品位高、杂质少，采选比较容易，又伴生有锆英石、独居石、磷钇矿、金红石等，综合利用的价值高，提取也容易，但多数伴生有放射性矿物。

此外，在福建、山东和辽宁沿海和江西部分地区也有砂矿钛铁矿资源。我国也发现几处金红石矿床，其中以湖北枣阳的储量较大，原矿的 TiO_2 平均品位 2.31%，但由于结构致密、粒度小，选矿较困难。

7.1.3 钛的制取方法

7.1.3.1 制取金属钛的方法

由富含 TiO_2 的原料制取金属钛的方法，按还原过程的化合物可分为五大类，下面分述如下。

（1）金属热还原法 可以作还原剂的有锂、钙、镁、钡、铝。但由于钛对氧的亲和力非常大，这些金属难以将 TiO_2 还原完全，而且还原过程中新生成的金属钛易于吸收氧生成 Ti-O 固溶体，使金属钛的纯度不高，难以得到氧含量小于 0.10% 的钛。钾和钠还原 TiO_2 只能获得低价氧化钛。

（2）碳还原法 碳是一种最廉价的还原剂。在敞开体系高温下，碳与 TiO_2 的反应是复杂的，可能发生如下的主要反应：

$$TiO_2+3C = TiC+2CO \qquad 2TiO_2+C = Ti_2O_3+CO$$
$$TiO_2+C = TiO+CO \qquad TiO_2+2C = Ti+2CO$$

反应的主要生成物是 TiC 和低价钛氧化物，而不容易生成金属钛。

在一定的温度和压力条件下（如 0.1MPa，2430℃ 或压力<1.3kPa，温度>1300℃），可以得到氧含量很低的纯 TiC。如果反应在 3000℃ 左右的高温和真空中进行时，则可由于发生下列反应而生成金属钛：

$$TiO_2+2TiC = 3Ti+2CO$$
$$TiO+TiC = 2Ti+CO$$

但所生成的金属钛又很容易被碳、氧和氮所污染，所以由碳还原 TiO_2 来制取纯钛是相当困难的。

通常在 2200℃ 的真空电弧炉中进行碳与 TiO_2 的反应时，其产物是 Ti-C-O 固熔体混合物，其中钛含量可比 TiC 或 TiO 中的含钛量更高，一般可达 82%～83%。

（3）氢还原法 TiO_2 在 750～1000℃ 下的氢气流中反应生成 Ti_2O_3，反应按下式进行：

$$2TiO_2+H_2 = Ti_2O_3+H_2O$$

如果反应在 2000℃ 下的高压氢气中（13～15MPa）进行，则产物为 TiO，反应为：

$$TiO_2+H_2 = TiO+H_2O$$

氢还原生成金属钛的反应是可逆反应：

$$TiO_2 + 2H_2 \rightleftharpoons Ti + 2H_2O$$

要使上述反应向着生成金属钛的方向进行，只有在高温下、存在大量的过量氢并不断移去生成的水蒸气才有可能。

通常用等离子获得高温来使上述反应完成，即将 TiO_2 粉末加入等离子流中，由于高温变为液滴，氢等离子与它对流接触，可把 TiO_2 还原为金属钛液滴，再用冷却方法收集产品得到固体金属钛。

用纯 TiO_2 为原料，以氩和氢为工作循环气体，在3000℃左右的等离子中进行小型试验，制得纯度为99.8%的金属钛。

(4) 卤化钛还原法 钛对卤素的亲和力远比氧小，容易把它的卤化物还原成金属钛。研究得最多的方法是 $TiCl_4$ 还原法。除用钠和镁作为还原剂的还原方法外，人们还研究过锂、钙、锰和铝的还原方法。

① 锂还原法和钙还原法 锂和钙均是 $TiCl_4$ 的良好还原剂，反应速度快，可以制取纯度很高的海绵钛。而且，LiCl 的熔点 610℃，锂的沸点 1347℃；$CaCl_2$ 的熔点 772℃，钙的沸点 1200℃。故它们的还原操作温度范围远比钠还原还要宽，这对还原操作有利。但是，它们的共同缺点是制取纯度高的锂和钙成本很高，故影响了二者在工业生产中的应用。

② 锰还原法 锰也是 $TiCl_4$ 的良好还原剂，该法进行的还原反应为：

$$TiCl_4(g) + 2Mn(l) \rightleftharpoons 2MnCl_2(g) + Ti$$

反应控制条件是反应温度必须控制在锰的熔点（1245℃）以上。此时，副产品 $MnCl_2$（沸点为1190℃）可以连续从反应器中逸出。如果在钛熔点温度以上进行反应，还原作业可以连续进行；为了增大反应速度，$TiCl_4$ 加入量必须过量。过量的 $TiCl_4$ 既利于从反应器中排出 $MnCl_2$，又可以防止钛与锰生成 Mn_2Ti 和 $MnTi_2$ 化合物，以降低金属钛产品中的锰含量。过量的 $TiCl_4$ 可随 $MnCl_2$ 逸出，经冷凝分离后返回使用。还原可在罐式或塔式设备中进行，设备要能耐高温和耐腐蚀。

③ 铝还原法 铝也是 $TiCl_4$ 的良好还原剂，还原反应在136℃就可以进行。

400℃以下生成物主要是 $TiCl_3$：$3TiCl_4 + Al \rightleftharpoons 3TiCl_3 + AlCl_3$

在1000℃下，反应生成钛：$3TiCl_4 + 4Al \rightleftharpoons 3Ti + 4AlCl_3$

反应生成的 $AlCl_3$ 在183℃升华，在还原温度下它是气体，在反应区中可将其分离除去。但反应生成的金属钛与还原剂铝生成稳定的 TiAl 金属间化合物，不容易从中除去铝以制取纯钛。

(5) 熔盐电解法制取金属钛

① $TiCl_4$ 电解 采用的电解质体系一般是将 $TiCl_4$-$TiCl_3$-$TiCl_2$ 熔于由碱金属或碱土金属氯化物组成的溶剂中。其中最常用的熔体为 NaCl-KCl 或 NaCl-KCl-LiCl。电解体系的条件如下：$n(NaCl):n(KCl)=1:1$（摩尔比）体系；熔化温度，700℃；电解温度，720℃；$TiCl_4$ 溶解度，0.52%。

$TiCl_4$ 电解的电极反应过程如下：

阴极反应 $Ti^{4+} + 2e \rightleftharpoons Ti^{2+}$；$Ti^{2+} + 2e \rightleftharpoons Ti$

阳极反应 $2Cl^- + 2e \rightleftharpoons Cl_2$

② TiO_2 电解制取金属钛 TiO_2 的直接电化学还原法是一种低能耗、无污染的绿色生产新工艺。该方法是在熔融 $CaCl_2$ 中直接电解还原 TiO_2 提取海绵钛，已在实验室取得

成功。

采用电化学法在熔盐中直接电解还原固体 TiO_2，在阴极上，TiO_2 电离出氧离子，发生还原反应；而在阳极上，氧离子越过阳极，在阳极上发生氧化反应，产生氧气，固体钛就留在底部。通过控制阴极电极电势，可以脱去氧得到高质量的海绵钛产品。

该方法的电解反应如下：

阴极还原反应　　$TiO_2 + 4e == Ti + 2O^{2-}$

阳极氧化反应　　$2O^{2-} - 4e == O_2$

总反应　　　　　$TiO_2 == Ti + O_2$

二氧化钛电解直接提取钛的实验工艺流程如图 7-1 所示。

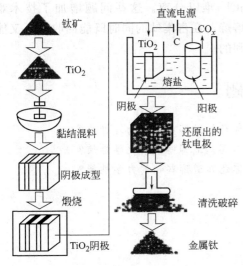

图 7-1　TiO_2 电解制取金属钛的工艺流程图

通过两种工艺的比较可以看出：由于新工艺可从 $CaCl_2$ 熔盐中直接电解 TiO_2 得到钛，其工艺流程短、简单快速、成本低，省去了传统方法中的氯化精制 $TiCl_4$、镁还原和真空蒸馏等复杂的工序，可大大降低海绵钛的生产成本，特别是没有氯气的放出避免了环境污染的产生，是一种新型的无污染绿色冶金新技术。

(6) 其他制取金属钛的方法　碘化钛热分解法是目前把粗钛精炼为高纯钛的一种方法。其原理基于下列反应：

100～200℃　$Ti(粗) + 2I_2(气) == TiI_4(气)$

1300～1500℃　$TiI_4(气) == Ti(纯) + 2I_2(气)$

钛与碘在低温下（150～200℃）就可以反应生成 TiI_4，而 TiI_4 在 1380℃时几乎可以完全分解为金属钛和碘。

7.1.3.2　工业生产金属钛冶金过程的主要步骤（以钛铁精矿生产为例）

① 钛铁矿还原熔炼生产富钛料；
② 氯化法分解富钛料生产四氯化钛；
③ 粗四氯化钛提纯制取纯四氯化钛；
④ 还原四氯化钛制取海绵金属钛；
⑤ 真空熔炼制取金属钛锭。

其工艺流程图如图 7-2 所示。

由钛铁矿生产富钛料而后再经氯化、镁还原生产金属钛的必要性，从技术和经济上分析主要有以下原因：Ti 的化学活性强，用四氯化钛原料能制得含氧量低的金属钛。在氯化过程中 TiO_2 含量过低，杂质消耗氯气量大，生产能力低，影响产品质量和成本；钛铁矿中 $FeO + Fe_2O_3$ 约 30%～50%，直接氯化将产生大量的氯化铁，给生产上造成困难有以下两个方

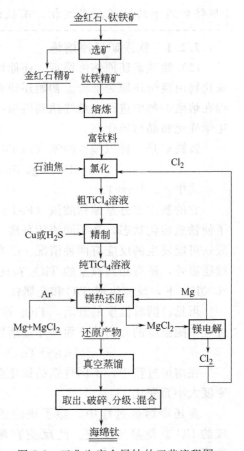

图 7-2　工业生产金属钛的工艺流程图

面：①引起冷凝系统和管路的堵塞；②$FeCl_3$ 和 $TiCl_4$ 难以分离。这些问题增加了技术难度，使生产无法进行，所以在实际生产中是先还原熔炼，在富集钛的同时既能回收铁，又能使后续工序提高生产能力，这对降低生产成本是有利的。

思 考 题

1. 金属钛具有哪些物理性质？除了书上介绍的，你还知道哪些钛的物理性质？
2. 金属钛具有哪些化学性质？除了书上介绍的，你还知道哪些钛的化学性质？
3. 金属钛具有哪些力学性能？除了书上介绍的，你还知道哪些钛的力学性能？
4. 钛的氧化物有哪些？钛的氯化物有哪些？
5. 岩矿钛铁矿具有哪些特点？
6. 钛砂矿床具有哪些特点？
7. 画出工业生产金属钛的冶金工艺流程。

7.2 钛铁矿的富集

【内容导读】

本节主要介绍钛铁矿的富集和工艺流程及设备。对于钛铁矿的富集是通过还原熔炼将矿石中的铁还原成液相，而钛以渣的形态与铁分离进行富集。

7.2.1 钛铁矿还原熔炼

(1) 钛铁矿还原熔炼原理　还原熔炼的实质是钛铁矿精矿中铁氧化物进行还原并伴随钛氧化物由高价还原为低价。初始还原在固态下进行，随着原料的渣化及温度的提高，还原过程在熔融炉料中进行。最终达到熔融生铁和高钛渣的分层分离。还原过程中产生复杂的物理化学变化和晶型转化。

钛铁矿是一种以偏钛酸铁（$FeTiO_3$）晶格为基础的多组分复杂固溶体，一般可表示为：

$$m[(Fe、Mg、Mn)O \cdot TiO_2] \cdot n[(Fe、Al、Cr)_2O_3]$$

式中，$m+n=1$。

它的基本成分是偏钛酸铁（$FeTiO_3$），其 $FeTiO_3$ 的熔化温度为 1743K，还原过程中为了使铁成熔化状态，易于同渣相分离，实际还原熔炼的温度可达到 2000K，此时碳还原偏钛酸铁可能发生的反应有两种情况。①在中温（1500～1800K）液相还原中，除了铁的氧化物被还原外，还有相当数量的 TiO_2 被还原，生成金属铁和低价钛氧化物。②在高温（1800～2000K）下，反应生成 TiC 和金属钛（熔于铁中）的量增加。

可见，随着温度的升高，TiO_2 被还原生成低价钛的量增加，即钛的氧化物在还原熔炼过程中随温度的升高按下面顺序逐渐发生变化：

$$TiO_2 \rightarrow Ti_3O_5 \rightarrow Ti_2O_3 \rightarrow TiO \rightarrow TiC \rightarrow Ti(Fe)$$

在熔炼过程中，不同价态的钛化合物是共存的，其数量的相互比例是随着熔炼温度和还原度大小而变化。

在还原熔炼过程中，除了碳的还原作用外，由于碳的气化反应产生的 CO 和反应生成的 CO 也要参与反应。此反应在敞开炉内还原作用很小，但在密闭炉内还原作用会增强。

(2) 钛铁矿碳还原过程中杂质的行为　钛铁矿中含有 MgO、CaO、Al_2O_3、MnO、V_2O_5、SiO_2 等杂质成分。由热力学分析可知，MgO、CaO、Al_2O_3 被 C 还原的温度分别是 2153K、2463K、2322K，均高于还原熔炼的温度 2000K，因此不能被还原为金属，但是在电弧区内的温度将高于 2000K，有可能存在还原反应。MnO、V_2O_5、SiO_2 的还原温度低于 2000K，但是由于还原的动力学条件不充分，仅少量可以被还原。还原的 Mn、V、Si 溶于铁相中，未被还原的富集在渣相中。可以认为，Ti_2O_3 具有提高钛渣黏度和熔度的作用，FeO 的增加则具有降低渣的黏度和熔度的作用。

在冶炼过程中，随着渣中 TiO_2 品位的提高，FeO 含量的减少，渣的流动性变坏，使操作难以进行；要使 FeO 还原完全，则需延长时间，这将导致电能消耗过大并生成较多的低价钛氧化物和碳化钛。

所以，为了保证还原过程的顺利进行，实际生产中要适当地控制低价态氧化物的含量，保证渣中含有一定量的 FeO（3%～5%）是必要的。

(3) 配碳量对熔炼过程的影响　碳是还原钛铁矿石不可缺少的还原剂，但配比不合适将直接影响还原效果及冶炼过程。实际生产中的控制条件是 FeO（3%～5%），此时 Ti_2O_3：TiO_2 比值在 0.4～1.0。控制此条件的原因有两点：①配碳量过低，氧化铁还原不完全，渣中 FeO 过高，钛渣的品位不高；②配碳量过高，氧化铁还原完全，渣中 FeO 过低，钛渣的黏度增高，不利于铁和渣相分离，操作困难。

(4) 入炉原料形态的影响　入炉原料需要先加入黏合剂混合后再制成团块，这有利于熔炼过程的控制，其原因是：①有利于在 1200℃ 以下，使 C 还原氧化铁的固相反应优先进行，限制了 C 与 TiO_2 作用生成钛的低价氧化物的反应，氧化铁基本还原后，再提高温度使铁熔化，有利于与渣相分离，冶炼过程易于控制；②基于①的原因，C 用于氧化铁还原的利用率高，C 配入量准确；③基于上两条原因，熔炼过程中可以使渣的黏度、电导率等物理化学性质处于最佳状态，有利于生产过程的控制，即熔炼周期短、电耗低、TiO_2 品位高。

实际生产中根据以上原理，熔炼过程分为两段进行，第一段：1300℃ 下固相还原氧化铁，产生铁；第二段：升温至 1600℃ 以上，熔化炉料使铁和钛渣分离。两段还原提高了还原熔炼的生产能力并降低了电耗。

7.2.2　富钛料的生产工艺流程与设备

(1) 电炉熔炼高钛渣生产工艺流程　目前国内生产的高钛渣主要用于焙烧成人造金红石和流态化氯化生产四氯化钛。高钛渣中总 TiO_2 要达到 93%，FeO 含量要小于 3%～4%。其原则流程如图 7-3 所示。

现在的钛渣生产工厂，大多数采用周期性操作的方法。电炉熔炼的正常操作程序为：捣炉→加料→放下电极→送电熔炼→放渣→下一个周期作业。

铁水和钛渣从同一出铁口流出，进入定模中，铁水和钛渣在定模中分层凝固后能自然分离开。渣中含有的低价氧化钛可以被空气中的氧氧化成高价氧化钛。由于不同价态的钛氧化物摩尔体积不一样，造成钛渣碎裂，因此很容易破碎。经球磨和磁选，将钛渣中所包含的铁珠和未被还原的钛铁矿除去，得到合乎要求的钛渣。

为提高电弧炉的生产效率和降低电耗，可采用两段还原熔炼法。首先在回转窑中让钛铁矿中大部分氧化铁在固相中被还原，然后送入电炉进行造渣与熔化分离，这可提高生产能力，降低电耗 20%～30%。

(2) 熔炼设备　钛铁矿熔炼采用密闭式电弧炉，其示意图如图 7-4 所示。

7 钛冶金

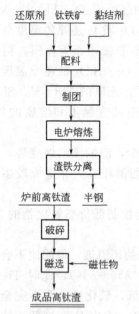

图 7-3 高钛渣生产工艺流程图

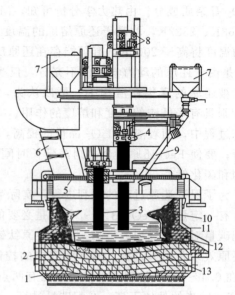

图 7-4 钛渣熔炼密闭电弧炉

1—炉壳；2—镁砖内衬；3—电极；4—导电极；5—水冷炉顶；
6—烟气管道；7—料仓；8—电机升降机构；9—炉料供给管；
10—冷凝壳层；11—熔渣；12——排料口；13—生铁

电炉熔炼的工艺条件如下：在熔炼过程中，电弧炉的电压为 130~135V。熔炼 12t 炉料大约需 4h，密闭电弧炉平均电耗为 1900kW·h/t（炉料），钛的回收率为 96%~96.5%。熔炼得到的钛渣成分（质量分数）大致为：78%~96% TiO_2，3.4%~6% FeO，0.88%~4% SiO_2，0.28%~2% CaO，1.25%~3% Al_2O_3，0.4%~8% MgO，1%~2% MnO，0.15% V_2O_5，0.2%~1.7% Cr_2O_3。

思 考 题

1. 简述钛铁矿还原熔炼原理。
2. 简述一下钛铁矿碳还原过程中杂质的行为。
3. 配碳量对还原熔炼过程有何影响？
4. 入电炉熔炼的原料为何要制成团块？
5. 写出电炉熔炼高钛渣生产工艺流程。

7.3 粗四氯化钛的制取

【内容导读】

本节主要介绍粗四氯化钛的制取方法。通过对含钛物料氯化的原理的分析，列举了富钛料的氯化工艺有流态化氯化、熔盐氯化、竖炉氯化三种。

7.3.1 概述

（1）$TiCl_4$ 的生产方法　四氯化钛的制取方法很多，一般是用氯气或其他氯化剂（如

HCl、COCl$_2$、SOCl$_2$、CHCl$_3$、CCl$_4$ 等）氯化金属钛或其他化合物（氧化钛、氮化钛、碳化钛、硫化钛、钛酸盐及其他钛化合物等）而制得，工业上根据处理物料的不同性质，选用适宜的氯化剂。在氯化处理钛矿物或富钛料中，常采用的氯化剂是氯气。

由于氯化剂和氯化过程的产物，都是一些强腐蚀性介质，因此，氯化法最突出的一个问题就是对设备腐蚀严重和造成环境污染。在进一步开展氯化冶金防腐蚀的研究工作的同时，还应加强对氯化过程的废渣、废气、废水进行处理与回收利用，改善劳动条件，保护环境。

目前工业上用作生产四氯化钛的原料有：钛铁矿精矿、高钛渣、人造或天然金红石、碳氮化钛等。

用氯气氯化钛原料生产四氯化钛的工业炉型有多种，可以根据不同类型的原料特征选用适当的方法。生产方法主要有竖式电炉团块料的氯化；连续作业的团块料竖式氯化炉氯化；流态化炉细粒炉料或制粒炉料的氯化；细粒炉料的熔盐氯化炉氯化。工业生产中，均采用氯化金红石和高钛渣等富钛料，选用上述炉型氯化制取四氯化钛。

以上氯化法氯化所得的混合蒸气，可选用分段冷凝系统、复合冷凝系统、共同冷凝系统或盐冷凝系统之一进行冷凝，收集粗四氯化钛，并进一步净化制取纯四氯化钛。

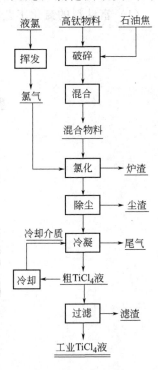

图 7-5 液态化氯化原则工艺流程图

（2）TiCl$_4$ 的用途 TiCl$_4$ 不仅是金属钛工业生产的重要中间产品，也是其他钛化合物生产的重要原料。其主要用途是可以作为生产金属钛的原料；生产钛白的原料；生产三氯化钛（聚丙烯催化剂）的原料；生产烷基钛酸盐（一种耐热涂料）等有机钛化合物的原料；生产聚乙烯和聚乙醛的催化剂；也可作为聚丙烯及其他烯烃的聚合催化剂；生产发烟剂；用于陶瓷玻璃工业、皮革工业和纺织、印染工业等。

（3）TiCl$_4$ 的生产工艺流程 粗 TiCl$_4$ 的生产工艺流程如图 7-5 所示。

7.3.2 含钛物料氯化的原理

（1）氯化过程的热力学分析 工业上生产四氯化钛的原料成分存在下列化合物：TiO$_2$、Ti$_3$O$_5$、Ti$_2$O$_3$、TiO、TiN、TiC、FeO、Fe$_2$O$_3$、SiO$_2$、Al$_2$O$_3$、MgO、MnO、CaO、V$_2$O$_5$、Cr$_2$O$_3$、ZrO$_2$、Sc$_2$O$_3$、P$_2$O$_5$ 等。其氯化顺序为 CaO＞MnO＞FeO（转变为 FeCl$_2$）＞MgO＝Fe$_2$O$_3$（转变为 FeCl$_3$）＞TiO$_2$＞Al$_2$O$_3$＞SiO$_2$

有些杂质还可能被 TiCl$_4$ 氯化：

$$2CaO + TiCl_4 = 2CaCl_2 + TiO_2$$
$$2MgO + TiCl_4 = 2MgCl_2 + TiO_2$$

（2）气相平衡组成和配碳比 在加碳氯化过程中，炉气成分复杂。但从主反应方程式可见，关联的主要气相成分是 CO、CO$_2$、TiCl$_4$、Cl$_2$ 和 COCl$_2$。当反应达到平衡时，彼此间存在着一定量关系，称为气相平衡组成。TiO$_2$ 的氯化反应：

$$TiO_2 + 2Cl_2 + C = TiCl_4 + CO_2$$

布多尔反应 $$CO_2 + C = 2CO$$

光气反应 $$CO + Cl_2 = COCl_2$$

在工业生产中，TiO_2 加碳氯化温度在 800～1000℃，限制氯化反应速度的是扩散过程，氯化反应扩散速度包括温度梯度和浓度梯度所引起的分支扩散和湍流所引起的对流扩散。所以，要强化生产过程，关键在于改善扩散条件。

7.3.3 富钛料的氯化工艺

（1）富钛料的氯化工艺流程　富钛料的氯化工艺流程如图 7-6 所示。

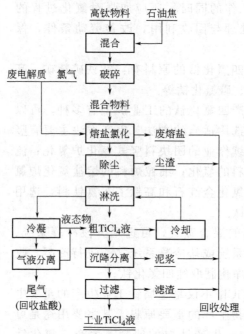

图 7-6　富钛料的氯化工艺流程图

（2）各种氯化方法的比较　如表 7-1 所示。

表 7-1　各种氯化方法的比较

氯化方法	主体设备	炉型结构	供热方式	适用原料	原料准备	工艺特征	碳耗	"三废"处理	炉生产能力/(t/m³)	炉气中$TiCl_4$浓度	劳动条件
流态化氯化	流态化氯化炉	较简单	自热	低 CaO, MgO	粉料	流态化	中	氯化渣可回收	25～40	中	较好
熔盐氯化	熔盐氯化炉	较简单	自热	高 CaO, MgO	粉料	熔盐介质	低	废盐没利用	15～25	较高	较好
竖炉氯化	竖式氯化炉	复杂	电加热	高 CaO, MgO	制成团块	块表面反应	高	定期清渣	4～5	低	差

（3）沸腾氯化的特点　沸腾氯化炉的示意图如图 7-7 所示。

沸腾氯化的特点：

① 反应在沸腾层中进行，传热、传质好，使生产强化；
② 无需制团，操作过程简单，可连续生产；
③ 缺点是气流带出的粉尘大；
④ 不适于含钙、镁高的物料。

沸腾氯化的工艺条件：

7.3 粗四氯化钛的制取

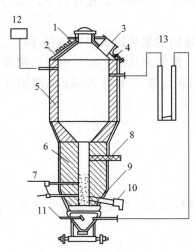

图 7-7 沸腾氯化炉示意图
1—炉盖喷水管；2—水冷炉盖；3—炉气出口；
4—挡水板；5—扩大段炉衬；6—反应段炉衬；
7—热电偶；8—加料器；9—筛板；10—放渣口；
11—氯气入口管；12—高温计；13—压力计

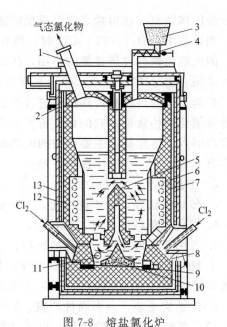

图 7-8 熔盐氯化炉
1—烟道；2—炉顶；3—贮料槽；4—螺旋送料器；
5—使熔体循环的挡板；6—石墨电极；7—导热钢管；
8—风口；9,10—底部石墨电极；11—熔体排放口；
12—耐火黏土砖炉衬；13—氯化器壳体

钛渣：石油焦=100:30；粒度=120目>90%；氯化温度，800～1000℃；排渣量=加料量的7%；系统压力，5～50mmHg；气流速度，通过实验确定。

(4) 钛渣的熔盐氯化

① 熔盐氯化的工艺流程　熔盐氯化是将一定组成和性质的混合盐放入熔盐氯化炉中熔化，加入富钛渣和焦炭，并通以氯气进行氯化的方法。熔盐氯化炉结构如图 7-8 所示。炉内熔体深度约 3m，用螺旋加料器将富钛渣（粒径 0.088～0.125mm）和石油焦（粒径 0.12～0.21mm）的混合料送入熔体表面上，氯气从底部通入，强力搅拌熔体并使之参加反应，气体产物从炉顶出口排除。高沸点的氯化物如 $CaCl_2$、$MgCl_2$ 等留在熔体中。随着氯化的进行，熔体中杂质不断富集，熔体的体积增大，熔体的性质发生变化。定期地排出一部分熔体和补充新的混合盐。工业上有利用镁电解的废电解液或光卤石作熔盐介质。

在上述结构形式的熔盐氯化炉中，以 40～60m³/(h·m³)（熔盐）的氯气流量，保证能充分地搅拌熔盐，在保持 TiO_2 浓度为 2%～3% 及碳为 7%～9% 时，在 800℃ 左右的温度下，TiO_2 在熔盐介质中进行激烈的氯化反应。反应放出的热量足以维持氯化所需的温度。多余的热量是通过内壁上设置的石墨冷却块导出，在石墨冷却块中装有钢管。

反应是悬浮在熔盐中的富钛渣和碳的固体颗粒，同鼓入的氯气泡相作用，生成的 $TiCl_4$ 和其他气体物质进入气泡内，被气泡带出熔体。难挥发的物质如 $CaCl_2$、$MgCl_2$ 则落入熔盐中。因此氯化是在气-液-固三相系中进行的多相反应。当沸腾层氯化时，如果富钛渣中钙、镁的含量高时，将使钛渣的颗粒表面被反应产生的液态 $CaCl_2$ 和 $MgCl_2$ 包裹起来，反应就难以进行下去。含钙、镁高的钛铁矿是沸腾氯化难以克服的困难问题。而熔盐氯化则可以把富钛渣固体颗粒浸在熔盐之中,且反应速度又相当的快。

当熔盐中含有 1% 的 $FeCl_3$ 时,能显著地提高氯化速度。因为氯化铁与氯作用生成复离子,因此氯化铁起着传递氯的作用,从而加快了氯化速度。在熔盐氯化过程中,大部分铁和铝生成络合物($KFeCl_4$,$KAlCl_4$)而留在熔盐中。

熔盐氯化的传质和传热过程进行得很快,如上述结构的氯化炉日产率可达 $15 \sim 25 t/m^3$,与沸腾氯化炉相接近。它的最大特点是可以处理高钙、镁的富钛渣。这一点正是沸腾氯化炉的致命弱点。熔盐氯化主要存在的问题是,每生产 $1tTiCl_4$ 要产生约 200kg 的废熔盐,其中尚含有 $0.5\% \sim 1\%$ TiO_2 被损失掉。

② 工艺特点

a. 传热传质好,操作连续化,生产能力高;

b. 可使用低浓度氯气,碳耗低;

c. 可用于处理含镁、钙高的原料;

d. 随氯化反应进行熔盐组成变化,导致氯化反应不稳定,需定期更换电解质,所以废电解质量大($160 \sim 200kg/tTiCl_4$)并难回收利用;

e. 炉结构复杂,高温腐蚀严重,炉寿命短。

(5) 高钙镁富钛料的氯化 世界钛资源中以岩矿居多,占 77%,特别是大型或超大型共生矿。它们的特点是含钛品位低,而含 CaO 和 MgO 量高,给提取冶金带来困难。为了利用这部分资源,许多国家对此进行了大量的研究工作。在从这些钛资源氯化制取 $TiCl_4$ 工艺中,前苏联主要采用熔盐氯化工艺。这种工艺在前苏联已实现了工业化,生产技术已相当成熟。

原料为这类资源的低品位钛渣,含 TiO_2 $83\% \sim 90\%$、$\Sigma(CaO+MgO)$ $0.7\% \sim 2.6\%$,用废电解质作熔盐,使用粉料直接入炉氯化。在氯化过程中,CaO 和 MgO 分别生成 $CaCl_2$ 和 $MgCl_2$。而这些氯化物进入熔盐中,不会对氯化过程产生任何影响,从而顺利地解决了钛岩矿资源利用这一难题。

四川攀枝花矿生产的高钙镁富钛料(含 MgO 和 CaO 高,它们的含量有时达 $6\% \sim 9\%$),流态化氯化所生成的 $MgCl_2$ 和 $CaCl_2$ 呈熔融状态,易黏结物料,当 $MgCl_2$ 和 $CaCl_2$ 积累到一定程度后,便会破坏正常的流态化,使流态化氯化作业无法进行。经研究表明,用下述经改进的方法或熔盐氯化法处理这种高钙镁富钛料是可行的。

① 在现行氯化炉上改进的工艺。采取提高炉温(达 $900 \sim 1000$°C)、增大配碳量(碳/矿比达 $0.3 \sim 0.35$)、增大氯气流速和加大排渣量等措施。

经改进的这种工艺,在氯化含 $(MgO+CaO)=0.521\% \sim 5.74\%$ 的高镁钙人造金红石时,炉内流态化状态良好,可以进行连续作业。

② 改进炉体结构,采用无筛板流态化炉。因流态化炉不设筛板,克服了有筛板孔眼易被黏性物料堵塞的弊病。与此同时,还采取了提高炉温($900 \sim 1050$°C)、增加配碳量(碳/矿比达 0.48)、改进加料排渣制度措施。用这种方法处理含 (MgO+CaO) 达 $7\% \sim 10\%$ 的钛渣,氯化炉的流态化状态良好。其工艺参数与用有筛板流态化炉氯化大致相同。

③ 采用熔盐氯化工艺。我国熔盐氯化制取 $TiCl_4$ 工业实验,每吨 $TiCl_4$ 耗盐 100kg。所用的氯化设备是参考中国流态化氯化炉和苏联的熔盐氯化炉设计的。

攀枝花高钙镁富钛料熔盐氯化工艺条件如表 7-2 所示。

表 7-2　攀枝花高钙镁富钛料熔盐氯化工艺条件

项目	工艺条件	项目	工艺条件
熔盐配比(KCl/NaCl)	0.30～0.05	石油焦粒度/mm	±0.13
1t TiCl$_4$ 耗盐量/kg	100	石油焦加入量	钛渣的18%
混合料的碳/矿比	0.20～0.21	熔盐中 TiO$_2$ 浓度/%	2～3
盐层高度/m	3～5	熔盐中碳浓度/%	7～9
炉顶压力/Pa	0～300	氯气浓度/%	65～70
炉生产能力/[t/(d·m^2)]	9	氯气进口速度/(m/s)	20
钛渣粒度/mm	±0.08	反应温度/℃	750～800

思 考 题

1. 写出 TiCl$_4$ 的生产工艺流程图。
2. 含钛物料氯化的原理是什么?

7.4　四氯化钛的精制

【内容导读】

> 本节主要介绍四氯化钛的精制。通过对四氯化钛成分的分析，确定除去杂质的各种方法、精制的工艺流程及工艺过程。

粗四氯化钛是一种红棕色浑浊液，含许多杂质，成分十分复杂。其中，重要的杂质有 SiCl$_4$、AlCl$_3$、FeCl$_3$、FeCl$_2$、VOCl$_3$、TiOCl$_2$、Cl$_2$、HCl。这些杂质对于用作制取海绵钛的 TiCl$_4$ 原料而言，几乎都是程度不同的有害杂质，特别是含氧、氮、碳、铁、硅等杂质元素。

① VOCl$_3$、TiOCl$_3$ 和 Si$_2$OCl$_6$ 等含有氧元素的杂质，它们被还原后，氧即被钛吸收，相应地增加了海绵钛的硬度。如果原料中含 0.2% VOCl$_3$ 杂质，可使海绵钛含氧量增加 0.0052%，使产品的硬度 HB 增加了 4。显然必须除去这些杂质，否则，用粗 TiCl$_4$ 溶液做原料，只能制取杂质含量为原料中杂质含量 4 倍的粗海绵钛。

② 对于制取颜料钛白的原料而言，特别要除去使 TiCl$_4$ 着色（也就是使 TiO$_2$ 着色）的杂质，如 VOCl$_3$、VCl$_4$、FeCl$_3$、FeCl$_2$、CrCl$_3$、MnCl$_2$ 和一些有机物等，但 TiOCl$_3$ 不必除去。随着这些着色杂质的种类和数量的不同，粗 TiCl$_4$ 液的颜色呈黄绿色至暗红色。

7.4.1　杂质的特性

(1) 杂质的性质　TiCl$_4$ 是从氯化过程的气体中冷凝捕集得到的，在 TiCl$_4$ 液化时 (TiCl$_4$ 熔点 −23.6℃，沸点 135.9℃)，有些杂质溶于 TiCl$_4$ 中，淋洗 TiCl$_4$ 时也掺入不溶的固体杂质，按其相态和在四氯化钛中的溶解特性，可分为气体、液体和固体杂质；按杂质与四氯化钛沸点的差别可分为高沸点杂质、低沸点杂质和沸点相近的杂质。这些杂质在四氯化钛溶液中的含量随氯化所用原料和工艺过程条件不同而异。

(2) 杂质分类　按杂质在 TiCl$_4$ 冷凝过程中所收集到的物态和溶解度的不同可分为四类：

① 可溶性气体杂质，如 O_2、N_2、Cl_2、HCl、$COCl_2$、COS；
② 可溶性液体杂质，如 CCl_4、$VOCl_3$、$SiCl_4$、$SnCl_4$、$SOCl_2$；
③ 可溶性固体杂质，如 $AlCl_3$、$FeCl_3$、$NbCl_5$、$TaCl_5$、$MoCl_5$、Si_2OCl_6；
④ 不溶悬浮固体杂质，如 TiO_2、SiO_2、$MgCl_2$、$ZrCl_4$、$FeCl_2$、$MnCl_2$、$CrCl_3$、C、$FeCl_3$。

第①类可溶性气体杂质，在 $TiCl_4$ 中的溶解度随温度的升高而降低，试验证明当温度 136℃时，降至 0.03%。第②类和第③类可溶性杂质，在 $TiCl_4$ 中的溶解度随温度的升高而增加。各种氯化物杂质在 $TiCl_4$ 中的溶解度与温度的关系如表 7-3 所示。

表 7-3 各种氯化物杂质在 $TiCl_4$ 中的溶解度与温度的关系

物质＼温度	50℃	100℃	135℃
$AlCl_3$	0.001%	0.0032%	0.028%
$FeCl_3$	0.13%	1.2%	4.8%
$NbCl_5$	3%	14%	—

$VOCl_3$ 和 $SiCl_4$ 与 $TiCl_4$ 完全互溶。

$AlCl_3$ 的存在，使 $FeCl_3$ 在 $TiCl_4$ 中的溶解度随温度的升高而增加，例如，70℃，是 4 倍；90℃，是 6.7 倍；120~127℃，是 17~18 倍。这说明 $TiCl_4$ 中能与一些 $MeCl_n$ 形成多元复杂体系。

7.4.2 除去杂质的方法

在粗四氯化钛溶液中有多种杂质。精制的方法如下：
① 对于不溶悬浮固体杂质（TiO_2、SiO_2、$MgCl_2$、$ZrCl_4$、$FeCl_2$、$MnCl_2$、$CrCl_3$），可用固液分离方法除去，工业中因 $TiCl_4$ 中浆液黏度大过滤困难，常采用沉降方法分离；
② 对于气体杂质，在处理过程中随温度的升高而除去；
③ 对于可溶性液体或固体杂质，由于杂质溶解在 $TiCl_4$ 中，属于难分离杂质，这类杂质可依据其沸点的不同除去，各种氯化物的沸点如表 7-4 所示。

表 7-4 各种氯化物的沸点

物质	$TiCl_4$	$SiCl_4$	$VOCl_3$	$FeCl_3$	$AlCl_6$
沸点/℃	136	56.5	126.8	31.8	180.2

控制温度在 136℃以下，降低沸点将 $SiCl_4$ 和 $FeCl_3$ 两种杂质除去后，剩余的 $VOCl_3$ 和 Al_2Cl_6 再用化学方法除去。

7.4.3 四氯化钛精制的工艺流程

循环过程回收 $TiCl_4$，而 $AlCl_3$ 不会积累，因 $AlCl_3$ 溶解度低，在沉降室析出被分离。工艺流程如图 7-9 所示。

7.4.3.1 蒸馏除高沸点杂质

$FeCl_3$ 等高沸点固体杂质在 $TiCl_4$ 中的溶解度都很小，有的呈悬浮物状态分散在 $TiCl_4$ 中。在氯化作业中，已用机械过滤法除去了大部分悬浮物。但余下的极细的固体杂质颗粒，在四氯化钛中形成胶溶液，同时还少量地溶解于 $TiCl_4$ 中，单靠机械过滤难以完全除去，需采用蒸馏方法精制。

蒸馏作业是在蒸馏塔中进行的。控制蒸馏塔底温度略高于 $TiCl_4$ 的沸点（约 140~145℃），使易挥发组分 $TiCl_4$ 部分汽化；难挥发组分 $FeCl_3$ 等因挥发性小而残留于塔底，即使有少量挥发，也可能被下落的冷凝液滴冷凝而重新返落于塔底。控制塔顶温度在 $TiCl_4$ 沸点（137℃左右），由于塔内存在一个小的温度梯度，$TiCl_4$ 的蒸气在塔内形成内循环。向上的蒸气和下落的液滴间接触，进行了传热传质过程，增加了分离效果。在这个过程中，沿塔上升的 $TiCl_4$ 蒸气中的 $FeCl_3$ 等高沸点杂质逐渐降低，纯 $TiCl_4$ 蒸气自塔顶逸出，经冷凝器冷凝成馏出液，而釜残液中 $FeCl_3$ 等高沸点杂质不断富集，定期排出使之分离。

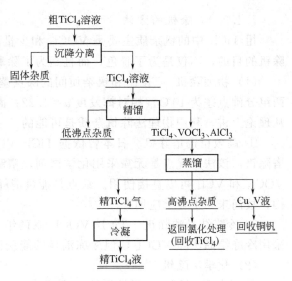

图 7-9　四氯化钛精制工艺流程

7.4.3.2　精馏除低沸点杂质

低沸点杂质包括溶解的气体和大多数液体杂质。其中气体杂质在加热蒸发时易于从塔顶逸出，分离容易。但 $SiCl_4$ 等液体杂质大多数和 $TiCl_4$ 互为共溶，相互间的沸点差和分离系数又不是特别大，因此分离比较困难。如 $TiCl_4$-$SiCl_4$ 混合液经过一次简单蒸馏操作还不能达到良好的分离，必须经过一系列蒸馏釜串联蒸馏才能完全分离。实践中采用一种板式塔代替上述一系列串联蒸馏装置，也就是将一系列蒸馏釜重叠成塔状，每一块塔板就相当于一个蒸馏釜。这种蒸馏装置称为精馏塔，它节约占地面积和热能，操作简单而高效。全塔所进行的部分冷凝和部分汽化一系列累积过程就是精馏。精馏必须要有回流。

我国 $TiCl_4$ 精馏工艺常选用浮阀塔（如图 7-10 所示），下面就来重点介绍这种塔的精馏过程。

精馏塔分两段，下部为提馏段，用以将粗 $TiCl_4$ 中低沸点杂质提出。上部为精馏段，使上升蒸气中的 $SiCl_4$ 等增浓。

按物料的特性，塔底控制在 $TiCl_4$ 的沸点温度（140℃左右），塔顶控制在略高于 $SiCl_4$ 的沸点温度（57~70℃），使全塔温度呈一个温度梯度从塔底至塔顶渐降。

精馏操作时，塔底含有 $SiCl_4$ 等杂质的 $TiCl_4$ 蒸气向塔顶上升，穿过一层层塔板，并和塔顶的回流液和塔中向下流动的料液相迎而接触。在每块塔板上，在气液两相间的逆流作用下进

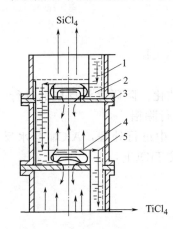

图 7-10　浮阀塔工作示意图
1—塔节；2—溢流管；3—塔板；
4—浮阀；5—支架

行了物质交换。在塔底的蒸气上升时，由于温度递降，挥发性小的 $TiCl_4$ 逐渐被冷凝，因而越向上，塔板上的蒸气中易挥发的 $SiCl_4$ 的浓度越大；相反，塔顶向下流的液相，由于温度递增，挥发性差的 $TiCl_4$ 浓度越大。高沸点物质向下溢流，$SiCl_4$ 从塔顶逸出，$TiCl_4$ 液化及高沸点物质由下口流出。

工艺控制的条件：控制塔底温度，140~145℃，$TiCl_4$ 气化；控制塔顶温度，57~70℃；$TiCl_4$ 液化。

7.4.3.3 除钒的方法

粗 $TiCl_4$ 中的钒杂质主要是 $VOCl_3$ 和少量的 VCl_4，它们的存在使 $TiCl_4$ 呈黄色。精制除钒的目的，不仅是为了脱色，而且是为了除氧。这是精制作业极为重要的环节。

(1) 物理除钒　$TiCl_4$ 和钒杂质间的沸点差和相对挥发度都比较小，如 $TiCl_4$-$VOCl_3$ 系两组分沸点差为 $10℃$，相对挥发度 $a=1.22$；而 $TiCl_4$-VCl_4 系两沸点差为 $14℃$。尽管如此，从理论上讲，利用物理法除钒杂质是可能的。

① 高效精馏塔除钒　日本曾依据 $TiCl_4$-VCl_4 系两沸点差为 $14℃$ 的原理，采用高效精馏塔除钒，该法的优点是无需采用化学试剂，精制过程是连续生产，易实现自动化，分离出的 $VOCl_3$ 和 VCl_4 可以直接使用。缺点是能量消耗大，设备投资大，还需要解决大功率釜的结构，故尚未在工业上应用。

② 冷冻结晶法除钒　$TiCl_4$-$VOCl_3$ 系两组分凝固点差异较大，约相差 $54℃$，因此也可采用冷冻结晶法除 $VOCl_3$，但冷冻消耗的能量很大，故也未获得工业应用。

(2) 化学法除钒

① 选择性还原或选择性沉淀　在粗 $TiCl_4$ 中加入一种化学试剂，使 $VOCl_3$（或 VCl_4）杂质生成难溶的钒化合物和 $TiCl_4$ 相互分离。

② 选择性吸附　选择吸附剂，选择性吸附 $VOCl_3$（或 VCl_4），使钒杂质和 $TiCl_4$ 相互分离；可使用的化学试剂已达数十种，除了铜、铝粉、硫化氢和有机物 4 种已在工业上广泛应用外，还有碳、活性炭、硅酸、硅粉、铅、锌、铁、锑、镍、钙、镁、钛、$TiCl_3$-$TiCl_2$、Fe-$AlCl_3$、C-H_2O、熔盐、氢、天然气、肥皂、水等。这些试剂在适当的操作条件下，都具有良好的除钒效果。但是，每一种试剂都具有各自的优缺点。

a. 铜除钒法：一般认为铜去除 $TiCl_4$ 中的 $VOCl_3$ 的机理是 $TiCl_4$ 与铜反应生成中间产物 $CuCl \cdot TiCl_4$，后者还原 $VOCl_3$ 生成不溶性的 $VOCl_2$ 沉淀：

$$TiCl_4 + Cu \longrightarrow CuCl \cdot TiCl_3$$
$$CuCl \cdot TiCl_3 + VOCl_3 \longrightarrow VOCl_2 + CuCl + TiCl_4$$

铜能与溶于 $TiCl_4$ 的 Cl_2、$AlCl_3$、$FeCl_3$ 进行反应。

当 $AlCl_3$ 在 $TiCl_4$ 中的浓度大于 0.01% 时，则会使铜表面钝化，阻碍除钒反应的进行。所以，当粗 $TiCl_4$ 中的 $AlCl_3$ 浓度较高时，一般要在除钒之前进行除铝。

除铝的方法，一般是将用水增湿的食盐或活性炭加入 $TiCl_4$ 中进行处理，$AlCl_3$ 与水反应生成 $AlOCl$ 沉淀，加入的水也可以使 $TiCl_4$ 发生部分水解生成 $TiOCl_2$，

$$AlCl_3 + H_2O \Longleftrightarrow AlOCl + 2HCl$$
$$TiCl_4 + H_2O \Longleftrightarrow TiOCl_2 + 2HCl$$

有 $AlCl_3$ 存在时，可将 $TiOCl_2$ 重新转化为 $TiCl_4$：

$$TiOCl_2 + AlCl_3 \Longleftrightarrow AlOCl + TiCl_4$$

由此可见：在进行脱铝时加入水量要适当，并应有足够的反应时间，以减少 $TiOCl_2$ 的生成量。前苏联海绵钛厂曾采用铜粉除钒法精制 $TiCl_4$。

铜粉除钒法的缺点是间歇操作；铜粉耗量大；从失效的铜粉中回收 $TiCl_4$ 困难；劳动条件差。

通过对铜除钒法进行改进研究，成功研究了铜屑（或铜丝）气相除钒法，后来在工厂中应用。即将铜丝卷成铜丝球装入除钒塔中，气相 $TiCl_4$（$136\sim140℃$）连续通过除钒塔与铜丝球接触，使钒杂质沉淀在铜丝表面上。当铜表面失效后，从塔中取出铜丝球，用水洗方法将铜表面净化，经干燥后返回塔中重新使用。

因 TiCl₄ 中可与铜反应的 AlCl₃ 和自由氯等杂质已在除钒前除去，所以可减少铜耗量，净化 1t TiCl₄ 一般消耗铜丝 2~4kg。铜对四氯化钛产品不会产生污染，除钒同时还可除去有机物等杂质。但失效铜丝的再生洗涤操作麻烦，劳动强度大、劳动条件差，并产生含铜废水污染，也不便于从中回收钒，除钒成本高。所以，铜丝除钒法仅适合于处理含钒量低的原料和小规模生产海绵钛厂使用。

b. 铝粉除钒法：铝粉除钒的实质是 TiCl₄ 除钒。在有 AlCl₃ 为催化剂的条件下，细铝粉可还原 TiCl₄ 为 TiCl₃，采用这种方法制备 TiCl₃-AlCl₃-TiCl₄ 除钒浆液，把这种浆液加入到被净化的 TiCl₄ 中，TiCl₃ 与溶于 TiCl₄ 中的 VOCl₃ 反应生成 VOCl₂ 沉淀：

AlCl₃ 催化
$$3TiCl_4 + Al(粉末) = 3TiCl_3 + AlCl_3$$
$$TiCl_3 + VOCl_3 = VOCl_2 + TiCl_4$$

且 AlCl₃ 可将溶于 TiCl₄ 中的 TiOCl₂ 转化为 TiCl₄：

$$AlCl_3 + TiOCl_2 = TiCl_4 + AlOCl$$

铝粉除钒方法的优缺点：

ⅰ. TiCl₄ 中的 TiOCl₂ 与 AlCl₃ 反应转化为 TiCl₄，有利于提高钛的回收率；

ⅱ. 除钒残渣易于从 TiCl₄ 中分离出来，并可从中回收钒；

ⅲ. 但细铝粉价格高，且是一种易爆物质，生产中要有严格的安全防护措施；

ⅳ. 除钒浆液的制备是一个间歇操作过程。

前苏联海绵钛厂采用铝粉除钒法取代了原来的铜粉除钒法，使用高活性的细铝粉，每净化 1t TiCl₄ 消耗 0.8~1.2kg 铝粉。

c. 硫化氢除钒法：硫化氢是一种强还原剂，将 VOCl₃ 还原为 VOCl₂：

$$2VOCl_3 + H_2S \longrightarrow 2VOCl_2 \downarrow + 2HCl + S \downarrow$$

硫化氢也可与 TiCl₄ 反应生成钛硫氯化物：

$$TiCl_4 + H_2S \longrightarrow TiSCl_2 + 2HCl$$

硫化氢与溶于 TiCl₄ 中的自由氯反应生成硫氯化物，为避免此反应的发生，在除钒前需对粗 TiCl₄ 进行脱气处理以除去自由氯。经脱气的粗 TiCl₄，预热至 80~100℃，在搅拌下通入硫化氢气体进行除钒反应，并严格控制硫化氢的通入速度和通入量，以提高硫化氢的有效利用率和减少它与 TiCl₄ 的副反应。

硫化氢的消耗与被处理的 TiCl₄ 中杂质含量和除钒条件有关，一般净化 1t TiCl₄ 要消耗 1~2kg H₂S。

硫化氢除钒法的优缺点如下。

ⅰ. 过滤困难。除钒残渣可用过滤或沉淀方法从 TiCl₄ 中分离出来。不过这种残渣的粒度极细，沉降速度小，沉降后的底液的液固比较大，除钒的残渣量一般是原料 TiCl₄ 重量的 0.3%~0.35%，其中含钒量可达 4%，残渣中的钛量占原料 TiCl₄ 中钛量的 0.25%~0.30%。

ⅱ. 硫化氢除钒成本低，但硫化氢是一种具有恶臭味的剧毒和易爆气体，恶化劳动条件。

ⅲ. 腐蚀性强。除钒后的 TiCl₄ 饱和了硫化氢，必须进行脱气操作以除去溶于 TiCl₄ 中的硫化氢，否则在其后的精馏过程中硫化氢会腐蚀设备，并与 TiCl₄ 反应生成钛硫氯化合物沉淀，引起管道和塔板的堵塞。

ⅳ. 硫化氢残余量影响 TiCl₄ 的回收率，必须进行脱气操作以除去溶于 TiCl₄ 中的硫化氢，否则降低 TiCl₄ 的回收率。

ⅴ. 硫化氢除钒效果好，可同时除去 $TiCl_4$ 中的铁、铬、铝等有色金属杂质和细分散的悬浮固体物。

当原料 $TiCl_4$ 含钒量较高且附近又有硫化氢副产品的工厂时，可考虑选用硫化氢除钒法。美国、日本、英国等国的某些海绵钛厂和钛白工厂采用硫化氢除钒法精制 $TiCl_4$。

d. 有机物除钒法：可用于除钒的有机物种类很多，但一般选用油类（如矿物油或植物油等）。将少量有机物加入 $TiCl_4$ 中混合均匀，混合物加热至有机物炭化温度（一般为 120~138℃）使其炭化，新生的活性炭将 $VOCl_3$ 还原为 $VOCl_2$ 沉淀，或者是活性炭吸附钒杂质而达到除钒目的。

有机物除钒法的工艺过程是将粗 $TiCl_4$ 与适量有机物的混合物连续加入除钒罐进行除钒反应，并连续从除钒罐取出除钒反应后的 $TiCl_4$（含有除钒残渣）加入高沸点塔的蒸馏釜中进行蒸馏。定期从釜中取出残液进行过滤，并处理回收钒。$TiCl_4$ 的精制过程可连续进行。

对有机物除钒的评价是操作简便，除钒效果好，但有如下问题需要研究解决。

ⅰ. 除钒残渣易在容器壁上结疤。某些有机物如液体石蜡油作为除钒试剂时，尽管它的加入量只有被处理的 $TiCl_4$ 重量的 0.1%，但在除钒时却生成大量体积庞大的沉淀物。这种沉淀物呈悬浮状态，很难沉淀和过滤，将其蒸浓后的残液呈黏稠状，易在容器壁上黏结成疤。这种疤不仅严重影响传热，而且难以清除。

这是因为这类有机物与 $TiCl_4$ 反应生成了聚合性的残渣。使用这类有机物除钒，不仅会给操作带来许多困难，并因生成渣量多而降低 $TiCl_4$ 的回收率。宜选择合适的有机物作为除钒试剂以生成不易结疤的除钒残渣，并采用在外部预热粗 $TiCl_4$ 加入除钒罐中进行除钒，除钒罐本身不加热，则可解决这个问题。

选用某些植物油和类似植物油的其他有机油类作为除钒试剂时，生成细分散的颗粒状的非聚合性残渣，这种残渣不黏稠，不易在容器壁上结疤，可用过滤方法将其从 $TiCl_4$ 中分离出来。除钒残渣量是原料 $TiCl_4$ 重量的 0.4%~0.6%，残渣中的钛量是原料钛量的 0.3%~0.5%，残渣中钒含量为 2% 左右。

ⅱ. 使冷凝器和管道发生堵塞。除钒后的 $TiCl_4$ 在冷却时，有时会析出沉淀物，使冷凝器和管道发生堵塞。这是由于在除钒过程中生成的氧氯碳氢化合物（$CHCl_2COCl$，$CH_2ClCOCl$）、（$COCl_2$）与 $TiCl_4$ 反应生成一种固体加成物的缘故。在工艺和设备方面采取适当措施，便可防止这种固体加成物的生成。

ⅲ. 需精馏除去有机物和低沸点物。在除钒过程中会有少量有机物溶于 $TiCl_4$ 中，这些有机物均是低沸点物，需在其后的精馏过程中加以除去。

ⅳ. 成本低。有机物廉价无毒，使用量少，除钒成本低。

ⅴ. 易分离杂质。除钒同时可除去铬、锡、锑、铁和铝等有色金属及杂质。

ⅵ. 除钒操作简便。精制 $TiCl_4$ 流程简化，可实现精制过程的连续操作，是一种比较理想的除钒方法。

该方法在国外已广泛使用，我国还在研究中，需通过工业试验发现和解决问题。

思 考 题

1. 在 $TiCl_4$ 冷凝过程中所收集到的杂质按物态和溶解度的不同可分为哪几类？
2. 四氯化钛的精制方法有哪些？
3. 写出四氯化钛精制的工艺流程。

4. 四氯化钛除钒的方法有哪几类？
5. 有机物除钒存在的问题有哪些？

7.5 镁热还原法制取海绵钛

【内容导读】

本节主要介绍镁热还原法制取海绵钛。通过对镁热还原的原理分析，介绍了工业生产中的工艺操作与设备操作、在还原过程中钛的低价氯化物生成及危害和海绵钛的质量。

7.5.1 还原原理

$$TiCl_4 + 2Mg = 2MgCl_2 + Ti \quad \Delta G^{\ominus}_{1000K} = -312.66kJ$$

该反应是放热反应，且反应的平衡常数很大（$K_p = 7.05 \times 10^4$），能够达到很完全的程度。在反应温度下，生成的 $MgCl_2$（熔点为714℃）呈液态，可及时排放出来。但应注意钛是典型的过渡金属，其反应可能按下面的顺序被还原：

$$Ti^{4+} \rightarrow Ti^{3+} \rightarrow Ti^{2+} \rightarrow Ti$$

$$2TiCl_4 + Mg = 2TiCl_3 + MgCl_2 \quad \Delta G^{\ominus} < 0$$
$$2TiCl_3 + Mg = 2TiCl_2 + MgCl_2 \quad \Delta G^{\ominus} < 0$$
$$TiCl_2 + Mg = Ti + MgCl_2 \quad \Delta G^{\ominus} < 0$$

还原过程中当镁量不足时，可能出现钛的二次反应，使还原率降低。

$$3TiCl_4 + Ti = 4TiCl_3$$
$$2TiCl_3 + Ti = 3TiCl_2$$

镁热还原过程是一个十分复杂的多相反应过程，过程的复杂性主要是因为以下原因。

① 反应放出的热量大，过程需在高温、惰性气氛下进行，并且要严格控制还原反应器内的温度。

② 镁热还原过程为多相反应过程，反应表面不断变化，还原过程中不断产生新相。海绵钛是呈各种聚集状的固态：板状的、纤维状的、粒状的、疏散壳皮状的、孔隙度较大海绵状的等。

③ 反应过程中钛有生成低价氯化物的能力。还原上述主要反应外，尚有钛的低价氯化物的生成与歧化、钛与四氯化钛的二次反应等多种副反应进行。这些副反应随还原过程的进行，可在不同阶段、反应器内不同部位发生。

④ 反应器内温度、压力、物质浓度均非恒定。这不仅与还原生产过程的间歇性有关，且与过程中定期排放氯化镁制度有关。

⑤ 整个还原反应过程，伴随物料的接触、化学反应的进行、海绵钛成型的同时，存在着一系列的物理过程。诸如：吸附、蒸发、表面现象、扩散、溶解、毛细作用、冷凝、结烧结、冷却等。

7.5.2 生产工艺

镁热还原法生产金属钛是在密闭的钢制反应器中进行。将纯金属镁放入反应器中并充满惰性气体，加热使镁熔化（熔点650℃），在800~900℃下，以一定的流速放入 $TiCl_4$ 与熔融的镁反应。在900~1000℃下，$MgCl_2$ 和过剩的镁有较高的蒸气压，可在一定真空度的条件下,将残留的 $MgCl_2$ 和 Mg 蒸馏出去。因为钛的熔点是 1675℃,还原温度为 860~930℃,反应过程中 Ti 以固体颗粒粘接在一起,呈疏松、多孔状,类似海绵,故俗称海绵钛。由于镁易燃烧,还原过程则必须在惰性气体保护下进行。

实际上镁还原 $TiCl_4$ 的历程是经过生成低价氯化物的反应过程而逐次完成的。有以下一系列的反应:

$$2TiCl_4 + Mg = 2TiCl_3 + MgCl_2$$
$$2TiCl_3 + Mg = 2TiCl_2 + MgCl_2$$
$$TiCl_4 + Mg = TiCl_2 + MgCl_2$$
$$TiCl_2 + Mg = Ti + MgCl_2$$
$$2TiCl_3 + 3Mg = 2Ti + 3MgCl_2$$

在还原过程中,有时在还原剂不足的情况下还可能发生如下反应:

$$3TiCl_4 + Ti = 4TiCl_3$$
$$TiCl_4 + Ti = 2TiCl_2$$
$$2TiCl_3 + Ti = 3TiCl_2$$

由此可见,镁还原四氯化钛的过程是在 $Ti\text{-}TiCl_2\text{-}TiCl_3\text{-}TiCl_4\text{-}Mg\text{-}MgCl_2$ 的多元体系中进行的。并且在还原条件下,除化学变化外,还包括有吸附、蒸发、冷凝、扩散、溶解和结晶等过程,是一个相当复杂的多相反应过程。有 $TiCl_4$ 蒸气与液态镁之间的反应,也有 $TiCl_4$ 蒸气与镁蒸气之间的反应;$TiCl_4$ 蒸气被吸附在反应新生成的固体金属钛的活性表面并使它活化,加快了反应速度,这种自动催化作用是镁还原四氯化钛过程的动力学特征。钛在活化点上结晶析出并黏结在活化点上,这往往是优先发生在固体钛的棱角和尖锋处,并且由于激烈的放热反应而发生烧结和再结晶,从而导致钛生长成海绵状结构。液态镁渗进海绵钛的孔隙中,并通过毛细管作用上升到活化点继续与 $TiCl_4$ 进行反应。

在还原剂不足时,$TiCl_4$ 不易被完全还原成金属钛。例如,当镁被吸入海绵钛以后,$TiCl_4$ 的加料速度超过镁从海绵钛毛细孔内向外传输的速度时,造成反应区镁量的不足;或者是温度太低,使镁的传输速度减慢等,都可能导致还原不完全。

反应产物海绵钛中含有 Mg 和 $MgCl_2$,应进一步蒸馏除去。因此工艺过程分为两步。第一步为镁还原;第二步为真空蒸馏。现在的生产中一般是将两步在同一个联合还原-蒸馏设备中进行。

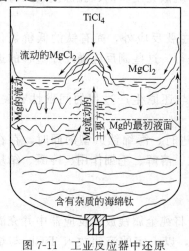

图 7-11 工业反应器中还原过程示意图

反应器内有冷区(通常是在顶盖附近),低价氯化钛尤其是 $TiCl_4$ 的蒸气压大,蒸发到冷区而被冷凝其上,难以再与镁接触和发生反应而最终残留下来。低价氯化钛也可能发生逆反应生成 $TiCl_4$ 和极细的钛粉。这种细粉状钛很易着火,当打开反应器盖时,发生氧化和氮化,或低价氯化钛与空气中水分作用生成钛氧化物和氯化氢气而发生浓烟。这些现象的发生都将使还原产品受到污染。

在还原操作中(如图 7-11 所示),流入反应罐的 $TiCl_4$ 数量和与此相应的镁的消耗量以及在罐中积累的海绵钛和氯化镁等生成物之多少的不同,其反应速度是不一样的。从反应罐中温度区域的分布情况看,还原的初阶段,大约镁的利用率达 40% 时,反应罐的中心温度约为 1100~1350℃。此时镁剧烈地蒸发,且镁与 $TiCl_4$ 的反应主要是在气相中进行。生成的 $TiCl_2$ 与 $MgCl_2$ 一起凝集在熔体表面上并还原成金属钛,逐渐长大的钛晶粒下沉于罐的底部,烧结成多孔海绵钛。$TiCl_2$ 和 $MgCl_2$ 也在罐的冷壁上凝结,并流到熔体表面。有部分的海绵钛在熔体上面的罐壁上生长,称作"爬壁钛"。随着液态镁沿海绵钛微孔不断地上升和凝结的低价钛氯化物不断地被还原,爬壁钛部分也随之逐渐增加。

在还原过程中,液态的氯化镁在反应罐中逐渐积累,氯化镁液层高度不断地上升,当它超过海绵钛的高度时,将影响还原反应的进行。这可根据罐内压力的升高判断出来。为使海绵钛表面始终处于裸露状态和更有效地利用反应罐的有效容积,需定期地将氯化镁放出。

在反应罐中随海绵钛的不断积累,液态镁与 $MgCl_2$ 分层困难,因为此时镁是靠毛细管作用通过海绵钛的微孔到达表面上的。罐内中心部位海绵钛生长最快。因为该处不仅 $TiCl_4$ 浓度高、温度也高。

在反应的后阶段,当镁的利用率达 50%~60% 后,此时大部分镁都存于海绵钛的孔隙中,很难与钛的氯化物直接接触,因而还原速度将减慢。此时出现 $TiCl_4$ 耗量减少,反应罐内压力增大,并且温度不稳定。因此,当镁的利用率达到 60%~65% 以后,应停止加 $TiCl_4$,使反应罐在 900℃ 下保温,以便使其中低价钛氯化物继续还原到底。在整个还原过程中,大约可排除所生成氯化镁量的 75%~80%。这部分氯化镁可以作镁电解的电解质使用。

反应罐是用耐热钢制成(如图 7-12 所示)。在 800~950℃ 下,不氧化腐蚀并具有足够的强度,在 600~700℃ 下,可从炉中吊出;能承受直接用水冷却,以便加快设备的周转率。反应罐的上盖伸入罐内约 300mm,以便防止顶部有冷区。罐的底部有带孔的假底,便于取出海绵钛产物。生成的 $MgCl_2$ 通过假底孔和出渣管定期排放。

还原作业是将反应罐经检查密封良好后,用吊车吊入炉中,充满氩气,待加热至 700~750℃ 之后,通过注入镁管将液体镁放入罐中,通入 $TiCl_4$。此时应关闭加热炉,调节 $TiCl_4$ 的流速,使反应罐的温度保持在 850~900℃。为了提高生产率,将空气通入罐外壁与炉膛的环形间隙中,使余热散出去。

在还原过程中,需调节和控制反应罐的壁温、$TiCl_4$ 的流量和反应罐内的压力。$TiCl_4$ 的流量最好是按规定的程序自动控制,保证在反应温度下,反应过程以最大速度进行。在还原过程中,如果反应放出热量过多,反应段炉膛的加热器能自动关闭,以防止过热。反应终了时,为了维持罐内温度,更好地使 $MgCl_2$ 沉降,停止加料后(在镁利用率达 60%~65% 之后),反应罐需在 900℃ 下保温 1h。为此要重新接通加热器的电源。然后尽可能地排净 $MgCl_2$ 之后,关闭电炉。

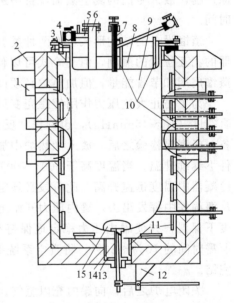

图 7-12 镁热法还原 $TiCl_4$ 设备

1—空气干管;2—炉子吊装角板;3—盖和反应罐之间的水冷法兰;4—炉衬;5—抽空和供氩管接头;6—注液镁管;7—四氯化钛注入管;8—反应罐盖;9—反应罐;10—测温热偶;11—加热器;12—排流管支撑板;13—砂封;14—流注管的密封针塞连杆;15—假底

在整个的反应过程中,应始终保持罐内压力略高于大气压,以防止空气渗入。

当反应罐在炉中冷却到 800℃ 时,将其从炉中吊出,放在冷却槽中,用喷水或吹风的方法,将反应罐冷却至 40~25℃。

还原产物中含有 55%~65%Ti，25%~35%Mg，9%~12%$MgCl_2$。随后将其进行真空蒸馏，以便将海绵钛中镁和氯化镁分离除去。在 900~1000℃下镁和氯化镁的蒸气压较高，而此时钛的蒸气压是微不足道的。三种物质在不同温度下的蒸气压如表 7-5 所示。

表 7-5 三种物质在不同温度下的蒸气压

物　质	蒸气压/mmHg			
	800℃	850℃	900℃	1000℃
Mg	25	45	80	250
$MgCl_2$	1.5	3.4	7.1	8.5
Ti	—	—	7.33×10^{-7}	2.27×10^{-7}

当温度为 950~1000℃和 2×10^{-3}~3×10^{-4}mmHg 的真空条件下，连续加热还原产物时，镁和氯化镁蒸馏出来并凝结在冷凝器上。

真空蒸馏有两种方式，一种是不必从还原罐中取出还原产物，直接进行真空蒸馏。例如，用另一空的还原罐扣在一起作冷凝器。蒸馏之后，凝结有镁和氯化镁的还原罐返回作还原使用。此法可以大为减少还原产物暴露于空气中的时间和作业工时。因为氯化镁吸湿性很强，易水解产生难以挥发的 Mg(OH)Cl，影响产品质量。另一种方式是从还原罐中取出还原产物，放入专门的真空蒸馏设备中进行蒸馏。此法可以提高蒸馏设备的生产率和缩短蒸馏时间。

蒸馏设备的结构形式也有两种类型，即上冷式和下冷式。其区别虽然仅是蒸馏釜和冷凝器的相互位置的颠倒，但下冷式可以使熔融的 $MgCl_2$ 流下来而不单靠蒸发，因此可以缩短蒸馏周期和节省能量，但加热炉必须设在上部。

为了防止大气压力作用使罐壳变形，故将蒸馏炉壳也作成密闭形式并在其中形成一定的真空度（10~15mmHg），也称作"反真空"，这是针对真空蒸馏罐而言的。组装好的蒸馏设备，经密封检验之后，放入加热炉中加热和抽真空，罐内的真空度保持在 10^{-3}mmHg 的条件下继续升温。当温度高于 600~700℃时，镁和氯化镁开始剧烈地蒸发，罐内真空度下降，冷凝器中温度迅速升高。此阶段必须定期关闭电炉。经 8~12h 蒸发之后，镁和氯化镁完全从海绵铁中挥发出去，罐内压力开始迅速下降，而温度则上升至 950~1000℃。然后在此温度下保温，并使罐内压力稳定地保持在 5×10^{-3}mmHg 左右。保温时间约占整个蒸馏过程所需时间的 70%~80%。将真空系统关闭来测量罐内的压力，可以准确地判断出蒸馏是否完结。

关闭电炉之后，向罐内充以氩气。冷却后拆开，盛有海绵钛的反应罐，送到海绵钛处理工段。冷凝罐放在还原炉中，密闭和充以氩气，加热熔化后，将 $MgCl_2$ 排放出去，而镁留在罐中继续作还原之用。

还原出来的海绵钛均黏结在罐中，由于在还原前在罐底上放入一块假底，取出海绵钛时将压力机顶杠插入反应罐底孔，加压力顶假底的同时就将其中的海绵钛一起顶出来。

取出的海绵钛除去较脏的底部钛和表面上的一层膜。其中爬壁钛含杂质也较多，应与精钛分别包装。海绵钛较黏，最好不要切碎，以减少其受氧化，直接在压力机上压碎。然后中碎用颚式破碎机，细碎用盘式破碎机。破碎后按粒度（12~70mm 及 5~12mm）分成各种商品等级。

7.5.3 钛的低价氯化物生成及危害

在镁还原四氯化钛的过程中，不希望有钛的低价氯化物（以下称低价物）生成。

(1) 低价物的危害

① 影响海绵钛质量。低价物易氧化，其结果使氧玷污海绵钛；吸水性强，与空气中的水分相作用，会导致钛中含氧量的增加。真空蒸馏时低价物会发生歧化反应生成 $TiCl_4$，对真空系统不利。

② 降低钛的回收率。

③ 使劳动条件恶化。如反应器内存在低价物，在拆卸反应器时引起强烈冒烟与着火，造成恶劣的劳动环境。冒烟是由于低价物遇到潮湿空气水解生成 TiOCl 与 HCl 的结果。着火是由于反应器内某部位存在分散的镁粉、钛粉与二氯化钛，后者与镁一样，在空气中强烈氧化。

(2) 低价物生成的条件　镁量不足（或四氯化钛过量）时易生成低价物。如前所述，对四氯化钛还原成金属钛所需镁量不足时，在反应器内优先进行生成低价物的反应，这种情况多发生于还原过程的后期，因未能及时停炉或者镁进入反应区困难时形成。

在反应器上部低温区内，镁蒸气冷凝在罐上部的内表面上，当罐内气态 $TiCl_4$ 浓度高时，此处亦能生成低价物。

还原过程中钛的二次反应多在后期发生并生成低价物，当加入的 $TiCl_4$ 过剩、镁量不足时，或在罐内局部地区缺镁时，$TiCl_4$ 易与露出在熔体上方的钛或二氯化钛进行二次反应，结果使还原得到的金属钛又转变为钛的低价氯化物。

反应器内上部顶盖下存在低温区。钛的低价氯化物（特别是 $TiCl_3$ 有较高的蒸气压）挥发至顶盖下冷凝。此处温度较低、缺镁，低价物难于继续被还原为金属钛。

为防止或减少钛的低价氯化物生成，还原器内必须加有过量镁，控制 $TiCl_4$ 加入速度，并注意将反应区与罐盖下部低温区隔开。

7.5.4　海绵钛的质量

(1) 海绵钛的质量标准　海绵钛的质量标准如表 7-6 所示。

表 7-6　海绵钛的质量标准

产品级别	钛含量 ≮	化学成分/%						力学性能			
		杂质含量(≯)						抗拉强度/(kgf/mm²) ≯	断面收缩率/% ≮	延伸率/% ≮	布氏硬度 ≮
		Fe	Si	Cl	C	N	O				
一级品	99.67	0.10	0.03	0.06	0.03	0.03	0.08	38	64	36	115
二级品	99.55	0.15	0.04	0.08	0.04	0.04	0.10	45	50	28	145
三级品	99.32	0.28	0.05	0.10	0.05	0.05	0.15	52	42	24	165
四级品	99.08	0.40	0.05	0.15	0.06	0.06	0.20	60	35	20	185

(2) 海绵钛中杂质的分布　海绵钛质量取决于其中杂质的含量及其分布的均一性。杂质含量增高或分布不均匀，最终都难以加工得到具有良好力学性能的合格钛制品。

海绵钛中杂质元素主要有 Fe、O、Cl、C、N、Si 等。它们在海绵钛坨中的分布多数是不均匀的。这对海绵钛成品取样的代表性和产品分级、混合包装也都有很大影响。

根据杂质来源、转入海绵钛坨的机理和杂质性质的不同，杂质的分布有的是均匀的，而多数杂质的分布是不均匀的，集中在钛坨的某一部位。根据杂质的分布不同，海绵钛坨可分成下列几部分：块体——钛坨中间部分；边皮——侧边部分；底皮——下部。

铁含量在海绵钛坨中心部分最低，其次是上部，越接近器壁和底部含量越高，底皮和边皮是含铁量最高的部位。氧、氮在钛坨底部含量较高。氯在海绵钛坨上部和上部贴壁部分含量最高，其次是中部，而底部最低。硅、碳在海绵钛坨中是均匀分布的，只在贴壁的边皮中其含量略高些。

可以认为，来自镁中的杂质集中在钛坨底部和侧部，来自四氯化钛中的杂质在整个钛坨中均匀分布。由于铁主要是从反应器的材料中转入的，所以靠反应器内壁的不厚的一层海绵钛中含有较高的铁、锰、铬、镍（如采用普通钢制反应器，则锰、铬、镍的含量不明显）。

虽然，对每一个工厂来讲，海绵钛杂质分布情况是不一样的，因为这与工艺、设备、原材料质量和操作技术有关。但是，总的来看，还是海绵钛坨中间部分质量好，而块体的外层部分杂质的含量高。

研究海绵钛坨中杂质的分布，不仅有助于对其来源的分析，以便采取措施，降低杂质含量，同时还为了将海绵钛按质分级，提高产品等级率，便于合理使用，这也是保证海绵钛质量、降低成本的必要措施。

生产实践中，先清理钛坨表面，剥离外层表皮，然后进行破碎。剥离下的表皮部分，作为等外钛处理，成为残钛的一部分回收利用。

（3）杂质的来源　海绵钛中大部分杂质来源于原材料。纯四氯化钛和镁所含的杂质在还原过程中，实际上全部转入海绵钛。现对海绵钛中主要杂质的来源分述如下。

① 氮　主要来自氩气与还原及真空蒸馏过程中以及冷却、预抽真空时进入罐内的空气。

② 氧　除与氮有相同的来源外，大部分氧来自原材料 $TiCl_4$ 和 Mg 中。$TiCl_4$ 中的氧以溶解的 O_2 和 $TiOCl_2$ 形式存在，由 Mg 中带入的氧来自镁的氧化膜。此外，钛的低价氯化物和 $MgCl_2$ 在还原-蒸馏过程中间进行拆卸、安装时与水蒸气接触吸水后，在真蒸馏过程中转入钛中的氧，也是一个来源。

③ 硅、碳　硅主要来自 $TiCl_4$ 和 Mg 中；碳来自 $TiCl_4$ 中。在 $TiCl_4$ 中碳是以有机物形式存在。硅、碳在海绵钛中的含量不高。

④ 氯　在镁法制得的海绵钛中，存在残余氯的原因，有几种不同的观点。

第一种观点认为，氯的唯一来源是氯化镁，它存在于微细的和闭口的海绵钛中，在真空蒸馏时排不出去。

第二种观点认为，除了氯化镁外，在有其他难挥发的钙、钾、钠的氯化物存在时，这些杂质，其中尤其是 $CaCl_2$，在蒸发过程中逐渐富集，这是海绵钛中氯含量增加的一个原因。

第三种观点认为，残余氯的含量和海绵钛表面的吸附性能有关。吸附或生长在钛晶格上的"内部"的氯，其来源是蒸馏过程中产生气体 HCl。钛与 HCl 的相互作用会生成 $TiCl_2$ 和 $TiCl_3$，最后生成次氯化物型的化合物表面。这部分"内部"的氯甚至在很高的温度下也不会解吸。只有附着表面的钛晶格破坏，即钛熔炼时才能使氯分离。吸附量与海绵钛的结构有关，有缺陷的部位有利于上述氯化物的吸附。

上述三个观点涉及的海绵钛结构、难挥发氯化物的存在和钛表面的吸附性能等，可能是彼此紧密联系而又互相补充的。

⑤ 铁　在还原过程中铁的污染对海绵钛的质量影响很大。有时甚至采用很纯的原材料（$TiCl_4$ 和 Mg）进行还原时，因为产品含铁量高会使海绵钛的等级下降或造成废品。

海绵钛中铁的来源如下。

a. 纯四氯化钛和还原剂镁带入的铁杂质。

b. 大部分铁杂质来源于反应器壁。反应器壁的铁向海绵钛中扩散，在高温下钛将和铁一起熔合生成钛铁合金。器壁的铁还可能经过熔融镁转入海绵钛中，它与反应器里的温度和还原周期有关。

c. 反应器上如有未被清除的铁锈时，将与 $TiCl_4$ 发生下列反应：

$$3TiCl_4(气)+2Fe_2O_3(固) = 4FeCl_3(气)+3TiO_2(固)$$
$$2TiCl_4(气)+Fe_3O_4(固) = 2FeCl_3(气)+FeCl_2(液)+2TiO_2(固)$$
$$TiCl_4(气)+2FeO(固) = 2FeCl_2(液)+TiO_2(固)$$

$FeCl_3$ 蒸气在反应器内被镁还原，而使铁进入钛中：

$$2FeCl_3+3Mg = 2Fe+3MgCl_2$$

高温下，$FeCl_2$（液）蒸发成 $FeCl_2$（气），在一定条件下，亦可被镁还原，使生成的铁进入钛中。这样，铁经由气相迁移进入海绵钛。

反应器内如有水蒸气存在，在一定条件下亦可为铁的气相迁移准备条件：

$$3Fe+4H_2O = Fe_3O_4+4H_2$$

生产实践表明，如反应器内有水分存在，或罐内及其有关部件的表面有铁锈生成，都将导致海绵钛中铁杂质含量的增高、这证明在生产海绵钛的镁热还原过程中确有铁的气相迁移存在。

了解杂质的来源，目的在于消除它们由来的途径，或最大限度地使它们少进入到海绵钛，以确保产品的质量。为此，应注意以下几方面的问题。

① 提高原材料（$TiCl_4$、Mg、Ar 气）的纯度。

② 确保还原-蒸馏系统的真空度与气密性。对罐、输送管道、加料系统亦必须保证其气密性，防止空气进入。

③ 对还原-蒸馏设备应仔细清理，防止罐内及其中各部件表面有铁锈、水分存在，此点在夏季作业时尤其应当注意。

④ 选定合理的工艺制度，保证有足够的镁量；严格控制还原、蒸馏过程的温度，防止超温；正确判断真空蒸馏终点，保证将碳蒸净，又不延长蒸馏时间。

思 考 题

1. 镁热还原过程的复杂性主要体现在哪几个方面？
2. 写出镁热还原法生产金属钛的工艺流程图。
3. 钛的低价氯化物有何危害？
4. 钛的低价氯化物生成的条件有哪些？
5. 海绵钛中主要杂质有哪些？
6. 海绵钛中铁的来源有哪些？

7.6 钠热还原法生产金属钛

【内容导读】

> 本节主要介绍钠热还原法生产金属钛。对还原过程进行了热力学分析，详细介绍了还原剂钠的净化，钠还原四氯化钛的工艺流程、方法及工艺操作、设备操作。并对还原产物的湿法处理作了介绍。

7.6.1 热力学分析

与镁还原四氯化钛的反应过程相同，钠与四氯化钛相互作用也是分步进行的，即从高价

化合物 $TiCl_4$ 到低价化合物（$TiCl_3$、$TiCl_2$），最后得到金属（Ti）。还原过程中同时也进行二次反应，这与钛的低价氯化物有关。

用钠热还原四氯化钛生产金属钛的反应，可用下式表示：

$$TiCl_4(气)+4Na(液)\Longrightarrow Ti(固)+4NaCl(液)+790kJ$$

$$\Delta G_{1200K}^{\ominus}=-640.79kJ$$

钠法与镁法相比，其主要优点是反应速度快；钠的利用率高（接近100%）；操作简单；钠容易制纯；反应产生的 NaCl 吸湿性小且不发生水解，产品中残留钠极少，可用水浸法就能将金属钛和渣分开。其主要缺点是：反应的热效应高，导出余热困难；钠的化学活性强，操作中必须有可靠的安全措施。

钠还原四氯化钛可以在低于 NaCl 的熔点（801℃）温度直到高于钠的沸点（883℃）温度范围下进行。在工业生产中，一般是在 801~883℃ 的温度范围内进行还原操作。此时主要是气态的四氯化钛与液态钠进行反应，但也有部分的钠蒸气参与反应，因为在 801℃ 下钠的蒸气压大约为 340mmHg。

钠还原四氯化钛同样也是通过生成低价氯化钛的中间反应，这些低价氯化钛能溶于 NaCl 中。反应生成的钛颗粒也能与四氯化钛作用生成低价氯化钛。低价氯化钛向 NaCl 熔盐中扩散，同样有可能发生歧化反应。

在 $TiCl_2$-NaCl 共熔体中，$TiCl_2$ 占 50% 时，熔点为 605℃，而在 $TiCl_3$-NaCl 共熔体中，含 $TiCl_3$ 为 63.5% 时，熔点为 462℃。此外，发现有 $TiCl_3 \cdot 3NaCl$ 化合物存在。

钠在 NaCl 中的溶解度也较大（参看表 7-7），因此，由低价氯化钛还原成钛的过程是在 NaCl 熔盐中进行的。

表 7-7 钠在熔融的氯化钠中的溶解度

温度/℃	810	825	890	930	950
溶解度/%	1.12	1.99	3.88	9.63	

7.6.2 钠还原法生产海绵钛的工艺流程

钠还原法生产海绵钛的工艺流程如图 7-13 所示。

7.6.3 钠的净化

钠还原四氯化钛及其产物处理所需原材料，除金属钠外，纯四氯化钛、氩气及盐酸等的纯度，均与镁还原法生产海绵钛的要求相同。还原反应器的处理、组装及抽空与镁还原法基本相同。下面叙述金属钠的净化。

钠是一种蜡状具有银白色光泽的金属，其熔点为 97.98℃，沸点为 883℃。

钠的化学性质很活泼，能与多种物质（无机物和有机物）反应。在空气中极易氧化，生成一层氧化钠薄膜，使其表面迅速失去银白色光泽，而变成暗淡的灰色。

钠遇水立即进行反应，$2Na+2H_2O\Longrightarrow 2NaOH+H_2\uparrow$。此反应很剧烈，放出大量热，可使钠熔化，如果钠与水的接触面积大，会使钠或氢燃烧，发生黄色火焰，并且爆炸。因此，在操作过程中绝对不能使金属钠与水接触。

(1) 钠的净化 海绵钛生产采用的电解钠（粗钠）中 Na_2O 等杂质含量较高，对海绵钛质量有影响，故在还原之前，要对粗钠进行净化处理。钠的净化装置是由普通钢板制作的熔化罐、过滤器和贮钠罐三部分组成。为得到纯净钠，利用钠在低温下（120~140℃）具有良好的流动性，在锭子油或石蜡油的保护下，采用孔隙为 5~10μm 孔径的不锈钢或镍质金属陶瓷过滤器过滤，除去杂质和机械夹杂物。净化钠的整个系统必须用氩气保护，以防止氧化。

钠的熔点低，在液体状态下容易净化。但是氧化钠在金属钠中的溶解度随着温度的升高而增大，而温度过低液体钠黏度增大，不易过滤。因此，生产上净化钠的过滤温度一般控制在 120～130℃。

净化过程中为防止净化钠时使用油的裂解、增加钠中含碳量，以石蜡油为宜。净化后钠的纯度可达 99.8%。

（2）钠的输送 液体钠的输送有两种方法：一是用氩气压送，此法多用于少量输送；二是用电磁泵输送，此法适用于大量输送液体钠。

7.6.4 钠还原四氯化钛的工艺方法

目前工业生产上采用的钠还原法，有一段还原法和二段还原法。

（1）一段还原法 一段还原法是用钠将四氯化钛直接还原成金属钛的方法。其反应式如下：

$$TiCl_4 + 4Na \Longrightarrow Ti + 4NaCl$$

工业上采用的钠还原设备与镁还原设备基本相似，仅增加了一套供钠系统。

还原反应器抽空充氩气后，一般加热到 500～600℃（或到 800℃）开始加料。原料按比例（质量比）$TiCl_4 : Na = 2.06 : 1$ 加入反应器内。还原温度控制在 820～880℃，熔池温度不低于 800℃。过程末期停止加钠，此时四氯化钛以低速度加入，到钠利用率达 100% 为止。加料完毕后，继续提高炉温到 960℃并恒温，以保证熔盐中钛的低价氯化物完全还原并使钛颗粒继续增大。然后冷却，取出还原产物，进行湿法处理。

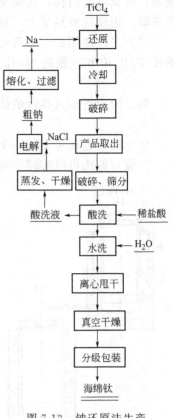

图 7-13 钠还原法生产海绵钛的工艺流程图

还原产物一般含有 17%Ti、83%NaCl 及少量的钠和钛的低价氯化物。海绵钛呈柱形集中在反应器中部，四周则为浅蓝色的盐（含 0.3%～0.5%Ti^{2+}），在反应器底部有时出现少量深蓝色的盐层（含 3%～4%Ti^{2+}，2%～3%Ti^{3+}）。

为提高还原产品质量及技术经济指标，在操作过程中应注意以下几点。

① Na 和 $TiCl_4$ 必须准确计量。在最佳情况下，还原生成的盐略带浅蓝色，出现黄色（含少量钠）或白色（含大量钠）时，说明钠过量。在这种情况下，产品中含氧量有不同程度的增加，特别是出现白色盐层时，在水洗过程中甚至发生着火现象。深蓝色盐层（$[Ti^{2+}]+[Ti^{3+}]>4\%$）造成水洗困难，产品往往因钛的低价氯化物部分水解而增加氧含量，同时也降低了钛的实收率。

② 严格控制还原过程中 $TiCl_4$ 和 Na 的配比，确保均匀加料，这样操作稳定，产品粒度大、质量好，易于水洗。

③ 底部熔池温度应保持在 NaCl 的熔点（801℃）以上，以使溶解于 NaCl 中的钛的低价氯化物和钠有足够的扩散速度，还原反应能充分进行。

在还原过程中，若能将加料速度控制恰当、反应温度选择适宜、料比配合均衡，一般均可在反应器中部形成柱状海绵钛。这种情况下得到的产品质量较好，$TiCl_4$ 的利用率也高。

一段还原法的特点是还原过程进行较快，保温和占炉时间比二段还原法短，可提高生产效率，降低电能消耗；还原反应完全，不受料层厚度的限制；产品质量均匀，易于取出，操作简单。但反应放热量大，过程较难控制；产品中氯根含量较高。

（2）二段还原法 二段还原法是将钠还原四氯化钛的过程分为两个阶段进行。第一阶段是使 TiCl$_4$ 和相应量的 Na 作用生成 Ti 的低价氯化物 TiCl$_2$，反应如下：

$$TiCl_4 + 2Na = TiCl_2 + 2NaCl$$

第二阶段再加入其余的钠，在熔体中继续还原钛的低价氯化物制得钛，主要反应如下：

$$TiCl_2 + 2Na = Ti + 2NaCl$$

整个还原过程可在同一个还原设备中进行，亦可分开在两个还原设备中进行。

二段还原法可以实现半连续过程（图 7-14）。第一个阶段的反应在钢制的设备中进行。反应器抽空、充氩、预热后开始加料。TiCl$_4$ 和 Na 同时向反应器内加入，其配比为 1mol TiCl$_4$：2mol Na（即按质量比 TiCl$_4$：Na=4.12：1）。还原反应是在氩气保护气氛下于 700～750℃ 进行。在反应器中积累一定数量的液体熔盐 2NaCl+TiCl$_2$ 之后，用氩气将此熔盐通过加热钢管压到第二阶段的反应器中进一步还原。还原温度应保持在熔盐熔点和钠沸点之间，一般控制在 650～880℃。温度的改变是以液体钠加入速度来调节的。还原后期提高温度至 950℃ 并恒温，然后冷却、出炉。

二段还原法第一阶段的反应产物主要是 TiCl$_2$，此外还有少量 TiCl$_3$ 和部分细钛粉。第一阶段反应产物的组成直接影响第二阶段制得的钛的结构、质量和实收率。成分均一、含少量 TiCl$_3$ 的熔体是还原第二阶段制得高质量钛的必要条件。

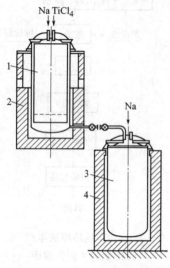

图 7-14 TiCl$_4$ 二段钠还原设备
1——段还原反应器；2——段还原炉；
3—二段还原反应器；4—二段还原炉

影响第一阶段反应生成物组成的主要因素是 Na 和 TiCl$_4$ 的加料比、加料速度和反应温度等。需严格地按配比加料，使加料速度均衡，则反应过程中反应器内压力、温度波动较小，操作平稳。

二段还原法的特点是反应热分两步放出（还原反应总热量约有 65% 在第一阶段放出，35% 在第二阶段放出），使反应易于控制，同时减轻了由反应器向外排出热量的负担；第二阶段还原反应在熔盐中进行，为钛的结晶生长创造了有利条件，产品质量较高。但该法生产周期一般较长、生产效率较低。

7.6.5 还原产物的湿法处理

在还原产物中海绵钛位于反应器中间，四周是氯化钠盐层。海绵钛不黏壁，易于取出。当还原操作不正常时，在器壁和上盖生成"钠环"，或生成由粉状钛和钛的低价氯化物组成的"胡子钛"。

还原产物的处理有真空蒸馏法和浸出法两种方法。在工业生产上后者是较经济的方法。下面就浸出法予以叙述。

将还原产物由反应器中取出，经破碎、筛分使之成为 10mm 以下颗粒后，在搅拌器、旋流器、鼓泡搅拌槽或螺旋洗涤机等水洗设备中，用 0.5%～1.5% 浓度的盐酸水溶液浸出。固液比约为 1：4。

如果产物破碎的粒度大，则其中氯化钠难以洗净。如果产物破碎的粒度过细，则易在水洗中流失，并且由于颗粒表面积增大，产品易被 H$_2$、O$_2$ 等杂质污染。所以在有利于水洗的条件下，破碎粒度应尽可能大些。

由于在还原过程中通常是加入稍有过量的 $TiCl_4$，所以一般产品中都含有少量钛的低价氯化物。如不加酸直接水洗，则发生如下水解反应：

$$6TiCl_2 + 6H_2O = 4TiCl_3 + 2Ti(OH)_3 + 3H_2\uparrow$$
$$TiCl_3 + 3H_2O = Ti(OH)_3 + 3HCl$$

反应结果造成海绵钛中气体杂质含量增高。若在浸洗时保持一定酸度（如用 0.5%～1.5%盐酸溶液），则可抑制钛的低价氯化物水解。

如果产物中含有过剩的钠，当遇水时便生成 NaOH 和 H_2。生成的 NaOH 要消耗一定量的盐酸，因而在有过剩钠时，应适当增加溶液的酸度和酸洗次数。为避免钠遇水爆炸，应缓慢地加入物料，并使物料均匀分散在溶液中，不要使其成堆，以防止散热不均，致使海绵钛有被烧失的危险。

经过盐酸水溶液浸洗的产物，再用清水洗数次，除去剩余的盐酸直到溶液呈中性为止。水洗后的产物经离心机甩干（含水 10%）后，放入真空干燥箱中（90～110℃）烘干，即得海绵钛产品。钠还原法制得的海绵钛颗粒较小，真空干燥后必须冷却至室温才可取出，否则易着火燃烧。

思 考 题

1. 写出钠还原法生产海绵钛的工艺流程图。
2. 简述一段还原法的工艺操作过程。
3. 简述一段还原法操作过程中应注意的问题。
4. 二段还原法的特点是什么？

7.7 钛的精炼

【内容导读】

> 本节介绍钛的精炼。主要介绍钛的电解精炼的原理和工艺过程；钛的碘化法精炼原理和工艺过程。

7.7.1 钛的电解精炼

钛的电解精炼，是一种可溶阳极的熔盐电解过程。在钛生产、加工、制件过程中有大量的须经重新处理提纯才能回收使用的残钛，为将这类残钛处理成合格成品，该可溶阳极的熔盐电解精炼法是较为合理的方法，因而近年来该法得到了很大发展。用可溶阳极电解也可制得高纯钛，所以，熔盐电解精炼是提纯金属的一种手段。

(1) 熔盐电解精炼过程的基本原理

钛的电解精炼是利用钛和其他杂质的电极电位不同，而使它们互相分离，达到提纯金属的目的。生产上是将含杂质的粗钛压制成棒状阳极或者是放在阳极筐中，以纯钛作阴极，以碱金属或碱金属氯化物与 $TiCl_2$、$TiCl_3$（NaCl 或 NaCl+KCl）电解质进行电解。

在不纯钛中常含有 Mg、Al、Fe、Si、Mn、N、O、C 等杂质。从标准电极电位可以看出，比钛电性更负的杂质有 Mg、Al、Mn；而比钛电性正的杂质有 Fe、Si；另外所含的非金属杂质 O、N、C 等主要以固溶体形态存在于不纯钛中。电解时，首先溶出并进入电解质的是比钛电性负的杂质 Mg、Al、Mn，而在钛尚未溶出完全以前，比钛电性正的杂质 Fe、Si 等较难溶出，而留在阳极残渣中；在固溶体中的钛溶出时，C、N、O 等杂质会转化成 TiC、TiN、TiO_2 等亦留在阳极残渣中。

进入电解质的 Ti^{2+}、Ti^{3+}、Al^{3+}、Mg^{2+}、Mn^{2+} 在阴极析出时，Ti^{2+}、Ti^{3+} 优先放电，并在阴极上得到纯钛，比钛电性负的 Al^{3+}、Mg^{2+}、Mn^{2+} 等则留在电解质中，因而达到提纯钛的目的。

(2) 钛的电解精炼工艺实践　钛的电解精炼在保护气氛中进行。其设备示意图如图 7-15 所示。图中 3 为铁网，粗钛或残钛 4 则放在铁网与电解槽壁之间，阴极棒 1 由槽上部密封盖插入电解质中，槽上部有冷却室 2，设备与真空系统和氩气系统相连。

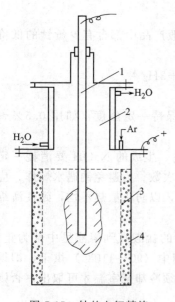

图 7-15　钛的电解精炼设备示意图
1—阴极棒；2—冷却室；3—铁网；4—粗钛或残钛

工艺过程是装好料后，将槽盖密封，用真空泵抽去槽内空气，再充入氩气，升温至电解质熔化，达到预定温度后，再将阴极棒插入电解质中进行电解。电解一定时间后，将阴极棒提至上部冷却室冷却后，再将阴极物取出，换上新的阴极棒继续进行电解，直到粗钛或残钛中 70%～90% 都被回收为止。电解过程一般可自热维持槽温。

取出的阴极物用 1% HCl 洗去电解质，用水洗至无 Cl^-，烘干即得产品。产品一般为 0.5～3mm 的树枝状结晶。

7.7.2　钛的碘化法精炼

钛的碘化法精炼过程可用下面的原则流程表示：

$$Ti_{固} + 2I_{2气} \xrightarrow{100\sim200℃} TiI_{4气} \xrightarrow{1300\sim1500℃} Ti_{固} + 2I_{2气}$$

钛在较低温度下即能与碘作用，生成碘化钛蒸气，然后在高温的金属丝上发生分解，释放出来的碘在较低温区重新与粗钛反应。如此循环作用，由碘将纯钛输送到金属丝上。碘化法精炼可以除去氧、氮等杂质，因为钛的氧化物和氮化物此时不能和碘作用。

设备外壳用镍铬合金制成。粗钛碎屑放在钼网和器壁之间夹层内，直径为 3～4mm 的钛丝上下绕挂在钼钩上，两丝端连接钼导线通电加热，在盖上设有碘蒸发器及连接真空系统的管。当器内真空度达到 $2×10^{-4}\sim5×10^{-3}$ mmHg 之后，隔断真空系统，使碘蒸发出来进入下边的容器中进行循环反应。

沉积钛的速度主要取决于碘化钛向金属丝表面扩散的速度和碘蒸气从金属丝表面向外扩散的速度。钛的最大沉积速度是在金属丝的温度为 1500℃ 和 TiI_4 的蒸气压为 2～20mmHg 的条件下。如果 TiI_4 的蒸气压更高时，其分解速度则下降。如果金属丝的温度高于 1500℃ 时，钛在真空条件下开始挥发。一般温度控制在 1300～1400℃，沉积速度已足够快了。用调节电流和电压的方法来控制金属丝的温度。

碘化法精炼的钛，所含杂质氧、氮、铁、锰、镁等比镁还原钛低一个数量级，因此碘法钛具有良好的塑性和较低的硬度。

思 考 题

1. 熔盐电解精炼过程的实质是什么？
2. 熔盐电解精炼过程的杂质行为如何？
3. 钛的碘化法精炼的原理是什么？

7.8 致密钛的生产

【内容导读】

本节主要介绍致密钛的生产。详细介绍了真空熔炼的理论基础、设备及真空自耗电弧熔炼工艺过程；粉末冶金的方法。

7.8.1 致密钛生产方法概述

用还原法生产的钛或回收的残钛，一般为海绵状或粉末状，这种物料除少量可直接交付使用单位使用外，大部分还要进一步处理或加入其他元素，使钛粉或海绵钛转变成致密钛锭，才能在结构上或化学成分上达到使用部门的要求，便于进一步加工成材（板材、管材、线材等）。为了使钛锭便于加工，一方面要求它有一定的纯度；另一方面要求钛锭成分均匀、无缩孔、气孔等缺陷，其晶粒力求细小，结构致密。

目前生产致密钛的主要方法有真空熔炼法和粉末冶金法（或粉末烧结法）。

粉末冶金法对于大量生产钛的制品和钛合金制品是有前途的，尤其是对废钛的利用有很大意义，因而得到重视。粉末冶金法，通常是将粉末模压成型，再烧结，或采用同时热压和烧结的方法。其优点是：由于能够准确地生产形状复杂的金属制品，所以能够大量地节省加工费用；与机械加工相比，因为几乎没有切屑，所以加工成材率很高；能得到任意密度的制品和均匀的合金，若用压制和烧结粉末的预成型件来生产锻件和挤压件，其粉末冶金产品就非常接近于理论密度，如果采用氧含量很低的优质粉末，而且所使用的生产工艺又不致引起污染，则其力学性能与加工材的性能相同。目前由粉末冶金法制得的钛锭，其尺寸受到较大限制，产品使用量不大，以及氧含量很低的优质钛粉末的价格过高，所以影响了该法的迅速发展。

目前世界各国钛锭的生产绝大多数是采用真空电弧熔炼法。该法是利用直流电弧的高温，在真空条件下进行精炼和铸锭的方法。它广泛用于高熔点金属及其合金以及某些合金钢的熔铸。真空电弧炉又分为自耗电极和非自耗电极两种。

真空非自耗电极电弧炉是利用石墨或高熔点碳化物或钨作阴极，水冷坩埚作为阳极。在熔炼过程中阴极不消耗，需熔化的物料自加料系统连续加入。非自耗电极电弧熔炼的主要缺点是电极容易污染被熔化的金属，这种污染对于钛的性能有严重影响；为了防止电极的挥发，通常都采用惰性气体保护，这对于金属的脱气不利，精炼效果不如真空条件下的熔炼效果；由于加料速度很慢，所以与真空自耗电弧炉相比，熔化速度慢得多。

真空自耗电弧炉是把被熔化金属制成电极棒作为阴极（即自耗电极），水冷铜坩埚作为阳极。在强大直流电弧的加热下，阴极下端不断熔化，滴入水冷铜坩埚凝固成锭。熔炼过程中阴极不断消耗，而坩埚内熔池液面不断上升，但由于坩埚直径大于电极直径，熔池液面上升的速度比电极缩短的速度慢，因此，在熔炼过程中需要不断地降低电极，以保持一定的弧距。一次熔炼得到的钛锭，作为二次熔炼的自耗电极，经两步熔炼。这种方法的主要缺点是制造电极必须有大容量的压力机；在熔炼合金时，不容易得到纵向成分均匀的金属锭。真空自耗电弧炉熔炼法的特点是熔炼速度快，能生产大型铸锭；采用合理的工艺条件，完全可以消除一般铸锭中常见的缩孔、中间疏松、偏析、发裂及皮下气泡等缺陷，可满足加工的需要。所以该法发展很快，工艺比较成熟。

7.8.2 钛真空熔炼的理论基础

在真空熔炼过程中，从固态到熔化成液态金属的过程中都可以除去气体和易挥发的杂质，不过在熔化以前，只能除去吸附的气体，而大量的气体杂质是在金属熔化后才能除去。所以，液态时的精炼作用是主要的，其原因是气体在固态金属晶格中扩散速度很慢，而在液态金属中的扩散速度相当快，且熔池中的搅拌作用，对气体杂质的挥发除去也是有利的。因此，我们只研究液态金属中去除杂质的原理。

7.8.2.1 真空熔炼的热力学基础

(1) 脱氮过程　氮在金属中一般有两种形态，当金属中氮含量小于氮的溶解度时，氮完全成间隙固溶体存在于金属中；当氮含量超过溶解度时，则除上述固溶体外，超过溶解度部分的氮，则与金属组成氮化物。下面将分别研究这两种形态的氮除去的热力学条件。

① 氮化物的离解　从热力学可知，当氮化物的离解压超过气相中氮的分压时，则氮化物会离解成金属和氮气。TiN 的离解脱氮温度与炉内真空度的关系如表 7-8 所示。

表 7-8　TiN 的离解脱氮温度与炉内真空度的关系

炉内真空度/mmHg	1	10^{-1}	10^{-2}	10^{-3}
离解温度/℃	2916	2689	2489	2331

由此可见，升高温度或升高真空度都有利于氮化物的离解，而且真空度越高，则要求的离解温度可适当降低。

② 溶解氮的去除　根据西华特定律，在一定温度下，双原子气体在大多数金属中的溶解度与它在气相中分压的平方根成正比。

即

$$[N]/\% = K\sqrt{p_{N_2}}$$

式中　$[N]$——氮在金属中的溶解度，%；

K——与温度及金属的种类有关的常数；

p_{N_2}——气相中氮的分压。

由上式可知，降低熔炼室中氮的分压，有利于降低氮在金属中的溶解度。同时，随着金属中氮含量的降低，则要求进一步降低气相中氮的分压，这样才能保证进一步去除氮。因此，钛中氮含量越低，则越难去除。

由此可以得出结论，为保证金属钛中溶解的氮被充分去除，应力求在高温和高真空下进行熔炼。

(2) 脱氢过程　氢在钛中的形态和氮相似，因此，脱氢的原理及影响因素都与脱氮基本相同，不过其特点是氢化物的稳定性远比氮化物差，所以熔炼过程中脱氢并不困难，一般在物料熔化以前大部分氢已被脱除。

(3) 脱氧过程　由于钛对氧的亲和力很大，故不可能像氮、氢一样通过氧化物的离解而脱氧；而当真空度较低时，钛往往能吸收氧，使氧含量升高。对于钛来说，以常用的脱氧方法（用碳脱氧，低价氧化物的挥发，活性金属脱氧）除氧都未能得到满意的结果。实验证明，要除去钛中的氧，只有在高温和高真空条件下才有可能，故在真空电弧炉内除去钛中的氧是比较困难的。

(4) 脱碳过程　对于大多数金属来说，可以利用碳、氧的反应除去碳，对于钛而言，除去其中的碳与脱氧一样，是比较困难的。

(5) 金属杂质的除去　在熔炼温度不变的情况下，挥发除去金属和非金属杂质，主要决定于杂质的饱和蒸气压和熔炼炉内的真空度。熔炼金属中杂质的饱和蒸气压与下列因素有关：杂质元素处于纯净状态时的饱和蒸气压；杂质在熔融金属中的浓度（或活度）；熔炼温度；杂质与提纯金属之间和杂质相互间的化学反应。

综合上面热力学分析可得出以下结论：真空熔炼过程中提高真空度和温度都有利于降低气体杂质在金属中的平衡浓度，因此，在熔炼过程中应力求提高真空度和温度。

7.8.2.2　真空自耗电弧炉设备

真空自耗电弧炉设备系统是由电极升降控制系统、直流电源、真空自耗电弧炉、真空系统和监视系统等部分组成。真空自耗电弧炉的示意图见图 7-16。

(1) 电极升降和控制系统　根据电弧电压（自耗电极末端与熔池面之间的电压）来控制电极升降，也就是在熔炼过程中是通过保持电弧电压不变来控制弧距的。若电弧电压偏差超过一定范围，会发出信号，使控制系统作出相应的调节动作。

实际上接入控制系统的电弧电压，还包括自耗电极本身的电压降。在熔炼过程中电极逐渐缩短，因而其电压降随之降低，因此反映出的电弧电压变化不是真正的电弧电压变化。为了准确地反映电弧电压的变化，以达到控制一定弧距的目的，就必须采取补偿装置。这种补偿可以是人工的，即电极熔化一定长度补偿一次；也可以用电机带动变阻器接点，使电机转速与电极熔化速度相协调，以进行补偿；还有一种自动预定补偿的方法，它是根据电极熔化速度随电弧长度增加而降低的道理，即根据熔化的快慢调节电极的下降速度，使电弧长度稳定。

电极升降的传动机构，可采用链条传动、辊式传动和齿轮传动等。

(2) 水冷铜坩埚　水冷铜坩埚的设计，最重要的是要保证铜坩埚与高流速的水充分地接触，不产生蒸气泡，否则坩埚就有被强大电弧击穿的危险。

水冷铜坩埚外面绕有磁化线圈（螺线管），通以直流电，以起搅拌和稳弧的作用。在熔池中电流从其表面周围向中心流动。设外加磁场与电弧轴向平行，那么按照导体在磁场由受力的左手定则，则熔体按作用力所指方向旋转。

(3) 直流电源　真空自耗电弧炉可以用交流电也可以用直流电，但用直流电源较多，并以自耗电极作阴极，熔体作阳极。采用直流电熔炼时，用于熔化的电能占总耗电量的 2/3 左右，强大的高速电子流从阴极射向熔池，可以把较多的能量传递到熔池，从而保证在足够的熔池深度中，为获得均匀的钛锭，创造了良好的条件；而采用交流电时，用于熔化的电能约为其总耗电量的 1/2。此外，使用交流电时，要维持稳弧需要相当高的电压，这将增加产生边弧（衍生电弧）的危险。但在采用直流电时，只需比较低的操作电压。

(4) 真空系统　真空系统包括真空室、真空导管、真空阀门和真空机组。

真空泵必须保证炉内具有足够高的真空度，对于海绵钛的熔炼，要求达到 $10^{-2} \sim 10^{-3}$ mmHg。这不仅要求真空泵达到一定的极限真空度，而且需要有足够大的排气速度。为了防止气体辉光放电和产生边弧，必须保证炉内压力在气体电离的临界压力以下。

真空泵的排气能力根据金属放气量和熔化速度来选定，必须保证在炉内真空度下降的情况下能迅速恢复到所要求的真空度。对真空自耗电弧熔炼而言，通常选用在 10^{-2} mmHg 左

7 钛冶金

右的压力下具有高排气速率的罗茨泵或油增压泵与机械泵的联合机组。

通常真空系统设有高、低真空管道,开始时将炉膛直接和低真空泵接通,当真空度达到高真空泵的有效速度范围后,改用高真空泵排气。

7.8.2.3 钛的真空自耗电弧熔炼工艺

海绵钛的真空自耗电弧熔炼工艺过程包括电极准备、电极焊接、熔炼(一次和二次)及铸锭处理4个环节。

(1) 电极的准备 用高强度合金钢做成的压模和大型油压机将一定粒度的合格海绵钛(如制备钛合金锭,则应混合一定重量的合金元素)压制成一定规格的电极棒。电极的长短和大小,应与所用坩埚尺寸相配合,使熔化一根电极能充满坩埚。电极与坩埚内壁的间距要大于弧距,通常弧距为15~25mm。间距过大虽然有利于操作,有利于气体的排出及克服边弧,但热损失大,而且容易使电弧只射在坩埚中心,致使熔化温度不均匀而影响铸锭质量;反之间距过小,则不利于气体的排除,且易出现边弧,有烧穿坩埚的危险。为使一次熔炼的钛锭能做二次熔炼的自耗电极,一套坩埚的尺寸应该配合,一般认为一次坩埚直径与二次坩埚直径的比值为0.5~0.7比较合适。

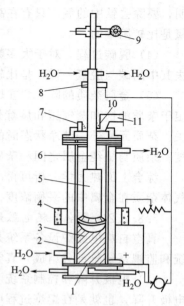

图7-16 真空自耗电弧炉示意图
1—底座;2—水冷铜坩埚;3—钛锭;
4—螺管线圈;5—自耗电极;
6—电极夹;7—观察孔;
8—电极触点;9—升降装置;
10—密封圈;11—真空接管

(2) 电极的焊接 焊接可以在炉内进行,也可以在炉外进行。直径比较大的电极一般采取炉内焊接。

炉内焊接时要求10^{-1}mmHg以上的真空度或充氩气保护。炉外焊接可以在充氩的焊接箱中进行,也可以不用焊接箱,而在大气压下用特制的焊枪进行氩弧焊。此外,也可采用等离子焊接等方法。

(3) 熔炼过程 熔炼作业可分为一次熔炼和二次熔炼,也有三次熔炼的铸锭,但一般采用两次熔炼法。一次熔炼的作用主要在于金属脱气和熔化成较大的二次熔炼用的自耗电极,对于一次熔炼铸锭的表面性质和内部缺陷要求不高;二次熔炼的作用主要在于熔炼铸出结构优良、适于加工的合格锭,它对产品质量起决定的作用。

整个熔炼过程包括起弧、熔炼和补缩三个阶段。在起弧阶段,为了迅速建立熔池,通常在坩埚底部预先放入一部分钛屑,电流控制在正常熔炼电流的50%以下;建立稳定的熔池后,便进入正常熔炼阶段,此时将电流提高到正常的熔炼电流,该阶段主要控制弧距,保持稳定的电弧,防止出现和迅速处理边弧、短路、灭弧和辉光放电等现象;熔炼后期为了填补钛锭由于冷却而形成的缩孔,要逐渐降低电流,放慢熔化速度,以减少切除缩孔而造成的金属损失。这个阶段称为补缩。

(4) 铸锭处理 熔炼完毕后冷却、出炉的钛锭,经过探伤、切除缩孔和剥除皮下气孔部分,取样分析后交库。一般一次熔炼的钛锭不必作剥皮、去头等处理即可作二次熔炼的自耗电极。

7.8.3 钛的粉末冶金

钛粉或钛合金粉,若其中氧和氮的含量不超过允许的限度时,均可作为粉末冶金的原料。

粉末冶金用于生产形状复杂的钛制品，如各种螺帽、小型阀门、多孔过滤器和接头等。

（1）钛粉的生产　钛粉的生产方法主要有以下 4 种。

① 氢化脱氢法　镁还原法所得海绵钛具有韧性，难于粉碎，不适于粉末冶金，须将它制成钛粉。目前工业上常用的方法是先以氢饱和海绵钛制取氢化钛。氢化钛很脆，容易磨碎成细粉。氢饱和作业首先是将海绵钛在真空中加热至 800℃，使其表面活化，然后冷却到 400～450℃，通以纯氢完成的。氢化钛粉碎后，在真空中加热到 800℃ 脱氢，制成钛粉。钛粉纯度高，并可制得 350 目以下粒度的钛粉。该法的缺点是氢化钛的价格过高。

② 海绵钛直接粉碎法　用钠还原四氯化钛生产海绵钛时，控制反应条件，使之生成细钛粉。将钛粉与副产品氯化钠一起粉碎，然后浸出、干燥、筛分、制成钛粉。用此法制得的钛粉质量高，生产过程简单，其价格较前一方法制得的钛粉便宜。然而，此法难以制成微细粉，且其中副产物氯化钠残留较多（0.2%～0.3%）。

③ 熔融钛喷雾法（旋转电极法）　使钛电极高速旋转，同时在惰性气氛中进行电弧熔炼，使熔融钛离心飞溅，凝固后即获得钛粉。这种粉末的化学组成与钛电极相同，粉末的粒度根据旋转电极的直径和旋转速度来调节，其范围在 -35～325 目之间。颗粒呈球形，松装密度大，流动性好。

④ 熔盐电解法　此法亦可制取纯钛粉，用作粉末冶金原料。目前生产钛粉普遍采用的是前两种方法。

（2）钛的粉末冶金　钛的粉末冶金法可分为冷压真空烧结法和真空热压法两种。

冷压真空烧结法是将钛粉用金属模或橡胶模在 $7\sim 8t/cm^2$ 的压力下成型，成型的钛部件或坯块在 10^{-4} mmHg 左右高真空及 1000～1200℃ 下烧结 10～16h，烧结后的钛部件或坯块再经挤压或通过锻造使其进一步致密化，然后在真空中于 900～1000℃ 下退火。在真空烧结时，气体和易挥发性杂质被除去，同时坯块进行收缩，孔隙闭塞。

真空热压法是于石墨压模中，在温度 850～1000℃、剩余压力为 10^{-3} mmHg 下进行。由于石墨和钛的交互作用，所得制件的表面上有一薄层渗碳层（约 0.12mm 厚），可在车床上加工削去。

热压法的另一种方式是将钛粉装入钢套中，把钢套焊密，在 900℃ 左右温度下加以热压，在热压过程中钢套将从各个方向压挤钛粉，在高温和受压的共同作用下，粉状金属颗粒被烧结，并使金属致密至无孔隙状态。密闭钢套的作用是保护钛不被氧化。热压后切开钢套，很容易取下压制过的金属，这可能是由于在钛铁接触表面生成一层钛铁合金的脆性薄层所致。

热压法中后一种方法比前一种较为简单，可以制取较大的坯块。但由于省去了真空烧结工序，而不能使钛达到进一步精炼的目的。

思　考　题

1. 海绵钛为何要致密？
2. 钛真空熔炼的理论基础是什么？
3. 钛粉的生产方法主要有哪几种？
4. 何谓冷压真空烧结法？

7.9 残钛的来源及回收和利用

【内容导读】

> 本节介绍残钛的回收和利用。通过对残钛的来源分析，主要介绍了残钛的回收和利用的方法。

随着钛工业的发展，残钛的回收和利用是整个钛冶金工业的一个重要方面。

7.9.1 残钛的来源

钛的生产企业和使用单位都产生残钛，其主要来源如下：

① 许多等外海绵钛是残钛的一个来源，据有关资料报道，在海绵钛生产中，大约有 8%～10%的等外钛；

② 海绵钛和添加剂熔成铸锭的过程也产生残钛（如铸锭端头、冒口、车屑等残钛），其量约为铸锭的 4%～5%；

③ 铸锭变成加工材是一个很大的残钛来源，由铸锭得到加工材的平均成材率为 65%，残钛为 35%；

④ 由加工材制造成品是残钛最大的来源，加工材约有 75%变成残钛；

⑤ 从废旧成品来的残钛，这类残钛在可利用的残钛总量中是个很小的数量。

在所有来源的残钛中，可直接重新铸锭的残钛和需要经过处理加以回收的残钛之比约为 2∶1。凡不被氧化或表面层被氧化的残钛可以作为成批生产钛合金铸锭的炉料重新铸锭；凡严重被氧化（横断面被氧化）或带有肉眼可见的明显裂纹、撕裂和分层的残钛，不能作为成批生产钛合金铸锭的炉料，需要重新处理回收。

7.9.2 残钛的回收和利用

把大量可回收的残钛变为可利用钛的主要方法有如下几种。

① 回收到新的钛锭或铸件中。有的工厂用合格海绵钛和残钛混合料作为炉料回炉或制备电极熔成铸锭或铸件；有的工厂用 100%的残钛生产新的铸锭或铸件。

② 残钛用于钢或铝金属产品中。在炼钢工业中把残钛作为添加剂与钛铁一起用于钢的合金化和脱氧，少量用来生产异型钛铸件。用残钛可大大降低金属成本，并且提高金属质量。在炼铝工业中，残钛可作为硬化剂、细化晶粒的元素以及制成铝合金的中间合金。

③ 残钛氢化、破碎、脱氢后经粉末冶金制成要求不太严格的钛制品，把它作为耐蚀材料在工业中加以应用。

④ 残钛经电解精炼提纯后作为铸锭或铸件的合格原料。

⑤ 除上述电解法外，国外对需要经过处理回收的残钛进行的研究工作，主要还有氯化-还原法。该法将残钛磨碎到 5mm，与经过干燥的 NaCl 混合，在高于 600℃温度下与 $TiCl_4$ 进行反应，反应式如下：

$$Ti + TiCl_4 + NaCl \longrightarrow mTiCl_2 \cdot nTiCl_3 \cdot pNaCl$$

生成的含钛熔盐中含有 20%～24%钛的低价氯化物。经净化除去杂质，再用金属钠还原，可制得海绵钛，过程与前述金属热还原法相同。

思 考 题

1. 简述残钛的来源。
2. 残钛的回收和利用有哪些方法？
3. 除了书上介绍的残钛的回收和利用方法，你还有何更好的方法？

参 考 文 献

[1] 徐日瑶主编. 镁冶金学 [M]. 北京：冶金工业出版社，1981.
[2] 柴跃生，孙钢，梁爱生编. 镁及镁合金生产知识问答 [M]. 北京：冶金工业出版社，2005.
[3] 罗庆文主编. 有色冶金概论 [M]. 北京：冶金工业出版社，1986.
[4] 马慧娟主编. 钛冶金学 [M]. 北京：冶金工业出版社，1982.
[5] 邱竹贤主编. 铝电解 [M]. 北京：冶金工业出版社，1995.
[6] 邱竹贤主编. 预焙槽炼铝 [M]. 北京：冶金工业出版社，2005.
[7] 毕诗文主编. 氧化铝生产工艺 [M]. 北京：冶金工业出版社，2006.
[8] 彭容秋主编. 重金属冶金学 [M]. 长沙：中南工业大学出版社，1994.
[9] 陈国发，王德全主编. 铅冶金学 [M]. 北京：冶金工业出版社，2000.
[10] 乐颂光，鲁君乐主编. 再生有色金属生产 [M]. 长沙：中南工业大学出版社，1994.
[11] 邱竹贤主编. 有色金属冶金学 [M]. 北京：冶金工业出版社，1988.
[12] 赵国权，贺家齐，王碧文，张希忠等编著. 铜回收、再生与加工技术 [M]. 北京：化学工业出版社，2008.
[13] 李继壁. 国内铜湿法冶金工艺应用现状 [J]. 湿法冶金，2007，26（1）：13-16.
[14] 何蔼平，郭森魁，彭楚峰. 湿法炼铜技术与进展 [J]. 云南冶金，2002，31（3）：94-100.
[15] 张昕红，唐文忠，彭康，叶江生. 湿法炼铅技术进展与FLUBOR工艺 [J]. 2006，15（1）：49-52.
[16] 张江徽，陆钟武. 锌再生资源与回收途径及中国再生锌现状. 资源科学 [J]. 2007，29（3）：86-91.
[17] 许并社，李明照编著. 有色金属冶金1200问 [M]. 北京：化学工业出版社，2008.
[18] 屠海令，赵国权，郭青蔚主编. 有色金属冶金、材料、再生与环保 [M]. 北京：化学工业出版社，2003.